食品工程原理

（第二版）

主　编　赵思明
副主编　熊善柏　刘　茹
　　　　林向东　李冬生

科学出版社
北　京

内 容 简 介

食品工程原理是研究食品加工中工程技术的基本理论、实践方法的一门学科，是食品专业学生的必修课程。

全书共十三章，主要介绍动量、热量、质量传递的基本理论及食品工程主要单元操作、典型设备和计算方法。主要的单元操作包括：流体输送与机械、制冷技术、物质分离、固体流态化、气力输送、传热、蒸发、气体吸收、蒸馏和物料干燥等。结合食品加工生产，介绍过程的物料衡算、能量衡算和设备选型配套设计计算的方法。

本书可作为高等学校食品专业本科生的教材，也可供食品、生物、环境工程、化学工程与工艺等专业的教师、研究生、科研人员、企业工程技术人员阅读。

图书在版编目(CIP)数据

食品工程原理/赵思明主编. —2版. —北京：科学出版社，2016. 11

ISBN 978-7-03-050669-6

Ⅰ. ①食… Ⅱ. ①赵… Ⅲ. ①食品工程学-高等学校-教材 Ⅳ. TS201. 1

中国版本图书馆CIP数据核字(2016)第272972号

责任编辑：赵晓霞 丁 里/责任校对：郭瑞芝

责任印制：吴兆东/封面设计：迷底书装

科学出版社 出版

北京东黄城根北街16号

邮政编码：100717

http://www.sciencep.com

北京富资园科技发展有限公司印刷

科学出版社发行 各地新华书店经销

*

2009年 2 月第 一 版 开本：787×1092 1/16

2016年11月第 二 版 印张：26 3/4

2026年 1 月第二十次印刷 字数：666 000

定价：79.00 元

(如有印装质量问题，我社负责调换)

第二版前言

食品工程原理研究食品工程技术的基本理论与实践方法，为农业资源转化和食品的工业化生产提供技术基础，是食品工程知识结构的重要组成部分，也是食品专业学生的必修课程。本书是在总结华中农业大学和其他兄弟院校食品工程原理教学以及精品课程建设的基础上编写的，凝聚了作者多年的教学和科研经验。

食品工程原理是食品科学与工程、食品安全等专业的一门重要专业基础课程，该课程的先修课程有高等数学、物理化学、食品物性学等。通过本课程的学习，学生可掌握传递过程及单元操作的基本原理，解决食品生产中的常见工程问题，也为学习本专业的食品工艺学、食品机械、食品工艺与设备、食品工厂设计等课程打好工程技术基础。

根据食品专业的特点，本书介绍了传质、传热和流体流动三种传递的基本理论，食品加工过程典型单元操作的工作原理，应用这些原理进行主要设备设计计算。主要的单元操作包括：流体输送与机械、制冷技术、物质分离、固体流态化、气力输送、传热、蒸发、气体吸收、蒸馏和物料干燥等。结合食品加工生产，介绍过程的物料衡算、能量衡算和设备选型配套的方法。

食品工程原理是在化学工程原理的基础上发展和逐步深化，并在多年的实践中逐步形成了具有食品领域特色的工程技术课程。尽管化学工程中的许多单元操作都可以用到食品工程中，但食品还需强调营养、风味和安全卫生，因此许多食品加工都要采用低温、低氧或无菌操作，制冷、真空技术、现代分离技术等单元操作在食品工业中占有重要地位。

食品工程原理的学习涉及对研究对象的物理构造、推理计算和生物特征的深入理解，对许多学生而言具有较大的难度，特别是农业院校的学生，通常要投入大量的时间进行课后复习和作业练习，本书每一章节后的习题或思考题可以帮助学生进一步巩固相关知识，提高应用能力，便于考前准备。

本书以先基础后应用为主线，突出学生学习的主体性，内容清晰简练，联系专业实践，将经典传递理论与现代单元操作、数学模型、典型工程案例融入教材，引导学生深入思考，创新实践，有利于学生基础知识的巩固、实操能力的训练。

本书的编写得到了许多食品工程专家的支持。参加本书编写的人员有：华中农业大学熊善柏教授（绪论、第四章、第五章、第十二章）、华中农业大学刘茹教授（第一章、第六章、第十章）、华中农业大学赵思明教授（第二章、第三章、第八章、第十一章、第十三章）、海南大学林向东教授（第七章）、湖北工业大学李冬生教授（第九章），华中农业大学尤娟、胡杨、牛猛、尹涛、张宾佳和贾才华博士参加了习题编写，熊青参加了图形的绘制。全书由赵思明教授统稿。

由于编者水平有限，书中难免存在不足之处，敬请读者批评指正。

编　者

2016年10月

目　　录

绪　论

一、食品工业与食品工程原理

食品工业是利用物理、化学或生物方法将自然界的某些物质加工成可食用的生活资料的工业。食品工业的蓬勃发展为人们的健康生活提供了条件。然而，食品工业从以传统经验、手工作坊的加工方式发展到现代化生产方式，经历了漫长的过程，直到第二次世界大战，食品工业才得到迅速发展，粮油加工、果蔬加工、肉制品加工、乳制品加工、蛋制品加工等都进入了工业化生产的阶段。目前，食品工业已逐渐成为世界各国的支柱产业。

食品工程原理是研究食品加工中一切工程技术的基本理论和实践方法的一门学科，主要解决三传理论和单元操作的基本问题。三传理论是食品工程技术的理论基础，而单元操作是食品加工的基本过程，三传理论和单元操作始终贯穿于食品加工的各个环节。研究好食品加工过程的三传理论和单元操作，是食品加工实现工业化生产的前提。

食品的工业化生产方案是在实验室工艺研究的基础上确定的，其加工原理与实验室研究是一样的。但从实验室的工艺研究到工业化生产，还涉及放大、设备配套、生产线、控制等方面的问题，在实验室中几个试管、烧瓶就能完成的过程，在工业化生产中可能需要十几个甚至几十个设备和工序才能实现。食品工程就是解决食品的工业化生产问题的一门学科。

二、食品工程原理的主要研究内容

食品工程原理主要研究三传理论与单元操作。

尽管不同食品的加工方法不尽相同，同一食品的产品形式也千差万别，但其加工的基本操作原理却有许多共同之处。例如，奶粉的加工从原料乳的验收开始，需要经过预热杀菌、调配、真空浓缩、过滤、喷雾干燥等过程；又如，酱油的加工包含大豆的浸泡、加热、杀菌、过滤等工序，这两种产品的原料、产品形式、加工工艺都有较大的不同，但却包含了流体的输送、物质的分离、加热等相同的物理过程。在食品工程原理中，将这些食品生产工艺过程所共有的基本物理操作称为单元操作（unit operation）。

任何一个食品的加工过程都是由若干个单元操作串联起来形成的。例如，奶粉的加工（图 0-1）主要有流体的输送、传热、均质、蒸发、非均相物系的分离、干燥等单元操作。又如，甜菜制糖要经过 30 多个步骤，其中主要涉及浸取、蒸发浓缩、结晶、离心分离、干燥等单元操作。每个单元操作都在一定的设备中进行。例如，过滤操作是在过滤设备中进行的；干燥操作是在干燥器内进行的。所有这些单元操作都属于物理操作，只改变物料的状态或其物理性质，不改变其化学性质。

同一食品生产过程中可能包含多个相同的单元操作，但是每次操作的目的可能不同。例如，小麦经过多次研磨和筛理，逐步制成面粉并提出麸皮。皮磨是将麦粒剥开，从麦片上刮下麦渣、麦心和粗粉，并保持麸片不过分破碎，以便最大限度地分离麦乳和麦皮。渣磨是处理皮磨及其他系统分出的带有表皮的粉粒，使麦皮与胚乳分离，从中提取品质好的麦心和粗粉，送入心磨系统磨制成粉。

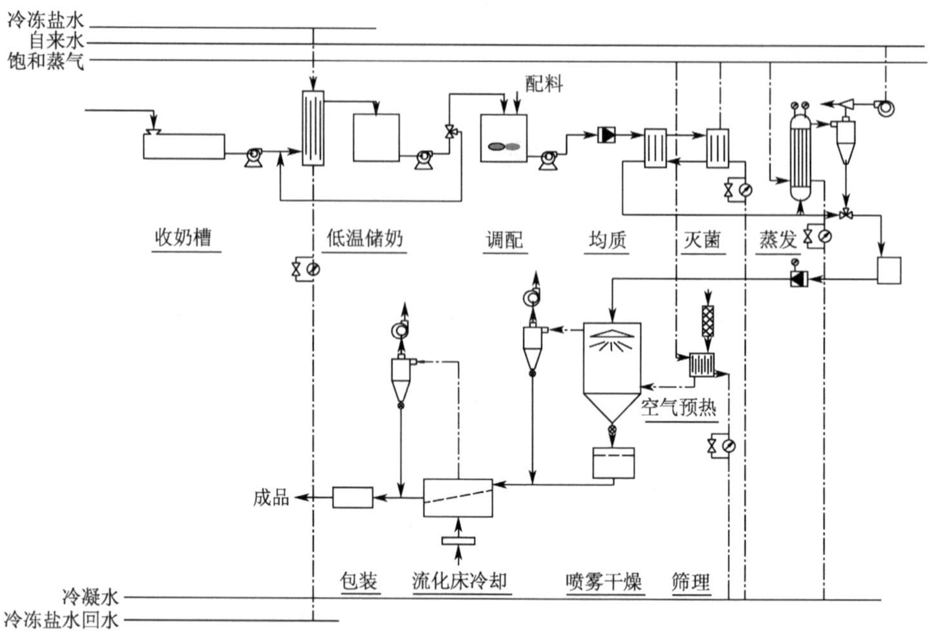

图 0-1　奶粉加工工艺流程图

单元操作用于不同的生产过程其基本原理相同。例如，果蔬冷却和肉的冷冻过程操作条件有所不同，但是都属于制冷操作，遵循热量传递的基本规律。根据单元操作所遵循的基本规律，可以将单元操作划分为以下三大类：

1）遵循流体流动基本规律的单元操作，包括流体输送、搅拌、沉降、过滤等。

2）遵循热量传递基本规律的单元操作，包括加热、冷却、冷凝、蒸发等。

3）遵循质量传递基本规律的单元操作，包括吸收、蒸馏、萃取、结晶、干燥、膜分离等。

上述三类单元操作所涉及的三种理论称为三传理论：

1）动量传递理论。随着对单元操作研究的不断深入，人们认识到流体流动是一种动量传递现象，即流体在流动过程中，其内部发生了动量传递。凡是遵循流体流动基本规律的单元操作都可以用动量传递理论研究。

2）热量传递理论。物体在加热或者冷却的过程中都伴随着热量的传递。凡是遵循传热基本规律的单元操作都可以用热量传递的理论研究。

3）质量传递理论。两相间物质的传递过程即为质量传递。凡是遵循传质基本规律的单元操作都可以用质量传递的理论研究。

三种传递现象之间存在着类似的规律和内在的联系，并且可以用类似的数学公式表达。因此，在学习和研究过程中要特别注意“三传类似”。

三传理论和单元操作是食品工程技术的理论和实践基础。流体流动的基本原理不仅是流体输送、搅拌、沉降及过滤的理论基础，也是传热与传质过程中各单元操作的理论基础，因为这些单元操作中的流体都处于流动状态。传热的基本原理不仅是热交换和蒸发的理论基础，也是传质过程中某些单元操作的理论基础。因为干燥操作中不仅有质量传递，而且有热量传递。所以，流体力学、传热及传质的基本原理是各单元操作的理论基础，三传理论是单元操作在理论上的发展与深化，而单元操作是三传理论的具体应用，许多单元操作都包含两种以上的传递现象。例如，物料的热风干燥、精馏等单元操作中既包含传热和传质现象，也有流体流动现象。

三、食品工程原理的特点及与其他课程的关系

食品工程原理的研究内容具有较大的通用性和专业性。三传理论可用于化学工程、生物工程、环境工程等领域的研究；流体的输送、非均相物系的分离、蒸发、干燥等单元操作也是许多行业共有的操作过程。因此，三传理论和单元操作具有较大的应用范围，具有通用性。

由于食品具有热敏性，且营养成分复杂，在加工过程中常伴随某些生化反应，造成风味物质的散失和营养成分的损失，同时，食品加工还须注重卫生和安全性，因此在研究食品工程原理时还要注意食品的特性。只有这样，才能学好食品工程，可见食品工程原理具有本行业的专业性。

食品工程原理的学习需要用到高等数学、物理化学、工程制图等方面的知识；同时，食品工程原理又是设备选型配套、食品机械设计、食品工厂设计等课程的先修课。食品工程原理以食品加工过程的物理变化为基础，但食品加工过程中不可避免地要发生一些生物化学变化，因此，了解食品原料学、食品物性学、食品工艺学、食品化学、食品微生物学、食品机械等知识对掌握食品工程原理有极大的帮助。

化学工程的发展具有悠久的历史，化学工程原理的研究比较成熟，已成为化学工业发展的重要基础。食品工程在许多方面与化学工程具有相似之处，食品工程原理就是在化工原理的基础上发展起来的。因此，借鉴化工原理的研究方法处理食品工程的问题，通常可以获得较理想的效果。

四、食品工程原理的学习方法、基本概念

（一）课程性质、内容及学习方法

食品工程原理是介绍三传理论和单元操作的一门技术基础课，它适用于食品工程等工科专业的学生、老师以及从事食品工程的科研技术人员学习和使用。要掌握现代食品加工技术，必须学好各种单元操作和与之相对应的基本理论。

通过本课程的学习，要求学生掌握各单元操作的基本原理、所有典型设备的结构、设备工艺尺寸的计算和设备选型，培养学生分析和解决单元操作中各种问题的能力，即在科学研究和生产实践中对设备进行操作管理、设计、强化与过程开发的本领。

如何才能学好食品工程原理呢?

首先要注意食品原料的特性。食品加工的原料多来自农副产品，具有生物特性，而且组成成分十分复杂。大多数的食品原料都是凝聚态的，这就使得普通的蒸馏、吸收操作难以达到理想的分离效果，因而浸取、过滤、离心分离以及混合、乳化、粉碎等单元操作在食品工业中格外重要。许多食品原料具有热敏性、易腐败等性质，在加工过程中往往发生多种生物化学变化。食品加工的动植物原料中的蛋白质成分遇热容易变性，其中的各种酶在加热条件下容易失去活性；脂肪成分在高温下易氧化变质；食品中的风味成分，尤其是芳香成分遇热

易挥发损失。食品原料和制品中含有各种人类需要的营养成分，因而也是微生物生长繁殖的好场所，正是在这些微生物及其所含的酶的作用下，食品才会腐败变质。因此，低温加工技术、真空加工技术、各种杀菌技术等都在食品工程中占有重要的地位。

其次要注意化学工程和生物工程中的一些单元操作。这些操作在食品工程中可能很少涉及，但是一些基本的单元操作是相同的。将化学工程和生物工程的一些理论和技术成果应用到食品工程中，对食品工程原理的学习、研究与发展都是有益的。

另外还要学会利用各种工业手册和阅览各种相关的期刊。工业手册的大量数据资料为设备工艺尺寸的计算和设备选型提供方便，而且从中还能查阅到许多关于食品原料性质的数据。这些资料由于出版国家及年限等原因，可能使用了不同的单位制，因此学习过程中还需注意单位换算。本书均使用国际单位制，并且在附录中列出了一些常用的数据资料。阅览各种相关的期刊可以了解食品工程发展的新动向，更新课本上的信息，学到更多、更新的单元操作及其加工设备。

（二）食品工程原理的几个基本概念

单元操作中常用的基本概念有物料衡算、能量衡算、物系的平衡关系、传递速率和经济核算。本课程中，各单元操作的计算、设备的选型等工作都将围绕上述五个方面进行，并以最优经济效益作为最终的设计方案。

1. 物料衡算

物料衡算可以弄清生产过程中原料、成品以及损失的物料数量。从物料衡算上求出原料的利用率和流失率。

物料衡算遵循质量守恒定律，即对于一个生产加工过程，输入的物料总量必定等于输出物料的总质量与积累物料的质量之和。例如，要将原料乳制成脱脂乳和奶油，根据质量守恒定律，每分钟进入离心机的原料乳的质量应该等于每分钟从离心机中离开的脱脂乳和奶油的质量之和（忽略物料损失）。

物料衡算是质量守恒定律的一种表现方式，用数学表达式可以表示为

$$\sum M_{\mathrm{i}} = \sum M_{\mathrm{o}} + \sum M_{\mathrm{s}} \tag{0-1}$$

式中：$\sum M_{\mathrm{i}}$ ——输入物料的总和；

$\sum M_{\mathrm{o}}$ ——输出物料的总和；

$\sum M_{\mathrm{s}}$ ——累积物料量。

式（0-1）为总物料衡算式，如果过程中累积的物料量为零，则式（0-1）可以简化为

$$\sum M_{\mathrm{i}} = \sum M_{\mathrm{o}} \tag{0-2}$$

式（0-2）所描述的是稳态操作过程，稳态过程的特点是在设备的各个不同位置上，物料的流速、浓度、温度、压强等参数不随时间而变化。一般连续操作为稳态过程，而间歇操作则为非稳态过程。非稳态过程在设备的同一位置上各个参数随时间而变化。

如果生产过程中没有发生化学变化，可以对物料中的某一组分 A 进行物料衡算，其表达式为

$$\sum M_i w_1 = \sum M_o w_2 \tag{0-3}$$

式中：w_1——输入物料中 A 的质量分数；

w_2——输出物料中 A 的质量分数。

在食品加工过程中经常涉及物料衡算的问题。物料衡算既可以基于进入系统的总物料，也可以基于物料中的固形物或者某一特殊组分，如蛋白质、脂肪等。例如，在脱水蔬菜的制作过程中，碳水化合物、矿物质、蛋白质等统称为固形物，在干燥过程中需要对固形物和水分进行物料衡算。

例 0-1　用热风干燥的方法将土豆脱水。原料土豆的固形物含量为 14%（质量分数，下同），要求干燥产品的固形物含量达到 93%。求每 1000kg 原料土豆的产品产量。假定原料土豆在去皮处理时有 8%的质量损失。

解　以 1000kg 原料土豆为衡算基准。输入物料的固形物含量为

$$1000\times 14\% = 140(\text{kg})$$

设干燥产品的质量为 $x$kg，则输出物料的固形物含量为 93%$x$kg，原料损失的固形物含量为

$$1000\times 14\%\times 8\% = 11.2(\text{kg})$$

对整个系统的固形物进行衡算可得

$$140 = 93\%x + 11.2$$

$$x = 138.5(\text{kg})$$

例 0-2　从全乳中除去脂肪成分可以得到脱脂乳。已经测得某脱脂乳中含有 90.5%（质量分数，下同）的水分，3.5%的蛋白质，5.1%的碳水化合物，0.1%的脂肪和 0.8%的灰分。如果原料乳中含有 4.5%的脂肪，试计算原料乳中各成分的含量。假定只有脂肪从原料乳中除去，且加工过程中没有物料损失。

解　以 100kg 脱脂乳为基准，则其中含有 0.1kg 脂肪。

设原料乳中被除去的脂肪为 $x$kg，则原料乳中的脂肪含量为 $(0.1+x)$kg，原料乳的总质量为 $(100+x)$kg。已知原料乳中的脂肪含量为 4.5%，可得

$$\frac{x+0.1}{100+x} = 4.5\%$$

解得

$$x = 4.6(\text{kg})$$

所以，原料乳中各成分的含量为

$$w_{脂肪} = 4.5\% \qquad w_{水} = \frac{90.5}{104.6}\times 100\% = 86.5\%$$

$$w_{蛋白质} = \frac{3.5}{104.6}\times 100\% = 3.3\% \qquad w_{碳水化合物} = \frac{5.1}{104.6}\times 100\% = 4.9\% \qquad w_{灰分} = 0.8\%$$

在食品工程中经常使用不同的表示方法来表示物质的浓度，在例 0-1 中就用到了质量分数（m/m），即某组分的质量占总质量的分数。通常还会用到体积分数（V/V），即某组分的体积占总体积的分数；摩尔浓度（M），即单位体积的溶液中含有溶质的物质的量；摩尔分数，即溶质的物质的量占溶液总物质的量的分数。在常规的计算中，最经常使用的是质量分数（m/m）。

例 0-3　将含有4%（质量分数，下同）脂肪的原料乳离心，分离得到脂肪含量为0.45%的脱脂乳和脂肪含量为45%的奶油。生产任务规定6h处理原料乳35 000kg，试求产品脱脂乳和奶油的流量。

解　首先画出示意图如下：

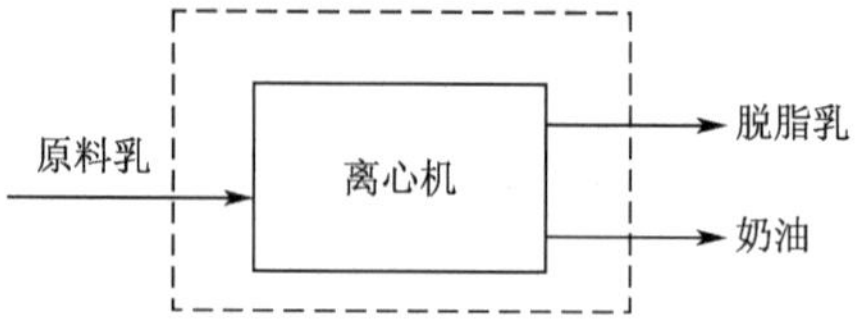

以1h原料乳的流量为基准对整个系统（如图虚线框所示）进行物料衡算。

进入系统的总物料为

$$\frac{35\ 000}{6}=5833(\text{kg})$$

进入系统的总脂肪为

$$5833\times0.04=233(\text{kg})$$

设离开系统时奶油的质量为$x$kg，则其中脂肪的含量为0.45$x$kg，脱脂乳的质量为（5833－x）kg，其脂肪含量为0.0045(5833－x)kg。

对脂肪进行物料衡算：进入系统的脂肪含量＝离开系统的脂肪含量，即

$$5833\times0.04=0.0045\times(5833-x)+0.45x$$

$$x=465(\text{kg})$$

所以，产品奶油的流量为465kg/h，脱脂乳的流量为5833－465＝5368(kg/h)。

从例0-3可以看出，初学者在进行物料衡算的时候要注意以下几点：

1）首先根据题意画出各物流的流程示意图，物料的流向用箭头表示，并标上已知数据与待求量。

2）画出衡算范围，根据具体的情况，可以一个生产过程或者一个设备，甚至设备的某一局部。所画箭头，方向向内的表示输入物料，向外的表示输出物料。没有穿越范围的不作衡算。

3）在写衡算式之前，要确定计算基准，一般选用单位进料量或排料量、时间及设备的单位体积等作为计算的基准。

考虑到食品加工的特殊性，加工过程中会发生一些化学和生物学变化，因此在进行物料衡算的时候需要进行调整。例如，在加热过程中微生物被杀死，还原糖和氨基酸会发生美拉德反应，脂肪会被氧化分解等，这些都会影响物料衡算。

2. 能量衡算

能量以各种形式存在，如机械能、热能、电磁能、化学能、原子能等。在食品工程中需要解决的往往不是能量的转化问题，而是总能量的衡算，并且很少涉及电能、势能、动能、功等，或者它们可以忽略不计。因此，在食品工程中能量衡算可以简化为热量衡算。能量衡算的依据是能量守恒定律，进入过程的热量等于离开的热量和热量损失之和。用数学表达式可表示为

$$\sum E_{\text{i}}=\sum E_{\text{o}}+E_{\text{L}} \tag{0-4}$$

式中：$\sum E_{\text{i}}$——随物料进入的系统的总热量（kJ或kW）；

$\sum E_o$——随物料离开系统的总热量（kJ 或 kW）；

E_L——向系统周围散失的热量（kJ 或 kW）。

热量可以用焓值来表示，故式（0-4）又可以表示为

$$\sum (mH)_i = \sum (mH)_o + E_L \tag{0-5}$$

式中：m——物料的质量（kg 或 kg/s）；

H——物料的焓（kJ/kg）。

式（0-4）和式（0-5）均可用于稳态操作和非稳态操作过程。

例 0-4　一高压灭菌锅中装有 1000 罐青豆罐头。灭菌时罐头加热到 100℃，离开灭菌锅前要求冷却到 40℃。已知冷却水进口温度为 15℃，出口温度为 35℃，试计算共需要多少千克冷却水。已知青豆罐头的比热容为 4.1kJ/(kg·℃)，金属罐的比热容为 0.50kJ/(kg·℃)，每一金属罐的质量是 60g，罐头净重 0.45kg。假设将灭菌锅锅壁降到 40℃需要 1.6×10^4 kJ，且忽略热量损失。

解　设 w 为需要冷却水的质量，以罐头的最终温度为 40℃进行热量衡算。

进入系统的热量：

金属罐的热量＝罐的质量×比热容×降低的温度

$=1000\times0.06\times0.50\times(100-40)=1.8\times10^3$(kJ)

同理

青豆的热量$=1000\times0.45\times4.1\times(100-40)=1.1\times10^5$(kJ)

进口处冷却水的能量$=w\times4.186\times(15-40)=-104.6w$(kJ)

离开系统的热量：

金属罐的热量$=1000\times0.06\times0.50\times(40-40)=0$

同理

青豆的热量$=1000\times0.45\times4.1\times(40-40)=0$

出口处冷却水的能量$=w\times4.186\times(35-40)=-20.9w$(kJ)

进入系统的总热量＝离开系统的总热量，得

$$1800+110\,000+16\,000-104.6w=-20.9w$$

$$w=1527(\text{kg})$$

从例 0-4 可以看出，能量衡算的步骤与物料衡算大致相同。机械能衡算将在第一章中说明；热量衡算将分别在第六章、第十章和第十一章中结合具体单元操作详细说明。热量衡算的步骤与物料衡算的基本相同。

3. 物系的平衡关系

平衡状态是自然界中广泛存在的现象。以食盐的溶解和结晶为例，食盐浓度大于饱和浓度，则产生结晶；食盐浓度小于饱和浓度，则会溶解。一定温度下的饱和浓度为该物系的平衡浓度。平衡关系可用来判断过程能否进行以及进行的方向和能达到的限度。

4. 传递速率

例如，不饱和食盐溶液的溶解速率（单位时间内溶解的食盐质量）大；食盐浓度高时，溶解速率小。饱和食盐溶液（平衡状态），溶解速率为零。

溶液浓度越远离平衡浓度，其溶解速率就越大；溶液浓度越接近平衡浓度，其溶解速率就越小。溶液浓度与平衡浓度的差值可以看作是溶解过程的推动力。

由大块改为许多小块，能使固体食盐与溶液的接触面积增大；由不搅拌改为搅拌，能使溶液质点对流。其结果能减少溶解过程的阻力。

过程的传递速率与推动力成正比，与阻力成反比，即

$$传递速率=\frac{推动力}{阻力}$$

过程的传递速率是决定化工设备的重要因素，传递速率增大时，设备尺寸可以减小。

5. 经济核算

效益是企业的命脉，经济核算是工程设计的重要工作。为生产定量的某种产品所需要的设备，根据设备的型式和材料的不同，可以有若干设计方案。对同一台设备，所选用的操作参数不同，将影响设备费与操作费。因此，要用经济核算确定最经济的设计方案。

思考题与计算题

一、思考题

1. 什么是单元操作？食品加工中常用的单元操作有哪些？

2. “三传理论”是指什么？与单元操作有什么关系？

3. 如何理解单元操作中常用的五个基本概念？

二、计算题

1. 将5kg的蔗糖溶解在20kg的水中，试计算溶液的浓度，分别用质量分数、摩尔分数、摩尔浓度表示。已知20%蔗糖溶液的密度为1070kg/m^3。　　（答：20%，1.3%，0.62mol/L）

2. 在含盐黄油生产过程中，将60%（质量分数）的食盐溶液添加到黄油中。最终产品的水分含量为15.8%，含盐量1.4%，试计算原料黄油中含水量。　　（答：15.2%）

3. 将固形物含量为7.08%的鲜橘汁引入真空蒸发器进行浓缩，得固形物含量为58%的浓橘汁。若鲜橘汁进料流量为1000kg/h，计算生产浓橘汁和蒸出水的量。　　（答：878kg/h）

4. 在空气预热器中用蒸气将流量1000kg/h，30℃的干空气预热至66℃，所用加热蒸气温度143.4℃，离开预热器时变成液体的温度为138.8℃。求蒸气消耗量。　　（答：16.76kg/h）

5. 在碳酸饮料的生产过程中，已知在0℃和1个大气压下1体积的水可以溶解3体积的二氧化碳。试计算该饮料中CO_2的（1）质量分数；（2）摩尔分数。忽略CO_2和水以外的任何组分。

（答：0.58%，0.24%）

第一章　流 体 流 动

第一节　概　　述

自然界中，有一类物体在微小剪应力的作用下就能发生连续的变形，这类易流动的物体称为流体，如气体和液体。流体没有固定形状，它随容器形状的改变而改变，其易流动性是缘于流体的抗剪切和抗张能力很差。

食品生产过程经常要将流体物料或工作物质通过管道从某处输送到指定的地方。维持流体的流动需要消耗能量，流体流动过程总是伴随着能量的转换并遵循能量守恒定律。研究流体流动和静止基本规律的科学称为流体力学。

在研究流体流动时，常将流体视为由无数流体微团组成的连续介质。流体微团或流体质点的大小与容器或管道相比微不足道，但比分子自由程要大得多，任一流体微团或流体质点都包含足够多的分子，能够用统计平均法求出压力、温度等宏观参数。作为连续介质，流体由一系列连续的质点构成，质点的运动过程是连续的，流体的压强、温度、位移和流速等参数都是空间坐标的连续函数。这样，在探索流体流动规律时，可以很方便地使用数学分析方法来研究。

根据流体体积是否随压强及温度的改变而改变，将流体分为可压缩流体和不可压缩流体。体积不随压力及温度的变化而改变的流体称为不可压缩流体，反之称为可压缩流体。实际流体都可压缩，只是在通常情况下，液体体积随压强及温度的变化值很小，在实际工程计算中一般把液体当作不可压缩流体。气体是典型的可压缩流体，但当气体的压力或温度变化率很小时，也可将其视为不可压缩流体。在研究流体流动时，单位面积所受的力称为压强，习惯上称为压力。

第二节　静止流体的基本规律

流体静止时，内部各质点或微团无相对运动，在外力作用下达到平衡。流体静力学研究的是流体在外力作用下达到平衡的规律。

一般而言，作用于流体上的力有质量力和表面力。质量力是作用于流体每个质点上的力，与流体的质量成正比，如重力和离心力；表面力是作用于流体表面的力，其大小与表面积成正比，如压力和剪应力。

一、与流动相关的流体物理性质

（一）密度

单位体积流体的质量称为流体的密度，其表达式为

$$\rho = \frac{m}{V} \tag{1-1}$$

式中：ρ——流体的密度（kg/m^3）；

m——流体的质量（kg）；

V——流体的体积（m^3）。

不同流体的密度不同。某一流体的密度又是压强 p 和温度 T 的函数，可表示为

$$\rho = f(p, T) \tag{1-2}$$

除极高压强外，液体的密度随压强的变化很小，可忽略不计，但随温度变化稍有改变。气体的密度随压强和温度的变化较大，当压强不太高、温度不太低时，气体的密度可近似地按理想气体状态方程式计算，即

$$\rho = \frac{m}{V} = \frac{pM}{RT} \tag{1-3}$$

式中：p——气体的压强（kN/m^2 或 kPa）；

T——气体的热力学温度（K）；

M——气体的摩尔质量（kg/kmol）；

R——摩尔气体常量[8.314kJ/(kmol·K)]。

气体密度也可按下式计算：

$$\rho = \frac{MT_0 p}{22.4Tp_0} \tag{1-4}$$

式中：下标“0”表示标准状态的参数，即 $T_0=273.15$ K，$p_0=101.3$ kPa；22.4 表示标准状态下，每摩尔气体的体积是 22.4L。

在气体压强较高、温度较低时，气体的密度应采用真实气体状态方程式计算。对于气体混合物，当温度、压强接近理想气体时仍可用式（1-3）计算其密度。但摩尔质量应为混合气体的平均摩尔质量 M_m，其值可根据下式计算：

$$M_m = M_1 y_1 + M_2 y_2 + \cdots + M_n y_n \tag{1-5}$$

式中：M_1、M_2、…、M_n——气体混合物中各组分的摩尔质量；

y_1、y_2、…、y_n——气体混合物中各组分的摩尔分数。

气体混合物的组成通常以体积分数表示，对于理想气体，其体积分数与摩尔分数、压强分数相等。液体混合时，体积往往有所改变。若混合前后体积不变，则混合液的体积等于各组分单独存在时的体积之和，并可由式（1-6）求出混合液体的密度 ρ_m。

$$\frac{1}{\rho_m} = \frac{w_1}{\rho_1} + \frac{w_2}{\rho_2} + \frac{w_3}{\rho_3} + \cdots + \frac{w_n}{\rho_n} \tag{1-6}$$

式中：w_1、w_2、…、w_n——液体混合物中各组分的质量分数；

ρ_1、ρ_2、ρ_3、…、ρ_n——液体混合物中各组分的密度（kg/m^3）；

ρ_m——液体混合物的平均密度（kg/m^3）。

（二）比体积

单位质量流体的体积称为流体的比体积，也称比容，用符号 υ 表示，单位为 m^3/kg。

$$\upsilon = \frac{V}{m} = \frac{1}{\rho} \tag{1-7}$$

由比体积的定义和式（1-7）可知，流体的比体积是密度的倒数。

例 1-1 已知某干空气含有 21%（体积分数，下同）的 O_2、78%的 N_2 和 1%的 Ar，试求其在 9.81×10^4 Pa、100℃时的平均密度。

解 $T=273+100=373(\text{K})$

混合气体的平均摩尔质量

$$M_m=M_1y_1+M_2y_2+\cdots+M_ny_n$$
$$=32\times0.21+28\times0.78+39.9\times0.01=28.96(\text{kg/kmol})$$

所以，该混合气体的平均密度为

$$\rho=\frac{MT_0p}{22.4Tp_0}=\frac{28.96}{22.4}\times\frac{273}{373}\times\frac{9.81\times10^4}{101.3\times10^3}=0.92(\text{kg/m}^3)$$

（三）流体静压强

垂直作用于流体单位面积上的压力称为流体的静压强，简称压强，即

$$p=\frac{\Delta N}{\Delta A} \tag{1-8}$$

在静止流体中，各方向作用于某一点的压强大小均相等。国际单位制中，流体压强的单位是 Pa（N/m^2），称为帕斯卡。其他常用的压强单位还有 atm（标准大气压）、kgf/cm^2、bar（巴）、某流体柱高度，它们间的换算关系为

$$1\text{atm}=101.3\text{kPa}=1.033\text{kgf/cm}^2=1.0133\text{bar}=10.33\text{mH}_2\text{O}=760\text{mmHg}$$

根据压强的起量点不同，在工程计算中，压强还可以用不同的方法来表示。以绝对真空（零压）为起量点计算的压强称为绝对压强。以当地大气压为起量点测得的压强称为相对压强。相对压强又分为表压强和真空度。

当被测流体的绝对压强大于外界大气压强时，所用测压仪表称为压强表，压强表上的读数表示被测流体的绝对压强比大气压强高出的数值，称为表压强，即

表压强=绝对压强-大气压强

当被测流体的绝对压强小于外界大气压强时，所用测压仪表称为真空表，真空表上的读数表示被测流体的绝对压强低于大气压强的数值，称为真空度，即

真空度=大气压强-绝对压强

绝对压强、表压强和真空度三者之间的关系可用图 1-1 表示。

二、流体静力学基本方程

静止的流体在重力和压力作用下达平衡。由于一定质量流体的重力是不变的，变化的是压力，因此讨论静止流体的基本规律实际上就是讨论静止流体内部压强随高度变化的规律。描述静止流体内部压强随高度变化的数学表达式称为流体静力学基本方程。

（一）流体静力学基本方程的推导

对于不可压缩流体，其密度不随压强变化，因此静力学基本方程可用下述方法推导。如图 1-2 所示，在密度为 ρ 的连续静止液体中取一个液体柱，其横截面积为 A，若以容器底为基准水平面，则液柱的上、下底面与基准水平面的垂直距离分别为 Z_1 和 Z_2，以 p_1、p_2 分别表示高度为 Z_1、Z_2 处的压强。

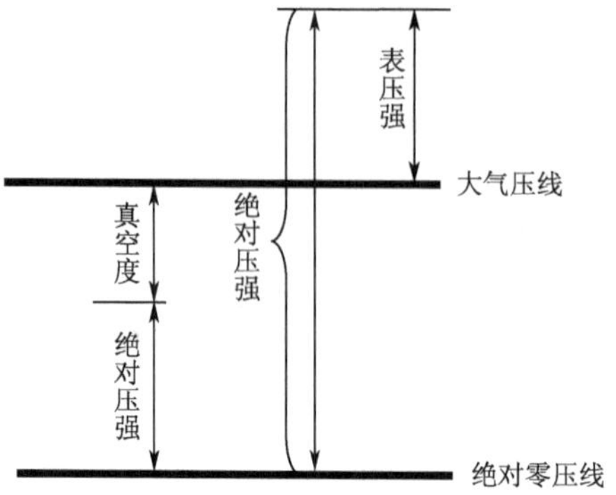

图 1-1　绝对压强、表压强和真空度之间的关系

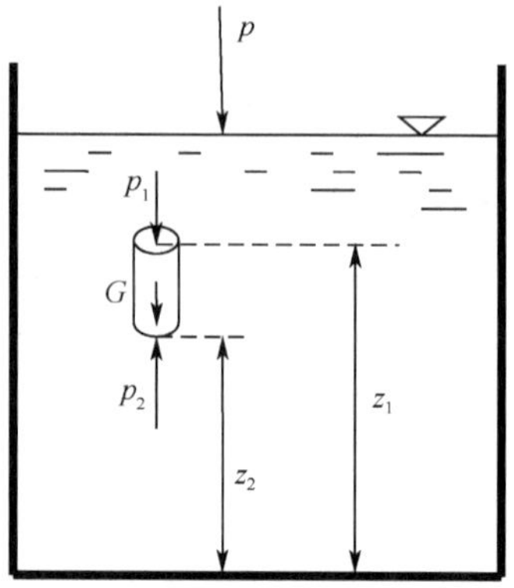

图 1-2　流体静力学平衡

对于静止的液体，受力平衡，在竖直方向上合力为零，即

$$p_2A - p_1A - \rho gA(Z_1 - Z_2) = 0 \tag{1-9}$$

将式（1-9）进行变形，有

$$p_2 = p_1 + \rho g(Z_1 - Z_2) \tag{1-10a}$$

或

$$p_1 + \rho gZ_1 = p_2 + \rho gZ_2 \tag{1-10b}$$

如果将液柱的上底面取在容器的液面上，设液面上方的压强为 p_0，则距液面 h(m) 深处的压强为

$$p = p_0 + \rho gh \tag{1-11}$$

式（1-10）和式（1-11）均为流体静力学基本方程。由式（1-10）和式（1-11）可知，当液面上方的压强一定时，静止液体内任一点压强的大小与液体的密度和该点到液面的距离有关。在静止、连续的同一液体内，处于同一水平面上各点的压强都相等，此压强相等的水平面称为等压面。当液面上压强 p_0 发生变化时，必将引起液体内部各点压强发生同样大小的变化。

式（1-11）还可改写为

$$\frac{p - p_0}{\rho g} = h \tag{1-12}$$

由式（1-12）可知，静止流体内压强或压强差的大小可用液柱高度表示。

（二）静力学基本方程的几何意义和物理意义

将 $p_2 = p_1 + \rho g(Z_1 - Z_2)$ 两边除以 ρg 并加以整理，可得

$$Z_1 + \frac{p_1}{\rho g} = Z_2 + \frac{p_2}{\rho g} = \cdots = \text{常数} \tag{1-13a}$$

或

$$Z + \frac{p}{\rho g} = \text{常数} \tag{1-13b}$$

式（1-13a）和式（1-13b）中各项的单位均为 m。式中第一项 Z 为流体距基准面的高度，称为位压头，表示单位重量流体的势能为 $mgZ/mg = Z$，Z 也表示单位重量流体从基准面算起

的位置势能（potential energy）。式中的第二项 $p/\rho g$ 称为静压头（static head），又称为单位重量流体的静压能（pressure energy）。由此可得，静止流体中任一点的位置势能与静压能之和恒等于常数。

将式（1-13a）中各项均乘以 g，可得

$$gZ_1+\frac{p_1}{\rho}=gZ_2+\frac{p_2}{\rho}=\cdots=\text{常数} \tag{1-14}$$

式中：gZ ——单位质量流体从基准面算起的位置势能（J/kg）；

p/ρ——单位质量流体的静压能（J/kg）。

关于流体静力学基本方程的应用见表 1-1。

表 1-1　流体静力学基本方程式的常见应用表

应用		图例	计算公式	备注
压力计	U 形管压差计	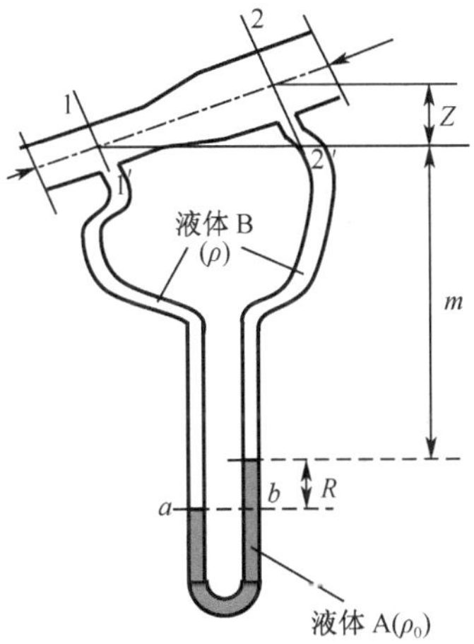	$p_1-p_2=R(\rho_0-\rho)g+\rho gZ$	指示液与被测流体互不相溶，不发生化学反应，密度大于被测流体密度
	倒 U 形管压差计	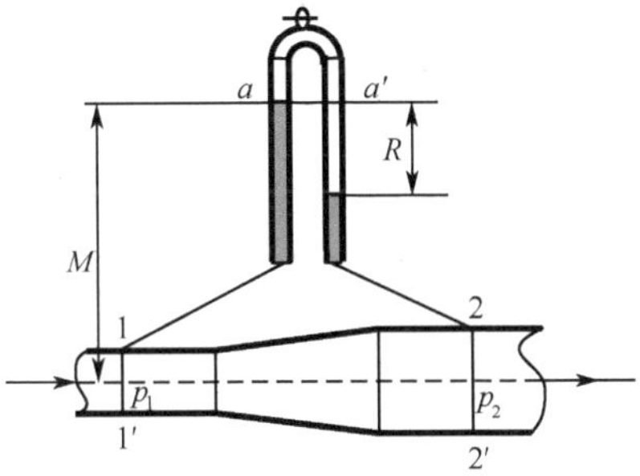	$p_1-p_2=R\rho g$	利用被测液体作为指示液
	斜管压差计	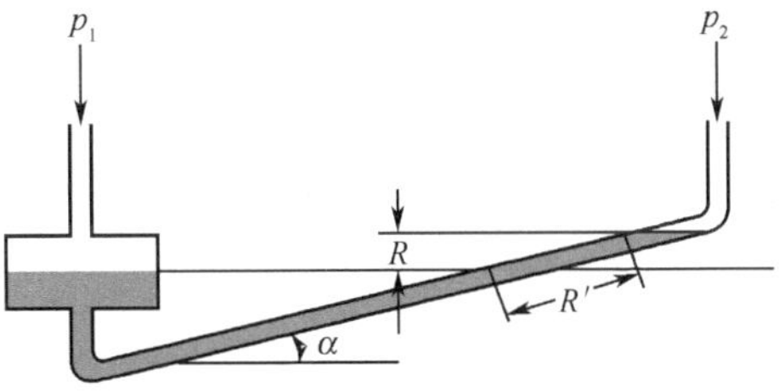	$p_1-p_2=(\rho_0-\rho)gR'\sin\alpha$	α 为倾斜角，其值越小，则 R 放大倍数越大

续表

应用		图例	计算公式	备注
压力计	微差压差计	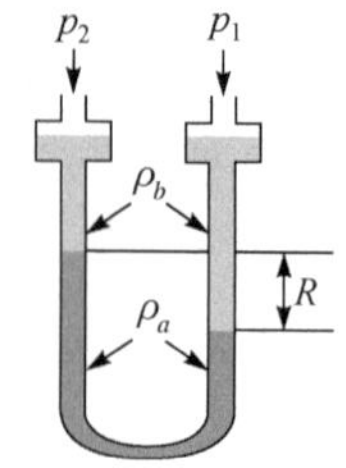	$p_1-p_2=R(\rho_a-\rho_b)g$	尽量使用两种密度相近的液体作为指示剂
液位测量		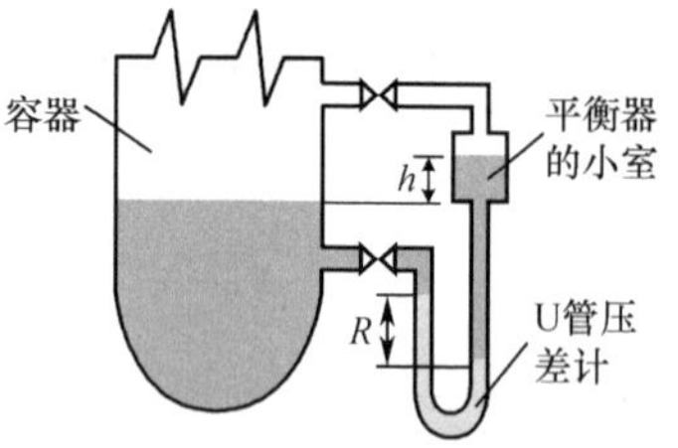	$h=\frac{\rho_0-\rho}{\rho}\cdot R$	液面越高，读数越小，当液面达到最大高度时读数为零
确定液封高度		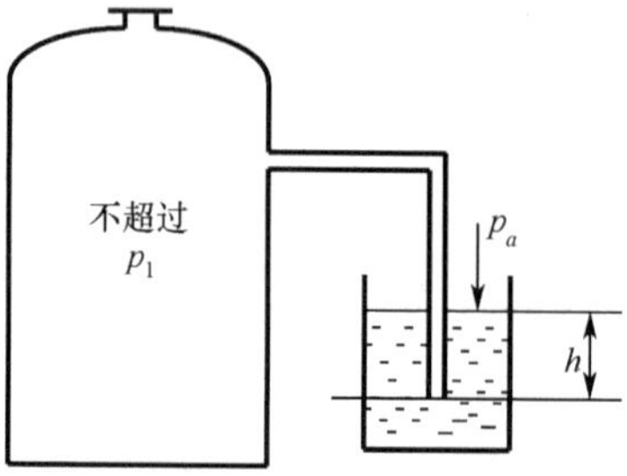	$h=\frac{p_1-p_a}{\rho_{H_2O}g}$	实际安装时，液面下管子的深度应比计算值略低

第三节　流体在管道内的流动

工程上将过流截面被输送流体所充满的管流称为有压管流，食品工厂中的流体原料或工作物质多用这种密闭的有压管道输送。因此，研究有压管内流体的流动规律很有必要。

一、流量与流速

（一）流量

常用于描述流动的参数有流量和流速，其中流量又分为体积流量（q_V，m^3/s）和质量流量（q_m，kg/s），它们之间的关系为

$$q_m=\rho q_V \tag{1-15}$$

（二）流速

1. 平均流速

流体质点的流速是指单位时间内流体质点在流动方向上流经的距离。实验证明，流体在

管道内流动时，管道横截面上流体质点的速度沿半径而变化。管道中心流速最大，越靠管壁速度越小，在紧靠管壁处，由于液体质点黏附在管壁上，其速度等于零。工程上所指的流速为整个管截面上的平均流速（average velocity），即体积流量与管道横截面积的比值，简称流速（m/s）。

$$u=\frac{q_V}{A} \tag{1-16}$$

式中：A——与流动方向垂直的管道截面积（m^2）。

2. 质量流速

质量流速（mass velocity）是指单位时间内流体流经管道单位截面积的质量，以 G 表示，单位为 kg/（m^2 · s）。质量流速与平均流速及流量的关系为

$$G=\frac{q_m}{A}=\frac{\rho Au}{A}=\rho u \tag{1-17}$$

气体的体积与温度和压强有关，当温度或压强发生变化时，气体的体积流量与流速随之改变，但其质量流量不变，此时采用质量流速比较方便。

（三）管道直径的计算

工程中一般以圆形截面的管道输送流体，若以 d 表示管道内径，则有

$$u=\frac{q_V}{A}=\frac{q_V}{\frac{\pi}{4}d^2}$$

所以

$$d=\sqrt{\frac{4q_V}{\pi u}}=\sqrt{\frac{q_V}{0.785u}} \tag{1-18}$$

实际生产中，流量由生产任务决定，要确定管道直径，关键是选择合适的流速。选择较大流速值时，则管径较小，这样可降低管线的建设投资，但是，流速大则流动阻力也大，使操作费用增加。反之，如果选择的流速值太小，虽然可降低操作费用，但管径的加大随之带来管线建设投资的增加。实际工程中，处理大流量长距离的输送问题，应根据具体情况兼顾建设投资与操作费的经济性，采用经济核算的方法确定合适的流速。前人经过大量工程实践获得了一些经验数据，通常液体的流速范围为 0.5～3m/s，气体的流速范围为 10～30m/s，一些流体在管道中的常用流速范围列于表 1-2 中。其他的情况可参阅有关手册。

表 1-2　一些流体在管道中的常用流速范围

流体的种类及状况	流速范围/(m/s)
水及低黏度液体（$1\times10^5\sim1\times10^6$ Pa）	1.0～3.0
黏度较高的液体	0.5～1.0
冷凝液的自流	0.5
饱和水蒸气	20～40
过热水蒸气	30～50

续表

流体的种类及状况	流速范围/(m/s)
一般常压气体	10～20
低压空气	12～15
高压空气	15～25
低压易燃易爆气体	<8
真空操作的气体	<10

例 1-2 某厂要求安装一根输水量为 30m³/h 的管道，试选择合适的管径。

解 依式（1-18）管内径为

$$d=\sqrt{\frac{q_V}{0.785u}}$$

选取水在管内的流速 u=1.8m/s（水及低黏度液体流速为 1.0～3.0m/s），所以

$$d=\sqrt{\frac{30\div 3600}{0.785\times 1.8}}=0.077(\mathrm{m})=77(\mathrm{mm})$$

查相关数据表中管道规格，确定选用 $\Phi 89\times 4$（外径 89mm、壁厚 4mm）的管子，则其内径为

$$d=89-4\times 2=81(\mathrm{mm})=0.081(\mathrm{m})$$

此时水在输送管内的实际操作流速为

$$u=\frac{q_V}{0.785d^2}=\frac{30}{0.785\times(0.081)^2\times 3600}=1.62(\mathrm{m/s})$$

二、稳定流动与非稳定流动

流体在管道中任一点的流速、压强、密度等参数均不随时间而改变的流动称为稳定流动，如图 1-3 所示。反之，若流体在管道中任一点的流速、压强、密度等参数随时间而改变，此流动则为非稳定流动。

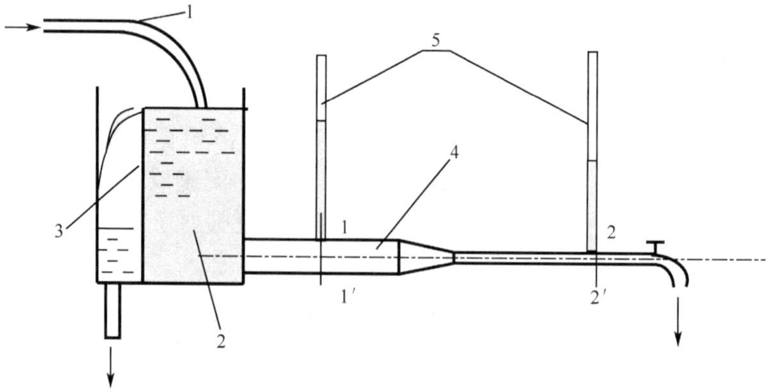

图 1-3 稳定流动

1. 进水管；2. 水箱；3. 溢流堰；4. 排水管；5. 测压管

三、连续性方程

设流体在如图 1-4 所示的管道中连续稳定流动，从截面 1-1′流入，从截面 2-2′流出，若在管道两截面之间既无流体漏损又无其他输入，根据质量守恒定律，从截面 1-1′进入的流体

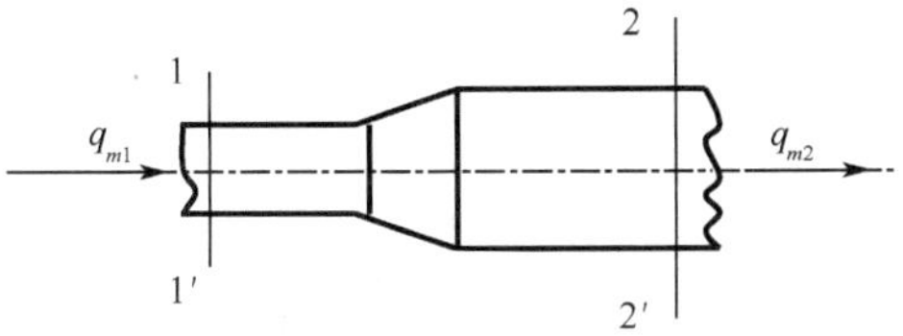

图 1-4 连续性方程的推导

质量流量 q_{m1} 应等于从截面 2-2′流出的流体质量流量 q_{m2}，即

$$q_{m1}=q_{m2} \tag{1-19a}$$

或

$$\rho_1 A_1 u_1=\rho_2 A_2 u_2 \tag{1-19b}$$

以上关系也为稳定流动系统物料衡算的基本关系式，它可推广到管道的任一截面，即

$$\rho A u=\text{常数} \tag{1-19c}$$

若流体不可压缩，ρ=常数，则式（1-19c）可简化为

$$Au=\text{常数} \tag{1-19d}$$

式（1-19d）表明，在稳定连续的不可压缩流体流动中，流速与管道截面积成反比，截面积越大，流速越小。对于圆形管道，有

$$\frac{\pi}{4}d_1^2u_1=\frac{\pi}{4}d_2^2u_2 \quad \text{或} \quad \frac{u_1}{u_2}=\left(\frac{d_2}{d_1}\right)^2 \tag{1-19e}$$

式中：d_1、d_2——管道截面 1-1′、截面 2-2′处的管内径。

式（1-19a）～式（1-19e）均为连续性方程的表达式。

例 1-3 如图 1-4 所示的输水管道，各段的管内径 $d_1=2.5$cm、$d_2=10$cm。①当体积流量为 4L/s 时，求各管段的平均流速；②当流量增至 8L/s 时，平均流速如何变化？

解 ①根据式（1-16）有

$$u_1=\frac{q_V}{A}=\frac{4\times10^{-3}}{\frac{\pi}{4}\times(2.5\times10^{-2})^2}=8.15(\text{m/s})$$

由式（1-19e）

$$u_2=\left(\frac{d_1}{d_2}\right)^2u_1=\left(\frac{2.5}{10}\right)^2\times8.15=\frac{8.15}{16}=0.51(\text{m/s})$$

②因各截面流速比例保持不变，流量增至 8L/s 时，为原来的 2 倍，则各段流速也增加至原来的 2 倍，即

$$u_1=16.3\text{m/s} \qquad u_2=1.02\text{m/s}$$

四、流体流动过程的能量方程

（一）理想流体的概念

若流体不存在黏性，即在流动过程中不产生摩擦阻力损失的流体称为理想流体。实际流体都具有黏性，理想流体只是一种假设，但这一假设可简化工程实际问题。

（二）理想流体作稳定流动时的能量方程

如图 1-5 所示，有压圆管内理想流体作稳定流动，在管道中取一长度为 $\mathrm{d}x$ 的微元管段，其管截面积为 $\mathrm{d}A$，流体质量流量为 G，段中的流体质量为 $\mathrm{d}m$。作用于此微元管段的力有：

1）两过流截面的总压力分别为 $p\mathrm{d}A$ 和 $-(p+\mathrm{d}p)\mathrm{d}A$。

2）重力为 $g\mathrm{d}m$。因为

$$\mathrm{d}m = \rho\mathrm{d}A\mathrm{d}x \qquad \mathrm{d}Z = \sin\theta\mathrm{d}x$$

所以，重力沿 x 方向的分力为

$$g\sin\theta\mathrm{d}m = \rho g\sin\theta\mathrm{d}A\mathrm{d}x = \rho g\mathrm{d}A\mathrm{d}Z$$

则作用于微元管段流体上各力沿 x 方向的分力之和为

$$\begin{aligned}\sum F_x &= p\mathrm{d}A - (p+\mathrm{d}p)\mathrm{d}A - g\rho\mathrm{d}A\mathrm{d}Z \\ &= -\mathrm{d}A\mathrm{d}p - g\rho\mathrm{d}A\mathrm{d}Z \end{aligned} \tag{1-20}$$

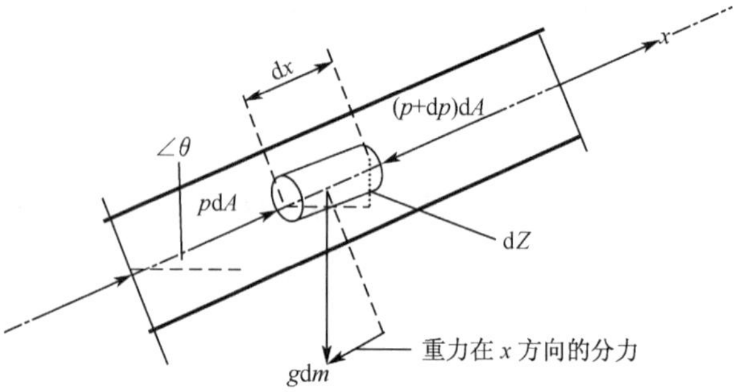

图 1-5　能量方程的推导

同时，流体进出微元管段的动量也会发生变化。流体流进微管段的速度为 u，流出的速度为 $(u+\mathrm{d}u)$，则两截面动量的变化率为

$$G(u+\mathrm{d}u) - Gu = G\mathrm{d}u = \rho u\mathrm{d}A\mathrm{d}u \tag{1-21}$$

根据牛顿第二定律，作用于微管段流体上的合力等于其动量的变化率，即

$$\sum F_x = -\mathrm{d}A\mathrm{d}p - g\rho\mathrm{d}A\mathrm{d}Z = \rho u\mathrm{d}A\mathrm{d}u$$

或

$$\rho u\mathrm{d}A\mathrm{d}u = -\mathrm{d}A\mathrm{d}p - g\rho\mathrm{d}A\mathrm{d}Z$$

方程两边同除以 $\rho\mathrm{d}A$，各项的单位变成 J/kg，均表示单位质量流体所具有的能量，整理得

$$g\mathrm{d}Z + \frac{\mathrm{d}p}{\rho} + u\mathrm{d}u = 0 \tag{1-22}$$

对不可压缩流体，ρ 为常数，对式（1-22）积分得

$$gZ + \frac{p}{\rho} + \frac{u^2}{2} = 常数 \tag{1-23a}$$

或

$$gZ_1 + \frac{p_1}{\rho} + \frac{u_1^2}{2} = gZ_2 + \frac{p_2}{\rho} + \frac{u_2^2}{2} \tag{1-23b}$$

式（1-22）～式（1-23b）称为理想不可压缩流体作稳定流动的能量方程，又称理想流体的伯努利方程（Bernoulli's equation）。它适用于不可压缩的非黏性流体。

五、伯努利方程的讨论

1）式（1-22）～式（1-23b）所列的伯努利方程表示理想不可压缩流体在无外力做功且呈稳定流动时，流程中任一截面单位质量流体所具有的位能 gZ、动能 $u^2/2$ 和静压能 p/ρ 之和为一常数，称为总机械能，用 E 表示。方程表明单位质量（1kg）理想流体作稳定流动时，在流程各截面上的总机械能相等，不同形式的机械能则不一定相等，但各种形式的机械能可以相互转换，从而维持不同截面上流体的总机械能相等。作为一种极端情况，若流体停止运动，即 $u=0$，伯努利方程变成流体静力学基本方程，即式（1-14）：

$$gZ_1 + \frac{p_1}{\rho} = gZ_2 + \frac{p_2}{\rho} = \cdots = 常数$$

或

$$Z_1 + \frac{p_1}{\rho g} = Z_2 + \frac{p_2}{\rho g} = \cdots = 常数$$

2）对于气体，若管道两截面间压强差很小，如 $p_1 - p_2 \leqslant 0.2p_1$，则 ρ 的变化也很小，可以视为不可压缩流体处理，此时伯努利方程仍适用，计算时密度可采用两截面的平均值。

当气体在两截面间的压差较大（可压缩流体），因为密度 ρ（比体积 υ）为压强的函数，则积分式（1-22）时，$\int_{p_1}^{p_2} \frac{\mathrm{d}p}{\rho} = \int_{p_1}^{p_2} \upsilon \mathrm{d}p$ 一项应考虑流体压缩性的影响，根据过程的性质（等温、绝热或多变）按热力学方法处理。

3）伯努利方程表达理想不可压缩流体作稳定流动的能量守恒规律，但对于非稳定流动系统的任一瞬间，该方程仍然成立。

4）将式（1-23b）两边同除以重力加速度 g，则得

$$Z_1 + \frac{p_1}{\rho g} + \frac{u_1^2}{2g} = Z_2 + \frac{p_2}{\rho g} + \frac{u_2^2}{2g} \tag{1-23c}$$

式（1-23c）各项的单位均为 m，表示单位重量流体所具有的能量。在这里，长度单位 m 的物理意义为单位重量流体所具有的机械能，通常将式（1-23c）各项依次称为位压头、静压头和动压头。

与静力学基本方程一样，伯努利方程中，单位质量流体所具有的各项能量也可以用流体柱高度表示，只是方程增加了一项动压头。就此而言，流体静力学基本方程又可视为流体能量守恒定律的一个特例。

六、实际流体流动的能量衡算式

实际流体具有黏性，在流动过程中，必然因黏性而产生内摩擦力，引起能量损失。这种情形可以用一套简单的实验装置（图 1-6）进行演示并得到证明。

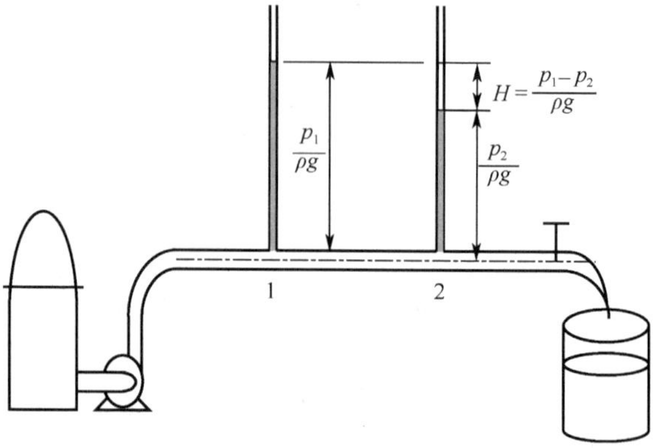

图 1-6　实际流体流动时压头的变化

在有压圆直管的截面 1 与截面 2 处各安装一根测压管（图 1-6），测得两截面处的静压头分别为 $p_1/\rho g$ 和 $p_2/\rho g$。对于水平圆直管，因为 $Z_1=Z_2$，$u_1=u_2$，而 $p_1/\rho g > p_2/\rho g$，则截面 1 处的总机械能大于截面 2 处的总机械能，两者之差为实际流体在该管段的能量损失 $\sum h_f$。

另外，实际食品生产过程中，常需要将流体从低处输送到高处，从总能量较低的地方输送到总能量较高的地方，由式（1-23a）可知，只有当 1-1′截面处总能量大于 2-2′截面处总能量时，流体才能克服阻力流至 2-2′截面。为此，必须在两截面间或者 1-1′截面之前输入相应的外加机械功 W_e。

综上所述，考虑外加机械功后，实际流体流动的能量衡算式应为

$$gZ_1+\frac{p_1}{\rho}+\frac{u_1^2}{2}+W_e=gZ_2+\frac{p_2}{\rho}+\frac{u_2^2}{2}+\sum h_f \quad (\text{J/kg}) \qquad (1\text{-}24)$$

各项能量用压头表示时，能量衡算式为

$$Z_1+\frac{p_1}{\rho g}+\frac{u_1^2}{2g}+H_e=Z_2+\frac{p_2}{\rho g}+\frac{u_2^2}{2g}+\sum H_f \quad (\text{m}) \qquad (1\text{-}25)$$

式中：H_e——以压头表示的外加能量（m）；

$\sum H_f$——压头损失（m）。

习惯上，式（1-24）和式（1-25）也称为实际流体流动的伯努利方程，可用于分析和解决工程实际中一般流体输送及相关问题。

七、用伯努利方程解题的注意事项

1）选取计算过流截面。首先要正确理解题意，绘制流动系统示意图，按流体流动方向依次选取两个过流截面，以确定衡算系统的范围。两截面之间的流体必须是连续的且稳定流动，两截面均应与流体流动方向垂直。显然，只要流动体系在连续稳定的范围内，可选任意两个截面作为计算截面。不过，为了计算方便，常取与系统起点和终点对应的截面为计算过

流截面，因为起点和终点的已知条件多。

2）确定基准水平面。基准水平面是用来衡量位能基准的。当过流截面与基准水平面不平行时，Z 应为截面中心到基准水平面的垂直距离。

3）方程中各项的单位必须一致。

4）两截面上的压强。不仅两截面上的压强单位须一致，且表示方法也须一致。伯努利方程中的压强 p_1 和 p_2 只能同时使用表压强或绝对压强，不能混合使用。使用表压强时，用负值表示真空度。

5）外加能量。应用伯努利方程计算所得的 W_e 是对单位质量（1kg）流体而言的，若要计算泵的有效功率（N_e）和轴功率（N_z），其计算公式如下：

$$N_e = W_e q_m \quad 或 \quad N_z = W_e q_m / \eta$$

八、实际流体能量衡算式的应用

实际流体流动的伯努利方程是描述流体流动规律的基本方程，应用范围很广。下面通过食品工程的几个实例介绍伯努利方程的应用。

例 1-4　某食品厂欲用水塔向车间输水，如图 1-7 所示，水塔水面维持恒定，已知主输水管为 Φ60mm×3.5mm，输水量为 23m^3/h，水经管路的能量损失按公式 $\sum h_f = 16u^2$（u 为管内水的流速）计算。①试求水塔水面应高于车间水管排出口的高度 H；②若输水量增加 10%，管路系统不变，管路能量损失仍可按题给公式计算，水塔水面必须升高多少米？

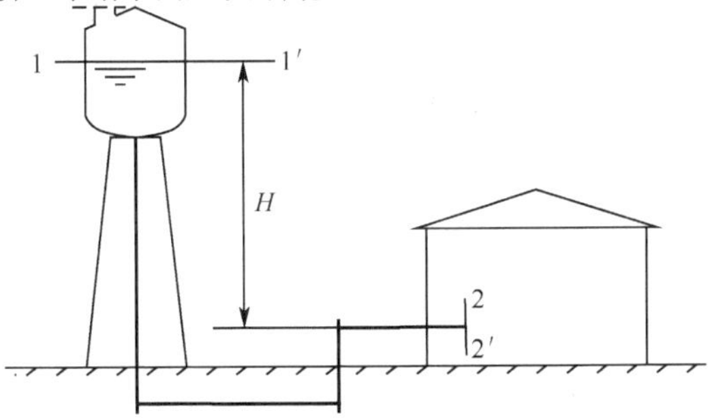

图 1-7　例 1-4 附图

解　①求水塔水面应高于车间水管排出口的高度 H。取水塔水面为上游截面 1-1′，车间排出口截面为 2-2′，以过截面 2-2′管轴中心线的水平面为基准水平面。在两过流截面间列伯努利方程，有

$$gZ_1 + \frac{p_1}{\rho} + \frac{u_1^2}{2} = gZ_2 + \frac{p_2}{\rho} + \frac{u_2^2}{2} + \sum h_f$$

式中：$Z_1 = H$，$Z_2 = 0$；$p_1 = p_2 = 0$（表压）。

又因水塔截面 1-1′比管道截面大得多，同体积流量下水塔截面 1-1′的平均流速可忽略不计，即 $u_1 \approx 0$，而

$$u_2 = \frac{q_V}{A} = \frac{4q_V}{\pi d^2} = \frac{4 \times 23}{3600\pi \times 0.053^2} = 2.9 \text{ (m/s)}$$

$$\sum h_f = 16u^2 = 16 \times 2.9^2 = 135 \text{(J/kg)}$$

将各数值代入伯努利方程，整理得

$$H=\frac{\frac{2.9^2}{2}+135}{9.81}=14.2(\text{m})$$

②输水量增加10%，因管径不变，则管内流速也应增加10%，即

$$u_2'=1.1\times 2.9=3.2(\text{m/s})$$

$$\sum h_f=16u^2=16\times 3.2^2=164(\text{J/kg})$$

$$H'=\frac{\frac{3.2^2}{2}+164}{9.81}=17.2\ (\text{m})$$

$$\Delta H=H'-H=17.2-14.2=3.0\ (\text{m})$$

当输水量增加10%，管路系统不变，水塔水面必须升高3.0m。

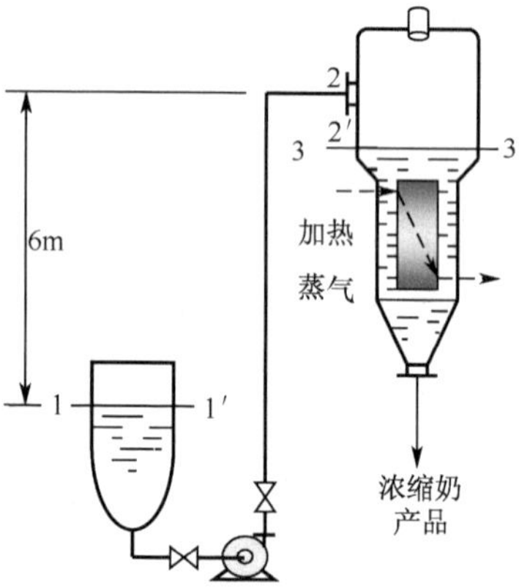

图1-8　例1-5附图

例1-5　用奶泵将储槽（通大气）中的脱脂牛奶以13m^3/h的流量送到蒸发器中进行真空浓缩，如图1-8所示。泵进口管是Φ56mm×1.5mm的不锈钢管，出口管为Φ50mm×1.5mm。储槽中牛奶的液面距蒸发器入口处的垂直距离为6m，牛奶流经管路系统的总能量损失为96J/kg，蒸发器内液面上的真空度为70.166kPa，操作地区的平均大气压强为101.33kPa，牛奶的密度为1090kg/m^3。该泵效率为0.63，求泵的轴功率。

解　取储槽液面为1-1′截面，并以此为基准水平面，蒸发器入口管口处为2-2′截面，在1-1′和2-2′截面处列伯努利方程，即

$$gZ_1+\frac{p_1}{\rho}+\frac{u_1^2}{2}+W_e=gZ_2+\frac{p_2}{\rho}+\frac{u_2^2}{2}+\sum h_f$$

移项得

$$W_e=g(Z_2-Z_1)+\frac{p_2-p_1}{\rho}+\frac{u_2^2-u_1^2}{2}+\sum h_f$$

式中：$Z_1=0$，$Z_2=6\text{m}$；$p_1=0$（表压），$p_2=-70\ 166\text{Pa}$（表压）；$u_1\approx 0$，$u_2=\frac{q_V}{A}=\frac{4q_V}{\pi d^2}=\frac{4\times 13}{3600\pi\times 0.047^2}=2.08\ (\text{m/s})$；$\sum h_f=96\text{J/kg}$；$\rho=1090\text{kg/m}^3$。

将以上各数值代入得

$$\begin{aligned}W_e&=g(Z_2-Z_1)+\frac{p_2-p_1}{\rho}+\frac{u_2^2-u_1^2}{2}+\sum h_f\\&=9.81\times 6+\frac{-70\ 166-0}{1090}+\frac{2.08^2}{2}+96\\&=92.6(\text{J/kg})\end{aligned}$$

有效功率（N_e）为单位时间内泵所做的有效功（W_e），所以有

$$N_e=W_e\times q_m=92.6\times\frac{13.0\times 1090}{3600}=364(\text{W})$$

泵的轴功率（N_z）为

$$N_z=\frac{N_e}{\eta}=\frac{364}{0.63}=578(\text{W})=0.578(\text{kW})$$

第四节　流体的流动现象

流体因为受到剪应力（shear stress）的作用而产生连续的变形，这便是流动。同时流体内部也会出现抵抗变形的力，运动流体内部相邻两流体层间由于分子运动而产生的相互作用力称为流体的内摩擦力。流体流动时产生内摩擦力的性质称为黏性，故这种内摩擦力也称为黏滞力。显然，流体黏性越强，摩擦阻力越大，其流动性就越差。

静止流体不显示其黏性，流体运动时内摩擦力的大小体现其黏性的大小。可见，黏性是流动流体的基本特性。

一、牛顿黏性定律

设有上、下两大块平行放置且相距很近的平板，板间充满某种液体，如图 1-9 所示。若将下板固定，对上板施加一恒定的平行推力，则上板以等速 u 作直线运动。上板底面黏附的液体层也以同样的速度 u 随之运动，而黏附于下板的液体层则因该板固定而速度为零。由于流体存在黏性，运动较快的上层对相邻运动较慢的下层有向前的力，同时，运动较慢的下层对相邻运动较快的上层产生反向阻力，这样，板间其他各液层必然出现上大下小的流速分布。必须指出，一般情况下，流速 u 与垂直方向上的距离 y 并非呈直线关系，而是呈曲线关系。

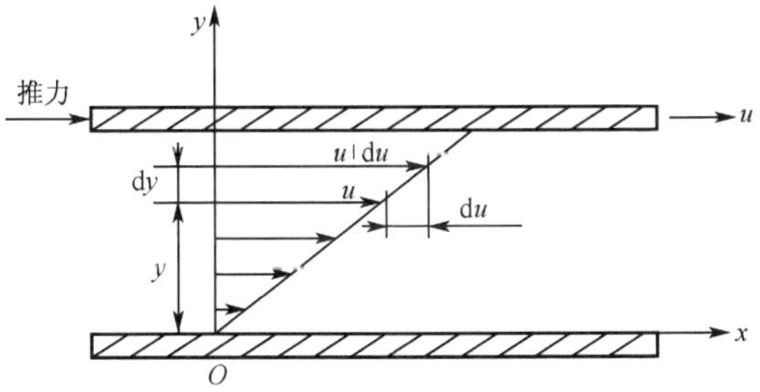

图 1-9　平板间流体速度变化图

如图 1-9 所示，若 y 处流体层的速度为 u，在其微元垂直距离 dy 的上相邻流体层速度为 u+du，则 du/dy 表示速度沿法线方向上的变化率，称为速度梯度（velocity gradient）。

实验证明，两流体层间单位面积上的内摩擦力（剪应力）τ 与垂直于流动方向的速度梯度成正比，即

$$\tau = \mu \frac{\mathrm{d}u}{\mathrm{d}y} \tag{1-26}$$

式中：μ——黏性系数或动力黏度，简称黏度（viscosity），单位为 Pa·s。

式（1-26）所示的关系称为牛顿黏性定律。

二、流体的黏度

（一）黏度

黏性是流体的基本物理特性之一，黏性的高低用黏度表示，黏度的物理意义为速度梯度等于 1 时运动流体单位面积上所产生内摩擦力的大小。流体黏度越高，流动时产生的内摩擦力越大，流体只有在运动时才显示其黏度。

在 CGS 制中黏度单位称为泊，用符号 P 表示，它的下一级十进倍数单位为厘泊（符号为 cP，1P=100cP）。Pa · s(N · s/m^2)、P、cP 的换算关系为

$$1\text{Pa}\cdot\text{s} = 10\text{P} = 1000\text{cP}$$

流体黏性还可用流体黏度 μ 与密度 ρ 之比表示，称为运动黏度（ν）。

$$\nu = \frac{\mu}{\rho} \tag{1-27}$$

国际单位制中 ν 的单位为 m^2/s，CGS 制中的单位为 cm^2/s，称为斯托克斯，简称沲，用符号 St 表示，1St=100cSt（厘沲）$=10^{-4}m^2/s$。

（二）影响流体黏度的因素

在相同的温度和压强条件下，不同流体因各自的固有特性，其黏度各不相同。同一流体，温度变化对流体黏度的影响较大，当温度升高时，液体的黏度减小，而气体的黏度增大。

压强对液体黏度的影响很小，可忽略不计；气体的黏度除在极高或极低的压强下，也可认为与压强无关。

三、流体的动量传递

将式（1-26）适当变换，可改写成下列形式：

$$\tau = \mu\frac{\mathrm{d}u}{\mathrm{d}y} = \frac{\mu}{\rho}\frac{\mathrm{d}(\rho u)}{\mathrm{d}y} = \nu\frac{\mathrm{d}(\rho u)}{\mathrm{d}y} \tag{1-28}$$

式中：$\rho u = mu/V$——单位体积流体的动量；

$\frac{\mathrm{d}(\rho u)}{\mathrm{d}y}$——动量梯度。

就此而言，牛顿黏性定律也表明：因为黏性，流动流体形成快慢不同的流层，进而流层之间便产生了流体分子的动量交换。

同理，剪应力的单位也可表示为

$$[\tau] = \frac{\text{N}}{\text{m}^2} = \frac{\text{kg}\cdot\text{m/s}^2}{\text{m}^2} = \frac{\text{kg}\cdot\text{m/s}}{\text{m}^2\cdot\text{s}} = \frac{\text{动量}}{\text{m}^2\cdot\text{s}}$$

即剪应力可看作单位时间内单位面积上的动量，称为动量传递速率。

四、牛顿流体与非牛顿流体

（一）牛顿流体

剪应力与速度梯度的关系完全符合牛顿黏性定律的流体称为牛顿流体（Newtonian fluid），

所有气体、水及很多液体都属于牛顿流体。由牛顿黏性定律，可将速度梯度改写成剪切速率(shear rate)，用符号 $\dot{\gamma}$ 表示，即

$$\frac{\mathrm{d}u}{\mathrm{d}y}=\frac{\mathrm{d}x/\mathrm{d}\theta}{\mathrm{d}y}=\frac{\mathrm{d}x/\mathrm{d}y}{\mathrm{d}\theta}=\dot{\gamma}$$

则牛顿黏性定律可改写成如下的流变方程：

$$\tau=\mu\dot{\gamma} \tag{1-29}$$

将 τ 与 $\dot{\gamma}$（或 $\mathrm{d}u/\mathrm{d}y$）关系描绘在直角坐标图上，可得一条通过原点的直线（如图 1-10 中直线 a）。

（二）非牛顿流体

凡不服从牛顿黏性定律的流体统称为非牛顿流体(non-Newtonian fluid)。本章仅对非牛顿流体的类型及特性做简要介绍，对非牛顿流体的行为和流动规律更系统地研究可参阅流变学（rheology）等有关专著。

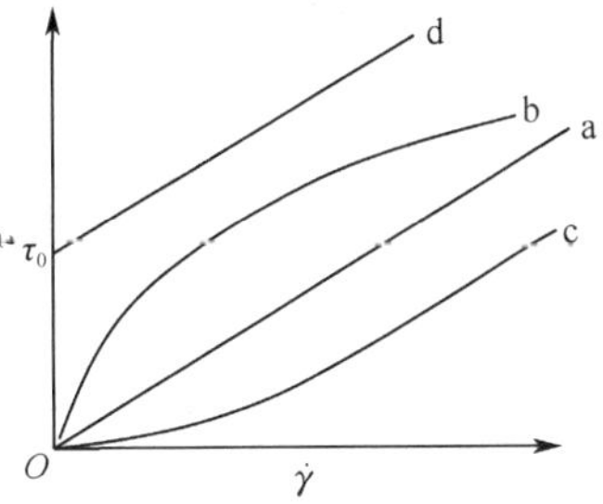

图 1-10 流体类型及其流变曲线图

τ 与 $\dot{\gamma}$（或 $\mathrm{d}u/\mathrm{d}y$）的关系为曲线，由于曲线的斜率是变化的，故不存在通常意义上的黏度，对这类非牛顿流体，应以关系曲线上某指定点的剪切速率来定义它的黏滞特性，称为表观黏度（μ_a），即

$$\mu_a=\frac{\tau}{\dot{\gamma}} \tag{1-30}$$

常见的非牛顿流体食品物料有假塑性（pseudoplastic）流体（如图 1-10 中曲线 b）、涨塑性（dilatant）流体（如图 1-10 中曲线 c）、宾汉塑性（Bingham plastic）流体（如图 1-10 中曲线 d）和黏弹性（viscoelastic）流体。

其中假塑性流体、涨塑性流体和牛顿流体可以用幂函数来表示剪应力与剪切速率间的关系，因此它们也称为幂律（power law）流体，它们的流变方程为

$$\tau=K\left(\frac{\mathrm{d}u}{\mathrm{d}y}\right)^n \tag{1-31}$$

式中：K——稠度系数；

n——流变指数。

当 $n<1$ 时，流体为假塑性流体；当 $n>1$ 时，流体为涨塑性流体；当 $n=1$ 时，流体称为牛顿流体。

宾汉塑性流体的流变方程为

$$\tau=\tau_0+\eta_0\frac{\mathrm{d}u}{\mathrm{d}y} \tag{1-32}$$

式中：τ_0——屈服应力（Pa）；

η_0——刚性系数（Pa・s）。

式（1-32）表明，只有当剪应力超过某一屈服值（τ_0）时，流体才开始流动，之后其流动行为与牛顿流体一样。巧克力浆、干酪和某些膏状食品很接近宾汉塑性流体。

黏弹性流体具有黏性和弹性的双重特点，形体上也介于黏性流体与弹性固体之间，因此，将其称为半流体或半固体可能更贴切。当施加于黏弹性流体上的剪应力低于屈服值时，剪应力移除后，其变形能部分复原。果胶冻、某些动物凝胶冻、面粉团等属于接近黏弹性流体食品的物料。

五、流体流动类型与雷诺准数

因为实际流体均具有黏性，所以流动过程必然伴随摩擦阻力损失，为了找到流动摩擦阻力损失所遵循的规律，前人做了大量的研究。著名物理学家奥斯本·雷诺（Osborne Reynolds）通过实验研究发现，管内流体在流动中会因黏度等因素影响而取不同的流动类型（或流态）；不同流动类型摩擦阻力损失所遵循的规律也不同。

雷诺实验装置如图 1-11 所示，在水槽 3 的下部接一根水平玻璃管 4，用阀门 5 调节流量，水槽内水位由溢流装置 6 保持恒定。水槽上部装设一个染色水小瓶 1，其颜色水由细管 2 通入水平玻璃管 4 的入口。

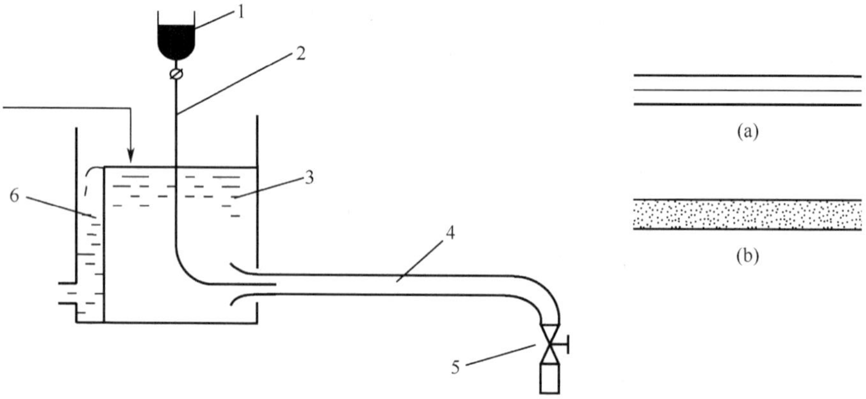

图 1-11　雷诺实验装置

1. 染色水小瓶；2. 细管；3. 水槽；4. 水平管；5. 阀门；6. 溢流装置

从实验中可以观察到，当水平玻璃管中流速很小时，染色水在管内沿轴线方向呈一条直线平稳地流过，表明水平玻璃管内水的质点或微团之间没有相互混扰和迁移，都沿着与管轴线平行的方向运动。开大阀门 5，使管内流速增大到一定数值时，有色细流出现波动而呈波浪形细流线。流速进一步增大，细流线的波动加剧，管内液体出现激烈的混杂，直至细流线完全消失，整个玻璃管中呈现均匀的有色水流，表明流体质点或微团除了沿管道向前运动外，还存在流速大小和方向不断改变的杂乱运动，此时流体流动状态已发生了显著的变化。

上述实验表明，流体存在两种截然不同的流动类型。一种是如图 1-11（a）所示的层状流动，称为滞流（viscous flow）或层流（laminar flow）；另一种是如图 1-11（b）所示流体质点的紊乱流动，称为湍流（turbulent flow）或紊流。

雷诺还分别用不同的管径和流体进行了实验，发现不仅流速大小可引起流态的改变，而且管径 d、流体密度 ρ 和黏度 μ 也可引起流态的改变。u、d、ρ 的值越大，μ 的值越小，流体就越趋湍动。通过进一步的研究，再利用因次分析方法，可将这些影响因素组成一个复合数群 $du\rho/\mu$ 称为雷诺准数或雷诺数（Rey-nolds number），以 Re 表示。将各物理量的因次代入雷诺数中，有

$$[Re]=\left[\frac{du\rho}{\mu}\right]=\frac{(L)\left(\dfrac{L}{\theta}\right)\left(\dfrac{M}{L^3}\right)}{\dfrac{M}{(\theta)(L)}}=L^0M^0\theta^0$$

式中：L——长度（m）；

θ——时间（s）；

M——质量（kg）。

可见，Re 是一个无因次数群。只要数群中各物理量的单位一致，某流动体系流动过程的雷诺数应该相等。

流体流动类型可用雷诺数加以判断。大量实验证明，流体在直管中流动时，有

$Re \leqslant 2000$，流动类型为层流或滞流；

$Re \geqslant 4000$，流动类型为湍流或紊流；

$2000 < Re < 4000$，流动类型不稳定，可能是层流，也可能是湍流，与外界干扰情况有关。该雷诺数范围称为过渡区。

例 1-6　20℃牛奶的黏度为 2cP，密度为 1036kg/m³，现以 2m/s 的流速在内径为 50mm 的管内流动。试分别用国际单位制和物理单位制求 Re 的数值。

解　①用国际单位制求算。已知 $d=0.05\text{m}$，$u=2\text{m/s}$，$\rho=1036\text{kg/m}^3$，$\mu=2.0\times10^{-3}\text{Pa}\cdot\text{s}$，则有

$$Re=\frac{du\rho}{\mu}=\frac{0.05\times2\times1036}{2\times10^{-3}}=51\ 800$$

②用物理单位制求算。由

$$d=0.05\text{m}=5\text{cm}$$

$$u=2\text{m/s}=200\text{cm/s}$$

$$\rho=1036\text{kg/m}^3=1.036\text{g/cm}^3$$

$$\mu=2.0\times10^{-3}\text{Pa}\cdot\text{s}=2.0\times10^{-2}\text{g/(cm}\cdot\text{s)}$$

则有

$$Re=\frac{du\rho}{\mu}=\frac{5\times200\times1.036}{2\times10^{-2}}=51\ 800$$

可见在计算中，只要物理量的单位一致，某流动过程的 Re 是相等的。

六、流体在圆管内的速度分布

由于流体存在黏性，流体流动时，管截面上质点的轴向速度沿半径是变化的，管截面上流速大小随半径而改变的规律称为管内的速度分布规律。速度分布与流体的流动类型有关，流动类型不同，速度分布规律不同。

（一）流体在圆管中作层流流动时的速度分布

通过实验测量流体在圆管过流截面上各点流速的大小，并将它们描绘在如图 1-12 所示的管轴面图上。容易看出，管壁处流速为零，管中心流速最大。当流体在管内作滞流流动时，可以用数学分析的方法导出流速沿过流截面不同半径的分布方程式。

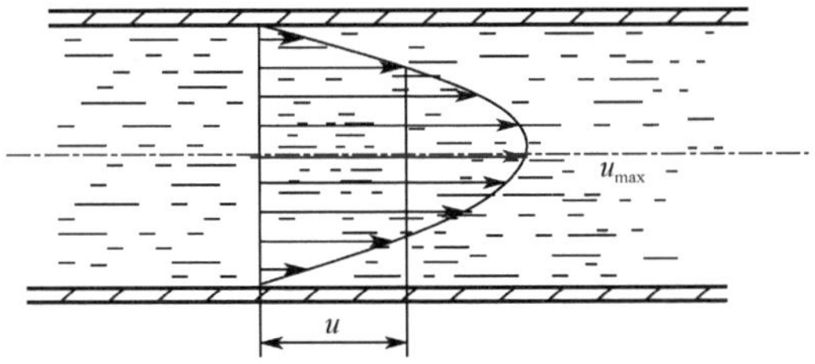

图 1-12　管内滞流流动的速度分布

如图 1-13 所示，流体在半径为 R 的水平管内作稳定的层流流动，在流体中任取一段长为 l、半径为 r 的流体圆柱体。在水平方向作用于此圆柱体的力有圆柱体两端的总压力及该圆柱体外周面与相邻流体层（dr 层）所产生的内摩擦力。

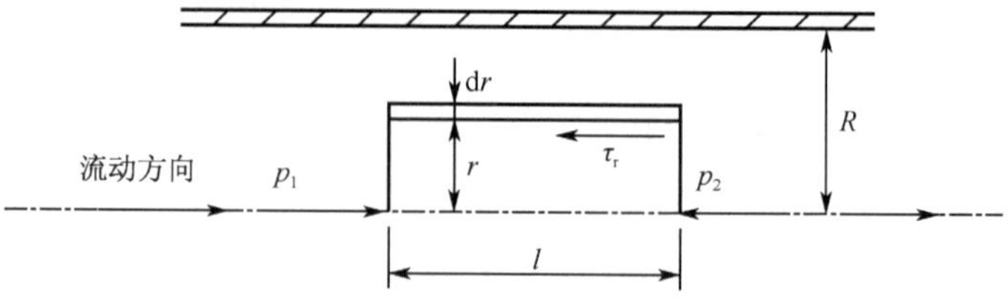

图 1-13　管内速度分布方程的推导

圆柱体两端的总压强分别为

$$p_{1,总}=\pi r^2 p_1 \qquad p_{2,总}=\pi r^2 p_2$$

圆柱体外周面与相邻流体层（dr 层）所产生的内摩擦力 F 为

$$F=\tau_r A$$

牛顿流体作层流流动时，其内摩擦力服从牛顿黏性定律，即

$$\tau_r=-\mu\frac{\mathrm{d}u_r}{\mathrm{d}r}$$

所以

$$F=\tau_r A=-\mu\frac{\mathrm{d}u_r}{\mathrm{d}r}(2\pi rl)=-2\pi rl\mu\frac{\mathrm{d}u_r}{\mathrm{d}r}$$

流体作稳定的等速流动时，由牛顿第二定律，作用于该圆柱体水平方向上的合力等于零，即

$$\pi r^2 p_1-\pi r^2 p_2+2\pi rl\mu\frac{\mathrm{d}u_r}{\mathrm{d}r}=0$$

令两端压强差 $\Delta p=p_1-p_2$，整理上式得

$$\frac{\mathrm{d}u_r}{\mathrm{d}r}=-\frac{\Delta p}{2\mu l}r$$

分离变量并用管壁处的边界条件 $r=R$ 时 $u=0$ 进行积分

$$\int_0^{u_r}\mathrm{d}u_r=-\frac{\Delta p}{2\mu l}\int_R^r r\,\mathrm{d}r$$

得

$$u_r=\frac{\Delta p}{4\mu l}(R^2-r^2) \tag{1-33}$$

式（1-33）为流体在圆管中作层流流动时的速度分布方程。可见，在管轴平面上，流速大小沿径向的分布呈抛物线形。

当 $r=0$ 时，可得最大流速

$$u_{\max}=\frac{\Delta p}{4\mu l}R^2$$

故速度分布方程也可写成

$$u_r=u_{\max}\left(1-\frac{r^2}{R^2}\right)$$

有了管截面的速度分布方程，可进一步用数学方法导出圆管流量和平均流速公式。如图 1-13 所示，在半径 r 处取一个厚为 $\mathrm{d}r$ 的微小环形面积，流过此微小环形面积的体积流量为

$$\mathrm{d}q_V = (2\pi r\mathrm{d}r)u_r$$

将 $u_r = \dfrac{\Delta p}{4\mu l}(R^2 - r^2)$ 代入上式，有

$$\mathrm{d}q_V = \frac{\pi r\Delta p}{2\mu l}(R^2 - r^2)\mathrm{d}r = \frac{\pi\Delta p}{2\mu l}(R^2 r - r^3)\mathrm{d}r$$

对整个过流截面面积积分，得全管的流量公式

$$\int_0^V \mathrm{d}q_V = \frac{\pi\Delta p}{2\mu l}\int_0^R (R^2 r - r^3)\mathrm{d}r$$

$$q_V = \frac{\pi\Delta p}{2\mu l}\left(\frac{R^4}{2} - \frac{R^4}{4}\right)$$

即

$$q_V = \frac{\pi R^4\Delta p}{8\mu l} \tag{1-34}$$

又因 $q_V = Au$，则管内的平均流速为

$$u = \frac{q_V}{\pi R^2} = \frac{\dfrac{\pi R^4\Delta p}{8\mu l}}{\pi R^2} = \frac{R^2\Delta p}{8\mu l} = \frac{1}{2}u_{\max} \tag{1-35}$$

可见，管内平均流速为最大速度的一半。以管径 d 代替半径 R，将式（1-34）改写成两截面压强差 Δp 与平均流速 u 之间的关系式，得

$$\Delta p = \frac{32\mu l u}{d^2} \tag{1-36}$$

式（1-36）称为哈根-泊谡叶（Hagen-Poiseuille）公式。式（1-36）表明，流体以层流通过圆直管时，因克服摩擦阻力所产生的压强降 Δp 与 u 成正比。另外，式（1-36）也是毛细管黏度计的理论公式。

（二）流体在圆管中作湍流流动时的速度分布

湍流中流体质点的运动情况要比层流中复杂得多，其速度分布规律目前还不能用纯理论方法进行推导，只能用实验结果加以分析（图 1-14）。湍流时流体质点和微团的运动是杂乱的，伴有大量漩涡，除了沿轴向的流动外，还不断出现运动方向和速度大小随时间的变化。就此而言，湍流中质点的运动并非稳定流动，但从统计学的观点看，尽管质点的运动速度和方向是脉动的，但总存在一个统计平均流速，此流速乘以过流截面面积恰等于一个稳定湍流过程的流量。以下述及的湍流流速就是统计平均流速。

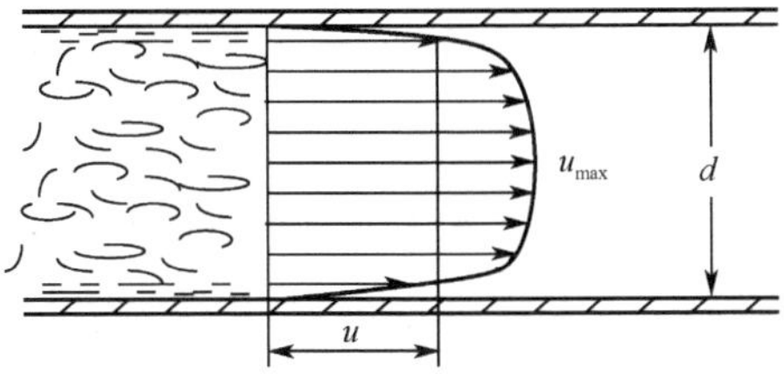

图 1-14　圆管内湍流流动的速度分布

大量实验表明，圆管湍流的速度分布存在两个区域，即管中心及附近的区域和管壁附近的区域。

管中心及其附近流体质点的自由度比较大，众多的漩涡引起流体质点的上下翻滚和激烈湍动，质点间的动量交换异常频繁。这样流速较快的质点就会带动较慢的质点，而较慢的质点又拖曳较快的质点，快慢质点的互相牵扯使得管中心及附近截面上的速度分布比较均匀，其平均流速约为管中心最大流速的 0.82 倍，流速比较均匀的区域，称管中心及附近截面上速度分布为湍流区。管内湍流区速度分布规律可用如下近似公式表达：

$$u_r = u_{\max}\left(1-\frac{r}{R}\right)^{1/n}$$

式中：n 值随 Re 的大小而定，当 $1.0\times10^5<Re<3.2\times10^5$ 时，$n=7$；当 $Re>3.2\times10^5$ 时，$n=10$。

然而在管壁附近，流体质点受壁环境的约束，附着于管壁上的流体层流速为零，离开此层，流速渐次增大，形成一个厚度为 δ 的层流底层（laminar sublayer）或层流内层，该层内流体保持层流流动。层流底层是一层很薄的流动层，因此层流底层的速度梯度很大。

两个区域的相对大小因 Re 而改变，Re 越大，流体湍动越强烈，管中心附近形成的湍流主体过流截面面积也越宽，相应层流底层却越薄。关于层流底层厚度有如下的经验公式：

$$\frac{\delta}{d} = \frac{64.2}{Re^{7/8}}$$

式中：d——管的内半径（m）。

七、流体边界层

当处理低黏度（Re 很大）流体的流动问题时，为什么仍然不能忽略黏滞力的影响？普兰特（Prandtl）于 20 世纪初提出的边界层理论给出了满意的解释。以流体沿固定平板的流动为例，未进入平板前，流体以均匀一致的流速 u_s 流动。边界层理论认为，当实际流体沿该固体壁面流动时，必有一薄层流体附着于壁面上，其速度为零。在垂直于流速的方向上，离开黏附层的相邻各层流速依次从零迅速增大，直到趋近于未受壁面影响时的流速 u_s，其间在壁面附近各层的累积厚度 δ 内速度梯度都比较大。因此，由牛顿黏性定律可知，即使流体的黏度很低，也绝不可忽略黏滞力的作用。将壁面附近厚度为 δ 的这层流体称为流动边界层，简称边界层，如图 1-15 中虚线以下的区域。该边界层的厚度 δ 随流程 x 的增加而变厚。

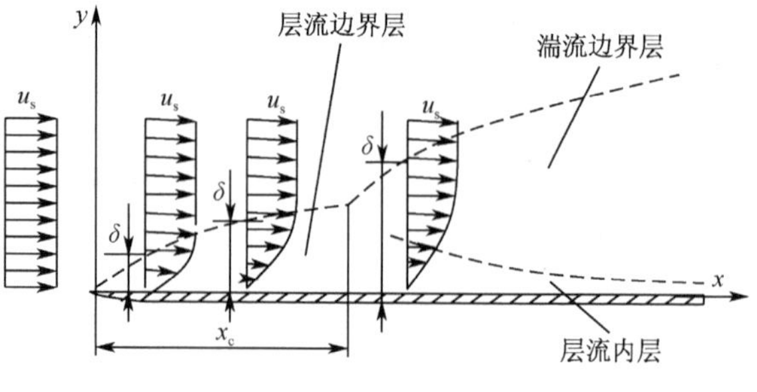

图 1-15　平板上的流动边界层

进一步测取 δ 厚度（边界层）以外的情况发现，流速随垂直于流速方向上的增量变得极其微小，流速均接近 u_s，速度梯度几乎为零，流体黏性的作用变得微不足道，故可忽略黏滞力的作用而将其视为理想流体。边界层以外的这一流动区域称为湍流主体区。

在开始的一段距离 x_c 内，边界层厚度 δ 比较薄，边界层内流体的流型为滞流，故称该边界层为滞流边界层。从临界距离 x_c 开始，边界层的厚度进一步加厚，边界层中的流体经过一个过渡区后转变为湍流流动，此边界层称为湍流边界层。但在湍流边界层内靠近平板又有一薄层流体，仍然维持层流流型，称为层流底层或层流内层。

流体流过圆柱、球体或其他几何状物体表面时，边界层不可能一直紧贴壁面，终会在一定条件下脱离固体壁面，并自脱离点产生大量漩涡，从而加剧流体质点间的碰撞，即使其流程不长，也必然造成额外的能量损失。

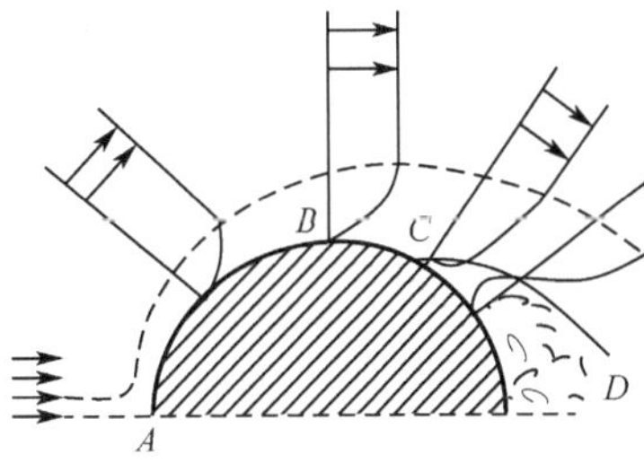

图 1-16　流体过圆柱表面的边界层

现以流体垂直流过一根无限长圆柱为例进一步说明上述现象。图 1-16 为液体以垂直方向流过无限长圆柱上半部表面的情形。因流体具有黏性，液体在圆柱表面上也会形成边界层，且边界层厚度也随流程而增加。但是，来流液体以均匀流速到达 A 点时，受壁面阻挡，流速为零，其动能转化成压力势能，在此压力势能作用下，来流液体被迫改变运动方向，转而向圆柱两侧表面绕行。因长圆柱横挡在水平平行流场中，从点 A 至点 B，流道截面面积逐渐减小，边界层内液体沿程加速减压。过圆柱顶端 B 点后，流道截面面积逐渐加大，边界层内液体又开始沿程减速增压。这样，动能的一部分转换成压力势能，另一部分消耗于克服摩擦阻力。随着动能的进一步降低，到达某点时已消耗殆尽（如图 1-16C 点），流速变为零，即形成新的停滞点，来流液体在较高的压力势能作用下被迫离开壁面，改变方向后继续前进。这种边界层脱离壁面的现象称为边界层的分离。自分离点 C，下游壁面附近出现断流和空隙，来流液体必在这里形成倒流以填充空隙区，于是，壁面与分离面（CD 曲面）之间产生漩涡，漩涡区内流体质点碰撞剧烈，进而造成额外的能量损失。

边界层的概念不仅在简化实际流体的流动问题时得到应用，在传热及传质过程的研究中也得到广泛应用。

第五节　流体在管内的流动阻力

本章第三节所举伯努利方程应用的例题中，或给出能量损失 $\sum h_f$ 一项的数值，或将其忽略。而在解决工程实际问题时，流动阻力引起的能量损失 $\sum h_f$ 往往是重要的计算内容。

前已述及，流体具有黏性，由牛顿黏性定律，流动中的流体存在内摩擦，这是流动阻力产生的内因；流道固体壁面又促使流动中的流体内部发生相对运动，从而引起内摩擦，这个作用为流动阻力的产生提供了外部条件。可见，流动阻力的大小与流体的固有性质、流动状况及流道壁面的几何特性密切相关。

当流体从某一截面流到另一截面，各流体层间的分子动量传递、湍流过程流体质点或微团的紊乱运动动量传递均会引起内摩擦，内摩擦使流体原有机械能的一部分转化为热能而散失到流体所接触的环境中，这部分散失的机械能称为能量损失。管路输送系统由若干直管段和各种管件、阀门等组成。通常将流体在管路系统中的流动阻力分为直管阻力和局部阻力两种。直管阻力是指流体流经相当长（一般长径比应大于或等于 30）的一段定直径管段后所累积起的流动阻力，故直管阻力也称沿程阻力。局部阻力是流体流经管件、阀门及过流截面的突然扩大或缩小等局部障碍所产生的阻力。伯努利方程中的 $\sum h_f$ 项是指流体流经管路系统的总能量损失，它等于直管阻力 h_f 和局部阻力 h_f' 之和。

流体流经管、管件和阀门时，为了克服流动阻力，需要消耗能量。讨论流体在管内的流动阻力必须熟悉管、管件及阀门的组成、形式与作用。

一、管路系统

管路系统由管、管件、阀门及输送机械等组成，将生产设备连接起来，担负输送任务。

（一）管

钢管、铸铁管、有色金属管、塑料管及橡胶管等都广泛用于流体的输送。选用管子时，一般要考虑被输送物料的性质、管材的耐腐蚀性、输送压力及管材价格等的要求。管径常以 $\Phi A\times B$ 表示，其中 A 指管外径，B 指管壁厚度，如$\Phi 60\times 2$ 即管外径为 60mm，管壁厚为 2mm。

食品生产工厂最常用的是钢管，钢管又可分为有缝钢管和无缝钢管，有缝钢管是把裁成矩形的板材卷成圆筒状后缝焊接而成。有缝钢管适用于在较低压力下输送水、油、饱和水蒸气、空气和煤气等。在输送流体食品物料时，为了防止管材的腐蚀及食品物料的污染，常使用不锈钢管，但价格较高。无缝钢管是由钢厂直接用热轧或冷轧方法制成的，用于压力较高的流体输送。

（二）管件

管件是管与管的连接部件。主要作用有：改变管道方向，如弯头；连接支管，如三通等；改变管径，如大小头、活接头；堵塞管道，如管堵。

（三）阀门

阀门安装于管道中用于调节流量。常见阀门的种类有：

1）截止阀（cut-off valve）：依靠阀盘的升降改变阀盘与阀座的距离，以实现流量的调节。

2）闸阀（gate valve）：利用闸板的升降改变阀门通道的大小，进而达到调节管中流量的目的，故也称闸板阀。

3）止逆阀（check valve）：是一种单向阀，当流体自左向右流动时，阀自动开启，如反向流动时，阀门自动关闭。它只允许流体单方向流动。

（四）输送机械

常用的输送机械有泵和风机，泵用于输送液体，风机用于输送气体。关于泵和风机将在第二章中具体介绍。

二、流体在直管中的流动阻力损失

(一) 计算圆形直管阻力的一般表达式

以一段水平圆直管内的流动为例，如图 1-17 所示，不可压缩流体在圆直管内稳定流动，在相距为 l 的两截面间列伯努利方程，有

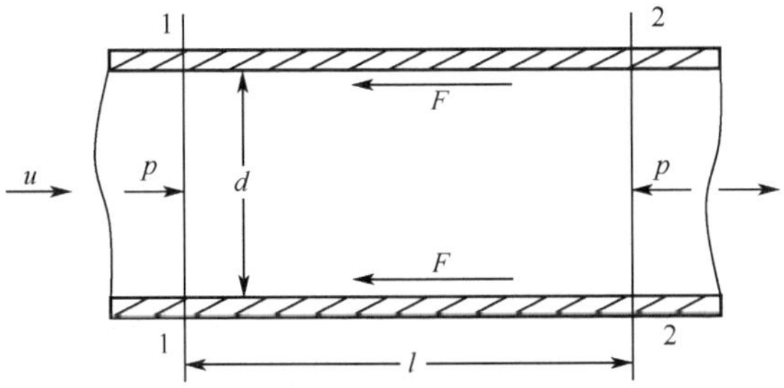

图 1-17 直管阻力通式的推导

$$gZ_1+\frac{p_1}{\rho}+\frac{u_1^2}{2}+W_e=gZ_2+\frac{p_2}{\rho}+\frac{u_2^2}{2}+\sum h_f$$

对水平直管，$Z_1=Z_2$，$u_1=u_2=u$，相距为 l 的两截面间只有直管阻力，则 $\sum h_f=h_f$，代入伯努利方程，得

$$h_f=\frac{p_1}{\rho}-\frac{p_2}{\rho}=\frac{\Delta p}{\rho}$$

即

$$\Delta p=\rho h_f$$

现已知管长为 l，管径为 d，则作用于隔离体上的推动力方向向右，其大小为

$$P_{1,总}-P_{2,总}=(p_1-p_2)\frac{\pi}{4}d^2=\frac{\pi}{4}d^2\Delta p$$

平行作用于隔离体柱外周面上摩擦力的方向与推动力的方向相反，其大小为

$$F=\tau A=\tau\pi ld$$

根据牛顿第二定律，如图 1-17 所示，只有在隔离体（管内两截面间的流体柱）上的推动力与阻力达平衡时，才能维持恒速（稳定）流动，则

$$\tau\pi ld=(p_1-p_2)\frac{\pi}{4}d^2=\frac{\pi}{4}d^2\Delta p$$

$$\Delta p=p_1-p_2=\frac{4l}{d}\tau$$

又因 $\Delta p=\rho h_f$，则

$$h_f=\frac{4l}{\rho d}\tau \tag{1-37}$$

式（1-37）建立了圆直管内流体作稳定流动时能量损失与剪应力之间的关系。由于剪应力 τ 与多项因素相关，直接用 τ 求算 h_f 很不方便。为导出适应不同流型下 h_f 的一般表达式，前人通过大量实验研究发现，在流体物性、管径和管长确定后，能量损失随流速增加而增大。

又因为以流速表示的动能（$u^2/2$）与 h_f 的单位一致，且可同时出现在伯努利方程中，将能量损失表示为动能的函数式，物理意义明确，应用上也比较方便，所以式（1-37）可改写成

$$h_f = \frac{4l}{\rho d}\tau = \frac{4\tau}{\rho}\frac{2}{u^2}\frac{l}{d}\frac{u^2}{2}$$

令

$$\lambda = \frac{8\tau}{\rho u^2}$$

则

$$h_f = \lambda \frac{l}{d}\frac{u^2}{2} \tag{1-38}$$

式（1-38）为计算圆直管内流体作稳定流动时能量损失 h_f 的一般表达式，也称范宁（Fanning）公式，对滞流和湍流均适用。式中 λ 称为摩擦阻力系数（friction coefficient），是一个无单位或量纲为 1 的纯数。因为不同流体流动中能量损失的原因也不同，故可推知 λ 值与雷诺数相关或与雷诺数及管壁粗糙度相关。由此看来，求算能量损失的关键在于确定 λ 值。下面分别就滞流和湍流的情况加以讨论。

（二）滞流时的直管阻力

由哈根-泊谡叶公式［式（1-36）］可知，能量损失为

$$h_f = \frac{\Delta p}{\rho} = \frac{32\mu l u}{d^2\rho} = \left(\frac{64}{\frac{du\rho}{\mu}}\right)\left(\frac{l}{d}\right)\left(\frac{u^2}{2}\right) = \frac{64}{Re}\frac{l}{d}\frac{u^2}{2} = \lambda\frac{l}{d}\frac{u^2}{2} \tag{1-39}$$

可见，流体在管内作滞流流动时

$$\lambda = \frac{64}{Re} \tag{1-40}$$

式（1-40）表明，滞流时 λ 值仅与雷诺数有关，且它们的对数之间呈直线相关。

（三）湍流时的直管阻力

1. 湍流时管壁粗糙度对摩擦系数的影响

流体作湍流流动时，情况要比层流时复杂得多，流体质点的迁移呈高度紊乱和脉动状态，流体质点间碰撞频繁，动量交换激烈，必然产生附加阻力。同时，管内壁的粗糙度也对阻力、能量损失产生较大的影响。

实际管内壁并非绝对平整光滑，内壁粗糙面的平均高度称为绝对粗糙度，用 ε 表示。需注意，绝对粗糙度相同的管道，管直径越小，对摩擦阻力系数 λ 的影响越大。管内壁绝对粗糙度 ε 与管内径 d 的比值称为相对粗糙度。粗糙度的产生与材料和加工精度以及使用时间有关。工业管道的绝对粗糙度可通过查阅相关手册获得。

根据粗糙程度的不同，大致可将管材分为光滑管和粗糙管两大类。通常将玻璃管、无缝钢管和塑料管等视为光滑管，而将铸铁管、旧的无缝钢管等视为粗糙管。管壁的粗糙度还与使用时间、腐蚀和结垢情况等有关。

粗糙度对不同流动类型的流体有不同的影响。滞流流动时，层与层之间流体互不干扰，彼此平行于管轴线向前滑行，管壁的粗糙面被滞流层所掩盖；加之流体运动速度较慢，流体质点与管壁碰撞不大。因此，滞流时，摩擦系数 λ 与 ε 无关，即不论管壁粗糙度如何，λ 只与 Re 有关。湍流流动时，管壁面附近总存在一层滞流内层，设其厚度为 δ_b，若 $\delta_b>\varepsilon$，如图 1-18（a）所示，表明管壁的粗糙面也被滞流内层所掩盖，管壁粗糙度对 λ 值的影响与滞流流动时相似。如果湍动程度加强，即 Re 增大，湍流主体区域便会扩大，滞流内层厚度 δ_b 必变薄；若 $\delta_b<\varepsilon$，如图 1-18（b）所示，流体质点与壁面凸起部分发生碰撞，并在其后产生漩涡，使能耗增大。此时管壁粗糙度对 λ 值的影响成为重要因素。Re 值越大，δ_b 越薄，管壁粗糙度对 λ 值的影响也越显著。若 Re 值一定，管壁粗糙度越大，摩擦阻力损失越大。

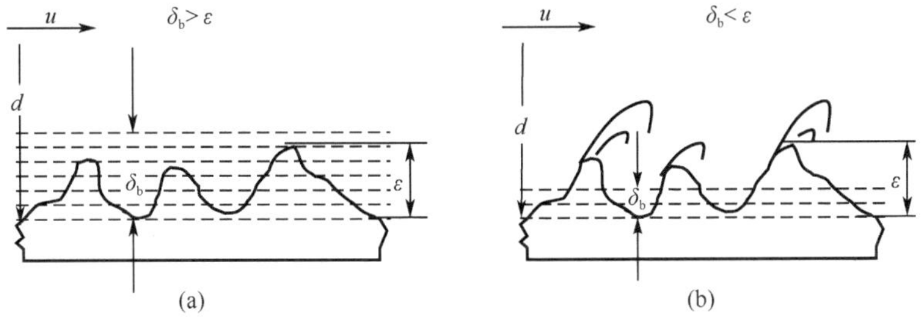

图 1-18　流体流过管壁面的情形

2. 湍流时的摩擦阻力系数

鉴于湍流问题的复杂性，尽管已知哪些因素影响流动阻力，但目前还不能像滞流那样完全用理论分析方法建立摩擦阻力系数的公式，而必须辅以实验研究，然后由实验数据通过数理统计和回归分析的方法，拟合出摩擦阻力系数的公式。

实际工程计算中，可用摩擦系数图帮助确定摩擦系数 λ。摩擦系数图是摩迪（Moody）于 1944 年根据大量实验数据及有关经验公式，对应每一 ε/d 值，将 λ 与 Re 的关系曲线描绘在坐标图上所得，也称为摩迪图，如图 1-19 所示。这样，通过该图可很方便地由 Re 和 ε/d 之值查出 λ 值。摩迪图可分为以下四个不同的区域：

1）滞流区：$Re\leqslant 2000$ 的区域。$\lambda=64/Re$，与 ε/d 无关。

2）过渡区：$2000<Re<4000$，为滞流和湍流的过渡区。尽管滞流和湍流曲线均可用于查取 λ，但为安全计，对于流动阻力的计算，一般应将湍流时相应曲线延伸以查取 λ。

3）湍流区：虚线以下且 $Re\geqslant 4000$ 的区域。λ 与 Re 及 ε/d 均相关。当 ε/d 一定时，λ 随 Re 的增大而减小；当 Re 一定时，λ 随 ε/d 的增大而增大。

4）完全湍流区：图中虚线以上的区域。区内 λ-Re 曲线趋近于水平线，即 λ 与 Re 无关，仅与 ε/d 有关。由范宁公式 $h_f=\lambda\dfrac{l}{d}\dfrac{u^2}{2}$，对于一定的 ε/d 值，$\lambda=$常数，再若 l/d 确定，则流动阻力所引起的能量损失 h_f 与 u^2 成正比，故也称此区为阻力平方区。

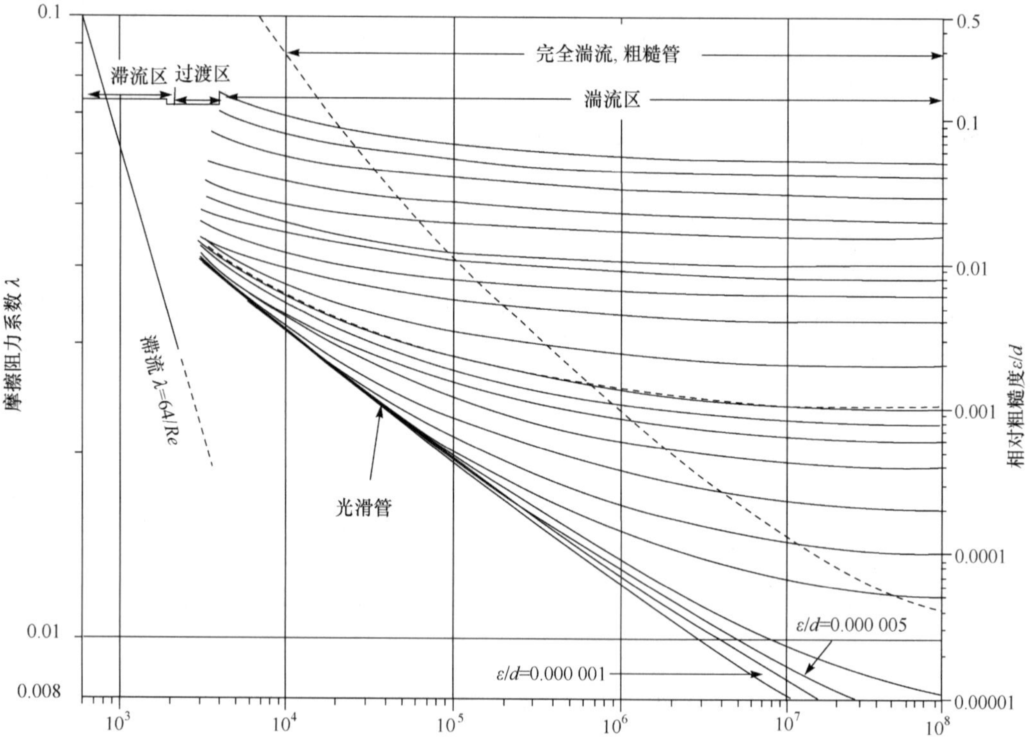

图 1-19　摩擦阻力系数与雷诺数及相对粗糙度的关系

例 1-7　用 Φ83mm×3.5mm 的新无缝钢管以 2m/s 的流速输送某种液体，该液体黏度为 2.0mPa·s，密度为 1100kg/m³。求在 30m 长的管段上，因摩擦阻力所引起的能量损失。又若管材由于腐蚀，其内壁绝对粗糙度增至原来的 8 倍，则相应管长上的能量损失增加了多少？

解　已知 $d=0.083-2\times0.0035=0.076$（m），对新无缝钢管 $\varepsilon=0.2$mm，$\varepsilon/d=0.2/76=0.0026$，先判别流态，将已知数据代入 Re 计算公式，有

$$Re=\frac{du\rho}{\mu}=\frac{0.076\times2\times1100}{2\times10^{-3}}=83\,600$$

$Re>4000$，为湍流流动，由 $Re=83\,600$ 和 $\varepsilon/d=0.0026$，查图 1-19 得 $\lambda=0.027$，则

$$h_{\mathrm{f}}=\lambda\frac{l}{d}\frac{u^2}{2}=0.027\times\frac{30}{0.076}\times\frac{2^2}{2}=21(\mathrm{J/kg})$$

管内壁绝对粗糙度 ε 增至原来的 8 倍后，$\varepsilon/d=8\times0.2/76=0.0210$，查图 1-19 得 $\lambda=0.051$，则

$$h_{\mathrm{f}}=\lambda\frac{l}{d}\frac{u^2}{2}=0.051\times\frac{30}{0.076}\times\frac{2^2}{2}=40(\mathrm{J/kg})$$

（四）流体在非圆直管内的流动阻力

在食品生产中，可能会遇到一些流体在非圆形管道内流动的问题。例如，流体在两同心圆管所构成的套管式换热器中，套管环形过流断面上的流动。又如，工艺过程还常用矩形管或方形管作为通风、粉尘分离管道。而前述计算 Re 准数及阻力损失 h_{f} 的公式中，d 是圆管直径。工程计算中，对非圆形管道内的湍流流动问题，通常仍可采用上述公式计算 Re 和阻

力损失 h_f，但是必须找到一个与圆形管直径相当的尺寸代替公式中的 d，非圆形截面上的与圆管直径相当的尺寸称为当量直径（equivalent diameter），用 d_e 表示。

当量直径是管道截面积的 4 倍与湿润周边长度 Π（管壁与流体接触的周边长度）之比，即

$$d_e = \frac{4A}{\Pi} \tag{1-41}$$

式中：A——管道截面积；

Π——湿润周边长度。

对圆管

$$d_e = \frac{4 \times \frac{\pi d^2}{4}}{\pi d} = d$$

对矩形管

$$d_e = \frac{4ab}{2(a+b)} = \frac{2ab}{a+b} \qquad (a、b\ 分别为矩形管的长、宽)$$

对环形管

$$d_e = \frac{4\pi(R^2 - r^2)}{2\pi(R+r)} = 2(R-r) \qquad (R\ 为外管内径, r\ 为内管外径)$$

当量直径法用于非圆形管道湍流流动阻力计算时比较可靠，若用于滞流，需对滞流摩擦阻力系数的计算式（$\lambda = 64/Re$）加以修正，即

$$\lambda = \frac{C}{Re} \tag{1-42}$$

式中：C——常数，一些非圆形管的常数 C 值见表 1-3。

表 1-3　几种非圆形管的常数 C 值

非圆形管截面	正方形	环形	矩形	
			长∶宽=2∶1	长∶宽=4∶1
常数 C	57	96	62	73

三、管路上的局部阻力损失

流体流经阀门以及弯头、三通等管件时，速度的大小和方向都会发生变化，出现漩涡，一般都会使湍动程度增加，摩擦阻力明显增大。将流体流经阀门及管件时引起的流动阻力统称为局部阻力。大量实验表明，同一管路中，即使流体在直管段为滞流，当流经阀门及管件时也会改变成湍流，所以局部阻力以湍流为主。局部阻力引起的能量损失有两种计算方法，即阻力系数法和当量长度法。

（一）阻力系数法

参照计算直管阻力损失的范宁公式，局部阻力所引起的能量损失 h_f' 也可以表示为与动能成正比的函数关系，即

$$h_f' = \zeta \frac{u^2}{2} \tag{1-43}$$

式中：ζ——局部阻力系数，一般由实验测定，也可通过相关工程图表查取。对于过流截面突变或流体流进、流出管口的局部阻力系数，也可用下式进行计算：

突然扩大时［图 1-20（a)］

$$\zeta = \left(1 - \frac{A_1}{A_2}\right)^2 \tag{1-44}$$

突然缩小时［图 1-20（b)］

$$\zeta = 0.5\left(1 - \frac{A_2}{A_1}\right)^2 \tag{1-45}$$

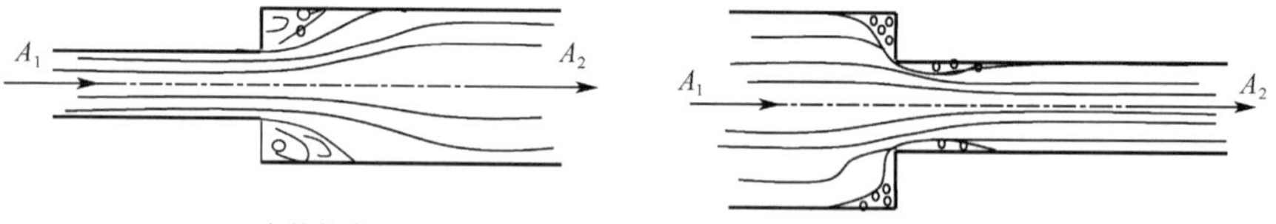

图 1-20　突然扩大或缩小的局部阻力系数

作为过流截面突变的特例，若流体自管道进入容器或自管口直接排放于外部空间时，$A_1/A_2 \approx 0$，由式（1-44）可得 $\zeta_c = 1$。这类自管口突然进入极大空间，相应的 ζ_c 称为出口阻力系数。反之，若流体自储库或容器进入管内，此时，$A_2/A_1 \approx 0$，由式（1-45）可得 $\zeta_e = 0.5$。这种局部阻力损失称为进口损失，相应的 ζ_e 称为进口阻力系数。

注意，在计算突然扩大和突然缩小的局部阻力时，动能（$u^2/2$）一项中的 u 均应为细管中的流速。

（二）当量长度法

将流体流经管件、阀门等局部位置所产生的局部阻力折合成相当于流体流经长度为 l_e 的直管所产生的阻力，这种计算局部阻力的方法称为当量长度法，该折合的管道长度 l_e 称为当量长度（equivalent length)。于是，局部阻力损失可仿照直管阻力的式（1-38）写成

$$h_f' = \lambda \frac{l_e}{d} \frac{u^2}{2}$$

或

$$\Delta p_f' = \lambda \frac{l_e}{d} \frac{\rho u^2}{2} \tag{1-46}$$

当量长度 l_e 值由实验确定。一些工程手册以管道直径的倍数（l_e/d）给出局部阻力当量长度的大小。这样，对某一内径的管件，可立刻由 l_e/d 值求得当量长度 l_e。常见管件和阀门的 ζ 和 l_e/d 值列于表 1-4 中，其他可在给排水、化工等工程手册中查取。

表 1-4 管件和阀门的局部阻力系数及当量长度值(湍流适用)

管件、阀门名称	阻力系数 ζ	当量长度与管径之比 l_e/d	管件、阀门名称	阻力系数 ζ	当量长度与管径之比 l_e/d
45°标准弯头	0.35	17	全开闸阀	0.17	9
90°标准弯头	0.75	35	3/4 开闸阀	0.9	45
90°方形弯头	1.3	65	1/2 开闸阀	4.5	225
180°回弯头	1.5	75	1/4 开闸阀	24	1200
管接头	0.04	2	摇板式止逆阀	2	100
活接头	0.04	2	球形止逆阀	70	3500
三通 	0.4	20	截止阀全开	6.4	320
	1	50	截止阀半开	9.5	475
入管口	0.5	25	滤水网	2	100
出管口	1	50	盘形水表	7	350

湍流流动情况下，某些管件或阀门的当量长度还可从如图 1-21 所示的当量长度共线图中查取。该共线图有三个纵垂标尺，须先在左侧垂直线上找到与所求管件或阀门对应的点，再于右侧标尺上确定管内径值相应的点，两点连线必与图中间的标尺相交，其交点在中间标尺上的读数即为所求的当量长度。

四、管内流动的总能量损失

管路系统的总能量损失（总阻力损失）为管路上全部直管阻力与局部阻力之和。各阻力分别用上述相关公式进行计算。若管路系统的管径不变、局部阻力按当量长度进行计算时，则管路的总能量损失为

$$\sum h_f = \left[\lambda\left(\frac{\sum l_i + \sum l_e}{d}\right) + \sum \zeta_i\right]\frac{u^2}{2} \tag{1-47}$$

式中：$\sum h_f$ ——管路系统的总能量损失（J/kg）；

$\sum l_i$ ——管路系统中各段直管的总长度（m）；

$\sum l_e$ ——管路系统中各管件、阀门等的总当量长度（m）；

$\sum \zeta_i$ ——管路系统中未以当量长度计及的各阻力系数之和，量纲为 1；

u —— 流体在管内的流速（m/s）。

若管路系统是由几段直径不同的管段所组成，则因各管段流速不同，管路系统的总能量损失应先分段进行计算，然后再求其总和。用式（1-47）计算管路系统的总能量损失时，注意式中 $\sum \zeta_i$ 一项为管路系统中未以当量长度计入的其他各局部阻力系数之和，应避免重复计算。另外，在管路出口附近，应依过流截面位置来确定是否存在局部阻力损失，若过流截面选在出口内侧，则不存在出口局部阻力损失，但该截面具有以流速 u 所代表的动能（$u^2/2$）。若过流截面选在出口外侧，则产生出口局部阻力损失（$\zeta=1$），但不具有以流速 u 所代表的动能（$u^2/2$）。

$$\sum h_f = \sum h_{f直} + \sum h_{f局}$$

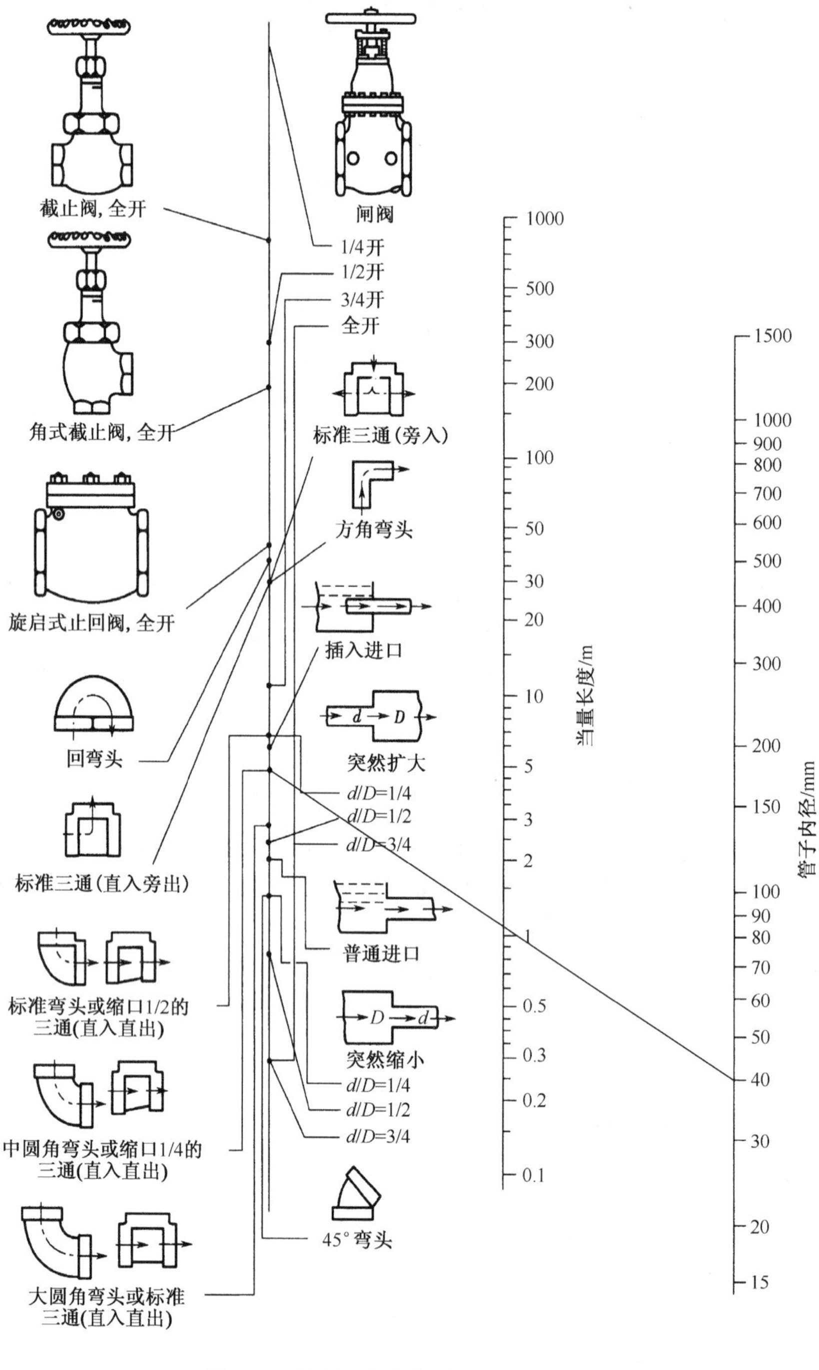

图 1-21　管件和阀门的当量长度共线图

第六节　管 路 计 算

上述各节分别介绍了连续性方程、伯努利方程以及能量损失计算式（范宁公式）。管路计算实际上是这些方程和公式具体的综合应用。按管路连接和配置情况的不同将其分为简单管路和复杂管路两大类。

$$q_V = Au \qquad A_1u_1 = A_2u_2$$

伯努利方程

$$gZ_1 + \frac{p_1}{\rho} + \frac{u_1^2}{2} + W_e = gZ_2 + \frac{p_2}{\rho} + \frac{u_2^2}{2} + \sum h_f$$

摩擦阻力计算式

$$h_f = \lambda \frac{l}{d} \frac{u^2}{2}$$

一、简单管路的计算

简单管路通常是指管径不变的管路或由几段不同管径管道所组成的串联管路。由于已知量与未知量的情况不同，其计算问题又可分为以下几种类型：

1）已知管径 d、管长 l、流量及管件和阀门的配置情况，求流体通过管路系统的能量损失，并在此基础上确定输送设备应加入的外功、设备内的压强或设备间的相对位置等。

2）已知管径 d、管长 l、管件和阀门的设置及允许的能量损失 $\sum h_f$，求流量 V 或流速 u。

3）已知管长 l、流体的流量 q_V、管件和阀门的设置及允许的能量损失 $\sum h_f$，求管径 d。

对于后两种情况，因 u 或 d 为未知量，不能计算 Re，即无法判断流动形态，故不能确定 λ。要解决这类工程计算问题，通常采用试差法（先假设 λ 的值）或其他方法来求解。

例 1-8 如图 1-22 所示，用泵将 20℃的果汁从储罐送到高位槽，果汁的密度为 1016kg/m³，黏度为 5cP，流量为9m³/h。高位槽液面比储罐液面高 10m。泵吸入管为 Φ60mm×3.5mm 钢管，直管长 15m，管上装有一个底阀（可按旋启式止回阀全开时计算）、一个标准弯头；泵排出管为 Φ48mm×3.5mm 钢管，直管长 30m，管路上装有一个全开的截止阀和三个标准弯头。储罐和高位槽上方均为大气压。储罐液面维持恒定，设泵的效率为 67%。试求泵的功率。

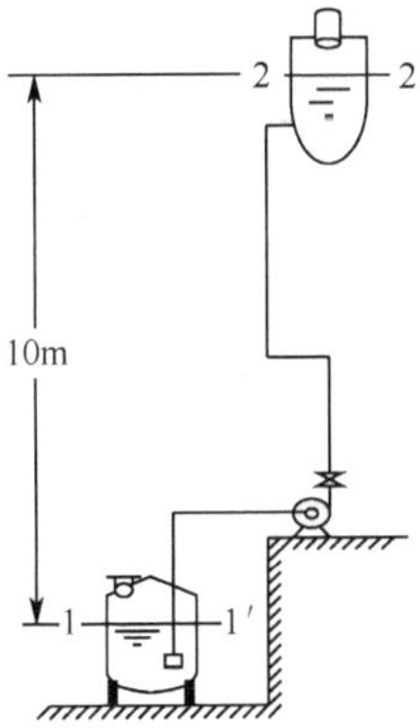

图 1-22　例 1-8 附图

解 依题意绘出流程示意图（图 1-22）。选取储槽液面作为截面 1-1′，高位槽液面为截面 2-2′，并以截面 1-1′作为基准水平面，如图 1-22 所示，在两截面间列伯努利方程。

$$gZ_1 + \frac{p_1}{\rho} + \frac{u_1^2}{2} + W_e = gZ_2 + \frac{p_2}{\rho} + \frac{u_2^2}{2} + \sum h_f$$

式中，$Z_1=0$，$Z_2=10\text{m}$，$p_1=p_2=p_a$，$u_1\approx 0$，$u_2\approx 0$，所以

$$W_e = (Z_2 - Z_1)g + \sum h_f$$

根据 $\sum h_f = \sum h_{f直} + \sum h_{f局}$，对于进口段有 $\sum h_{f(进)} = \sum h_{f直} + \sum h_{f局}$，其中

$$h_{f直} = \lambda \frac{l}{d} \frac{u^2}{2}$$

$$h_{f局} = \lambda \frac{l_e}{d} \frac{u^2}{2} \text{ 或 } h_{f局} = \zeta \frac{u^2}{2}$$

$$D=60-2\times3.5=53(\text{mm})\qquad l=15(\text{m})\qquad u=\frac{9}{3600\times\frac{\pi}{4}\times0.053^2}=1.13(\text{m/s})$$

由于

$$Re=\frac{du\rho}{\mu}=\frac{0.053\times1.13\times1016}{0.005}=12.17\times10^3$$

$$\varepsilon=0.2\text{mm}\qquad\frac{\varepsilon}{d}=\frac{0.2}{53}=0.0038$$

查图得 λ=0.035。

进口段的局部阻力，底阀 l_e=3.95m，弯头 l_e=1.6m，进口阻力系数ζ=0.5。所以

$$h_{f(进)}=\left(\lambda\frac{l+l_e}{d}+\zeta\right)\frac{u^2}{2}=\left[0.035\times\frac{15+(3.95+1.6)}{0.053}+0.5\right]\times\frac{1.13^2}{2}=8.98(\text{J/kg})$$

对于出口段有

$$\sum h_{f(出)}=\sum h_{f直}+\sum h_{f局}$$

$$d=48-2\times3.5=41(\text{mm})\qquad l=30(\text{m})\qquad u=\frac{9}{3600\times\frac{\pi}{4}\times0.041^2}=1.89(\text{m/s})$$

根据

$$Re=\frac{du\rho}{\mu}=\frac{0.041\times1.89\times1016}{0.005}=15.75\times10^3$$

$$\varepsilon=0.2\text{mm}\qquad\frac{\varepsilon}{d}=\frac{0.2}{41}=0.0049$$

查图得 λ=0.036。

出口段的局部阻力：全开截止阀 l_e=14m，标准弯头 l_e=1.3×3=3.9m，出口阻力系数 ζ=1.0。所以

$$h_{f(出)}=\left(\lambda\frac{l+l_e}{d}+\zeta\right)\frac{u^2}{2}=\left[0.036\times\frac{30+(14+3.9)}{0.041}+1\right]\times\frac{1.89^2}{2}=76.9(\text{J/kg})$$

由以上计算可知，总阻力

$$\sum h_f=\sum h_{f进口}+\sum h_{f出口}=8.98+76.9=85.9(\text{J/kg})$$

泵提供的有用功

$$W_e=9.81\times10+\sum h_f=98.1+85.9=184(\text{J/kg})$$

果汁的质量流量

$$q_m=q_V\rho=\frac{9}{3600}\times1016=2.54(\text{kg/s})$$

$$N_e=W_eq_m=184\times2.54=0.47(\text{kW})$$

轴功率

$$N_z=\frac{N_e}{\eta}=\frac{0.47}{0.67}=0.7(\text{kW})$$

例 1-9 如图 1-23 所示，用一套现有的蒸发设备进行果汁浓缩操作。果汁原料的密度为 $1100kg/m^3$，黏度为 3.6mPa·s，储料槽液面恒定并高于蒸发器进料口 3m，蒸发器在 62.78×10^3Pa 的真空度下进行操作。输料管为 Φ38mm×2.5mm，其内壁绝对粗糙度为 0.2mm，包括管件及阀门当量长度在内的总管长为 33m（管的进、出口局部损失应另计）。试求该系统的输料量（m^3/h）。

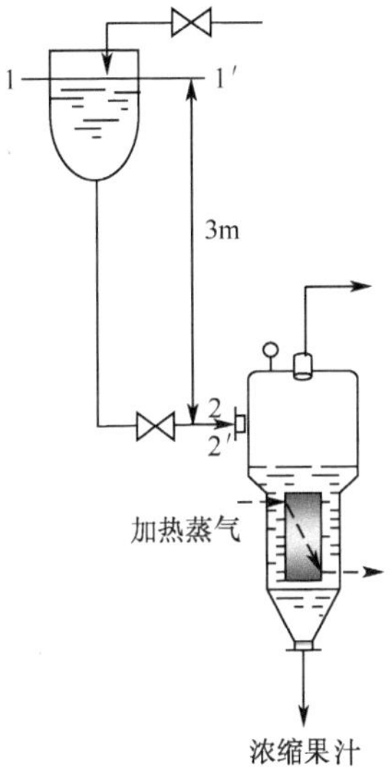

图 1-23 例 1-9 附图 1

解 系统的输料量 $V=uA$，求得管中流速 u，此题即得解。

由图 1-23 选储料槽液面为 1-1′截面，蒸发器进料管口内侧为 2-2′截面，并以 2-2′截面管轴中心水平面作为基准水平面。列 1-1′与 2-2′截面的伯努利方程。

$$gZ_1+\frac{p_1}{\rho}+\frac{u_1^2}{2}=gZ_2+\frac{p_2}{\rho}+\frac{u_2^2}{2}+\sum h_f$$

已知：$Z_1=3m$，$Z_2=0$；$p_1=0$，$p_2=-62.78\times10^3Pa$；$u_1=0$，$u_2=u$。

将各已知值代入上式，得

$$gZ_1=\frac{p_2}{\rho}+\frac{u_2^2}{2}+\sum h_f=-\frac{62.78\times10^3}{1100}+\frac{u_2^2}{2}+\left(\lambda\frac{l+\sum l_e}{d}+\zeta_{进}\right)\frac{u_2^2}{2}$$

$$gZ_1+\frac{62.78\times10^3}{1100}=\frac{u_2^2}{2}+\left(\lambda\frac{33}{0.033}+0.5\right)\frac{u_2^2}{2}$$

$$9.81\times3+57.07=(1+1000\lambda+0.5)\frac{u^2}{2}$$

即有

$$86.5=(1.5+1000\lambda)\frac{u^2}{2}$$

或

$$u_2=\sqrt{\frac{2\times86.5}{1.5+1000\lambda}} \tag{a}$$

此方程虽然只有两个变量，但式中 λ 未知，且 λ 值随 Re 和粗糙度 ε 改变，而 Re 又随 u 改变，故 u 不知，λ 也不能确定。对于这类问题，工程计算中通常采用试差法求解。本例题先假设一个 λ 的初值，代入式（a）算出 u，进而可计算 Re 值；再根据 Re 值及 ε/d 值，于摩擦阻力系数图中查得 λ'；将查得的 λ' 值与假设值进行比较，若 $(\lambda'-\lambda)/\lambda$ 小于 3%，则认为假设值可行，如不相符，则应另设一 λ 值，重复以上过程，直至假设值 λ 与查出值 λ' 接近相符时为止。

本题因流体黏度不高，可按完全湍流处理。且当 $\varepsilon/d=0.2/33=0.006$ 时，以摩擦阻力系数图对应 $\lambda=0.032$ 为初设值，代入式（a），得

$$u_2=\sqrt{\frac{2\times86.5}{1.5+1000\times0.032}}=2.27(m/s)$$

则

$$Re=\frac{du\rho}{\mu}=\frac{0.033\times2.27\times1100}{0.0036}=22.89\times10^3 \qquad \frac{\varepsilon}{d}=\frac{0.2}{33}=0.006$$

根据 Re 值及 ε/d 值，于摩擦阻力系数图中查得 $\lambda'=0.036$，查得的 λ' 值与假设初值 λ 不相符，应作第二次试算。再设 $\lambda=0.036$，代入式（a），得

$$u_2=\sqrt{\frac{2\times86.5}{1.5+1000\times0.036}}=2.15(m/s) \qquad Re=\frac{du\rho}{\mu}=21.68\times10^3$$

于摩擦阻力系数图中查得 $\lambda'=0.0362$，查得的 λ' 值与假设初值 λ 基本相符，故可根据第二次试算所得的 u 值求解输料量

$$q_V = 3600uA = 3600 \times 2.15 \times \frac{\pi}{4} \times 0.033^2 = 6.62(\mathrm{m^3/h})$$

为了减少试差计算次数，λ 的初设值应有一定根据，一般可考虑流体所处的大致流态区域，结合 ε/d 值，通过摩擦阻力系数图来设定 λ 的初值。本题试差法求解的步骤可用图 1-24 表示。

用试差法求流速也可反过来先初设 u 值，由式（a）算出 λ 值，然后用该假设值 u 算出 Re，再由 Re 及 ε/d 于摩擦阻力系数图中查得 λ'，将 λ' 与由式（a）算出的 λ 值进行比较，从而可对假设 u 值的合适与否加以判断。用此试差法求流速，可根据表 1-1 中所列管流常用经济流速范围来设 u 的初值。

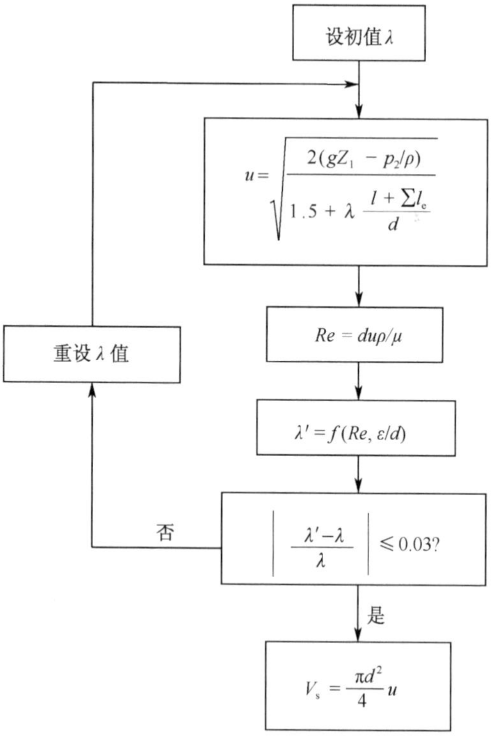

图 1-24　例 1-9 附图 2

二、复杂管路的计算

并联和分支管路称为复杂管路（图 1-25）。并联和分支管路中各支管的流量是相互影响的，其流动情况比较复杂，但计算过程仍然应遵循能量衡算及质量衡算的原则。复杂管路的工程计算内容一般为：①已知总流量及各支管的直径和长度，求各支管的流量；②已知各支管的流量、管长及管件等，要求选择合适的管径；③各输送条件已知，管路也铺设好，求输送设备所需的功率。

（一）并联管路的流动规律

如图 1-25 所示，并联管路的流体流动中，两汇合点 A 与 B 只可能存在一个压强差，即

$$\sum h_{f\,AB} = \sum h_{f1} = \sum h_{f2} = \sum h_{f3} \tag{1-48}$$

也容易得出主管流量等于各支管流量之和，即

$$q_V = q_{V1} + q_{V2} + q_{V3} \tag{1-49}$$

式（1-48）和式（1-49）反映了并联管路的流动规律，并联管路中各支管的直径、长度等均不相同，但单位质量流体流经各支管的能量损失必定相等。由此可知，计算并联管路的 $\sum h_f$ 时，只需计算其中一根支管的即可。而各支管的流速或流量则受式（1-48）和式（1-49）约束，管道长、直径小而阻力系数大的支管，通过的流量较小，反之则通过的流量较大。

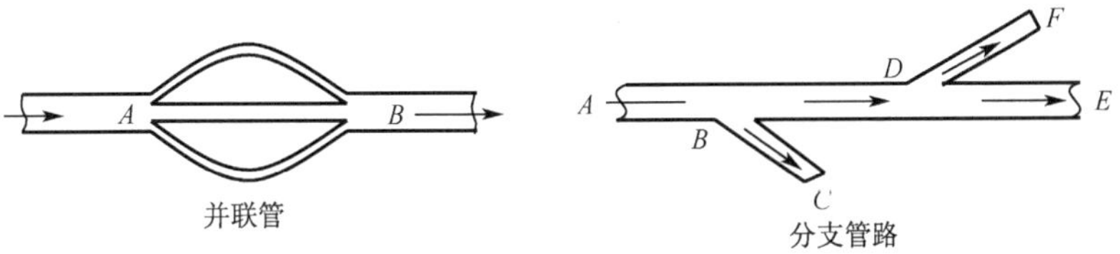

图 1-25 并联管路与分支管路

（二）分支管路的流动规律

如图 1-25 所示，分支管路的流体流动中，主管的流量仍然等于各支管流量之和，即如同式（1-49）所表示的关系。

分支管路的流体流动中，以分支点 D 为例，支点与各支管的能量关系为

$$gZ_D + \frac{p_D}{\rho} + \frac{u_D^2}{2} = gZ_E + \frac{p_E}{\rho} + \frac{u_E^2}{2} + \sum h_{fDE} = gZ_F + \frac{p_F}{\rho} + \frac{u_F^2}{2} + \sum h_{fDF} \tag{1-50}$$

第七节 流速与流量的测定

食品生产过程及科学实验研究中，经常要对流量等参数进行测量、调节和控制。流量测量仪表有很多种，以下仅就流体流动中各机械能相互转换关系而设计的流量流速计加以介绍。

一、测速管

测速管也称毕托（Pitot）管（图 1-26），由同心套管弯折成直角的一套内外管所组成，然后分别用软管引出内管和外管并接于液柱压差计两臂上。测速管正对来流的前缘常做成球形以减少涡流带来的误差。测量流速时，内管管口正对来流方向。

若测压计为普通 U 形管压差计，其读数为 R，指示液的密度为 ρ_0，流体的密度为 ρ，根据流体静力学基本方程可得测量点处的速度为

$$u_r = \sqrt{\frac{2gR(\rho_0 - \rho)}{\rho}} \tag{1-51}$$

当被测的流体为气体时，式（1-51）可化简为

$$u_r = \sqrt{\frac{2gR\rho_0}{\rho}} \tag{1-52}$$

毕托管只能测出过流截面上某一点的流速。欲知圆管截面的平均流速，需由管中心测得的最大点流速 u_{max} 通过相关计算得到。

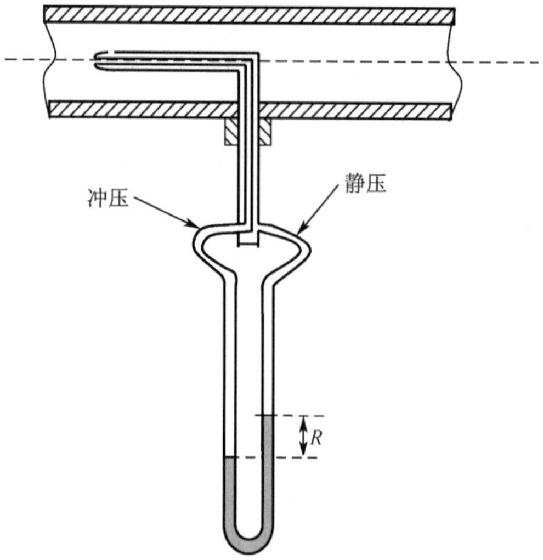

图 1-26　测速管

二、孔板流量计

在流道上安装一金属圆孔薄板，孔中心位于管轴线上，将 U 形测压管分别接于孔板前后引出的测压口，即构成孔板流量计（orifice meter），如图 1-27 所示。

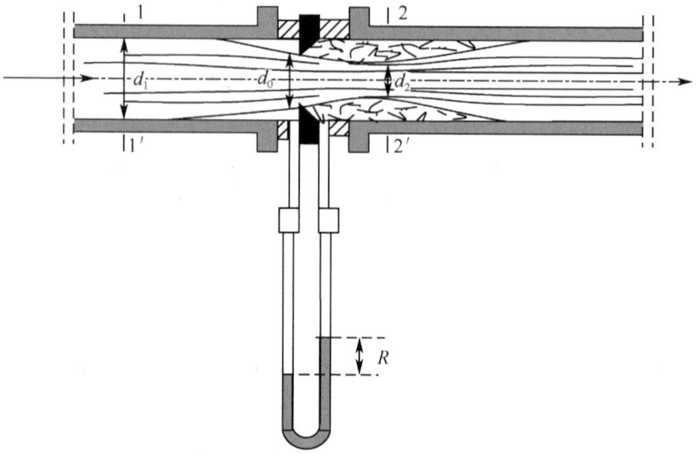

图 1-27　孔板流量计

流体在惯性力作用下，通过孔口后流道截面还会进一步缩小，其最小过流截面 2-2′处称为缩脉，该截面的平均流速最高，由能量守恒定律可知，流道中，同一截面动能最大则对应的静压能最低。管内流量越大，孔板前后的压强差越大，故可用压强差来度量流体流量。

若在孔板上游尚未收缩的 1-1′截面与缩脉 2-2′截面间接测压管，可测得最大压强差，但缩脉的位置及大小难以确定，为了导出孔板流量计的流量公式，实际上只能以孔口（0-0′截面）作为下游过流截面并暂不考虑两截面间的能量损失，在 1-1′截面与 0-0′截面间列伯努利

方程，有

$$\frac{p_1}{\rho}+\frac{u_1^2}{2}=\frac{p_0}{\rho}+\frac{u_0^2}{2}$$

所以

$$u_0^2-u_1^2=\frac{2(p_1-p_0)}{\rho}$$

根据不可压缩流体的连续性方程，有

$$u_1=\frac{A_0}{A_1}u_0$$

联立上两式有

$$u_0=\frac{1}{\sqrt{1-(A_0/A_1)^2}}\sqrt{\frac{2(p_1-p_0)}{\rho}} \tag{1-53}$$

由于孔板比较薄，下游测压口难以开在孔板上，通常将U形管压差计两测压口分别接于孔板前后的法兰盘上，称之为角接取压法。显然，用孔板前（a 点）、后（b 点）两测压口的压力差（p_a-p_b）代替（p_1-p_0）会产生误差，又因流体过两截面存在能量损失，故需引入校正因数 C 对式（1-53）加以修正：

$$u_0=\frac{C}{\sqrt{1-(A_0/A_1)^2}}\sqrt{\frac{2(p_a-p_b)}{\rho}} \tag{1-54}$$

令

$$C_0=\frac{C}{\sqrt{1-(A_0/A_1)^2}}$$

C_0 称为流量系数或孔流系数，量纲为1，则体积流量为

$$q_V=A_0u_0=C_0A_0\sqrt{\frac{2(p_a-p_b)}{\rho}} \tag{1-55a}$$

若U形管压差计的读数为 R，指示液的密度为 ρ_A，则

$$p_a-p_b=gR(\rho_A-\rho)$$

$$q_V=C_0A_0\sqrt{\frac{2gR(\rho_A-\rho)}{\rho}} \tag{1-55b}$$

相应的质量流量为

$$q_m=A_0u_0\rho=C_0A_0\sqrt{2gR\rho(\rho_A-\rho)} \tag{1-56}$$

流量系数 C_0 与流体流经孔板的能量损失、孔管面积比 A_0/A_1 及取压方法等因素有关，其值由实验测定。

孔板流量计的上、下游均应装接一定长度的直管，其间不应装接其他管件。通常上游直管段长度不小于 $50d_1$，下游直管段长度不小于 $10d_1$，以保证流量计读数的精确性。

孔板流量计结构简单，制造和安装都很方便，只是流体流经孔板这种节流装置时的能量损失较大。

三、文丘里流量计

为了减少流体流经节流装置的能量损失，用一段渐缩、渐扩管代替孔板，由此构成的流

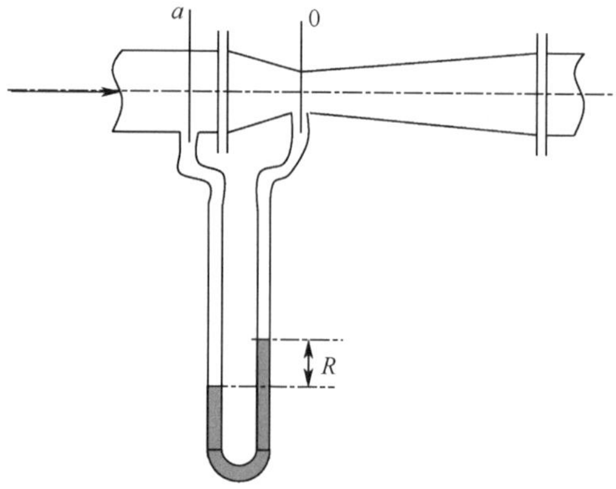

图 1-28　文丘里流量计

量计称为文丘里流量计（Venturi tube meter）或文氏流量计。如图 1-28 所示，文丘里流量计渐缩段锥角为 15°～25°，渐扩段锥角为 5°～7°。截面最小处（0-0）称为文氏喉，流体在渐缩、渐扩管内流速的改变比较平缓，较少涡流发生，能量损失比流经孔板时小得多。与孔板流量计类似，文丘里流量计的流量计算式为

$$q_V = C_V A_0 \sqrt{\frac{2(p_a - p_0)}{\rho}} \qquad (1\text{-}57)$$

式中：C_V—— 流量系数，量纲为 1，由实验测定或由该仪表产品手册查得；

A_0—— 喉管截面积（m^2）；

ρ—— 被测流体的密度（kg/m^3）；

$p_a - p_0$—— 截面 a 与截面 0 间的压强差（Pa）。

四、转子流量计

如图 1-29 所示，转子流量计（rotameter）主要由一支倒锥形玻璃管 3 和位于锥形玻璃管间且能在过流流体中自由浮动的转子 2 所组成，转子用金属和其他密度大于被测流体的固体材料制成。流体自下而上流经垂直玻璃锥管内壁与转子间形成的环状缝隙，因缝隙流道过流截面面积较小，流速较高，由能量守恒定律可知，转子前后必出现一定的压力差将转子向上推举，使缝隙流道面积加大，压力差下降；转子的自身重力与浮力之差则使其下沉。当转子上下的压力差与转子的净重力（重力与浮力之差）相等时，转子处于平衡而稳定在玻璃锥管的某一高度上。因此，可由转子的停留位置在刻有读数的玻璃锥管上读取流体流量值。

转子流量计的刻度与被测流体的密度有关。流量计在出厂前，分别以水（20℃）和空气（0.1MPa）为代表来标定该刻度值，故用于测量其他流体时，应对原有刻度加以修正。

与其他流量计相比，流体通过转子流量计的能量损失较小，测量范围较宽，若被测流体与转子流量计用以标定的流体相同，则可直接读取流量值，使用很方便。但因玻璃锥管不能承受高温高压，使用受到一定限制。安装时，还应特别注意流量计的玻璃锥管轴线必须保持竖直。

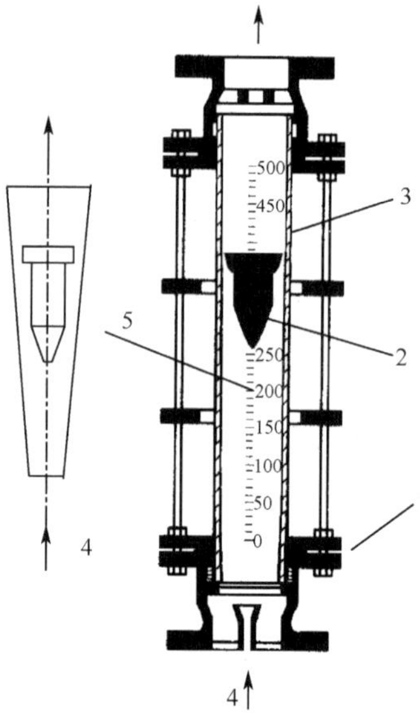

图 1-29　转子流量计

1. 填料函；2. 转子；3. 锥形玻璃；4. 流体进口；5. 刻度

思考题与计算题

一、思考题

1. 举例说明理想流体伯努利方程中三种能量的转换关系。

2. 简述流体流动状态的判断方法及影响因素。

3. 说明管壁的粗糙度对流体流动阻力的影响。

二、计算题

1. 如本题图所示，用套管式热交换器加热流过内管的果汁，已知内管为 Φ33.5mm×3.25mm，外管为 Φ60mm×3.5mm 的焊接钢管。果汁密度为 1060kg/m^3，流量为 6000kg/h；加热媒质为 115℃的饱和水蒸气在外环隙间流动，其密度为 0.9635kg/m^3，流量为 120kg/h。则果汁和饱和水蒸气的平均流速各为多少 (m/s)？ （答：2.75m/s，26.12m/s）

习题 1 附图

2. 从高位槽向塔内加料，高位槽和塔内的压力均为大气压，要求料液在管内以 1.5m/s 的速度流动。设料液在管内压头损失为 2.2m（不包括出口压头损失），试求高位槽液面应该比塔入口处高出多少米。 （答：2.3m）

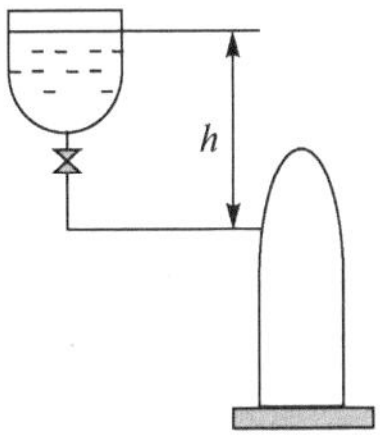

习题 2 附图

3. 植物油在圆形直管内作滞流流动，若流量、管长、液体物性参数和流动类型均不变，只将管径减至原来的 2/5，由流动阻力而产生的能量损失为原来的多少倍？ （答：39.06 倍）

4. 用泵将密度为 930kg/m^3、黏度为 40mPa·s 的某植物油送至储槽，管路未装流量计，但已知 A、B 两处压力表的读数分别为 p_A=1.2MPa，p_B=1.12MPa，两点间的直管长度为 25m，用管直径为 Φ89mm×3.5mm 的无缝钢管，其间还有 3 个 90° 的弯头。试估算该管路中油的流量（m^3/h）。 （答：68.4m^3/h 或 69.5m^3/h）

5. 一台效率为 0.65 的离心泵将果汁由开口储槽输送至蒸发器进行浓缩。已知果汁密度为 1030kg/m^3，黏度为 1.2×10^{-3}Pa·s，蒸发器液面上蒸发空间的真空表读数为 50kPa，果汁输送量为每小时 16m^3。进蒸发器的水平管中心线高于开口储槽液面 20m，管道为 Φ57mm×3mm 的冷轧不锈钢管，不包括管路进、出口能量损失的直管及各管件当量长度之和为 50m，管壁绝对粗糙度为 0.02mm，当地大气压强为 1×10^{5}Pa。求泵的轴功率 N。 （答：1.4kW）

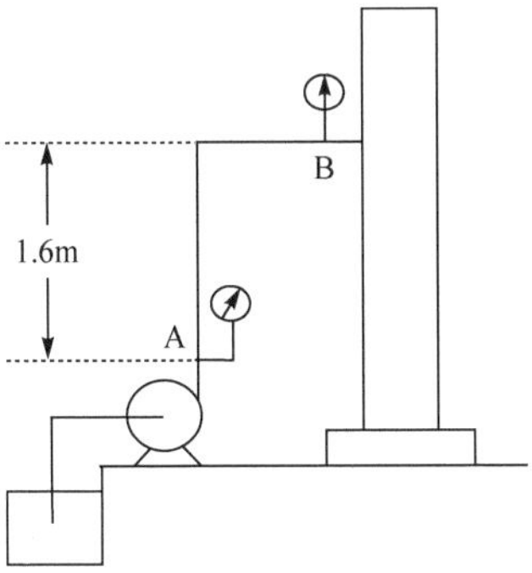

习题 4 附图

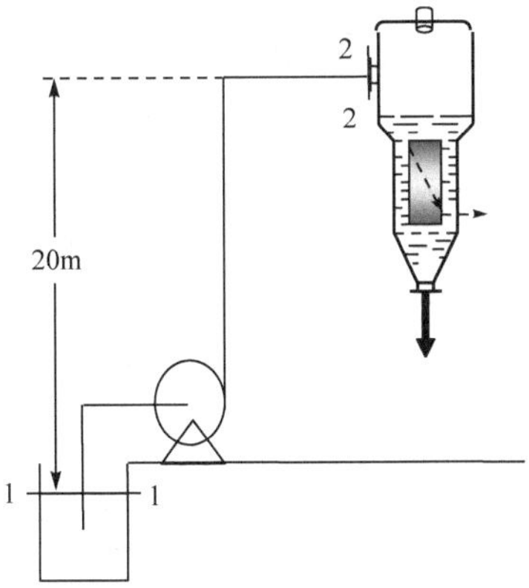

习题 5 附图

第二章　流体输送机械

第一节　概　　述

在食品加工过程中，常需要将流体从低处输送到高处，从低压送至高压或通过管道送至较远的地方。为达到此目的，必须对流体输入能量，以克服流体阻力及补充输送流体时所不足的能量。为流体提供能量的机械称为流体的输送机械。通常，输送液体的机械或设备称为泵，用于输送气体的设备则按压力高低分为通风机、鼓风机、压缩机和真空泵等。

由于流体的状态、黏性、腐蚀性、所含悬浮杂质等性质不同，工作温度、压力等条件不同，因此对能满足生产的输送设备的要求也有所不同。按工作原理，流体输送机械主要有叶片式泵、往复泵、旋转泵等。叶片式泵具有高速旋转的叶轮，如离心泵。往复式泵靠往复运动的活塞推挤液体，如活塞泵、柱塞泵、隔膜泵等。旋转式泵靠旋转运动的部件推挤液体，如齿轮泵、螺杆泵等。

按用途，还可将流体输送机械分为清水泵、油泵、耐腐蚀泵和杂质泵。清水泵用于输送水及黏度与水相近、无腐蚀、不含杂质的流体；油泵用于输送油等高黏度物料，多为齿轮泵、旋转泵；耐腐蚀泵用耐腐蚀材料制造，密封性好；杂质泵用于输送悬浮液等。

由于气体具有可压缩性，且密度和黏度较液体低，因此气体和液体的输送机械在结构和性能上也会有差别。

本章主要介绍食品工业中常用的流体输送机械的基本结构、工作原理和特性，以便读者能正确选择和使用流体输送设备。

第二节　离　心　泵

一、离心泵的工作原理及结构

（一）工作原理

离心泵（centrifugal pump）的基本部件是旋转的叶轮和固定的泵壳，如图 2-1 所示。

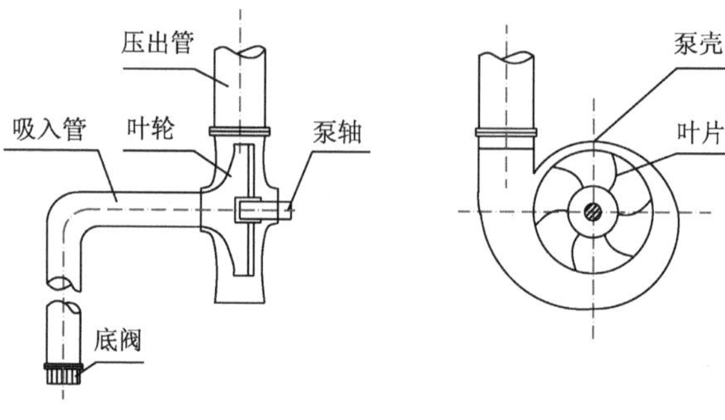

图 2-1　离心泵的装置简图

离心泵的工作过程如下：启动前，前段机壳须灌满被输送的液体，以防止气缚。启动后，叶轮旋转，并带动液体旋转。液体在离心力的作用下，沿叶片向边缘抛出，获得能量，液体以较高的静压能及流速流入机壳，沿叶片方向流速下降，静压上升。由于涡流通道的截面面积逐渐增大，流体的动压转化成静压。液体以较高的压力排出泵体，输送到所需的场地。由于液体被抛出，在泵的吸口处形成一定的真空度，泵外流体的压力较高，在压力差的作用下被吸入泵口，填补抛出液体的空间。叶片不断转动，液体不断被吸入、排出，形成连续流动。

由此可知，工作原理是叶轮旋转时叶片将机械能转化为液体的动能，在离心力的作用下液体从叶轮中心沿半径方向流向外周，因流道的截面积逐渐变大，部分动能就转化为压力能，达到液体输送的目的。

离心泵启动时，若吸液管未灌满液体，则泵内存有空气。由于空气密度很小，所产生的离心力也很小。此时，在吸入口处所形成的真空不足以将液体吸入泵内。虽然离心泵启动，但不能输送液体，这种现象称为气缚（air binding）。为便于泵内充满液体，可在吸入管底部安装带滤网的底阀，底阀为止逆阀，滤网可防止固体杂质进入泵内损坏叶片，妨碍正常工作。

（二）离心泵的结构

离心泵的主要部件有叶轮、泵壳和轴封装置。

1. 叶轮

叶轮的作用是将原动机的机械能直接传给液体，以增加液体的静压能和动能（主要增加静压能）。叶轮一般有6～12片后弯叶片。按机械结构可分为封闭式、半开式和敞开式三种，如图2-2所示。

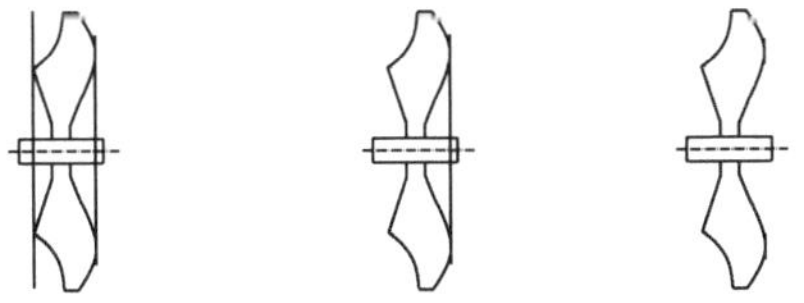

(a) 封闭式　(b) 半开式　(c) 敞开式

图2-2　离心泵的叶轮

封闭式叶轮在叶片两侧有前后盖板，效率高，适用于输送不含杂质的清洁液体，一般的离心泵叶轮多为此类；半开式叶轮在吸入口一侧无盖板，而在另一侧有盖板，适用于输送易沉淀或含有颗粒的物料，效率也较高；敞开式叶轮在叶片两侧无盖板，制造简单，清洗方便，适用于输送含有较大量悬浮物的物料，效率较低，输送压力也较低。

叶轮有单吸和双吸两种吸液方式，如图2-3所示。单吸式结构简单，液体从叶轮一侧被吸入；双吸式叶轮从叶轮两侧吸入液体，吸液能力较大，基本上可消除轴向推力，但结构较复杂。

2. 泵壳

泵壳的作用是将叶轮封闭在一定的空间，以便利用叶轮吸入和压出液体。因泵壳多呈蜗壳形，故又称蜗壳。由于流道截面积逐渐扩大，因此从叶轮四周甩出的液体的流速逐渐降低，使部分动能有效地转换为静压能。泵壳不仅汇集由叶轮甩出的液体，同时还承担着能量转换的任务。

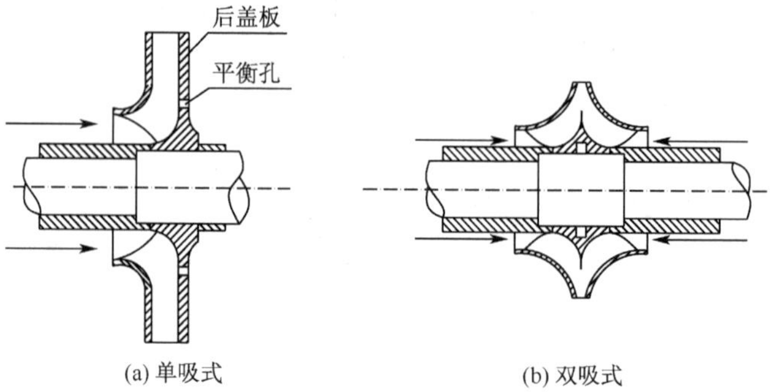

图 2-3　离心泵的吸液方式

3. 轴封装置

轴封装置的作用是防止泵壳内液体沿轴漏出或外界空气漏入泵壳内。常用轴封装置有填料密封和机械密封两种。填料一般用浸油或涂有石墨的石棉绳。机械密封主要是靠装在轴上的动环与固定在泵壳上的静环在端面做相对运动而达到密封的目的。

二、离心泵的主要性能参数

离心泵的主要性能参数有流量、扬程、功率和效率。

（一）流量 Q

泵的流量 Q(L/s 或 m^3/h) 又称送液能力，是指单位时间内泵所输送的液体体积。

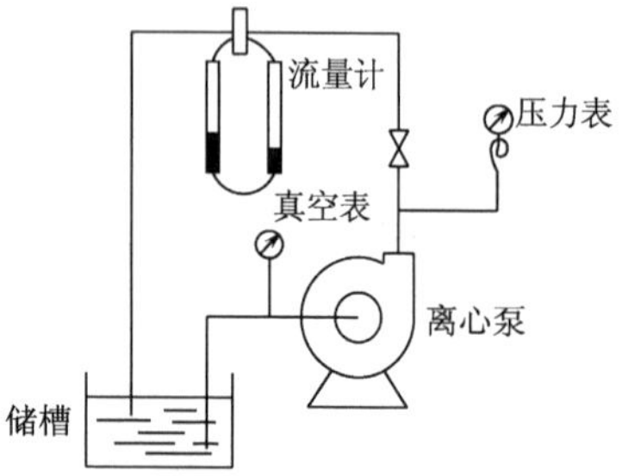

图 2-4　泵的压头测定实验

（二）扬程 H

泵的扬程 H(mH_2O) 又称泵的压头，是指单位重量液体流经泵后所获得的能量。离心泵压头的大小取决于泵的结构（如叶轮直径的大小，叶片的弯曲情况等）、转速及流量。

泵的压头通常由实验测定。如图 2-4 所示，在泵的进、出口处分别安装真空表和压力表，在真空表与压力表之间列伯努利方程，即

$$0+\frac{(-p_v)}{\rho g}+\frac{u_1^2}{2g}+H=h_0+\frac{p_m}{\rho g}+\frac{u_2^2}{2g}+\sum H_f \tag{2-1}$$

式中：p_m—— 压力表读出压力（表压）(N/m^2)；

p_v—— 真空表读出的真空度 (N/m^2)；

u_1、u_2—— 吸入管、压出管中液体的流速 (m/s)；

h_0——泵进出口间的垂直距离 (m)；

$\sum H_f$ —— 两截面间的压头损失 (m)。

当两截面之间距离很短时，$\sum H_f$ 可以忽略不计。若以 H_m 和 H_v 分别表示压力表和真空表的读数，以 mH_2O 计，则式（2-1）可简化为

$$H = h_0 + H_m + H_v + \frac{u_2^2 - u_1^2}{2g} \tag{2-2}$$

例 2-1　某离心泵以 20℃水进行性能实验，测得体积流量为 $720m^3/h$，泵出口压力表读数为 $3.82kgf/cm^2$（$1kgf/cm^2 = 9.80665 \times 10^4 Pa$），吸入口真空表读数为 210mmHg（$1mmHg = 1.33322 \times 10^2 Pa$），压力表和真空表间的垂直距离为 410mm，吸入管和压出管内径分别为 350mm 和 300mm。试求泵的压头。

解　根据泵压头的计算公式，则有

$$H = h_0 + H_m + H_v + \frac{u_2^2 - u_1^2}{2g}$$

计算进、出口的平均流速

$$u_1 = \frac{720/3600}{0.785 \times 0.35^2} = 2.08(m/s)$$

$$u_2 = \frac{720/3600}{0.785 \times 0.30^2} = 2.83(m/s)$$

查得水在 20℃时密度为 $998kg/m^3$，则

$$H_m = 3.82 \times 10.0 = 38.2(mH_2O)$$

$$H_v = 0.210 \times 13.6 = 2.86(mH_2O)$$

将已知数据代入，则

$$H = 0.41 + 38.2 + 2.86 + \frac{2.83^2 - 2.08^2}{2 \times 9.81} = 41.7(mH_2O)$$

（三）效率 η

流体在泵内的流动时会产生各种损失，其中主要有容积损失、水力损失和机械损失三种。泵的效率反映了这些损失。

1. 容积损失

容积损失是由于泵的泄漏造成的。离心泵在运转过程中，有一部分获得能量的高压液体通过叶轮与泵壳之间的间隙流回吸入口。从泵排出的实际流量要比理论值低，其比值称为容积效率 η_1。

2. 水力损失

水力损失是由于流体流过叶轮、泵壳时，由于流速大小和方向改变而发生冲击所产生的能量损失。泵的实际压头要比泵理论上所能提供的压头为低，其比值称为水力效率 η_2。

3. 机械损失

机械损失是泵在运转时，在轴承、轴封装置等机械部件接触处由于机械摩擦而消耗的能量。泵的轴功率大于泵的理论功率（理论压头与理论流量所对应的功率）。理论功率与轴功率之比称为机械效率 η_3。

泵的总效率 η（也称效率）等于上述三种效率的乘积

$$\eta = \eta_1 \eta_2 \eta_3 \tag{2-3}$$

离心泵的效率一般为 0.6～0.85。

（四）有效功率 N_e

泵的有效功率 N_e（W 或 kW）为流体所获得的实际功率，可用下式表示：

$$N_e = QH\rho g \tag{2-4a}$$

式中：N_e—— 泵的有效功率（W）；

Q—— 泵的流量（m^3/s）；

H—— 泵的压头（m）；

ρ—— 液体的密度（kg/m^3）；

g—— 重力加速度（m/s^2）。

已知 $g=9.81m/s^2$，1kW=1000W，则式（2-4a）可用 kW 单位表示，即

$$N_e = QH\rho g = \frac{QH\rho g}{1000} = \frac{QH\rho}{102} \tag{2-4b}$$

（五）轴功率 N

轴功率 N（W 或 kW）指泵轴所获得的功率。由于有容积损失、水力损失与机械损失，故泵的轴功率要大于液体实际得到的有效功率，即

$$N = \frac{N_e}{\eta} \tag{2-5}$$

泵在运转时可能发生超负荷，所配电动机的功率应比泵的轴功率大。在机电产品样本中所列出的泵的轴功率，除非特殊说明以外，均指输送清水时的数值。

三、离心泵的特性曲线

特性曲线（characteristic curve）指在固定的转速下，离心泵的基本性能参数（流量、压头、功率和效率）之间的关系曲线。

泵的性能参数 H、Q、N、n、η 之间并不是孤立的，而是相互联系、相互制约的，泵的铭牌上所列的数值均指该泵在效率最高点时的性能，反映泵的全面性能。特性曲线是在固定转速下测出的，只适用于该转速，故特性曲线图上都注明转速 n 的数值，如图 2-5 所示。

（一）H-Q 曲线

离心泵的压头在较大流量范围内是随流量增大而减小的。不同型号的离心泵，H-Q 曲线的形状有所不同。较平坦的曲线，适用于压头变化不大而流量变化较大的场合；较陡峭的曲线，适用于压头变化范围大而流量变化不大的场合。

（二）N-Q 曲线

N-Q 曲线表示泵的流量 Q 和轴功率 N 的关系，N 随 Q 的增大而增大。显然，当 $Q=0$ 时，泵轴消耗的功率最小。因此，启动离心泵时，为了减小启动功率，应将出口阀关闭。

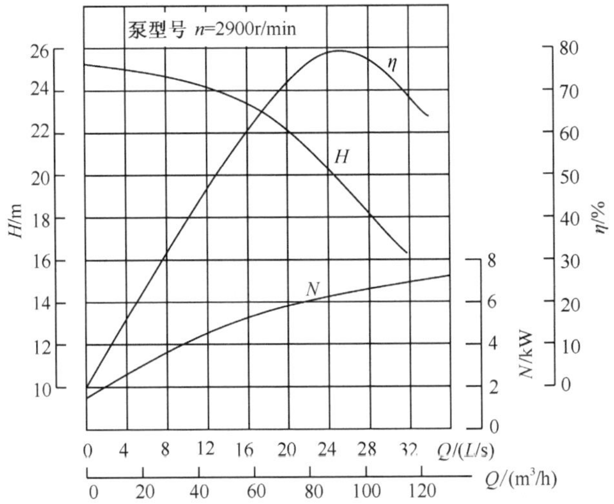

图 2-5　离心泵的特性曲线

(三) η-Q 曲线

η-Q 曲线反映了效率与流量的关系。当 $Q=0$ 时，$\eta=0$，随流量增大，效率上升，达到最大值后，又随流量的增大而下降。η-Q 曲线最大值相当于效率最高点。泵在该点所对应的压头和流量下操作，其效率最高，故该点为离心泵的设计点。

泵在最高效率点条件下操作最为经济合理，但实际上泵很难正好在该条件下运转，一般只能规定一个工作范围，称为泵的高效率区。高效率区的效率应不低于最高效率的 92%左右。泵在铭牌上所标明的都是最高效率点下的流量、压头和功率。离心泵产品目录和说明书上还常注明最高效率区的流量、压头和功率的范围等。

(四) 离心泵的转速对特性曲线的影响

当转速由 n_1 改变为 n_2 时，其流量、压头及功率的关系近似为

$$\frac{Q_1}{Q_2}=\frac{n_1}{n_2}$$

$$\frac{H_1}{H_2}=\left(\frac{n_1}{n_2}\right)^2$$

$$\frac{N_1}{N_2}=\left(\frac{n_1}{n_2}\right)^3 \tag{2-6}$$

式 (2-6) 称为比例定律。当转速变化小于 20%时，可认为效率不变，用式(2-6)进行计算误差不大。

(五) 叶轮直径对特性曲线的影响

当叶轮直径变化不大，转速 n 不变时，叶轮直径 D、流量 Q、压头 H 及功率 N 之间的关系近似为

$$\frac{Q_1}{Q_2}=\frac{D_1}{D_2}$$

$$\frac{H_1}{H_2}=\left(\frac{D_1}{D_2}\right)^2$$

$$\frac{N_1}{N_2}=\left(\frac{D_1}{D_2}\right)^3 \tag{2-7}$$

式（2-7）称为切割定律。

（六）物理性质对特性曲线的影响

泵生产部门所提供的特性曲线是用清水做实验求得的。当所输送的液体性质与水相差较大时，要考虑黏度及密度对特性曲线的影响。

1. 黏度的影响

所输送的液体黏度越大，泵体内能量损失越多，从而使泵的压头、流量减小，效率下降，而轴功率则要增大，所以特性曲线改变。

2. 密度的影响

从离心泵的基本方程可知，离心泵的压头和流量与密度无关，故泵的效率也不随液体密度改变而改变，所以离心泵特性曲线中的 H-Q 及 η-Q 曲线不变。

但泵的轴功率随液体密度而改变，所以当被输送液体的密度与水不同时，不能使用该泵所提供的 N-Q 曲线，而应按式（2-4b）及式（2-5）重新计算。

3. 溶质的影响

如果输送的液体是水溶液，浓度的改变必然影响液体的黏度和密度。浓度越高，与清水差别越大。浓度对离心泵特性曲线的影响同样反映在黏度和密度上。

四、离心泵的气蚀现象和安装高度

（一）离心泵的气蚀现象

由离心泵的工作原理可知，离心泵的进口压力 p_1 要低于液面压力 p_a。因此，在进口处有一定真空度，真空度越高，吸力越大，安装高度 H_g 越大，如图 2-6 所示。但当进口压力等于或小于环境温度下液体的饱和蒸气压 p_v 时，就会有蒸气从液体中大量逸出，形成许多蒸气和气体混合的小气泡。这些小气泡随液体流到高压区时，由于气泡内为饱和蒸气压，而气泡周围的压力大于饱和蒸气压，因此产生了压差。在该压差作用下，气泡受压破裂而重新凝结。在凝结过程中，液体质点从四周向气泡中心加速运动，在凝结的瞬间，质点相互撞击，产生很大的局部压力，造成管路系统的振动；同时，这些气泡将以很高的速度打击离心泵的金属叶片，对叶片造成损伤，这种现象称为气蚀现象。离心泵在严重的气蚀状态下工作时，寿命会大大缩短。

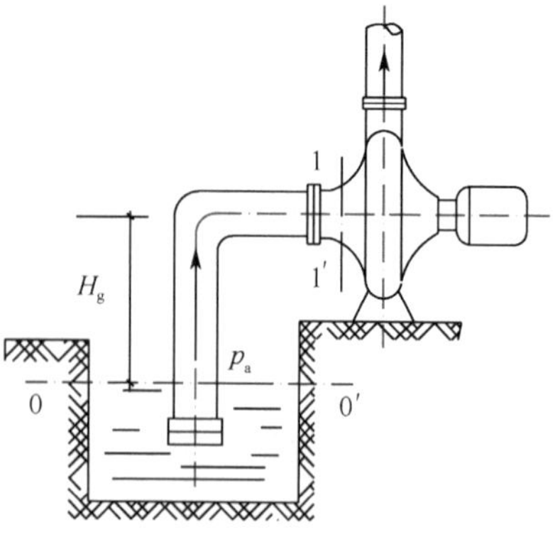

图 2-6　离心泵吸液示意图

（二）安装高度 H_g

为了保证离心泵的正常工作，泵的安装位置不能太高，即 H_g(m) 不能太大，以保证泵入口处的压力 p_1 大于液体输送温度下的饱和蒸气压 p_v，以免发生气蚀现象。安装高度 H_g 的计算方法一般有两种：允许吸上真空高度法和气蚀余量法。

1. 允许吸上真空高度 H_s

允许吸上真空高度 H_s(m) 为泵入口处所允许的最大真空度，单位为 mH_2O。

$$H_s = \frac{p_a - p_1}{\rho g} \tag{2-8}$$

式中：p_a——大气压（N/m^2）；

ρ——被输送液体密度（kg/m^3）。

$$H_s < \frac{p_a}{\rho g} = 10.33 mH_2O$$

H_s 与泵的结构、液体的物化特性等因素有关，通常 $H_s < 5mH_2O$。

图 2-6 是离心泵的吸液示意图，为计算安装高度 H_g，取图中截面 0-0′和1-1′，并以截面 0-0′为基准面，在两截面间列伯努利方程，可得

$$H_g = \frac{p_0 - p_1}{\rho g} - \frac{u_1^2}{2g} - \sum H_f \tag{2-9}$$

若储槽为敞口，则 p_0 为大气压 p_a，则有

$$H_g = H_s - \frac{u_1^2}{2g} - \sum H_f \tag{2-10}$$

式中：H_g—— 泵的安装高度（mH_2O）；

$u^2/2g$ —— 进口管动能（mH_2O）；

$\sum H_f$ —— 进口管阻力（mH_2O）；

H_s—— 允许吸上真空高度（mH_2O），由泵的生产厂家给出。

提高 H_g 的方法有如下几种：

1）改变结构：如另选一 H_s 较大的泵。

2）降低进口管段流速。

3）降低进口管阻力，如选择较大的进口管径，减少进口管路程，尽量少安装管件、阀等。

泵制造厂只能给出 H_s 值，而不能直接给出 H_g 值。因为每台泵的使用条件不同，吸入管路的布置情况也各异，有不同的 $u^2/2g$ 和 $\sum H_f$ 值，所以只能由使用单位根据吸入管路具体的布置情况，通过计算确定 H_g。

泵的说明书中所给出的 H_s 是大气压为 $10mH_2O$、水温为 20℃状态下的数值。如果泵的使用条件与该状态不同，则应把样本中所给出的 H_s 值按下式换算成操作条件下的 H'_s值：

$$H'_s = [H_s + (H_a - 10) - (H_v - 0.24)] \cdot \frac{1000}{\rho} \tag{2-11}$$

式中：H_s'——操作条件下输送水时的允许吸上真空高度（mH_2O）；

H_s——泵样本中给出的允许吸上真空高度（mH_2O）；

H_a——泵工作处的大气压（mH_2O）；

H_v——泵工作温度下水的饱和蒸气压（mH_2O）；

ρ——被输送流体的密度（kg/m^3）；

0.24——实验条件下水的饱和蒸气压（mH_2O）。

使用式（2-11）计算时要注意：

1）泵安装地点的海拔越高，大气压力就越低，允许吸上真空高度就越小。

2）输送液体的温度越高，所对应的饱和蒸气压就越高，这时，泵的允许吸上真空高度也就越小。

不同海拔高度的大气压力值可查表获得。

2. 气蚀余量 Δh

气蚀余量 Δh(m) 是指离心泵入口处，液体的静压头 $p_1/\rho g$ 与动压头 $u_1^2/2g$ 之和超过液体在操作温度下的饱和蒸气压头 $p_v/\rho g$ 的某一最小指定值，即

$$\Delta h=\left(\frac{p_1}{\rho g}+\frac{u_1^2}{2g}\right)-\frac{p_v}{\rho g} \tag{2-12}$$

式中：Δh——气蚀余量（m）；

p_v——操作温度下液体的饱和蒸气压（N/m^2）。

将式（2-9）与式（2-12）合并可导出气蚀余量 Δh 与允许安装高度 H_g 之间的关系为

$$H_g=\frac{p_0}{\rho g}-\frac{p_v}{\rho g}-\Delta h-\sum H_f \tag{2-13}$$

式中：p_0——液面上方的压力，若为敞口液面则 $p_0=p_a$。

泵性能表上的值也是按输送 20℃水规定的。当输送其他液体时，需进行校正。具体校正方法可参阅有关文献。

五、离心泵的工作点

当离心泵安装在一定的管路系统中工作时，其压头和流量不仅与离心泵本身的特性有关，而且还取决于管路的工作特性。

（一）管路特性曲线

离心泵在特定管路系统中工作时，液体要求泵供给的压头 H_e 可由伯努利方程求得

$$H_e=\Delta Z+\frac{\Delta p}{\rho g}+\frac{\Delta u^2}{2g}+\sum H_f \tag{2-14}$$

式中：$\Delta Z+\frac{\Delta p}{\rho g}$——与管路中液体流量无关，在输液高度和压力不变的情况下为一常数，以符号 A 表示；

$\frac{\Delta u^2}{2g}\approx 0$——若储槽与受槽的截面都很大，该处流速与管路相比可忽略不计。

由于

$$\sum H_f = \left(\lambda \cdot \frac{\sum l + \sum l_e}{d} + \zeta_c + \zeta_e\right)\frac{u^2}{2g} = \left(\lambda \cdot \frac{\sum l + \sum l_e}{d} + \zeta_c + \zeta_e\right) \cdot \left(\frac{1}{2g}\right) \cdot \left(\frac{Q_e}{\frac{\pi}{4}d^2}\right)^2$$

$$= \frac{8}{\pi^2 d^4 g} \cdot \left(\lambda \cdot \frac{\sum l + \sum l_e}{d} + \zeta_c + \zeta_e\right) \cdot Q_e^2 \qquad (2\text{-}15)$$

式中：Q_e——管路系统的流量（m^3/s）。

对于特定的管路系统，l、l_e、d 均为定值，湍流时摩擦系数的变化也很小，令

$$\frac{8}{\pi^2 d^4 g} \cdot \left(\lambda \cdot \frac{\sum l + \sum l_e}{d} + \zeta_c + \zeta_e\right) = B$$

则式（2-14）可简化为

$$H_e = A + BQ_e^2 \qquad (2\text{-}16)$$

式（2-16）表明，在特定管路中输送液体时，所需压头 H_e 随液体流量 Q_e 的平方而变化，此关系所描绘的 H-Q 曲线称为管路特性曲线，如图 2-7 所示。它表示在特定的管路中压头随流量的变化关系。

管路特性曲线的形状与管路布置及操作条件有关，而与泵的性能无关。

（二）工作点

离心泵的特性曲线 H-Q 与其所在管路的特性曲线 H_e-Q_e 的交点 M 称为泵在该管路的工作点（duty point），如图 2-7 所示。工作点所对应的流量与压头既满足管路系统的要求，离心泵又能提供。

若工作点所对应的效率是在最高效率区，则该工作点是适宜的。

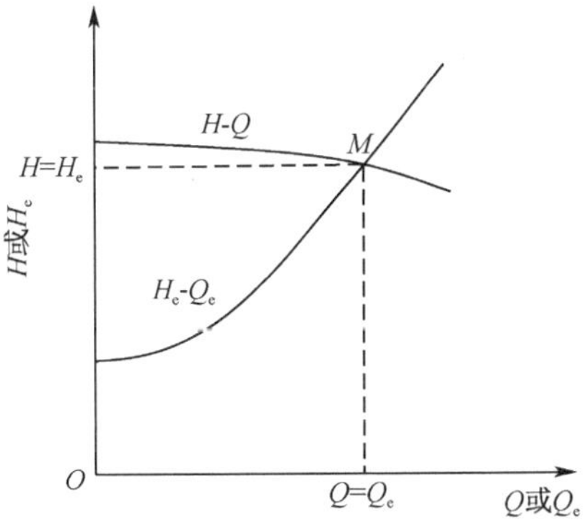

图 2-7　管路的特性曲线与泵的工作点

六、流量调节

调节流量实质上就是改变离心泵的特性曲线或管路特性曲线，从而改变泵的工作点。

离心泵的流量调节通常有两种方法：

1）在排出管线上装适当的调节阀，以改变管路特性曲线。

2）改变离心泵的转速或改变叶轮外径，以改变泵的特性曲线。

（一）改变阀门的开度

改变阀门开度以调节流量，实质是改变管路特性曲线。

1）如图 2-8 所示，当阀门关小时，管路局部阻力加大，管路特性曲线变陡，泵的工作点由 M 移到 M_1，流量由 Q_M 减小到 Q_{M_1}。

2）当阀门开大时，管路局部阻力减小，管路特性曲线变得平坦一些，工作点移到 M_2，流量增加到 Q_{M_2}。

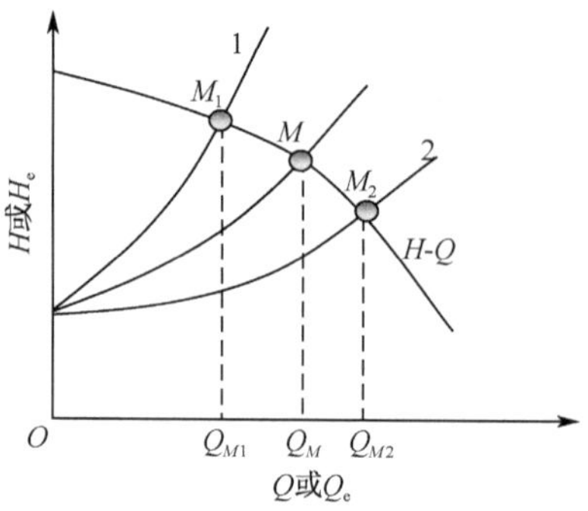

图 2-8　改变阀门开度调节流量的示意图

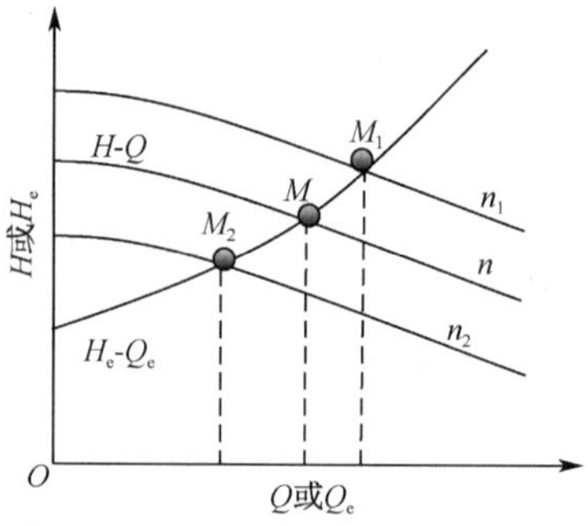

图 2-9　改变转速调节流量的示意图

（二）改变泵的转速

改变离心泵的转速以调节流量，实质上是维持管路特性曲线不变，而改变泵的特性曲线。

1）如图 2-9 所示，要把泵的转速提高到 n_1，泵的特性曲线就上移到 n_{M_1} 位置，工作点由 M 移到 M_1，流量和压头都相应加大。

2）若把泵的转速降到 n_2，泵的特性曲线就移到 n_{M_2} 位置，工作点移到 M_2，流量和压头都相应地减小。

（三）车削叶轮的外径

车削叶轮的外径是离心泵调节流量的一种独特方法。在车床上将泵叶轮的外径车削，这时叶轮直径、流量、压头和功率之间关系可按式（2-7）进行计算。

（四）几种流量调节方法的比较

1）改变阀门开度调节流量：方法简便，应用广泛。但关小阀门会使阻力加大，因而需要多消耗一部分能量以克服附加的阻力，该方法是不经济的。

2）改变转速调节流量：可保持管路特性曲线不变，流量随转速降低而减小，动力消耗也相应降低，节能效果显著，但需要变速装置。

3）改变叶轮直径：可改变泵的特性曲线，但可调节的流量范围不大，且直径减小不当还会降低泵的效率。

在输送流体量不大的管路中，一般都用阀门来调节流量，只有在输液量很大的管路才考虑使用调速的方法。

七、离心泵的并联与串联操作

在实际工作中，当单台离心泵不能满足输送任务的要求或者为适应生产大幅度变化而动用备用泵时，都会遇到泵的并联与串联使用问题。这里仅讨论两台性能相同的泵的并联与串联的操作情况。

（一）并联操作

当一台泵的流量不够时，可以用两台泵并联操作，以增大流量。

并联操作特性曲线的作法，是在每一个压头条件下，使一台泵操作时的特性曲线上的流量增大一倍而得出，如图 2-10 所示。图 2-10 中，曲线Ⅰ表示一台泵的特性曲线，曲线Ⅱ表示两台相同的泵并联操作时的联合特性曲线。

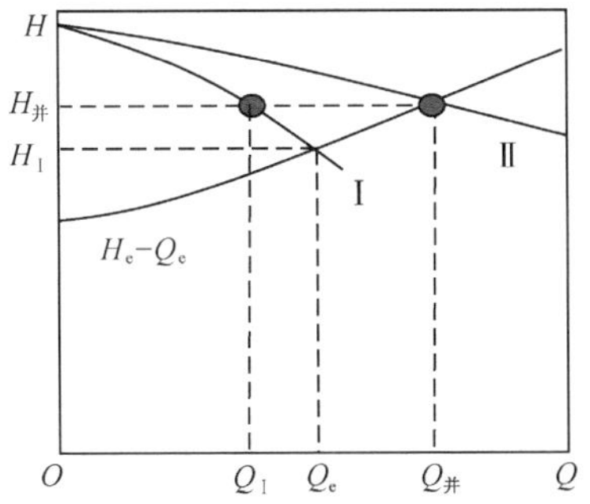

图 2-10　离心泵的并联操作

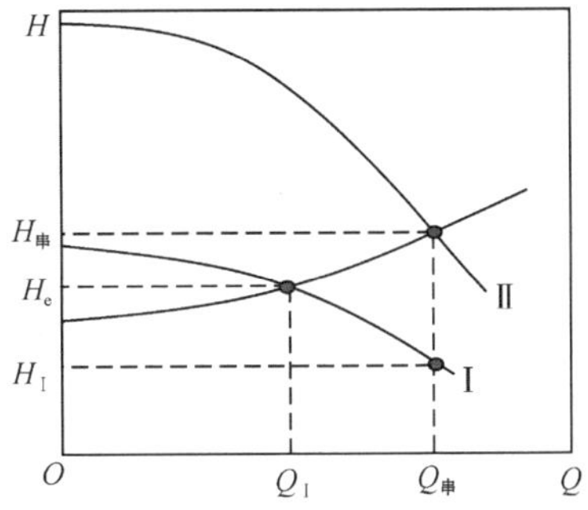

图 2-11　离心泵的串联操作

对于同一管路，其并联操作时泵的流量略低于单台泵流量的两倍，这是由于两台泵并联后，流量增大，管路阻力也增大。

（二）串联操作

当生产上需要利用原有泵提高泵的压头时，可以考虑将泵串联使用。

两台相同型号的泵串联工作时，每台泵的压头和流量也是相同的。在同样的流量下，串联泵的压头为单台泵的两倍，如图 2-11 所示。

串联操作特性曲线的作法为将单台泵的特性曲线Ⅰ的纵坐标加倍，横坐标保持不变，可求得两台泵串联后的联合特性曲线Ⅱ。同样，两台泵串联后的总压头要低于单台泵压头的两倍。

八、离心泵的选择

选择离心泵的基本原则是以能满足液体输送的工艺要求为前提。选择步骤如下：

1）确定输送系统的流量与压头。输送系统的流量一般为生产任务所规定。计算压头时，先根据输送系统管路的安排，计算管路系统的总阻力，然后用伯努利方程计算管路所需的压头。

2）选择泵的类型与型号：①根据输送液体性质和操作条件确定泵的类型；②按确定的流量和压头从泵样本产品目录选出合适的型号；③如果没有适合的型号，则应选定泵的压头和流量都稍大的型号；④如果同时有几个型号适合，则应列表比较选定；⑤按所选定型号，进一步查出其详细性能数据。

3）校核泵的特性参数。如果输送液体的黏度和密度与水相差很大，则应核算泵的流量、压头及轴功率。

4）校核安装高度。泵的安装高度必须低于允许吸上真空高度。

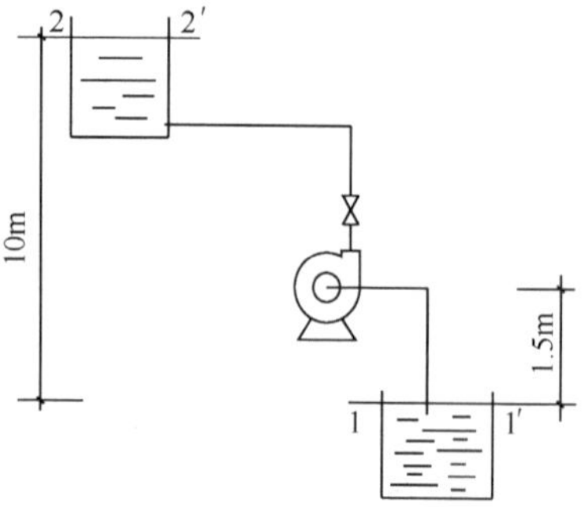

图 2-12 例 2-2 附图

例 2-2 如图 2-12 所示，今有一输送河水的任务，要求将某处河水以 $80m^3/h$ 的流量输送到一高位槽中。已知高位槽水面高出河面 10m，管路系统高位槽液面到离心泵出口间的压头损失为 $5.5mH_2O$，吸液段的压头损失为 $1.5mH_2O$。试选择一适当的离心泵，并估算由于阀门调节而多消耗的轴功率。管道内径为 116mm，水温按夏季平均水温 40℃计算。

解 根据已知条件，选用清水泵。以河面 1-1′截面为基准面，并取 1-1′与 2-2′截面列伯努利方程，则有

$$H=\Delta Z+\frac{\Delta p}{\rho g}+\frac{\Delta u^2}{2g}+\sum H_f=10+0+0+(5.5+1.5)=17(m)$$

根据流量 $Q(80m^3/h)$ 和 H（17m）可选 4B20 型号的泵。

查得该泵性能为：流量 $90m^3/h$，压头 $20mH_2O$，轴功率 6.36kW，效率 78%，允许吸上真空高度为 5m。

由于所选泵压头较高，操作时需关小阀门调节，由此多消耗的功率为

$$\Delta N=\frac{Q\Delta H\rho}{102\eta}=\frac{(80/3600)\times(20-17)\times1000}{102\times0.78}=0.838(kW)$$

安装高度的校核

$$u_1=\frac{V}{\pi r^2}=\frac{80/3600}{3.14\times\left(\frac{116}{2}\times10^{-3}\right)^2}=2.1(m/s)$$

当水温为 40℃时，$H_v=0.75m$。查表得 $H_a=9.74m$，则有

$$H_s'=H_s+(H_a-10)-(H_v-0.24)$$
$$=5+(9.74-10)-(0.75-0.24)=4.23(m)$$

泵的安装高度为

$$H_g=H_s'-\frac{u_1^2}{2g}-\sum H_{f吸}=4.23-\frac{2.1^2}{2\times9.81}-1.5=2.5(m)$$

实际安装高度（1.5m）低于最大安装高度 H_g，故泵安装高度合适。

第三节 其他类型泵

一、往复泵

往复泵（reciprocating pump）是利用往复运动的活塞将能量传递给液体，从而完成液体输送任务的一类泵。往复泵输送流体的流量只与活塞的位移有关，与管路情况无关，但其压头只与管路情况有关。这种特性称为正位移特性，具有正位移特性的泵称为正位移泵。

（一）往复泵的构造和操作原理

往复泵主要由泵缸、活塞、吸入阀和排出阀等组成，如图 2-13 所示。吸入阀和排出阀均为单向阀，活塞由曲柄连杆机构带动作往复运动。图 2-13 中，当活塞在外力的作用下向右移动时，泵体内形成低压，在压力差的作用

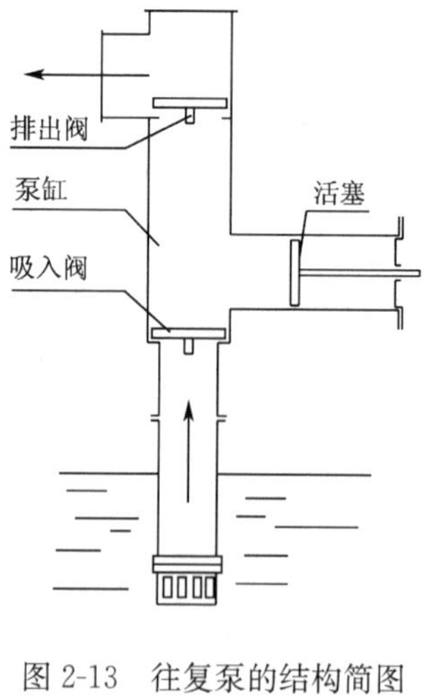

图 2-13 往复泵的结构简图

下，排出阀关闭，吸入阀被推开，将液体吸入泵内。当活塞向左移动时，由于活塞的挤压使泵内液体压力增大，吸入阀受压而关闭，而排出阀则开启，将液体排出泵外。活塞往复运动，液体就被不断吸入或排出。

活塞在泵体内左右移动的顶点称为死点。两死点之间的活塞行程即为活塞运动的距离，称为冲程。活塞往复一次，吸入和排出液体各一次，故称为单作用泵（或单动泵）。单作用泵仅在活塞压出行程时排出液体，而在吸入行程无液体排出，因而排液量是不均匀的。加之活塞的往复运动是由曲柄连杆机构的机械运动所产生的，因而活塞的往复运动是不匀速的，排液量也就随着活塞的移动有所起伏，其流量曲线如图 2-14（a）所示。

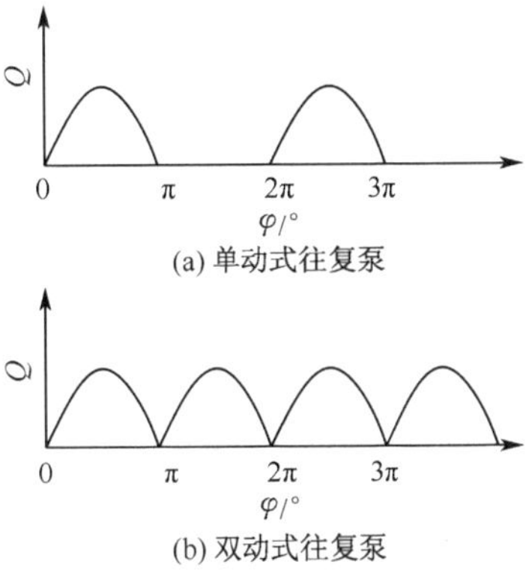

图 2-14　往复泵的流量曲线

为了改善往复泵流量的均匀性，可采用双动泵，其构造如图 2-15 所示。它有 4 个单向阀门，分布在液缸两端。当活塞向左移动时，右上端的阀门关闭，右下端的阀门开启，与此同时，左上端的阀门开启，左下端的阀门关闭。因此，活塞往复一次，双动泵都有液体吸入和排出，故流量比较均匀，如图 2-14（b）所示。

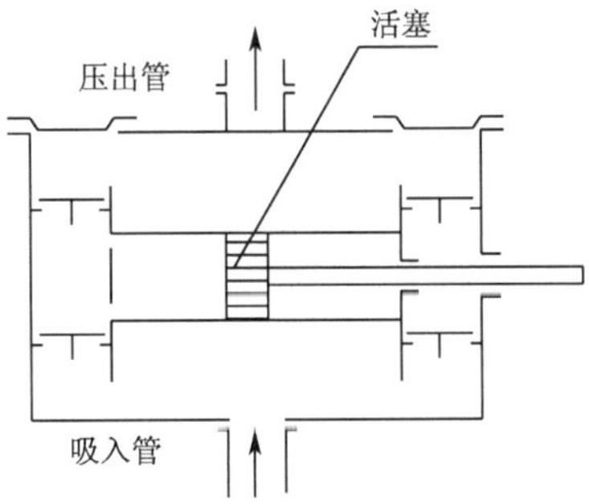

图 2-15　双动往复泵

与离心泵一样，往复泵也是借助泵缸内减压而吸入液体的，所以对吸入高度有一定限制。往复泵的低压是靠泵缸内活塞的移动使空间扩大而形成的。不同的是，往复泵具有自吸能力，在开动之前没有充满液体也能吸液。

（二）往复泵的流量和压头

往复泵的流量 Q 取决于活塞扫过的体积。对单动泵，其理论流量为

$$Q_T = ASn = \frac{\pi}{4}D^2Sn \tag{2-17}$$

双动泵需考虑活塞杆所占的截面积，其理论流量并不是单动泵的 2 倍

$$Q_T = (2A - a)Sn \tag{2-18}$$

式中：A—— 活塞面积（m^2）；

D—— 活塞直径（m）；

S—— 活塞的冲程（m）；

n—— 活塞的往复次数（次/min）；

Q_T—— 理论流量（m^3/min）；

a—— 活塞杆截面积（m^2）。

由式（2-17）及式（2-18）可以看出，一定形式的往复泵，其理论流量是恒定的，而与压头无关，如图 2-16 中实线所示。实际上，由于活塞的密封性以及活塞启闭不及时等原因，往复泵的实际流量比理论流量小，液体的漏损量会随压头的增加而

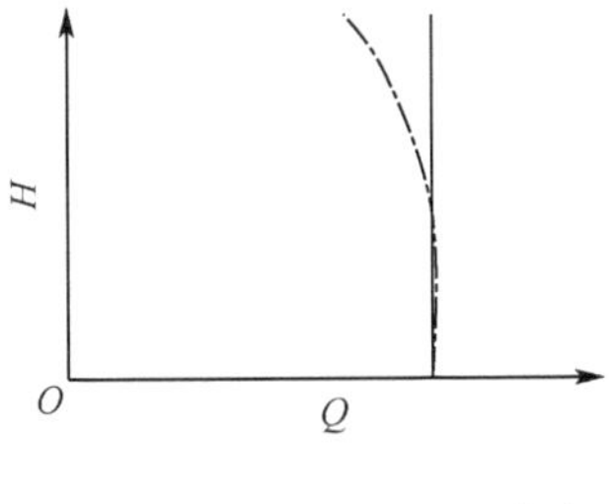

图 2-16　往复泵的特性曲线

加大，故实际流量与压头的关系如图 2-16 虚线所示。

往复泵的压头由管路特性曲线决定，在泵的机械强度和原动机的功率允许的情况下，往复泵的压头可以很高。液体在往复泵内的流路较离心泵简单，因而效率也较高，通常为 72%～93%。

（三）往复泵的流量调节

无论在什么压头下工作，只要往复一次，泵就排出一定体积的液体。从式（2-17）可以看出，往复泵的流量只与泵本身的几何尺寸和泵的往复次数有关，而与泵的压头无关。因而工作时，往复泵不能关闭出口阀启动，否则吸入泵体的液体会导致泵内压力过大，当超过泵壳的机械强度或电机的能量时，将会损坏泵体或烧毁电机。根据往复泵的特点，其流量调节可采用如下几种方法：

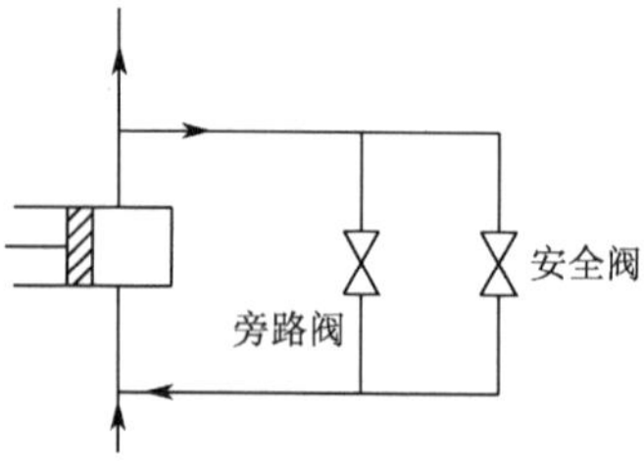

图 2-17　往复泵的流量调节

1）改变原动机的转速，调节活塞的往复次数。对于输送易燃易爆的液体，常采用蒸气带动往复泵，只要改变蒸气进入量，就可以使活塞的往复次数增加或减少，达到调节流量的目的。对于电动机带动的往复泵，可采用变速装置调节转速。

2）在往复泵出口处装有旁路，如图 2-17 所示。这种方法简单方便，在生产上使用广泛。当下游压力超过一定限度时安全阀将自动开启，以保证系统安全运转。

二、漩涡泵

漩涡泵（vortex pump）的结构和工作原理与离心泵相似，如图 2-18 所示。泵壳为圆形，吸入口和排出口均在泵壳的顶部。泵体内部的叶轮是一个四周铣有凹槽的圆盘，凹槽成辐射状排列，构成叶片。叶轮和泵壳之间有一定空隙，形成了流体流道。

工作前，要先将漩涡泵体内充满液体。当叶轮旋转时，由于离心力作用，凹槽中的液体以一定的速度甩向流道，在截面积较宽的流道内，液体流速减慢，一部分动能转变为静压能。与此同时，叶片凹槽内侧因液体被甩出而形成低压，因而流道内压力较高的液体又可重新进入叶片凹槽，再次受离心力的作用继续加大压力。这样液体由吸入口吸入，多次通过叶片凹槽和流道，并在此间反复作漩涡形运动，在达到出口时就可获得较高的压头。

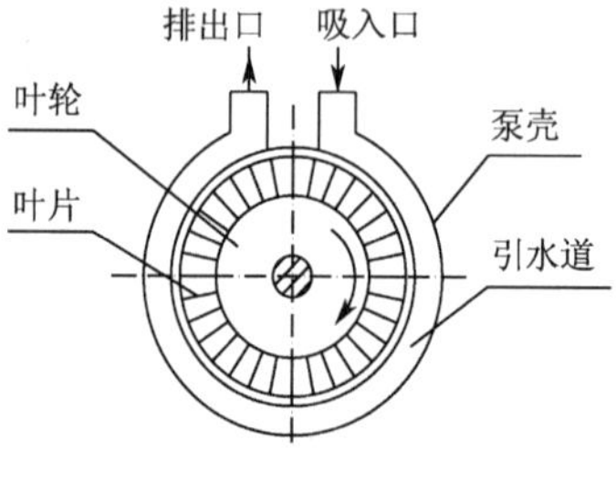

图 2-18　漩涡泵结构简图

与离心泵一样，漩涡泵在流量减小时压头增加，功率也增加，所以漩涡泵在开动前不要将出口阀关闭，常采用旁路回流调节流量。

漩涡泵的流量小，压头高，体积小，结构简单。它适用于输送流量小、压头高及黏度不高的液体。漩涡泵的效率一般不超过 40%。

三、旋转泵

旋转泵（rotary pump）属于正位移泵，是靠泵体内旋转的转子将流体吸入和排出的一种泵，因此也称转子泵。下面介绍食品工业中常见的两种旋转泵：齿轮泵和螺杆泵。

（一）齿轮泵

齿轮泵（gear pump）常用于输送黏度较大而不含杂质的液体，如液压系统的润滑系统。

如图 2-19 所示，齿轮泵主要是由两个齿轮和椭圆形泵壳组成。主动齿轮与从动齿轮相啮合而作相向转动。当啮合的齿轮分开时，形成的低压将液体吸入，并沿壳壁推送至排出腔。在排出腔内，两齿轮的齿互相合拢而形成高压，将液体排出。

齿轮泵流量较小，产生压头较高，适用于输送黏度大的液体，如甘油等。

图 2-19　齿轮泵结构简图

（二）螺杆泵

螺杆泵（screw pump）具有连续均匀、无脉动、压力高、噪声低、结构简单等特点，常用于黏稠食品的输送。

螺杆泵主要由泵壳和一个或多个螺杆所构成。图 2-20 为一单螺杆泵。螺杆泵的泵壳内侧具有螺旋槽，螺杆转动时，将液体沿轴向推进，最后挤压至排出口而排出。双螺杆泵利用两根相互啮合的两个螺杆排送液体。当所需的压力很高时，可采用多螺杆泵。螺杆泵的效率较齿轮泵高。

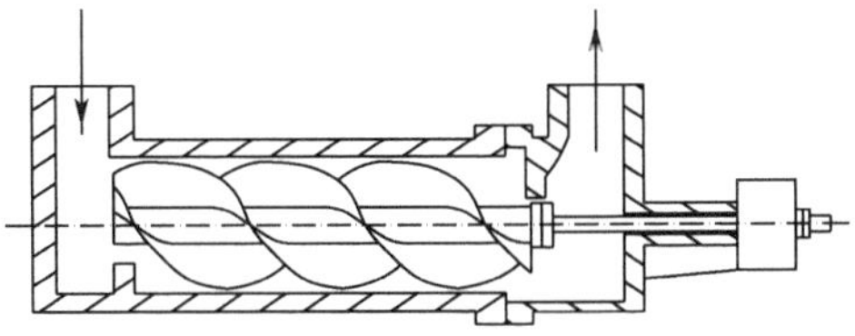

图 2-20　螺杆泵结构简图

第四节　气体输送机械

气体输送机械与液体输送机械在结构和工作原理上都非常相似，但气体有压缩性，当压力变化时，气体的体积和温度也会发生变化。气体压力的变化程度用压缩比表示，即气体排出压力与吸入压力的比值。根据压缩比或排出压力（终压）的大小，气体输送机械可分为以下几种：

1）通风机：终压小于 15kPa（表压），压缩比为 1～1.15。

2）鼓风机：终压为 15～300kPa（表压），压缩比小于 4。

3）压缩机：终压大于 300kPa（表压），压缩比大于 4。

4）真空泵：吸入压力低于大气压，排出压力一般为大气压，压缩比由真空度决定。

一、离心式通风机

（一）离心式通风机的结构和工作原理

离心式通风机的结构与单级离心泵相似。在蜗壳形机壳内装一叶轮，叶轮上叶片数目较多。

离心式通风机的工作原理与离心泵相同。

（二）离心式通风机的性能参数和特性曲线

1. 性能参数

（1）风量 Q

风量 Q(m^3/h 或 m^3/s) 指单位时间内风机出口排出的气体体积，以风机进口处气体状态计。

（2）风压 p_t

风压 p_t(Pa) 是单位体积的气体经过风机后所获得的能量。

当不计 $(Z_2-Z_1)\rho g$ 和 $\rho g\sum H_f$ 两项时，p_t 可用下式计算：

$$p_t=(p_2-p_1)+\frac{\rho u_2^2}{2} \tag{2-19}$$

式中：下标 1、2——系统进、出风口位置；

p_t——全风压，又称风压或全压；

p_2-p_1——静风压，用 p_s 表示；

$\rho u_2^2/2$——动风压。通风机性能表上所列的风压是指全压。

（3）轴功率 N 与效率 η

离心风机的轴功率与离心泵的轴功率计算式相同：

$$N=\frac{p_tQ}{1000\eta} \tag{2-20}$$

式中：N——轴功率（kW）；

Q——风量（m^3/s）；

p_t——全风压（N/m^2）；

η——效率（%）。

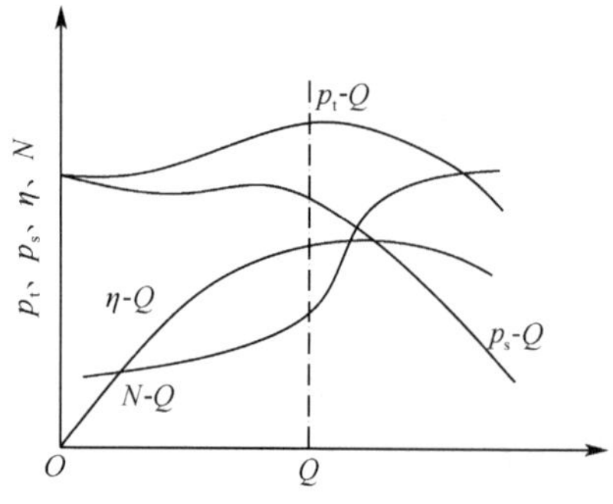

图 2-21　离心式通风机的特性曲线

2. 特性曲线

离心式通风机的特性曲线如图 2-21 所示。该曲线是在一定转速、20℃及压力为 1.0133×10^5Pa 条件下，以空气为工作介质测定的。特性曲线有 4 条，即 p_t-Q 和 p_s-Q、N-Q 和 η-Q。与离心泵特性曲线相比，多了一条 p_s-Q 曲线，这是因为风机出口的风速较大，故动风压不能忽略。

（三）离心通风机的选用

1）根据被输送气体的性质、操作条件选定离心式通风机。

2）根据实际风量（以进口状态计）和计算的全风压，从风机样本或产品目录中选择合适的型号。

3）核算风机的轴功率。

选用时应注意以下两点：

1）当实际操作条件与实验条件不符合时，需将风机的风压换算成实验条件下的风压，最后用换算值选风机。实际操作条件下的风压换算公式为

$$p_t = \frac{1.2p_t'}{\rho'} \tag{2-21}$$

其中“′”表示实验操作条件下的参数。

2）计算轴功率时，若风量 Q 用实际风量，则全风压 p_t 也应用实际风压。若全风压 p_t 用校正为实验状态（20℃、101.33kPa）下的风压值，则风量也应用校正的风量。

二、罗茨风机

罗茨风机（Roots blower）是食品企业中应用最广的旋转式鼓风机，其结构如图 2-22 所示。

罗茨风机主要由一长圆形机壳和两个紧密啮合的相向运动的转子构成。工作时，空气从一侧进入，从另一侧排出。可以通过转子的反向转动，改变空气进出口的方向。罗茨风机兼有往复式风机和离心风机的特点。例如，转速一定时，风压改变，风量可基本不变，风量与转速成正比；罗茨风机转速高，质量较轻，结构简单，排气均匀，风量变动范围很大，但制造安装较困难，效率较低。

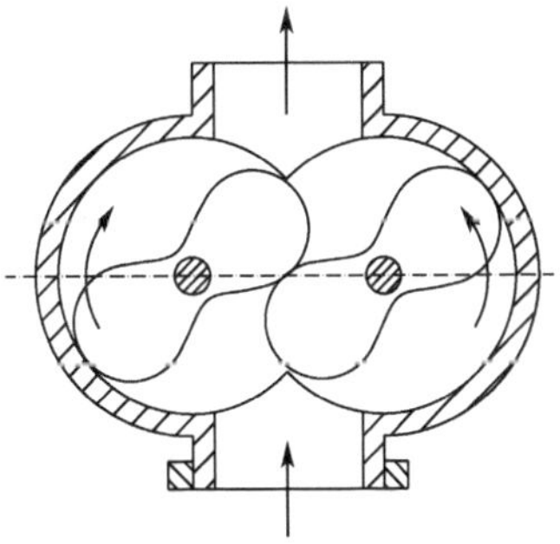

图 2-22　罗茨风机结构示意图

罗茨风机的出口应安装稳压管与安全阀，流量采用旁路调节。操作时，温度不能超过 85℃，否则会引起转子的热膨胀，发生碰撞。

三、压缩机

食品工业中使用的压缩机（compressor）主要有往复压缩机与离心压缩机两种。

（一）往复式压缩机的结构和工作原理

往复式压缩机（reciprocating compressor）的主要部件有汽缸、活塞、吸气阀和排气阀等（图 2-23）。因气体密度小、可压缩，且在压缩过程中温度升高，所以压缩机的结构复杂，并附设有冷却装置。往复压缩机的工作原理与往复泵相同。

1. 理想压缩循环

在理想情况下，假设被压缩的气体是理想气体，吸气和排气时汽缸内的压力保持恒定分别为 p_1 和 p_2，汽缸排气终了时，汽缸的气体全部排出，活塞与汽缸之间没有空隙（余隙）以及能量损失，其循环过程如图 2-24 所示。

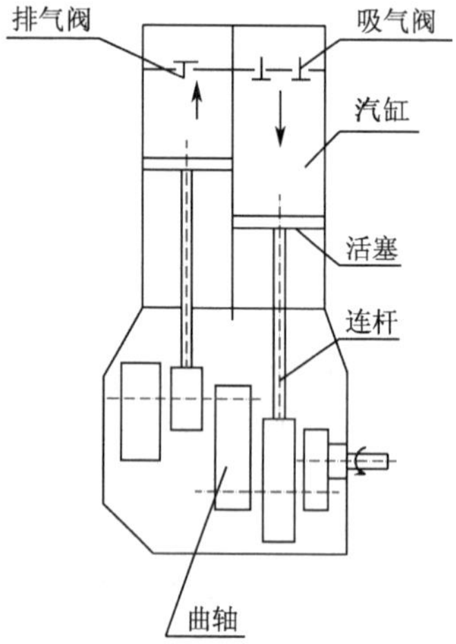

图 2-23　往复式压缩机的结构简图

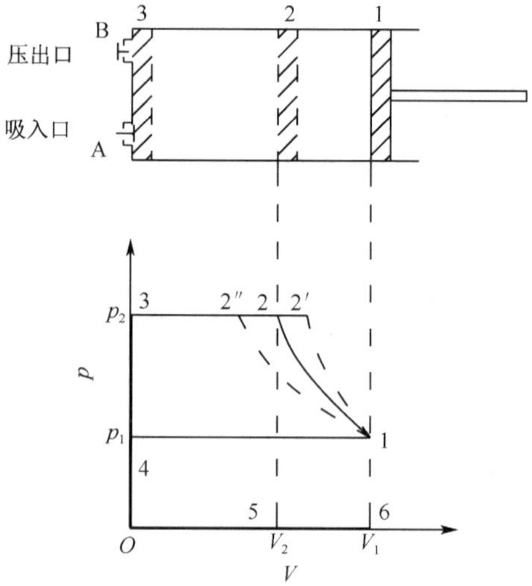

图 2-24　理想循环过程

1）压缩阶段：活塞位于汽缸右端点 1，汽缸内充满压力为 p_1、体积为 V_1 的气体，其状态点以 p-V 图上的点 1 表示。当活塞向左移动时，汽缸内气体压强升高，体积压缩，压强增至 p_2，体积达到 V_2，其状态点以点 2 表示。气体由状态点 1 到状态点 2 的过程称为压缩阶段。

2）排气阶段：当活塞继续向左移动，汽缸内压强 p_2 稍大于出口管中压强时，排气阀 B 被顶开，气体排出，气体体积减小，压强保持不变，恒等于 p_2，直至活塞达到左端的极限位置为止，理想状态不考虑余隙，体积为 0，压强仍为 p_2，其状态点以点 3 表示，气体由状态点 2 到状态点 3 的过程称为排气阶段。

3）膨胀阶段：当活塞从左端极端向右移动时，汽缸内的压力等于进口管中气体压强，即 $p_4=p_1$，吸入阀打开，其状态点以点 4 表示，气体从状态点 3 到状态点 4 的过程称为膨胀阶段。

4）吸气阶段：当活塞继续向右移动时，吸入阀打开，气体不断吸入，压强恒等于 p_1，直至活塞达右端极点、状态回复到点 1 为止。气体从状态点 4 变到状态点 1 的过程称为吸气阶段。至此，活塞往复运动一次，实现一个工作循环，由压缩-排气-膨胀-吸气四个阶段组成。

由压强 p_1 升高到 p_2 可依三种不同的过程进行压缩，即绝热过程、等温过程和多变过程，分别用图 2-24 中的 1-2′、1-2″和 1-2 线表示。等温与绝热过程只是两种极端情况，实际压缩过程与多变过程比较接近，多变压缩功为

$$W=\frac{m}{m-1}p_1V_1\left[\left(\frac{p_2}{p_1}\right)^{\frac{m-1}{m}}-1\right] \tag{2-22}$$

式中：W—— 每一循环多变压缩的功（J）；

p_1——进气压力（N/m^2）；

p_2—— 排气压力（N/m^2）；

V_1——每一循环吸入气体的体积（m^3）；

m —— 多变指数。

压缩所消耗的功可用图 2-24 中的面积表示。例如，等温压缩耗功面积为 1-2″-3-4；绝热压缩耗功面积为 1-2′-3-4；多变压缩耗功面积为 1-2-3-4。由图 2-24 可知，绝热压缩耗功最多，等温压缩耗功最少。多变压缩时，气体排出口热力学温度为

$$T_2 = T_1\left(\frac{p_2}{p_1}\right)^{\frac{m-1}{m}} \tag{2-23}$$

式中：T_1——入口温度（K）；

T_2——出口温度（K）。

2. 有余隙压缩循环

往复压缩机排气终了时，活塞与汽缸盖之间必须留出很小的空隙，称为余隙。有余隙的压缩循环如图 2-25 所示。它与理想压缩循环的区别在于排气终了残留在余隙体积中的高压气体在活塞反向运动时将再膨胀。当膨胀到如图 2-25 所示的点 4 时，汽缸中的压力才降至进气压 p_1，此后开始吸气。由于余隙体积的存在，压缩机循环一次的吸气体积 V_e 比活塞一次扫过的体积（理论吸气体积）V_1 低，其比值称为容积系数 λ，即

$$\lambda = \frac{V_e}{V_1} \tag{2-24}$$

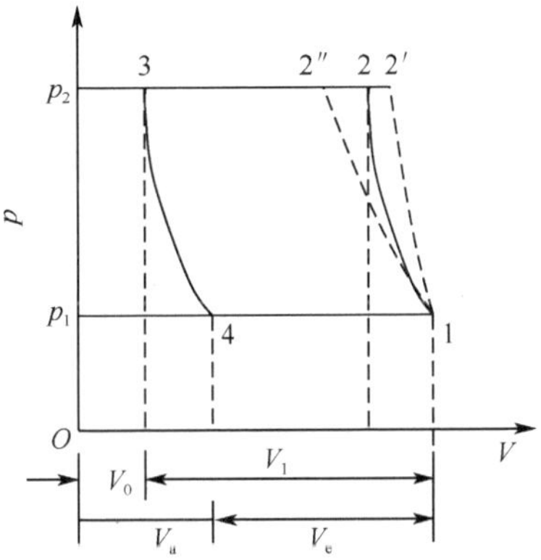

图 2-25　有余隙压缩循环

余隙体积 V_0 与理论吸气体积 V_1 之比称为余隙系数，以符号 ε 表示，其表达式为

$$\varepsilon = \frac{V_0}{V_1} \tag{2-25}$$

由图 2-25 知

$$V_e = V_1 + V_0 - V_a \tag{2-26}$$

式中：V_a——余隙膨胀所占体积（m^3）。

将式（2-26）两边均除以 V_1，则有

$$\frac{V_e}{V_1} = 1 + \frac{V_0}{V_1} - \frac{V_a}{V_1} = 1 + \frac{V_0}{V_1} - \frac{V_0}{V_1}\frac{V_a}{V_0}$$

将式（2-24）及式（2-25）代入上式，则有

$$\lambda = 1 + \varepsilon - \varepsilon\left(\frac{V_a}{V_0}\right) \tag{2-27a}$$

或

$$\lambda = 1 - \varepsilon\left(\frac{V_a}{V_0} - 1\right) \tag{2-27b}$$

对于多变膨胀过程，则有

$$p_2V_0^m = p_1V_a^m \tag{2-28}$$

将式（2-28）代入式（1-27b），则有

$$\lambda = 1 - \varepsilon\left[\left(\frac{p_2}{p_1}\right)^{\frac{1}{m}} - 1\right] \tag{2-29}$$

由式（2-29）可知，容积系数λ与余隙系数ε的大小和气体的压缩比$\left(\frac{p_2}{p_1}\right)$有关。余隙系数越大，容积系数越小；压缩比越大，容积系数越小。

（二）往复压缩机的主要性能参数

1. 生产能力

压缩机的生产能力又称压缩机的排气量。理论上的排气量应等于活塞扫过的容积。

$$V' = ASn \tag{2-30}$$

式中：V'——理论吸气体积（m^3/min）；

A——活塞面积（m^2）；

S——活塞冲程（m）；

n——活塞往复次数（次/min）。

但是，由于汽缸有余隙，吸入阀打开后进入的气体有一个膨胀过程，也占据一部分容积，气体在填料函、阀门、活塞杆等处有泄漏，因此实际排气量总比理论值要小

$$V = \lambda V' \tag{2-31}$$

通常，容积系数λ=0.7～0.9。

2. 压缩比

压缩比是压缩机的出口和进口压强之比。

3. 轴功率与效率

压缩机所需的理论功率与流量、压缩比以及系统与环境的换热情况有关。由于压缩过程中不可避免地有部分泄漏，并且活塞运动，气阀开、关不可避免地有能量损失等，因此压缩机的轴功率应为

$$p = \frac{p_e}{\eta} \tag{2-32}$$

式中：η——往复压缩机的效率，一般为0.7～0.9。

（三）多级压缩

容积系数随压缩比的增大而减小，当压缩比大到某一极限时，容积系数为零，即当活塞往右运动时，残留在余隙内的气体膨胀后充满整个汽缸，以致不能再吸入新的气体。

实际上，在压缩机中每压缩一次所允许的压缩比一般为5～7。如果所要求的压缩比超过这个数值，应采用多级数压缩，如图2-26所示。气体在每级压缩之后进入中间冷却器进行冷却，以降低气体温度。

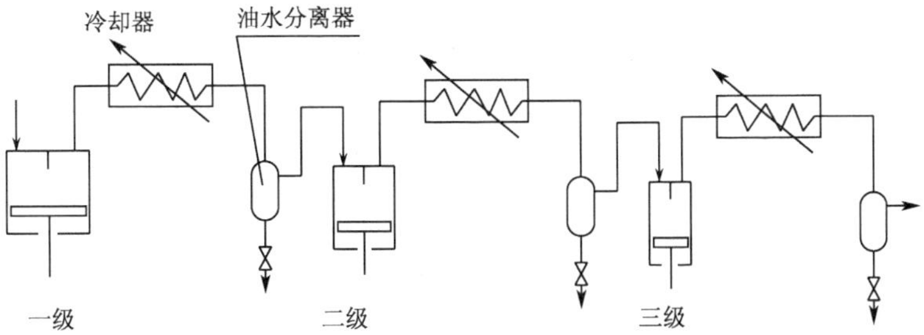

图 2-26　多级压缩示意图

采用多级压缩可降低压缩气体所消耗的功，图 2-27 为两级压缩分析图。若将压强为 p_1 的气体采用单级压缩至 p_2，则压缩多变过程如图 2-27 中 1-2′-2 所示，所消耗的理论功相当于图中 1-2-3-4-1 所围成的面积。两级压缩时，则中间压强变为 p_2'，尽管每一级也是进行多变压缩，但因两级之间增加了冷却，其过程依等压线 2′2″进行，两级所消耗的总理论功相当于图上 1-2′-2″-3′-3-4-1 所围成的面积，由此可知，两级压缩比单级压缩所消耗的功要少。依此类推，当压缩比相同时，所用的级数越多，则消耗的功越少。

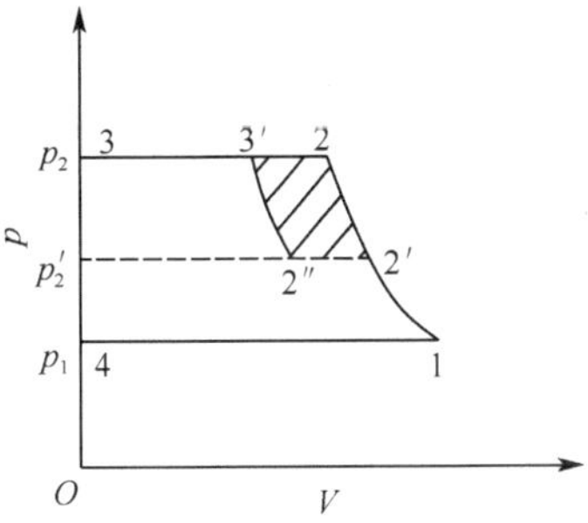

图 2-27　两级压缩循环的 p-V 图

通常，压缩机中一级的压缩比以 4～7 为宜，若生产上需要压缩比很大时，则需进行多级压缩，否则会引起以下问题：

1）汽缸内润滑油炭化，严重时可能引起油雾爆炸。

2）由于余隙的影响，容积系数 λ_0 严重下降。

进行多级压缩时，需在级间将压缩气体进行冷却。

四、真空泵

（一）往复真空泵

往复真空泵（reciprocating vacuum pump）的基本结构和工作原理与往复压缩机相同，只是真空泵在低压下操作，汽缸内外压差很小，所用阀门必须轻巧，启闭方便。若需获得较高的真空度，则压缩比要很高，如 95%的真空度时压缩比约为 20。这样高的压缩比，余隙中的残余气体对真空泵的抽气速率影响很大。因此，可在真空泵汽缸两端之间设置一条平衡气道，在活塞排气终了时，使平衡气道短时间连通，余隙中残余气体从一侧流向另一侧，从而降低残余气体的压力，减小余隙的影响。

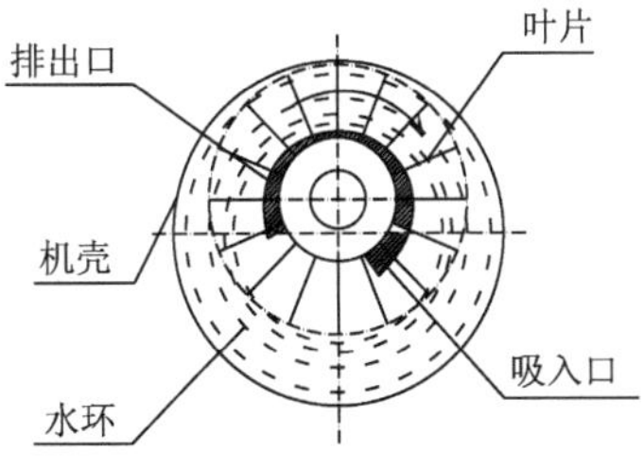

图 2-28　水环真空泵的结构

（二）水环真空泵

水环真空泵（water-ring vacuum pump）的结构如图 2-28 所示，水环真空泵的外壳为圆形，壳内有一偏心安装的转子，转子上有叶片。泵内装有一定量的水，当转子旋转时形成水环，故称为水环真空泵。由于转子偏心安装，叶片之间形成许多大小不等的小室。在转子的右半部，这些密封的小室体积扩大，气体便通过右边进气口被吸入。当旋转到左半部，小室的体积逐渐缩小，气体便由左边的排气口被压出。

水环真空泵可以达到的最高真空度为 $0.85kgf/cm^2$ 左右，也可作鼓风机用，但产生的表压强不超过 $1kgf/cm^2$。当被抽吸的气体不宜与水接触时，泵内可充以其他液体，所以又称为液环真空泵。

此类泵结构简单、紧凑，易于制造与维修，由于旋转部分没有机械摩擦，使用寿命长，操作可靠。适用于抽吸含有液体的气体，尤其在抽吸有腐蚀性或爆炸性气体时更为合适。但它效率很低，为30%～50%，所能达到的真空度受泵体中的水温限制。

(三) 喷射泵

喷射泵（jet pump）属于流体动力作用式的流体输送机械，它利用流体流动时的静压能与动能相互转换的原理吸、送流体，既可用于吸送气体，也可用于吸送液体。喷射泵常用于抽真空，故又称为喷射式真空泵。

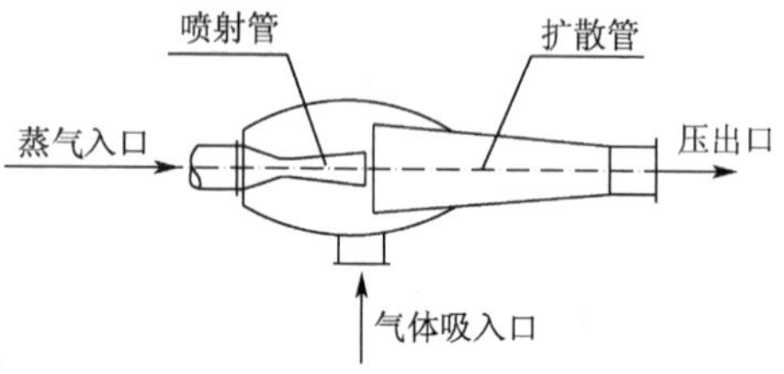

图 2-29　蒸气喷射泵的工作原理

喷射泵的工作流体可以是蒸气，也可以是液体。前者称为蒸气喷射泵，后者称为水喷射泵。如图 2-29 所示为蒸气喷射泵。工作蒸气在高压下以很高的速率从喷射管的喷嘴喷出，在喷射过程中，蒸气的静压能转变为动能，产生低压，而将气体吸入。吸入的气体与蒸气混合后进入扩散管，速率逐渐降低，压强随之升高，而后从压出口排出。

喷射泵的主要优点是结构简单，制造方便，可用各种耐腐蚀材料制造，没有传动装置；主要缺点是效率低，只有10%～25%，蒸气消耗量大，故一般多作真空泵使用，而不作为输送设备用。由于所输送的流体与工作流体混合，其应用范围受到一定的限制。

单级蒸气喷射泵仅能达到90%的真空，为了达到更高的真空度，需采用多级蒸气喷射泵。

思考题与计算题

一、思考题

1. 离心泵发生气蚀现象的原因是什么？危害是什么？应如何防止？

2. 根据离心泵的特性曲线图说明用其出口阀门调节管路流量的原理。

3. 简述离心泵的结构和工作原理。

二、计算题

1. 用泵将水从敞口槽输送到一反应容器中，已知离心泵吸入管内径为100mm，吸入管路总压头损失为 $12u^2/2g$（u 为吸管内水的流速，m/s），泵入口处真空表读数为45.33kPa，泵入口处比储水槽高2m。试求吸水管内的流量（m^3/h）。已知水的密度为 $10^3\ kg/m^3$。（答：$56.24m^3/h$）

2. 用泵将密度为 $1.15g/cm^3$ 的盐水，以 $0.0056m^3/min$ 的流量由一敞口大原料储槽送至敞口高位槽中，管道出口比原料储槽的液面高23m，吸入管内径为90mm，泵出口管内径为52.5mm。假如管路系统的摩擦损失为53.8J/kg（包括进口阻力损失不包括出口阻力损失），泵的效率为70%，试计算泵的扬程和功率。

（答：28.48m，42.82W）

3. 用泵将 82.2℃的热水以 0.379m^3/min 的流量从一出口储槽中吸上来，泵的入口管为内径 50.8mm，长 6.1m 的无缝钢管（绝对糙度 ε=0.2mm），有三个 90°的标准弯头。水从泵中流出来后经过一长 61m、内径 50.8mm 的带两个 90°的标准弯头的管段后再排到大气中，排出口比储槽的液面高 6.1m。(1) 计算总摩擦损失（包括进出口阻力损失）；(2) 计算泵所做的功；(3) 计算泵的有效功率。

（答：207.43J/kg，267.27J/kg，1.64kW）

4. 用泵将体积流量为 0.5m^3/h 的水以 0.1m/s 的速度从 10m 下的加热罐中抽至水龙头处。假如罐的压力保持在 60kPa 的表压下，试求泵的有效功率。忽略管道阻力。　（答：5.29W）

第三章　非均相物系的分离

第一节　概　　述

一、非均相混合物

自然界的大多数物质是混合物，食品工业中经常会遇到混合物的分离问题。混合物可以分为两大类。凡物系内部各处物料性质均匀，且不存在相界面的物系称为均相混合物或均相物系（homogeneous system），溶液及混合气体都是均相混合物。物系内部有隔开两相的界面存在，界面两侧物料的物理性质（如密度）截然不同的物系称为非均相混合物或非均相物系（non homogeneous system）。在非均相物系中，处于分散状态的物质，如分散于流体中的固体颗粒、液滴或气泡，称为分散物质或分散相（dispersed phase）；包围分散物质且呈连续状态的物质称为分散介质或连续相（continous phase）。根据连续相的状态，非均相物系可分为两种类型：

1）气态非均相物系：固体或液体微粒悬浮在气体介质中形成的气态分散系，如含尘气体、含雾气体等，又称为气溶胶。

2）液态非均相物系：连续相为液体，如悬浮液、乳浊液及泡沫液等。

由于非均相物系中分散相和连续相具有不同的物理性质，故食品工业上一般都采用机械方法将两相进行分离。要实现这种分离，必须使分散相与连续相之间发生相对运动。根据两相运动方式的不同，机械分离可按以下两种操作方式进行：

1）分散相（颗粒）相对连续相（流体）运动的过程称为沉降分离。实现沉降的作用力如果是重力，则称为重力沉降。若实现沉降的作用力是惯性离心力，则称为离心沉降。

2）连续相（流体）相对分散相（颗粒）运动而实现固、液分离的过程称为过滤。实现过滤操作的外力可以是重力、压强差或惯性离心力。因此，过滤操作又可分为重力过滤、加压过滤、真空过滤和离心过滤。

二、非均相物系分离的意义

非均相物系是食品加工中的常见物系。其中一些是天然存在的，如牛奶即为天然的乳状液，牛奶经分离可得到不同相对分子质量的乳蛋白。另一些则是在加工过程中产生的，如糖结晶后的晶糊，晶糊需经过滤才能得到砂糖。因此，分离操作在食品生产中占有非常重要的地位。

三、非均相物系分离的种类及原理

非均相物系分离常见的单元操作主要有过滤、压榨、沉降和离心等。分离操作是按动力学的质点运动和流体力学的原理进行的。根据两相相对迁移的方式不同，有沉降和过滤两种不同的分离方法。沉降所发生的迁移主要是分散相相对分散介质的运动所致，两相密度差对分离影响很大；过滤所发生的迁移则主要是分散介质相对分散相的运动所致，两相密度差对其分离并无多大意义。压榨作为固体混合物的分离操作，与过滤极为类似，区别在于压榨的混合物不能流动或者不能泵送。压榨的推动力只能是直接或间接的机械压缩力，且远远大于加压过滤所用压力。所以可将压榨看作一种特殊的过滤过程。离心操作按照其形式则又可分为离心分离、离心沉降和离心过滤等。

在食品工业生产中，一些非均相物系的分离方法见表 3-1。

表 3-1　非均相物系的分离方法

分离方法	分离对象	非均相物系	设备	应用举例
过滤	固相比例不太大，黏度不高的悬浮液或气溶胶 ①滤饼过滤 ②深层过滤 ③离心法	悬浮液、乳浊液、气溶胶	过滤机、袋滤器	自来水厂饮水的净化，牛奶、色拉油、酒类的过滤，不溶性固体（大于5%）的悬浮液的分离，加油脂精炼中的脱色，糖厂生产中杂质的过滤
压榨	不能流动或者泵送的混合物	固体混合物	压榨机	榨取果汁，如苹果、柑橘、番茄汁等。榨取油脂，如可可豆、椰子、花生、棕榈仁、大豆、菜子等种子或果仁。榨取糖汁，如甘蔗等
离心	固相比例大，黏度高等过滤难分离的悬浮液或乳浊液	乳浊液	离心机	糖工业的砂糖分离、制盐工业的晶盐脱卤
沉降	黏度小而密度差大的混合物	悬浮液或气溶胶	沉降室、旋液分离器	液体的澄清，如饮料、果汁、酒类的澄清以除去悬浮液的浑浊杂质。悬浮液的增稠，如淀粉的制造。颗粒的分级或分离。同一物质按粒经或不同物质按密度进行分离

第二节　过　　滤

过滤是分离悬浮液最普遍和最有效的单元操作之一，也可用于气-固体系的分离，本节仅介绍悬浮液的过滤。过滤可获得洁净的液体或固相产品。与沉降分离相比，过滤操作可使悬浮液的分离更迅速、更彻底。在某些场合下，过滤是沉降的后续操作。表 3-1 中列举了几种食品工业中常用的过滤应用。

一、过滤的基本概念

过滤（filtration）是以某种多孔物质为介质，在外力作用下，使悬浮液中的液体通过介质的孔道，而固体颗粒被截留在介质上，从而实现固、液分离的操作。过滤操作的示意图如图 3-1 所示。过滤操作采用的多孔物质称为过滤介质（filter medium），所处理的悬浮液称为滤浆（feed slurry），被截留的固体物质称为滤渣或滤饼（filter cake），通过滤饼和过滤介质的清液称为滤液（filtrate）。实现过滤操作的外力可以是重力、压强差或离心力。

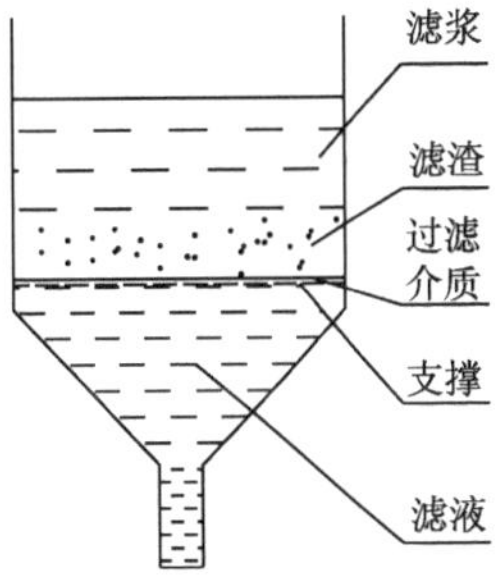

图 3-1　过滤操作示意图

（一）过滤方式

工业上过滤基本有两种方式：深床过滤（deep bed filtration）和滤饼过滤（cake filtration）（或饼层过滤）。滤饼过滤时，悬浮液位于过滤介质的一侧，固体颗粒沉积于介质表面而形成滤饼层。过滤介质中微细孔道的直径通常大于悬浮液中部分颗粒，因而，过滤之初会有一些细小颗粒穿过介质而使滤液浑浊。当过滤一段时间后，颗粒在孔道中堆积，迅速地发生“架桥”现象（图 3-2），使小于孔道直径的细小颗粒也可能被拦截，故当滤饼开始形成，滤液即变清，此后过滤才能有效地进行。可见，在滤饼过滤中，真正发挥拦截作用的主要是滤饼层而不是过滤介质。通常，过滤开始阶段得到的是浑浊液，待滤饼形成后应返回滤浆槽重新处理。饼层过滤适用于处理固体含量较高（固相体积分数大于 1% ）的悬浮液。

图 3-3 是深床过滤的示意图。在深床过滤中，固体颗粒并不形成滤饼，而是沉积于较厚的颗粒过滤介质床层内部。悬浮液中的颗粒尺寸小于床层孔道直径，当颗粒随液体在床层内的孔道中流过时，靠静电作用、吸附作用等附着在过滤介质上，过滤在过滤介质内部进行。这种过滤适用于生产能力大而悬浮液中颗粒小、含量甚微（固相体积分数小于 0.1%）的场合。自来水厂饮水的净化、酒和某些清饮料的澄清等均采用这种过滤方法。

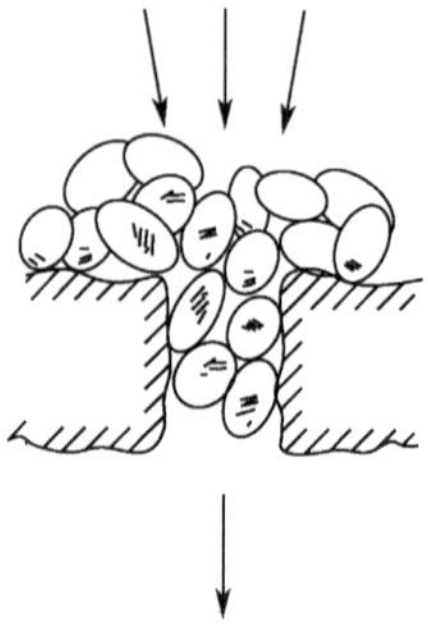

图 3-2 架桥现象

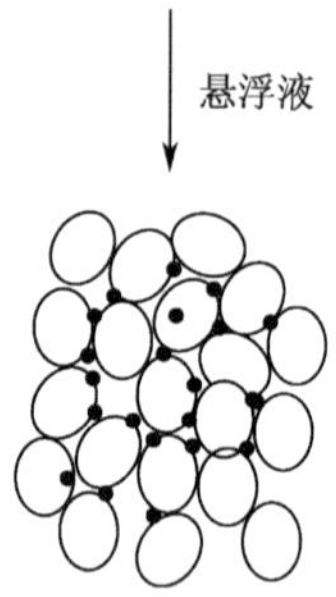

图 3-3 深床过滤

本节主要介绍食品加工中的悬浮液固相浓度较高的饼层过滤。

（二）过滤的操作程序

1. 过滤过程的力

过滤过程中存在过滤阻力和推动力这两种力。开始过滤时，滤液只通过过滤介质，因此存在过滤介质阻力。随着过滤过程的进行，固体颗粒在过滤介质上被截留逐渐形成滤饼，又产生了滤饼阻力。采用粒状过滤介质时，如果滤浆中含固体颗粒少，则滤饼阻力可以忽略不计，如食品厂用砂滤器初步处理水即属此种情况。采用织状介质时，介质阻力仅在开始时表现显著，当滤饼积到相当厚度后，介质阻力则可忽略，如用活性炭脱色后的葡萄糖溶液的过滤。

过滤过程是在滤饼和过滤介质两侧推动力的作用下进行的，力的大小由两侧的压差决定。压差的来源有四种：在悬浮液表面加压（<0.5 MPa）；悬浮液本身的液柱压差（0.05 MPa 以下）；在过滤介质下方抽真空（0.085 MPa）；离心力。上述过滤分别称加压过滤、重力过滤、真空过滤和离心过滤。

2. 典型过滤的操作程序

1）过滤。过滤阶段有两种操作形式，即恒压过滤和恒速过滤。恒速过滤时，过滤速率保持恒定，速率较低，以避免颗粒穿过滤布使滤液浑浊。恒压过滤是在恒定压力下进行的，当过滤进行到一定时间，滤饼沉积到相当厚度，过滤阻力很大，使过滤速率变得很低时，再继续进行过滤很不经济。此时应将滤饼卸除再重新过滤。在实际操作中通常先恒速再恒压，即初期用恒速过滤，当压力升至某值后，则转而采用恒压过滤。

2）滤饼洗涤。过滤结束后，滤饼中还存在很多滤液，如果滤饼是有价值的产品，且不允许为滤液所污染，如制取纯净的晶体食品，应尽量减少被结晶母液沾污；或者滤液是有价值产品，如酱油过滤，必须将残留的滤液加以回收，因此应对滤饼加以洗涤。洗涤所得的溶液称为洗出液。所谓滤饼洗涤是清水或其他洗液在推动力作用下流过滤饼毛细孔道的过程。

3）滤饼干燥。洗涤结束后，有时还需干燥。即利用气吹滤饼，以排出滤饼残留的洗液，使其含量减至最少。有的过滤采用热空气干燥，此时置换与气化并存。有的也可用机械挤压方法排除。

4）滤饼卸除。要进行新的过滤过程，重新使用过滤介质，就要将滤饼从过滤介质上卸下。卸除滤饼尽可能彻底干净，目的是为了最大限度地回收滤饼，并减少下一循环过滤的阻力。卸除滤饼时，可先从过滤层后倒吹压缩空气，使滤饼松动，再用刮刀或其他方法使之落下。

二、颗粒床层的特性

（一）床层空隙率 ε

单位体积床层中的空隙体积称为空隙率（void ratio），以 ε 表示，即

$$\varepsilon = \frac{\text{空隙体积}}{\text{床层体积}} = \frac{\text{床层体积} - \text{颗粒体积}}{\text{床层体积}} \tag{3-1}$$

颗粒堆积得越松散，空隙率就越大，流动阻力就越小。如果颗粒床层是任意堆成的，则可视作均匀床层，即任何部分的空隙率均相同，因此对任何方向的流动阻力也相等。

乱堆床层的空隙率一般为 0.47～0.70。影响空隙率 ε 值的因素有颗粒的大小、形状、粒度分布与充填方式等。

（二）床层通道的当量直径 d_e

按康采尼（Kozeny）建议，床层通道的当量直径采用床层全部空隙体积与床层中固体颗粒的全部表面积之比表示。若取单位体积的床层，则有

$$d_e = \frac{4 \times \text{单位体积床层空隙体积}}{\text{单位体积床层中颗粒总表面积}} = \frac{\varepsilon_0}{S} \tag{3-2}$$

对球形颗粒，粒径为 d_p，则有

$$d_e = \frac{4\varepsilon_0}{S} = \frac{4\varepsilon_0 d_p}{6(1-\varepsilon_0)} \tag{3-3}$$

对非球形颗粒，则有

$$d_e = \frac{4\varepsilon_0}{S} = \frac{4\varepsilon_0 d_p \varphi_s}{6(1-\varepsilon_0)} \tag{3-4}$$

(三) 滤饼的压缩性

当滤饼两侧的压强差增大时,颗粒的形状和颗粒间的空隙都不发生明显变化,单位厚度床层的流动阻力可视作恒定,这类滤饼称为不可压缩滤饼(incompressible cake),反之称为可压缩滤饼(compressible cake)。

三、流体通过固定床的阻力

滤液通过饼层(包括滤饼和过滤介质)在床层空隙中的流动与在普通管内的流动相似。但是,由于滤饼层由许多颗粒组成,且颗粒尺寸通常很小而且不一致,饼层中滤液通道不但细小曲折,而且互相交联,形成不规则的网状结构。此外,细小而密集的颗粒对滤液的流动阻力很大。为了能用数学方程式对滤液流动加以描述,常将复杂的实际流动过程加以简化。

(一) 床层的简化模型

1) 床层由许多互相平行的细小孔道组成,如图 3-4 所示,孔道长度与床层高度成正比。

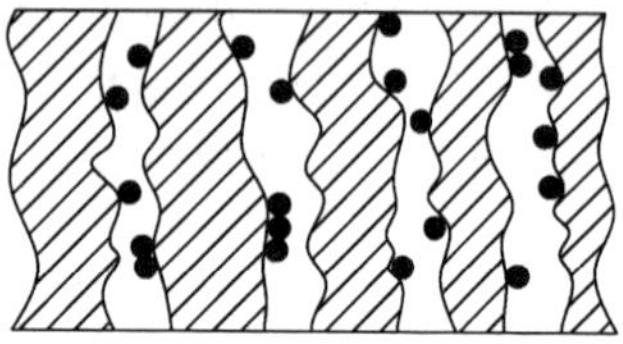

图 3-4 流体通过床层的示意图

2) 孔道内表面积之和等于全部颗粒的表面积,孔道全部流动空间等于床层空隙的容积。

根据这个模型,颗粒床层的当量直径 d_e 可由床层的空隙率和颗粒的表面积来计算,依照第一章中对非圆形管当量直径的定义,当量直径为

$$d_e = 4 \times 水力半径 = 4 \times \frac{管道截面积}{湿润周边长}$$

故颗粒床层的当量直径为

$$d_e = 4 \times \frac{管道截面积 \times 流道长度}{湿润周边长 \times 流道长度} = \frac{4\varepsilon}{(1-\varepsilon)a} \tag{3-5}$$

式中:a——比表面积(m^2/m^3)。

可见,流体通过固定床的压降等同一流体通过一组当量直径为 d_e、长度为 l 的细管的压降。

(二) 流体通过固定床压降的模型

根据简化的物理模型,滤液通过饼层的流动多为滞流流型,因此通过床层的阻力损失可用哈根-泊谡叶方程 $\Delta p_c = \frac{32\mu l u_1}{d_e^2}$ 表示,则滤液通过饼层的流速与压强降的关系为

$$u_1 \propto \frac{d_e^2(\Delta p_c)}{\mu L} \tag{3-6}$$

式中:L——饼层厚度(m)。

阻力与压强降成比例,故可认为式(3-6)表达了过滤操作中滤液流速与阻力的关系。

流体流过截面积为 A 的床层时,有效流动截面积称为平均自由截面积 A_t。如果床层是均匀的,则 A_t 与 A 之比就等于床层的空隙率。在与过滤介质垂直的方向上,床层空隙中的滤液流速 u_1 与按整个床层截面积计算的滤液平均流速 u 之间的关系为

$$u_1 = \frac{u}{\varepsilon} \tag{3-7}$$

$$孔道长度\ l \propto L \tag{3-8}$$

将式（3-5）、式（3-7）和式（3-8）代入式（3-6），并写成等式，可得

$$\Delta p_c = \frac{K'(1-\varepsilon)^2 a^2 \mu L u}{\varepsilon^3} \text{ 或 } u = \frac{1}{K'} \frac{\varepsilon^3}{(1-\varepsilon)^2 a^2}\left(\frac{\Delta p_c}{\mu L}\right) \tag{3-9}$$

比例常数 K' 与床层的空隙率、粒子形状、排列及粒度范围等因素有关，称为康采尼常数，对于颗粒床层内的层流流动，K' 值可取为 5，则有

$$\Delta p_c = \frac{5(1-\varepsilon)^2 a^2 \mu L u}{\varepsilon^3} \tag{3-10}$$

四、过滤基本方程的推导

（一）过滤速度与过滤速率

前面讨论的 u 为单位时间通过单位过滤面积的滤液体积，称为过滤速度（filtration velocity），单位为 m/s。通常将单位时间获得的滤液体积 V（m^3）称为过滤速率（filtration rate），单位为 m^3/s。过滤速度为单位过滤面积上的过滤速率。若过滤过程中其他因素维持不变，则由于滤饼厚度不断增加而使过滤速度逐渐变小。根据式（3-10），任一瞬间 θ（s）的过滤速度 u、过滤速率分别为

$$u - \frac{\mathrm{d}V}{A\,\mathrm{d}\theta} - \frac{\varepsilon^3}{5(1-\varepsilon)^2 a^2}\left(\frac{\Delta p_c}{\mu L}\right) \qquad (3\ 11)$$

$$\frac{\mathrm{d}V}{\mathrm{d}\theta} = \frac{\varepsilon^3}{5(1-\varepsilon)^2 a^2}\left(\frac{A\Delta p_c}{\mu L}\right) \tag{3-12}$$

式中：A——过滤面积（m^2）。

（二）滤饼的阻力

对于不可压缩滤饼，滤饼层的空隙率、颗粒的形状、尺寸不发生改变，因此比表面 a 也为常数，式（3-11）和式（3-12）中的 $\frac{\varepsilon^3}{5a^2\ (1-\varepsilon)^2}$ 反映了颗粒的特性，其值随物料而不同。令

$$r = \frac{5a^2(1-\varepsilon)^2}{\varepsilon^3} \tag{3-13}$$

$$u = \frac{\mathrm{d}V}{A\,\mathrm{d}\theta} = \frac{\Delta p_c}{\mu r L} = \frac{\Delta p_c}{\mu R} \tag{3-14}$$

式（3-14）具有速度＝推动力/阻力的形式，式中 μrL 及 μR 均为过滤阻力。其中 μ 反映了滤液的影响，rL 反映了滤饼的影响。习惯上将 r 称为滤饼的比阻（specific resistence），单位为 $1/m^2$。R 称为滤饼阻力。

比阻 r 是单位厚度饼的阻力，它在数值上等于黏度为 1Pa·s 的滤液以 1m/s 的平均流速通过厚度为 1m 的滤饼层时所产生的压强降。

（三）过滤介质的阻力

饼层过滤中，过滤介质的阻力一般都比较小，但有时却不能忽略，尤其在过滤初期滤饼

较薄的阶段。过滤介质的阻力与其厚度及本身的致密程度有关。通常把过滤介质的阻力视为常数，仿照式（3-14）可以写出滤液穿过过滤介质层的速度为

$$\frac{\mathrm{d}V}{A\,\mathrm{d}\theta}=\frac{\Delta p_{\mathrm{m}}}{\mu R_{\mathrm{m}}} \tag{3-15}$$

由于很难确定介质的阻力，因此过滤操作中总是把过滤介质与滤饼联合起来考虑。

通常滤饼与过滤介质的面积相同，所以两层中的过滤速度相等，则

$$\frac{\mathrm{d}V}{A\,\mathrm{d}\theta}=\frac{\Delta p_{\mathrm{c}}+\Delta p_{\mathrm{m}}}{\mu(R+R_{\mathrm{m}})}=\frac{\Delta p}{\mu(R+R_{m})} \tag{3-16}$$

式中：$\Delta p=\Delta p_{\mathrm{c}}+\Delta p_{\mathrm{m}}$——滤饼与过滤介质两侧的总压强降，称为过滤压强差。

式（3-16）表明，可用滤液通过串联的滤饼与过滤介质的总压强表示过滤推动力，用两层的阻力之和表示总阻力。为方便起见，设想以一层厚度为 L_{e} 的滤饼代替过滤介质，而过滤仍能完全按照原来的速率进行，则这层设想中的滤饼就应当具有与滤布相同的阻力，即 $rL_{\mathrm{e}}=R_{\mathrm{m}}$，式（3-16）可写为

$$\frac{\mathrm{d}V}{A\,\mathrm{d}\theta}=\frac{\Delta p}{\mu(rL+rL_{\mathrm{e}})}=\frac{\Delta p}{\mu r(L+L_{\mathrm{e}})} \tag{3-17}$$

在一定的操作条件下，以一定介质过滤一定悬浮液时，L_{e} 为定值；但同一介质在不同的过滤操作中，L_{e} 值不同。

（四）过滤基本方程

设每获得 $1\mathrm{m}^3$ 滤液所形成的滤饼体积为 $v(\mathrm{m}^3/\mathrm{m}^3)$，则任一瞬间的滤饼厚度 L 与当时已经获得的滤液体积 V 之间的关系应为

$$LA=vV \text{ 或 } L=\frac{vV}{A} \tag{3-18}$$

同理，如生成厚度为 L_{e} 的滤饼所应获得的滤液体积用 V_{e} 表示，则

$$L_{\mathrm{e}}=\frac{vV_{\mathrm{e}}}{A} \tag{3-19}$$

在一定的操作条件下，以一定介质过滤一定的悬浮液时，V_{e} 为定值，则式（3-16）又可以写成

$$\frac{\mathrm{d}V}{A\,\mathrm{d}\theta}=\frac{\Delta p}{\mu rv\left(\dfrac{V+V_{\mathrm{e}}}{A}\right)} \text{ 或 } \frac{\mathrm{d}V}{\mathrm{d}\theta}=\frac{A^2\Delta p}{\mu rv(V+V_{\mathrm{e}})} \tag{3-20}$$

压缩滤饼的比阻是两侧压强差的函数。考虑到滤饼的压缩性，通常可借用下面的经验公式来粗略估算压强差增大时比阻的变化，即

$$r=r'(\Delta p)^s \tag{3-21}$$

一般情况下，$s=0\sim1$。对于不可压缩性滤饼，$s=0$。在一定的压强差范围内，式（3-21）对大多数可压缩滤饼都适用。

由以上公式可得过滤基本方程

$$\frac{\mathrm{d}V}{\mathrm{d}\theta}=\frac{A^2\Delta p^{1-s}}{\mu r'v(V+V_{\mathrm{e}})} \tag{3-22}$$

过滤基本方程表示了过滤进程中任一瞬间的过滤速率与有关因素间的关系，是过滤计算

及强化过滤操作的基本依据。式（3-22）适用于可压缩滤饼。对于不可压缩滤饼，因 $s=0$，式（3-22）即简化为式（3-20）。

五、过滤过程的计算

（一）过滤时间与滤液量的关系

1. 恒压过滤

若过滤操作是在恒定压强差下进行的，则称为恒压过滤（constant pressure filtration）。恒压过滤是最常见的过滤方式。连续过滤机内进行的过滤都是恒压过滤，间歇过滤机内进行的过滤也多为恒压过滤。恒压过滤时，滤饼不断变厚致使阻力逐渐增加，但推动力 Δp 恒定，因而过滤速率逐渐变小。

对于一定的悬浮液，μ、r'及 v 均可视为常数，令

$$k=\frac{1}{\mu r' v} \tag{3-23}$$

式中：k——过滤物料的特性常数[$m^4/(N\cdot s)$]。

将式（3-23）代入式（3-22），得

$$\frac{dV}{d\theta}=\frac{kA^2\Delta p^{1-s}}{V+V_e} \tag{3-24}$$

如前所述，与过滤介质阻力相对应的虚拟滤液体积为 V_e（常数），假定获得体积 V_e 的滤液所需的虚拟过滤时间为 θ_e（常数），则对式（3-24）分别在过滤时间 $0\to\theta_e$、$\theta_e\to\theta+\theta_e$ 内积分，可写出

$$\int_0^{V_e}(V+V_e)d(V+V_e)=kA^2\Delta p^{1-s}\int_0^{\theta_e}d(\theta+\theta_e)$$

及

$$\int_0^{V+V_e}(V+V_e)d(V+V_e)=kA^2\Delta p^{1-s}\int_0^{\theta+\theta_e}d(\theta+\theta_e)$$

积分以上两式，并令 $K=2k\Delta p^{1-s}$，得

$$V_e^2=KA^2\theta_e \tag{3-25}$$

及

$$V^2+2V_eV=KA^2\theta \tag{3-26}$$

式（3-25）与式（3-26）相加可得

$$(V_e+V)^2=KA^2(\theta+\theta_e) \tag{3-27a}$$

式（3-27a）称为恒压过滤方程，它表明恒压过滤的滤液体积与过滤时间的关系为抛物线方程。

当过滤介质阻力可以忽略时，$V_e=0$，$\theta_e=0$，则式（3-27a）可简化为

$$V^2=KA^2\theta \tag{3-27b}$$

又令 $q=\frac{V}{A}$和 $q_e=\frac{V_e}{A}$，则式（3-25）～式（3-27a）分别写成如下形式：

$$q_e^2=KQ_e \tag{3-28}$$

$$q^2+2q_eq=K\theta \tag{3-29}$$

$$(q_e + q)^2 = K(\theta + \theta_e) \tag{3-30}$$

式（3-30）也为恒压过滤方程式。

恒压过滤方程中的 $K=\dfrac{2\Delta p^{1-s}}{\mu r' v}$，是由物料特性及过滤压强差决定的常数，称为过滤常数，其单位为 m^2/s；θ_e 和 q_e 是反映过滤介质阻力大小的常数，均称为介质常数，其单位分别为 s 和 m^3/m^2。

2. 恒速过滤

过滤设备（如板框压滤机）内部空间的容积是一定的，当料浆充满此空间后，供料的体积流量就等于滤液流出的体积流量，即过滤速率。所以，当用排量固定的正位移泵向过滤机供料而未打开支路阀时，过滤速率是恒定的。这种维持速率恒定的过滤称为恒速过滤（constant rate filtration）。

恒速过滤时的过滤速度为

$$\frac{dV}{A\,d\theta} = \frac{V}{A\theta} = \frac{q}{\theta} = u_R = 常数 \tag{3-31}$$

所以

$$q = u_R\theta \text{ 或 } V = Au_R\theta$$

上式表明，恒速过滤时，V 或 q 与 θ 的关系是通过原点的直线。

对于不可压缩滤饼，根据式（3-20）可写出

$$\frac{dq}{d\theta} = \frac{\Delta p}{\mu r v(q + q_e)} = u_R = 常数$$

在一定的条件下，式中的 μ、r、v、u_R 及 q_e 均为常数，于是得

$$\Delta p = \mu r v u_R^2\theta + u r v u_R q_e \tag{3-32}$$

式（3-32）表明，对不可压缩滤饼进行恒速过滤时，其操作压强差随过滤时间呈直线增高。所以，实际上很少一直采用恒速过滤，而是采用先恒速后恒压的操作方法。

3. 先恒速后恒压过滤

若采用正位移泵，过滤初期维持恒定速率，泵出口表压强逐渐升高，如图 3-5 所示。当表压强恰已升至能使支路阀自动开启的给定数值，则开始有部分料浆返回泵的入口，进入压滤机的料浆流量将逐渐减小，而压滤机入口表压强维持恒定，后阶段的操作即为恒压过滤。

对于恒压阶段的 V-θ 关系，仍可用过滤基本方程［式（3-22）］求得，即

$$\frac{dV}{d\theta} = \frac{kA^2\Delta p^{1-s}}{V + V_e} \text{ 或 } (V + V_e)dV = kA^2\Delta p^{1-s}d\theta$$

若令 V_R、θ_R 分别代表升压阶段终了瞬间的滤液体积及过滤时间，则上式的积分形式为

$$\int_{V_R}^{V}(V + V_e)dV = kA^2\Delta p^{1-s}\int_{\theta_R}^{\theta}d\theta$$

积分上式并将 $K=2k\Delta p^{1-s}$ 代入得

$$(V^2 - V_R^2) + 2V_e(V - V_R) = KA^2(\theta - \theta_R) \tag{3-33}$$

或

$$(q^2 - q_R^2) + 2q_e(q - q_R) = K(\theta - \theta_R) \tag{3-34}$$

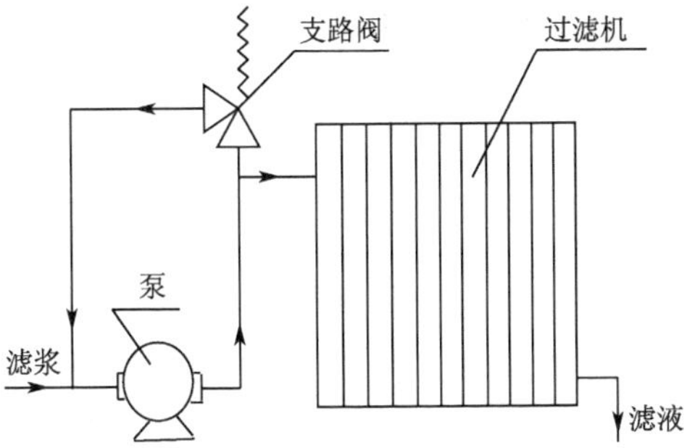

图 3-5　过滤操作示意图

式（3-34）即为恒压阶段的过滤方程，式中（$V-V_R$）及（$\theta-\theta_R$）分别代表转入恒压操作后所获得的滤液体积及所经历的过滤时间。

例 3-1　拟在 9.81kPa 的恒压下过滤某悬浮液，连续相为水，滤饼不可压缩，已知水的黏度为 1.0mPa·s，滤饼的比阻为 1.333×10^9 1/m²，滤饼体积与滤液体积之比为 0.333，介质阻力可忽略。试求每平方面积上获得 1.5m³ 滤液所需的过滤时间。若将此过滤时间延长一倍，每平方米可再得多少滤液？

解　由于介质阻力可以忽略，且滤饼不可压缩，则由过滤基本方程

$$V^2=KA^2\theta$$

$$K=\frac{2\Delta p}{\mu r'v}=\frac{2\times9810}{0.001\times1.333\times10^9\times0.333}=0.0442$$

可得

$$\theta=\frac{1.5\times1.5}{0.0442}=51(\mathrm{s})$$

因此每平方米上获得 1.5m³ 滤液所需的过滤时间为 51s，若将此过滤时间延长一倍，则 $V'=\sqrt{2}V=$ 2.12m³，即每平方米可再得滤液 0.62m³。

（二）过滤常数的测定

滤饼和过滤介质的阻力都难以用理论方法计算。实践中常用小型试验进行测定，求出过滤常数，然后进行大设备的设计计算。

1. 恒压下 K、q_e、θ_e 的测定

在某指定的压强差下对一定料浆进行恒压过滤时，式（3-30）中的过滤常数 K、q_e、θ_e 可通过恒压过滤试验测定。恒压过滤方程［式（3-30）］为

$$(q_e+q)^2=K(\theta+\theta_e)$$

微分上式，得

$$2(q_e+q)\mathrm{d}q=K\mathrm{d}\theta \text{ 或 } \frac{\mathrm{d}\theta}{\mathrm{d}q}=\frac{2}{K}q+\frac{2}{K}q_e \tag{3-35}$$

由 $q=V/A$ 可求出一组 θ、V 数据（9 个以上最好），从而得到一系列相互对应的 $\Delta\theta$ 与 Δq。经线性回归，即可得 q_e、θ_e 和 K。

2. 压缩性指数 s 的测定

为了进一步求得滤饼的压缩性指数 s 以及物料特性常数 k，则需先在若干不同的压强差

下对指定物料进行试验，求得若干过滤压强差下的 K 值，然后对K-Δp数据加以处理，即可求得 s 值：

$$K = 2k\Delta p^{1-s}$$

上式两端取对数，得

$$\lg K = (1-s)\lg(\Delta p) + \lg(2k) \tag{3-36}$$

采用上述恒压下 K 的测定方法，以多个不同的 Δp 进行恒压过滤试验，求不同 Δp 所对应的K，再用式（3-36）经线性回归可求得滤饼的压缩性指数 s 及物料特性常数 k。

（三）滤饼的洗涤

在滤饼洗涤过程中，洗涤速率指单位时间内消耗的洗水容积，以（$\mathrm{d}V/\mathrm{d}\theta)_{\mathrm{w}}$表示。在恒定的压强差推动下洗涤速率为常数。若每次过滤终了以体积为 V_{w} 的洗水洗涤滤饼，则所需洗涤时间为 $\theta_{\mathrm{w}}=V_{\mathrm{w}}/\left(\frac{\mathrm{d}V}{\mathrm{d}\theta}\right)_{\mathrm{w}}$，影响洗涤速率的因素可根据过滤基本方程来分析，则有

$$\frac{\mathrm{d}V}{\mathrm{d}\theta} = \frac{A\Delta p^{1-s}}{\mu r'(L+L_{\mathrm{e}})}$$

对于一定的悬浮液，r'为常数。若洗涤推动力与过滤终了时的压强差相同，并假定洗水黏度与滤液黏度相近，则洗涤速率（$\mathrm{d}V/\mathrm{d}\theta)_{\mathrm{w}}$ 与过滤终了时的过滤速率（$\mathrm{d}V/\mathrm{d}\theta)_{\mathrm{E}}$ 有一定关系。

叶滤机和转筒过滤机采用的是置换洗涤法，洗水与过滤终了时滤液流过的路径基本相同，故有

$$(L+L_{\mathrm{e}})_{\mathrm{w}} = (L+L_{\mathrm{e}})_{\mathrm{E}}$$

式中：下标 E——过滤终了时刻。

而且洗涤面积与过滤面积也相同，故洗涤速率大概等于过滤终了时的过滤速率，因此对于叶滤机和转筒过滤机，洗涤速率为

$$\left(\frac{\mathrm{d}V}{\mathrm{d}\theta}\right)_{\mathrm{w}} = \left(\frac{\mathrm{d}V}{\mathrm{d}\theta}\right)_{\mathrm{E}} = \frac{KA^2}{2(V+V_{\mathrm{e}})} \tag{3-37}$$

板框压滤机采用的是横穿洗涤法，洗水横穿两层过滤介质及整个滤饼，流径约为过滤终了滤液流动的两倍，而洗水流通面积仅为过滤面积的一半，即（$L+L_{\mathrm{e}})_{\mathrm{w}}=2$（$L+L_{\mathrm{e}})_{\mathrm{E}}$。将此关系代入过滤基本方程，可得

$$\left(\frac{\mathrm{d}V}{\mathrm{d}\theta}\right)_{\mathrm{w}} = \frac{1}{4}\left(\frac{\mathrm{d}V}{\mathrm{d}\theta}\right)_{\mathrm{E}} = \frac{KA^2}{8(V+V_{\mathrm{e}})} \tag{3-38}$$

即板框压滤机的洗涤速率约为过滤终了时滤液流率的四分之一。

六、过滤机的生产能力

过滤机的生产能力通常是指单位时间获得的滤液体积，少数情况下，也有按滤饼的产量或滤饼中固相物质的产量来计算的。

1）间歇过滤机的生产能力。间歇过滤机的特点是在整个过滤机上依次进行过滤、洗涤、卸渣、清理、装合等步骤的循环操作。在每个循环周期中，只有部分时间在进行过滤，而过滤之外的各步操作所占用的时间也必须计入生产时间内。因此在计算生产能力时，应以整个操作周期为基准。操作周期为 $T=\theta+\theta_{\mathrm{w}}+\theta_{\mathrm{D}}$，则生产能力的计算式为

$$Q = \frac{3600V}{T} = \frac{3600V}{\theta+\theta_{\mathrm{w}}+\theta_{\mathrm{D}}} \tag{3-39}$$

式中：θ_w——洗涤时间（s）；

θ_D——操作时间（s）。

2）连续过滤机的生产能力。以转筒真空过滤机为例，连续过滤机的特点是过滤、洗涤、卸饼等操作在转筒表面的不同区域内同时进行。任何时刻总有一部分表面浸没在滤浆中进行过滤，任何一块表面在转筒回转一周过程中都只有部分时间进行过滤操作。

转筒表面浸入滤浆中的分数称为浸没度，以 ψ 表示，即 $\psi=\dfrac{\text{浸没角}}{360°}$。因转筒以匀速运转，故浸没度就是转筒表面任何一小块过滤面积每次浸入滤浆中的时间（过滤时间）与转筒回转一周所用时间 T 的比值。若转筒转速为 n（r/min），则 $T=\dfrac{60}{n}$，在此时间内，整个转筒表面上任何一小块过滤面积所经历的过滤时间均为

$$\theta=\psi T=\frac{60\psi}{n}$$

所以，从生产能力的角度来看，一台总过滤面积为 A、浸没度为 ψ、转速为 n 的连续式转筒真空过滤机，与一台在同样条件下操作的过滤面积为 A、操作周期为 $T=60/n$、每次过滤时间为 $\theta=60\psi/n$ 的间歇式板框压滤机是等效的。因而，可以完全依照前面所述的间歇式过滤机生产能力的计算方法来解决连续式过滤机生产能力的计算。

由恒压过滤方程式 $(V_e+V)^2=KA^2(\theta+\theta_e)$ 可知，转筒每转一周所得的滤液体积为

$$V=\sqrt{KA^2(\theta+\theta_e)}-V_e=\sqrt{KA^2\left(\frac{60\psi}{n}+\theta_e\right)}-V_e$$

则每小时所得滤液体积，即生产能力为

$$Q=60nV=60\left[\sqrt{KA^2(60\psi n+\theta_e n^2)}-V_e n\right] \tag{3-40}$$

当过滤介质阻力可以忽略时，$\theta_e=0$，$V_e=0$，则式（3-40）可简化为

$$Q=60n\sqrt{KA^2\frac{60\psi}{n}}=465A\sqrt{Kn\psi} \tag{3-41}$$

可见，连续过滤机的转速越高，生产能力越大。但若旋转过快，每一周期中的过滤时间便缩至很短，但滤饼太薄，难于卸除，也不利洗涤，而且功率消耗增大。合适的转速需经试验决定。

例 3-2　现用一台过滤面积为 $5m^2$，浸没角度为 120°的转筒真空过滤机，于 500mmHg 真空度下过滤某种悬浮液。已知过滤常数为 $K=5.15\times10^{-6}m^2/s$，每获得 $1m^3$ 滤液得到 $0.56m^3$ 滤饼，过滤介质阻力可忽略不计，滤饼不可压缩，转鼓转速为1r/min，试求过滤机的生产能力及转鼓表面的滤饼厚度。

解　转筒转一周所得的滤液体积为

$$V=\sqrt{KA^2(\theta+\theta_e)}-V_e=\sqrt{KA^2\left(\frac{60\psi}{n}+\theta_e\right)}-V_e$$

由于过滤介质可忽略不计，故 $\theta_e=0$，$V_e=0$。同时由题给的数据可知

$$v=0.56m^3/m^3 \qquad \psi=120/360=1/3$$

则每小时获得的滤液量为

$$Q=60nV=60n\sqrt{KA^2\theta}=60\sqrt{60\psi nKA^2}$$
$$=60\times\sqrt{60\times1/3\times1\times5.15\times10^{-6}\times25}=3.04(m^3/h)$$

故过滤机的生产能力为 $3.04m^3/h$。

每小时的滤饼量为 3.04×0.56=1.7（m^3），设滤饼的厚度为 δ，则

$$n=\frac{1.7/60}{\delta A}$$

得

$$\delta=\frac{1.7/60}{nA}=0.0057(\mathrm{m})$$

七、过滤设备

食品工业中的过滤设备种类很多。过滤机按操作方式分为间歇式和连续式两类。常用的间歇过滤设备是压滤机和叶滤机，连续式过滤设备常用转筒真空过滤机。按过滤推动力，可将过滤设备分为常压过滤机、加压过滤机和真空过滤机三类。常压过滤效率低，加压和真空过滤设备在食品工业中被广泛采用。大多数间歇过滤机都是加压操作的，而几乎所有的连续过滤机都是真空过滤机。

（一）板框式压滤机

板框式压滤机主要由许多滤板和滤框间隔排列而组成。板和框多做成正方形，角端开有小孔（图 3-6），装合压紧后即形成供滤浆或洗水流通的孔道。框的两侧覆以过滤介质，滤板又分为洗涤板与非洗涤板两种，其结构与作用有所不同。每台板框压滤机的框数可根据生产能力和悬浮液固体浓度决定。

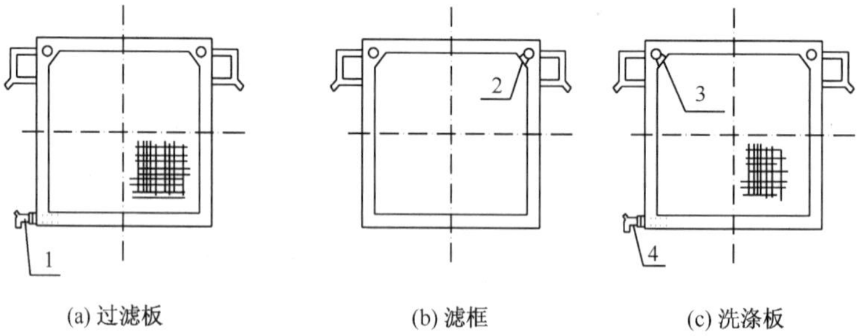

图 3-6 滤板和滤框示意图

1. 滤液或洗液出口；2. 浆进口；3. 洗水进口；4. 洗液出口

过滤时，悬浮液由泵将滤浆通道打入框内，如图 3-7（a）所示，滤液穿过滤框两侧过滤介质，沿相邻滤板沟槽流至滤液出口，固体则被截留于框内形成滤饼。滤饼充满滤框后停止过滤。滤液在引出方式上有明流与暗流之分。凡是滤液从滤板下方直接引出的称为明流，而集中在末端出口流出的称为暗流。前者适用于一般场合，如发酵液的过滤，后者则用于滤液需保持无菌，不与空气接触等场合。

洗涤滤饼时，洗水经洗水通道进入滤板与过滤介质之间。由于关闭洗涤板下部的滤液出口，洗水便横穿滤框两侧的过滤介质及整个滤框厚度的滤饼，最后由非洗涤板下部的滤液出口排出［图 3-7（b）］。由于洗水通过滤饼的厚度为最终过滤操作时的一倍，而洗水通过的过滤面积仅为过滤操作时的 1/2，因此洗涤速率仅为最终过滤速率的 1/4。洗涤结束后，旋开压紧装置并将板框拉开，卸出滤饼，清洗过滤介质，再重新组装，进行下一循环操作。

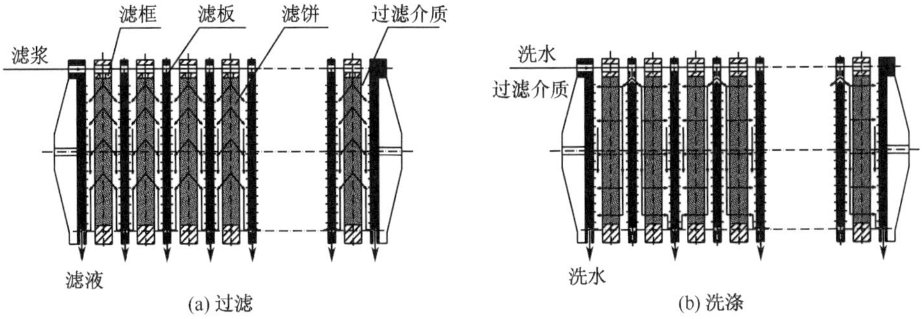

图 3-7　板框压滤机过滤与洗涤时的液体流动途径

板框压滤机在食品工业中使用广泛，适用的黏度、浓度、颗粒粒度和可压缩性的范围广，如液体的澄清、低浓度悬浮液或胶体悬浮液及液相黏度大或接近饱和状态的悬浮液等。

（二）转筒真空过滤机

转筒真空过滤机是以大气与真空的压力差作为过滤操作推动力的连续式过滤设备，在食品工业中应用较广，其过滤系统如图 3-8 所示，工作原理如图3-9 (a)所示，设备的主体是一个由筛板组成的水平圆筒，表面有一层金属丝网，网上覆盖过滤介质。圆筒内沿径向被均匀地分为 18 个扇形格，其中 1～10 格、12～14 格和 16～17 格形成 3 个区域，分别与真空和压缩空气管路相通。11、15 和 18 格为非工作区，不与任何管道相通。

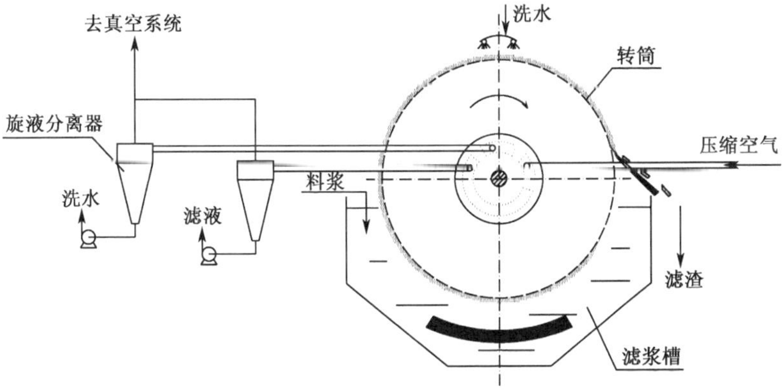

图 3-8　转筒真空过滤系统

转筒下部浸入滤浆槽中，浸没角 90°～130°。圆筒缓慢旋转时（转速0.5～2r/min），每个区域相继与分配头中的 f、g、h 室相通，如图 3-9（b）所示，可依次进行过滤、吸干、洗涤、干燥吹松、卸渣等操作。

过滤区（1～7 格）：圆筒内下部的空间与料浆相接触，空间与真空管连通，于是滤液被吸入筒内并经导管和分配头 f 口排出，而固体粒子则被吸附在滤布的表面形成滤饼层。为防止滤浆中固体沉降，在料液槽中装置摇摆式搅拌器。

吸干区（8～10 格）：与 f 口相通，将滤液进一步吸干。

洗涤区（12～13 格）：当圆筒从料浆槽中转出后，由喷嘴将洗涤水喷向圆筒面上的滤饼层进行洗涤，由于此区也与相容管路相通，于是洗涤水穿过滤饼层被吸入筒内，并从分配头

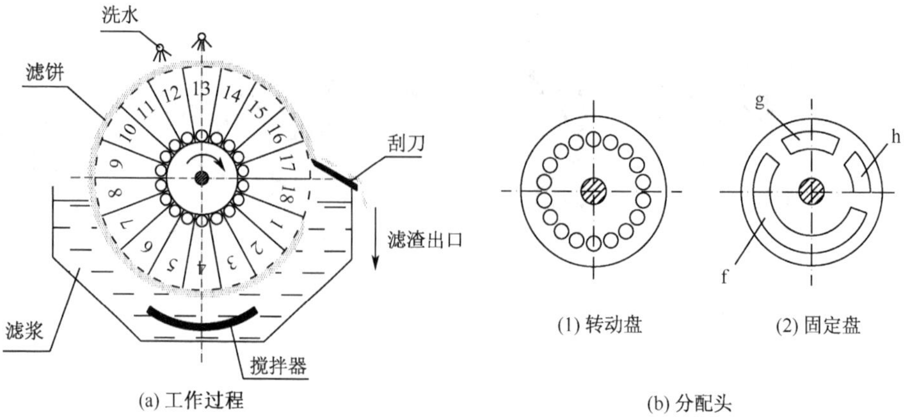

图 3-9　转筒真空过滤机工作原理图

g 口引出。

脱水区（14 格）：与 g 口相通，将洗水进一步吸干。

吹松卸渣区（16～17 格）：经分配头的 h 通入压缩空气，将滤饼进一步榨干。

转筒式真空过滤机因具有连续性生产和机械化程度较高的优点，适用于悬浮液中颗粒粒度中等、黏度不太大的物料。操作过程中，可通过调节转筒转速来控制滤饼厚度和洗涤效果。此外，过滤介质损耗比其他类型过滤机小。

但是，转筒真空过滤机也有不足之处：

1）过滤推动力小。有管路阻力损失，最大不超过 80kPa，一般为 26.7～66.7kPa。因此，不易抽干，滤饼的终湿度一般在 20%以上。

2）设备加工制造复杂，主设备及辅助真空设备投资昂贵，消耗于抽真空的电能高。

第三节　沉　　降

沉降（sedimentation）是在力场中使混合物中密度不同的分散相和连续相获分离的单元操作。根据分散相集态的不同，可分为悬浮液沉降、乳浊液沉降及气溶胶沉降。表 3-1 列举了几种食品工业中常见的沉降应用。

如果沉降在重力场中进行，则称为重力沉降。在离心力场的作用下产生的沉降称为离心沉降。沉降的推动力是密度差。一般气体与固体间密度差较大，因而易于实现分离。而液体和固体间的密度差则很小，分离较困难。因此沉降在气-固体系的分离中应用得最广泛。

一、颗粒在流体中的流动

流体以一定的速度水平绕过颗粒流动时，如果流体是理想流体，则流体内的流线如图 3-10（a）所示。在图 3-10 中，A、B 两点的流体处于静止状态，流速为零；而 C、D 两点的流速最大。当流体为不可压缩流体时，颗粒球表面上各点的动能和静压能之和为常数。在 A、B 点处，动能为零，静压能最大；在 C、D 点处，动能最大，静压能最小。由于流体无内摩擦力，故没有摩擦损失。上、下游的流线是完全对称的。

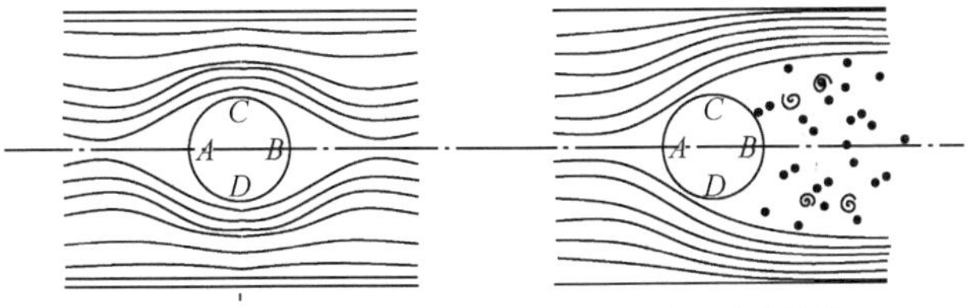

(a) 理想流体绕液　　(b) 实际流体绕液

图 3-10　流体绕球形颗粒的流动

当流体为有黏性的实际流体时，由于黏性的存在，流体在颗粒球面附近形成边界层，其厚度随着前缘距离的增加而增加。流体与颗粒之间会产生一对大小相等、方向相反的作用力，通常将流体作用于颗粒上的力称为曳力，而将颗粒对流体的作用力称为阻力。流体受到阻力，产生了阻力损失，阻力损失的大小与流速有关。

如果流体的流速较低，则边界层为层流边界层，此时上、下游的流线仍是对称的，与理想流体流动的不同点仅在于有黏性阻力存在。如果流体的流速较高，在前半周，情况仍与上述类似，但在后半周，会产生边界层的分离，参见图 3-10（b）。边界层分离时，在球体背后形成漩涡，导致能量损失，这一阻力称为形体阻力。总的阻力为黏性阻力与形体阻力之和，称为局部阻力。形体阻力在局部阻力中常占较大比例。如果流体的流速极高，则边界层内的流动状态在边界层发生分离之前已变为湍流，此时产生边界层分离的可能性反而不大。

（一）颗粒与液体相对运动时的阻力

在颗粒与液体发生相对运动时，假定流体接近颗粒表面时的速度为 u，颗粒所受的总曳力为

$$F_d = \zeta A_p \frac{1}{2}\rho u^2 \tag{3-42}$$

式中：F_d——颗粒所受的总曳力（N）；

A_p——颗粒在流体流动方向上的投影面积（m^2）；

ρ——流体的密度（kg/m^3）；

ζ——曳力系数。

（二）曳力系数

对于光滑球形颗粒，影响曳力的因素有球形颗粒的直径 d、流体的黏度 μ 和密度 ρ 以及流体与颗粒间的相对速度 u，利用因次分析方法可得

$$\zeta = \frac{F_d}{\frac{1}{2}\rho u^2 A_p} = \phi\left(\frac{d\rho u}{\mu}\right) \tag{3-43}$$

$$Re_t = \frac{d\rho u}{\mu} \tag{3-44}$$

ζ 是颗粒与流体相对运动时雷诺准数 Re_t 的函数，由实验测得 ζ-Re_t 的关系，如图 3-11 所示。

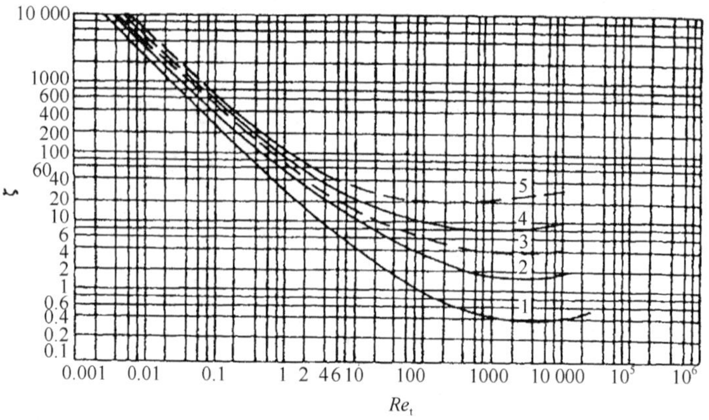

图 3-11 曳力系数 ζ 与颗粒雷诺数 Re_t 的关系

1. $\phi_s=1$；2. $\phi_s=0.806$；3. $\phi_s=0.6$；4. $\phi_s=0.220$；5. $\phi_s=0.125$

对于球形颗粒，$\phi_s=1$，在不同的雷诺数范围内计算公式如下：

当 $Re_t<2$ 时，为斯托克斯（Stokes）定律区，即层流区，此时

$$\zeta=\frac{24}{Re_t} \tag{3-45}$$

当 $2\leqslant Re_t<500$ 时，为阿仑（Allen）区，即过渡区，此时

$$\zeta=\frac{18.5}{Re_t^{0.6}} \tag{3-46}$$

当 $500\leqslant Re_t<2\times10^5$ 时，为牛顿（Newton）定律区，即湍流区，此时

$$\zeta\approx 0.44 \tag{3-47}$$

在斯托克斯定律区，曳力与速度成正比，服从一次方定律。

随着 Re_t 的增大，球面上的边界层开始脱体，如图 3-10（a）所示。此时在球的后部形成许多漩涡，称为尾流。尾流区的压强降低，使形体曳力增大。

Re_t 大于 500 以后，形体曳力占重要地位，表面曳力可以忽略。此时，曳力与流速的平方成正比，即服从平方定律。

当 Re_t 值达 2×10^5 时，边界层内的流动自层流转为湍流，形体曳力突然下降，ζ 值由 0.44 突然降至 0.1 左右。

二、颗粒在流体中的自由沉降

单个颗粒在空间中的沉降或气态非均相物系中颗粒的沉降都可视为自由沉降。设表面光滑的球形颗粒在重力场中降落，颗粒受到重力 F_g、浮力 F_b 及阻力 F_d 三个力的作用。其中前两个力是恒定的，而阻力随颗粒降落速度而变。

设颗粒的直径为 d，密度为 ρ_s，流体的密度为 ρ，则根据牛顿第二运动定律

$$F_g-F_b-F_d=\frac{\pi}{6}d^3\rho_s g-\frac{\pi}{6}d^3\rho g-\zeta\frac{\pi}{4}d^2\rho\frac{u^2}{2}=ma$$

颗粒的沉降过程可分为两个阶段：速度 u 不断增加的加速阶段，该阶段时间很短，可忽略。阻力、浮力与重力三个力达到平衡时的等速阶段，此时 $a=0$。等速阶段时颗粒相对于流体的运动速度 u_t 称为沉降速度（sedimentation velocity），又称终端速度，此阶段时间较

长，对沉降计算有重要意义。

等速阶段时，有

$$\frac{\pi}{6}d^2(\rho_s-\rho)g=\zeta\frac{\pi}{4}d^2\rho\frac{u_t^2}{2}$$

整理得 u_t 计算式为

$$u_t=\left[\frac{4gd(\rho_s-\rho)}{3\rho\zeta}\right]^{\frac{1}{2}} \tag{3-48}$$

三、沉降的计算

（一）球形颗粒沉降速度的计算

式（3-48）即为沉降速度的计算式。式中 ζ 的值可由图 3-11 查取。将 u_t 代入式（3-45）即得沉降速度所对应的修正雷诺数，但 u_t 正是待求的数，因此由式（3-45）直接计算有一定的困难。一般采用试差法解决。

先假设沉降属于某一定律区（如斯托克斯定律区），根据式（3-45）～式（3-47）计算沉降速度 u_t，得不同 Re_t 范围内颗粒的沉降速度。

当 $Re_t<2$ 时，有

$$u_t=\frac{gd^2(\rho_s-\rho)}{18\mu} \tag{3-49}$$

当 $Re_t=2\sim500$ 时，有

$$u_t=0.27\left[\frac{gd(\rho_s-\rho)}{\rho}Re_t^{0.6}\right]^{\frac{1}{2}} \tag{3-50}$$

当 $Re_t=500\sim2\times10^5$ 时，有

$$u_t=1.74\left[\frac{gd(\rho_s-\rho)}{\rho}\right]^{\frac{1}{2}} \tag{3-51}$$

然后检验 $Re_t=d\rho u_t/\mu$ 值是否在假设的范围内。如果与原假设一致，则求得的 u_t 有效。否则，应按算出的 Re_t 值另选其他定律区公式计算，直到按求得 u_t 算出的 Re_t 值与所选用公式的 Re_t 值范围相符为止。

例 3-3 试计算 20℃时，粒径为 0.2mm 的颗粒在浓度为 22%、密度为 1240kg/m³ 的某溶液中的沉降速度。假设颗粒的密度为 2010kg/m³（$\mu=2.3\times10^{-3}$ Pa·s）。

解 假设颗粒在溶液中自由沉降不受干扰，则当颗粒沉降速度一定时，由三力平衡可得等速阶段时

$$u_t=\left[\frac{4gd(\rho_s-\rho)}{3\rho\zeta}\right]^{\frac{1}{2}}$$

再假设沙子为光滑形的球形颗粒，设颗粒沉降时位于层流区，则

$$\zeta=\frac{24}{Re_t}=\frac{24}{\frac{d\rho u_t}{\mu}}$$

代入上式得

$$u_t=\frac{gd^2(\rho_s-\rho)}{18\mu}=\frac{10\times(0.2\times10^{-3})^2\times(2010-1240)}{18\times2.3\times10^{-3}}=0.0074(\text{m/s})$$

计算 Re_t

$$Re_t=\frac{d\rho u_t}{\mu}=\frac{0.2\times10^{-3}\times1240\times0.0074}{2.3\times10^{-3}}=0.8<2$$

符合层流区的沉降，故颗粒的沉降速度为 0.0074m/s。

（二）影响颗粒沉降的因素

上面的讨论都是针对表面光滑、刚性球形颗粒在流体中作自由沉降的简单情况，所谓自由沉降是指在沉降过程中颗粒之间的距离足够大，任一颗粒的沉降不因其他颗粒的存在而受到干扰，以及可以忽略容器壁的影响。单个颗粒在空间中的沉降或气态非均相物系中颗粒的沉降都可视为自由沉降。如果分散相的体积分数较高，颗粒间有显著的相互作用，容器壁对颗粒沉降的影响不可忽略，则称为干扰沉降或受阻沉降。液态非均相物系中，当分散相浓度较高时，往往发生干扰沉降。下面讨论实际沉降操作中影响沉降速度的因素。

1. 颗粒的浓度效应

当颗粒浓度较高时，颗粒间会相互摩擦、碰撞等，且大颗粒也会拖曳着小颗粒下降，从而发生干扰沉降。颗粒直径 d 越大，沉降越快，反之越慢。因此均质乳化可以降低沉降速度，使制品稳定，不致沉淀或分层。此外，采用加热、添加絮凝剂等方法使悬浮液产生絮凝作用，可增大粒径，从而使颗粒迅速沉降而达到澄清。

2. 容器的壁效应

容器尺寸远远大于颗粒尺寸（100 倍以上）时，器壁效应可忽略。但实际容器是一个有限的流体空间，当颗粒直径与壁直径相比差值较小时，容器的壁面和底面均增加了颗粒沉降时的曳力，使颗粒和实际沉降速度较自由沉降速度低，称为壁效应。

3. 颗粒形状的影响

工业生产中的粒子都是不规则的。同一种固体物质，球形或近球形颗粒比同体积非球形颗粒的沉降要快一些。球形颗粒在任意方向都具有相同的投影面积，非球形颗粒则不同，其受力也比球形复杂。非球形颗粒的形状及其投影面积均影响沉降速度。另外，自由沉降速度的公式不适用于非常微细的颗粒（如 $d<0.5\mu m$）的沉降计算，这是由于流体分子热运动使得颗粒发生布朗运动。当$Re_t>10^{-4}$时，便可不考虑布朗运动的影响。

4. 分散介质黏度 μ_f 的影响

黏度越大越难以沉降。食品中有些悬浮液难以沉降分离，主要是因为黏度过大。可以用加酶、加热等方法降低黏度，以达到快速沉降，但加热也会产生干扰沉降。

5. 两相密度差 $\rho_s-\rho$ 的影响

两相密度差大则沉降速度就快，反之则慢。但对一定的悬浮液沉降而言，差值是很难改变的。

6. 流体分子运动的影响

当颗粒直径小到与流体分子的平均自由程相近时，颗粒可穿过流体分子的间隙，其沉降速度比理论值大。另外，细粒的沉降将受到流体分子碰撞的影响，当 $d<0.1\mu m$ 时，布朗运动的影响大于重力影响。

四、重力沉降设备

利用重力沉降从气流中分离出尘粒的设备称为降尘室。它的主要优点是：结构简单、造价低、阻力小；通常操作压力为 50～150Pa；运行可靠，没有磨损部件；可处理高温气体。主要缺点是：分离效率低，一般只用于捕集 50～100μm 的粒子，占地面积大。重力沉降在一些要求不太高的场合中仍被广泛应用，有时也作为预分离器。

最常见的降尘室如图 3-12 所示，设入口处含尘气流内的颗粒沿入口截面分布均匀，进入降尘室后，因流道截面积扩大而速度减慢，只要颗粒能够在气体通过的时间内降至降尘室高度 H 以下，便可从气流中分离出来。颗粒在降尘室内的运动如图 3-12（b）所示。

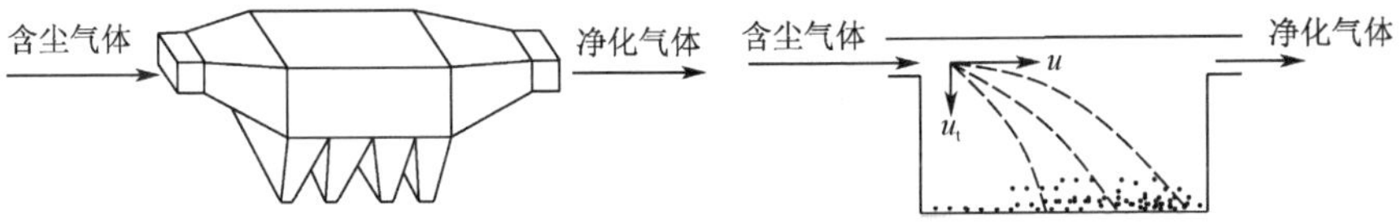

(a) 降尘室　(b) 尘粒在降尘室内的运动情况

图 3-12　降尘室示意图

位于降尘室最高点的颗粒沉降至 H 以下需要的沉降时间为 $\theta_t=\dfrac{H}{u_t}$，气体通过降尘室的停留时间为 $\theta=\dfrac{l}{u}$。为满足除尘要求，气体在降尘室内的停留时间不能低于颗粒的沉降时间，即

$$\theta \geqslant \theta_t \text{ 或 } \frac{l}{u} \geqslant \frac{H}{u_t} \tag{3-52}$$

气体在降尘室内的水平通过速度为 $u=\dfrac{V_s}{Hb}$，代入式（3-52）并整理得

$$V_s \leqslant blu_t \tag{3-53}$$

式中：l——降尘室的长度（m）；

H——降尘室的高度（m）；

b——降尘室的宽度（m）；

V_s——降尘室的生产能力（含尘气通过降尘室的体积流量）（m^3/s）。

可见，理论上降尘室的生产能力只与其沉降面积 bl 及颗粒的沉降速度 u_t 有关，而与降尘室高度 H 无关。故降尘室应设计成扁平形，或在室内均匀设置多层水平隔板，构成多层降尘室，如图 3-13 所示。隔板间距一般为40～100mm。

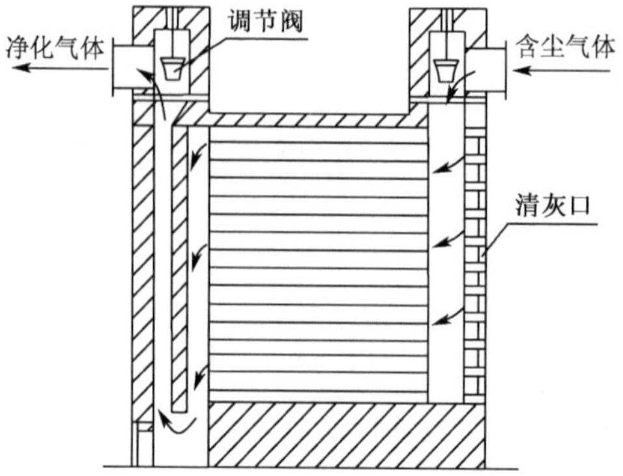

图 3-13　多层除尘室

多层降尘室的生产能力为

$$V_s \leqslant (n+1)blu_t \tag{3-54}$$

式中，n 为除尘室层数。

降尘室通常只适用于分离粒度大于 50μm 的粗颗粒，一般用于预除尘。多层降尘室虽能分离较细的颗粒且节省地面，但清灰比较麻烦。

需要指出的是，沉降速度 u_t 应根据需要完全分离下来的最小颗粒尺寸计算。此外，气体在降尘室内的速度 u 不应过高，一般应保证气体流动的雷诺准数处于层流区，以免干扰颗粒的沉降或把已沉降下来的颗粒重新扬起。

例 3-4　在底面积为 $40m^2$ 的降尘室中回收气流中的固体球粒，气体流量为 $600m^3/h$，固体密度为 $3000kg/m^3$，气流为 40℃的空气，试求理论上能够被完全除去的最小颗粒直径。已知 40℃时空气的密度为 $1.2kg/m^3$，黏度为 $2.0\times10^{-5}Pa\cdot s$。

解　为满足除尘要求，气体在降尘室内的停留时间至少需等于颗粒的沉降时间，即

$$\frac{l}{u} \geqslant \frac{H}{u_t} \qquad u = \frac{V_s}{Hb}$$

所以

$$u_t \geqslant \frac{V_s}{bl} = \frac{600/3600}{40} = 0.004(m/s)$$

假设颗粒的沉降位于层流区，由

$$u_t = \frac{gd^2(\rho_s-\rho)}{18\mu}$$

得

$$u_t = \frac{gd^2(\rho_s-\rho)}{18\mu} \geqslant 0.004$$

解得

$$d \geqslant 0.007\times10^{-3}(m)$$

因此最小的颗粒直径应该大于 7μm 才能被沉降。

第四节　离 心 分 离

利用离心惯性力实现物料中相间的分离操作统称为离心分离（centrifugation），对于难

以过滤沉降的悬浮液或乳浊液，采用离心惯性力作为推动力。实现离心分离的机械设备称为离心机（centrifuge）。

食品工业中应用离心机的场合很多，如表 3-1 所示。

与其他分离设备比较，离心机具有推动力大、分离能力强、结构紧凑及附属设备少等优点。

一、离心分离原理

（一）离心力与分离因数

设质量为 m 的颗粒以半径 R 绕定轴线作等角速度 ω 的回转运动，则该颗粒在径向方向受到的离心力为

$$F_c = mR\omega^2 = mR\left(\frac{n\pi}{30}\right)^2$$

除了离心力之外，该颗粒还受到重力的作用。离心力与重力之比以符号 K 表示

$$K = \frac{R\omega^2}{g} \tag{3-55}$$

如以 R 为转鼓半径，则此比值即可作为衡量离心机分离能力的尺度，称为离心机的分离因数（separation factor），即同一颗粒在同种介质中的离心沉降速度与重力沉降速度的比值。

由式（3-55）可知，在离心力场中，微粒可以获得比在重力场中大 K 倍的作用力。

由于离心机转鼓转速很高，每分钟由上千转至几万转，因而分离因数可高达 3000 以上，表明它的分离效果要比重力式的高出 3000 倍以上。所以对于在重力场中极为稳定的食品悬浮液和乳浊液，特别适宜于采用高速离心机分离。

增大转鼓半径和转速都有利于提高离心机的分离因数，特别是转速的提高。但由于设备强度等原因，两者的增加都是有限的。

（二）转鼓内液体的表面和体积

1. 液体的表面

离心机开动后，因转鼓的带动使鼓内液体在受重力作用的同时，也受到离心力的作用，其自由面如图 3-14 所示。

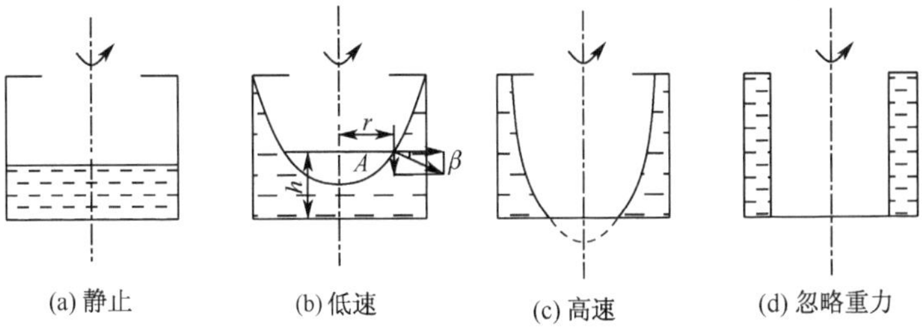

图 3-14　离心机转鼓内的液面

任取液面上一质点 A，其质量为 $\mathrm{d}m$，回转半径为 r，离鼓底的高度为 h。设转鼓旋转角速度为 ω，则此质点所受的离心力和重力分别为 $F_c = r\omega^2 \mathrm{d}m$ 和 $F_g = g\mathrm{d}m$，此两力之合力方向应垂直于液面，故

$$\tan\beta = \mathrm{d}h/\mathrm{d}r = r\omega^2 \mathrm{d}m/g\mathrm{d}m$$

对上式积分得

$$h = \omega^2 r^2/(2g) + h_0 \tag{3-56}$$

式（3-56）表明，液体的自由表面为一旋转的抛物面。当增加转速时，液面中心渐向下凹，而周围升高直至液面中心与鼓底接触，此时 $h_0=0$。然后中心转向鼓底以下，此时 h_0 为负值。在极限的情况下，若转速极大以至于重力相对于离心力可以忽略不计，则液面趋近于圆柱面。为了防止液体自上方转鼓口溢出，通常将离心机的转鼓口制成向内折卷的唇片。

2. 液体的体积

转鼓内液体的体积 V 应考虑 h_0 为正、负两种情况进行计算，如图 3-15 所示。设 H 为转鼓高度，R 为转鼓半径，r_0 为转鼓口液体内表面半径，r_1 为转鼓口内缘半径。

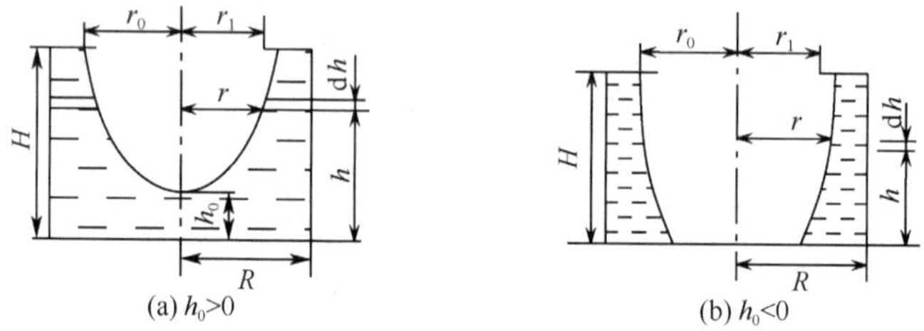

图 3-15　离心机转鼓内的体积

当 $h_0>0$ 时，有

$$V = \pi R^2 H - \pi g(H-h_0)^2/\omega^2 = \pi R^2 H - \pi\omega^2 r_0^4/(4g) \tag{3-57}$$

当 $h_0<0$ 时，有

$$V = \pi R^2 H - \pi g(H-2h_0 H)^2/\omega^2 = \pi R^2 H + \pi g H^2/\omega^2 - \pi r_0^2/H \tag{3-58}$$

（三）离心机的分类

应用于食品工业的离心机种类、规格繁多，可以根据不同的场合和工艺要求加以选用。按分离因数或操作方法有以下几种分类法：

按分离因数有常速离心机（$K<3000$）、高速离心机（$3000<K<5000$）和超高速离心机（$K>5000$）。

按物料特性有沉降式离心机（转鼓无孔，如螺旋卸料离心机）和分离式离心机（转鼓壁无孔，如管式离心机）。

按结构有离心沉降（转鼓壁无孔）和离心过滤（转鼓过滤机）。

按操作方式有连续式离心机和间歇式离心机。

二、离心分离设备的结构、选型及计算

（一）管式离心机

1. 结构

管式分离机的转鼓形状如管状，直径小，长径比大，转速高，分离因数大。物料在转鼓内的停留时间长，对粒度小、固液相密度差小的物料分离或澄清效果好，适用于高分散难分离悬浮液的澄清和乳浊液及液-液-固三相混合物的分离。澄清型管式分离机适用于固相浓度≤1%的悬浮液的澄清，特别适合于固相浓度低、黏度大、固相颗粒粒度小，固、液相密度差大于10kg/m³ 的悬浮液的分离。

如图3-16所示，在固定的机壳内装有高速旋转的狭长管状无孔转鼓，其直径要比其长度小好几倍。通常转鼓悬挂于离心机上端的橡皮挠性驱动轴上，下部置于机壳底部的导向轴衬内。转鼓的直径一般为70～160mm。这种转鼓允许大幅度地增加转速，即在不过分增加鼓壁应力的情况下获得很大的离心力，转鼓的转速一般约为15 000r/min。离心机的外壳下部有进料口，上部两侧有重液相和轻液相出口。

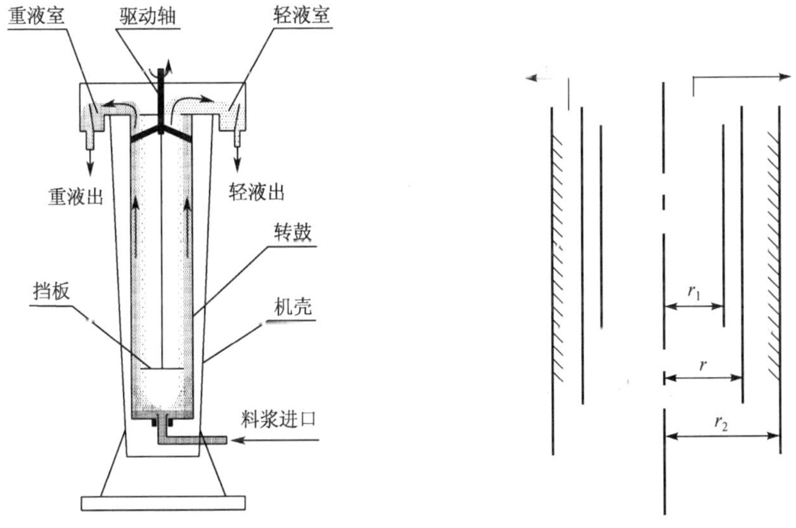

图3-16　管式分离机

操作时，待处理的乳浊液或悬浮液在一定压力（3×10^4 Pa左右）下由进料管经底部空心轴进入鼓底。为使液体不脱离鼓壁，在鼓内设有十字形挡板，液体在鼓内由挡板被加速到转鼓速度，在离心力场下，乳浊液（或悬浮液）在沿轴向上流动的过程中被分层成轻液相和重液相（或液相和固相）。并通过上方环状溢流口排出。改变转鼓上端环状隔盘的内径可调节重液相和轻液相的分层界面。

处理悬浮液时，可将管式离心机的重液口关闭，只留有中央轻液溢流口，则固体在离心力场下沉积于鼓壁上，达到一定数量后，停机以人工清除。

2. 运动方程及生产能力

悬浮液从管式离心机的底部进入后，则微粒在管内的轴向和半径方向同时运动。设微粒在 t 时刻沿轴向运动距离为 Z，沿半径方向运动距离为 r，见图 3-16（b）。由于微粒在轴向的运动依靠料液的输送，忽略重力影响时，则运动速度为

$$\frac{\mathrm{d}Z}{\mathrm{d}t}=\frac{V}{\pi(r_2^2-r_1^2)} \tag{3-59}$$

式中：V——悬浮液流量（m^3/s）；

r_2——转鼓半径（m）；

r_1——内液膜半径（m）。

微粒在 r 方向的运动速度为

$$\frac{\mathrm{d}r}{\mathrm{d}t}=\frac{d_s^2(\rho_s-\rho)}{18\mu}r\omega^2 \tag{3-60}$$

则

$$\frac{\mathrm{d}r}{\mathrm{d}Z}=\frac{\mathrm{d}r/\mathrm{d}t}{\mathrm{d}Z/\mathrm{d}t}=\frac{d_s^2(\rho_s-\rho)}{18\mu}r\omega^2\,\frac{\pi(r_2^2-r_1^2)}{V} \tag{3-61}$$

式（3-61）即为微粒在管式离心机中的运动方程。

对式（3-61）积分，r 从 $r_1\rightarrow r_2$，Z 从 $0\rightarrow l$，有

$$V=\frac{\pi l(r_2^2-r_1^2)}{\ln(r_2/r_1)}\,\frac{d_s^2(\rho_s-\rho)\omega^2}{18\mu} \tag{3-62}$$

对于大多数管式离心机，r_2 和 r_1 可认为近似相等，式（3-62）可简化为

$$V=2\pi lr_1^2\,\frac{d_s^2(\rho_s-\rho)\omega^2}{18\mu}=\frac{d_s^2(\rho_s-\rho)g}{18\mu}\,\frac{2\pi lr_1^2\omega^2}{g} \tag{3-63}$$

式（3-62）和式（3-63）即为管式离心机的生产能力。其中第一项表示重力沉降速度，只与料液本身性质有关，第二项是离心机特性的函数。

例 3-5 谷氨酸发酵液密度为 1040kg/m^3，黏度 2×10^{-3} Pa·s，菌体粒径 $1.5\mu\text{m}$，菌体密度 1200kg/m^3，采用 GF-105 型管式离心机进行分离，已知离心机转鼓的高度为 750mm，转鼓直径为 105mm，转速为 15 000r/min，离心机溢流出口管内径 35mm。计算生产能力。

解 已知 $n=15000\text{r/min}$，$l=750\text{mm}=0.75\text{m}$，$r_2=\frac{105}{2}\text{mm}=0.0525\text{m}$，$r_1=\frac{35}{2}\text{mm}=0.0175\text{m}$

$$A=\frac{\pi}{4}（D^2-D_1^2）=0.785\times（0.105^2-0.035^2）=0.007\,69（\text{m}^2）$$

$$d_s=1.5\times10^{-6}\text{m},\ \rho_s=1200\text{kg/m}^3,\ \rho=1040\text{kg/m}^3,\ \mu=2\times10^{-3}\text{Pa·s}$$

$$\omega=\frac{n\pi}{3D}=\frac{15000\times3.14}{30}=1570（1/s）$$

由式（3-62）

$$V=\frac{\pi l（r_2^2-r_1^2）}{\ln（r_2/r_1）}\cdot\frac{d_s^2（\rho_s-\rho）\omega^2}{18\mu}$$

$$=\frac{3.14\times0.75\times10.0525^2-0.0175)^2}{\ln\frac{0.0525}{0.0175}}\times\frac{(1.5\times10^{-6})^2\times（1200-1040）\times1570^2}{18\times2\times10^{-3}}$$

$$=0.466（\text{m}^3/\text{h}）$$

（二）旋风分离器

通常气-固非均相物系的离心沉降是在旋风分离器中进行的，液-固悬浮物系一般可在旋液分离器或沉降离心机中进行。

在食品工业上，旋风分离器（cyclone seperator）已广泛应用于奶粉、蛋粉等干制品加工过程后期的分离。

1. 旋风分离器的工作原理

旋风分离器是利用惯性离心力的作用从气、固混合物中分离出固相颗粒的设备。如图 3-17 所示，标准旋风分离器的主体上部为高为 L 的外圆筒，下部为圆锥。气体进口管与外圆筒部分相接，气体于内圆筒排出，圆锥底部为固相颗粒的出口（排灰口）。旋风分离器的几何尺寸已系列化，各部件的几何尺寸均以其与外圆筒直径 D 的比表示。

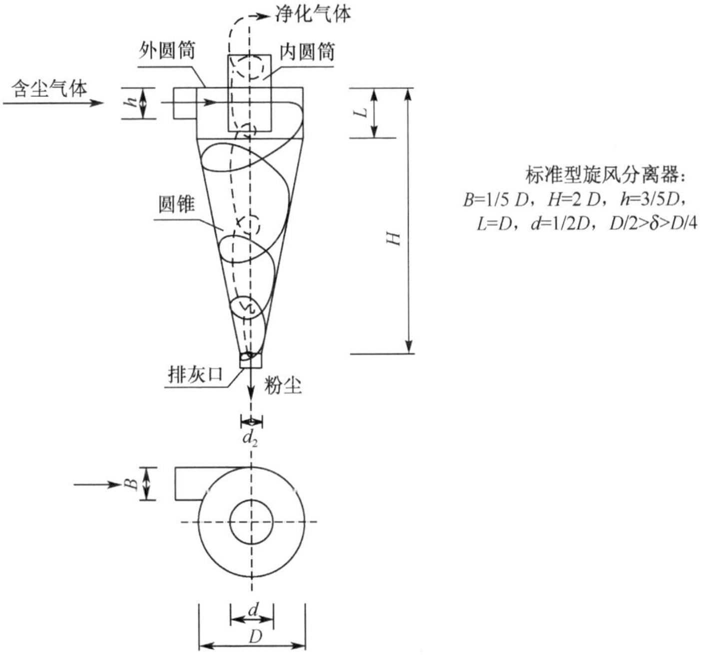

图 3-17 旋风分离器

以含尘气体的分离为例，含尘气体由进口管沿切线方向进入，受器壁的约束而向下做螺旋运动。在惯性离心力的作用下，颗粒被抛向器壁而与气流分离，再沿器壁面落至锥底的排灰口。净化后的气体在中心轴附近由下而上做螺旋运动，最后由顶部排气管内圆筒排出。通常，下行的螺旋形气流称为外旋流，上行的螺旋形气流称为内旋流。内、外旋流气体的旋转方向相同。外旋流的上部是主要气固区。旋风分离器内的静压强在器壁附近最高，仅稍低于气体进口处的压强，往中心逐渐降低，在气芯处可降至气体出口压强以下。旋风分离器内的低压气芯由排气管入口一直延伸到底部排灰口。因此，排灰口应密封良好，以避免气体进入，把已经收集在锥形底部的粉尘重新卷起，影响分离效果。

旋风分离器的结构简单，造价低廉，没有活动部件，可用白铁、玻璃等多种材料制造，操作条件范围宽广，分离效率较高，是食品行业常用的一种除尘、分离设备。旋风分离器一般用来除去气流中直径在 5μm 以上的尘粒。对颗粒含量高于 200g/m^3 的气体，由于颗粒聚结作用，它甚至能除去 3μm 以下的颗粒。对于直径在 200μm 以上的粗大颗粒，应先用重力沉降法除去，以减少颗粒对分离器壁的磨损；对于直径在 5μm 以下的颗粒，需用袋滤器或湿法捕集。旋风分离器不适用于处理黏性粉尘、含湿量高的粉尘。

2. 旋风分离器的性能

旋风分离器的性能主要取决于分离效率、生产能力、压强降和临界粒径。

临界粒径是理论上能被完全分离下来的最小颗粒直径。临界粒径是判断分离效率高低的重要依据。假设进入旋风分离器的气流严格按螺旋形路线作等速运动，其切向速度等于进口气速，且颗粒在分离器内作层流下的自由沉降。

若某种尺寸的颗粒沉降所需的时间 θ_t 恰好等于在旋风分离器中的停留时间 θ，该颗粒就是理论上能被完全分离下来的最小颗粒。以 d_c 代表这种颗粒的直径，即临界粒径，则

$$\frac{18\mu R_m B}{d_c^2 \rho_s u_i^2} = \frac{2\pi R_m N_c}{u_i}$$

解得

$$d_c = \sqrt{\frac{9\mu B}{\pi N_c \rho_s u_i}} \tag{3-64}$$

式中，B——进气宽度；

N_c——颗粒的旋转圈数，一般 $N_c=0.5\sim3.0$，对于标准旋风分离器，可取 $N_c=5$；

R_m——平均半径；

u_i——进口气速；

μ——粒度。

一般旋风分离器以圆筒直径 D 为参数，其他尺寸都与 D 成一定比例。对于标准型旋风分离器，$B=1/5D$，$H=2D$，$h=3/5D$，$L=D$，$d=1/2D$，$D/2>\delta>D/4$。由式（3-64）可见，分离器尺寸 D 越大，临界粒径 d_c 也越大，即分离效果越差。所以，一般旋风分离器的尺寸均不大，若气体处理量很大，宜将多个小尺寸的旋风分离器并联使用，以获得较高的分离效率。

3. 压强降

气体经旋风分离器时，由于进气管和排气管及主体器壁所引起的摩擦阻力、流动时的局部阻力以及气体旋转运动所产生的动能损失等，造成气体压强下降。压强降是评价旋风分离器的一个重要性能指标，它是决定分离过程的能耗和合理选择风机的依据。通常旋风分离器的压降可看作与入口气体动能成正比，即

$$\Delta p = \zeta \frac{\rho u_i^2}{2} \tag{3-65}$$

式中：ζ——比例系数，亦即阻力系数。

对于同一结构型式及尺寸比例的旋风分离器，ζ 为常数，不因尺寸大小而变。例如，标准旋风分离器，其阻力系数 $\zeta=8.0$。旋风分离器的压强降一般为 500～2000Pa。

影响旋风分离器效率的因素非常复杂，物系情况及操作条件是影响旋风分离器性能的重要方面。一般说来，颗粒密度大，粒径大，进口气速高及粉尘浓度高等情况均有利于分离。但进口气速过高则导致涡流加剧，反而不利于分离，陡然增大压强降。因此，旋风分离器的进口气速在 10～25m/s 为宜。

第五节　离心过滤

一、离心过滤基本原理

离心过滤的离心机转鼓有孔，鼓内液体依靠离心力作用由滤孔排出，固相留在过滤介质上，这种固、液分离方法称为离心过滤（centrifugal filtration）。

在离心过滤过程中，滤渣和滤液的特性不变，但过滤面积和离心压力在变化。如果是高速转动，悬浮液浓度不高，则过滤面积可视为常数，离心压力也不因滤渣沉积而受影响。

设悬浮液表面至轴心距离维持恒定为 r_1，转鼓半径 r_2，可得离心过滤的推动力——离心压力为

$$P=\frac{1}{2}\rho\omega^2(r_2^2-r_1^2) \tag{3-66}$$

由过滤基本方程积分可得

$$\frac{V+V_e}{A}=K(t+t_e) \tag{3-67}$$

则离心过滤机的生产能力为

$$Q=\frac{V}{\sum t} \tag{3-68}$$

式中：ρ——流体密度；
ω——离心机转速；
V——滤液体积；
V_e——过滤介质的当量滤液体积；
t_e——过滤介质的当量过滤时间；
$\sum t$——操作的总时间。

二、离心过滤设备

过滤式离心机的转鼓上有孔，转速一般为 1000～1500r/min，分离因数不大，只适用于易过滤的晶体悬浮液和较大颗粒悬浮液的分离以及物料的脱水等。如三足式离心机、上悬式离心机、活塞推料离心机、离心筛等，离心过滤设备有间歇式和连续式。间歇式过滤离心机对物料的适应性强，操作弹性大，滤渣含液量低，滤液澄清度高。加上结构简单、价格低廉、操作容易掌握、维修方便等优点，在中小型工厂中被广泛应用。连续式过滤离心机可实现操作过程的半自动或全自动，提高了过滤离心机的自动化程度和可靠性。

1. 三足式离心机

三足式离心机是食品工业中常见的间歇式离心机。它具有以下特点：①对物料的适应性强，可用于各种不同浓度和不同固相颗粒粒度的悬浮液分离；②在低速下或停机后卸滤渣，不易损伤滤渣颗粒；③设备安装在弹性悬挂支承上，重心低，降低了由于加料和刮刀卸料造成的偏心载荷所引起的振动；④结构简单，制造与安装方便，运转平稳，操作维修易于掌握；⑤转鼓完全置于静止的机壳内，易于实现密闭操作。

三足式离心机的主要缺点是需人工上部卸料，体力劳动强度大。

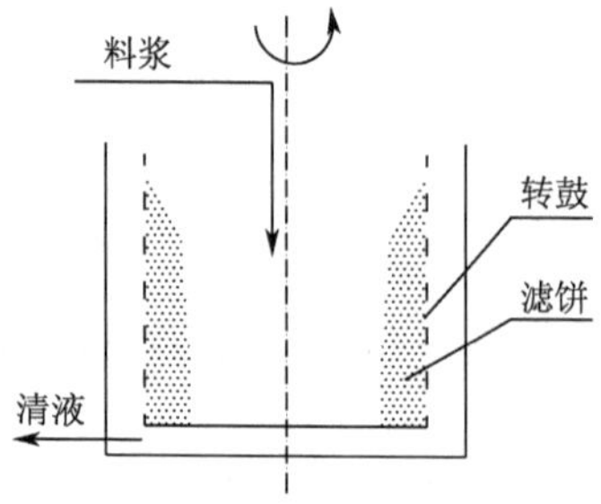

图 3-18　三足式离心机工作原理图

图 3-18 为人工上部卸料的三足式离心机示意图，离心机整个机体固定在三个支脚上，故名为三足式。支脚固定在地基上，在支脚上借弹簧将离心机外壳悬起，使整个机体被弹性地支撑住，处于挠性状态。当物料在转鼓内分布不均匀时，转鼓能自动调整，因而振动大大减小，起到减振作用。这种离心机的主轴做得粗而短，所以能保持良好的刚性，同时整个机器高度降低，有利于从上盖加料、卸料。

2. 活塞推料离心机

活塞推料离心机是一种连续式过滤离心机，在全速运转的情况下，各道工序除卸料为脉动之外，加料、分离、洗涤等操作均可以同时连续进行，因此，过滤强度大，劳动生产率高。此种离心机主要用于浓度适中（滤浆中含固形物 30%～50%，粒度 0.25～10mm）并能很快脱水和失去流动性的悬浮液，其优点是颗粒破碎程度小，控制系统简单，功率消耗也较均匀，缺点是对悬浮液的浓度较敏感。若料浆太稀，则滤饼来不及生成，料液则直接流出转鼓，并可冲走已形成的滤饼；若料浆太稠，则流动性差，易使滤渣分布不均，引起转鼓的振动，因此不宜用来分离胶状物料、无定形物料或滤饼层拱起不能维持正常的卸料。

如图 3-19 所示，悬浮液连续从进料管进入锥形布料漏斗内，布料漏斗随轴旋转并将料液逐渐加速至转鼓速度，而后进入转鼓的筛网上。滤液经收集罩流出，滤渣截留于介质上。待滤饼形成一定厚度之后，被往复运动的推送器向转鼓开端前方推移。滤渣移筛网中部，还可用水冲洗，再推送至筛网前缘甩入固定机壳内，并从卸渣口卸出。

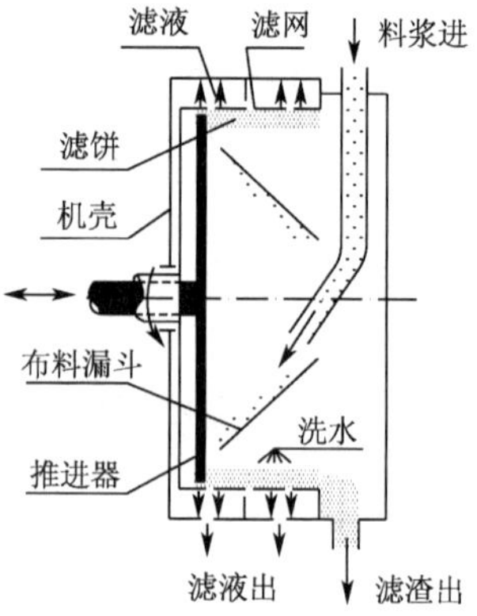

图 3-19　单级活塞推料离心机工作原理图

在处理有洗涤要求的物料时，整个筛网长度可分为以下四个区域：

1）过滤区：布料漏斗往复运动的区域，其长度相当于活塞行程。

2）分离区：布料漏斗进程死点到冲洗开始之间的区域，主要除去附在颗粒表面的母液。

3）洗涤区：洗涤水喷洒所及的区域。

4）干燥区：最后一部分区域。

在生产上，调节分离区和干燥区，即可控制滤饼的终湿度。上述为单级式离心机，若推送器一次推送行程过长，会产生滤渣推移阻塞现象。为解决这个问题，出现了多级式设备，多级式活塞推料离心机有双级、四级等各种型式。采用多级活塞推料离心机能改善其工作状况、提高转速及分离较难处理的物料。

思考题与计算题

一、思考题

1. 简述影响重力沉降的因素（以斯托克斯区为例）。

2. 设计一个含尘气体的分离系统，并简述各个设备的作用。

3. 简述降尘室的结构和设计原理。

4. 根据过滤基本方程，简述影响过滤的因素。

5. 设洗水的黏度和温度与滤液相同，试证明洗涤速率是最后过滤速率的1/4。

二、计算题

1. 试计算直径 d_{90} μm，密度 ρ_s 为 3000kg/m^3 的固体颗粒分别在 20℃的空气和水中的自由沉降速度。已知 20℃时空气的密度为 1.205kg/m^3，黏度为 1.81×10^{-5} Pa·s，水的黏度为 1.005×10^{-3} Pa·s。

（答：0.54m/s，0.009m/s）

2. 某悬浮液中固相密度为 2930kg/m^3，其湿饼密度为 1930kg/m^3，悬浮液中固相颗粒的质量分率为 25g/L 水。该悬浮液于 400mmHg 的真空度下用小型转筒真空过滤机做实验，测得过滤常数 $K=5.15\times10^{-6}$ m^2/s。现用一直径为 1.75m，长 0.98m 的转筒真空过滤机进行过滤，操作压力与实验相同，转速为 1r/min，浸没角为 125.5°，滤布阻力可忽略，滤饼不可压缩。试求此过滤机的生产能力和滤饼的厚度。

（答：3.36m^3/h，0.19mm）

3. 预用沉降室净化温度为 20℃，流量为 250m^3/h 的常压空气，空气中所含灰尘的密度为 1800kg/m^3，要求净化后的空气不含有直径大于 10μm 的尘粒，所需净化面积为多大？若沉降室低面的宽为 2m，长 5m，室内需要设多少块隔板？已知 20℃时，空气黏度为 1.81×10^{-5} Pa·s。 （答：至少需要设一层隔板）

4. 在 3×10^5 Pa 的压强差下对水中的悬浮液进行过滤实验，测得过滤常数 $K=5\times10^{-5}$ m^2/s、$q_e=0.01$ m^3/m^2，又测得滤饼体积与滤液体积之比 $\nu=0.08$。现拟用有 38 个框的 BMY50/810-25 型板框压滤机处理此料浆，过滤推动力及所用滤布也与实验用的相同。试求：(1) 过滤至框内全部充满滤渣所需的时间；(2) 过滤完毕，以相当于滤液量 1/10 的清水进行洗涤，求洗涤时间；(3) 若每次卸渣、重装等全部辅助操作共需 15min，求每台过滤机的生产能力 [以每小时平均可得多少 (m^3) 滤饼计]。

[答：552s，432s，1.185 m^3(滤饼)/h]

5. 已知含尘气体中尘粒的密度为 2000kg/m^3。气体温度为 375K，黏度为 0.036cP，密度为 0.46kg/m^3。现用一标准型旋风分离器分离其中的尘粒，分离器的尺寸为 $D=400$mm，$h=D/2$，$B=D/4$。含尘气体在进入排气管以前在分离器内旋转的圈数为 $N_e=5$，气体流量 $Q=1000$m^3/h。试计算其临界粒径。

（答：8.62μm）

第四章　粉碎　筛分　混合　乳化

第一节　粉　　碎

粉碎（size reduction）是利用机械力的方法来克服固体物料内聚力，使其达到一定尺寸的颗粒或小块物料的单元操作。一般情况下，将大块物料分裂成小块物料的操作称为破碎，将小块物料分裂成细粉的操作称为磨碎或研磨，习惯上两者统称为粉碎。

根据被粉碎物料和成品粒度的大小，粉碎可分为粗粉碎、中粉碎、微粉碎和超微粉碎四种：

1）粗粉碎，原料粒度 40～1500mm，成品颗粒粒度 5～50mm。

2）中粉碎，原料粒度 10～100mm，成品粒度 5～10mm。

3）微粉碎（细粉碎），原料粒度 5～10mm，成品粒度 100μm 以下。

4）超微粉碎（超细粉碎），原料粒度 0.5～5mm，成品粒度 10μm 以下。

粉碎操作在食品工业中占有非常重要的地位，主要表现在：

1）适应某些食品消费和生产的需要。例如，面粉是以粉末形式使用的，巧克力等食品的生产需将各种配料粉碎至足够细小的颗粒才能保证物料的均匀分布和终产品的品质。

2）增加固体表面积，以利于后道工序处理的顺利进行。例如，果蔬干燥前和玉米深加工前需将大块物料粉碎成小块物料。

3）配方食品的生产需要，各种配料粉碎后才能混合均匀，粉碎的好坏对终端产品的质量影响很大。

一、粉碎理论

（一）粉碎物料的粒度与粒度分布

1. 粒度

粒度（particle size）是指物料颗粒的大小，是粉碎程度的表征。对于球形颗粒，粒度即为直径。对于非球形颗粒，则有以面积、体积（或质量）为基准的各种粒度表示法。

（1）表面积为基准的粒度 d_S

将颗粒的表面积转换成球体表面积，得到的球体直径即为以表面积为基准的粒度 d_S。假设颗粒表面积为 S_p，则

$$d_S=\sqrt{\frac{S_p}{\pi}} \tag{4-1}$$

（2）体积为基准的粒度 d_V

将颗粒的体积转换成球体体积，得到的球体直径即为以体积为基准的粒度 d_V。假设颗粒体积为 V_p，则

$$d_V=\sqrt[3]{\frac{6V_p}{\pi}} \tag{4-2}$$

d_V 可用来表示粉碎物颗粒的大小，又称为颗粒的当量直径（d_p）。

2. 球形度

由于物料的粉碎过程比较复杂，粉碎物料的颗粒形状通常并非球形，球形度为 φ_s 同体积球体表面积与颗粒实际表面积的比值表示颗粒形状偏离球形的程度。根据式（4-1）和式（4-2）可知

$$\varphi_s = \frac{d_V^2}{d_S^2} = \frac{6V_p}{S_p d_V}$$

即

$$\varphi_s d_V = \frac{6V_p}{S_p} \tag{4-3}$$

式（4-3）表明，球形度与颗粒的比表面积（S_p/V_p）有关，φ_s 值越小，则比表面积越大。对于很多粉碎物料来说，球形度常为 0.6～0.7，对于球形颗粒，$\varphi_s=1$；对于立方体形颗粒，$\varphi_s=0.806$。

立方体形和球形一样都是规则的形状，为了表示颗粒形状偏离这些规则形状的程度，也可采用形状系数的概念。假设任意选取颗粒的某一代表性尺寸 L，则有

$$V_p = aL^3 \qquad S_p = 6bL^2 \tag{4-4}$$

式中：a 和 b——与颗粒几何形状及代表性尺寸的选择有关的系数。对于立方体，若选择边长为代表性尺寸，则 $a=b=1$。对于球体，若选择直径为代表性尺寸，则 $a=b=\pi/6$。

将式（4-4）相除可得颗粒的形状系数 ϕ_p

$$\phi_p = \frac{b}{a} = \frac{LS_p}{6V_p} \tag{4-5}$$

由此可见，形状系数不仅与比表面积有关，而且与代表性尺寸的选择有关。如果按通常情况选取 $L=d_V$，则形状系数 ϕ_p 为球形度 φ_s 的倒数；对于球体和立方体，$\phi_p=1$；对于其他形状，则 $\phi_p>1$。

3. 粒度分布

粉碎后的固体颗粒不仅形状不一致，其大小也不一致。在全部颗粒中粒度小于 d 的所有颗粒的粒数、表面积和体积占全部颗粒的粒数、表面积和体积的百分数分别称为粒数累积分布函数、表面积累积分布函数和体积累积分布函数，以符号 $A(d)$ 表示。

如将累积分布函数对粒度 d 微分，即得频率分布函数 $f(d)$ 为

$$f(d) = \frac{\mathrm{d}A(d)}{\mathrm{d}(d)} \tag{4-6}$$

频率分布函数还有粒数（f_N）、表面积（f_S）和体积（f_V）三种，分别表示粒度为 d、粒度增量为 1 单位范围内颗粒数目、表面积和体积所占的百分数。由上述定义可知，若最小粒度为 $d_{\min}$，最大粒度为 $d_{\max}$，则有

$$\int_{d_{\min}}^{d_{\max}} f(d)\mathrm{d}(d) = 100\% \tag{4-7}$$

用于固体粉碎的粒度分布（size distribution）函数有多种表示法，但各有其适用的特殊场合。除正态分布外，粒度分布函数还有以下几种常用形式：

(1) 对数正态分布函数

其表达式为

$$f_N(d)=\frac{\mathrm{d}N}{\mathrm{d}(d)}=\frac{1}{\mathrm{d}\sigma_g\sqrt{2\pi}}\exp\left(-\frac{\lg d-\lg d_{gm}}{2\sigma_g^2}\right) \tag{4-8}$$

式中：d_{gm}——几何平均粒度；

σ_g——几何标准差。

(2) 平方根正态分布函数

它形式上与对数正态分布函数相似，唯以 $\sqrt{d}$ 代替 lg$d$ 而已。其表达式为

$$f_N(d)=\frac{1}{2\sqrt{2\pi d\sigma_g}}\exp\left[-\frac{\sqrt{d}-\sqrt{d_{gm}}}{2\sigma_g^2}\right] \tag{4-9}$$

(3) 罗森-拉姆勒分布函数

罗森-拉姆勒（Rosin-Rammler）是使用最广泛的经验分布函数式，其表达式为

$$R_d=100\exp\left[-\left(\frac{d}{d_{R,m}}\right)^n\right] \tag{4-10}$$

式中：R_d——粒度大于 d 的物料体积（或质量）分数；

$d_{R,m}$——颗粒的罗拉平均粒度；

n——常数。

罗拉平均粒度是大于某粒度的物料体积或质量占总体积或总质量的百分数。

4. 平均粒度

平均粒度是指固体颗粒的平均大小，由于基准和方法不同，平均粒度的表示方法有算术平均数、几何平均数和调和平均数等。表 4-1 列出了常见的几种平均粒度的计算方法。

表 4-1　几种常见的平均粒度计算法

平均粒度	基准	平均方法	数学表达式	
算术平均(d_{am})	粒径	算术	$d_{am}=\frac{\sum df_N(d)\Delta d}{100}$	(4-11)
几何平均(d_{gm})	粒径	几何	$d_{gm}=\sqrt[100]{d_1^{f_N(d_1)\Delta d_1}d_2^{f_N(d_2)\Delta d_2}\cdots d_n^{f_N(d_n)\Delta d_n}}$	(4-12)
调和平均(d_{hm})	粒径	调和	$d_{hm}=\frac{100}{\sum\frac{1}{d}f_N(d)\Delta d}$	(4-13)
面积平均($d_{S,m}$)	面积	算术	$d_{S,m}=\sqrt{\frac{\sum d^2f_N(d)\Delta d}{100}}$	(4-14)
体积平均($d_{V,m}$)	体积	算术	$d_{V,m}=\sqrt[3]{\frac{\sum d^3f_N(d)\Delta d}{100}}$	(4-15)
沙得平均($d_{V,S}$)	面积体积	算术	$d_{V,S}=\frac{\sum d^3f_N(d)\Delta d}{\sum d^2f_N(d)\Delta d}\left(或\frac{d_{V,m}^3}{d_{S,m}^2}\right)$	(4-16)

算术平均粒度 d_{am}适用于过大和过细颗粒个数较少、分布较为平衡的场合。几何平均粒度 d_{gm}对于对数正态分布来说是频率最高的粒度。调和平均粒度 d_{hm}与颗粒的比表面积有关，当比表面积是颗粒产品的一项重要的特性时，它是一种有意义的粒度表示法。一般来说，这三种粒度的大小顺序为 $d_{am}>d_{gm}>d_{hm}$。

粉碎前后的粒度比称为粉碎比或粉碎度，它主要指粉碎前后的粒度变化，同时近似反映粉碎设备的作业情况。一般粉碎设备的粉碎比为 3～30。但超微粉碎设备可远远超出这个范围，可到 300～1000。对于一定性质的物料来说，粉碎比是确定粉碎作业程度、选择设备类型和尺寸的主要依据之一。

对于大块物料粉碎成细粉的粉碎操作，如要通过一次粉碎完成，则粉碎比太大，设备利用率低，故通常分成若干级，每级担负一定的粉碎比。这时可用总粉碎比来表示，它是物料经几次粉碎步骤后粉碎比的总和。

例 4-1　设有一喷雾干燥制品，经分析具有如下所列的粒度分布数据：

粒度/μm	代表性粒度/μm	颗粒计数	粒度/μm	代表性粒度/μm	颗粒计数
0～40	20	50	120～160	140	98
40～80	60	156	160～200	180	44
80～120	100	150	200～240	220	12
					总数 500

试求平均直径（算术平均直径和几何平均直径）。

解　列出必要的项目进行计算：

d	$\lg d$	N	$f_N(d)\Delta d$	$df_N(d)\Delta d$	$f_N(d)\Delta d\ \lg d$
20	1.3010	50	10	200	13.010
60	1.7782	156	31.2	1872	55.4783
100	2.0000	150	30	3000	60
140	2.1461	88	17.6	2464	37.7719
180	2.2553	44	8.8	1584	19.846
220	2.3424	12	2.4	528	5.62181
		500	100	9648	191.729

根据式（4-12），求算术平均直径

$$d_{am}=\sum df_N(d)\Delta d/100=9648/100=96.48(\text{nm})$$

根据式（4-13），求几何平均直径

$$\lg d_{gm}=\sum f_N(d)\Delta d(\lg d)/100=191.729/100=1.9173$$

故

$$d_{gm}\approx 80(\text{mm})$$

（二）粉碎力与粉碎能耗

1. 粉碎力的种类与形式

物料粉碎时所受到的作用力包括挤压力、冲击力和剪应力（摩擦力）三种，如图 4-1 所示。根据施力种类与方式的不同，物料粉碎的基本方法包括压碎、劈碎、折断、磨碎和冲击破碎等形式。

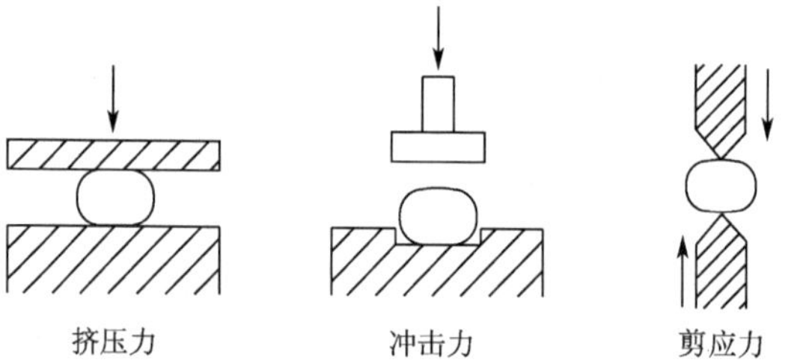

图 4-1　物料的受力类型

2. 物料的力学性质

物料的力学性质会影响粉碎效果。根据物料应变与应力的关系以及极限应力的不同，其力学性质包括以下四种：

1）硬度：是根据物料弹性模数大小来划分的性质，有硬与软之分。硬度越高表明物料抵抗塑性变形能力越大，要使之产生塑性变形越困难。

2）强度：是根据物料弹性极限应力的大小来划分的性质，有强与弱之分。

3）脆性：是根据物料塑变区域长短来划分的性质，有脆性和可塑性之分。

4）韧性：是一种抵抗物料裂缝扩展能力的特性，韧性越大则裂缝末端的应力就越易集中。

对一种具体的物料来说，上述四种力学特性之间有着内在的联系，导致物料综合性质的复杂化，这些对粉碎时所需的变形力均有影响。总的来说，凡是强度越强、硬度越小、脆性越小而韧性越大的物料，其所需的变形能就越大。

物料的硬度和破裂性是选择粉碎方法的重要依据。对于特别坚硬的物料用挤压和冲击很有效，对于韧性物料用研磨和剪切较好，而对于脆性物料则以劈裂、冲击为宜。

实际上，任何一种粉碎机都不是单纯利用上述某种方法进行粉碎，而是结合利用两种或两种以上的粉碎方法，如压碎和折断，冲击和磨碎等。

3. 粉碎能耗

物料粉碎时，当作用力超过颗粒之间的结合力时发生粉碎，外力做的功称为粉碎能耗。粉碎能耗消耗于以下几方面：①粉碎机械动力传递中的能耗；②颗粒在粉碎发生之前的变形能；③粉碎产品增加新表面积的表面能；④颗粒表面结构发生变化所消耗的能量，如产生表面活性点、表面形成无定形层或氧化物层；⑤晶体结构发生变化所消耗的能量；⑥研磨介质之间的摩擦、振动及其他能耗。

一般认为，物料受到粉碎力作用后，首先要产生相应的应变，并以变形内能的形式积蓄于物料内部。当局部积蓄的变形能超过某临界值时，裂解就发生在脆弱的断裂线上。因此，粉碎至少需要两方面的能量：①裂解发生前的变形能，这部分能量与颗粒的体积有关；②裂解发生后出现新表面所需的表面能，这部分能量与新出现的表面积大小有关。

粉碎的直接目的是形成裂缝，并通过消耗应变能使颗粒变形从而扩大裂缝产生粉碎。有用功正比于新的表面积，并且因为裂缝长度是与所产生的新表面积的平方根成比例的，因此有用功与原料直径的平方根减去产物直径的平方根成比例，产生新表面消耗的能量 E' 为

$$E' = E\frac{\sqrt{d_1}}{\sqrt{d_1} - \sqrt{d_2}} \tag{4-17}$$

式中：d_1——进入粉碎机中物料的直径；

d_2——从粉碎机中排出产物的直径；

E——输入的能量。

由于粉碎过程比较复杂，影响因素较多，这些因素在不同条件下又有变化，因此，目前已有的粉碎理论难以对一给定物料减小粒度所需要的能量做精确的定量计算。

二、磨介式粉碎

磨介式粉碎是借助于运动的研磨介质（磨介）所产生的冲击、摩擦、剪切、研磨等作用力，达到对物料颗粒粉碎的目的。物料受到的粉碎作用力来源于磨介的运动，粉碎效果受磨介的大小、形状、配比与运动方式、物料的充填率、被粉碎物料的粒度（干法）或浓度（湿法）等因素影响。磨介式粉碎的典型设备有球（棒）磨机、振动磨和搅拌磨三类。

（一）介磨机

介磨机是历史比较悠久的古老粉碎设备，至今仍被广泛应用。其中研磨介质为球状的称为球磨机，研磨介质为棒状的称为棒磨机。

1. 介磨机的结构

介磨机的主要工作部件是装有研磨介质的圆柱形滚筒，如图 4-2 所示。当滚筒转动时，磨介随筒体上升至一定高度后，呈抛物线落下或呈泻落下滑，如图 4-2（b）所示。物料从滚筒的一端中空轴颈进入筒体，随滚筒的转动不断翻动并逐渐向另一端移动。在运动过程中，物料受到磨介的冲击、研磨而逐渐粉碎，最终从出料口排出机外，如图 4-2（a）所示。

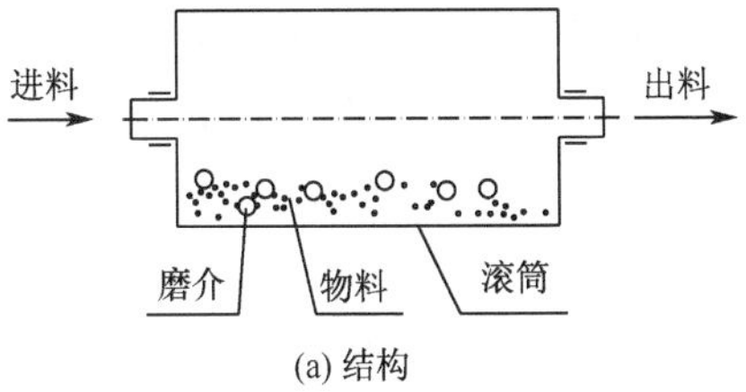

(a) 结构

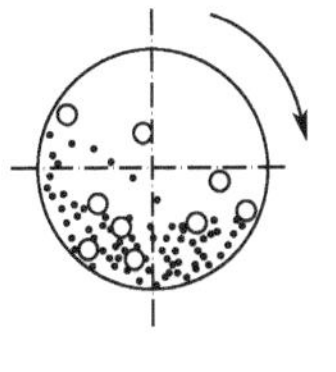
(b) 物料与磨介的运动

图 4-2　转筒式球磨机

球磨机常用的研磨介质有钢球（相对密度 7.8）、氧化锆球（相对密度 5.6）、氧化铝球

（相对密度 3.6）和瓷球（相对密度 2.3）等，有时也用无规则形状的鹅卵石或燧石等。磨介材料的相对密度大，则球磨机的产量大，粉碎效率高。

若用直径 50～100mm 的钢棒代替上述钢球作研磨介质，则称为棒磨机。棒磨机筒体长度与直径的比值一般为 1.5～2。棒磨的特点是棒与物料的接触是线接触而不是点接触，故在大块和小块的混合料中大块料先受到粉碎，这样粉碎较均匀且过度粉碎较少。而且因为棍棒质量大，对于黏结性物料，不像小球那样易被物料黏成一团而失去粉碎的作用，故适合于处理潮湿黏结性的物料。

2. 介磨机转速的确定

介磨机滚筒体内装有很多小钢球，筒体转速适当时，呈月牙形的整体磨介随磨碎机筒体升高至与垂线成 40°～50°后，磨介一层层地往下滑滚，如图 4-3（a）所示，这种状态称为泻落。当滚筒转速提高时，磨介随筒体提升至一定高度后，将离开圆形运动轨道而沿抛物线轨迹呈自由落体下落。这种运动状态称为“抛落”，如图 4-3（b）所示。沿抛物线轨迹抛落的磨介对筒体下部的钢球或滚筒衬板产生冲击和研磨作用，使物料粉碎。随着转速的进一步提高，离心力使磨介甚至物料形成紧贴滚筒内壁的一个圆环，随着滚筒内壁一起旋转，这种运动状态称为离心状态，如图 4-3（c）所示。这时粉碎作用完全停止。因此，介磨机的转速不能过高。

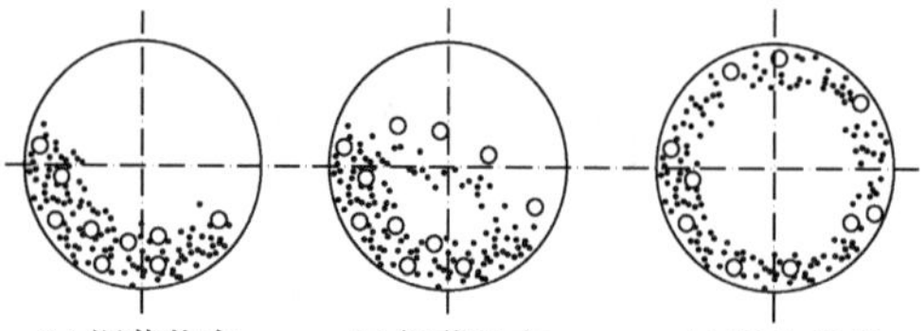

图 4-3　研磨介质的三种运动状态

介磨机在上述有效粉碎操作范围内的极限转速称为临界转速，当滚筒以临界转速（或以上）旋转时，磨介的运动处于离心状态。临界转速的计算公式为

$$n_c = 0.705/\sqrt{D} \tag{4-18}$$

式中：n_c——临界转速（1/s）；

D——转筒直径（m）。

介磨机的实际工作转速 n 与临界转速 n_c 之比称为转速比 B。根据滚筒内全部磨球的最大抛射功，可从理论上推导出最佳 B 值为 0.88。实际生产时 B 的取值范围为 0.65～0.85。当滚筒直径较大且需微粉碎或超微粉碎时取下限，当筒体直径较小且需较粗粉碎时取上限。转速比与磨介的充填率也有关系。为保证内层磨介能抛落，当磨介充填率增大时，转速比应增加。例如，充填率为 46%～50%时，相应的 B 值取 0.80～0.82。棒磨机的转速比通常取值较低，在 0.60 左右，此时磨介钢棒的运动形式以泻落状态为主。

应当指出的是，式（4-18）推导时做了一些理想化的假设，如设定磨介与筒体之间没有滑动。当球磨机筒体内的衬板突起较高、磨介充填率也较高时，这种假设还比较符合实际。

（二）振动磨

振动磨是利用球形或棒形研磨介质作高频振动时产生的冲击、摩擦和剪切等作用力，来实现对物料颗粒的超微粉碎（产品粒度可达 2～3μm），同时还能起到混合分散的作用。振动磨在干法或湿法状态下均可工作。

在振动磨中，研磨介质（磨球和磨棒）的运动是实现超微粉碎的关键。除高频振动产生的作用力外，磨介整体还有一种与振动轨迹方向相反的转动（公转），转动的频率大致等于振动频率的万分之一。也就是说，简体内磨介的整体运动方向与主轴的旋转方向正好相反，由此产生了附加的冲击碰撞等作用力。而且就单个磨介钢球来说，除了公转外还存在自转运动。因此，振动磨内研磨介质对物料产生的粉碎作用力来自三个方面：高频振动、循环运动（公转）和自转运动。这些运动使得磨介之间和磨介与简体内壁之间产生剧烈的冲击、摩擦和剪切等作用力，从而在短时间内将物料颗粒研磨成细小的超微粒子。

研磨介质有钢球、钢棒、氧化铝球和不锈钢珠等，可根据物料性质和成品粒度要求选择磨介材料与形状。为提高粉碎效率，应尽量先用大直径的磨介。例如，较粗粉碎时可采用棒状，而超微粉碎时使用球状。一般来说，磨介尺寸越小，则粉碎成品的粒度也越小。

（三）搅拌磨

搅拌磨是在球磨基础上发展起来的。在球磨机内，一定范围内磨介尺寸越小，则成品粒度也越细。但当磨介小到一定程度时，它与液体浆料的黏着力增大，这会使磨介与浆料的翻动停止。为此可采用搅拌磨，搅拌磨在球磨机的基础上增添了搅拌器，以产生翻动力。搅拌磨的简体（容器）不转动，且大多用于湿法超微粉碎中。

搅拌磨所用的研磨介质有玻璃珠、钢珠、氧化铝珠和氧化锆珠等。研磨成品粒径与研磨介质粒径成正比，但研磨介质粒径过小反而会影响研磨效率。通常视原浆料固体颗粒大小和对成品粒径大小的要求来决定，磨介的粒径必须大于浆料原始平均颗粒粒径的 10 倍。当对成品粒径要求不高时，使用较大的研磨介质，可以缩短研磨时间并提高成品产量。研磨介质粒径通常采用 0.6～1.5mm（要求成品粒度小于 1～5μm）及 2～3mm（要求成品粒径在 5～25μm）。

三、冲击式粉碎

冲击式粉碎机，按其冲击力作用的方式可分为以下两大类：

1）机械冲击式粉碎机：依靠高速旋转的棒或锤等部件冲击或打击颗粒，使其粉碎。

2）气流式粉碎机：利用高速气流或过热蒸气使颗粒加速产生相互冲击力、碰撞力或与器壁发生冲击碰撞作用而被粉碎。

（一）机械冲击式粉碎机

食品工业常用的机械冲击式粉碎机有锤击式粉碎机和盘击式粉碎机两种类型。这类粉碎机具有单位功率粉碎能力大、粉碎粒度易于调节、应用范围广、占地面积小、易实现连续化等优点。但是，由于部件的高速旋转及与颗粒的冲击或碰撞，磨损较大问题，因而不适合处理硬度太大的物料。

1. 锤击式粉碎机

锤击式粉碎机是利用高速旋转的锤头或锤片对物料施加冲击进行粉碎的，最适于脆性物料的粉碎。但由于机内还存在着强烈的摩擦、搓撕与剪切作用，对于部分韧性物料甚至纤维性物料也能够进行粉碎。在不同的粉碎条件下，锤击式粉碎机的粉碎比可以在很大的范围内变化。

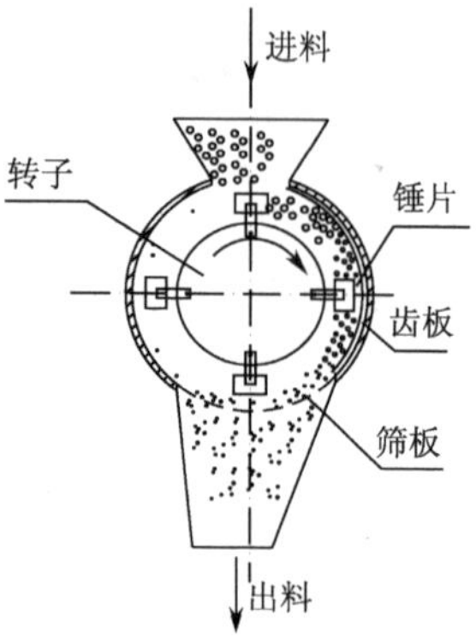

图 4-4　锤击式粉碎机

锤击式粉碎机在食品工业中的应用十分广泛，如薯干、玉米、大豆、咖啡、可可、蔗糖、大米、麦类以及各种饲料的粉碎。

图 4-4 是常用于食品工业的典型锤击式粉碎机。锤片是锤击式粉碎机的主要部件。常用的锤片形状有矩形和阶梯形。锤片也是主要的易损件，必须耐磨、耐冲击。

锤片的排列方式直接关系到转子的平衡、物料在粉碎室内的分布以及锤片磨损的均匀程度，要求锤片的运动轨迹在整个粉碎室分布均匀，不能将粉碎物料推向一侧，以利于转子的动平衡与静平衡。常用的有螺旋线排列、对称排列、交错平衡排列和对称交错排列等形式，使用最多的是对称排列和对称交错排列。

锤击式粉碎机的筛板多采用圆孔筛，筛孔呈三角形排列。筛片的包角（筛片包围转子的角度）对粉碎机的排料能力影响较大，包角越大，物料筛理的面积也越大，有利于排料。筛片的存在增强了对物料的摩擦作用，可减小粉碎物的粒度，但会阻碍粉碎物的排出，使物料在粉碎室内停留的时间延长，功率损耗增大。

2. 盘击式粉碎机

盘击式粉碎机主要由两个互相靠近的圆盘组成，其中一个为定盘，另一个为高速旋转的动盘，如图 4-5（a）所示。每个圆盘上有很多以齿状、针状或棒状筋槽，而且两个圆盘上的每层筋槽呈相互咬合状排列。当两个圆盘作相对运动时，除了筋槽对物料的冲击力外，还产生分割或拉碎的作用，所以适用于纤维质物料的粉碎。盘击式粉碎机一般沿整个机壳周边安有筛网。有些盘击式粉碎机内部还装有气流分级装置，有些转动件之间距离还可以调节，根据盘轴的方向分为立式和卧式。

图 4-5（b）是一种称为鼠笼式粉碎机的盘击式粉碎机。它的主要构件是两组粉碎转动件，每组都由若干个长指爪组成的笼构成。同心的指爪层一侧固定在金属板上，另一侧在圆环上。两笼依相反方向旋转，相对速度约 60m/s。这种设备具有强烈的撕碎作用，适用于韧性较强的纤维质食品的粉碎。

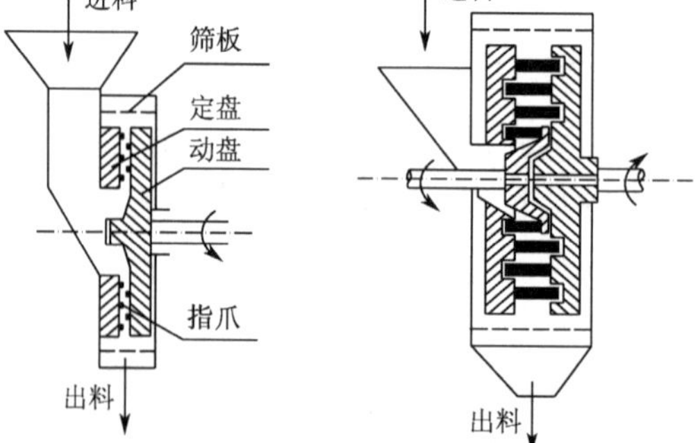

(a) 卧式盘击粉碎机　　(b) 鼠笼式粉碎机

图 4-5　盘击式粉碎机

（二）气流式粉碎机

气流式粉碎机是一种超微粉碎设备，它是利用空气、过热蒸气或其他气体通过一定压力的喷嘴喷射产生强烈的湍流和能量转换，物料颗粒在高能气流的作用下作悬浮运动，相互之间发生剧烈的冲击、碰撞和摩擦，加上高速喷射气流对颗粒的剪切冲击作用，使得物料颗粒间得到充分的研磨而粉碎成超微粒子，同时均匀混合。对于熔点较低或者不耐热的食品物料，通常以高压空气为介质。被压缩的空气在粉碎室内膨胀，产生的冷效应与粉碎时产生的热效应相互抵消。

理论上，粉碎机的粉碎能力与动力消耗有如下关系：

$$M = cP^n \tag{4-19}$$

式中：M——粉碎能力（t/h）；

P——粉碎动力消耗（kW）；

n——粉碎动力指数；

c——常数。

球磨机的粉碎动力指数 n 为 1.1～1.17，锤式粉碎机为 1.4～1.5，而气流式粉碎机为 2.0～2.23。由此可见，气流式粉碎机的能耗最大。

要提高气流式粉碎机的效率，必须增加颗粒之间的碰撞概率，必须考虑被粉碎物料的物化性质、受力时的塑性变形、高真空时产生的龟裂以及颗粒粒度等因素。通过增大进料量，可以提高气流式粉碎机内的颗粒密度，从而增加颗粒间的冲击与碰撞概率。但也有一定限度，如果粉碎室内颗粒密度太大，颗粒间互相干扰作用增强，反而会使粉碎效率下降。要提高碰撞概率一般可增加冲击速度，对于不同性质的物料与不同直径的颗粒，应选择与之相应的最佳冲击速度。

在粉碎过程中，如果进料速度低，则物料在粉碎室内停留时间长，导致循环次数增加，使粉碎粒度提高。但由于进料速度低而使单位容积内的颗粒数量减少，颗粒间碰撞概率相应降低，粉碎粒度也因此下降。若进料速度过高，则停留时间太短，对粉碎也不利。提高粉碎压力会增大冲击速度，这样粉碎的应力概率也增大，对粉碎过程有利。

根据上述关系，在粉碎时必须选用合理的粉碎压力和最佳气-固比以提高粉碎效率。粉碎效率的计算方法为

$$\eta = (e_t - a_p q)/e \tag{4-20}$$

式中：e_t——粉碎单位质量成品所需的理想能量（J/kg）；

a_p——成品颗粒的比表面积（m^2）；

e——粉碎每单位质量成品所需的实际能量（J/kg）；

q——单位质量成品的比表面能量[J/(m^2 · kg)]。

四、对辊式粉碎

对辊式粉碎是利用转动的辊筒对物料产生的摩擦、挤压或剪切等作用力，达到粉碎物料的目的。

对辊式磨粉机是小麦制粉等食品工业广泛使用的粉碎机械。

1. 磨辊的配置

磨辊的相对位置决定磨粉机的总体布置，如图 4-6 所示。小型磨粉机、轧片机等常采用

型式（a）；大型磨粉机为缩小占地面积，常用型式（c）或（d）；型式（b）的配置方式适用于小型的麦芽粉碎机；型式（e）的配置方式常用于油料轧片机；巧克力精磨机的研磨要求与其他粉料不同，它研磨的是浆料中的可可粉粒，浆料因黏附在辊面上得以自下而上输送，故采用型式（f）。

2. 磨辊的表面结构与转速

图 4-7（a）显示的是用在巧克力浆料精磨上的五辊辊磨机，又称五辊精磨机，是一种超微粉碎设备。经精磨后的浆料平均粒度不超过 25μm，其中大部分颗粒的粒度为 15～20μm。

用在精磨机上的滚筒为光辊，表面要求高度光滑，其表面硬度是决定物料细度和精磨机使用寿命的关键。物料通过辊筒的摩擦间隙是磨速与成品粒度大小的关键因素。各个辊筒都要保持各自的特定工作温度，使通过这些辊筒的物料能保持应有的温度和黏度。

另有一种三辊精磨机，如图 4-7（b）所示，由三个辊筒组成，其结构以及工作原理与五辊精磨机相似，并可随时调节辊筒的工作温度。三辊精磨机的辊筒可用合金钢或花岗石制作，表面同样要求光滑、坚硬。它的三个辊筒有的成一水平状，有的倾斜为斜线，后者占地面积较小。

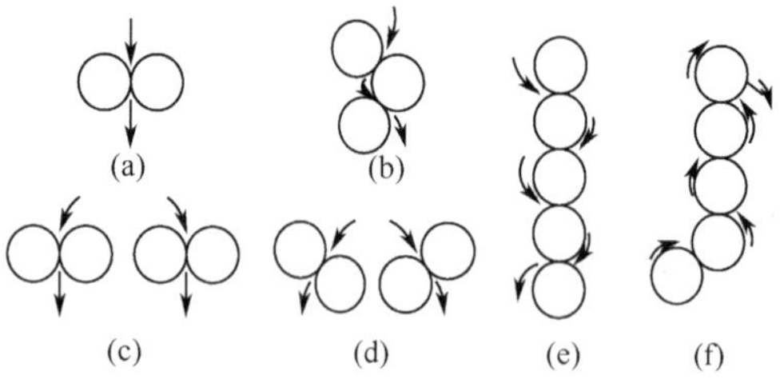

图 4-6　磨辊配置示意图

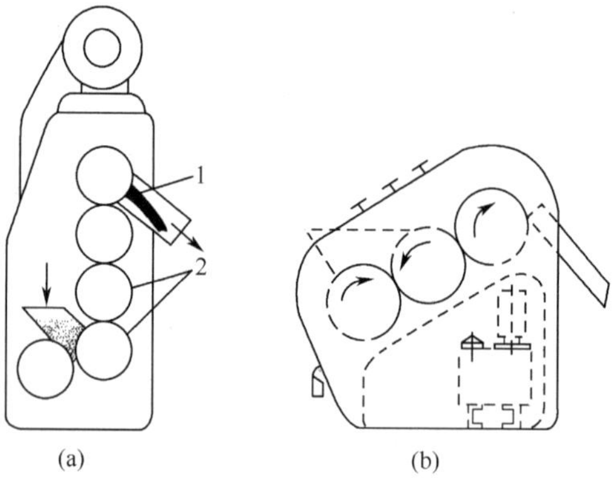

图 4-7　五辊精磨机（a）和三辊精磨机（b）

小麦制粉工业中常采用表面带有齿纹的磨辊，磨齿排列不同对研磨作用也有较大的影响。如图 4-8 所示，磨齿排列有四种方式，即锋对锋、锋对钝、钝对锋和钝对钝。锋对锋排列时，物料在两峰面之间受到挤压作用，后来则以剪切作用为主。由于两辊快慢不同，慢辊起托住作用，快辊起挤压和剪切作用。锋角越大，剪应力越小而挤压力越大。当钝对钝排列时，作用角为钝角，物料进入工作区后受挤压作用并逐步加强，最后略有剪切作用。

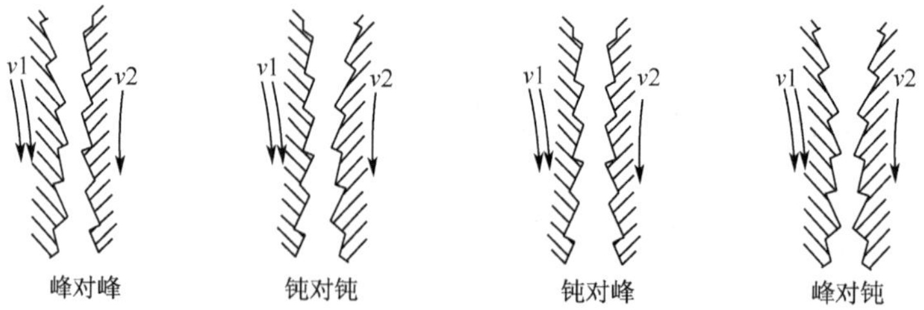

图 4-8　磨齿的排列方式

一对磨辊的齿轮在轴向上拉丝必须有一定的斜度，且互相平行，否则不可能进行平稳的研磨。两辊的转速式越大则产生的剪切力、摩擦力越大。若两辊的转速相同，则以挤压力为主。

五、切割碎解

上述各种粉碎设备适用于需要粉碎成粒状、干燥的或含少量水分的脆性物料，如糖类、香料、辛辣料、果仁、谷物和干制食品等。还有另一大类需要粉碎的食品，如肉类、鲜果和蔬菜及具有纤维结构且含水量较高的食物，由于它们柔性较大，挤压力难以使其有效碎解。

对于纤维物料的碎解，常利用刀刃切割所产生的局部冲击力和剪应力。

水果类切片操作常采用旋转切割刀，于振动带上将其切成一定厚度的平行薄片。也可以将水果强制通过管子，管子内有径向排列的固定刀片。后者得到的是去心带楔形断面的水果片，如菠萝的切片。

切丁是切成小方块的操作。通常是先经切片，然后由旋转切割刀切成条状，条状物料再进一步切成所需的小方块。

将食品物料撕裂成碎片也是常见的操作，所得碎片的大小随设备型式及物料在设备内的停留时间而不同。通常撕碎是在脱水前进行，借以增加表面积，提高过程的速率。

打浆是另一种碎解操作，广泛用于果酱的制造。果蔬的打浆实质上是打浆和过筛的结合。普通打浆机是一多孔的筒筛，内装高速旋转的桨叶。物料进入筛筒内部，桨叶将物料打碎，并借离心力强制将浆料通过筛孔。果柄、果皮、种子等较粗的物质则沿筛面移动至出口排出。

不同类型的粉碎机所产生的主要粉碎力是不同的，因而对具有一定物理性质的物料才能发挥粉碎效果。选用粉碎机时要考虑食品物料的粉碎性与食品的硬度、强度、脆性、韧性、水分含量、吸湿性等因素。对于热敏食品的粉碎，还应考虑发热升温的问题。

第二节 筛　　分

筛分（screening）是将颗粒物料或粉粒物料通过若干层筛面，将物料分成若干粒度级别的单元操作。经筛分后所得的每一部分分级物，其颗粒均匀性均有所提高。筛子的筛面可以是平面，也可以是圆筒面。

筛分操作在食品工业中占有重要的地位，主要表现在以下几个方面：

1）原料清理的需要，如稻谷、小麦在收获、储藏和运输过程中去杂。

2）物料分离的需要，如在稻谷制米过程中米糠和碎米的去除。

3）固体物料经粉碎处理后粉碎物料的粒度不可能均匀，需经筛分处理予以分级。

4）粒度分析，利用标准筛测定粉碎后物料或成品的粒度大小，称为筛分分析法，简称筛析。

一、筛分的基本原理与基本概念

（一）筛分原理

在筛分过程中，要使一部分物料通过筛孔成为筛下物达到分级或分离的目的，必须具备三个基本条件：①物料必须与筛面接触；②合适的筛孔形状与大小；③物料与筛面之间有适宜的相对运动。

筛选主要依据物料宽度或厚度的不同进行，圆形筛孔按物料宽度不同进行筛分，长形筛孔按物料厚度不同进行筛分。

散粒物料在运动过程中，性状相同的颗粒聚集在一起形成分级，这种现象称为自动分级。散粒物料自动分级的一般规律是，大而轻的物料浮于料层上面，小而重的物料沉于料层底部，轻而小和重而大的物料则分别位于料层中间。自动分级现象对筛分具有重要意义。

（二）筛分效率与物料过筛概率

每一层筛面都可以将物料分成筛下物与筛上物两部分。事实上，筛面上同一级别的物料不可能全部通过筛孔而成为筛下物，总有一部分滞留在筛上物中。筛分效率是从数量上评定筛分过程的指标，定义为

$$\eta = \frac{m'}{m\omega} \tag{4-21}$$

式中：m——筛分物料总质量；

m'——筛下物料总质量；

ω——筛分物料中可筛下的物料的质量分数。

设 ω' 为在任意时刻筛上物中可筛下的物料的质量分数，因为

$$m(1-\omega) = (m-m')(1-\omega')$$

$$m' = \frac{(\omega-\omega')m}{1-\omega'}$$

所以，筛分速率也可为

$$\eta = \frac{\omega-\omega'}{\omega(1-\omega')} \tag{4-22}$$

并不是筛面上所有的可筛下级别（理论上可全过筛）的物料都能通过筛孔，只有那些接触到筛面而且在运动过程中颗粒的投影完全吻合筛孔的，或者是颗粒的重心已进入筛孔的才有可能通过。以编织筛面为例，过筛级别的颗粒直径 d 越接近筛孔大小 b，筛过的可能性越小。

（三）筛分速率

将粗细颗粒混合的物料置于筛面上运动时，就开始进行筛分。当筛分进行至某时刻 t，筛分速率可以用$\frac{\mathrm{d}\omega}{\mathrm{d}t}$表示：

$$\frac{\mathrm{d}\omega}{\mathrm{d}t} = k\omega\frac{A}{m} \tag{4-23}$$

式中：A——筛面总面积；

m——筛面上的物料质量；

k——筛分速率系数；

ω——可筛下级别物料的质量分数；

m/A——筛分负荷，表示筛面对于物料通过筛孔的阻滞。

设筛分开始时物料的总质量为 m_0，可筛下物料的质量分数为 ω_0，则在 t 时刻的不可筛下物 m_t 为

$$m_t = \frac{1-\omega_0}{1-\omega} m_0$$

据此，筛分速率又可为

$$\frac{d\omega}{dt} = \frac{kA(1-\omega)}{m_0(1-\omega_0)}\omega \tag{4-24}$$

积分后得

$$\ln = \frac{(1-\omega)\omega_0}{(1-\omega_0)\omega} = \frac{kAt}{m_0(1-\omega_0)} \tag{4-25}$$

当物料中细颗粒物料的含量不高时，m 或 m_t 值可认为保持不变，则式(4-24)就简化为

$$\frac{d\omega}{dt} = -k'A\omega$$

积分后得

$$\omega = \omega_0 e^{-k'At} \tag{4-26}$$

k 和 k' 为筛分速率系数，其值与物料性质、筛子形式、筛孔大小、物料在筛面上的运动及为防止筛孔堵塞而采取的方法等因素有关。如果这些因素保持稳定，则筛分速率系数为常数。

物料颗粒的粒度与状态对筛分速率系数有明显的影响。对于一定的筛子，当细颗粒粒度减小时，k 值增大，此时筛孔大小与可筛颗粒大小的差值较大，很容易过筛。但是，对于黏性物料或粉体物料，因为容易结成团块，过筛较难，k 值降低。筛子本身对速率系数的影响较复杂。提高筛面利用系数可提高筛分速率，筛孔的大小和形状以及颗粒在筛面上的运动状态对 k 或 k' 的影响通常只能通过实验的方法来求取。

二、筛孔的形状与排列

筛面是筛分设备最基本的组成部件，在食品工业中常用的筛面有栅筛、板筛和编织筛等，筛面上的筛孔有圆形、长形、三角形和鱼鳞形。

（一）筛孔的形状

1）圆形筛孔：主要是按颗粒宽度的不同进行筛分的。在筛分过程中，凡是宽度小于筛孔直径的颗粒，依靠自身的重力竖立起来即可通过筛孔；而宽度大于孔径的颗粒，即使竖立起来也不能通过筛孔。所以，圆孔筛适用于分选短形颗粒物料。

2）长形筛孔：按颗粒厚度的不同进行筛分。在筛分过程中，凡是颗粒厚度小于筛孔宽度的颗粒，依靠自身重力的作用横卧即可通过筛孔；而颗粒厚度大于筛孔宽度的则不能通过筛孔。长形筛孔的长度应超过筛选颗粒的长度，适当增加筛孔长度能提高筛分效果，但筛孔过长又会影响筛面强度。

3）三角形筛孔：适用于筛选三角形物料，它的有效筛分面积比圆形筛孔提高 3 倍。

4）鱼鳞形筛孔：一般作为进风、导风和粗糙面使用，不能用于筛分物料。

（二）筛孔排列方式及有效筛理面积

筛孔在筛面上的分布规律称为筛孔排列，常见的有正位排列和错位排列两种，如图 4-9

所示。正位排列是纵、横两个方向都相互对齐的筛孔排列形式，而错位排列是只有一个方向相互对齐的筛孔排列。不同的筛孔排列方式与筛孔面积百分数有密切的关系。有效筛理面积是指筛面上筛孔总面积占整个筛面面积的百分数，它的数值越大表明待筛分物料通过筛孔的机会越多，但筛面强度有所减弱。因此，需在保证筛面强度的前提下尽量提高筛孔面积百分数。

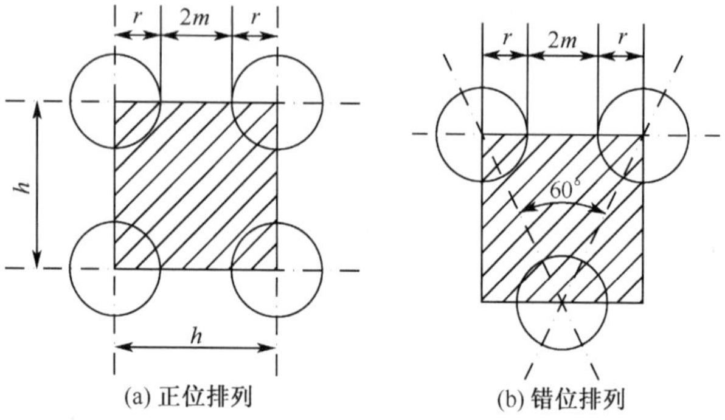

图 4-9　筛孔的排列方式

如图 4-9 所示，正位排列的圆形筛孔面积百分数可用下式计算：

$$B_1 = \frac{\pi r^2}{h^2} \times 100\% \tag{4-27}$$

式中：r——圆形筛孔半径（mm）；

h——筛孔中心间距（mm）。

错位排列的圆形筛孔面积百分数计算式为

$$B_2 = 1.16\frac{\pi r^2}{h^2} \times 100\% \tag{4-28}$$

当圆孔直径和筛孔中心距相同时，错位排列的筛孔面积百分数为正位排列的 1.16 倍。

错位排列的两纵列筛孔之间均有筛孔，物料颗粒接触筛孔的机会增大，所以实际使用时大多采用错位排列。

编织筛网的方形筛孔面积百分数计算式为

$$B_3 = \frac{b^2}{(b + d_0)^2} \times 100\% \tag{4-29}$$

式中：b——方形筛孔净边长（mm）；

d_0——金属丝直径（mm）。

三、筛面运动方式

筛分操作的基础是物料与筛面的相对运动。对于固定筛面来说，要求物料具有初始速度，或通过重力产生初始速度。对于大多数筛分设备来说，要求筛面依靠运动来获得物料与筛面的相对速度。

（一）静止筛面

静止筛面通常是倾斜筛面，可通过改变筛面的倾角来改变物料的速度与滞留时间。由于物料在筛面上的筛程较短，因此筛分效果不理想。当筛面比较粗糙时，物料在运动中产生离析作用。

（二）往复运动筛面

往复运动筛面作直线往复运动，物料沿筛面在正、反两个方向上作相对滑动。往复运动能促使物料产生离析作用，且筛程也较长，故可获得较好的筛分效果。

当筛面的往复运动具有法向分量且法向运动的加速度等于或大于重力加速度时，物料可能会跳离筛面出现跳跃式前进。这可避免筛孔堵塞现象的出现，对于某些筛分来说是非常有利的。例如，当要求筛孔大小比较接近筛上物粒度时，常利用高频振动筛面来避免或清除筛孔堵塞。

（三）垂直圆运动筛面

垂直运动筛面在其垂直平面内作较高频率的圆（或椭圆）运动，其效果与高频率的往复运动筛面差别不大。高频圆或椭圆运动筛面可破坏物料颗粒的离析作用，使之出现强烈的翻动现象，适合处理难筛颗粒含量多的物料。

（四）平面回转筛面

平面回转筛面及筛面上的物料在水平面内作圆轨迹运动，它能促进物料的离析作用。物料在这种筛面上的筛程最长，而且其所受的水平方向惯性力在 360°范围内呈周期性变化，因而不易堵塞筛孔，筛分效率和生产效率均较高。这种筛面常用于粉质或颗粒物料的分组与除杂，特别是在生产能力要求较高的情况下。

（五）旋转筛面

旋转筛面是圆筒形或六角筒形的，筛面绕水平轴或倾斜轴旋转，物料在筛筒内相对于筛面运动。这种筛面的利用率相对较小，在任何瞬间只有小部分筛面接触物料，因此生产率较低。但它适用于难筛颗粒含量高的物料筛分，在粮食加工厂中常用来进行原料的清洗。

第三节　混　　合

混合（mixing）是指两种或两种以上不同的物质互相混杂以达到一定均匀度的物质分配的过程。搅拌是混合的一种，主要用于低黏度和中黏度液体介质中的混合。在混合中，各组分的分配可以是分子状态，也可以是质点状态，参与混合的组分可以呈不同状态。经过混合后的混合物可以是均相的，也可以是非均相的。

一、混合的基本理论

（一）混合机理

均相混合物的制取有可能不需要搅拌而仅依靠分子扩散或分子扩散与自然对流相结合的方法。对于非均相体系，两种或两种以上不同的物质在混合机内，在外力作用下进行混合，从开始时的局部混合逐渐达到整体的均匀混合状态，在某个时刻即达到动态平衡。此时，分离和混合反复交替进行，而混合的均匀度不会再提高。

1. 对流混合

对流混合是由于混合机外壳或混合机内的叶轮、螺旋带等内部构件的旋转作用，促使所有粒子大幅度位移，从而形成循环流动而进行的混合。

2. 剪切混合

剪切混合是由于物料群体中的粒子间有速度差异，而使各粒子产生相互滑动或碰撞引起的混合。对于高黏度物料，如面团和糖蜜等，主要是依靠剪切混合，一般称捏和。捏和机工作部件对物料产生的剪应力将物料拉成越来越薄的料层，料层表面出现裂纹，并产生层流流动，从而达到混合。挤压膨化机和绞肉机中的物料在螺杆作用下也产生剪切混合。

3. 扩散混合

对于互溶性物料，固体与液体、气体与液体、液体与液体等，在混合过程中以分子扩散形式作无规则运动，从而增加了两组分间的接触面积，达到均匀分布状态。对于互不相溶的粉状粒子，在混合过程中以单个粒子为单元向四周移动，类似气体和液体分子的扩散，使各组分的粒子在局部扩散，从而达到均匀分布。与对流混合相比，混合速率显著下降，但由扩散混合最终可达到完全均匀混合。

事实上，以上三种机制总是同时存在的。根据处理物料的性质及混合机形式不同，常以其中一种混合方式为主。

（二）混合的均匀度

均匀度指一种或几种组分的浓度或其他物理量如温度等的均匀性。为全面反映混合物的混合程度，提出了分离尺度和分离强度的概念。

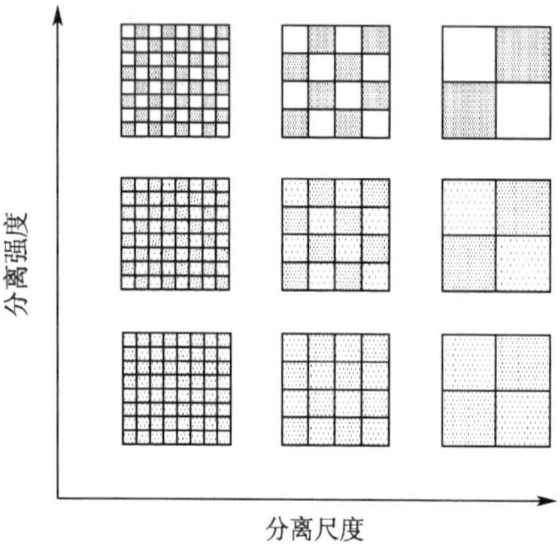

图 4-10　混合均匀性的表示

分离尺度表示组分或热量这类可分散的参量的未分散部分的大小。分离尺度越大，混合物的均匀性越差。混合在很大程度上是流体团块之间的混合，某参量的未分散部分就与流体团块相对应，表示流体团块大小的平均值。如图 4-10所示，横坐标表示分离尺度，从左往右，方格越来越大，即分离尺度越来越大，混合物的均匀性越来越差，分离尺度所衡量的是宏观混合的结果。

分离强度是用来表示两相邻团块间浓度、温度等参量的差异性，它同时也表示团块中的参量值与完全均匀后的参量平均值之间的差异，分离强度越大，混合物均匀性越差。在图 4-10 中，由下至上相邻方格中黑点数目的差异越来越大，表示分离强度越来越大，混合物的均匀性越来越差，分离强度所衡量的是微观混合的结果。

上述流体团块的大小是一个随机变量，要完全描述分离尺度，必须知道这些团块体积的概率分布函数。团块中浓度或温度等参量与总体平均值间的偏差也是具有一定分布的随机变量。所以，一般采用抽样检查的统计方法。为此，必须规定试样大小，并要求试样浓度值 C 的平均偏差值应小于某一规定的最大值，其最大偏差值称为允许偏差，而规定的取样大小则称为检验尺度。如果制品符合下列条件之一，则可认为是合格制品：

1）分离尺度小于检验尺度，且分离强度小于允许偏差。

2）分离尺度虽大于检验尺度，但分离强度充分小于允许偏差。

3）分离强度虽大于允许偏差，但分离尺度充分小于检验尺度。

这样，一定尺度的试样的浓度偏差的平均值就可以作为混合物质量的鉴别标准。

若取一组大小符合检验尺度的试样，经分析知其质量分数为 $\omega_i(i=1,2,\cdots,n)$，设混合物平均质量分数的真实值 ω_{m} 为已知，则混合物的分离强度可以用均方差的大小来衡量：

$$\sigma^2 - \frac{1}{n}\sum_{i=1}^{n}(\omega_i - \omega_{\mathrm{m}})^2 \tag{4-30}$$

若 ω_{m} 未知，则取一组试样浓度的算术平均值 $\overline{\omega}$，然后用下式表示混合物的分离强度：

$$s^2 = \frac{1}{n-1}\sum_{i=1}^{n}(\omega_i - \overline{\omega})^2 \tag{4-31}$$

式中：s^2 和 σ^2——均方差，均方差的平方根 σ 称为根均方差或标准差。

均方差和标准差都是偏差的量度。如果对一定数目具一定大小的试样，规定 ω 值的均方差或标准差的最大值，则合格的制品其均方差或标准差应小于此最大值。

（三）混合速率

混合速率可以用混合物中若干取样点某物料的均匀度的均方差（σ^2）对时间（t）的变化率$\frac{\mathrm{d}(\sigma^2)}{\mathrm{d}t}$来表示。混合过程的推动力可表示为 $\sigma^2-\sigma_\infty^2$。混合速率正比于其推动力，即

$$\frac{\mathrm{d}(\sigma^2)}{\mathrm{d}t} = -k(\sigma^2 - \sigma_\infty^2) \tag{4-32}$$

式中，σ_∞^2——混合相当长时间后的均方差。

将式（4-32）从 $t=0$、$\sigma^2=\sigma_0^2$ 积分至 t 时间的 σ^2，得

$$\sigma^2 - \sigma_\infty^2 = (\sigma_0^2 - \sigma_\infty^2)\mathrm{e}^{-kt} \tag{4-33}$$

式（4-33）特别适用于粉体的混合。

二、液体介质的搅拌混合

这里讨论的是低黏度、中等黏度液体介质中的混合，包括液体与液体（互溶或不互溶）的混合以及固体悬浮液的制取。混合强度主要取决于流型，如果湍动增强，混合强度也随之增大。物料的流动主要靠人工强制的方法。

在食品加工中，这种混合操作应用很广。例如，人造奶油中各种油的混合，果汁、糖浆和盐水等的配制，色素的溶解等。

（一）搅拌混合的混合器

处理低黏度、中等黏度混合液，最常用的混合器为带机械搅拌器的容器，其结构如

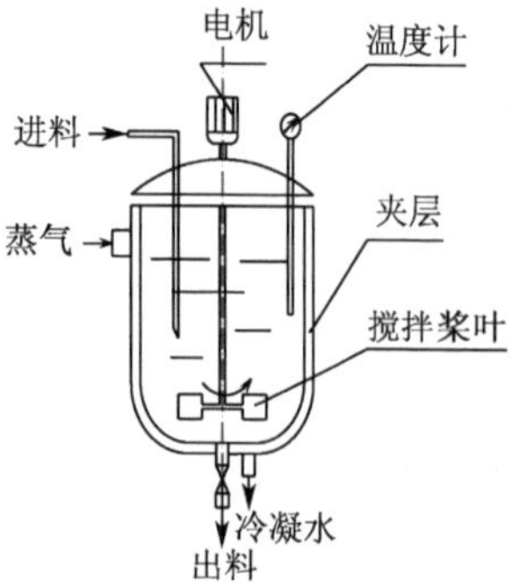

图 4-11 液体搅拌器

图 4-11 所示。容器多为圆柱形，其顶部开放或密闭，底部大多数成碟形或半球形，以减少或消除搅拌时造成液流的死角。容器内液体深度通常等于容器直径，在容器的中央装有搅拌器。

由搅拌桨叶造成的液体速度具有三个分速度（径向速度、轴向速度、切向速度）。通常径向速度和轴向速度对混合起首要作用；切线速度是促使液体绕轴转动，形成速度不等的液层并产生下凹的漩涡，这对混合不利。根据上述三种速度，桨叶的形式又可分为两大类，即轴流式和径流式。桨叶主要有桨式、涡轮式、旋桨式、特种形式等。

1. 桨式搅拌器

桨式搅拌器是一种最简单的搅拌器，用以处理低黏度或中等黏度的物料。桨叶中以平桨式最简单，在搅拌轴上安装一对或多对桨叶，通常以双桨和四桨最普遍。有时平桨做成倾斜式，大多则为垂直式。桨式搅拌器的转速较慢，所产生的液流主要为径向速度及切向速度。液流脱离桨叶以后，向外流向器壁，然后向上或向下折流。为了更好地搅拌黏度稍大的液体，在平桨上加装垂直桨叶，就成为框式搅拌器。当需从容器壁上除去结晶或沉淀物、防止物料在壁上焦化时，则可使桨叶外缘与容器内壁形状一致，其间间隙较小，就成为锚式搅拌器。桨式搅拌器的形式如图 4-12（a）所示。

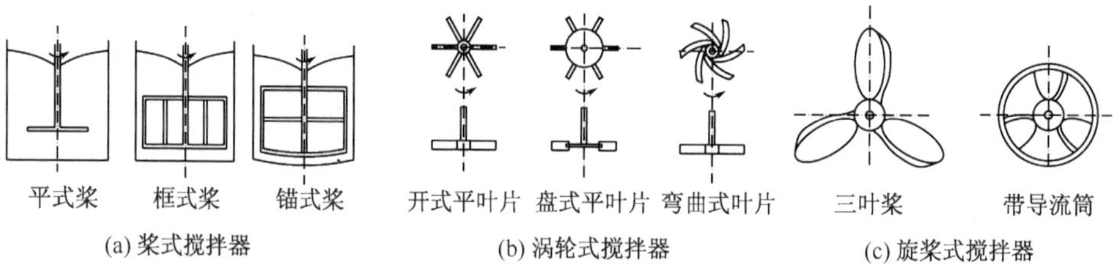

图 4-12 搅拌器的形式

桨式搅拌器的转速较慢，一般为 20～150r/min。液流的径向速度较大，而轴向速度较小。为了强化轴向混合，并减小因切向速度所产生的表面漩涡，通常加装挡板。桨叶的长度一般为容器直径的 1/2～3/4，其宽度一般为长度的 1/10～1/6。

桨式搅拌器的主要特性：①混合效率较差；②局部剪应力效应有限，不易发生乳化作用；③桨叶易于制造和更换。

2. 涡轮式搅拌器

涡轮式搅拌器与桨式搅拌器类似，叶片多而短，安装在中央的旋转轴上，并以较高的速度旋转。一般转速为 30～500r/min。叶片有平直的、弯曲的、垂直的和倾斜的。搅拌器可做成开式、半封闭式或外周套以扩散环，如图 4-12（b）所示。平直叶片产生强烈的径向和切向流动，通常加挡板以减小中央漩涡，同时增加因拆流而引起的轴向流动。由于液速高，故流动遍及整个容器。为了增强轴向流动，叶片可装成倾斜式。

涡轮式搅拌器适宜处理多种物料，特别是对中等黏度的物料。它的主要特性：①混合生产能力较高；②有较高的局部剪应力和一定的均质乳化作用；③易清洗，价格较高。

3. 旋桨式搅拌器

旋桨式搅拌器由两三片螺旋桨组成，如图 4-12（c）所示。适用于低黏度液体的轴流式高速搅拌，其直径为容器直径的 1/3～1/4，转速通常在 400r/min 以上。旋桨高速转动所引起的液体速度主要为轴向的切向速度，所以液体作螺旋状运动，旋桨使液体受到强烈的切割或剪切。由于流动非常强烈，这种搅拌器适于大容器低黏度液体的搅拌。又因轴向速度占优势，如果转轴位于容器中央，则效果不能充分发挥，故常将转轴偏心安装，或使其与垂直方向成一偏角，旋桨式搅拌器的形状最好为带碟形或半球形器底的圆柱形容器，以适应旋桨所产生的流动，其深度为容器直径的 1.5～2 倍。当液层深度与直径之比较大时，可于桨外加装导流筒，加强轴向流动。

旋桨式搅拌器的主要特性：①混合生产能力较高，但对不互溶液体，生产细液滴乳化液时，生产能力受限制；②结构简单者易形成漩涡；③限于黏度不大的液体的混合。

（二）搅拌槽内液体的流动特性和搅拌功率

搅拌叶轮的作用相当于去掉外壳的离心泵叶轮。若忽略热效应，可以用研究流体流动的一般方法来研究液体在搅拌槽内的流动。

1. 流动型态

叶端速度定义为叶轮、叶片边缘的转动线速度：

$$u_0 = \pi n d \tag{4-34}$$

式中：n——搅拌器转速；

d——搅拌器直径。

叶轮端部（简称叶端）速度决定叶轮区的最大剪切速率，它是衡量搅拌槽中流体动力学状态的重要指标，也是叶轮的一个重要操作参数。对于需要高度剪切作用的工艺过程，搅拌效果是叶端速度的函数，与叶轮的几何特性或功率输入无关。

搅拌槽内液体作一定的运动，搅拌速度和液体剪切作用均取决于液体的流动状态。液体的流动型态可用 Re 衡量，以叶端速度作为特性流速，以叶轮直径 d 作为特性尺寸，Re 定义为

$$Re = \frac{nd^2\rho}{\mu} \tag{4-35}$$

搅拌槽内液体的流动形态有层流和湍流。实验表明，当 $Re<10$ 时为层流，此时传质和传热都很慢。当装有轴向流式叶轮时，$Re>10^5$，或装有径向流式叶轮时，$Re>10^4$，其流动均为湍流。提高湍动程度有助于混合。

2. 排液量与流体循环量

搅拌操作时，液体在槽内循环运动。液体循环速度取决于作循环运动的液体的体积流量。叶轮排出液体的体积流量称为叶轮的排液量 q_p，参与循环流动的所有液体的体积流量称为循环量 q_c。由于叶轮排出液的夹带作用，循环量可能远大于排液量。

叶轮排液量 q_p 可以用下式计算：

$$q_p = N_{qp} n d^3 \tag{4-36}$$

式中：N_{qp}——流量数，主要取决于叶轮和搅拌系统的几何尺寸，也与 Re 和下文将讨论的 Fr 有关。对于几何形状相似又无大漩涡现象的系统，N_{qp}随 Re 变化的曲线是唯一的。在湍流条件下，N_{qp}为一常数，而且几何形状相似的搅拌系统，其 N_{qp} 相等。对螺旋桨式叶轮，N_{qp}值为 0.5，对桨式叶轮或涡轮式叶轮，其值为 0.785～0.85。

搅拌槽体积与排液量之比为排液时间：

$$t_p = \frac{V}{q_p} \tag{4-37}$$

t_p 实际上是同一液体前后两次通过叶轮所用的平均时间，即液体通过叶轮的频率的倒数。对于某些操作，液体通过叶轮的频率是一个重要参数。

类似地，可以用下式计算循环量和平均循环时间：

$$q_c = N_{qc}Nd^3 \tag{4-38}$$

$$t_c = \frac{V}{q_c} \tag{4-39}$$

N_{qp}称为循环数，对于标准搅拌系统，在湍流情况下，无论何种叶轮，均有

$$\frac{q_c}{q_p} = \frac{N_{qc}}{N_{qp}} = 1.8 \tag{4-40}$$

3. 功率曲线

搅拌功率（N_p）的大小是槽内液体搅拌程度和运动状态的度量，同时也是选择电机功率的依据。搅拌功率与下列因素有关：叶轮直径 d，转速 n，液体的密度 ρ 和黏度 μ，重力加速度 g，搅拌槽直径 D，液体深度 H，挡板的数目、大小、位置和形状，以及搅拌槽的其他几何尺寸。

对于几何形状相似的搅拌系统，特别是标准系统，要考虑的因素有 d、n、ρ、μ、g：

$$N_p = f(d、n、\rho、\mu、g) \tag{4-41}$$

应用量纲分析法，得下式：

$$\frac{N_p}{\rho n^3 d^3} = A\left(\frac{d^2 n\rho}{\mu}\right)^{a_1}\left(\frac{n^2 d}{g}\right)^{a_2} \tag{4-42}$$

或写成

$$Eu = ARe^{a_1}Fr^{a_2} \tag{4-43}$$

式中：Eu——搅拌的欧拉数，也常称为功率数；

Fr——弗劳德（Froude）数，即搅拌力与重力之比。

搅拌中产生的中央漩涡是一种重力效应现象，如果用挡板或其他措施消除了漩涡，则重力的影响可以忽略，此时 $a_2=0$，式（4-44）简化为

$$Eu = ARe^{a_1} \tag{4-44}$$

一般将式（4-44）改写成

$$\phi = \frac{Eu}{Fr^{a_2}} = ARe^{a_1} \tag{4-45}$$

ϕ 称为功率函数，用实验测得的大量数据绘成 $\phi-Re$ 曲线，称为功率曲线。图 4-13 为装有涡轮式叶轮的标准搅拌系统的功率曲线。从图 4-13 可见，在层流情形下，$\phi-Re$ 在双对数坐标中为一直线。此时黏性力较大，重力影响可忽略。大量实验数据表明此直线的斜率

为一1，因此有

$$\phi = Eu = K_1 Re^{-1} \tag{4-46}$$

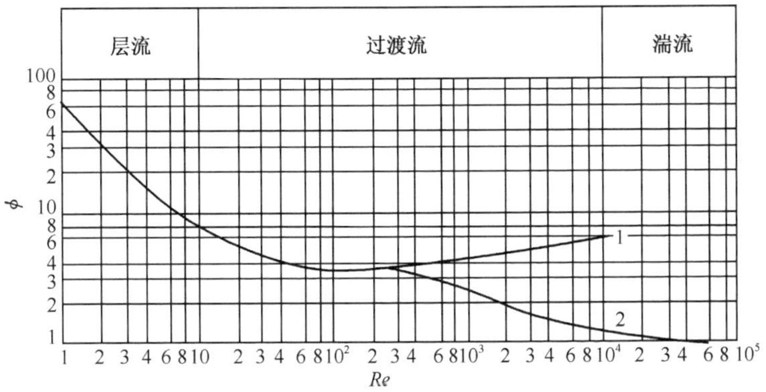

图 4-13 装有涡轮式叶轮的标准搅拌系统的功率曲线

1. 标准搅拌器构形的功率曲线（上线）；2. 与无挡板槽中的功率曲线（下线）

在湍流情形下，ϕ-Re 为水平直线，图 4-13 中曲线 1 为有挡板时的功率曲线，曲线 2 为无挡板时的功率曲线。此时有

$$\phi = Eu = K_2 \tag{4-47}$$

在过渡区，在 $Re \leqslant 300$ 时，功率只取决于 Re，在 $Re > 300$ 后开始出现打旋现象。挡板使漩涡消失，此时 ϕ 仍只与 Re 有关，查图，由 Re 求取 ϕ。而当无挡板时，Fr 将发生影响，在 $Re > 300$ 时，应先由图 4-13 根据 Re 查取 ϕ 值，然后用下式求 Eu：

$$Eu = \phi Fr^{a_2} \tag{4-48}$$

指数 a_2 的值可用下式计算：

$$a_2 = \frac{\beta_1 - \lg Re}{\beta_2} \tag{4-49}$$

一些搅拌器的 β_1 和 β_2 值见表 4-2。

表 4-2 搅拌器的 β_1 和 β_2 值（$Re > 300$）

叶轮形式	β_1	β_2
涡轮式叶轮	1	40
螺旋桨式叶轮 d/D=0.48	2.6	1.8
0.37	2.3	18
0.33	2.1	18
0.3	1.7	18
0.22	0	18

实际使用的搅拌器形式多种多样，往往查不到其功率曲线，可以根据构型相近的搅拌器的功率曲线估算，再对几何形状的影响进行校正。常见的叶轮几何形状对功率的影响有：

1）叶轮直径与槽径之比 d/D 的影响：

径向流叶轮，α=－1.2；轴向流叶轮，α=－0.9。

$$N_p \propto \left(\frac{d}{D}\right)^{\alpha} \tag{4-50}$$

2）叶片宽度 w、叶片数 n_b、叶轮直径 d、倾角 θ 的影响：

$$N_p \propto \left(\frac{w}{d}\right)^{\alpha} \cdot n_b^{\beta} \cdot (\sin\theta)^{2.5}$$

式中：θ——叶片与旋转平面夹角。

几种情况下的 α、β 值见表 4-3。

表 4-3　不同叶轮形式的 α、β 值

叶轮形式		α	β
六叶盘式叶轮		0.67	0
平浆和涡轮		0.3～0.4	层流 0.327，湍流 0.495
无水平圆盘的涡轮	湍流	1.33	−0.108
	层流	0.635	−2.28

对螺旋桨式叶轮，螺距 p 的影响为

$$N_p \propto \left(\frac{p}{d}\right)^{1.7} \tag{4-51}$$

3）液层深度 H 的影响：一般认为

$$N_p \propto \left(\frac{H}{d}\right)^{0.6} \tag{4-52}$$

4）叶轮距槽底高度 h 的影响：只要 $h/d>1$，则 h 对 N_p 无影响；如果 $h/d<1$，在低、中黏度范围内，h 对 N_p 的影响可忽略。

三、高黏度流体的搅拌

（一）高黏度液体搅拌常用的搅拌器

在高黏度液体的混合中，混合机制主要是剪切，剪切速率取决于流体与叶轮之间的相对运动速度及叶端与槽壁间的距离。因此，用于高黏度物料的搅拌器，叶轮直径与槽径之比都很大。

1. 锚栅式叶轮

前面已介绍过这种叶轮，它是由平桨式叶轮演变而来的。对于有夹套的槽，这种叶轮对于传热以及消除槽壁上积累的固体特别有效。

2. 螺旋轴搅拌器

如图 4-14 所示，在搅拌轴上安装螺旋，有利于造成良好的轴向流动。但若轴放在槽中央，又不加挡板，壁面附近的液体几乎静止不动，因此应在槽内装设挡板。

3. 螺旋带搅拌器

螺旋带搅拌器与螺旋轴搅拌器十分相似，如图 4-15 所示，其基本特点是液体从上到下高度翻转，可起到较好的搅拌效果，对假塑性流体的搅拌尤其适合，在各种型式的螺旋带搅拌器中，以螺距与螺旋直径相等的双螺带式最为有效。

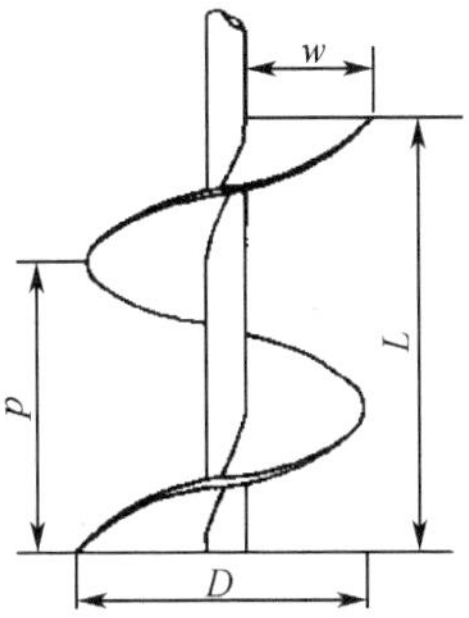

图 4-14 螺旋轴搅拌器

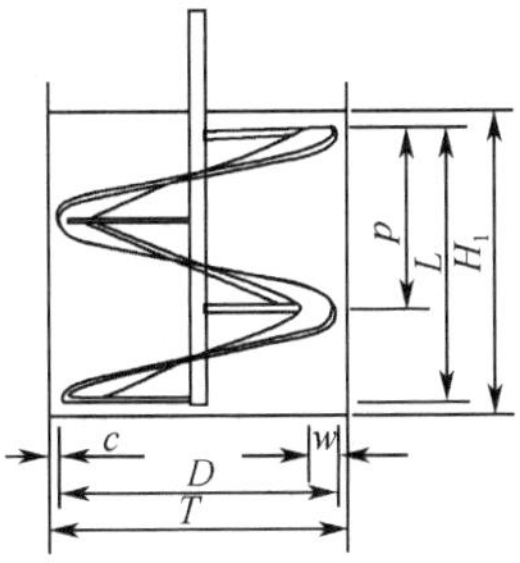

图 4-15 螺旋带式搅拌器

4. 静力混合器

静力混合器使物料在静压推动下通过静止的混合单元，迫使物料多次分割和复合，这种混合器近年来已获得日益广泛的应用。

（二）高黏度液体的搅拌功率

前面介绍的计算方法同样适用于此。对于具体的搅拌器，有时有更简单、实用的准数关联式。下面是几个实例。

1）锚式叶轮：

$$N_p = 215Re^{-0.955} \tag{4-53}$$

2）螺旋带搅拌器：

$$N_p = \frac{A}{Re}$$

几种情况的参数见表 4-4。

表 4-4 螺旋带搅拌器的相关参数

参数	Re	p/D	A	注
螺旋带	<20	0.5	290	$d/D=0.95$，$\omega/D=0.095$ $L/D=0.98$，$\delta/D=0.025$
	—	1	186	
双螺旋带	—	1	300	$d/D=0.95$
	—	0.75	413	$d/D=0.9$

四、高黏度浆体和塑性固体的混合

当固体和液体混合，形成黏度极高的浆体（如巧克力浆）或塑性固体（如面团）时，其混合机制和设备与前面所述大不相同。此时混合物的黏度很大，流动极为困难，混合变成一个严格的依靠机械力以减小分离尺度的问题，所用的设备称为捏和机。捏和机的捏和作用是由运动部件在局部区域的动作而产生的，物料被压向器壁，折叠后包以更新的物料。同时物料必须被带往造成主体移动动作的区域，而局部动作又使物料的新鲜部分再次出现，如此反复进行，从而达到均匀捏和的目的。

高黏度浆体和塑性固体的混合设备介绍如下：

(一) 混合锅

混合锅是食品工业广泛应用的设备，如图 4-16 所示。图 4-16 (a) 为固定式的混合锅，锅体不动，而混合元件除自身转动外还做行星式运动。固定式混合锅通常为开式，锅底为半球形，可以在与机架连接的支座上升降，并装有手柄，可人工卸除物料。混合元件与器壁的间隙很小。图 4-16 (b) 为轮动式混合锅锅体安装在转动轴上，转动式混合锅是由转盘带动锅体作圆周运动，将物料带往混合元件的作用范围之内而进行混合。混合元件则偏心安装于靠近锅壁处。

混合元件最普遍的是框式、叉式、笼式等，如图 4-17 所示。

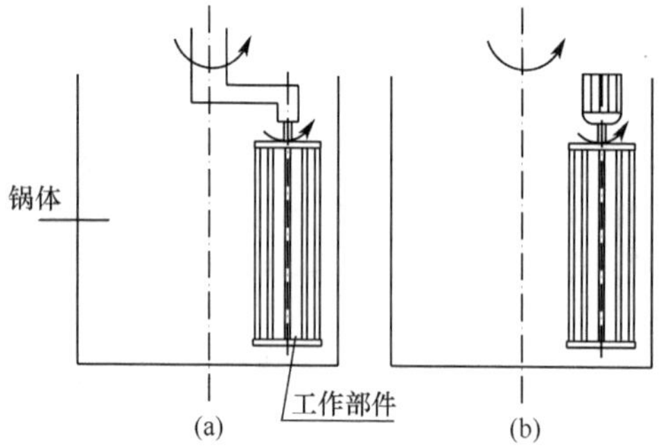

图 4-16 混合锅的工作原理

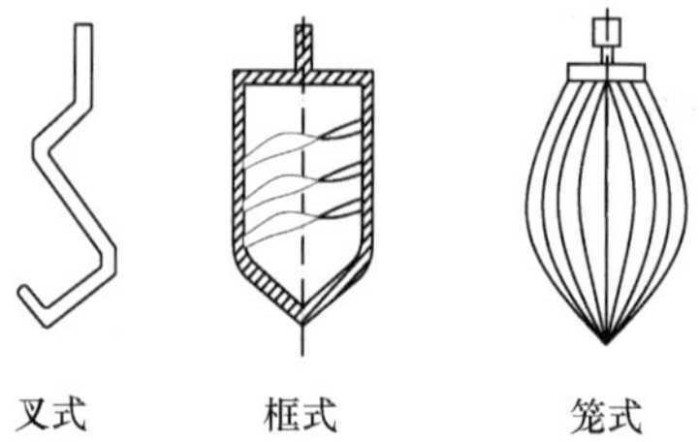

图 4-17 混合锅的混合元件

(二) 捏和机

捏和机是利用位于容器内的两只转动元件的若干动作的结合，使物料移动、局部捏和、拉延和折叠的一种混合器。它是由容器、两只搅拌臂（或称桨叶）、传动装置和支架等部件组成。桨叶有多种形式，其中 Z 式桨最为普遍，如图 4-18 (c) 所示。它的两只搅拌臂作相反方向的旋转，并略带螺旋形，以便推动器内物料向前或向后运动。容器为矩形，其底做成能容纳两只搅拌臂的两个半圆形槽，搅拌臂与槽底的间隙很小。

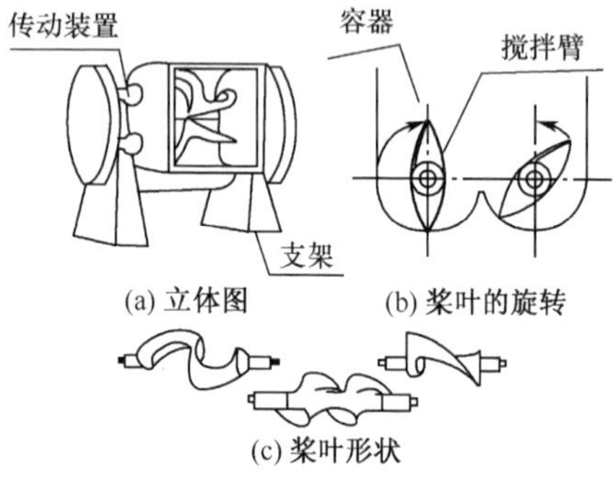

图 4-18 捏和机

捏和机与混合锅一样，在食品工业上的应用非常广泛，特别是在焙烤食品加工和面糖制品加工中，它更是多种原料混合的主要设备。

(三) 辊磨混合机

如图 4-19 所示，辊磨混合机是将若干个磨辊由上而下排列，磨辊的转动方向相反，且转速不同，物料在很小的间隙内受到很大的剪应力。当反复通过此间隙后，各种成分和添加剂均匀分布于物料之中。

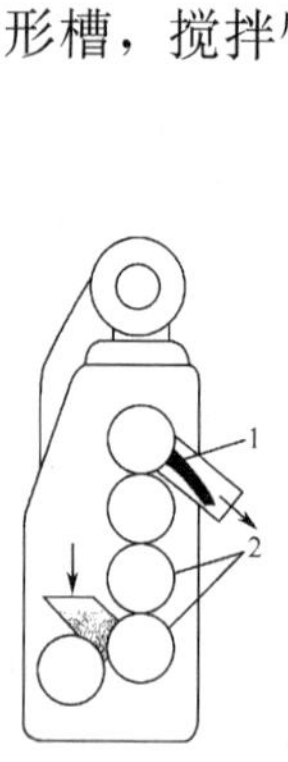

图 4-19 辊磨混合机

1. 刮刀；2. 磨辊

图 4-20 所示的五辊机可用于生产巧克力，将原料加在最下部的一对磨辊上，展开成薄层，逐次向上方速度较快的磨辊上移动，最终由最快的顶部磨辊上的刮刀刮下而进入斜槽卸出。磨辊的转速自下而上增加很快，依次为32r/min、76r/min、230r/min、265r/min。

（四）研磨混合机

研磨混合机的混合动作类似于研钵，如图 4-20 所示，外盘固定，研磨轮在盘底料层上沿圆周滚动，摩擦作用就发生在研磨轮与盘面料层之间。

（五）螺旋式捏和机

图 4-21 为螺旋式捏和机，与单螺旋挤压机相似。螺杆连续转动，又沿轴来回运动。机壳内侧有固定的凸齿，螺旋叶片上又有几个缺口。螺杆旋转时带动物料运动。同时，由于轴的往复运动，固定齿在螺旋片缺口间交叉，因间隙很小，故物料同时受到轴向和径向剪应力。这种设备适于处理需要较长停留时间的物料。

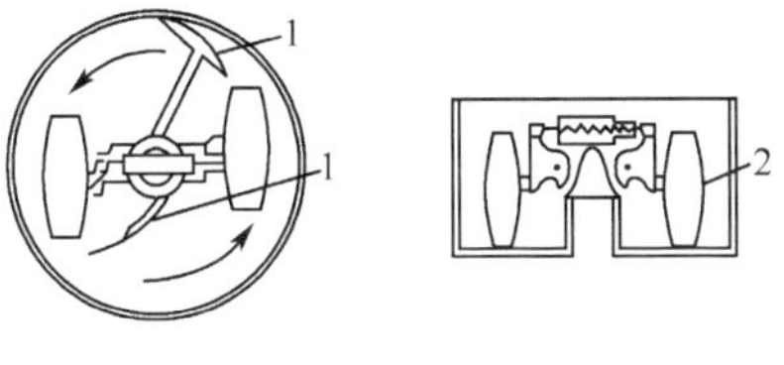

图 4-20　研磨混合机

1. 刮刀；2. 研磨轮

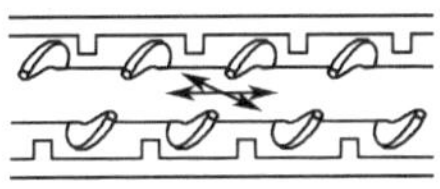

图 4-21　螺旋式捏和机的原理

五、固体的混合

固体混合的机制包括对流混合、剪切混合、扩散混合，经常是几种机制同时存在。

（一）粒子的离析问题

在混合机内，两组粒子进行混合的同时会有粒子离析现象发生。离析是与粒子混合相反的过程，影响混合效果，也可使已混合好的混合物重新分层，降低混合物的均匀程度，在混合操作中应充分注意。固体粒子的物理性质和混合机的型式都会影响离子的离析。

（二）混合机的型式

固体混合机按照结构可分为机壳固定型和机壳旋转型两种；按照操作方式可分为间歇式和连续式。

1. 转鼓式混合机

转鼓式混合机属于间歇式旋转型混合设备，图 4-22 是广泛应用的双锥混合机和双联混合机。它由筒状、鼓状或多面体等形状的转鼓、支架和传动装备等部件组成。转鼓绕水平或倾斜转动轴转动时，带动内部的物料翻动，同时由于器内挡板及器壁的折流作

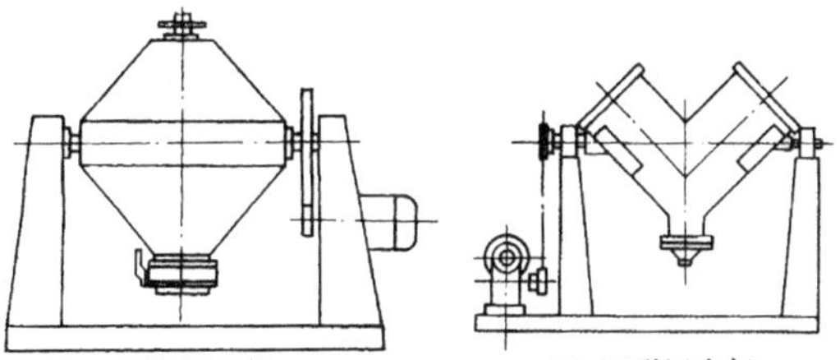

(a) 双锥混合机　(b) 双联混合机

图 4-22　转鼓式混合机

用，也产生物料的侧向移动。

双锥混合机由两个锥筒和一段短圆筒连接而成。这种混合机克服了水平圆筒中物料水平运动不良的缺点，转动时物料产生强烈的滚动作用，且由于流动截面的变化，产生了良好的横向流动。

双联混合机的转鼓由两段圆柱筒互成一定角度的 V 形连接而成，作用原理与双锥混合机相似。由于转鼓对称轴的不对称性，工作时物料时聚时散，能产生更好的混合效果。

2. 螺旋带式混合机

螺旋带式混合机如图 4-23 所示，机壳固定，在机槽内水平轴上装有两条方向相反的螺旋带，使物料向两相反方向运动，同时兼有横向运动。这种混合机可以处理低密度的细料、纤维状物料或黏稠物料。

螺旋混合机（图 4-24）是在立式容器内将易流动的物料用螺旋输送器从器底提升到上部进行循环［图 4-24（a)］。与螺旋带式混合机相比，它具有投资低、功耗少、占地面积小的优点，其缺点是混合时间长、产量低、制品均匀性较差，较难处理潮湿或泥浆状物料。图 4-24（b）是将螺旋输送器近壁安装，并使它绕容器轴线旋转，有助于改善近壁物料的混合效果。

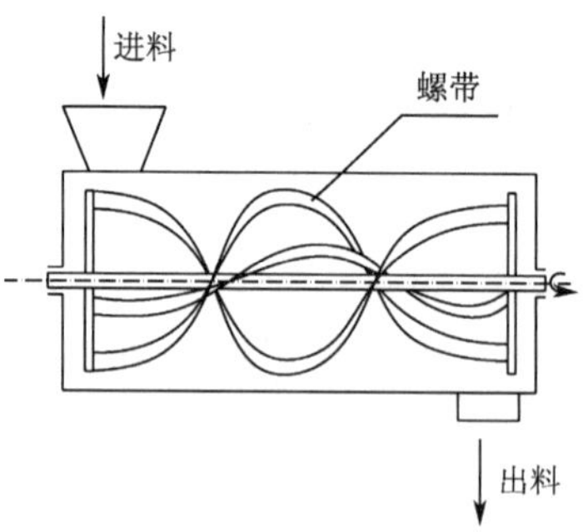

图 4-23　螺旋带式混合机

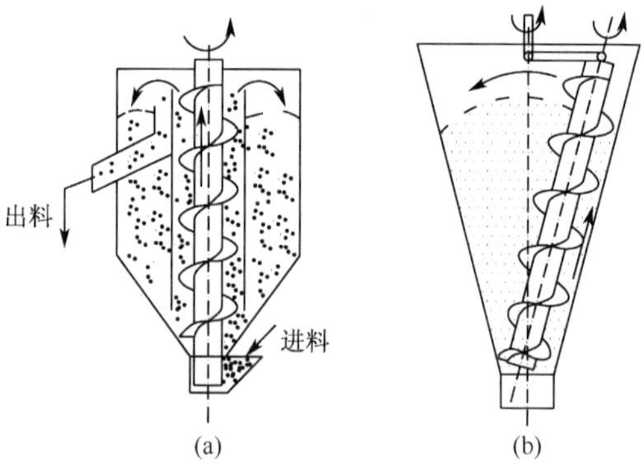

图 4-24　螺旋混合机

第四节　乳　　化

乳化（emulsify）是将两种通常不互溶的液体进行混合的一种特殊的混合操作，它包含混合和均质化。一种液体（或含微细固型粒子）以微小球滴或固形微粒子（称为分散相）的形式均匀分散在另一种液体（称为连续相）之中，这种现象称为乳化，产品称为乳化液。该乳化液必须在加入乳化剂后，在专门的乳化设备中完成，才能保持一定的悬浮稳定性。

食品工业中，大多数乳化液均为水与油的混合物，不是绝对的纯水和纯油的混合物。其水相可为含水溶性的盐、糖或其他蛋白质有机物和胶体的水溶液；油相也可分为含油溶性的烃类、蜡、树脂和其他物质的油溶液。为了获得稳定的乳化液，必须强加第三种物质，这种能促使分散相分散并使乳化液稳定的物质称为乳化剂。

当油相和水相混合时，有可能得到两种不同的乳化液。其中以油为分散相的，称为油/水（O/W）乳化液，如牛奶。以水为分散相的，称为水/油（W/O）浮化液，如乳酪。乳化操作在食品加工中应用极为广泛，如人造奶油是由油脂、水及其他添加剂（如奶、调味料食盐、香料、防腐剂等）在特殊设备中混合而成的 W/O 型乳化液。

一、乳化的基本理论

将油和水搅拌时，由于界面不断分裂，界面面积急剧增大，界面能形成极大的力，聚集的速度也急剧加快。乳化剂具有表面活性（亲水性、亲油性），它被油-水界面吸附，使界面能降低，能防止油或水恢复原状。此外，因乳化剂分子膜将液滴包住，可防止碰撞的液滴彼此又合并。同时由于形成表面双电层，两个液滴相互接近时，电的相斥作用可防止二者凝聚。乳化剂的作用主要有以下三个方面：

1）降低两相的界面张力，有可能使两相接触面积大幅度增加，促进乳化液微粒化。

2）利用离子性乳化剂在两相界面上的配位，提高分散液滴的电荷，加强其间的相互排斥力，阻止液滴的并合。

3）在分散相的外围形成亲水型（O/W）或亲油型（W/O）的吸附层，防止液滴的并合。

常见的乳化剂有磷脂、固醇等，合成的乳化剂有脂肪酸类、单甘酯硬脂酸酯、聚氧乙烯山梨醇硬脂酸酯、聚甘油硬脂酸酯、山梨醇硬脂酸酯、蔗糖脂肪酸酯等。许多乳化剂是由分子中含极性基团和非极性基团（具有亲水基和亲油基）所组成的。例如，C_aH_yCOONa 中—COONa 为极性基团，C_aH_y—为非极性基团。

影响乳胶稳定性、粒径等性能的因素主要有乳化方法、乳化剂的结构和种类、容积、温度等，其中乳化剂的结构和种类的影响最大。

作为乳化剂使用的活性剂，其亲水亲油平衡值（HLB）是制取稳定的乳液的重要因素。

$$\text{HLB}=\frac{\text{亲水基质量}}{\text{亲水基质量}+\text{亲油基质量}}\times 20$$

一般 HLB 值为 1～20，HLB 值以 10 为亲水、亲油的分界线，即 HLB$>$10 的乳化剂为亲水性的，HLB$<$10 的乳化剂为亲油性的。例如，HLB＝3.5～6 的乳化剂为油溶性，多用于油包水型（W/O）乳状液；HLB＝8～18 的乳化剂为水溶性，多用于水包油型（O/W）乳状液。

二、乳化设备

根据制取乳化液时所采用的机械力的力学效果、液滴分散和合并的速度及空气混入对乳化液的影响等，乳化设备的类型可分为以乳化剂的乳化作用为主的搅拌乳化器、以机械剪应力为主的胶体磨和均质机、超声波乳化器等。

搅拌乳化器主要是指前面讨论过的搅拌混合器，它是以乳化剂的乳化作用为主的设备。原则上，搅拌混合器均可作为乳化器，但各有其局限性。下面主要讨论胶体磨和均质机。

（一）胶体磨

胶体磨主要可对以乳浊液为基础的组成物进行精细研磨、粉碎、均质、乳化和混合，它用机械的方法把固体颗粒粉碎到胶体粒子大小的范围。处理后，物料粒度一般可达 2～50μm。

胶体磨的主要结构如图 4-25 所示，由一固定的表面（固定件）和一旋转的表面（转动件）组成，两表面间有可调节的微小间隙，物料就在此间隙中通过。

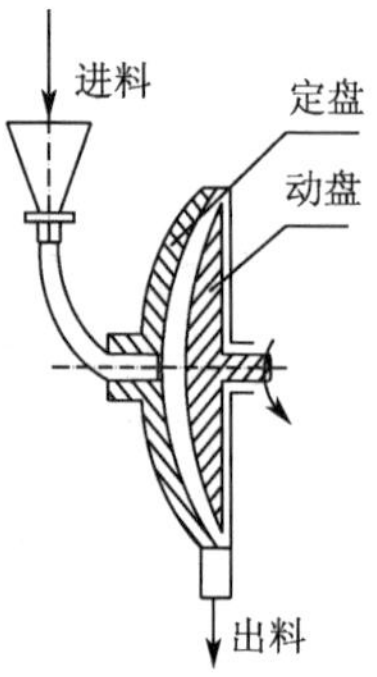

(a) 卧式胶体磨

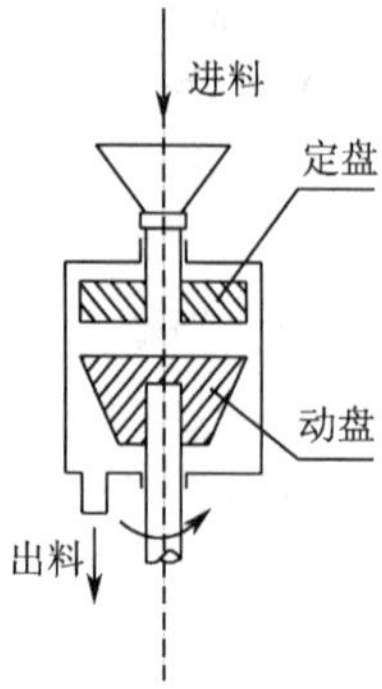

(b) 立式胶体磨

图 4-25　胶体磨结构示意图

当物料通过间隙时，由于转动件高速旋转，附于旋转面上的物料速度最大，而附于固定面上的物料速度为零。其间产生巨大的速度梯度，使物料受到强烈的剪应力、摩擦力和湍流扰动，从而产生乳化作用。

胶体磨的普通形式为卧式，如图 4-25（a）所示，固定件与转动件之间的间隙一般为50～150μm，依靠转动件的水平位移来调节。料液在旋转中心处进入，流过间隙后，从四周卸出。转动件的转速为 3000～15 000r/min，这种胶体磨适用于黏度较低的物料。

对于黏度较高的物料，可采用立式胶体磨。立式胶体磨的结构如图 4-25（b）所示，转速为 3000～10 000r/min，这种胶体磨卸料和清洗都很方便。

胶体磨结构紧凑，占地面积小，装拆方便，便于清洗；运转平稳，噪声小；可选择耐磨性能好、韧性强的材料以提高研磨效果；定子与转子之间的间隙可任意调节。

（二）均质机

均质也称匀浆，是使悬浮液（或乳化液）体系中的分散物质微粒化、均匀化的处理过程。这种处理同时起降低分散物尺度和提高分散物分布均匀性的作用。均质是乳化中最常用的单元操作，具有减小颗粒尺寸、改善物料均匀性和稳定性、提高制品的吸收性能、改变黏度、减少添加剂用量等作用，本章仅对乳化中用到的均质设备进行简单的说明。

均质机按其结构及工作原理大致可分为高压均质机、离心均质机、超声波均质机。下面仅对高压均质机做简要说明。

高压均质机是食品、化工等行业中应用最广泛的一种均质设备。高压均质作用是对物料进行分散的一种常用的工艺方法。高压均质机主要由高压泵和均质阀组成。原料经高压泵获得高压后投入均质阀，物料高速流动，在均质阀中产生很大的压力差，在均质机头缝隙处发生气窝、湍流和剪切作用，从而达到均质的效果。均质阀安装在高压泵的排出管路上，故均质乳化作用在此发生，如图 4-26 所示。增加压力是提高均质效果的有效方法，可采用多级阀的形式。图 4-26（b）为二级乳化，通常第一级阀起均质作用，第二级阀再进一步乳化。被加工的原料一般为乳化液或悬浮液。

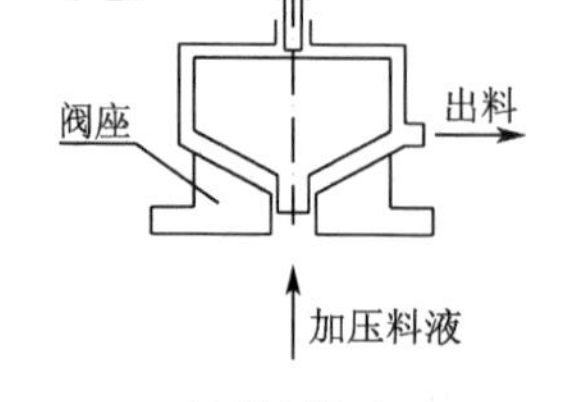

(a) 单级均质

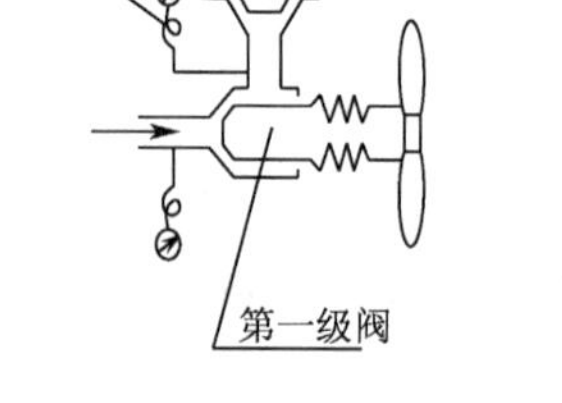

(b) 二级均质

图 4-26　高压均质机的工作原理和结构示意图

高压均质机的工作压力和流量范围很大，乳品工业上常用的工作压力为14～21MPa。

思考题与计算题

一、思考题

1. 食品加工中如何选用粉碎机?

2. 影响乳化液稳定性的主要因素有哪些?

3. 乳化单元操作中乳化剂的作用有哪些?

二、计算题

1. 试计算立方体形颗粒的球形度和形状系数。 （答：0.806，1）

2. 已知某物料的粒度分布数据如下所示，试计算该物料的面积平均直径、体积平均直径和沙得平均直径。

粒度范围/μm	0～20	20～40	40～60	60～80	80～100	100～120	120～140	140～160	160～180	180～200	200～220	220～240
颗粒计数	5	20	50	106	95	88	52	26	10	6	4	2

（答：101.16mm，107.92mm，122.81mm）

3. 每1kg谷物从最初粒度4mm磨碎到最后粒度1mm需要能量4.6kJ。若将此谷物从最初状态磨碎至粒度为0.2mm，所需的能量是多少? （答：7.45kJ）

第五章　流态化与气力输送

第一节　固体流态化

固体微粒与流体充分接触而形成类似流体的单元操作即为流态化（fluidization）。流态化技术也称沸腾床技术，由于设备结构简单，生产强度大，易于实现连续化、自动化操作，因此对处理含固体颗粒的系统具有独特的优越性。近年来，流态化技术在颗粒食品的传热、干燥、混合、造粒等方面得到了广泛应用。

一、固体流态化的原理和基本概念

（一）流体经固体颗粒床层流动的三种状态

当流体自下而上通过固体颗粒床层时，随气体流速的增大，逐渐出现固定床阶段、流化床阶段和气力（或水力）输送阶段三种状态，如图 5-1 所示。图 5-2 显示了理想状况下床层的压力降 Δp 与空塔气速 u 的关系。

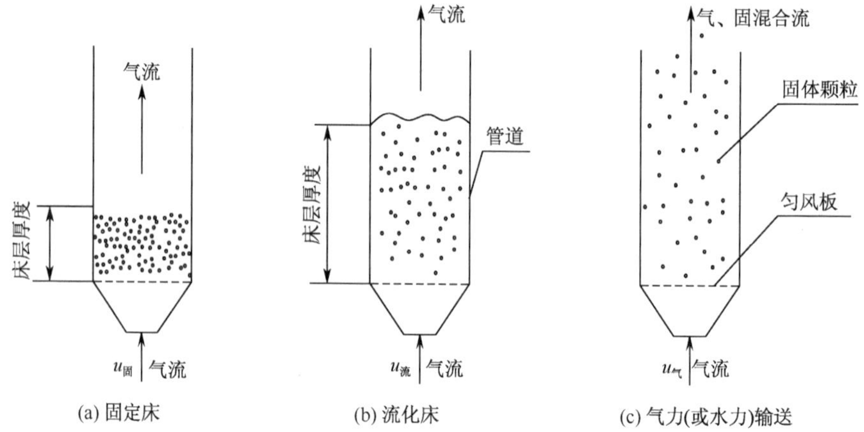

图 5-1　流态化的三个阶段

$u_{固} < u_{流} < u_{气}$

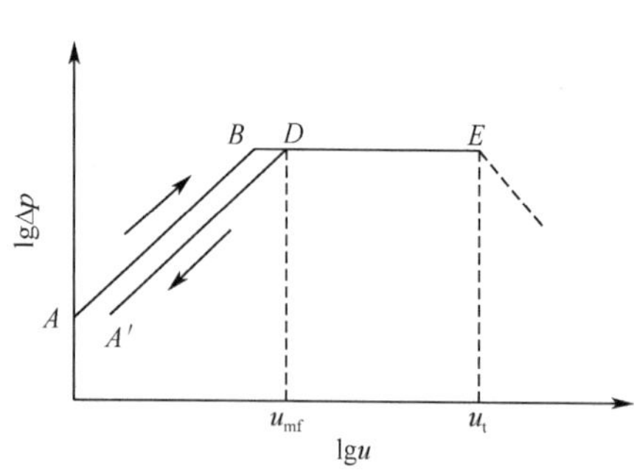

图 5-2　Δp 与空塔速度 u 的关系

1）固定床阶段。当流体速度很小时，固体颗粒静止不动，流体从颗粒间的缝隙中穿过。此时，与过滤床层相似，流体通过床层所发生的压力降 Δp 与空塔速度 u 在对数坐标系上呈直线关系，如图 5-2 中曲线的 AB 段。此时 Δp 近似等于单位横截面积上床层的重力减去其浮力，随后床层略有膨胀、变松，空隙率稍有增大，但固体颗粒仍保持紧密接触，如图 5-2 中线段 BD 所示。从开始操作至 D 点的阶段称为固定床阶段。

2）流化床阶段。流化操作到 D 点后，颗粒开始悬浮于流体中。床内颗粒向各个方向作不规则运动，并且具有与流体同样的流动性，称为流态化状态。在速度一定时，流态床层厚度和空隙率随流速增大而不断增大，但经过床层的压力降基本不变，如图 5-2 中 DE 段所示，此阶段称为流化床阶段。当流化床操作从 E 点开始，降低流速作相反操作时，到达 D 点后即转入静止的固定床，而不再达到 B 点的状态。这主要是由于原始固定床层经历一次流化过程之后，获得了颗粒重新排列、空隙率稍有增大的固定床的不可逆性。因此，流化床相反操作至 D 点后即转向沿 DA' 线的固定床操作。与 D 点相应的流速称为临界流化速度（critical fluidizing velocity）u_{mf}，其相应的空隙率称为临界空隙率 ε_{mf}。

3）气力（或水力）输送阶段。如果流化操作至 E 点后继续增大流速，则固体颗粒将被流体从管道中带出。这时，床层空隙率增大，压力降减低，颗粒在流体中形成悬浮状态的稀相。这个阶段称为气力（或水力）输送阶段。对流化操作来说，超过 E 点，正常操作就遭到破坏。与 E 点相对应的流速称为最大流化速度 u_t，或称固体颗粒的带出速度或悬浮速度（suspension velocity）。

（二）流态化的类型

按照流化状态，流态化可分为散式流态化和聚式流态化两种形式，如图 5-3 所示。按照流化介质，流态化可分为液-固流态化和气-固流态化两种形式。

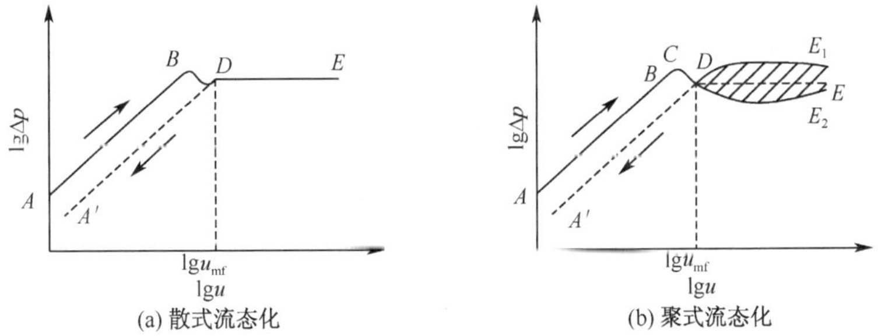

图 5-3　两种形式流化床的 $\lg\Delta p$-$\lg u$ 关系

当流速增加到临界流化速度以上时，床层平稳地逐渐膨胀，空隙率逐渐变大。在正常情况下，此时观察不到明显的不均匀现象，床层具有稳定的上界面，而且在极限速度未到达之前，压力降基本保持不变。这样的床层称为散式流化床或平稳流化床，这种现象称为散式流态化（particulate fluidization）。散式流态化常发生在液-固体系中，该体系的液体均匀而稳定地从固体颗粒的间隙中穿过，而固体颗粒则彼此散开。

在气-固体系中，随着流速增加超过临界流化速度，会出现很大的不稳定性。这时流化床没有一个稳定的上界面，压力降在图 5-3（b）中 DE_1 与 DE_2 之间波动，其平均值可用 DE 表示，这种床层称为聚式流化床（或鼓泡流化床），简称气体流化床。上述现象则称为聚式流态化（aggregative fluidization）。

当用液体来流化较重、较大的颗粒时，也能出现聚式流态化；而采用流速不太大的气体流化粒度较细、分布较宽、密度较小的颗粒时，也可获得近似散式的现象。

两种流态化形态均可用 Fr 判别：

$$Fr_{mf}=\frac{u_{mf}^2}{d_p g} \tag{5-1}$$

式中：u_{mf}——临界流化速度；

d_p——固体颗粒直径。

当 $Fr_{mf}<0.13$ 时为散式流态化；当 $Fr_{mf}>0.13$ 时为聚式流态化。此外，也可采用如下的判别式：

$$(Fr_{mf})(Re_{pmf})\left(\frac{\rho_s-\rho_f}{\rho_f}\right)\left(\frac{L_{mf}}{D}\right) \tag{5-2}$$

其中

$$Re_{pmf}=\frac{d_p u_{mf}\rho_f}{\mu_f}$$

式中：ρ_s——固体的密度；

ρ_f——流体的密度；

L_{mf}——临界流化条件下的床层厚度；

μ_f——流体黏度；

D——流化管的直径。

当式（5-2）小于 100 时为散式流态化；当式（5-2）大于 100 时为聚式流态化。

（三）密相流化床和稀相流化床

具有清晰的床层上界面的流化床即为密相流化床（dense phase fluidized bed），或称密相鼓泡床。密相流化床具有许多液体的特征，如浮力、表面保持水平、流体静力学、黏性等现象。但当流速超过固体颗粒的极限速度时，床层的上界面就会消失，并可以观察到夹带现象，固体颗粒随流体从床层中带出。这种情况称为稀相流化床（dilute phase fluidized bed）。稀相流化床为气力输送阶段，为了提高输送效率，也可采用密相栓流气力输送，有关气力输送将在本章第二节中介绍。

（四）流化床的不正常现象

1. 沟流现象

当流体通过床层时分布不均匀，则大量流体与固体颗粒不能很好地接触，就会产生“短路”，即沟流现象。出现沟流现象的 $\lg\Delta p$-$\lg u$ 关系如图 5-4 所示。

2. 腾涌现象

如果床层高度与直径之比过大，气速过高时就会产生气泡相互聚合的现象，形成大气泡。当气泡直径大到与床径相等时，就会将床层分成几段，即一段气泡一段颗粒层相互间隔，颗粒层被气泡向上推动，到达上部后气泡破裂引起部分颗粒分散下落，这即为腾涌现象。腾涌现象主要发生在气-固流化床中。产生腾涌时，Δp 随 u 上升将大幅度波动，如图 5-5 所示。

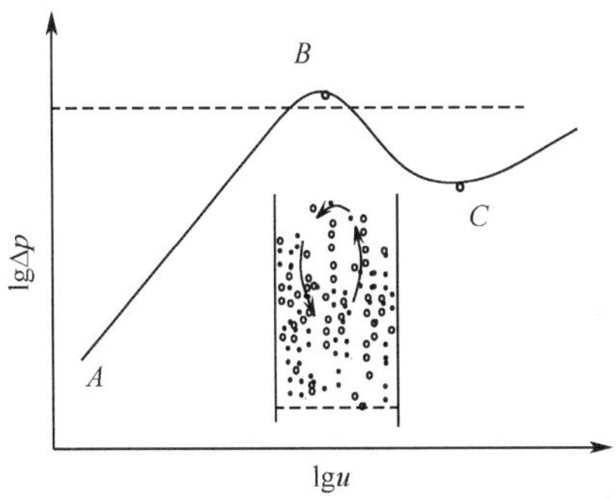

图 5-4　沟流现象的 lgΔ*p*-lg*u* 关系

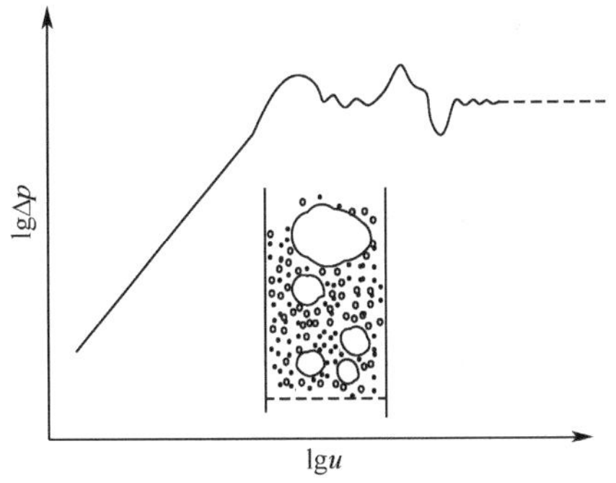

图 5-5　腾涌现象的 lgΔ*p*-lg*u* 关系

沟流和腾涌都是流态化操作中的不正常现象，应尽量避免。床层发生腾涌时，还会使颗粒对器壁的磨损加剧，引起设备振动。可以通过增加挡板，破坏气泡长大，避免腾涌现象发生。

二、流化床的流体力学

（一）流化床的压力降

作用在颗粒床层上的力有向下作用的重力以及向上作用的浮力和流体阻力。在临界流化点时，以上两方向的力互相平衡，即

$$L_{mf}A(1-\varepsilon_{mf})\rho_s g = L_{mf}A(1-\varepsilon_{mf})\rho_f g + \Delta pA$$

整理得

$$\Delta p = L_{mf}(1\quad\varepsilon_{mf})(\rho_s\quad\rho_f)g(N/m^2) \tag{5-3}$$

在临界点之后，如流速继续增大，则床层空隙率 ε 和床层高度 L 也随之增大，但上述两种力的平衡关系仍维持不变。且由于 $L(1\quad\varepsilon)=L_{mf}(1\quad\varepsilon_{mf})$，因此流化床的压力降 Δp 仍可近似用式（5-3）表示。

式（5-3）忽略了流体与器壁的摩擦阻力、颗粒彼此之间的摩擦阻力以及颗粒与器壁之间的摩擦阻力。但可利用式（5-3）对流化床流体阻力作近似计算，其误差并不很大。

（二）临界流化速度

采用流体流经固定床的压力降公式（层流流动时），即

$$\Delta p = \frac{200\mu_f(1-\varepsilon_0)^2L_0u}{\varphi_s^2\varepsilon_0^3d_p^2}$$

将上式用于临界流化点时，则有

$$\Delta p = \frac{200\mu_f(1-\varepsilon_{mf})^2L_{mf}}{\varphi_s^2d_p^2\varepsilon_{mf}^3}u_{mf} = L_{mf}(1-\varepsilon_{mf})(\rho_s-\rho_f)g \tag{5-4}$$

由此可得

$$u_{mf} = \frac{0.005d_p^2\varphi_s^2\varepsilon_{mf}^3(\rho_s-\rho_f)g}{\mu_f(1-\varepsilon_{mf})} \tag{5-5}$$

为便于计算，将式（5-5）中的 $0.005\varphi_s^2\varepsilon_{mf}^3/(1-\varepsilon_{mf})$ 合并成系数 C_{mf}，得到 C_{mf} 与 Re_{pmf} 的关系为

$$C_{mf} = 0.0007 Re_{pmf}^{-0.063} \quad (\text{当 } Re_{pmf} < 5 \text{ 时}) \tag{5-6}$$

有

$$u_{mf} = 0.00923 \frac{d_p^{1.82}(\rho_s - \rho_f)^{0.94}}{\mu_f^{0.88} \rho_f^{0.06}} \tag{5-7}$$

式中：d_p——颗粒平均直径（m）；

ρ_s——固体颗粒的密度（kg/m³）；

ρ_f——流体密度（kg/m³）；

μ_f——流体黏度（N·s/m²）。

当颗粒的粒度不均匀时，可采用质量分布加权的调和平均值来计算平均粒径：

$$d_p = \frac{100}{\sum \frac{f_M(d)\Delta d}{d_{pi}}} \tag{5-8}$$

式中：$f_M(d)\Delta d$——颗粒各筛分组的质量（%）；

d_{pi}——各筛分组颗粒的平均直径，$d_{pi} = \sqrt{d_1 d_2}$；

d_1、d_2——上、下筛目尺寸（m）。

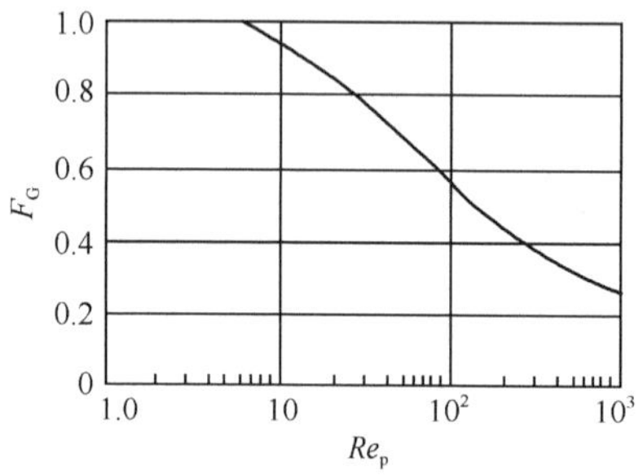

图 5-6 修正系数图

式（5-7）适用于 $Re_p<5$ 的情况。当 $Re_p>5$ 时，应对计算所得的 u_{mf} 值加以修正，方法是先算出 Re_p，然后按图 5-6 查出校正系数 F_G，将计算所得的 u_{mf} 值乘以校正系数即可。

若粗略计算，对于大颗粒和小颗粒系统，可分别采用如下近似式：

对小颗粒（$Re_p<20$）

$$u_{mf} = \frac{d_p^2(\rho_s - \rho_f)g}{1650\mu_f} \tag{5-9a}$$

对大颗粒（$Re_p>1000$）

$$u_{mf} = \sqrt{\frac{d_p(\rho_s - \rho_f)g}{24.5\rho_f}} \tag{5-9b}$$

（三）最大流化速度和流化操作速度

最大流化速度也称带出速度，是流化床操作中流体速度的上限，在气流中，粒子运动的绝对速度为

$$u_p = u_f - u_t$$

当 $u_f=u_t$ 时，u_f 为流体速度；u_t 为颗粒相对流体的速度；$u_p=0$，粒子即“静止地”悬浮于流体中，所以也将此时的流体速度称为颗粒的悬浮速度。显然颗粒的悬浮速度在数值上也等于颗粒的沉降速度。一些食品的悬浮速度见表 5-1。

表 5-1 一些食品的悬浮速度

物料名称	密度/(kg/m³)	松密度/(kg/m³)	粒度/mm	悬浮速度/(m/s)
面粉	1400	560～670	0.2	1～2
麦芽	—	—	—	8.1
玉米淀粉	—	—	—	1.3～2.0

续表

物料名称	密度/(kg/m³)	松密度/(kg/m³)	粒度/mm	悬浮速度/(m/s)
砂糖	1560	—	—	8.7～12
豌豆	1260	738	4.7～7.5	12.5～13.8
茶叶	1360	—	—	6.9
玉米	1220	708	5～10.9	11～12
菜子	1040	638	1.3～2.2	7.6～8.4
粟谷	1060	631	1.7～2	7.2～8.3
小麦	1260	789	4.9～6.5	8.4～9.7
大麦	1090	581	7.7～11.1	8.1～8.6
大豆	1200	721	6.8～8.8	12.4～13.8
粗盐	—	—	—	14.8～15.5
麸皮	—	—	—	2.75～3.25
扁豆	1250	788～810	3.4～13	9.2～15.3
向日葵籽	640	343	10.5～15.2	6.2～7.4
棉籽	520	252	7.4～10.3	6.2～7.2
花生仁	1070	631	10.8～16.7	13.8～14
稻谷	1090	672	6.4～9.3	7.8～8.6

当 $u_f>u_t$ 时，粒子就会以绝对速度 u_p 被气流带走。可见，研究最大流化速度实质上就是研究颗粒的沉降速度。如果流化床的颗粒为球形，且沉降在层流区进行，即当 $Re_{pt}=\dfrac{d_p u_t \rho_f}{\mu_f}<0.4$ 时，则可用斯托克斯定律计算 u_t：

$$u_t=\frac{d_p^2(\rho_s-\rho_f)g}{18\mu_f} \tag{5-10}$$

如果 $Re_{pt}>0.4$，则可按图 5-7 所示的校正系数对 u_t 进行修正。修正后的悬浮速度 $u'_t=\dfrac{u_t}{f_t}$。对于非球形颗粒，还要乘以形状校正系数 C：

$$C=0.843\lg\frac{\varphi_s}{0.065} \tag{5-11}$$

式中：φ_s——球形度。

在计算 u_{mf}时，需用床层中实际颗粒粒度分布的平均直径，而计算 u_t 时，需用具有相当数量的最小颗粒粒度。

u_t/u_{mf}反映了流化操作的机动灵活性，其值可采用下式计算。

对细颗粒，$Re_p<0.4$

$$\frac{u_t}{u_{mf}}=91.6 \tag{5-12a}$$

对大颗粒，$Re_p>1000$

$$\frac{u_t}{u_{mf}}=8.72 \tag{5-12b}$$

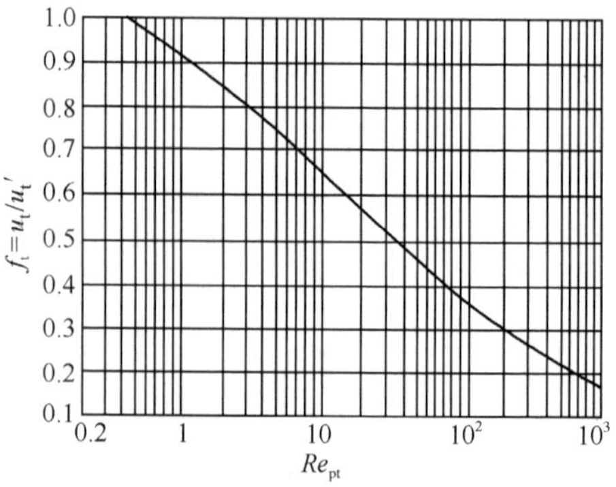

图 5-7　u_t 的校正系数

可见，大颗粒的 u_t/u_{mf} 值较小，说明其操作灵活性较小。

为了避免从床层中带出固体颗粒，流化床操作速度 u 必须保持在临界流化速度 u_{mf} 和最大流化速度 u_t 之间。操作速度与临界流化速度之比称为流化数（fluidization number）K，即

$$K = \frac{u}{u_{mf}} \tag{5-13}$$

工业上常用的操作速度为 0.2～1.0m/s。为了提高设备生产能力，要求采用尽可能高的操作速度。为此可采取增加床层高度、在床层中设置挡板或挡网以及改进粉尘回收系统等措施。

例 5-1　某粉体的平均直径 $d_p=230\mu m$，密度 $\rho_s=1500kg/m^3$。假设球形度 $\varphi_s=1$，床层的临界空隙率 $\varepsilon_{mf}=0.4$。以空气为流化介质，其黏度 $\mu_f=0.0178cP$，密度 $\rho_f=1.204\ kg/m^3$。试确定流化操作速度。

解　临界流化速度为

$$u_{mf} = 0.00923 \times \frac{(2.3\times10^{-4})^{1.82}\times(1500-1.204)^{0.94}}{(1.78\times10^{-5})^{0.88}\times1.204^{0.06}} = 3.19\times10^{-2}(m/s)$$

因为

$$Re_{pmf} = \frac{2.3\times10^{-4}\times3.19\times10^{-2}\times1.204}{1.78\times10^{-5}} = 0.496 < 5$$

故 u_{mf} 不需校正。

带出速度 u_t 为

$$u_t = \frac{(2.3\times10^{-4})^2\times(1500-1.204)\times9.81}{18\times1.78\times10^{-5}} = 2.43(m/s)$$

因为

$$Re_{pt} = \frac{2.3\times10^{-4}\times1.71\times1.204}{1.78\times10^{-5}} = 26.6$$

由图 5-7 查得 $f_t=0.55$，故得校正后的带出速度为

$$u_t = 2.43\times0.55 = 1.34(m/s)$$

采用流化数 $K=u/u_{mf}=30$，则操作速度为

$$u = K\times u_{mf} = 30\times3.19\times10^{-2} = 0.957(m/s)$$

操作速度 u 为 u_{mf}～u_t。

（四）流化床的设计

常见的流化床由圆柱形壳体、多孔匀风板、锥形底部、进风口和出风口等部分组成，如图 5-8 所示。气体从锥形底进入，通过匀风板而上升，使固体颗粒流化。流化床的主体尺寸包括直径和总高度。

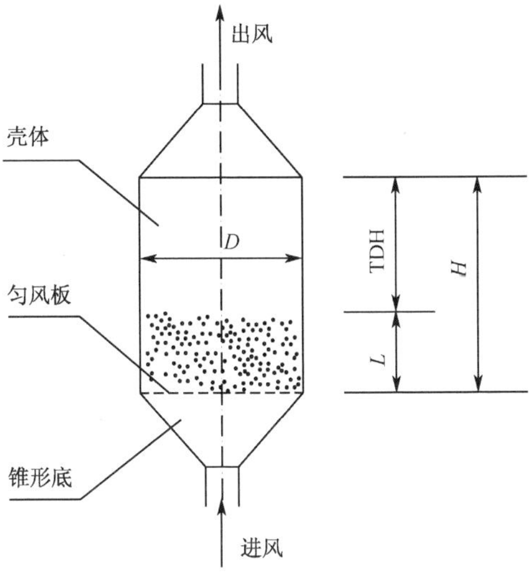

图 5-8　流化床的主体尺寸

1. 流化床直径 D 的计算

计算的依据主要是通过床层的气体总量 Q（m^2/s）和流化床的操作速度 u。

$$D=\sqrt{\frac{4Q}{\pi u}} \tag{5-14}$$

2. 流化床总高度的计算

流化床总高度 H 等于流化床的膨胀高度（床层高度）L 和分离高度 TDH 之和，即

$$H=L+\mathrm{TDH} \tag{5-15}$$

（1）流化床的膨胀高度

流化操作进入临界点以后，继续增大流速，床层开始膨胀，空隙率和床层高度也逐渐增大。

设 L、ε 为某一操作速度下流化床的高度和空隙率，L_{mf} 和 ε_{mf} 分别为临界流化点时的床层高度和空隙率，L_0 和 ε_0 分别为固定床的高度和空隙率，则它们有如下关系：

$$\frac{L}{L_{mf}}=\frac{1-\varepsilon_{mf}}{1-\varepsilon} \text{或} \frac{L}{L_0}=\frac{1-\varepsilon_0}{1-\varepsilon} \tag{5-16}$$

式中：L/L_{mf}（或 L/L_0）——膨胀比（expansion ratio），以 R 表示。

对于液-固系统，空隙率 ε 与流化速度 u 的关联式为

$$\frac{u}{u_t}=\varepsilon^n \tag{5-17}$$

式中：u——流化操作速度；

u_t——颗粒自由沉降速度；

ε——在流化操作速度下床层的空隙率；

n——Re_p 的函数，其关系如下：

当 $0.2<Re_p<1$ 时

$$n=\left(4.35+175\frac{d_p}{D}\right)Re_p^{-0.08}$$

当 $1<Re_p<200$ 时

$$n=\left(4.45+18\frac{d_p}{D}\right)Re_p^{-0.1}$$

当 $200<Re_p<500$ 时

$$n=4.45Re_p^{-0.1}$$

当 $Re_p>500$ 时

$$n=2.39$$

根据不同速度下床层的空隙率，就可以算出在此速度下床层的膨胀高度。

对于气-固系统的流化床，也有一些研究者提出了若干关联式。但由于研究不很充分，应用时出入较大。

（2）流化床的分离高度

分离高度也称夹带分离高度（transport disengaging height，TDH）。它是指夹带接近于常数的气体出口处距床层料面的高度。流化床中固体颗粒由于粒度分布很宽，或因相互碰撞、摩擦而产生一部分微粒。不同的粒子各有其带出速度，带出速度大于操作速度的粒子，当其上升至一定高度后就会落回床层，而带出速度小于操作速度的粒子就会被气流带走。因此床层表面以上的空间，视其高度不同，气流中粒子的夹带量也不同。在到达某一定高度之后，粒子夹带量将趋于一定值而不再减少，如图 5-9 所示。过高的夹带分离高度并不能提高分离效果。

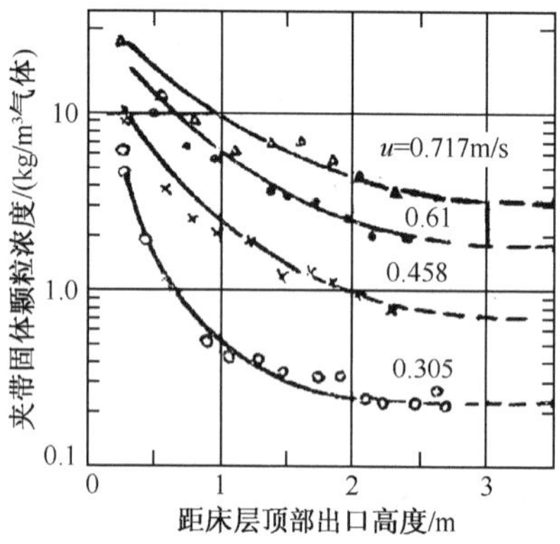

图 5-9　粒子夹带量

分离高度与床径和气速有关。对于给定的粒子和流化床，气速增加时，TDH 也增加。而对于给定的气速，TDH 随床径的增大而减小。

三、流态化技术的应用及常见流化床

固体流态化操作具有类似液体的特点：①颗粒流动平稳，易于实现连续化和自动控制；②固体颗粒迅速混合，在整个流化床内处于等温状态；③传热和传质速率高。正是由于这些优点，流化床在食品工业的许多方面得到了广泛应用。现主要介绍流化床传热、流化床干燥和流化床造粒。

（一）流化床传热

流态化传热的应用有两种形式：①以流化介质为加热剂（或冷却剂），对固体颗粒进行加热（或冷却）；②加热（或冷却）的方法是在流化床层与浸没物体之间进行换热。

1. 流化床传热的特点

内部温度分布的均匀性是流化床的一个显著特征，其原因主要是：

1）固体粒子的比热容远较气体大（气体的 c_p 仅为固体的千分之一），热惯性大。

2）粒子运动剧烈，与气体之间的热交换快。

3）剧烈的沸腾运动所产生的对流混合削弱了局部热点和冷点。

然而，在靠近床壁处，仍存在一定厚度的流体膜，其上又有一固体边界层，温度降主要发生在这两层之内（图 5-10）。其中传热阻力又主要集中于流体膜内。影响流体膜厚度的因素为靠近膜的固体粒子的运动速度和床层的密度。由于流化床内流体膜附近粒子的急剧运动，流体膜厚度显著减少，从而大大地提高了床壁与床层之间的传热膜系数。

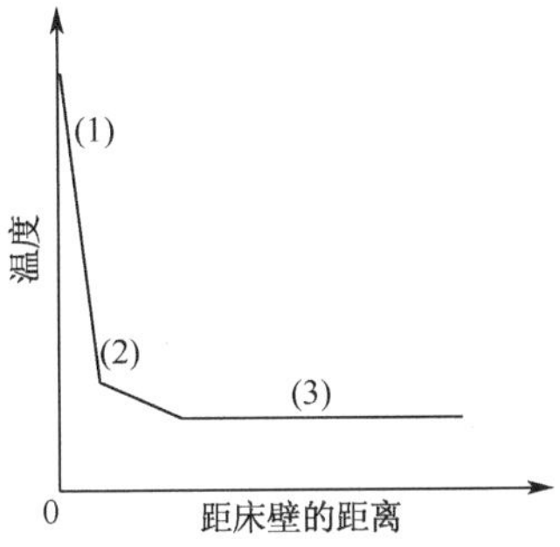

图 5-10　边界层的温度降

流化床中同时存在 3 种形式的传热：①流化床床层与床壁或物体表面之间；②固体颗粒与流体之间；③固体颗粒之间。

2. 流化床的传热计算

（1）床层与器壁之间的传热

流化床床层与器壁之间的对流换热规律仍可沿用通常对流换热的牛顿冷却定律，即

$$Q = \alpha A(T_b - T_w) \tag{5-18}$$

式中：A——传热面积（m^2）；

T_b——床层内平均温度（K）；

T_w——器壁表面温度（K）；

α——床层与器壁间的传热膜系数［$W/(m^2 \cdot K)$］；

Q——传热速率（J/s 或 W）。

影响床层与器壁间换热的因素很多，许多研究者为此进行了大量的实验，得到一些关联式。

1）列文斯波-沃尔顿（Levenspiel-Walton）关联式。以玻璃珠、煤、催化剂为流化颗粒，粒度为 0.15～4.34mm，以空气为流化介质，所用的容器直径为 10.3cm。关联式如下：

$$\frac{\alpha d_p}{\lambda_f} = 0.6\left(\frac{c_{pf}\mu_f}{\lambda_f}\right)\left(\frac{d_p\rho_f u}{\mu_f}\right)^{0.3} \tag{5-19}$$

2）温-李伐（Wen-Leva）关联式。

$$\frac{\alpha d_p}{\lambda_f} = 0.16\left(\frac{c_{pf}\mu_f}{\lambda_f}\right)^{0.4}\left(\frac{d_p\rho_f u}{\mu_f}\right)^{0.76}\left(\frac{\rho_s c_{ps}}{\rho_f c_{pf}}\right)^{0.4}\left(\frac{u^2}{gd_p}\right)^{-0.2}\left(\eta\frac{L_{mf}}{L}\right)^{0.36} \tag{5-20}$$

式中：效率因数 η 的数值可按图 5-11 进行估算。

上述关联式适用于床层与床壁间的换热计算。

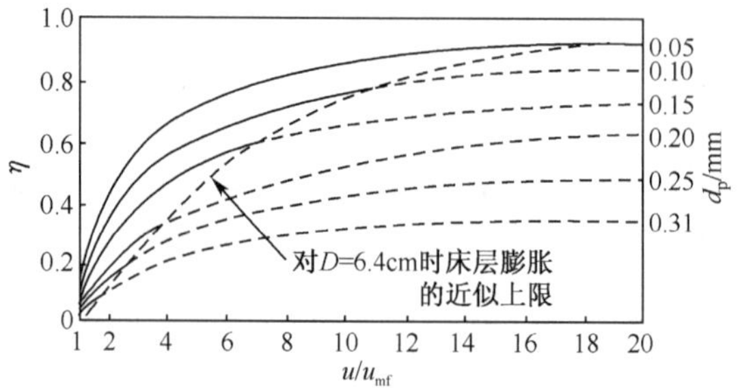

图 5-11　流化数、颗粒直径、效率因数之间的关系

(2) 流化床中固体颗粒与流体间的传热

固体颗粒与周围介质之间的对流换热仍按照牛顿冷却定律，即

$$Q = \alpha A(T_s - T_f) \tag{5-21}$$

式中：T_s——固体颗粒温度；

T_f——流体的温度。

实验证明，只有在分布板上面附近的区域内（25mm 左右）才存在温度差，气-固之间的换热主要集中在此区域内进行。在此区域以上的床层内部，可视为温差并不存在，即点与点之间温度非常均匀。主要是因为在这个区域内部，颗粒与气体间的传热效率极高。实践证明，这样高的传热速率并不是因为气-固之间的传热膜系数很高，而是因为流体与颗粒间具有很大的接触表面积。传热膜系数一般不超过 5.81～227W/(m^2·K)，而 1m^3 床层的接触表面积则往往可达 3280～49 200m^2。

由于一系列技术问题的限制，粒子与流体间换热问题的研究显得不够成熟，主要的困难在于不易测出固体粒子的温度。

下面列举两个计算传热膜系数的关联式。

(1) 瓦尔通（Walton）等在 1952 年提出的关联式：

$$\frac{\alpha d_p}{\lambda_f} = 0.0028\left(\frac{d_p u \rho_f}{\mu_f}\right)^{1.7}\left(\frac{d_p}{D}\right)^{-0.2} \tag{5-22}$$

(2) 柯赛利（Kothari）等在 1967 年提出的关联式：

$$\frac{\alpha d_p}{\lambda_f} = 0.03\left(\frac{d_p u \rho_f}{\mu_f}\right)^{1.3} \tag{5-23}$$

（二）流化床干燥

流态化用于固体干燥时，空气既是流化介质，又是干燥介质。这种干燥法具有干燥速率快，干燥均匀，易于控制等许多特点。

流化床干燥装置有单层、多层，连续、间歇等形式，适于粉状、粒状、晶状，如面粉、谷物、味精等食品的干燥，物料最终含水量一般为 10%～30%。

图 5-12 为连续式单层流化装置的结构简图。固体物料不断加入并不断引出，从而保持床内固体的高度。气体通过分布板进入床层并均匀分布，使固体流态化。被带出的细小轻微粒可经旋风分离器加以回收。

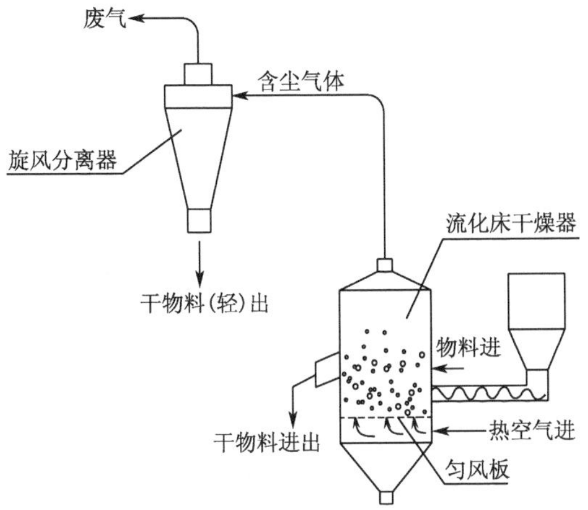

图 5-12　单层流化床的结构

单层流化床物料停留时间灵活，适用于易干燥或干燥品质要求不是很严格的产品。

单层流化床内气体和固体颗粒存在返混的现象，降低了传质的推动力。为此，可采取如图 5-13 所示的多层流化床。固体颗粒自最上层加入，逐层向下流动，达到多级逆流操作的目的。对于要求分段控制操作条件的工艺过程，采用这种结构可以获得较好的效果。此外，多层流化床还可以使上升气流通过各层分布板进行再分配，以避免部分气体形成气泡，产生涡流或腾涌现象。

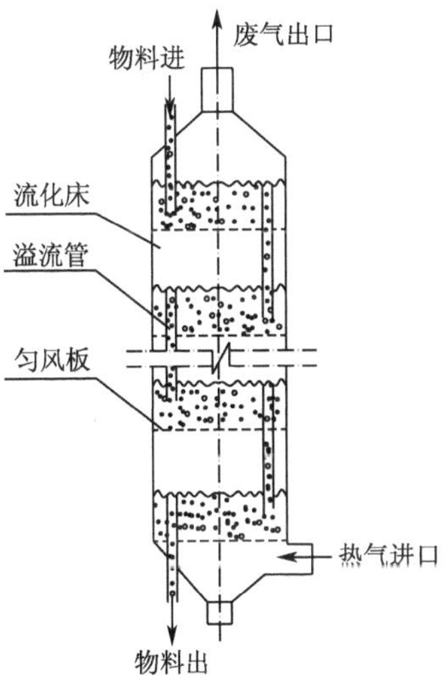

图 5-13　多层流化床的结构

多层流化床的结构和操作远比单层流化床复杂。特别是固体物料下降经过溢流装置时，既要保证固体能顺利溢流，又要保证气体不致通过溢流管上升。因此，合理决定溢流管底部的结构极为重要。

振动流化床干燥器适用于不宜流动的物料，如颗粒太大或太小，潮湿、结块等物料。图 5-14 为振动流化床干燥器的结构示意图。干燥器由进料装置、振动筛板、振动机构、废气回收系统等部分组成，物料从进料装置（如流化床）进入，均匀分布在振动筛板上，在振动力作用下，沿流化床水平方向抛掷向前连续运动，热风向上穿过流化床筛板同物料进行传热传质后，通常湿物料在沸腾段中停留几秒钟即可达到干燥的目的。当床层膨胀到一定高度时，床层空隙率增大使气流流速下降，颗粒又重新落下而不致被气流带走。经干燥之后的颗粒由床侧出料管卸出，气流由顶部排出，并经旋风分离器回收其中夹带的粉尘。

沸腾床干燥器和喷雾流化干燥将在第十一章中详细介绍。

（三）流化床造粒

食品的造粒是以粉体、凝胶体或液体为原料，在适当的设备中，制成一定形状大小的粒子的单元操作。造粒的方法很多，流化床造粒是其中之一。

流化床造粒主要是将黏合剂溶液雾化喷洒在分散的粉体上，使粉体相互接触附着，并逐渐凝聚长大，再经干燥后，形成多孔的颗粒产品。其过程如图 5-15 所示。

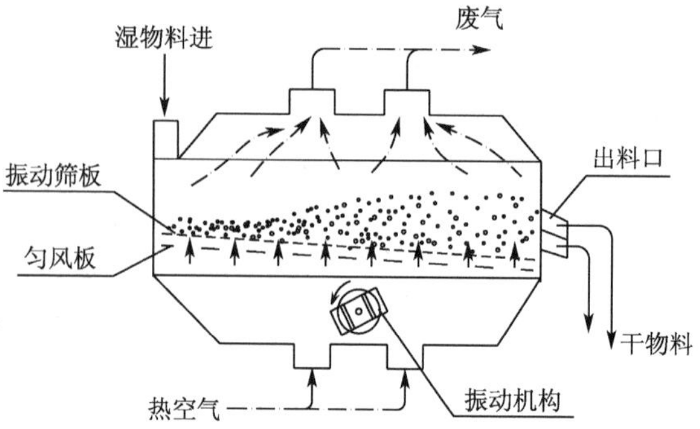

图 5-14　振动流化床干燥器的结构示意图

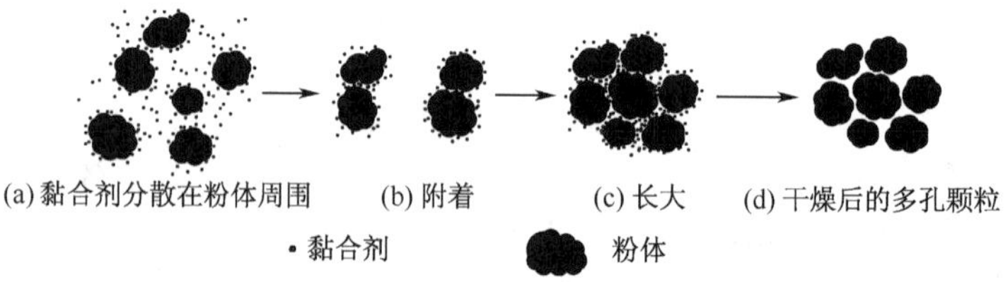

图 5-15　颗粒形成过程

粉体与黏合剂的黏连作用有以下几种机制：

1）部分熔融固化。附着在粉体表面的黏合剂使粉末表层熔融固化，并相互连接，形成较为坚固的颗粒。亲水性物料颗粒的造粒过程多属此类。

2）黏合剂固化。将黏合剂溶液的挥发性组分气化，黏合剂固化后将粉体粒子连接在一起。疏水性物料颗粒的造粒过程多属此类。

3）溶解物质的晶析。黏合剂雾化干燥过程中有晶体析出，并在粉体的接触点固化。

实际的造粒过程可能是上面几种机制综合作用的结果，只是侧重点有所不同。

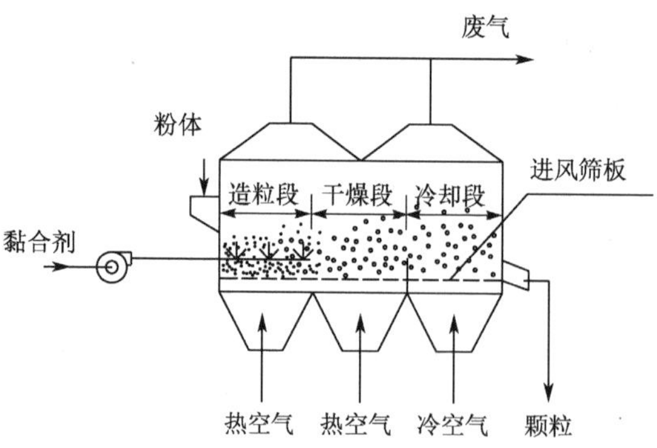

图 5-16　喷雾流化造粒机

图 5-16 为喷雾流化造粒机，该设备主要由进料斗、进风筛板、喷射管、出料口、机壳、进风口、出风口等部分组成。整个造粒机分为造粒段、干燥段和冷却段三部分。粉体从进料口进入造粒段，与从底部进入的热风接触，在一定的气速下形成流态化。同时，黏合剂料液由泵送入喷射管，在一定的压力下形成雾状液滴，附着在沸腾的粉体表面，并形成水膜，分散的粉体在黏合剂的粘连作用下彼此连接，逐渐长大，形成一定大小的颗粒；然后进入干燥段，热空气将水分蒸发，并将其从顶部出风口带走；干燥的颗粒进入造粒机的冷却段，颗粒冷却后从出料口排出。

喷雾流化造粒的最大特点是制品颗粒的溶解性和分散性好。通常喷雾流化造粒可将

100μm 以下的粉体颗粒经水分润湿后，由其附着凝聚力，使粒子逐渐长大到 500μm 以上。

影响流化造粒的因素主要有：空气温度和速度；黏合剂的性质及其喷雾速度和压力、喷头大小；粉末的特性、粉末的运动状态等。通过控制这些因素，可以控制产品的球形度、粒度、容重（密度）、含水量等，获得不同特性的颗粒。

流态化操作也有一些缺点。由于两相都发生混合，使床内物料的浓度趋于均一，因而降低了平均推动力。另外，因为颗粒的相互碰撞以及颗粒与器壁的撞击造成大量的磨损，形成细小的粉尘，所以流化床操作的应用也受到了限制。

第二节 气力输送

当固体颗粒床层中的气体流速等于或大于固体颗粒的悬浮速度时，颗粒将随气流一起流动，即达到气力输送阶段。气力输送（pneumatic conveying）是利用流动的气体在管道中输送粉、粒状物料的一种单元操作。在粮食、奶粉、淀粉等加工厂广泛应用。

一、气力输送的基本概念

（一）物料在直管道中的运动状态

在垂直输料管中，物料颗粒的重力与气流动力处在同一直线上，但方向相反。当气流速度大于物料悬浮速度时，物料颗粒就向上运动。同时，紊流颗粒形状不规则，使颗粒在与流向相垂直的方向上存在速度分量。故物料在输料管中的实际运动状态十分复杂，往往呈一种不规则的曲线上升运动。这种运动的不规则程度与物料性质、两相流在输料管中的浓度以及气流速度的大小密切相关。

颗粒在水平管中的运动状态与风速的关系如表 5-2 所示，其中前 3 种是悬浮输送状态。

表 5-2 输料管中物料运动状态

流动状态	示意图	图示	物料速度（v_s） 气流速度（v_a）	输送浓度 μ	产生条件
1-①	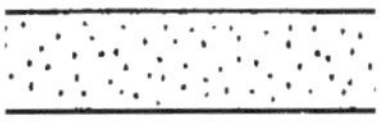	悬浮流 （均匀流）	（0.5～0.8）v_a v_a=15～30m/s	1～4	2-①
1-②		管底流	（0.1～0.3）v_a v_a=6～20m/s	5～10	2-②
1-③		疏密流	v_c=8～15m/s	10～20	2-③
1-④	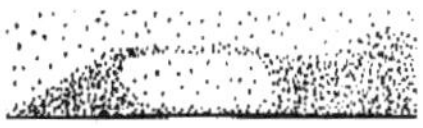	集团流 （停滞流）	v_c=8～15m/s	20～30	2-④
1-⑤	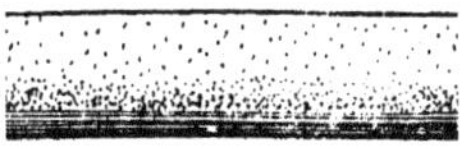	部分流	（0.2～0.7）v_a v_a=5～15m/s	30～50	2-⑤
1-⑥		栓塞流	（0.8～1.0）v_a v_a=5～10m/s	30～300	2-⑥

表 5-2 中流动状态和产生条件如下：

1-①　颗粒在管道中呈均匀分散的悬浮流动状态；

2-①　很小的粉状物料，风速很高、浓度很低时；

1-②　在水平管中颗粒多聚集在管底，但未出现停滞；

2-②　风速很小时；

1-③　气流压力出现脉动现象，密集部分下部速度小，上部速度大，密集部全体呈现边旋转边前进的状态，这是颗粒悬浮输送的极限状态；

2-③　当风速再降低或再增高浓度时；

1-④　大部分颗粒失去悬浮能力而开始在管底滑动，形成颗粒群堆积的集团流；由于管内截面变小，气流速度在该区段增大，致使停滞的物料重新被吹走，形成停滞、积聚、吹走互相交替的输送状态，夜里产生脉动现象；

2-④　疏密流的风速再降低，则密集部分就会进一步增大，其速度也会降低；

1-⑤　堆积层上部的物料颗粒在气流的作用下将做不规则移动，并随时间的推移，堆积层会像沙丘移动似的流动；

2-⑤　气流速度过小时，物料颗粒就要堆积在管底；

1-⑥　物料层充满管道，俩物料层间形成空气柱；

2-⑥　物料前后存在空气压力差，物料靠此压差推动而被输送。

（二）物料在弯管中的运动状态

由于受离心力的作用，在径向平面内形成漩涡，使流动状态更为复杂。

1）物料通过弯管时，经过数次碰撞，其轨迹为折线，通常在大颗粒运动时可以观察到。

2）当物料以较低的速度与弯管外侧内壁碰撞而失去动能后，最终将导致颗粒与管壁保持接触，并沿管壁减速滑动。

3）绕弯管外半径滑动的料层相当松散，料速比气速慢得多。

二、气力输送系统的组成

气力输送装置按空气在管道中的压力状态分为吸运式（图 5-17）和压运式（图 5-18）。此外，根据需要还有既吸又压的混合式（图 5-19）及密闭循环式（图 5-20）等形式。

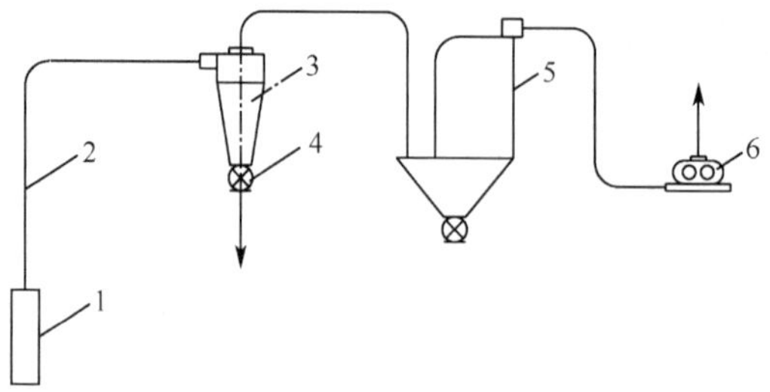

图 5-17　吸运式气力输送装置

1. 吸嘴；2. 管路；3. 卸料器；4. 关风器；5. 除尘器；6. 风机

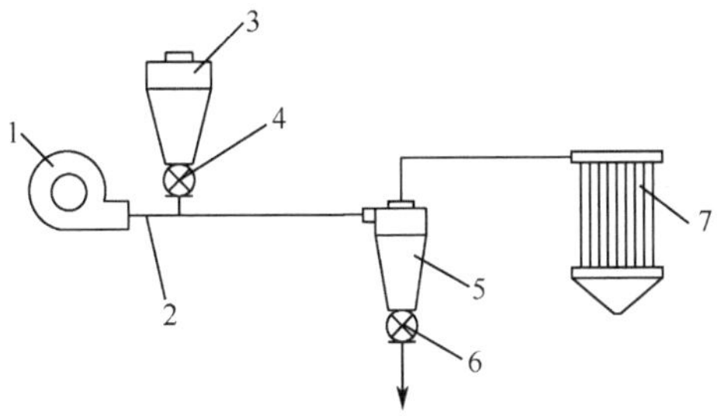

图 5-18　压送式气力输送装置

1. 风机；2. 管路；3. 料斗；4. 供料器；5. 卸料器；6. 关风器；7. 除尘器

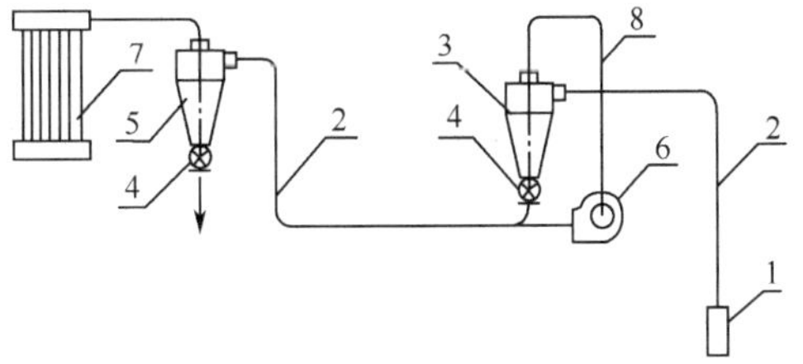

图 5-19　混合式气力输送装置

1. 吸嘴；2. 输料管；3、5. 卸料器；4. 关风器；6. 风机；7. 除尘器；8. 风管

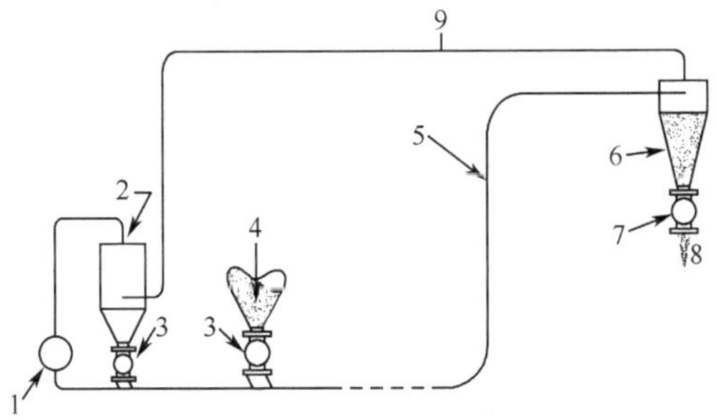

图 5-20　循环式气力输送装置

1. 风机；2. 过滤器；3. 旋转供料器；4. 进料；5. 输料管；6. 离心卸料器；7. 关风器；8. 物料；9. 回风管

三、气力输送系统的计算

（一）设计原则及步骤

气力输送网路的设计与计算的任务是，根据生产规模、工艺要求、厂房条件和经济环保指标确定网路的组合形式以及各输料管和风运设备的规格尺寸，计算网路所需要的风量和压力损失，从而正确选用风机和电动机，以保证网路经济可靠地工作。

气力输送系统的设计步骤如下：①根据系统的要求和特点选择组合形式（压送、吸送等)；②根据设备布置图画出气力输送网路的草图；③确定工作参数；④进行阻力计算，确定主要工作设备的形式、材料和结构尺寸；⑤根据总风量和总压损选择合适的风机，计算所需功率和配用电机；⑥确定其他辅助设备及相应的安装位置等。

（二）主要参数的确定

气力输送的主要参数包括输送量、输送浓度和输送气流速度。这些参数的确定对输送设备的选择、网路运行的稳定性和经济性有很大的影响。

1. 输送量

输送量的大小通常由生产规模确实。在计算输送量 $G_{算}$ 时，应该考虑一定的储备，以适应工况的波动，即

$$G_{算}=aG$$

式中：$G_{算}$——计算输送量；

G——设计输送量，根据工艺流量平衡表或其他要求确定；

a——储备系数，是指考虑到工艺上的原因，如物料品质的变化、水分含量的高低、操作指标的改变等可能引起流量变化的因素而附加的系数。储备系数的大小应根据具体情况分析确定。若单纯为了输送的安全，不恰当地提高 a 值，将造成设备增大，浪费动力，致使设计与实际不符，引起输送不稳定，给操作带来困难，并容易发生掉料等事故。a 一般取 1.1～1.5。

2. 输送气流速度

当气流速度大于物料的悬浮速度时，物料就可以被气流带走，进行气力输送。由于影响气力输送的因素很复杂，在实际操作中，输送气流速度常取输送物料悬浮速度的 1.3～10 倍。对于松散、密度较小的物料，倍数可以较小，反之，倍数较大。输送气流速度也可根据经验数据确定。表 5-3 列出了一些食品等物料输送的气流速度。

表 5-3　输送物料的气流速度

物料名称	输送速度 V /（m/s）	物料名称	输送速度 V /（m/s）	物料名称	输送速度 V /（m/s）
大麦	15～25	花生	15	铝粉	17～20
小麦	15～24	咖啡豆	12	铸铁粉	19～23
麸皮	14～19	砂糖	25	褐煤块	18～40
粉间大粗粒	14～20	盐	27～30	硫铵	25
粉间小粗粒	14～18	锯屑	15～25	石灰	26～30
面粉	10～18	木片	30～40	豌豆	17～27
稻谷	16～25	刨花	18～23	荞麦	15～20
糙米	15～25	药粒	12～20	稗子	12～30
大米	16～20	煤粉	20～30	麦芽	21
谷壳	14～20	砂	25～35	型砂	29～43
大豆	18～30	水泥	10～25	新旧砂	30～40
玉米	25～30	飞灰	15～25	陶土粉	6～23
棉籽	23	矾土	20～40	矿渣	27～30
亚麻籽	23	黏王粉	16～18	木粉	16～18

3. 输送浓度

一般输送浓度均以质量浓度 μ 表示。由下式计算：

$$\mu = \frac{G_s}{G_a} = \frac{G_s}{\rho_a Q} \tag{5-24}$$

输送浓度的大小直接关系到网路的风量和压力损失的大小。在输送一定量的物料时，浓度越大越经济。因为此时虽然压损增加，但所需的空气量减少，所以所需的功率减少。同时，空气量的减少还相应地减小了管道直径以及卸料器、除尘器等设备的尺寸，从而节约了材料消耗，降低了成本。但是选用过高的浓度就意味着要降低设备的吸风量，从而影响设备和物料的冷却。因此，在选择输送浓度时，应该根据厂型、输送形式和一风多用等因素全面考虑。另外，为了保证风机能在较高效率下工作，选择的浓度要使网路的风量和阻力与风机产生的风量和压力相适应。否则浓度虽高，但风机效率不高，动力消耗不一定会降低。

四、压力损失的计算

气力输送压力损失的计算一般根据实验和理论分析的方法进行。下面介绍我国食品加工厂设计时常用的计算方法。

低压吸运气力输送系统的压损 H 由两部分组成，即空气携带物料进行输送的压损 $H_{物}$ 和空气卸掉物料后进行输送和净化的压损 $H_{辅}$：

$$H = H_{物} + H_{辅} \tag{5-25}$$

（一）输送物料的压损 $H_{物}$ 的计算

$H_{物}$ 包括从空气和物料进入输送系统到卸料器为止的所有压损。以图 5-21 为例，即为空气自作业机吸入，携带物料经接料器、输料管、弯头直至卸料器为止的全部压损。它由下列各项压损组成：

$$H_{物} = H_{机} + H_{接} + H_{加} + H_{摩} + H_{弯} + H_{复} + H_{升} + H_{卸} \tag{5-26}$$

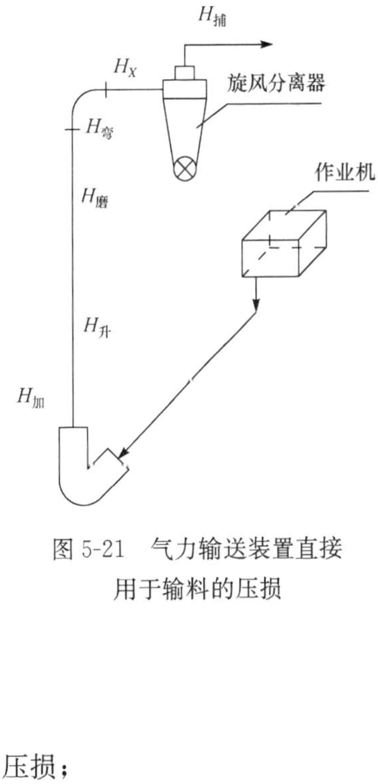

图 5-21　气力输送装置直接用于输料的压损

式中：$H_{机}$——空气通过作业机的压损；

$H_{接}$——空气通过接料器的压损；

$H_{加}$——空气使物料加速的压损；

$H_{摩}$——输料管的摩擦压损；

$H_{弯}$——空气和物料经过弯头的压损；

$H_{复}$——物料经过弯头后速度下降而使之重新恢复的压损；

$H_{升}$——使物料提升到一定高度压损；

$H_{卸}$——卸料器的压损。

下面逐一介绍各项压损的计算公式。

1. 作业机的压损 $H_{机}$

$H_{机}$（mmH_2O）按下式计算：

$$H_{机} = \varepsilon Q_{秒}^2 \tag{5-27}$$

式中：ε——作业机压损系数，见表 5-4；

$Q_{秒}$——每秒钟从作业机吸出的空气量（m^3/s）。

表 5-4　机器的吸风量和阻力

机器名称	吸风量 Q /(m^3/h)	阻力 $H_{机}$/mmH_2O	阻力系数 ε	备注
下粮坑吸尘罩	2200	3	8	吸尘罩宽 1500mm
振动筛：头道	4500	24	15	筛面宽 1000mm，其他宽度的风量按比例推算
二道、三道	3600	15		
自衡振动筛	4500～5000	30～63		筛面较宽，送风量较大，阻力较大
高速振动筛：SG100×2	2800			
高速除稗筛：	1000～1500			筛面较宽，送风量较大
吸式比重去石机：	3200～4100	40～50		筛面较宽，送风量较大
组合清理机：QLDQ—30	2900～3000	15		
胶辊砻谷机：	1600～3400			筛面较宽，送风量较大
砂盘砻谷组合机 Φ600mm	2000	50		30t 成套组合碾米设备
米机吸糠	360	5		
碾米组合机：	900～1100	80～100		
溜筛、圆筛、升运机底座、螺旋输送机、胶带输送机、荞子机进口和进料斗	300～480	2～4		
碟片精选机 Φ630×27	600	3		
吸风分离机：	720～1500	20～26	550	风道宽 500～1000mm，筛面较宽，送风量较大，阻力大
磁铁装置(每米长)	240～360	4～9	900	
洗麦机进口	300	3～5		
金刚砂打麦机	2400	26	60	
铁皮圆筒打麦机	1200	25	220	
磨粉机(每 1000mm 磨辊接触长)	300	9～14	1250～2000	前面数字为下吸风，后面为上吸风
平筛(每个进口)	180	5	2000	
立式刷机	480	5	300	
复式清粉机(筛宽 2×500mm)				
精选大粗粒(麦渣)	4200～4800	17～22	12.5	
精选中粗粒(粗麦心)	3300～3900	11～15	12.5	
精选小组粒(细麦心)	2400～3000	6～9	12.5	
精选粗粉	1800～2100	3～4	12.5	

2. 接料器的压损 $H_{接}$

$H_{接}$（mmH_2O）按下式计算：

$$H_{接} = \xi_j \rho_a \frac{V_a^2}{2g} \tag{5-28}$$

式中：ξ_j—— 接料器阻力系数，由接料器形式而定，其值参见表 5-5。

$\rho_a \frac{V_a^2}{2g}$——空气动压（mmH_2O）。

表 5-5　各种接料器的阻力系数 ξ_j

接料器型式	阻力系数 ξ_j	接料器型式	阻力系数 ξ_j
吸嘴	1.5～1.8	补气式	0.7
卧式、立式三通式	0.5	双层补气式	0.7
诱导式	0.7	弯头式、回风式	1.0

3. 加速物料的压损 $H_{加}$

$H_{加}$（mmH_2O）按下式计算：

$$H_{加} = iG_{算} \tag{5-29}$$

式中：$G_{算}$——物料的计算输送量（t/h）；

i——加速每吨物料的压损（mmH_2O/t）。按表 5-6 中公式计算。

表 5-6　i 的计算公式

i 的计算公式	公式号	备注
$i_{粗} = \frac{32\,340}{D^2} V_a$	(5-30)	式中：D—输料管径（mm）； V_a—输送风速（m/s）。
$i_{细} = \frac{34\,986}{D^2} V_a$	(5-31)	粗是指输送原粮颗粒，如小麦、稻谷、糙米、白米、一皮、二皮、一心等或与性质相近的其他粗硬物料；细是指如面粉、三皮、四皮、二心、麸皮等或性质与之相近的其他细软性物料

4. 直管摩擦压损 $H_{摩}$

$H_{摩}$（mmH_2O）按下式计算：

$$H_{摩} = \frac{\lambda_a}{D} L \frac{V_a^2}{2g} (1 + K_m \mu) \tag{5-32}$$

式中：D——输料管直径（m）；

L—— 输料管长（m）；

μ——输送质量浓度；

K_m—— 附加阻力系数。

K_m 值的大小与输料管径、风速、管材、物料性质和输送浓度有关。可按表 5-7 中 K_m 的公式计算。

表 5-7　压损比 α（$\alpha = 1 + K_m\mu$）的计算式

资料来源	水平管	公式号	垂直管	公式号
粗物料	$K_m = \frac{0.135D}{V_a^{1.25}}$	(5-33)	$K_m = \frac{0.24\ (D-40)}{V_a^{1.33}}$	(5-38)

续表

资料来源	水平管	公式号	垂直管	公式号
细物料	$K_m=\frac{0.11D}{V_a^{1.25}}$	(5-34)	$K_m=\frac{0.16\ (D-40)}{V_a^{1.33}}$	(5-39)
原粮	$K_m=\frac{0.15D}{V_a^{1.25}}$	(5-35)	$K_m=\frac{0.215D^{0.75}}{V_a^{0.8}}$	(5-40)
刀根英明	$\alpha=\sqrt{\frac{30}{V_a}}+0.3\mu$	(5-36)	$\alpha=\frac{250}{V_a^{1.25}}+0.15\mu$	(5-41)
洛巴耶夫	$\alpha=1+\frac{1.25\mu D}{V_s/V_a}$	(5-37)		

5. 弯头的局部压损 $H_{弯}$

$H_{弯}$（mmH_2O）按下式计算：

$$H_{弯}=\xi_w\rho_a\frac{V_a^2}{2g}(1+K_w\mu) \tag{5-42}$$

式中：ξ_w——纯空气通过弯头时的局部阻力系数，当弯头的曲率半径为 10D 时，ξ_w 为 0.066；当弯头曲率半径为 6D 时，ξ_w 为 0.083；

K_w——弯头附加阻力系数，见表 5-8。

表 5-8　90°弯管局部阻力的附加系数 K_w

弯管空间方位	K_w
垂直向下转向水平	1.0
垂直向上转向水平	1.6
水平转向水平	1.5
水平转垂直向上	2.2
水平转向垂直向上（粉料）	0.7

在气力输送装置中，为减少弯头的压损和壁面的损坏，其曲率半径通常要大于（6～10）D。

6. 恢复物料速度的压损 $H_{复}$

当弯头的方向由垂直向上转向水平时，$H_{复}$（mmH_2O）与输送物料的数量和弯头后面的水平管段的长短有关：

$$H_{复}=\beta\Delta H_{加} \tag{5-43}$$

式中：$H_{加}$——空气加速物料的压损，见式（5-29）；

Δ——输送量系数，其值见表 5-9；

β——弯头后面水平管长度系数，其值见表 5-10。

表 5-9　输送量系数 Δ

输送量/(t/h)	0.5 以上	1.0	2.0	3.0	5.0	5.0 以上
Δ(90°弯头)	0.5	0.35	0.25	0.15	0.1	0.07

表 5-10　长度系数 β

弯头后面的水平管长度/m	1	2	3	4	5
β	0.7	1	1.25	1.4	1.5

当弯头的方向由水平向上转垂直时，$H_{复}$ 可按下式计算：

$$H_{复} = 2\Delta H_{加} \tag{5-44}$$

如果弯头后面没有管道，物料通过弯头后直接进入卸料器，则这项压损就不存在。

7. 提升压损 $H_{升}$

$H_{升}$（mmH_2O）按下式计算：

$$H_{升} = \rho\mu S \tag{5-45}$$

式中：ρ——空气密度，ρ=1.2kg/m^3；

μ——输送质量浓度；

S——物料提升高度（m）。

8. 卸料器的压损 $H_{卸}$

$H_{卸}$（mmH_2O）按下式计算：

$$H_{卸} = \xi_x \rho_a \frac{V_x^2}{2g} \tag{5-46}$$

式中：ξ_x——卸料器阻力系数，见表5-11；

V_x——卸料器进口风速（m/s）。

表 5-11 气力输送系统压损计算公式

压损项目		代号	计算公式	说明
输送物料的压损 $H_{物}$	作业机压损	$H_{机}$	$H_{机}=\varepsilon Q_{秒}^2$	ε 查表5-4。接料器直接从大气进风时，此项不计
	接料器压损	$H_{接}$	$H_{接}=\xi_j\rho_a\frac{V_a^2}{2g}$	ξ_j 见表5-5
	加速物料的压损	$H_{加}$	$H_{加}=iG_{算}$	$G_{算}$ 以t/h计；i 可按表5-6中公式计算
	摩擦压损	$H_{摩}$	$H_{摩}=\frac{\lambda_a}{D}L\frac{V_a^2}{2g}(1+K_m\mu)$	L 包括弯头展开长度在内的输料管长度；K_m 按表5-7中公式计算
	弯头的压损	$H_{弯}$	$H_{弯}=\xi_w\rho_a\frac{V_a^2}{2g}(1+K_w\mu)$	ξ_w、K_w 见表5-8
	恢复速度的压损	$H_{复}$	弯头的方向由垂直向上转向水平 $H_{复}=\beta\Delta H_{加}$；弯头的方向由水平向上转垂直 $H_{复}=2\Delta H_{加}$	Δ 见表5-9；β 见表5-10
	提升物料压损	$H_{升}$	$H_{升}=\rho\mu S$	
	卸料器阻力	$H_{卸}$	$H_{卸}=\xi_x\rho_a\frac{V_x^2}{2g}$	离心式卸料器与离心式除尘器相同；三角箱式卸料器 ξ_x=0.7；圆筒形卸料器取 $H_{卸}$=40～50mmH_2O
辅助系统的压损 $H_{辅}$	除尘器压损	$H_{除}$		
	汇集管连接风	$H_{汇}+H_{管}$		可取30～60mmH_2O

（二）辅助系统的压损 $H_{辅}$ 的计算

空气在辅助系统中的压损 $H_{辅}$（mmH_2O）由空气通过汇集管、连接风管和除尘器的压损三部分组成，即

$$H_{辅}=H_{汇}+H_{管}+H_{除} \tag{5-47}$$

对于式（5-47）中的前两项 $H_{汇}+H_{管}$，可按纯空气的风网计算阻力，也可近似取为 30～60mmH_2O。$H_{除}$ 为除尘器阻力。

以上为气力输送网路的各项压损的计算方法与公式。为使用方便，现将各项压损的计算公式及有关数据集中列于表 5-11。

思考题与计算题

一、思考题

1. 物料颗粒在水平管的悬浮机理及运动状态如何？

2. 影响物料在弯管中运动最终速度的因素有哪些？试分析论述一下。

3. 在两相流理论中将其压损分为哪几部分？各代表什么意义？

二、计算题

某物料颗粒的平均粒径为 0.4mm，密度为 1690kg/m^3。气体的密度为 1.4kg/m^3，平均黏度为 0.37cP。试求其临界流化速度。

（答：6.70×10^{-3}m/s）

第六章　传　热　学

第一节　概　　述

传热（heat transfer）或热交换（heat exchange）是指物体之间或物体内部因温度差而引起的能量转移，又称为热传递。由热力学第二定律可知，凡有温度差存在，热量必然会从高温处向低温处传递。因此，热量传递是自然界中普遍存在的物理现象。

热力学和传热学是两门既有区别又有联系的学科。热力学的任务是研究物质变化引起的能量转化及变化的可能性，确定系统由一种状态到另一状态所需的总能量，亦即研究物质的平衡状态问题；而传热学研究的是能量的传递速率，以便有效、合理地控制传热过程。因此，可以认为传热学是热力学的扩展，只有将两者结合，才可能有效地解决传热问题。

工业化生产中对传热的要求通常有以下两种情况：①强化传热过程，如在各种换热设备中加热或冷却物料，希望热量以期望的速率进行传递，使其达到指定温度；②削弱传热过程，如对设备或管道进行保温，以减少热量损失。而生产过程传热需要解决的问题大致可分为两类：①传热计算，如设计或校核换热器；②改进和强化传热设备。这两个问题常常又是相互联系，为此必须掌握传热的共同规律。

传热学是一门内容极为广泛的学科，学习传热的目的主要是能够分析影响传热速率的因素，掌握控制热量传递速率的一般规律，以便根据生产要求来强化或削弱热量的传递；正确地计算与选择适宜的传热设备及保温措施。

本章主要从传热学的基础入手，重点讨论定态传热过程的基本原理、基本规律以及在食品工业中的应用。

一、传热在食品工业中的应用

传热学在食品工业中的应用十分广泛。传热操作多与其他单元操作结合，或者是作为另一单元的辅助操作。

在规模化食品工业生产中，传热过程既可连续操作，也可间歇进行。连续操作是指系统中不积累能量，即输入能量等于输出能量，又称为定态传热。定态传热的特点是传热速率（单位时间传递的热量）在任何时刻都为常数，并且系统中各点的温度仅随位置变化而与时间无关。间歇操作是指传热系统中半连续或间歇的换热过程，称为非定态传热，其特点是传热系统中各点的温度既随位置变化又随时间变化。

食品工业所用的加热剂或冷却剂多为流体。常用的加热剂有饱和水蒸气、烟道气、热空气、热水和高温载热体等。常用的冷却剂有冷水、空气、冷冻盐水和液氮等。被加工的物体多为液体或固体。

二、传热的三种基本方式

按传热过程的表现形式划分，传热可分为直接接触传热、间接接触传热和蓄积传热三种基本方式，每种传热方式所用换热设备的结构也截然不同。根据传热机制划分，又可分热传导、热对流和热辐射三种基本方式，传热可按照其中的一种或几种方式同时进行。当无外功输入时，热量总是从温度较高的物体传给温度较低的物体，只有在消耗机械功的条件下，才有可能使低温物体向高温物体传递热量，但这是一个外界强制的非自然过程。热传递的推动力为温度差，其平衡极限是温度趋于一致。

（一）热传导

热量从物体内温度较高的部分传递到温度较低的部分或者传递到与之接触的温度较低的另一物体的过程称为热传导（heat conduction），简称导热。导热过程中物体各部分之间不发生相对位移。

从宏观方面看，导热是由于温度差的存在，使热量发生转移的过程。从微观角度看，气体、液体和固体的导热是因为物质的分子、原子和电子在不同温度下热运动的强烈程度不同。所以，当物质体系中存在温度差时，通过物质分子、原子和电子的振动、位移和相互碰撞而发生能量传递。

气体的导热是气体分子作不规则热运动时相互碰撞的结果。因高温区的分子运动速度比低温区的大，能量水平较高的分子与能量水平较低的分子相互碰撞，热量就从高温处传到低温处。导电固体与非导电固体的导热机制也有所不同，导电固体中的自由电子在晶格之间运动，将热能从高温处传递到低温处。而非导电固体中的导热是通过晶格结构的振动来实现的，温度较高部分的分子因振动而将能量的一部分传给相邻的分子。一般来说，通过晶格振动传递的能量要比依靠自由电子迁移传递的能量少，这就是为什么良好的导电体往往也是良好的导热体的原因。至于液体的导热机制，较多的研究者认为类似于非导电固体。总之，目前关于导热过程的微观机制还不是非常清楚。本节中仅讨论导热现象的宏观规律。

（二）热对流

热对流（heat convection）也称对流传热，是指因流体各部分质点发生相对位移而引起的热量传递过程。在工业化生产中的对流传热主要是流体通过固体壁面时，在流体与固体之间的热能交换。

流体质点发生位移的原因有两种：①因流体内部的温度不同而引起；②外力作用所致。根据流体质点相对位移原因的不同，对流又分为强制对流和自然对流。借水泵、风机或其他外力作用使流体对流而传热的称为强制对流传热；因受热而形成局部密度差异，在浮升力的作用下流体发生对流传热，则称为自然对流传热。在同一种流体中，在流体进行强制对流传热的同时也伴随着自然对流传热。

（三）热辐射

热辐射（heat radiation）也称辐射传热，是一种以电磁波传递能量的现象。物体放热时，热能变为辐射能，以电磁波的形式发射而在空间传播，当遇到另一低温物体时，则部分或全部被其吸收，重新又转变为热能。任何物体只要热力学温度不为零，都能将热能以电磁波的形式发出。虽然在热力学温度零度以上都能发射辐射能，但只有在物体温度较高时，热辐射才能成为主要的传热方式。因此，辐射不仅是能量的转移，而且伴随有能量形式的转化。此外，辐射传热不需任何介质作媒介，它可以在真空中传播。

自然界中一切物体都在不停地向外界发射辐射能，同时又不断地吸收来自外界的辐射能。因高温物体发射的能量比吸收的多，从而使净热量从高温物体传向低温物体。

上述三种基本传热方式在实际过程中常常不是单独存在的，通常是两种或三种传热方式相组合，称为复合传热。

第二节 热 传 导

一、热传导的基本概念和傅里叶定律

（一）温度场和等温面

1. 温度场

物体内部或物体间只要各点间存在温度差，热就会从高温点向低温点传导，即产生热流。而热流的大小取决于物体内部温度的分布情况。任一瞬间物体间或系统内各点的温度分布称为温度场（temperature distribution）。

一般情况下，物体内部任一点的温度为该点的空间位置（空间坐标 x、y、z）和时间（τ）的函数，故温度场的数学表达式为

$$t = f(x, y, z, \tau) \tag{6-1a}$$

式中：x、y、z —— 物体内任一点的空间坐标；

t —— 温度（℃或 K）；

τ —— 时间（s）。

各点的温度随时间而改变的温度场称为非定态温度场，相应的传热称为非定态热传导。若各点的温度不随时间而改变，即称为定态温度场，相应的传热称为稳定传热。稳定传热的特点是通过某传热表面的传热速率为常量，食品工业中大部分情况下的连续生产均为稳定热传导过程。定态温度场的数学表达式为

$$t = f(x, y, z) \qquad \frac{\partial t}{\partial \tau} = 0 \tag{6-1b}$$

在特殊的情况下，若物体内的温度仅沿一个坐标方向发生变化，此温度场称为一维温度场。对于一维的稳定传热，则有

$$t = f(x) \qquad \frac{\partial t}{\partial \tau} = 0 \qquad \frac{\partial t}{\partial y} = \frac{\partial t}{\partial z} = 0 \tag{6-1c}$$

2. 等温面

温度场中同一时刻下相同温度各点所组成的面称为等温面（isothermal surface）。由于某瞬间空间任一点不能同时有两个不同温度，故温度不同的等温面彼此不能相交。此外，在同一等温面上温度处处相等，因而沿等温面无热量传递，而沿与等温面相交的任何方向，因温度发生变化则有热量的传递。温度随距离的变化程度以沿与等温面垂直的方向为最大。

对于一维温度场，等温面 x 及（$x+\Delta x$）的温度分别为 $t(x, \tau)$ 及 $t(x+\Delta x, \tau)$，则两等温面之间的平均温度变化率为

$$\frac{t(x+\Delta x, \tau) - t(x, \tau)}{\Delta x}$$

例如，圆柱形食品罐头加热时，罐内温度除与时间 τ 有关外，只与离罐中心轴的距离以及沿轴的高度有关，因此属于二维温度场传热过程。

（二）温度梯度

相邻两等温面的温度差 Δt 与两面间的垂直距离 Δn 比值的极限称为温度梯度（temperature gradient）。其数学定义式为

$$\mathrm{grad}t = \lim_{\Delta n \to 0} \frac{\Delta t}{\Delta n} = \frac{\vec{\partial t}}{\partial n} \tag{6-2}$$

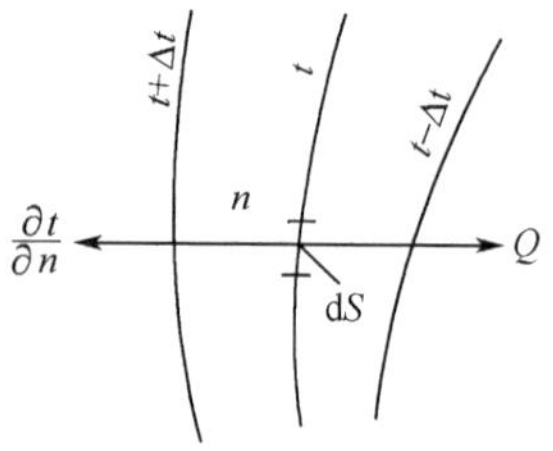

图 6-1　温度梯度与热流方向的关系

温度梯度为向量，它的正方向是指向温度增加的方向，如图 6-1 所示。

温度梯度的值沿温度增加方向为正，沿温度降低方向为负，它表示某点温度变化的剧烈程度。

（三）热扩散率

在均匀固体中，热传导的微分方程为

$$\frac{\partial t}{\partial \tau} = a\left(\frac{\partial^2 t}{\partial x^2} + \frac{\partial^2 t}{\partial y^2} + \frac{\partial^2 t}{\partial z^2}\right) \tag{6-3}$$

$$a = \frac{\lambda}{c_p \rho} \tag{6-4}$$

式中：a ——热扩散率（thermal diffusivity）（m^2/s）；

λ ——热导率，又称热导率[$W/(m \cdot K)$]；

c_p——定压比热容[$J/(kg \cdot K)$]；

ρ ——流体密度（kg/m^3）。

热扩散率 a 是物体热惯性的特征，其值越小，表示热惯性越大。水是热惯性最大的物质之一。在 90℃、0.1MPa 下，水的热扩散率为 $1.38 \times 10^{-7} m^2/s$。

（四）傅里叶定律和热导率

1. 傅里叶定律

物体内部热流的产生是温度梯度存在的结果，且热流的方向与温度降低的方向一致。单位时间内传导的热量与温度梯度及垂直于热流方向的截面积成正比，即

$$\mathrm{d}Q \propto -\mathrm{d}A \frac{\partial t}{\partial n} \tag{6-5a}$$

或

$$\mathrm{d}Q = -\lambda \mathrm{d}A \frac{\partial t}{\partial n} \tag{6-5b}$$

式中：Q ——单位时间传导的热量，简称热传导速率（W）；

A ——导热面积，即垂直于热流方向的表面积（m^2）；

λ ——热导率[$W/(m \cdot K)$]；

$-\dfrac{\partial t}{\partial n}$——温度梯度（K/m）。

负号表示热流方向与温度梯度方向相反。

式（6-5a）和式（6-5b）称为傅里叶（Fourier）定律。据此定律，单位时间内单位传热面积传导的热量与温度梯度也成正比，因此傅里叶定律又可表示为

$$q = -\lambda \frac{\partial t}{\partial n} \tag{6-5c}$$

式中：q——热通量（又称热流密度）（W/ m^2）。

2. 热导率

热导率（heat conductivity）是表示物质导热能力大小的物性参数，是分子微观运动的一种宏观表现，物理意义为当导热面积为 1 m^2、温度梯度为 1 K/m 时，单位时间内以热传导方式传递的热量。各种物质的热导率差别很大，一般情况下，金属的热导率最大，固体非金属次之，液体较小，气体最小，常见材料的热导率可查阅相关手册。

二、平壁的热传导

（一）单层平壁热传导

如图 6-2 所示，设有一单层无限大平壁，材料均匀，壁厚 b 和热导率为定值。壁内温度只沿垂直于壁面的 x 轴方向发生变化，即温度场为一维温度场。若壁面两侧的温度 t_1 和 t_2 不随时间而变化，则该平壁的热传导为一维稳定热传导，热传导过程的传热速率为常量。根据傅里叶定律，通过此平壁的热传导速率 Q 可由式（6-5b）改写成

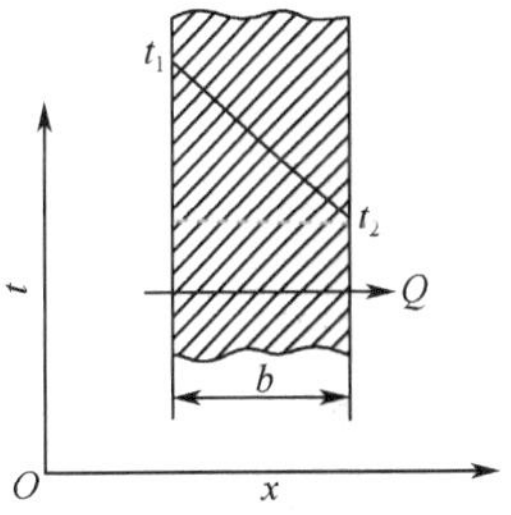

图 6-2　单层平壁的稳定热传导

$$Q = -\lambda A \frac{\mathrm{d}t}{\mathrm{d}x} \tag{6-6}$$

若材料的热导率不随温度而变化，边界条件为 $x=0$ 时，$t = t_1$；$x = b$ 时，$t=t_2$。又 $t_1 > t_2$，则对式（6-6）积分得

$$Q\int_0^b \mathrm{d}x = -\lambda A \int_{t_1}^{t_2} \mathrm{d}t$$

整理得

$$Q = \frac{\lambda}{b} A (t_1 - t_2) \tag{6-7a}$$

或

$$Q = \frac{t_1 - t_2}{\dfrac{b}{\lambda A}} = \frac{\Delta t}{R} \tag{6-7b}$$

或

$$q = \frac{Q}{A} = \frac{t_1 - t_2}{\dfrac{b}{\lambda}} = \frac{\Delta t}{r} \tag{6-7c}$$

式中：b——平壁厚度（m）；

Δt——温度差，导热推动力（℃或 K）；

R——导热热阻（℃/W 或 K/W），$R=\dfrac{b}{\lambda A}$；

r——单位传热面积的导热热阻（m^2 · ℃/W 或 m^2 · K/W），$r=\dfrac{b}{\lambda}$。

由式（6-7c）可见，热传导的热通量 q 等于温度降与热阻之比；热传导距离越大，则导热热阻也越大。

在 λ 为常数的情况下，将傅里叶定律积分式［式（6-7a)］推广至任意等温面，可得定态一维热传导在任一位置上温度 t 的分布式为

$$t = t_1 - \frac{t_1 - t_2}{b}x \tag{6-8}$$

式（6-8）表明：λ 为常数时，单层平壁内温度是呈线性变化的。

热阻的概念对传热过程的分析和计算都是十分有用的。由于系统中任一段的热阻与该段的温度差均成正比，利用这一关系可以计算界面温度或物体内的温度分布。反之，也可根据温度分布情况判断各部分热阻的大小。

虽然热导率是温度的函数，但工程上计算热通量或导热速率时，热导率按常数处理时误差不变，还可大大简化计算过程。

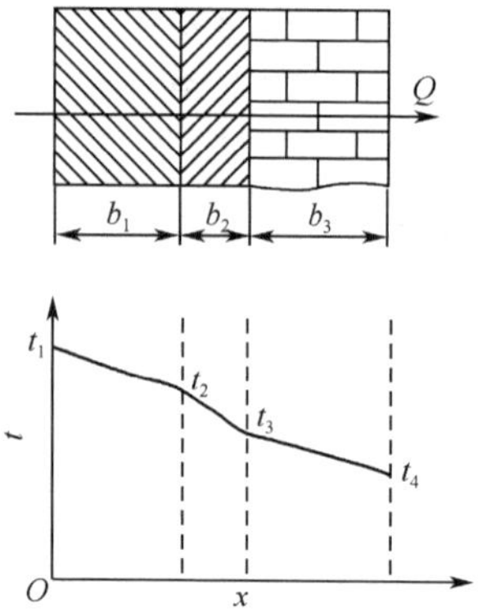

图 6-3　三层平壁的稳定热传导

（二）多层平壁的热传导

工业上常遇到的是多层平壁。在多层平壁中，热传导的计算公式可按上述同样的方法推导而得。

现以三层平壁为例，如图 6-3 所示。平壁的面积为 A，各层平壁的厚度分别为 b_1、b_2、b_3，材料的热导率分别为 λ_1、λ_2、λ_3。假设层与层之间接触良好，壁面温度依次为 t_1、t_2、t_3、t_4，且 $t_1>t_2>t_3>t_4$；各层的温度差分别为 $\Delta t_1=(t_1-t_2)$，$\Delta t_2=(t_2-t_3)$，$\Delta t_3=(t_3-t_4)$。

稳定传热条件下，通过各层热传导速率相等，即

$$Q = Q_1 = Q_2 = Q_3 = 常数$$

则有

$$Q = \frac{\Delta t_1}{\dfrac{b_1}{\lambda_1 A}} = \frac{\Delta t_1}{R_1} = \frac{\Delta t_2}{\dfrac{b_2}{\lambda_2 A}} = \frac{\Delta t_2}{R_2}$$

$$= \frac{\Delta t_3}{\dfrac{b_3}{\lambda_3 A}} = \frac{\Delta t_3}{R_3} \tag{6-9}$$

式中：R_1、R_2、R_3 分别为各层的热阻。将上三式相加，整理得

$$Q=\frac{\Delta t_1+\Delta t_2+\Delta t_3}{R_1+R_2+R_3}=\frac{t_1-t_4}{\dfrac{b_1}{\lambda_1 A}+\dfrac{b_2}{\lambda_2 A}+\dfrac{b_3}{\lambda_3 A}} \tag{6-10a}$$

若推广到 n 层平壁，则得

$$Q=\frac{t_1-t_{n+1}}{\sum\limits_{i=1}^{n}R_i}=\frac{t_1-t_{n+1}}{\sum\limits_{i=1}^{n}\dfrac{b_i}{\lambda_i A}} \tag{6-10b}$$

由于是平壁定态传热，同理，各层热传导速率相等则热通量也相等，n 层串联平壁定态热传导公式为

$$q=\frac{t_1-t_{n+1}}{\sum\limits_{i=1}^{n}r_i}=\frac{t_1-t_{n+1}}{\sum\limits_{i=1}^{n}\dfrac{b_i}{\lambda_i}} \tag{6-11}$$

式中：$\Delta t=(t_i-t_{n+1})$ ——传热温度差，热传导推动力（K）；

$r=b_i/\lambda_i$—— 单位传热面积的导热热阻（$m^2 \cdot K/W$）。

例 6-1　某冷库（图 6-4）外壁内、外层砖壁厚度为 12cm，中间夹层厚 10cm，填以绝缘材料。砖墙的热导率为 0.70 W/(m·K)，绝热材料的热导率为 0.04 W/(m·K)。墙的外表面温度为 10℃，内表面温度为－5℃。计算进入冷库的热流密度及绝热材料与砖墙的两接触面上的温度。

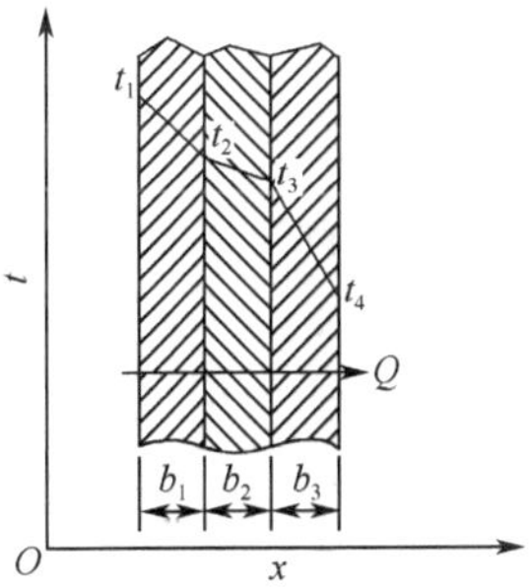

图 6-4　例 6-1 附图

解　依题意，已知墙的内、外表面温度分别为

$$t_1=10℃\qquad t_4=-5℃$$

各层材料的厚度和热导率分别为

$$b_1=b_3=0.12m\qquad \lambda_1=\lambda_3=0.70W/(m\cdot K)$$

$$b_2=0.10m\qquad \lambda_2=0.040W/(m\cdot K)$$

按热通量公式［式（6-11）］计算 q 值：

$$q=\frac{t_1-t_4}{\dfrac{b_1}{\lambda_1}+\dfrac{b_2}{\lambda_2}+\dfrac{b_3}{\lambda_3}}=\frac{10-(-5)}{\dfrac{0.12}{0.70}+\dfrac{0.10}{0.04}+\dfrac{0.12}{0.70}}$$

$$=\frac{15}{0.171+2.5+0.171}=5.28(W/m^2)$$

按温度差分配计算两接触面上的温度 t_2、t_3 分别为

$$t_2=t_1-q\frac{b_1}{\lambda_1}=10-5.28\times\frac{0.12}{0.70}=9.1(℃)$$

$$t_3=q\frac{b_3}{\lambda_3}+t_4=5.28\times\frac{0.12}{0.70}+(-5)=-4.1(℃)$$

（三）接触热阻

上面讨论的多层平壁的计算中，假设层与层之间的接触情况良好，两接触表面具有相同的温度。但实际上，不同材料所构成的物体界面，由于其表面比较粗糙，在接触面上只能是

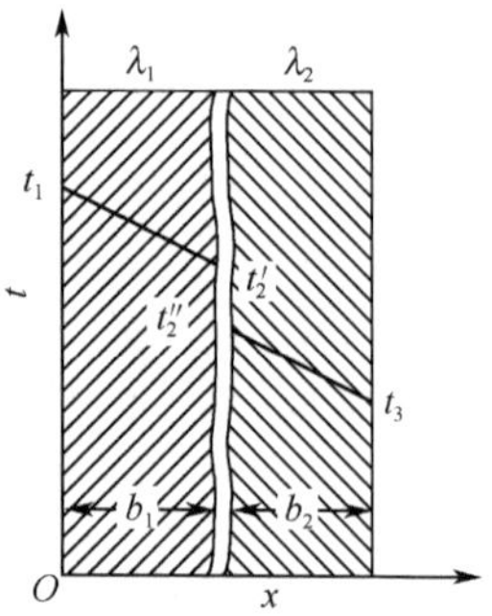

图 6-5　实际界面接触热阻的影响

有限点的接触，如图 6-5 所示。层与层之间的一层空气隙形成了附加热阻层，这项附加的热阻称为接触热阻（thermal contact resistance）。由于接触热阻的存在，交界面两侧的温度不再相等，一般情况下，气体的热导率很小，接触面上就可能出现温度的突跃。若以 r_0 表示单位传热面的接触热阻，通过两层平壁的热通量变为

$$q=\frac{t_1-t_3}{\dfrac{b_1}{\lambda_1}+r_0+\dfrac{b_2}{\lambda_2}} \tag{6-12}$$

接触热阻与接触面材料、表面粗糙度及接触面上压强等因素有关，目前还没有可靠的理论或经验计算公式，主要依靠实验测定。

三、圆筒壁的热传导

食品工业生产中常遇到圆筒壁的热传导，如各种传热管道、换热器的管子和外壳都是圆筒形的。圆筒壁热传导与平壁热传导的不同之处在于圆筒壁的传热面积不是常量，而是随半径而变，同时温度也随半径而变。

（一）单层圆筒壁的稳定热传导

单层圆筒壁的稳定热传导如图 6-6 所示。设其长度为 L，内半径为 r_1，外半径为 r_2，筒壁热导率为 λ，内、外表面温度 t_1、t_2 为定值，且 $t_1>t_2$。因为温度只沿径向 r 变化，所以温度场仍为一维的，其等温面是与筒壁同轴的圆柱面。现选取一半径为 r、厚度为 $\mathrm{d}r$ 的环形薄壁，根据傅里叶定律，通过此薄壁层的热流量 Q 为

$$Q=-\lambda A\frac{\mathrm{d}t}{\mathrm{d}r}=-\lambda(2\pi rL)\frac{\mathrm{d}t}{\mathrm{d}r} \tag{6-13a}$$

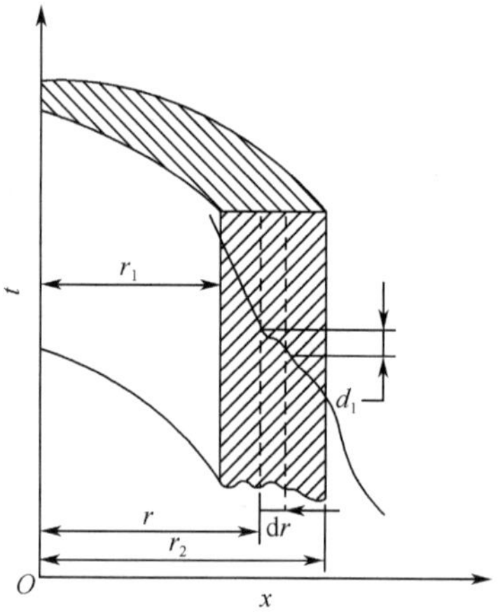

图 6-6　单层圆筒壁的稳定热传导

在圆筒壁的情形下，稳定热传导时，径向通过上述任意 r 处薄壁的流量 Q 是相同的，而通过的热通量 q 则随等温面面积的变化而变化，故式（6-13a）分离变量后积分可得

$$Q\int_{r_1}^{r_2}\frac{\mathrm{d}r}{r}=-2\pi\lambda L\int_{t_1}^{t_2}\mathrm{d}t$$

若 $t_1>t_2$，得

$$Q=2\pi\lambda L\frac{t_1-t_2}{\ln\dfrac{r_2}{r_1}}=\frac{t_1-t_2}{\dfrac{\ln\dfrac{r_2}{r_1}}{2\pi\lambda L}}=\frac{t_1-t_2}{R} \tag{6-13b}$$

式中：$R=\dfrac{\ln\dfrac{r_2}{r_1}}{2\pi\lambda L}$ —— 圆筒壁的导热热阻（K/W）。

式（6-13b）即为单层圆筒壁稳定热传导速率方程式。该式也可以写成与平壁热传导速率方程类似的形式，即

$$Q=\frac{2\pi L(r_2-r_1)\lambda(t_1-t_2)}{(r_2-r_1)\ln\dfrac{r_2}{r_1}}=2\pi r_{\mathrm{m}}L\lambda\frac{t_1-t_2}{b}$$

$$=\lambda A_{\mathrm{m}}\frac{t_1-t_2}{b}=\frac{t_1-t_2}{\dfrac{b}{\lambda A_{\mathrm{m}}}} \qquad (6\text{-}13\mathrm{c})$$

式中：b——圆筒壁的厚度（m），$b=r_2-r_1$；

r_{m}——圆筒壁的对数平均半径（m），$r_{\mathrm{m}}=\dfrac{r_2-r_1}{\ln\dfrac{r_2}{r_1}}$；

A_{m}——圆筒壁的对数平均面积（m^2），$A_{\mathrm{m}}=2\pi r_{\mathrm{m}}L$。

当 $r_2/r_1<2$ 时，r_{m} 取算术平均值即可；当 $t_1<t_2$ 时，即热量由外向内传导，式（6-13c）仍然正确。

同理可得，单层圆筒壁稳定热传导热通量为

$$q=\frac{Q}{A_{\mathrm{m}}}=\frac{t_1-t_2}{\dfrac{b}{\lambda}} \qquad (6\text{-}14)$$

对于任意半径 r 处有

$$Q=\frac{2\pi L\lambda}{\ln\dfrac{r}{r_1}}(t_1-t) \qquad (6\text{-}15\mathrm{a})$$

故该处的壁温为

$$t=t_1-\frac{\ln\dfrac{r}{r_1}}{\ln\dfrac{r_2}{r_1}}(t_1-t_2) \qquad (6\text{-}15\mathrm{b})$$

可见，圆筒壁稳定热传导的壁温不是线性分布，而是按对数规律分布的。

（二）多层圆筒壁的稳定热传导

多层材料组成的圆筒壁在食品工程中也是十分常见的，如蒸气管道的保温、换热管壁结垢等，均属于多层圆筒壁导热问题。现以三层圆筒壁为例（图 6-7），讨论其传热规律。

当过程为稳定热传导时，根据热量守恒定律，通过各层的导热速率相等，即

$$Q=Q_1=Q_2=Q_3=\text{常数}$$

即

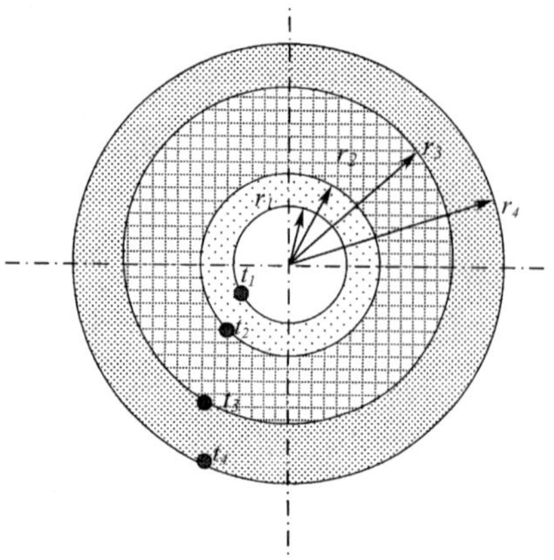

图 6-7　三层串联圆筒壁

$$Q = 2\pi L\lambda_1 \frac{t_1 - t_2}{\ln\frac{r_2}{r_1}} = 2\pi L\lambda_2 \frac{t_2 - t_3}{\ln\frac{r_3}{r_2}} = 2\pi L\lambda_3 \frac{t_3 - t_4}{\ln\frac{r_4}{r_3}} \tag{6-16a}$$

或

$$Q = \frac{t_1 - t_2}{\frac{b_1}{\lambda_1 A_{m1}}} = \frac{t_2 - t_3}{\frac{b_2}{\lambda_2 A_{m2}}} = \frac{t_3 - t_4}{\frac{b_3}{\lambda_3 A_{m3}}} \tag{6-16b}$$

由合比定律得

$$Q = \frac{2\pi L(t_1 - t_4)}{\frac{1}{\lambda_1}\ln\frac{r_2}{r_1} + \frac{1}{\lambda_2}\ln\frac{r_3}{r_2} + \frac{1}{\lambda_3}\ln\frac{r_4}{r_3}} \tag{6-17a}$$

或

$$Q = \frac{t_1 - t_4}{\frac{b_1}{\lambda_1 A_{m1}} + \frac{b_2}{\lambda_2 A_{m2}} + \frac{b_3}{\lambda_3 A_{m3}}} \tag{6-17b}$$

依此类推，n 层圆筒壁热传导公式为

$$Q = \frac{2\pi L(t_1 - t_{n+1})}{\sum_{i=1}^{n}\frac{1}{\lambda_i}\ln\frac{r_{i+1}}{r_i}} = \frac{t_1 - t_{n+1}}{\sum_{i=1}^{n}\frac{b_i}{\lambda_i A_{mi}}} \tag{6-18}$$

分界面壁温可按式（6-16b）逐层算出。

例 6-2　外径 d_1=100mm 的蒸气管覆有两层均为 25mm 的绝热缘层。内层材料为氧化镁保温层，λ_1=0.07W/(m·K)，外层是石棉保温层，λ_2=0.087W/(m·K)，保温层外表面温度为 40℃，蒸气管外表面温度为 200℃。求每米蒸气管的热损失及两绝热层接触面的温度。

解　依题意，已知各层半径分别为

$$r_1 = 0.05\text{m} \qquad r_2 = 0.075\text{m} \qquad r_3 = 0.10\text{m}$$

故

$$\ln\frac{r_2}{r_1} = 0.406 \qquad \ln\frac{r_3}{r_2} = 0.288$$

应用式（6-17a），每米蒸气管的热损失为

$$\frac{Q}{L} = \frac{2\pi(t_1 - t_3)}{\frac{1}{\lambda_1}\ln\frac{r_2}{r_1} + \frac{1}{\lambda_2}\ln\frac{r_3}{r_2}} = \frac{2\times 3.14\times(200-40)}{\frac{1}{0.07}\times 0.406 + \frac{1}{0.087}\times 0.288} = 110(\text{W/m})$$

依据式（6-16a），两绝热层的接触面温度为

$$t_2 = t_1 - \frac{Q}{2\pi L}\frac{1}{\lambda_1}\ln\frac{r_2}{r_1} = 200 - \frac{110}{2\times 3.14}\times 5.79 = 98.6(℃)$$

例 6-3 外径 $d_1=140\text{mm}$ 的蒸气管道外包裹保温材料，以减少热损失。蒸气管外壁温度为390℃，保温层外表温度不大于40℃。保温材料的 λ 和 T 的关系为 $\lambda=0.1+0.0002t$ [t 的单位为℃，λ 的单位为W/(m·℃)]。若要求每米管长的热损失 Q/L 不大于450W/m，试求保温层的厚度及保温层中的温度分布。

解 依题意已知

$$r_1=0.07\text{m} \qquad t_1=390℃ \qquad t_2=40℃$$

保温层在平均温度下的热导率为

$$\lambda=0.1+0.0002\times\left(\frac{390+40}{2}\right)=0.143[\text{W}/(\text{m}\cdot℃)]$$

保温层厚度。将式（6-16a）改写为

$$\ln\frac{r_2}{r_1}=\frac{2\pi\lambda(t_1-t_2)}{Q/L}$$

$$\ln r_2=\frac{2\pi\times0.143\times(390-40)}{450}+\ln 0.07$$

即

$$r_2=0.141(\text{m})$$

保温层厚度为

$$b=r_2-r_1=0.141-0.07=0.071(\text{m})$$

保温层中的温度分布。设保温层半径 r 处的温度为 t，利用式（6-16a）可得

$$\frac{2\pi\times0.143\times(390-t)}{\ln\dfrac{r}{0.07}}=450$$

解上式并整理，得保温层中的温度分布为

$$t=-501\ln r-942$$

例6-3计算结果表明，对于一定热导率的圆筒壁而言，其壁内温度的分布与半径呈对数关系。

（三）保温层的临界直径

在食品工厂中常需将管路保温，以减少热量或冷量的损失。保温的方法通常是在管道外包一层或多层绝热材料。通常，热损失随保温层厚度的增加而减少。但是在某些情况下，如在小直径管外包裹性能不好的保温材料时，热损失 q_L 可能反而随保温层厚度的增加而增加。这是由于当保温层厚度增大时，传热面积随之加大，使热损失加大。如果保温层的热阻增大导致的热损失减少不足以补偿传热面积增加导致的热损失增加，则总的净热损失便会增加。实际上存在临界半径 d_c，当保温层的外半径达到临界半径时，热损失最大，只有外半径大于临界半径时，才能使热损失 q_L 减少，如图6-8所示。

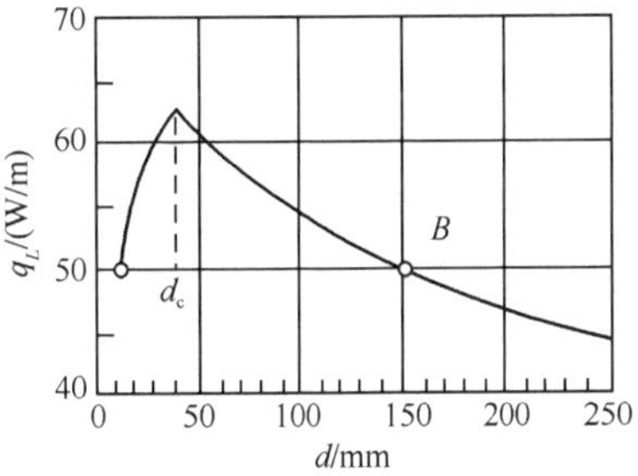

图 6-8 保温层的临界半径与热损失的关系

第三节 对 流 传 热

流体与固体壁面的传热过程称为对流传热（convection heat exchange）。

在食品工业生产中，对流传热占有极其重要的地位，其传热过程和传热速率与诸多因素

有关。根据流体在传热过程中的状态，对流传热可分为如下两类：

1）流体无相变的对流传热。流体在传热过程中无相变发生，依流体流动原因不同可分为两种情况：①强制对流传热：流体因外力作用而引起的流动；②自然对流传热：仅因温度差产生的流体内部密度差而引起的流体对流流动。

2）流体有相变的对流传热。流体在传热过程中发生的相变也分为两种情况：①蒸气冷凝：气体在传热过程中全部或部分冷凝成液体；②液体沸腾：液体在传热过程中沸腾气化，部分液体转变成气体。

上述几类对流传热过程的机制不尽相同，影响对流传热速率的因素也有所区别。

一、对流传热的基本概念

在食品工业生产中遇到的大多是热流体通过固体表面与冷流体进行热交换。其间有热流体与壁面间、壁面的一侧与另一侧间、壁面与冷流体间的热交换，如图 6-9 所示。这种热交换是热对流与热传导联合作用的结果，总称为对流传热。

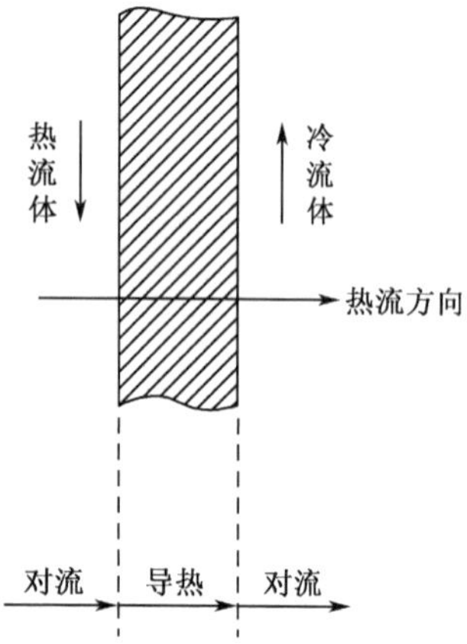

图 6-9　冷、热流体通过间壁的传热过程

（一）对流传热速率方程

对流传热是一个复杂的传热过程，严格的用纯理论进行计算是相当困难的，目前工程上仍采用比较简单的办法——半经验半理论方法处理。

若以热流体与固体壁面间的对流传热为例，设流体温度大于壁面温度，则对流传热速率方程可以表示为

$$\mathrm{d}Q = \alpha_1 (T_\mathrm{h} - T_\mathrm{w})\mathrm{d}A_1 = \frac{T_\mathrm{h} - T_\mathrm{w}}{\dfrac{1}{\alpha_1 \mathrm{d}A_1}} \tag{6-19a}$$

式中：$\mathrm{d}Q$——局部对流传热速率（W）；

$\mathrm{d}A_1$——微元传热面积（m^2）；

T_h——换热器任一截面上热流体的平均温度（K）；

T_w——换热器任一截面上与热流体接触一侧的壁面温度（K）；

α_1——比例系数，称为局部对流传热系数[$\mathrm{W/(m^2 \cdot K)}$]。

式（6-19a）称为牛顿冷却定律。该式采用了微分形式，是因为不同壁面处温度差不同，式中的量均为局部的参数。α_1 也为局部对流传热系数，但在实际工程计算中通常采用平均值。此时，牛顿冷却定律可以写成

$$Q = \alpha_1 A_1 \Delta T = \frac{\Delta T}{\dfrac{1}{\alpha_1 A_1}} \tag{6-19b}$$

式中：$\dfrac{1}{\alpha_1 A_1}$——对流传热热阻（K/W）；

ΔT——流体与壁面间的平均温差（℃或 K）。

同理，若流体温度小于壁面温度，则对流传热速率方程可以表示为

$$Q = \alpha_2 A_2 (t_w - t_h) = \frac{\Delta t}{\dfrac{1}{\alpha_2 A_2}} \tag{6-19c}$$

注意式（6-19c）中表面传热系数必然是与传热面积以及温度差相对应的。

用牛顿冷却定律公式表达复杂的对流传热问题，为搞清各因素与对流传热过程和对流传热系数的关系，必须针对具体情况对传热过程的机制进行分析。对复杂的对流传热系数的研究和有关 α 关联式的计算将在下一节中讨论，本节只结合流体无相变时强制流过平壁时的对流传热进行初步讨论。

（二）对流传热系数

由牛顿冷却定律公式可得对流传热系数的定义式为

$$\alpha = \frac{Q}{A\Delta t} \tag{6-20}$$

其物理意义为：单位温度差下，单位传热面积的对流传热速率。对流传热系数与热导率 λ 不同，它不是流体的物性，而是受多种因素影响的一个参数。表 6-1 给出了几种典型的对流传热系数范围，这些经验值可作为传热过程计算的参考。

表 6-1 各种换热方式对流传热系数值的范围

换热方式	α/[W/(m^2·K)]	换热方式	α/[W/(m^2·K)]
空气自然对流	5～25	水蒸气冷凝	5000～15 000
气体强制对流	20～100	有机蒸气冷凝	500～2000
水自然对流	200～1000	水沸腾	2500～25 000
水强制对流	1000～15 000	水蒸发	2300～23 000
氨蒸发	2300～23 000	氨冷凝	5100～9100
牛奶在水平冷却器内流过	1100～3700	空气流过壁面	
空气在 Φ25mm(u=3m/s)	40	自然对流	9.4
水在 Φ25mm(u=1.2m/s)	5300	风速 6.7m/s	34

二、对流传热机制

（一）对流传热分析

当物料被加热或冷却时，常用另一种流体来供给或取走热量。这种用于加热或冷却物料的流体称为载热体。起加热作用的称为加热剂，起冷却作用的称为冷却剂。因冷、热两种流体在换热过程中不能混合，所以要通过间壁式换热器来进行热交换。图 6-10 中冷、热流体分别在间壁的两侧，热流体放出热量，温度由 T_1 下降至 T_2，冷流体通过间壁吸收热量，温度由 t_2 上升至 t_1。冷、热流体沿壁面平行流动，流动方向彼此相反，称为逆流。若方向相同，则称为并流。

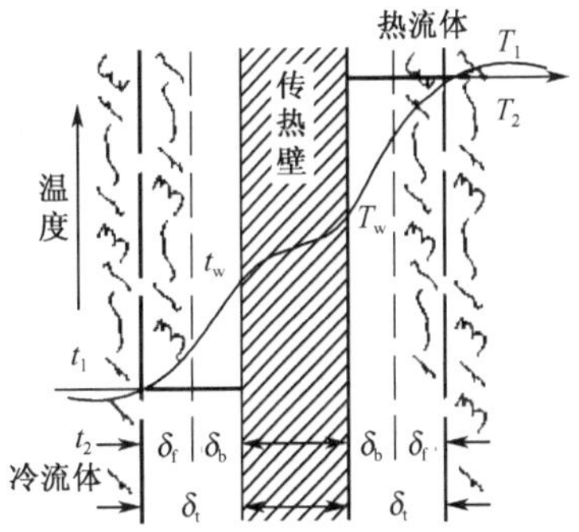

图 6-10 对流传热时沿热流方向的温度分布及传热边界层

在第一章中曾指出，流体流经固体表面时可形成流动边界层，因此，在层流内层中，沿壁面的法线方向上没有对流传热，热量的传递仅靠流体的热传导。由于流体的热导率较小，该层中温度梯度较大。在湍流主体中，由于流体质点剧烈混合，温度差极小，各处的温度基本相同。在缓冲层内，热传导和对流传热均起作用。

由上述分析可得出结论：对流传热的热阻主要集中在层流内层中。因此，降低层流内层的厚度是强化对流传热的重要途径。

（二）传热边界层的概念

流体流动时，不论是层流还是湍流，当流体自由流的温度和壁面的温度不同时，也必然会形成热边界层，称为温度边界层（temperature boundary layer）。

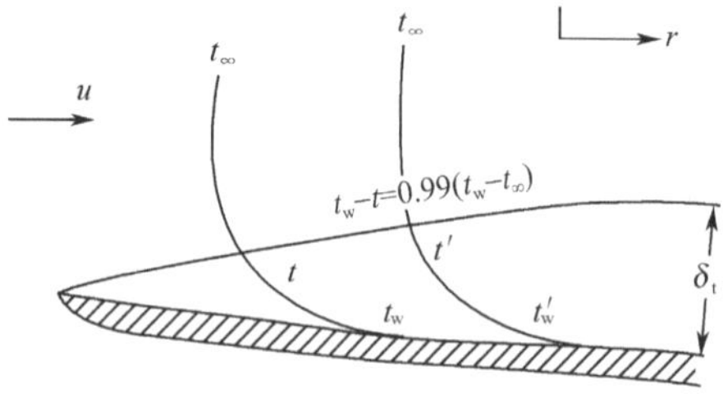

图 6-11　平板上的热边界层的形成与发展

当温度为 t_∞ 的流体在表面温度为 t_w 的平板上流过时，流体和平板间进行热交换。实验表明，在大多数情况下（热导率很大的流体除外），流体的温度仅在靠近板面的薄层中有显著的变化，将此薄层定义为热边界层。在热边界层以外的区域，流体温度基本一致，即温度梯度可视为零。热边界层的厚度用 δ_t 表示。显然，热边界层是进行对流传热的主要区域。平板上热边界层的形成和发展如图 6-11 所示。

大多数情况下，流动边界层的厚度 δ 大于热边界层的厚度 δ_t。对流传热时，流体从主流到壁面的传热可视为稳定的传热过程，由于热阻集中于传热边界层中，因此，从流体主流到壁面，流体的温度变化主要集中在传热边界层内，过渡层温度变化较小，湍流核心温度趋于平坦。

由图 6-11 可看出，热边界层越薄则层内的温度梯度越大。若热边界层中的温度梯度用 $(\mathrm{d}t/\mathrm{d}y)_w$ 表示，由于通过这一薄层的传热只能是流体间的热传导，因此传热速率用傅里叶定律表示，即

$$\mathrm{d}Q=-\lambda \mathrm{d}A\left(\frac{\mathrm{d}t}{\mathrm{d}y}\right)_w \tag{6-21}$$

式中：λ——流体热导率［W/（m·K)］；

y——与壁面相垂直方向上的距离（m）；

$\left(\frac{\mathrm{d}t}{\mathrm{d}y}\right)_w$——壁面附近流体层内温度梯度（K/m）。

联立式（6-20）和式（6-21），可得

$$\alpha=-\frac{\lambda}{t-t_w}\left(\frac{\mathrm{d}t}{\mathrm{d}y}\right)_w=-\frac{\lambda}{\Delta t}\left(\frac{\mathrm{d}t}{\mathrm{d}y}\right)_w \tag{6-22}$$

式（6-22）是对流传热系数 α 的另一定义式。该式表明，对于一定的流体和温度差，只要知道壁面附近的流体层的温度梯度，就可以用该式求得 α 值。显然，由于影响 $(\mathrm{d}t/\mathrm{d}y)_w$ 的因素很复杂，目前仅能获得极少数较简单条件下 α 的分析解，其他情况仍需通过经验公式来计算。但式（6-22）是理论上分析和计算 α 值的基础。

热边界层的厚薄影响层内的温度分布，因而影响温度梯度。当边界层内、外侧的温度差一定时，热边界层越薄，则 $(\mathrm{d}t/\mathrm{d}y)_w$ 越大，因而 α 值就越大。反之则相反。

流体在管内流动时，热边界层的发展过程也与流动边界层相似。但是温度分布与速度分布不同，当管子再增加时，温度分布将逐渐变得更为平坦；当通过很长的管子后，温度梯度可能消失，此时传热也就停止了。

三、对流传热系数 α 关联式的确定

（一）影响对流传热的因素

实验表明，影响对流传热系数的因素有以下几个方面：

1）流体的种类和相变化的情况。液体、气体和蒸气的传热机制不同，因此对流传热系数也不同，牛顿型流体和非牛顿型流体也是如此。流体传热过程有无相变化，对传热会有显著的影响；传热表面的情况对沸腾传热也有较大的影响等。

2）自然对流和强制对流。设流体密度 ρ_1 和 ρ_2 分别代表温度为 t_1 和 t_2 两点时的密度，则液体因密度差而产生的升力为（$\rho_1-\rho_2$）g。若流体的体积膨胀系数为 β（单位为 1/K），并以 Δt 代表温度差（t_1-t_2），则可得 $\rho_1=\rho_2(1-\beta\Delta t)$，于是单位体积的流体产生的升力为

$$(\rho_1-\rho_2)g=[\rho_2(1-\beta\Delta t)-\rho_2]g=\rho_2\beta g\Delta t \tag{6-23}$$

强制对流传热系数比自然对流传热系数要大得多。

3）流体的层流与湍流。流体作层流流动时，它构成了对流传热的主要热阻。随着 Re 的增大，流体扰动程度越高，层流内层的厚度越薄，对流传热系数也越大。显然，湍流时的对流传热系数要比层流时大得多。

4）流体的物理性质。对 α 影响较大的流体物性有比热容 c_p、热导率 λ、密度 ρ 和黏度 μ 等。对于一种流体，这些物性又都是温度的函数，而其中如气体的密度等还明显与压力有关。

5）传热面的尺寸。传热面的形状是多种多样的，通常对于一种类型的传热面可用一个特征尺寸 L 来表示其大小。

综上分析可见，影响对流传热系数的因素多而且复杂，为此，需要针对不同情况进行理论和实验的研究，并建立相应的表面传热系数关联式。

（二）对流传热过程的因次分析

由于影响对流传热系数的因素太多，要建立一个通式来求得各种条件下的 α 值是很困难的，现在还无法从理论上推导对流传热系数的计算式，只能通过实验得到其经验关联式。目前常用因次分析法解决这一问题，即将众多的影响因素通过因次关系组合成若干无因次数群（又称为准数），然后通过实验确定这些数群间的关系，即得到不同情况下求算 α 的关联式。本书对因次分析法的原理和过程不作阐述，这部分内容可参阅有关书籍。

对于流体无相变时的强制对流传热过程，首先要找出影响该过程的因素。根据理论分析及有关实验研究结果可知，影响对流传热系数的因素有：传热设备的特征尺寸 L、流体的密度 ρ、黏度 μ、比热容 c_p、热导率 λ 与流速 u 等。用一般函数关系来表示，则有

$$\alpha=f(u,L,\mu,\lambda,c_p,\rho,g\beta\Delta t) \tag{6-24}$$

式中：α ——对流传热系数［W/（m^2·℃）］；

L ——特征尺寸（m）；

u ——特征流速（m/s）；

ρ ——流体的密度（kg/m^3）；

μ——流体的黏度（Pa·s）；

c_p——流体的定压比热容［kJ/（kg·℃）］；

λ——流体的热导率［W/（m·℃）］；

$g\beta\Delta t$——单位体积流体的升力（Pa）。

经因次分析，得到反映对流传热特性的若干数群，见表 6-2。

表 6-2 各准数的名称、符号和意义

准数名称	符号	准数式	意义
努塞尔（Nusselt）准数	Nu	$\frac{\alpha L}{\lambda}$	表示待定对流传热系数的准数
雷诺（Reynolds）准数	Re	$\frac{Lu\rho}{\mu}$	确定流动状态的准数；反映流体流动型态对对流传热的影响
普兰特（Prandtl）准数	Pr	$\frac{c_p\mu}{\lambda}$	表示物性影响的准数；反映流体物性对对流传热的影响
格拉斯晓夫（Grashof）准数	Gr	$\frac{\beta g\Delta tL^3\rho^2}{\mu^2}$	表示自然对流影响的准数；反映自然对流对对流传热的影响

准数关联式为

$$\frac{\alpha L}{\lambda}=C\left(\frac{Lu\rho}{\mu}\right)^m\left(\frac{c_p\mu}{\lambda}\right)^n\left(\frac{\beta g\Delta tL^3\rho^2}{\mu^2}\right)^R \tag{6-25}$$

（三）应用准数关联式时应注意的问题

1. 定性温度

由于沿流动方向流体温度逐渐变化，在处理实验数据时就要取一个有代表性的温度以确定物性参数的数值，这个确定物性参数数值的温度称为定性温度 t_m。

定性温度的取法：

1）取流体进、出口温度的算术平均值，$t_m=\frac{t_1+t_2}{2}$。

2）取壁面的平均温度，$t_m=t_{wm}$。

3）取流体和壁面的平均温度，即膜温，$t_m=\frac{t+t_w}{2}$。

在上述三种定性温度中，由于壁面温度 t_{wm} 往往是个未知量，使用起来比较麻烦，需采用温度差计算。因此，工程上大多以流体的平均温度为定性温度。由于定性温度影响流体物性数值，对于同样的实验条件，整理得到的准数关联式也随定性温度而异。因此，在经验公式中必须说明定性温度的取法，而使用时必须按照公式规定的定性温度进行计算。

2. 特征尺寸

无因次准数 Nu、Re 等中所包含的传热面尺寸 L 称为特征尺寸，即特征尺寸是代表换热面几何特征“长”的度量。通常选取对流体流动与换热发生主要影响的尺寸作为特征尺寸，例如，流体在圆形管内作强制对流传热时，特征尺寸 L 取为管内径 d_0；对于非圆形管通常取当量直径 d_e。因此，应用上述公式时须说明特征尺寸的取法。

传热当量直径定义为

$$d_e = \frac{4 \times \text{流动截面积}}{\text{传热周边}} \tag{6-26}$$

此外，实验范围是有限的，因而准数关联式的使用范围也是有限的。

四、无相变时的对流传热系数

（一）流体在圆直管内作强制对流

1. 流体在圆直管内作强制湍流

流体在圆形直管内作强制湍流时，其对流传热系数的准数关联式为

$$Nu = f(Re, Pr) \tag{6-27a}$$

经验表明，这类关联式可表示为

$$Nu = CRe^m Pr^n \tag{6-27b}$$

式中：系数 C 与指数 m 和 n 由实验确定。

（1）低黏度流体的 α

对于低黏度流体 $\mu < 2\times10^{-3}\,\text{Pa}\cdot\text{s}$，其壁温与流体主体温度相差不大，即对于水而言，一般与壁面温差不超过 20℃，对于黏度随温度变化的油类则不超过 10℃。此时，流体在圆直管内作强制湍流时，对流传热系数的关联式为

$$Nu = 0.023Re^{0.8}Pr^n \tag{6-28a}$$

或

$$\alpha = 0.023\frac{\lambda}{d}\left(\frac{du\rho}{\mu}\right)^{0.8}\left(\frac{c_p\mu}{\lambda}\right)^n \tag{6-28b}$$

式（6-28a）和式（6-28b）适用范围：$Re > 10\,000$；$0.7 < Pr < 160$；$\mu < 2\times10^{-3}\,\text{Pa}\cdot\text{s}$；$l/d > 50$。定性温度取流体进出、口温度的算术平均值 t_m；特征尺寸取管内径 d_0；Pr 的指数 n，流体被加热时取 $n=0.4$，流体被冷却时取 $n=0.3$。

> **例 6-4** 在 1atm 大气压下，空气在内径 25mm 的管中流动，温度由 180℃升高到 220℃，平均流速为 15m/s，试求空气与管内壁之间的对流传热系数。
>
> **解** 取定性温度 $\frac{180+220}{2}=200$（℃），1atm 空气的物性由附录查得
>
> $$c_p = 1.026\text{kJ/(kg}\cdot\text{K)} \qquad \lambda = 0.039\,28\text{W/(m}\cdot\text{K)}$$
>
> $$\mu = 2.6\times10^{-5}\,\text{Pa}\cdot\text{s} \qquad \rho = 0.746\text{kg/m}^3$$
>
> $$Pr = \frac{c_p\mu}{\lambda} = \frac{1.026\times10^3\times2.6\times10^{-5}}{0.03928} = 0.679$$
>
> $$Re = \frac{du\rho}{\mu} = \frac{0.025\times15\times0.746}{2.6\times10^{-5}} = 10\,760 \qquad \text{（湍流）}$$
>
> 应用式（6-28a）得
>
> $$Nu = 0.023Re^{0.8}Pr^{0.4} = 0.023\times10\,760^{0.8}\times0.679^{0.4}$$
> $$= 0.023\times1680\times0.856 = 33.1$$
>
> 即
>
> $$\alpha = \frac{\lambda}{d}Nu = \frac{0.039\,28}{0.025}\times33.1 = 52[\text{W/(m}^2\cdot\text{K)}]$$

(2) 高黏度流体的 α

高黏流体是指流体的黏度 $\mu \geqslant 2\times10^{-3}\text{Pa}\cdot\text{s}$，此时可采用下式：

$$\alpha = 0.027\frac{\lambda}{d}\left(\frac{du\rho}{\mu}\right)^{0.8}\left(\frac{c_p\mu}{\lambda}\right)^{0.33}\left(\frac{\mu}{\mu_w}\right)^{0.14} \tag{6-29}$$

考虑到壁面温度变化引起黏度变化对 α 的影响，工程可上近似处理如下：

对于液体，加热时有

$$\left(\frac{\mu}{\mu_w}\right)^{0.14} = 1.05$$

冷却时有

$$\left(\frac{\mu}{\mu_w}\right)^{0.14} = 0.95$$

对于气体，加热或冷却时均有

$$\left(\frac{\mu}{\mu_w}\right)^{0.14} = 1.0$$

2. 圆直管内处于过渡流动状态的 α

先按湍流计算 α，然后乘以校正系数 φ，即

$$Nu = 0.023Re^{0.8}Pr^n\varphi \tag{6-30}$$

$$\varphi = 1.0 - \frac{6\times10^5}{Re^{1.8}} < 1$$

过渡区内流体比剧烈的湍流区内的流体的 Re 小，流体流动的湍动程度降低，所以 α 减小。

例 6-5 脱脂奶以 67.5L/min 的流量流过 Φ32mm×3.5mm 的不锈钢管，由管外蒸气加热。牛奶的平均温度为 37.8℃，密度为 1040kg/m³，固形物含量为 9%，黏度为同温度下水的黏度（0.68 mPa·s）的 1.5 倍，热导率为 0.432W/(m·K)，固形物的比热容可取为水比热容的 40%，且牛奶的比热容适用加成原则。试计算管内壁对脱脂奶的对流传热系数。

解 计算 Re。

$$u = \frac{V_s}{A} = \frac{V_s}{0.785d^2} = \frac{67.5\times10^{-3}}{60\times0.785\times0.025^2} = 2.29(\text{m/s})$$

已知 ρ=1040kg/m³，μ= 1.5×0.68×10⁻³= 1.02×10⁻³Pa·s，则有

$$Re = \frac{du\rho}{\mu} = \frac{0.025\times2.29\times1040}{1.02\times10^{-3}} = 5.82\times10^4 \quad（湍流）$$

计算 Pr。

$$c_p = 4.187\times(0.91+0.09\times40\%) = 3.96[\text{kJ/(kg}\cdot\text{K)}]$$

$$\lambda = 0.432\text{W/(m}\cdot\text{K)}$$

$$Pr = \frac{\mu c_p}{\lambda} = \frac{1.02\times10^{-3}\times3.96\times10^3}{0.432} = 9.35$$

计算对流传热系数。

应用式（6-28b）得

$$\alpha = 0.023\frac{\lambda}{d}\left(\frac{du\rho}{\mu}\right)^{0.8}\left(\frac{c_p\mu}{\lambda}\right)^n$$

$$=0.023\times\frac{0.432}{0.025}\times(5.82\times10^4)^{0.8}\times9.35^{0.4}=6.3\times10^3[\mathrm{W/(m^2\cdot K)}]$$

3. 流体在圆形直管内的强制层流

1）$Gr<25\,000$ 时，自然对流影响小，可忽略其影响，对流传热准数关系式为

$$Nu=1.86\left(RePr\frac{d}{l}\right)^{1/3}\left(\frac{\mu}{\mu_w}\right)^{0.14} \tag{6-31}$$

适用范围：$Re<2300$，$\left(RePr\frac{d}{l}\right)>100$，$0.6<Pr<6700$。

定性温度、特征尺寸取法与前相同，μ_w 按壁温确定，工程上可近似处理如下：对于液体，加热时有 $\left(\frac{\mu}{\mu_w}\right)^{0.14}=1.05$，冷却时有 $\left(\frac{\mu}{\mu_w}\right)^{0.14}=0.95$。

2）$Gr>25\,000$ 时，自然对流的影响不能忽略，故在应用对流传热准数关系式［式（6-28b)］时，应乘以校正系数 $f=0.8(1+0.015Gr^{1/3})$，即

$$\alpha=0.023\frac{\lambda}{d_e}\left(\frac{d_e u\rho}{\mu}\right)^{0.8}\left(\frac{c_p\mu}{\lambda}\right)^n f \tag{6-32}$$

在换热器设计中，应尽量避免在强制层流条件下进行传热，因为此时对流传热系数小，从而总传热系数也很小。表 6-3 中是空气和水在圆形直管内流动时的对流传热系数。

由表 6-3 可见，水的对流传热系数值较空气的大得多。同一种流体，流速越大，α 值也越大；管径越大，则 α 值越小。

（二）流体在弯管中流动的 α

弯管内的流体流动如图 6-12 所示，先按直管计算，然后乘以校正系数 f，即

$$Nu=0.023Re^{0.8}Pr^n f \tag{6-33}$$

式中：f——校正系数，$1+1.77\frac{d}{R}$；

d——管径（m）；

R——弯管的曲率半径（m）。

由于弯管处受离心力的作用，存在二次环流，湍动加剧，α 增大。

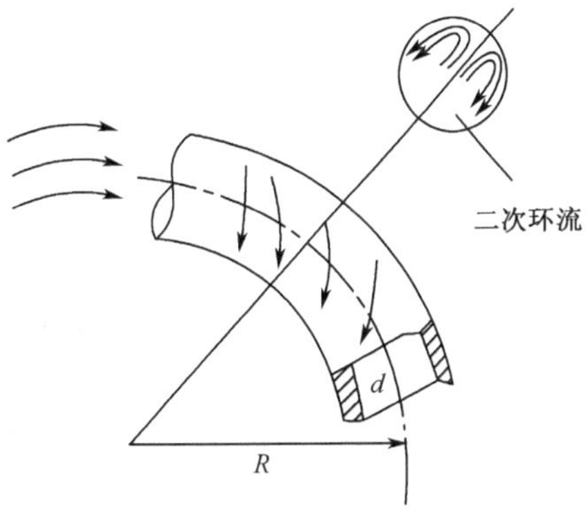

图 6-12 弯管内的流体流动

（三）流体在管外强制对流

流体垂直流过单根圆形管的情况如图 6-13（a）所示。由于沿管子圆周各点的流动情况不同，因此各点的局部对流传热系数也不同。在管子的前半部，自驻点开始，管外边界层逐渐变厚，对流传热系数也逐渐减小；至 φ［图 6-13（b)］约为 100°时，传热系数达到最低

值。在管子的后半部，随着 φ 继续增大，因边界层分离而形成漩涡，流体湍动加大，α 值也逐渐增大。

表 6-3　空气和水的 α 值（16℃、101.3kPa）

流体	d/mm	u/(m/s)	α/[W/(m²·℃)]	流体	d /mm	u/(m/s)	α/[W/(m²·℃)]
空气	25	6.1	34.1	水	25	0.61	2498
		24.4	101.1			1.22	4372
		42.7	159.9			2.44	7609
		61.0	210.1				
	50	6.1	29.5		50	0.61	2158
		24.4	89.7			1.22	3804
		42.7	137.4			2.44	6586
		61.0	184.0				
	75	6.1	26.1		75	0.61	2044
		24.4	80.6			1.22	3520
		42.7	126.1			2.44	6132
		61.0	169.2				

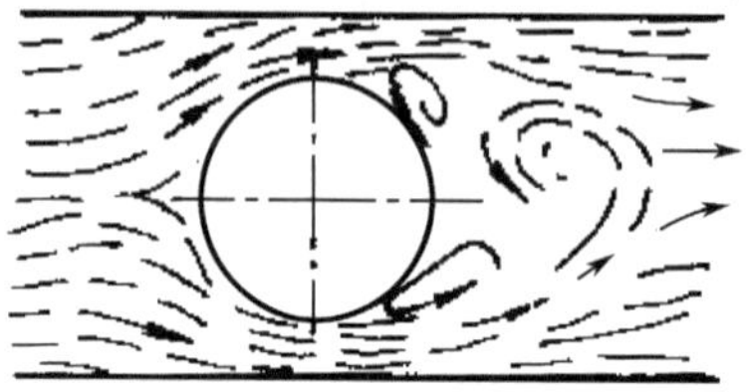

(a) 流动情况

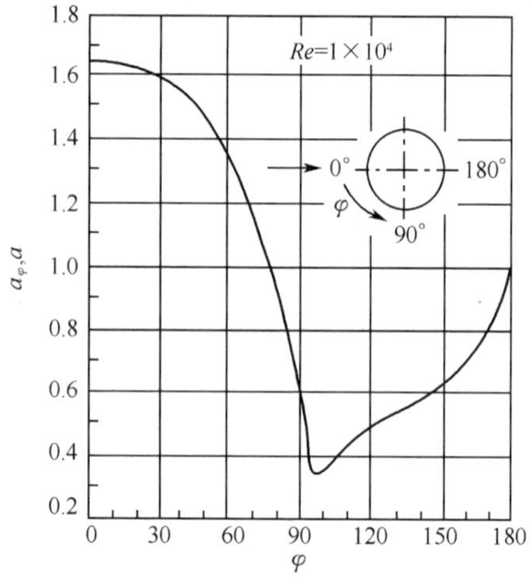

(b) 对流传热系数的变化情况

图 6-13　流体垂直流过单根圆形管的流动情况

对于单管，表面对流传热系数可按下式计算。

当 $Re=8\sim10^3$ 时，有

$$Nu = 0.5Re^{0.5}Pr^{0.38}\left(\frac{Pr}{Pr_w}\right)^{0.25} \tag{6-34}$$

当 $Re = 10^3\sim2\times10^5$ 时，有

$$Nu = 0.25Re^{0.6}Pr^{0.38}\left(\frac{Pr}{Pr_w}\right)^{0.25} \tag{6-35}$$

式中：定性尺寸取管子外径，定性温度除 Pr_w 中物性值用外壁温度确定外，其余均采用流体平均温度。

流体与管子的冲击角 φ 不呈 90°时，应将按 $\varphi = 90°$ 计算所得的值乘以校正因数 ε，即

$$\alpha = \varepsilon\varphi_{90}$$

式中：ε 值可由图 6-14 查得。

局部对流传热系数 α 的分布关系到管壁圆周上的温度分布。对于在高温流体中操作的管子，确定管壁上最高的局部温度具有较大的实际意义。但在一般传热计算中，需要的只是通过整个圆形管的平均对流传热系数。而食品工业中所用的换热器主要是流体横向流过管束的换热器。此时，由于换热管与管间的相互影响，流动与换热比流体垂直流过单根管外时的对流传热复杂。

流体垂直流过管束时，管束的排列情况可以有直列和错列两种（图 6-15）。流体在管束外横向流过时的对流传热系数可表示为

$$Nu = C_1 C_2 Re^n Pr^{0.4} \tag{6-36}$$

式中：C_1、C_2 和 n 的值见表 6-4。

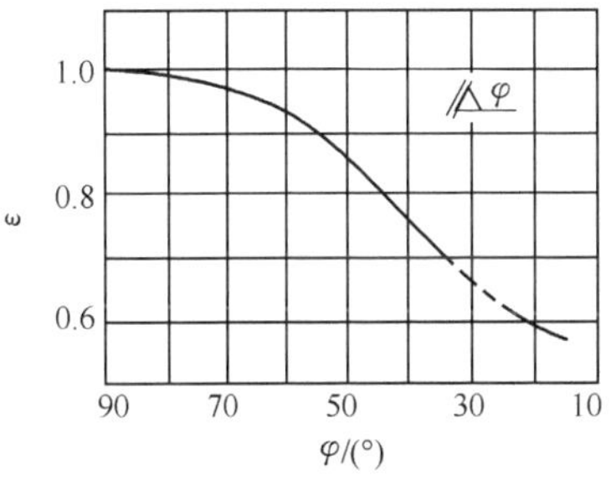

图 6-14　冲击角对对流传热系数的影响

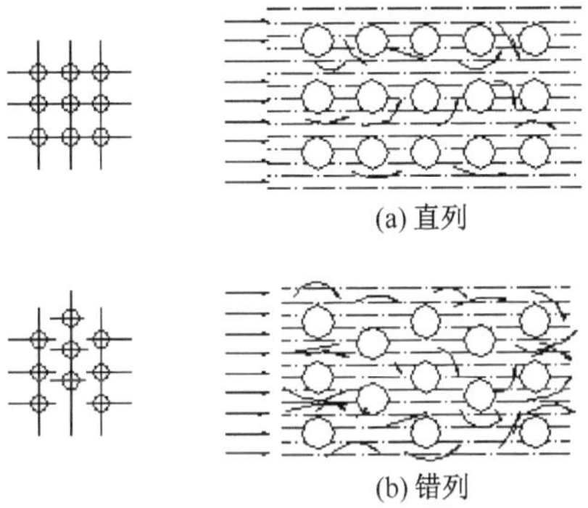

图 6-15　管子的排列形式

表 6-4　流体垂直于管束时的 C_1、C_2 和 n 的值

列数	直列		错列		C_1
	N	C_2	n	C_2	
1	0.6	0.171	0.6	0.171	$\frac{x_1}{d}=1.2\sim3$ 时，
2	0.65	0.151	0.6	0.228	$C_1=1+0.1\frac{x_1}{d}$
3	0.65	0.151	0.6	0.290	$\frac{x_1}{d}\geqslant3$ 时，$C_1=1.3$
4	0.65	0.151	0.6	0.290	

各排管对流传热系数 α 的变化规律：第一排管，直列和错列基本相同；第二排管，直列和错列相差较大；第三排管以后（直列第二排管以后），基本恒定；从图 6-15 中可以看出，错列传热效果比直列好。

式（6-36）适用范围：

1）$5000<Re<70\,000$，$x_1/d=1.2\sim5$，$x_2/d=1.2\sim5$。

2）特征尺寸取管外径 d_0，定性温度取法与前相同 t_m。

3）流速 u 取每列管子中最窄流道处的流速，即最大流速。

4）C_1、C_2、n 取决于管子排列方式和管排数，由实验测定，具体取值见表 6-5。

对于前几列而言，各列的 C_2、n 不同，因此 α 也不同；排列方式不同（直列和错列），对于相同的列，C_2、n 不同，α 也不同。

对于第三排及其以后的管子，表面对流传热系数可按下式计算：

直列时

$$Nu = 0.23Re^{0.65}Pr^{0.33}\left(\frac{Pr}{Pr_w}\right)^{0.25} \tag{6-37}$$

错列时

$$Nu = 0.41Re^{0.6}Pr^{0.33}\left(\frac{Pr}{Pr_w}\right)^{0.25} \tag{6-38}$$

式（6-37）和式（6-38）适用于 $Re=2\times10^2\sim2\times10^5$，定性温度和特征尺寸与上述单管式子相同。

由于各列的 α 不同，管束的平均对流传热系数的计算应按下式进行：

$$\alpha_m = \frac{\alpha_1 A_1 + \alpha_2 A_2 + \alpha_3 A_3 + \cdots}{A_1 + A_2 + A_3 + \cdots} = \frac{\sum \alpha_i A_i}{\sum A_i} \tag{6-39}$$

式中：α_i——各列的对流传热系数；

A_i——各列传热管的外表面积。

五、有相变时的对流传热系数

（一）蒸气冷凝

当饱和蒸气与低于其饱和温度的壁面接触时，蒸气将放出潜热，并在壁面上冷凝成液体。

1. 蒸气冷凝方式

膜状冷凝（film condensation）：冷凝液能润湿壁面，形成一层完整的液膜布满液面并连续向下流动，如图 6-16（a）、（b）所示。壁面一旦形成液膜，蒸气的冷凝只能在液膜的表面进行，即蒸气冷凝时放出的潜热必须通过液膜层后才能传给冷壁面。由于蒸气冷凝时一般热阻很小，因此这层冷凝液膜往往成为膜状冷凝的主要热阻。若冷凝液膜在重力作用下沿壁面向下流动，整个壁面的平均对流传热系数也就更大。

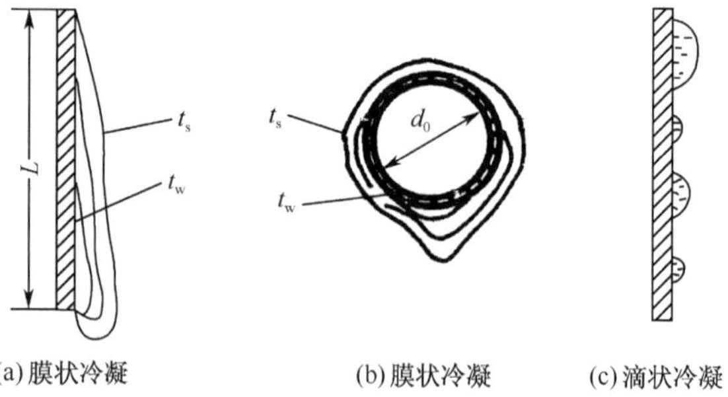

图 6-16　蒸气冷凝方式

滴状冷凝（dropwise condensation）：冷凝液不能很好地润湿壁面，仅在其上凝结成小液滴，此后长大或合并成较大的液滴而脱落，如图 6-16（c）所示。若冷凝壁面上存在一层油状物质，或者蒸气中混有油类或脂类物质，冷凝液不能全部润湿壁面。由于表面张力的作用，冷凝液在壁面上形成滴状小液珠，并沿壁面落下，重新又露出冷凝面。滴状冷凝时，壁面大部分的面积直接暴露于蒸气中，可供蒸气冷凝。由于没有了液膜对热流的阻碍，因此滴状冷凝时的对流传热系数要比膜状冷凝时大几倍到十几倍。

在食品工业生产中，两种方式的冷凝通常会同时存在，但大多数情况下以膜状冷凝为主，因为冷凝液润湿壁面的能力取决于其表面张力和对壁面的附着力。若附着力大于表面张力，则形成膜状冷凝，反之则形成滴状冷凝。但滴状冷凝难以控制。因此冷凝器的设计总是按膜状冷凝来处理。

2. 膜状冷凝的对流传热系数

在膜状冷凝对流传热系数理论公式的推导中作以下假设：①冷凝液膜呈滞流流动，传热方式为通过液膜层的热传导；②蒸气静止不动，对液膜尢摩擦阻力；③蒸气冷凝成液体时所释放的热量仅为冷凝潜热，蒸气温度和壁面温度保持不变；④冷凝液的物性可按平均液膜温度取值，且为常数。根据上述假定，对于蒸气在垂直管外或垂直平板侧的冷凝；推导得努塞尔理论公式：

$$\alpha = 0.943\left(\frac{\gamma \rho^2 g\lambda^3}{\mu L \Delta t}\right)^{1/4} \tag{6-40}$$

式中：L——垂直管或板的高度（m）；

λ——冷凝液的热导率［W /(m · K)］；

ρ——冷凝液的密度（kg/m^3）；

μ——冷凝液的黏度(Pa · s)；

r——饱和蒸气的冷凝潜热（kJ /kg）；

Δt—— 蒸气的饱和温度 t_s和壁温 t_w之差（℃）。

特征尺寸：取垂直管或板的高度。

定性温度：蒸气冷凝潜热 r 取饱和温度 t_s下的值，其余物性取液膜平均温度 $t_m=\dfrac{t_w+t_s}{2}$下的值。

对于蒸气在单根水平管外冷凝，可推导得

$$\alpha = 0.725\left(\frac{r\rho^2 g\lambda^3}{\mu d_0 \Delta t}\right)^{1/4} \tag{6-41}$$

式中：r——饱和 t_s 下的冷凝潜热（kJ/kg）；

ρ——冷凝液的密度（kg/m^3）；

λ——冷凝液的热导率［W/(m · K)］；

μ——冷凝液的黏度（Pa · s）。

特征尺寸：管外径 d_0（m）。

定性温度：膜温 $t=\dfrac{t_s+t_w}{2}$，用膜温查冷凝液的物性 ρ、λ 和 μ。

应指出，努塞尔理论公式适用于液膜为滞流的情况，从滞流到湍流的临界 Re 值一般可取为 1800。但由于在推导理论公式时所作的假设不能完全成立，如蒸气速度不可能为零，蒸气和液膜间有摩擦阻力等，大多数实验结果比理论公式计算得到的结果大 20%左右。因此需对努塞尔理论公式加以修正。修正后的蒸气在垂直管或板外的冷凝公式如下：

1）层流时 α 的计算式：

$$\alpha = 1.13\left(\frac{r\rho^2 g\lambda^3}{\mu l\Delta t}\right)^{1/4} \tag{6-42a}$$

适用范围：$Re<1800$。

定性温度：膜温。

特征尺寸 L：管高或板高 H(m)。

若用无因次冷凝传热系数 α^* 来表示，可得

$$\alpha^* = 1.76Re^{-1/3} \tag{6-42b}$$

2）湍流时 α 的计算式：

$$\alpha = 0.0077\left(\frac{\rho^2 g\lambda^3}{\mu^2}\right)^{1/3} Re^{0.4} \tag{6-43}$$

适用范围：$Re>1800$（Re 是指板或管最低处的值，此时 Re 为最大）。

定性温度：膜温。

特征尺寸 L：管高或板高 H（m）。

对于蒸气在水平管外的冷凝，若蒸气在单根水平管外冷凝，因管径较小，膜层通常呈层流流动。应当指出，对于水平单管，实际结果和由理论化工求得的结果相近，即

$$\alpha = 0.725\left(\frac{\rho^2\lambda^3 gr}{\mu d_0\Delta t}\right)^{1/4} \tag{6-44}$$

若蒸气在水平管束外冷凝，凯恩（Kern）推荐用下式估算：

$$\alpha = 0.725\left(\frac{\rho^2\lambda^3 gr}{n^{2/3}\mu d_0\Delta t}\right)^{1/4} \tag{6-45}$$

式中：n ——水平管束在垂直列上的管子数。

在列管换热器中，若管束由互相平行的 z 列管子所组成，一般各列管子在垂直方向的排数不相等，若分别为 n_1、n_2、n_3、n_z，则平均管排数可按下式估算：

$$n_{\mathrm{m}} = \frac{n_1 + n_2 + \cdots + n_z}{n_1^{0.75} + n_2^{0.75} + \cdots + n_z^{0.75}} \tag{6-46}$$

3. 影响冷凝传热的因素及强化措施

（1）影响因素

1）流体物性的影响。冷凝液密度 ρ 越大，黏度 μ 越小，则冷凝液膜层厚度 δ 越薄，冷凝传热系数 α 将增大；冷凝液的热导率 λ 越大，冷凝传热系数 α 也将增大；冷凝潜热 r 越大，冷凝传热系数 α 也将增大。水蒸气的冷凝传热系数一般为 $10^4\,\mathrm{W/(m^2\cdot K)}$ 左右，而某些有机化合物蒸气的冷凝传热系数可低至 $10^3\,\mathrm{W/(m^2\cdot K)}$ 以下。

2）温度差的影响。冷凝液膜两侧的传热温度差为 $\Delta t = t_{\mathrm{s}} - t_{\mathrm{w}}$，当液膜呈层流流动时，若 Δt 加大，则蒸气冷凝速率将增大，因而液膜层厚度 δ 增厚，使冷凝传热系数 α 降低。

3）不凝气体的影响。在实际生产过程的工业冷凝器中，若蒸气中含有空气或其他不凝性气体，则壁面可能被气体层遮盖，即不凝性气体会浓集在壁面或液膜表面，形成一层气膜。当冷凝蒸气到达液膜表面时，必须先以扩散的方式通过这层气膜。这相当于额外附加了一层热阻，使蒸气冷凝的对流传热系数 α 急剧下降。实验证明，当蒸气中含空气量达 1%时，传热系数 α 将下降 60%左右。因此，在冷凝器的设计和操作中，都必须考虑排除不凝气。通常要在冷凝器的高处设计安装气体排放口，以便操作时定期排放不凝性气体。

4）蒸气流速与流向的影响。蒸气的流速对 α 有较大的影响。蒸气流速 $u<10\mathrm{m/s}$ 时，可不考虑其对 α 的影响。当蒸气流速 $u>10\mathrm{m/s}$ 时，还要考虑蒸气与液膜之间的摩擦作用力。若蒸气和液膜同向流动，则摩擦力将加速液膜流动，使液膜层变薄，冷凝传热系数增大；若蒸气与液膜逆向流动，则会阻碍液膜流动，使液膜层变薄，冷凝传热系数 α 增大。一般冷凝器设计时，蒸气入口在其上部，此时蒸气与液膜流向相同，有利于提高冷凝传热系数。

5）冷凝壁面的影响。若沿冷凝液流动方向积存的液体增多，则液膜层增厚，使传热系数下降，故设计和安装冷凝器时，应正确安放冷凝壁面。例如，对于管束，冷凝液面从上面各排流到下面各排，使液膜逐渐增厚，因此下面管子的传热系数 α 要比上排的低。为了降低下面管排上液膜的厚度，一般需减少垂直列上的管子数目，或把管子的排列旋转到一定的角度，使冷凝液沿下一根管子的切向流过，如图 6-17 所示。此外，冷凝壁面的表面情况对传热系数 α 的影响也很大，若壁面粗糙不平或有氧化层，则会使膜层加厚，增加膜层的阻力，因而使传热系数 α 降低。一切以降低壁面上的液膜厚度为目的的措施，都将利于传热系数 α 的提高。

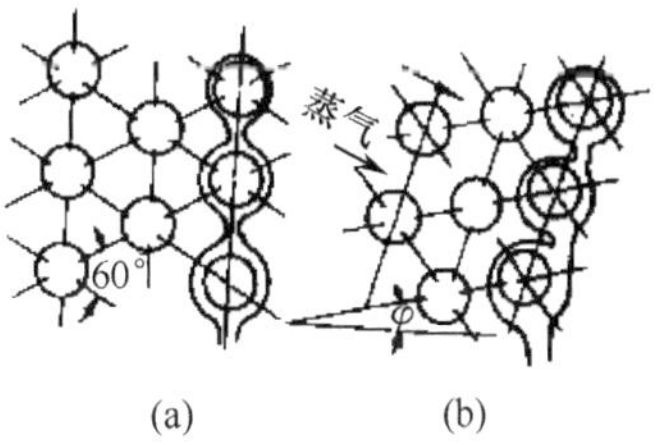

图 6-17　管子的切向旋转

6）蒸气过热的影响。过热蒸气与比其饱和温度高的壁面接触时，由于 $t_w>t_s$，壁面无冷凝现象，此时为无相变的对流传热过程；过热蒸气与比其饱和温度低的壁面接触时，由于 $t_w<t_s$，则传热由冷却和冷凝两个串联过程组成。整个过程是过热蒸气首先在气相下冷却到饱和温度，然后在液膜层表面继续冷凝，冷凝的推动力仍为 $\Delta t=t_s-t_w$。

一般过热蒸气显热增加较小，通常可不计，过热蒸气的冷凝过程可按饱和蒸气冷凝来处理，所以前面的公式仍适用。

（2）强化传热措施

对于纯蒸气冷凝，恒压下 t_s 为一定值，即在气相主体内无温差也无热阻，α 的大小主要取决于液膜层的厚度及冷凝液的物性。所以，在流体一定的情况下，一切能使液膜变薄的措施将强化冷凝传热过程。

减小液膜厚度最直接的方法是从冷凝壁面的高度和布置方式入手。例如，在垂直壁面上开纵向沟槽，以降低壁面上的液膜厚度。还可在壁面上安装金属丝或翅片，使冷凝液在表面张力的作用下流向金属丝或翅片附近，从而使壁面上的液膜变薄，使冷凝传热系数提高。

（二）液体沸腾时的对流传热

1. 液体沸腾传热过程

水沸腾时温度差与对流传热系数的关系可分三个阶段：表面气化、核状沸腾和膜状沸腾，如图 6-18 所示。

（1）AB 段（表面气化阶段）

当壁面温度与水的饱和温度差较小，即 $\Delta t=(t_w-t_s)<5℃$ 时，气化仅发生在液体表面，在加热面虽有少量气化核心形成气泡，但气泡长大速率很慢，边界层受到的搅动不大，严格地说这不是沸腾，而是表面气化。因此，加热面与液体之间的热量传递主要以自然对流为主。此阶段沸腾传热系数 α 较小，且随温度差 Δt 升高缓慢增大。其传热系数 α 随温度差

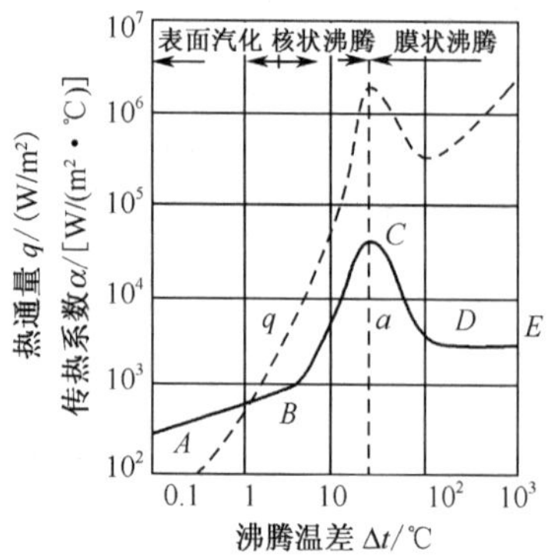

图 6-18 水的沸腾曲线

Δt 增大的规律大致和自然对流时相同。

（2）BC 段（核状沸腾阶段）

随着温度差的加大，气化核心数增加，气泡长大速率也较快，对液体产生强烈的搅动作用，使对流传热系数随温度差增加而急剧增大，这时的沸腾称为核状沸腾。当 5℃＜Δt＜25℃时，气化核心数急剧增多，气泡长大速度增快，对液体扰动增强，沸腾传热系数快速提高。因此由气化核心产生的气泡对传热起主导作用。

（3）CD 段与 DE 段（膜状沸腾阶段）

CD 段：随着温差的不断增加，当进一步增大到一定数值（如 $\Delta t > 25$℃）时，加热面上产生的气泡也大大增多，即气化核心数和气泡长大速率进一步增加，以致大量气泡在加热表面上汇合，形成一层不稳定的蒸气膜，将加热面与液体隔开，液体不能和加热表面直接接触，热量必须通过此蒸气膜才能传递到液体主流中去。由于蒸气的导热性能差，气膜的附加热阻使传热系数 α 和热通量 q 都急剧下降。气膜开始形成时是不稳定的，有可能形成大气泡脱离表面，此阶段很不稳定，称为不稳定的膜状沸腾或部分泡状沸腾。

由核状沸腾向膜状沸腾过渡的转折点 C 称为临界点。临界点上的温度差、传热系数和热通量分别称为临界温度差 Δt_c、临界沸腾传热系数 α_c和临界热通量 q_c。当到达 D 点时，传热面几乎全部为气膜所覆盖，开始形成稳定的气膜。

DE 段：随着温差的继续增加，达到 D 点时温差已较大，壁面处形成的气膜层较为稳定；又由于加热面温度 t_w 较高，热辐射的影响增大，虽然随温差的增加，对流传热系数 α 增大较小，但热通量 q 上升。此时为稳定膜状沸腾。

常压下水在大容器内沸腾时，有 $\Delta t_c = 25$℃，$q_c = 1.25 \times 10^6\ \mathrm{W/m^2}$。

2. 影响沸腾传热的因素和强化措施

在液体沸腾传热的上述各个阶段中，核状沸腾在工业上具有重要的意义。核状沸腾的主要特点是气泡在加热面上形成和发展，并脱离表面作上升运动。因此，凡是影响气泡生成强度的因素均能影响沸腾表面传热系数。

（1）液体的物性

气泡生成强度与液体的物理性质关系密切，主要的性质是液体与蒸气的界面张力和液体润湿加热表面的能力。表面张力 σ 越小，润湿能力越大，则气泡生成的强度也越大。同时，气泡生成强度还与热通量 q、液体密度 ρ、黏度 μ 和热导率 λ 等有关。一般情况下，表面传热系数 α 将随液体密度 ρ、热导率 λ 的增大而升高，而随液体黏度 μ 及表面张力 σ 的增加而降低。

一般来说，有机物的黏度 μ 较大，在同样的压强 p 和温差 Δt 下比水的表面传热系数 α 小、而且表面张力 σ 小、润湿能力大的液体有利于气泡形成和脱离壁面，故表面传热系数 α 较大。

强化措施：在液体中加入少量添加剂，改变其表面张力 σ，使其降低或减小。

（2）温差 Δt 与操作压强

从沸腾曲线可知，传热温差 Δt 是影响和控制沸腾传热过程的重要因素，应尽量控制在核状沸腾阶段进行操作。

提高操作压强 p 相当于提高液体的饱和温度 t_s，同时液体的黏度 μ 降低、液体表面张力 σ 减小，有利于气泡核心形成和脱离壁面。因此，在同一温度差下，提高操作压强 p，既强化了沸腾传热，又使表面传热系数 α 得到提高。

（3）加热面的状况

气泡生成强度与表面的材质、粗糙度和污染情况有关。不同的材质和水的接触度是不同的，这种影响在热通量较小时较大。光滑表面的传热系数小于粗糙表面，因为加热面越粗糙，提供的气化核心越多，越有利于传热；当壁面被油脂沾污后，α 会下降。因此新的、洁净的、粗糙的加热面传热系数 α 大。此外，加热面的布置情况对沸腾传热也有明显的影响。例如，在水平管束外沸腾时，其上升气泡会覆盖上方管的一部分加热面，导致平均 α 下降。

措施：用加工或腐蚀的方法使加热面粗糙等。

对于沸腾传热，由于过程的复杂性，虽然提出的经验式很多，但不够完善，至今还未总结出普遍适用的公式。有相变时的 α 比无相变时的 α 大得多，热阻主要集中在无相变一侧流体，此时有相变一侧流体的 α 只需近似计算。

第四节　稳定传热的计算

食品工程原理中所涉及的传热过程计算主要有两类：①设计计算，即根据生产要求的热负荷，确定换热器的传热面积；②校核计算，即计算给定换热器的传热量、流体的流量或温度等。两者都是以换热器的热量衡算和传热速率方程为计算基础的。

应用前述的热传导速率方程和对流传热速率方程时，需要知道壁面的温度。而实际上壁温常常是未知的，为了避开壁温，故引出间壁两流体间的总传热速率方程。

一、能量衡算

间壁式传热是食品工业生产中应用最为广泛的传热方式。在绝大多数情况下，这种传热是大规模连续进行的。在这一过程中，不论是热流体、冷流体或固体壁面，各点的温度均不随时间而变化，故属于稳定传热过程。

对间壁式换热器作能量衡算，因无外功的加入，且位能和动能项均可忽略，故实际上为焓的衡算。假设换热器绝热性能良好，热损失可忽略不计，则热流体放出的热量等于冷流体所吸收的热量，由此可建立热量衡算式：

$$Q = G_h(H_{h1} - H_{h2}) = G_c(H_{c2} - H_{c1}) \tag{6-47}$$

式中：Q —— 换热器的热负荷（kJ/h 或 W）；

G_h、G_c —— 热流体、冷流体的质量流量（kg/s）；

H_{h1}、H_{h2} ——单位质量热流体（进、出口）的焓（kJ/kg）；

H_{c1}、H_{c2} ——单位质量冷流体（进、出口）的焓（kJ/kg）。

1）无相变。若换热过程两流体均无相变，且比热容均近似为常数，则式（6-47）可表示为

$$Q = G_h c_{ph}(T_1 - T_2) = G_c c_{pc}(t_2 - t_1) \tag{6-48}$$

式中：c_{ph}、c_{pc}—— 热流体、冷流体的平均比热容 [kJ/（kg·℃）]；

T_1、T_2——热流体的进、出口温度（℃）；

t_1、t_2——冷流体的进、出口温度（℃）。

2）有相变。若换热过程热流体有相变化（如饱和蒸气冷凝），而冷流体无相变化，则式（6-48）可表示为

$$Q = G_h r = G_c c_{pc}(t_1 - t_2) \tag{6-49}$$

式中：r——流体的气化潜热（kJ/kg）。

若冷凝液的温度低于饱和温度，则式（6-49）变为

$$Q = G_h[r + c_{ph}(T_s - T_2)] = G_c c_{pc}(t_1 - t_2) \tag{6-50}$$

式中：T_s—— 热流体冷凝液的饱和温度（℃）；

c_{p1}—— 热流体冷凝液的比热容 [kJ/(kg·℃)]。

二、总传热速率微分方程和总传热系数

（一）总传热速率微分方程

间壁两侧流体的热交换过程（图 6-19）包括三个串联的传热过程：①热流体在流动过程中把热量传递给管壁；②通过管壁的热传导；③热量由管壁另一侧传递给冷流体。

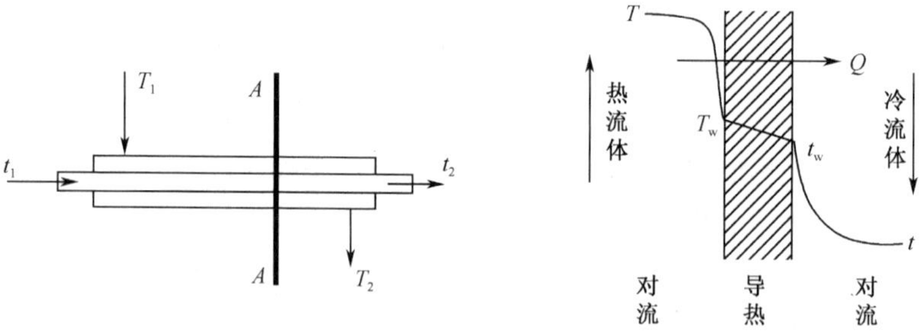

图 6-19　间壁两侧流体的热交换

若热流体（内侧）与冷流体（外侧）通过间壁的热交换如下：

热流体与管壁的对流传热速率为

$$dQ_1 = \alpha_i dA_i(T - T_w) \tag{6-51}$$

通过管壁的热传导速率为

$$dQ_2 = \frac{\lambda}{b} dA_m(T_w - t_w) \tag{6-52}$$

管壁与冷流体的对流传热速率为

$$dQ_3 = \alpha_o dA_o(t_w - t) \tag{6-53}$$

由于换热为稳定传热过程，因此有

$$dQ = dQ_1 = dQ_2 = dQ_3$$

即

$$\alpha_i A_i(T - T_w) = \frac{b}{\lambda} A_m(T_w - t_w) = \alpha_o A_o(t_w - t) \tag{6-54}$$

式中：α_i、α_o——管内、外侧对应的表面传热系数；

A_i、A_m、A_o——以内径 d_1、平均直径 d_m、外径 d_2 为基准的传热面积（m^2）；

T、t——截面处热流体、冷流体的主体温度（℃）；

T_w——热流体侧壁面温度（℃）；

t_w——冷流体侧壁面温度（℃）。

不论应用热传导速率方程还是对流传热速率方程，都需要知道壁面温度 T_w 和 t_w。实际中壁面温度一般是未知量，且难以测定，故应推导总传热速率方程。

现在换热器中截取一段微元来进行研究，设其传热面积为 dA，微元壁内、外流体温度分别为 T、t（平均温度），则单位时间通过换热器中任一微元面积 dA 的传热速率方程可以仿照对流传热速率方程写出，即

$$dQ = K dA(T - t) \tag{6-55}$$

式中：K——局部总传热系数［$W/(m^2 \cdot K)$］。

式（6-55）即为总传热速率微分方程，注意总传热系数必须和所选择的传热面积相对应，选择的传热面积不同，总传热系数的数值也不同。式（6-55）还可表示为

$$dQ = K_o (T-t) dA_o = K_m (T-t) dA_m = K_i (T-t) dA_i \tag{6-56}$$

式中：K_i、K_o、K_m——基于管内表面积、外表面积、内外表面平均面积的总传热系数［$W/(m^2 \cdot ℃)$］；

A_i、A_o、A_m——换热器内表面积、外表面积、内外表面的对数平均面积（m^2）。

（二）总传热系数 K

1. 总传热系数 K 的计算式

前已述及，两流体的热交换过程由三个串联的传热过程组成，冷、热流体交换的微元热量 dQ，应正比于壁面两侧流体的温差。因此有

$$dQ = \frac{T-T_w}{\dfrac{1}{\alpha_i dA_i}} = \frac{T_w - t_w}{\dfrac{b}{\lambda dA_m}} = \frac{t_w - t}{\dfrac{1}{\alpha_o dA_o}} = \frac{T-t}{\dfrac{1}{\alpha_i dA_i} + \dfrac{b}{\lambda dA_m} + \dfrac{1}{\alpha_o dA_o}} \tag{6-57}$$

与式（6-55）对比得

$$K = \frac{1}{\dfrac{dA}{\alpha_i dA_i} + \dfrac{b}{\lambda}\dfrac{dA}{dA_m} + \dfrac{dA}{\alpha_o dA_o}} = \frac{1}{\dfrac{d}{\alpha_i d_i} + \dfrac{b}{\lambda}\dfrac{d}{d_m} + \dfrac{d}{\alpha_o d_o}} \tag{6-58}$$

式中：d_i、d_o、d_m——换热器内径、外径、内外表面平均对数平均直径。

对于薄层圆筒壁$\dfrac{d_o}{d_i}<2$，近似用平壁计算（误差<4%，工程计算是允许的）。

1）当传热面为平面时，即 $dA = dA_i = dA_o = dA_m$，则有

$$K = \frac{1}{\dfrac{1}{\alpha_i} + \dfrac{b}{\lambda} + \dfrac{1}{\alpha_o}} \tag{6-59}$$

2）当传热面为圆筒壁时，

以圆筒壁的外表面为基准时，即取式（6-58）中 $dA = dA_o$，则

$$K_o=\frac{1}{\dfrac{d_o}{\alpha_i d_i}+\dfrac{b}{\lambda}\dfrac{d_o}{d_m}+\dfrac{1}{\alpha_o}} \tag{6-60}$$

同理可得

$$K_m=\frac{1}{\dfrac{d_m}{\alpha_i d_i}+\dfrac{b}{\lambda}+\dfrac{d_m}{\alpha_o d_o}} \tag{6-61}$$

$$K_i=\frac{1}{\dfrac{1}{\alpha_i}+\dfrac{bd_i}{\lambda d_m}+\dfrac{d_i}{\alpha_o d_o}} \tag{6-62}$$

式（6-60）、式（6-61）和式（6-62）为总传热系数的计算式。在工程计算中常以外表面为基准，这在换热器系列化标准中也常如此规定。总传热系数也可表示为热阻的形式，以基于外表面的为例，得

$$\frac{1}{K_o}=\frac{d_o}{\alpha_i d_i}+\frac{b}{\lambda}\frac{d_o}{d_m}+\frac{1}{\alpha_o} \tag{6-63}$$

2. 污垢热阻

换热器使用一段时间后，由于换热面上的水垢层、铁锈层、油层、淤泥、沉渣或蛋白质等有机物破坏、变性、结焦，传热速率 Q 下降。由于表面污垢的积存，增加了传热热阻，虽然此层污垢不厚，但由于其热导率小，热阻大，在计算 K 值时不容忽略。

通常根据经验直接估计污垢热阻（fouling resistance）值，将其考虑在 K 中，即

$$\frac{1}{K_o}=\frac{d_o}{\alpha_i d_i}+R_i\cdot\frac{d_o}{d_i}+\frac{bd_o}{\lambda d_m}+R_o+\frac{1}{\alpha_o} \tag{6-64}$$

式中：R_i、R_o——传热面两侧的污垢热阻（$m^2\cdot K/W$）。

常见流体在传热表面形成的污垢热阻的大致数值范围可参考表 6-5。

表 6-5　常见流体的污垢热阻 R 值

流体	污垢热阻/($m^2\cdot K/W$)	流体	污垢热阻/($m^2\cdot K/W$)
水（1m/s，$t>50$℃）：		气体：	
蒸馏水	9.03×10^{-5}	空气	$2.60\times10^{-4}\sim5.31\times10^{-4}$
海水	9.03×10^{-5}	溶剂蒸气	1.40×10^{-4}
洁净的河水	2.10×10^{-4}	水蒸气	—
未处理的冷却塔用水	5.81×10^{-4}	优质蒸气（不含油）	5.20×10^{-5}
已处理的冷却塔用水	2.60×10^{-4}	劣质蒸气（含油）	9.03×10^{-5}
已处理的锅炉用水	2.60×10^{-4}	往复蒸汽机排出液体	1.76×10^{-4}
硬水、井水	5.81×10^{-4}	处理过的盐水	2.64×10^{-4}
		有机物	1.76×10^{-4}
		燃料油	1.06×10^{-3}
		焦油	1.76×10^{-3}

若流体容易结垢，换热器使用一段时间后，污垢热阻往往会增加，使传热速率严重下降。为消除污垢热阻的影响，换热器应根据具体工作条件定期清洗除垢。

例 6-6 某列管换热器由 $\Phi 25\text{mm}\times 2.5\text{mm}$ 的钢管组成。热空气流经管程，冷却水在管间与空气呈逆流流动。已知管内侧空气的对流传热系数为 50W/(m^2·℃)，管外侧水的对流传热系数为 1000W/(m^2·℃)，钢的热导率为 45W/(m·℃)。试求：①按外表面积为基准的总传热系数；②按平壁计的总传热系数；③若忽略管壁和污垢热阻，分别计算管内和管外对流传热系提高一倍后的总传热系数。

解 参考表 6-5，取空气侧的污垢热阻 $R_i=0.5\times 10^{-3}$ m^2·℃/W，水侧的污垢热阻 $R_2=0.2\times 10^{-3}$ m^2·℃/W。

由题意可知：$\alpha_i=50$W/（m^2·℃），$\alpha_o=1000$W/（m^2·℃），$d_i=0.02$m，$d_o=0.025$m。

①以外表面积为基准，应用式（6-64）得

$$\frac{1}{K_o}=\frac{d_o}{\alpha_i d_i}+R_i\frac{d_o}{d_i}+\frac{bd_o}{\lambda d_m}+R_o+\frac{1}{\alpha_o}$$

$$d_m=\frac{d_1+d_2}{2}=\frac{0.025+0.02}{2}=0.0225(\text{m})$$

$$\frac{1}{K_o}=\frac{1}{50}\times\frac{0.025}{0.02}+0.5\times 10^{-3}\times\frac{0.025}{0.02}+\frac{0.0025}{45}\times\frac{0.025}{0.0225}+0.2\times 10^{-3}+\frac{1}{1000}$$
$$=0.027(\text{m}^2\cdot℃/\text{W})$$

即

$$K_o=37[\text{W}/(\text{m}^2\cdot℃)]$$

②若按平壁计算，则总传热系数为

$$\frac{1}{K}=\frac{1}{\alpha_i}+R_i+\frac{b}{\lambda}+R_o+\frac{1}{\alpha_o}$$
$$=\frac{1}{50}+0.5\times 10^{-3}+\frac{0.0025}{45}+0.2\times 10^{-3}+\frac{1}{1000}$$
$$=0.022(\text{m}^2\cdot℃/\text{W})$$

即

$$K=45[\text{W}/(\text{m}^2\cdot℃)]$$

以上计算结果表明，在该条件下，由于管较小，若按平壁计算总传热系数 K 值，误差稍大，即为

$$\frac{K'-K}{K}\times 100\%=\frac{45-37}{37}\times 100\%=22\%$$

③忽略污垢热阻时，将空气侧对流传热系数增加一倍时的总传热系数 K 为

$$\frac{1}{K_o'}=\frac{1}{\alpha_o}+\frac{1}{2\alpha_i}\frac{d_o}{d_i}=\frac{1}{1000}+\frac{1}{2\times 50}\times\frac{0.025}{0.020}=0.014(\text{m}^2\cdot℃/\text{W})$$

即

$$K_o'=71[\text{W}/(\text{m}^2\cdot℃)]$$

④忽略污垢热阻时，将水侧对流传热系数增加一倍时的总传热系数 K 为

$$\frac{1}{K_o''}=\frac{1}{2\alpha_o}+\frac{1}{\alpha_i}\frac{d_o}{d_i}=\frac{1}{2\times 1000}+\frac{1}{50}\times\frac{0.025}{0.020}=0.026(\text{m}^2\cdot℃/\text{W})$$

即

$$K_o''=38[\text{W}/(\text{m}^2\cdot℃)]$$

计算结果表明，K 值总是接近热阻大的流体侧的 α 值。因此，欲提高 K 值，必须对影响 K 值的各项进行分析。例如，在本题条件下，应提高较小的对流传热系数即空气侧 α，才能有效提高总传热系数 K 值。

三、平均温差的计算

一般情况下，冷、热流体在稳定换热设备内分别在间壁两侧沿传热面进行吸热或放热，流体的温度沿传热面逐渐变化，沿管长方向的不同部位，冷、热流体温度不同，因此局部温度差（$T-t$）也是沿传热面而变化的。

如何计算其平均值 Δt_m？就冷、热流体的相互流动方向而言，可以有不同的流动形式，如逆流、并流（顺流）、错流和折流等传热。因此，传热平均温差 Δt_m 的计算方法因流动形式而异。另外，流体换热过程是否发生相变，如用蒸气加热液体食品时，蒸气侧为恒温；用蒸气加热液体食品进行蒸发时，两侧均为恒温。因此，按照参与热交换的冷、热流体在沿换热器传热面流动时各点温度变化情况，又可分为恒温差传热和变温差传热。

下面根据换热过程流体流动方向和温变情况，对总传热速率积分方程中的平均传热温度差 Δt_m计算式进行推导。为了方便和简化推导，相应地作以下假设：①传热为定态操作过程；②两流体的比热容均为常数（可取换热器进、出口温度下的平均值）；③总传热系数 K 值为常量，即 K 值不随换热器管长变化；④换热器的热损失忽略不计。

（一）恒温传热时的平均温度差

恒温传热是指换热过程中换热器间壁两侧的流体均发生相变，且温度不变，冷、热流体温差处处相等，不随换热器位置而变的传热情况。例如，蒸发器中饱和蒸气和沸腾液体间的传热：间壁的一侧液体在保持恒定的沸腾温度 t_s 下蒸发；而间壁的另一侧，饱和蒸气在温度 T_s 下发生冷凝过程。此时传热面两侧的温度差保持均一不变，传热平均温差采用下式计算：

$$\Delta t_m = T_s - t_s$$

式中：T_s—— 热流体（饱和蒸气）温度（℃）；

t_s—— 冷流体（液体沸腾）温度（℃）。

流体的流动方向对 Δt_m 也无影响，因此根据上述假设，总传热速率方程为

$$Q = KA(T_s - t_s) \tag{6-65}$$

（二）变温传热时的平均温度差

变温传热是指换热过程中传热温度随换热器位置而发生变化的情况。在间壁传热过程中一侧或两侧的流体沿着传热壁面的不同位置其温度不同，因此，传热温度差也必随换热器位置而变化。另外，两流体的相互流向不同，则对传热温度差的影响也不相同。该过程可分为单侧变温和双侧变温两种情况。

1. 单侧变温

例如，用蒸气加热一冷流体，蒸气冷凝放出潜热加热冷流体，蒸气冷凝温度 T_s 不变，而冷流体的温度从 t_1 上升到 t_2。或者热流体温度从 T_1 下降到 T_2，放出热量加热另一较低温度 t_s 下沸腾的液体，后者温度始终保持在沸点 t_s，如图 6-20 所示。

2. 双侧变温

双侧变温时平均温度差 Δt_m 与换热器内冷、热流体流动方向有关，下面先介绍工业上常

见的几种流动形式（图 6-21）。

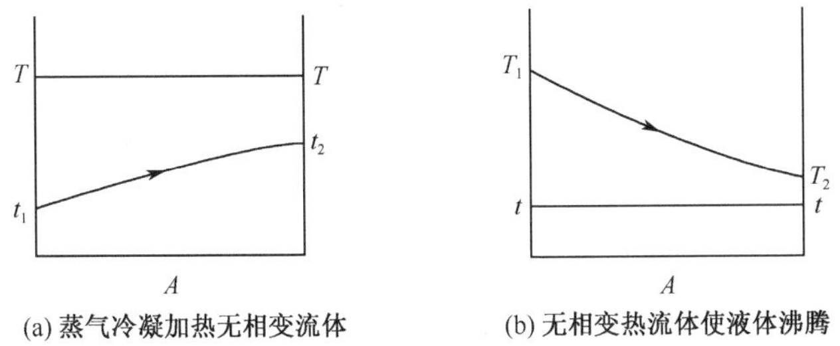

图 6-20 一侧流体变温时的温度差变化

图 6-21 两流体相互流动形式

（1）逆流和并流时的平均传热温度差

并流（cocurrent flow）：参与换热的两种流体沿传热面平行而同向的流动。

逆流（counter flow）：参与换热的两种流体沿传热面平行而反向的流体。

沿传热面的局部温度差（$T-t$）是变化的，所以在计算传热速率时必须用积分的方法求出整个传热面上的平均温度差 Δt_m。下面以逆流操作（两侧流体无相变）为例，推导 Δt_m 的计算式。

由图 6-20 和图 6-22 可见，沿传热面的局部温度差（$T-t$）是变化的，所以在计算传热速率时，应采用积分的方法求出整个传热面上的平均温度差。

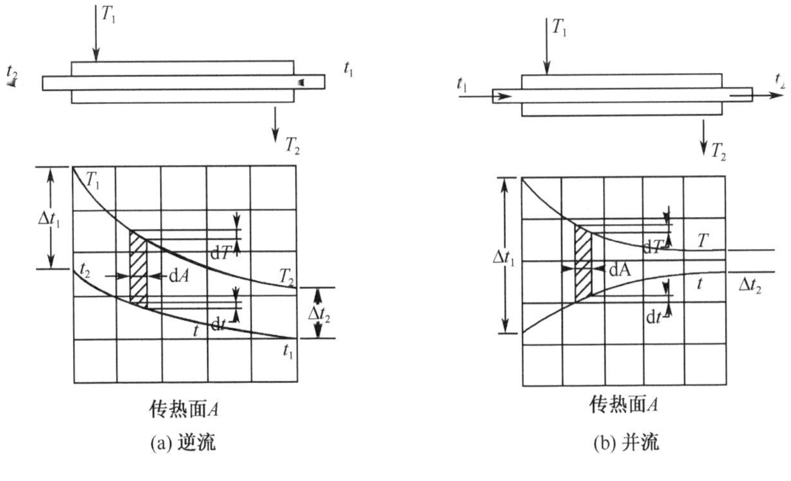

图 6-22 变温传热时的温度差变化

根据前述的假设条件，在换热器中取一微元管段为研究对象，其传热面积为 dA，在 dA 内热流体因放出热量温度下降 dT，冷流体因吸收热量温度升高 dt，如图 6-22（a）所示，则换热器微元管段传热量为 dQ。

假设热流体的质量流量 G_1，比热容 c_{p1}，进、出口温度为 T_1、T_2；冷流体的质量流量 G_2，比热容 c_{p2}，进、出口温度为 t_1、t_2。

dA 段热量衡算的微分式为

$$\mathrm{d}Q=-G_{\mathrm{h}}c_{p\mathrm{h}}\mathrm{d}T=G_{\mathrm{c}}c_{p\mathrm{c}}\mathrm{d}t \tag{6-66}$$

dA 段传热速率方程的微分式为

$$\mathrm{d}Q=K(T-t)\mathrm{d}A \tag{6-67}$$

稳定传热过程有

$$\mathrm{d}Q=-G_{\mathrm{h}}c_{p\mathrm{h}}\mathrm{d}T=G_{\mathrm{c}}c_{p\mathrm{c}}\mathrm{d}t=K(T-t)\mathrm{d}A$$

得

$$K(T-t)\mathrm{d}A=\frac{\mathrm{d}T}{\dfrac{1}{G_{\mathrm{h}}c_{p\mathrm{h}}}}=\frac{-\mathrm{d}t}{\dfrac{-1}{G_{\mathrm{c}}c_{p\mathrm{c}}}}=\frac{\mathrm{d}(T-t)}{\dfrac{1}{G_{\mathrm{h}}c_{p\mathrm{h}}}-\dfrac{1}{G_{\mathrm{c}}c_{p\mathrm{c}}}} \tag{6-68}$$

对于逆流情况，边界条件：$A=0$ 时，$\Delta t_1=T_1-t_2$；$A=A$ 时，$\Delta t_2=T_2-t_1$。代入式（6-68）得

$$\int_0^A K\mathrm{d}A=\int_{\Delta t_1}^{\Delta t_2}\frac{\mathrm{d}(T-t)}{(T-t)\left(\dfrac{1}{G_{\mathrm{h}}c_{p\mathrm{h}}}-\dfrac{1}{G_{\mathrm{c}}c_{p\mathrm{c}}}\right)}=\int_{\Delta t_1}^{\Delta t_2}\frac{\mathrm{d}\Delta t}{\Delta t\left(\dfrac{1}{G_{\mathrm{h}}c_{p\mathrm{h}}}-\dfrac{1}{G_{\mathrm{c}}c_{p\mathrm{c}}}\right)}$$

$$KA=\frac{1}{\dfrac{1}{G_{\mathrm{h}}c_{p\mathrm{h}}}-\dfrac{1}{G_{\mathrm{c}}c_{p\mathrm{c}}}}\ln\frac{\Delta t_1}{\Delta t_2} \tag{6-69}$$

对整个换热器作热量衡算：

$$Q=G_{\mathrm{h}}c_{p\mathrm{h}}(T_1-T_2)=G_{\mathrm{c}}c_{p\mathrm{c}}(t_2-t_1)$$

得

$$\frac{1}{G_{\mathrm{h}}c_{p\mathrm{h}}}=\frac{T_1-T_2}{Q}\qquad \frac{1}{G_{\mathrm{c}}c_{p\mathrm{c}}}=\frac{t_2-t_1}{Q}$$

代入式（6-69）得

$$\ln\frac{\Delta t_1}{\Delta t_2}=KA\frac{(T_1-T_2)-(t_2-t_1)}{Q}=KA\frac{(T_1-t_2)-(T_2-t_1)}{Q}$$

$$=KA\frac{\Delta t_1-\Delta t_2}{Q}$$

整理上式得

$$Q=KA\frac{\Delta t_1-\Delta t_2}{\ln\dfrac{\Delta t_1}{\Delta t_2}}=KA\Delta t_{\mathrm{m}}$$

式中

$$\Delta t_{\mathrm{m}}=\frac{\Delta t_1-\Delta t_2}{\ln\dfrac{\Delta t_1}{\Delta t_2}} \tag{6-70}$$

式（6-70）即为平均传热温度差（对数平均温差）的计算式。

讨论：

1）式（6-70）虽然是从逆流推导来的，但也适用于并流。

2）习惯上将较大温差记为 Δt_1，较小温差记为 Δt_2。

3）当 $\dfrac{\Delta t_1}{\Delta t_2}<2$ 时，则可用算术平均值代替，即 $\Delta t_{\mathrm{m}}=\dfrac{\Delta t_1+\Delta t_2}{2}$。

4）当 $\Delta t_1 = \Delta t_2$ 时，取平均温度差 $\Delta t_m = \Delta t_1$（或 Δt_2）。

（2）错流和折流时的平均温度差

在大多数列管换热器中，两流体的流向并非简单的逆流或并流，因为换热器的传热速率或换热效率除受温度差的大小影响外，还受传热系数的诸多因素以及换热器的结构是否紧凑合理等影响。所以实际上两流体的流向比较复杂，为多程流动，是相互垂直的交叉流动或两流体反复来回折式流动等。

错流：两种流体的流向垂直交叉。

折流：一流体只沿一个方向流动，另一流体反复来回折流；或者两流体都反复折回。

复杂流：几种流动型式的组合，如折流等。

对于错流、折流、复杂流情况，虽然也可采用理论求解 Δt_m 的计算式，但形式过于复杂。本节主要介绍安德伍德（Underwood）和鲍曼（Bowan）提出的图算法。该法是先按逆流时计算对数平均温度差，再乘以考虑流动方向的校正因素，即

$$\Delta t_m = \varphi \Delta t'_m \tag{6-71}$$

式中：$\Delta t'_m$—— 按逆流计算的对数平均温度差（℃）；

φ—— 温度差校正系数，无因次。

温度差校正系数 φ 与冷、热流体的温度变化有关，是 P 和 R 两因数的函数，即

$$\varphi = f(P, R) \tag{6-72}$$

式中

$$P = \frac{t_2 - t_1}{T_1 - t_1} = \frac{\text{冷流体的温升}}{\text{两流体的最初温差}}$$

$$R = \frac{T_1 - T_2}{t_2 - t_1} = \frac{\text{热流体的温降}}{\text{冷流体的温升}}$$

温度差校正系数 φ 值可根据 P 和 R 从图 6-23 的相应图中查得。图 6-24 适用于错流换热器。其他流向的温度差校正系数 φ 值可查手册或其他有关传热的书籍。

求取错流、折流和复杂流的平均传热温度差，具体步骤如下：

1）先按逆流计算对数平均温差 $\Delta t_{m逆}$。

2）根据 P 和 R，在相关图表中查取平均温差校正系数 φ 值。

$$\left.\begin{aligned} &\varphi = f(P, R) \\ &P = \frac{t_2 - t_1}{T_1 - t_1} = \frac{\text{冷流体温升}}{\text{两流体最初温差}} \\ &R = \frac{T_1 - T_2}{t_2 - t_1} = \frac{\text{热流体温降}}{\text{冷流体温升}} \end{aligned}\right\} \text{查图} \Rightarrow \text{取}\ \varphi\ \text{值}$$

3）求取平均传热温差 $\Delta t_m = \varphi \Delta t_{m逆}$。

由图 6-23 和图 6-24 可见，平均温差校正系数 φ 恒小于 1（$\varphi < 1$），这是由于各种复杂流动中同时存在逆流和并流，且在列管换热器内增设了折流挡板及采用多管程，使得换热的冷、热流体在换热器内呈折流或错流，导致实际平均传热温差恒低于纯逆流时的平均传热温差。通常在换热器的设计中规定 φ 值不应低于 0.8，若低于此值，则应考虑增加壳方程数，或将多台换热器串联使用，使传热过程更接近逆流。若在 φ 图上找不到某种 P 和 R 的组合，说明此种换热器达不到规定的传热要求，因而需改用其他流向的换热器。

应当指出，温度差校正系数图是基于以下假设作出的：

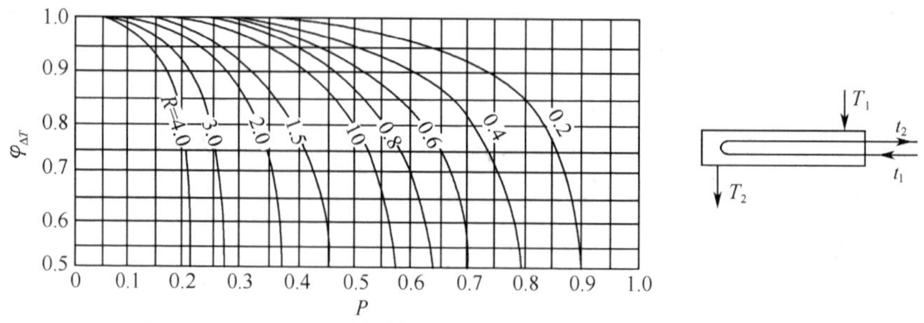

(a) 单壳程

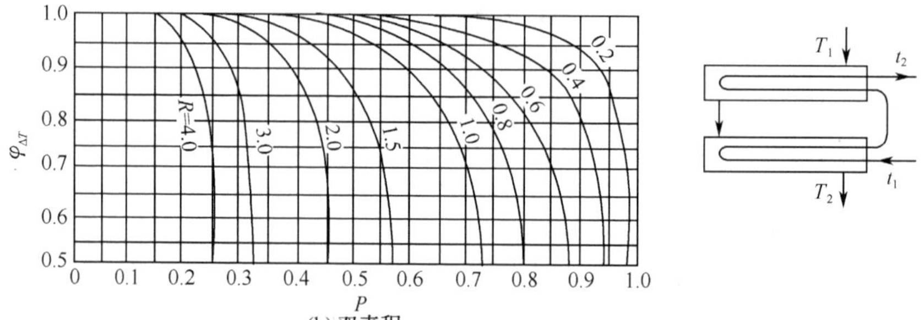

(b) 双壳程

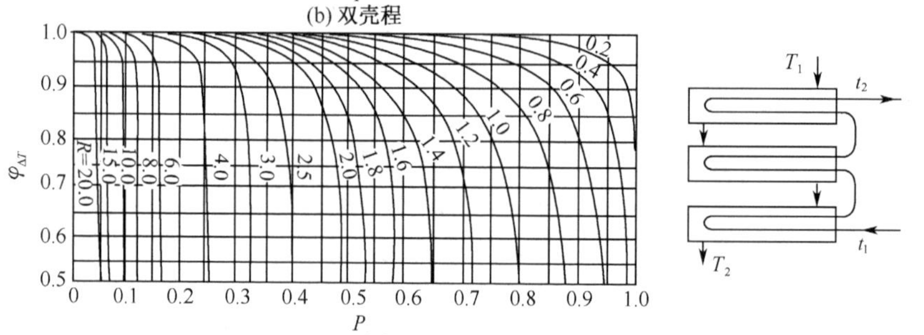

(c) 三壳程

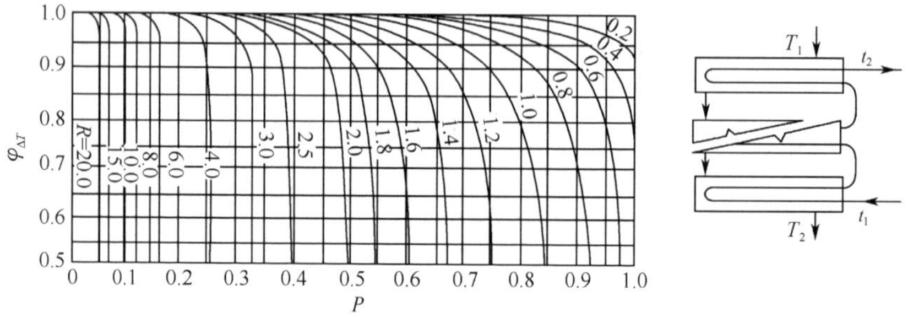

(d) 四壳程

图 6-23　对数平均温度差校正系数

1）壳程任一截面上流体温度均匀一致。

2）管方各程传热面积相等。

3）总传热系数 K 值和流体比热容 c_p 为常数。

4）流体无相变。

5）换热器的热损失可忽略不计。

对于 1-2 型（壳方单程、管方双程）换热器，温度校正系数 φ 值也可用下式计算：

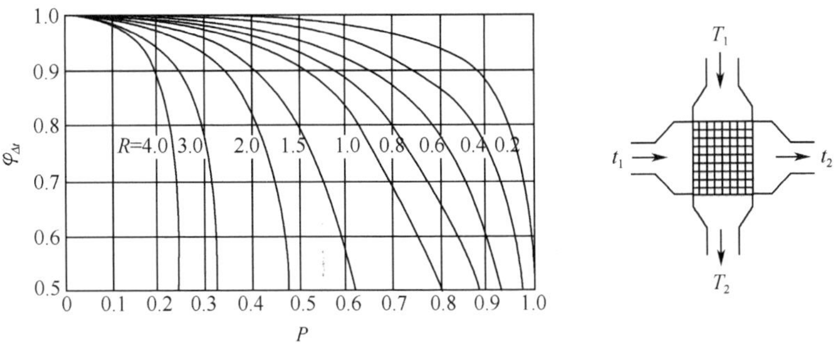

图 6-24 错流时对数平均温度差校正系数值

$$\varphi=\frac{\dfrac{\sqrt{R^2+1}}{R-1}\ln\dfrac{1-P}{1-PR}}{\ln\dfrac{\dfrac{2}{P}-1-R+\sqrt{R^2+1}}{\dfrac{2}{P}-1-R-\sqrt{R^2+1}}} \tag{6-73}$$

对于 1-2n 型换热器，也可近似使用式（6-73）计算 φ 值。

例 6-7 某乳品厂每小时应将 3t 鲜奶从 10℃加热到 85℃。采用表压 100kPa 的饱和水蒸气加热。牛奶比热容可取为 3.9kJ/(kg·℃)，密度为 1030kg/m³。今有一列管式换热器，内有 36 根 Φ25mm×2mm 的不锈钢管，分四程，长 2m。由实践经验知其传热系数约为 1000 W/(m²·℃)，它能否完成换热任务?

解 所需的传热量为

$$Q=G_2c_{p2}(t_2-t_1)=\frac{3\times10^3}{3600}\times3.9\times10^3\times(85-10)=2.4\times10^5(\text{W})$$

传热面积

$$A=n\pi dL=36\times3.14\times0.021\times2=4.7\ (\text{m}^2)$$

表压 100kPa 饱和水蒸气即绝对压 201.3kPa 饱和水蒸气，其温度为 120.4℃。平均传热温度差为

$$\Delta t_m=\frac{(T-t_1)-(T-t_2)}{\ln\dfrac{T-t_1}{T-t_2}}=\frac{(120.4-10)-(120.4-85)}{\ln\dfrac{120.4-10}{120.4-85}}=66(℃)$$

所能达到的传热量为

$$Q'=KA\Delta t_m=1000\times4.7\times66=3.1\times10^5(\text{W})$$

由于 $Q'>Q$，因此可以完成传热任务。

例 6-8 在一单壳程、单管程无挡板的列管式换热器中，冷、热流体进行热交换。热流体的进、出口温度分别为 90℃、70℃；冷流体的进、出口温度分别为 20℃、60℃。试求：①在上述温度条件下两流体作逆流和并流时的平均温度差；②上述温度条件不变，换热器改为单壳程、双管程时的平均温度差。

解 ①单壳程、单管程两流体作逆流和并流时的平均温度差如下：

逆流时的对数平均温度差：

热流体	T	90℃	→	70℃
冷流体	t	60℃	→	20℃
	Δt	30℃		50℃

$$\Delta t_m=\frac{\Delta t_1-\Delta t_2}{\ln\frac{\Delta t_1}{\Delta t_2}}=\frac{50-30}{\ln\frac{50}{30}}=39(℃)$$

并流时的对数平均温度差：

热流体 T	90℃	→	70℃
冷流体 t	20℃	→	60℃
Δt	70℃		10℃

故

$$\Delta t_m=\frac{\Delta t_1-\Delta t_2}{\ln\frac{\Delta t_1}{\Delta t_2}}=\frac{70-10}{\ln\frac{70}{10}}=31(℃)$$

可见，当冷、热流体的初、终温度均相同的条件下，逆流时的平均温度差 Δt_m 较并流时大。

②上述温度条件不变，换热器改为单壳程、双管程时，先按逆流时计算对流平均温度差为

$$\Delta t'_m = 39℃$$

折流时的对数平均温度差为

$$\Delta t_m = \varphi\Delta t'_m$$

其中

$$\varphi=f\ (P,\ R)$$

$$P=\frac{t_2-t_1}{T_1-t_1}=\frac{60-20}{90-20}=0.57$$

$$R=\frac{T_1-T_2}{t_2-t_1}=\frac{90-70}{60-20}=0.5$$

由图 6-23（a）查得 $\varphi=0.91$，故

$$\Delta t_m=\varphi\Delta t'_m=0.91\times39=35(℃)$$

由此可知，折流时的 Δt_m 介于逆流和并流的 Δt_m 之间，φ 值越大，其对数平均温度差越接近于逆流时的 Δt_m 值。

3. 流向的选择

1）逆流具有最大的传热推动力。如前所述的各种流型，逆流和并流可以看成是两种极端情况。在流体进、出口温度相同的条件下，逆流的平均温差最大，并流最小，其他流型的 Δt_m 介于两者之间。对比两流体呈逆流、并流、错流、折流以及复杂流型时的传热平均温度差得

$$\Delta t_{m逆} > \Delta t_{m复杂} > \Delta t_{m错} > \Delta t_{m析} > \Delta t_{m并}$$

从提高传热推动力来看，逆流为最佳，具体有如下优点：①在热负荷 Q、K 相同时，采用逆流可以用较小的传热面积 A 完成相同的换热任务；②在热负荷 Q、A 相同时，可以节省加热和冷却介质的用量或多回收热；③加热时，若冷流体的初温、终温、处理量以及热流体的初温一定，由于逆流时热流体的终温有可能小于冷流体的终温，故其热流体消耗量有可能小于顺流。冷却时的情况相似，冷流体消耗量有可能小于顺流。另外，逆流时传热面上冷、热流体间的温度差较为均匀。

2）在某些方面并流也优于逆流。逆流虽对传热推动力而言为最佳，但其他流型也有各自的特点和优势。例如，加热某一热敏性物质时，工艺上要求加热温度不高于某值（并流 $t_{2max} < T_2$）；或者易固化物质冷却时，要求冷却温度不低于某值（并流 $T_{2min} > t_2$），以便易

于控制流体出口温度。

3）折流和其他复杂流型有利于提高 α 值和 K 值。采用折流和其他复杂流型的目的是为了提高传热系数 α，从而提高 K 来减小传热面积。温度校正系数 φ 是表示某种流型在给定工况下接近逆流的程度，综合利弊，最好使 $\varphi>0.9$，绝不能使 $\varphi<0.8$，否则另外选其他流型。

4）当换热器一侧流体发生相变时，可能其温度保持不变，此时就无所谓逆流、并流，不论何种流型，只要进、出口温度相同，则 Δt_{m} 均相等。

（三）总传热系数 K 不为常数的传热计算

在换热器中，随着传热过程的进行，液体的温度不断地沿传热面而变，因此流体的物性、对流传热系数、总传热系数都会有所变化，严格地说，推导平均温度差时的假定是难以完全成立的。不过若流体的物性随温度变化不大，则总传热系数可视为常量，此时使用对数平均温度差法，在工程计算中既简便又能满足精度的要求。若换热器中温度变化较大，而物性又随温度有显著的变化，则 K 值就不能视为常量，此时在设计中若采用对数平均温度差法，将导致较大的误差，需要采用其他方法计算。

若 K 值随温度呈线性变化时，使用下式可以得到较为准确的结果：

$$Q=A\frac{K_1\Delta t_2-K_2\Delta t_1}{\ln\dfrac{K_1\Delta t_2}{K_2\Delta t_1}} \tag{6-74}$$

式中：K_1、K_2——换热器两端的局部总传热系数 [W/(m^2 · ℃)]；

Δt_1、Δt_2——换热器两端的两流体的温度差（℃）。

若 K 值随温度不呈线性变化，换热器可分段计算，将每段的 K 值视为常数，则对每一段的总传热速率可以写为

$$\begin{aligned}\Delta Q_j&=K_j(\Delta t_{\mathrm{m}})_j\Delta A\\ Q&=\sum_{j=1}^{n}\Delta Q_j\end{aligned} \tag{6-75}$$

或

$$A=\sum_{j=1}^{n}\frac{\Delta Q_j}{K_j(\Delta t_{\mathrm{m}})_j}$$

式中：n——分段数；

下标 j 为任一段的序号。

若 K 值随温度变化较大时，由传热速率方程和热量衡算的微分形式可得

$$A=\int_0^A\mathrm{d}A=\int_{t_1}^{t_2}\frac{G_{\mathrm{h}}c_{p\mathrm{h}}}{K(T-t)}\mathrm{d}T \tag{6-76a}$$

或

$$A=\int_0^A\mathrm{d}A=\int_{t_1}^{t_2}\frac{G_{\mathrm{c}}c_{p\mathrm{c}}}{K(T-t)}\mathrm{d}t \tag{6-76b}$$

式（6-76a）和式（6-76b）积分项可以用图解积分法或数学积分法求得。

例 6-9 在一单壳程、四管程换热器中，用水冷却热油。冷却水在管内流动，进口温度为 15℃，出口温度为 32℃。热油在壳程中流动，进口温度为 120℃，出口温度为 40℃。热油流量为 1.25kg/s，平均比热容为 1.9kJ/(kg·℃)。若换热器的总传热系数为470W/(m²·℃)，试求换热器的传热面积。

解 换热器传热面积可根据总传热速率方程求得，即

$$A=\frac{Q}{K\Delta t_m}$$

换热器的传热量为

$$\begin{aligned}Q&=W_h c_{ph}(T_1-T_2)\\&=1.25\times1.9\times10^3\times(120-40)=190(\text{kW})\end{aligned}$$

1-4 型列管换热器的对数平均温度差，先按逆流计算，即

$$\Delta t_m'=\frac{\Delta t_1-\Delta t_2}{\ln\dfrac{\Delta t_1}{\Delta t_2}}=\frac{(120-32)-(40-15)}{\ln\dfrac{120-32}{40-15}}=50(℃)$$

温度差校正系数为

$$R=\frac{T_1-T_2}{t_2-t_1}=\frac{120-40}{32-15}=4.71$$

$$P=\frac{t_2-t_1}{T_1-t_1}=\frac{32-15}{120-15}=0.162$$

由图 6-23（a）中查得 $\varphi_{\Delta t}=0.89$，所以

$$\Delta t_m=\varphi_{\Delta t}\Delta t_m'=0.89\times50=44(℃)$$

故

$$A=\frac{Q}{K\Delta t_m}=\frac{190\times10^3}{470\times44}=9.2(\text{m}^2)$$

例 6-10 在一传热外表面积 A 为 300m² 的单程列管换热器中，300℃的某种气体流过壳程并被加热到 430℃。另一种 560℃的气体作为加热介质，两流体作逆流流动，流量均为 1×10^4 kg/h，平均比热容均为 1.05kJ/(kg·℃)。试求总传热系数。假设换热器的热损失为壳程气体热量的 10%。

解 对给定的换热器，其总传热系数可由总传热速率方程求得，即

$$Q=KA\Delta t_m$$

则有

$$K=\frac{Q}{A\Delta t_m}$$

换热器的传热量为

$$\begin{aligned}Q&=G_c c_{pc}(t_2-t_1)+Q_l=1.1\times[G_c c_{pc}(t_2-t_1)]\\&=1.1\times\left[\frac{1\times10^4}{3600}\times1.05\times10^3\times(430-300)\right]=4.17\times10^5(\text{W})\end{aligned}$$

热气体的出口温度由热量衡算求得，即

$$Q=G_h c_{ph}(T_1-T_2)$$

或

$$4.17\times10^5=\frac{1\times10^4}{3600}\times1.05\times10^3\times(560-T_2)$$

解得

$$T_2=417(℃)$$

流体传热平均温度差：

因为

$$\frac{\Delta t_2}{\Delta t_1}=\frac{560-430}{417-300}=1.11<2$$

所以

$$\Delta t_m=\frac{\Delta t_1+\Delta t_2}{2}=\frac{(560-430)+(417-300)}{2}=124\ (℃)$$

故

$$K=\frac{4.17\times 10^5}{300\times 124}=11.2[\mathrm{W/(m^2\cdot ℃)}]$$

由以上计算结果可以看出，两气体间传热的总传热系数是很低的。

应该指出的是，在传热过程的计算和分析中，总传热速率方程十分重要。应用时以总传热速率方程为基础，将传热的主要内容联系起来，以便熟练地掌握传热的基本原理。

在设计换热器时，总传热系数 K 的来源有以下三个方面：

1）选用生产实际的经验数据。在有关手册或传热书籍中，都列有某些情况下 K 的经验值可供参考。但应选用与工艺条件相近、传热设备类似而且较为成熟的经验值作为设计的依据。

2）实验测定。利用现有的换热器，通过实验测定有关数据，如流体的流量和温度等。再用传热速率方程式计算 K 值［例 6-9］。显然，实验测定可以获得较为可靠的 K 值。应指出，实测 K 值不仅可以提供设计换热器的依据，而且可以了解传热设备的性能，从而寻求提高设备生产能力的方法。

3）K 值的计算。K 值可以由式（6-58）等方程式计算得到。但计算得到的 K 值往往与实际值相关较大，主要是由于对流传热系数 α 计算的关联式有一定的误差及污垢热阻也不易估算准确等。总之，在采用计算得到的 K 值时应慎重，最好与前述两种方法对照，以确定合适的 K 值。

（四）壁温的计算

在热损失和某些对流传热系数（如自然对流、强制层流、冷凝、沸腾等）的计算中都需要知道壁温。此外选择换热器类型和管材时，也需要知道壁温。下面介绍壁温的计算，假设热流体在内侧。

对于稳态传热：

$$Q=KA\Delta t_m=\frac{T-T_w}{\dfrac{1}{\alpha_i A_i}}=\frac{T_w-t_w}{\dfrac{b}{\lambda A_m}}=\frac{t_w-t}{\dfrac{1}{\alpha_o A_o}}$$

利用上式计算壁温，得

$$T_w=T-\frac{Q}{\alpha_i A_i} \tag{6-77a}$$

$$t_w=T_w-\frac{bQ}{\lambda A_m}\qquad t_w=t+\frac{Q}{\alpha_o A_o} \tag{6-77b}$$

讨论：

1）换热器金属壁的热导率 λ 大，$b/\lambda A_m$ 小，即传热热阻小，这时 $t_w\approx T_w$。

2）当 $t_w = T_w$ 时，得 $\frac{T-T_w}{T_w-t}=\frac{1/\alpha_i A_i}{1/\alpha_o A_o}$，说明传热面两侧的温度差之比等于两侧热阻之比，即哪侧热阻大，传热温差也大，反之亦然。

当 $\alpha_i \gg \alpha_o$ 时，得 $(T-T_w) \ll (t_w-t)$，T_w 接近于 T，即哪侧 α 大，则哪侧热阻小。

3）如果两侧均有污垢，还应考虑污垢热阻的影响。

$$Q = KA\Delta t_m = \frac{T-T_w}{\left(\frac{1}{\alpha_i}+R_i\right)\frac{1}{A_i}} = \frac{T_w-t_w}{\frac{b}{\lambda A_m}} = \frac{t_w-t}{\left(\frac{1}{\alpha_o}+R_o\right)\frac{1}{A_o}}$$

四、传热的强化

强化传热的目的是以最小的传热设备获得最大的生产能力。这个问题对设备的设计和使用是很重要的。目前一切新型换热器的研究探讨几乎都与传热的强化有关。前已述及，热流量与诸多因素有关，所以强化传热也有各种不同的途径。一切强化传热的方法和措施都要花费一定的代价。具体方案是否可行，要以花费的代价和所得到的效益来权衡，进行经济比较。只有在经济合理的情况下，才能采用。强化传热有如下几种途径：

（一）加大传热面积

加大传热面积可增加传热量，但设备增大，投资和维修费用也随之增加。要考虑传热量的增加数量值能否补偿费用上的增加。此外，在某种情况下，可采用翅片或螺旋翅片管代替普通金属管，以增大热阻相对较大一侧的换热面积。这种结构比一般增加面积的方法更为紧凑，效果也更好。

（二）增加平均温差

Δt_m 越大，自然热流量越大，增加 Δt_m 理论上可采取升高加热介质温度或降低冷却介质温度的方法，但往往受客观条件（如蒸气压、气温、水温等）和工艺条件（如制口的热敏性、冰点）的限制。提高蒸气压，设备造价会随之升高。在一定的气源压强下，可以采取降低蒸气管道阻力的方法以提高加热蒸气的压强。另外，在不定期条件下，用逆流方法代替并流，也可提高 Δt_m。

（三）减少传热阻力

根据热阻分析，一般金属间壁的导热热阻较小，所以强化措施通常不放在此处。但当这项热阻占显著比例时，减少壁厚或使用热导率较高的材料收效显著。重要的问题在于需要经常保持壁面清洁。有时，防止污垢形成或经常清除垢层是很重要的强化措施。减少壁厚往往与材料强度和制造的工艺技术有关，选用高热导率材料又受到成本的限制。

热阻中，重要的是两侧传热热阻，必须考虑其强化措施。加大流速、提高湍流程度、减少层流内层厚度等均有利于提高对流传热系数。在一定流量下，采用小直径管道、增加管束程数或管外挡板等都可达到提高流速的目的。在管内或管外加装传热强化圈（如用金属条、带、丝、片做成扭曲的螺旋形物）可增强流体的扰动，破坏层流内层，提高对流传热系数。但上述方法都会导致流体阻力的增加，使输送所需能量消耗增加。所以提高对流传热系数从经济上讲也是有限的。

第五节 热 辐 射

任何物体只要其热力学温度不为零，都会不停地以电磁波的形式向外辐射能量，同时也不断地吸收来自外界其他物体的辐射能。当物体向外界辐射的能量与其从外界吸收的辐射能不等时，该物体与外界就产生热量的传递。辐射传热就是不同物体间相互辐射和相互吸收能量的综合过程。显然，辐射传热的净结果是高温物体向低温物体传递能量。此外，辐射能可以在真空中传播，不需要任何物质作媒介，这是与热传导、对流的主要不同点。因此，辐射传热的规律也不同于对流传热和热传导。

研究辐射传热对于食品工业有两方面的意义：①许多设备如换热器、蒸气管道等的外壁温度高于周围大气的温度，它们以辐射传热的形式向环境发射能量；②食品工业广泛使用辐射加热的方法进行焙烤和干燥。

一、基本概念和定律

（一）基本概念

物体以电磁波形式传递能量的过程即为辐射，被传递的能量称为辐射能。物体可由不同的原因产生电磁波，其中因热的原因引起的电磁波辐射称为热辐射。在辐射过程中，物体的热能转变为辐射能，只要物体的温度不变，则发射的辐射能也不变。

1. 热射线

热辐射和光辐射在本质上完全相同，不同的仅仅是波长范围。理论上热辐射的电磁波波长从零到无穷大，但是具有实际意义的波长范围为 0.4～20μm。其中波长 0.4～0.8μm 的电磁波为可见光，波长 0.8～20μm 的电磁波为红外光。可见光和红外光统称为热射线（heat ray）。不过对热辐射起决定性作用的是红外光。只有在很高的温度下，才可能觉察到可见光的热效应。

热射线和可见光一样，都服从反射定律，能在均一介质中直线传播；在真空和大多数的气体（惰性气体和对称的双原子气体）中，热射线可完全透过去，但对大多数的固体和液体，热射线则不能透过。因此，只有能够互相照见的物体间才能进行辐射传热。

2. 热射线的性质

若外界投射到某一物体上的总能量为 E，其中一部分能量 E_A 可能被物体吸收，一部分能量 E_R 则被物体反射，其余的能量 E_D 将透过物体。如图 6-25 所示。按能量守恒定律有

$$E = E_A + E_R + E_D$$

或

$$\frac{E_A}{E} + \frac{E_R}{E} + \frac{E_D}{E} = 1$$

即

$$A + R + D = 1 \tag{6-78}$$

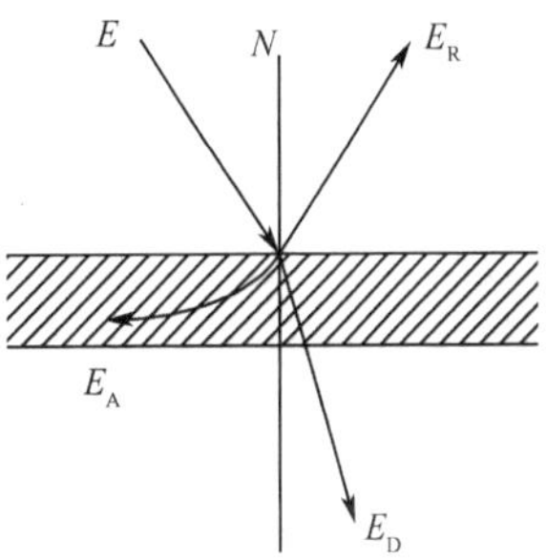

图 6-25 辐射能的吸收、反射和透过

式中：A——吸收率，$A=\frac{E_A}{E}$；

R——反射率，$R=\frac{E_R}{E}$；

D——穿透率，$D=\frac{E_D}{E}$。

3. 黑体、镜体、透热体和灰体

吸收率、反射率和透过率的大小取决于物体的性质、温度、表面状况和辐射线的波长等，一般来说，表面粗糙的物体吸收率大。

固体和液体不允许热辐射透过，即 $D=0$；而气体对热辐射几乎无反射能力，即 $R=0$。

黑体（black body）：能全部吸收辐射能的物体，即 $A=1$ 的物体，又称绝对黑体。黑体是一种理想化物体，自然界中并不存在绝对黑体，实际物体只能或多或少地接近黑体。例如，没有光泽的黑漆表面，其吸收率 A 为 0.96～0.98。引入黑体的概念是理论研究的需要。

镜体（mirror body）：能全部反射辐射能的物体，即 $R=1$ 的物体，又称绝对白体。实际上镜体（白体）也是不存在的，实际物体也只能或多或少地接近镜体。例如，表面磨光的铜，其反射率 $R=0.97$。

透热体（diathermic body）：能透过全部辐射能的物体，即 $D=1$ 的物体。一般来说，单原子和由对称双原子构成的气体（如 He、O_2、N_2 和 H_2 等）一般可视为透热体。多原子气体和不对称的双原子气体则只能有选择地吸收和发射某些波段范围的辐射能。

灰体（grey body）：吸收率和反射率介于黑体与镜体之间的物体，灰体是相对于黑体和镜体而言的。

由于多数工程材料，对于波长 0.76～20μm 的辐射能，其吸收率随波长变化不大，为了简化工程计算，因此引入灰体的概念。大多数工业上遇到的物体和常见的固体材料均可视为灰体。

（二）基本定律

1. 普朗克定律

单一波长的辐射称为单色辐射。实际辐射线中包含许多单色的射线。辐射表面发单色辐射能的大小与表面的温度及辐射的波长有关。表面温度一定时，单色辐射能量只是波长的函数。

在一定的温度下，单位时间内、单位面积上从物体表面发射的单色辐射能（波长为 λ）称为单色发射能力，以 E_λ 表示，其单位为 W/m^3。

通常，物体发射的辐射能不是单色的，而是由波长从 $0\sim\infty$ 的单色辐射线所组成，构成所谓的辐射谱，可说明辐射能的分布情况。

对于黑体，其辐射谱中的能量分布可采用普朗克（Plank）定律精确地求取，即

$$E_{b\lambda}=\frac{C_1\lambda^{-5}}{e^{C_2/\lambda T}-1} \tag{6-79}$$

式中：$E_{b\lambda}$——黑体的单色辐射能力（W/m^2）；

λ——波长（m）；

T——物体的热力学温度（K）；

C_1——常数，其值为 $3.743\times10^{-16}W\cdot m^2$；

C_2——常数，其值为 $1.4387\times10^{-2}W\cdot m^2$。

式（6-79）称为普朗克定律。普朗克定律揭示了黑体的辐射能力按照波长的分配规律，即表示了黑体的单色辐射能力与波长和温度的函数关系。

不同温度下，黑体辐射谱中按波长的分布规律曲线如图 6-26 所示。由图可见，每个温度有一条能量分布曲线，随温度不断升高，辐射能逐渐向波长缩短的方向移动；在指定的温度下，黑体辐射各种波长的能量是不同的，但在某一波长时达到 E 的最大值。在不太高的温度下，辐射能主要集中在波长为 0.8～10μm。

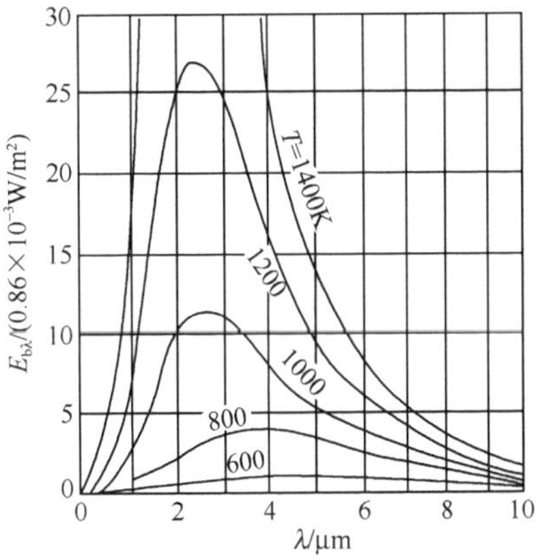

图 6-26　普朗克定律

2. 斯蒂芬-玻耳兹曼定律

物体在一定温度下，单位表面积、单位时间内所发射的全部辐射能（波长 λ 从 0～∞）称为该物体在该温度下的发射能力，以 E 表示，其单位为 W/m^2。

在一定温度下，设在波长由 $\lambda\sim\lambda+\Delta\lambda$ 发射能力为 ΔE，则辐射表面发射的全部辐射能应为所有单色辐射能之和，即

$$E_\lambda=\lim_{\Delta\lambda\to0}\frac{\Delta E}{\Delta\lambda}=\frac{dE}{d\lambda}$$

式中：$\dfrac{\Delta E}{\Delta\lambda}$——单色发射能力，以 $E_{\lambda0}$ 表示。

单色发射能力是物体在一定温度下，单位表面积、单位时间内发射的某一特定波长的能量。显然有

$$E=\int_0^\infty E_\lambda d\lambda \tag{6-80}$$

式（6-80）即辐射照度或全辐射能力。

对于黑体的全辐射能力 E_0，可将式（6-79）代入式（6-80），积分求得

$$E_b=\int_0^\infty E_{b\lambda}d\lambda=\int_0^\infty\frac{C_1\lambda^{-5}}{e^{C_2/\lambda T}-1}d\lambda=\sigma_b T^4=C_b\left(\frac{T}{100}\right)^4 \tag{6-81}$$

式中：E_b——黑体的发射能力（W/m^2）；

σ_b——黑体的发射常数或斯蒂芬-玻耳兹曼辐射常数，其值为 $5.67\times10^{-8}W/(m^2\cdot K^4)$；

C_b——黑体辐射系数，$C_b=\sigma_b\times10^8=5.67W/(m^2\cdot K^4)$。

由式（6-81）可见，黑体的全辐射能力正比于热力学温度的四次方，该式称为斯蒂芬-玻耳兹曼（Stephen-Boltzmann）定律，也称为四次方定律。显然，热辐射与对流传热、热传导比较，遵循的是完全不同的传热规律。斯蒂芬-玻耳兹曼定律说明了辐射传热对温度异常敏感，低温时热辐射往往可以忽略，而高温时则成为主要的传热方式。式（6-81）是对黑

体而言的，对于灰体的发射能力 E，同理可表示为

$$E = C\left(\frac{T}{100}\right)^4 \tag{6-82}$$

式中：E —— 实际物体的发射能力（W/m^2）；

C ——灰体的发射系数 [$W/(m^2 \cdot K^4)$]。

不同物体的 C 值不同，它取决于物体的性质、表面情况和温度，且总小于 C_0。因此，在同一温度下，灰体的发射能力总是小于黑体。

任一物体的全辐射能力 E 与黑体全辐射能力 E_b 之比为物体的发射率，又称黑度，以 ε 表示，即

$$\varepsilon = \frac{E}{E_b} \tag{6-83a}$$

或

$$E = \varepsilon E_b = \varepsilon \sigma_b T^4 = \varepsilon C_b\left(\frac{T}{100}\right)^4 \tag{6-83b}$$

黑体在任何给定温度下具有最大可能的发射能力，并且是所有其他辐射体发射能力的比较标准。

因此，黑度实际上又表示实际物体辐射能力接近黑体的程度，而且 $\varepsilon < 1$。影响物体黑度 ε 的因素有物体的种类、表面温度、表面状况（如粗糙度、表面氧化程度等）、波长，其值可用实验方法测定。

通常氧化表面的材料比磨光表面材料的黑度大，ε 值大说明其辐射能力也大。

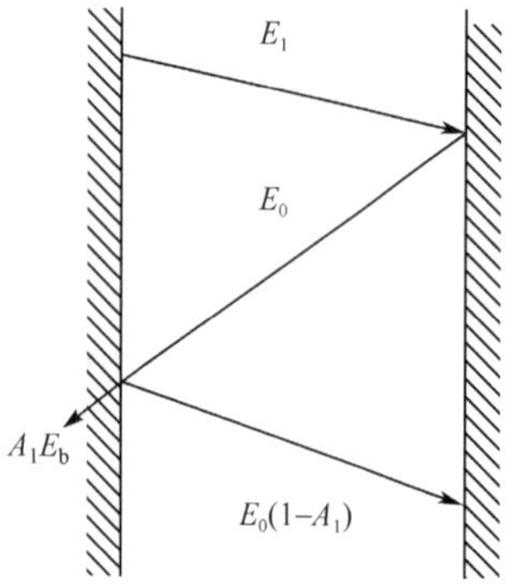

图 6-27　两物体间的辐射

3. 克希霍夫定律

物体的吸收率与其反射能力有着密切的联系。如图 6-27 所示，设有两块很大且相距很近的平行平板，两板间为透热体，一板为黑体，一板为透过率为 0 的灰体。现以单位表面积、单位时间为基准，讨论两物体间的热量平衡。设灰体的吸收率、辐射能力、表面的热力学温度分别为 A_1、E_1、T_1，黑体的吸收率、辐射能力、表面的热力学温度分别为 A_b、E_b、T_b，且 $T_1 > T_b$。

灰体Ⅰ所发射的能量 E_1 投射到黑体Ⅱ上被全部吸收；黑体Ⅱ所发射的能量 E_b 投射到灰体Ⅰ上只能被部分吸收，即 A_1E_b 的能量被吸收，其余部分（$1-A_1E_b$）被反射回黑体后被黑体Ⅱ吸收。因此，两平板间热交换的结果，以灰体Ⅰ为例，发射的能量为 E_1，吸收的能量为 A_1E_b，两者的差为

$$q = E_1 - A_1E_b$$

式中：q —— 两板间辐射传热的热通量（W/m^2）。

当两平壁间的热交换达到平衡时，即温度 $T_1 = T_0$，则灰体Ⅰ所发射的辐射能与其吸收的能量必然相等，即 $q=0$，则有

$$E_1 = A_1E_b \quad 或 \quad \frac{E_1}{A_1} = E_b$$

将上述结论推广到任一平壁，可得

$$\frac{E}{A}=\frac{E_1}{A_1}=\frac{E_2}{A_2}=\cdots=E_b=f(T) \tag{6-84}$$

式（6-84）即为克希霍夫定律的数学表达式。

克希霍夫定律揭示了物体的辐射能力 E 与吸收率 A 之间的关系。此定律表明，任何物体的辐射能力与其吸收率的比值为常数，且等于同温度下黑体的辐射能力，其数值仅与物体的热力学温度有关。将式（6-83b）代入式（6-84）可得

$$E=AC_b\left(\frac{T}{100}\right)^4 \tag{6-85}$$

式（6-85）说明，在同一温度下，物体的吸收率与其黑度在数值上相等。但是 A 与 ε 的物理意义则完全不同。前者为吸收率，表示由其他物体发射来的辐射能可被该物体吸收的分数；后者为发射率，表示物体的辐射能力占黑体辐射能力的分数。由于物体吸收率的测定比较困难，因此工程计算中大都用物体的黑度来代替吸收率。

二、两固体间的辐射传热

工业中常在两固体间发生辐射传热。由于大多数固体可视为灰体，两灰体间的相互辐射即辐射能的多次被吸收和多次被反射过程，因此灰体比黑体间的辐射过程要复杂得多。

当两灰体间由于热辐射而进行热交换时，从一个物体发射出来的能量实际上只能部分到达另一物体，而达到物体的这部分能量由于还要反射出一部分能量，因此，从一物体发射来的能量并不能被另一物体全部吸收。同理，从另一物体反射回来的能量也只有部分到达原物体；而反射回的这部分能量仅部分被反射和部分被吸收。这种过程反复进行，直到继续被吸收和反射的能量变为微不足道。

两固体间辐射传热的总结果是热量从高温物体传向低温物体。它们之间的辐射传热计算非常复杂，与两固体的吸收率、反射率、形状及大小有关，还与两固体间的距离和相对位置有关。

工业上固体之间的相互辐射常遇到以下几种情况：

1）两平行物面之间的辐射，一般又可分为极大的两平行面的辐射和面积有限的两相等平行面间的辐射两种情况，如图 6-28 所示。

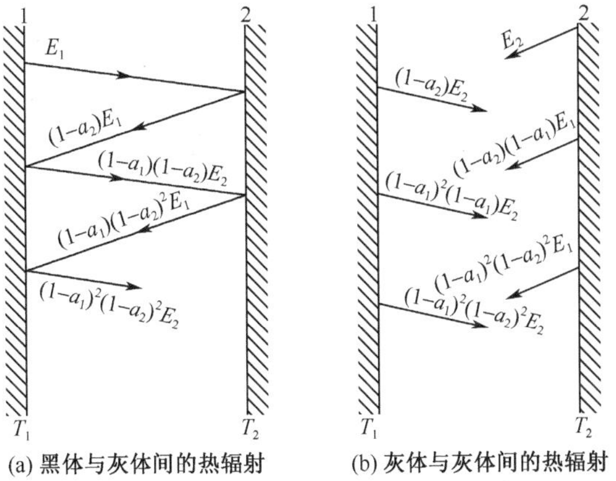

图 6-28 两灰体间的热辐射情况

2）一物体被另一物体包围时的辐射，一般可分为很大物体 2 包住物体 1 和物体 2 恰好包住物体 1 两种情况，如图 6-29 所示。

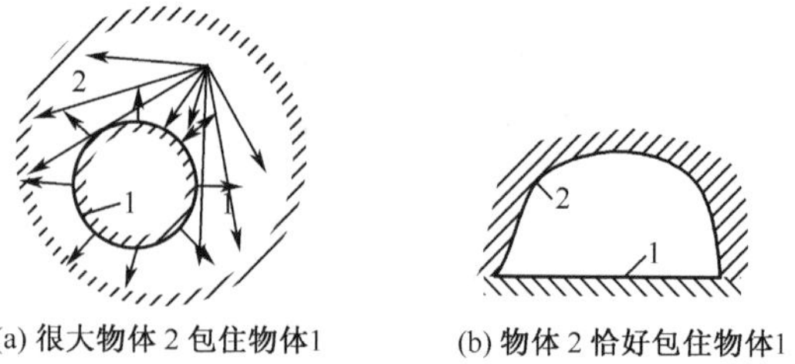

图 6-29　一物体被另一物体包围时的辐射

3）任意形状、大小并任意放置的两物体表面间的相互辐射，如图 6-30 所示。

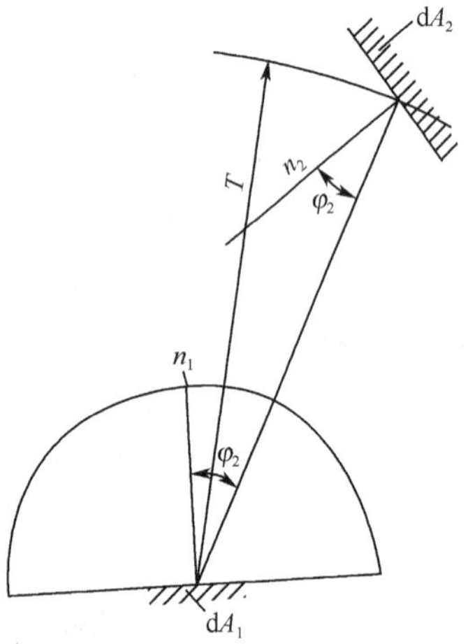

图 6-30　任意放置的两物体表面间的相互辐射

不论哪种情况的辐射传热，两物体之间的辐射传热结果均符合热力学第一定律，即热量从高温物体传向低温物体。现以两个面积极大（相对于两者的距离而言）且相互平行的灰体间的相互辐射为例，推导两灰体间辐射传热计算式。

参见图 6-28，由于两板间介质为透热体，且两板很大，故可认为从一板发射出的辐射能全部投射在另一板上。由于两板均为灰体，其 $D=0$，故 $A+B=1$。

假设从板 1 发射出辐射能 E_1，被板 2 部分吸收（A_2E_1），其余部分（R_2E_1）被反射到板 1。这部分辐射能（R_2E_1）又被板 1 吸收和反射，如此无穷往返进行，直到 E_1 完全被吸收为止。从板 2 发射出的辐射能 E_2 也经历反复吸收和反射的过程，如图 6-28（b）所示。由于辐射能以光速传播，因此上述反复进行的反射和吸收过程都在瞬间完成。

设高温物体下标为 1，低温物体下标为 2，热量从高温物体向低温物体传递，则两平板间单位时间内、单位表面积上的净辐射传热量即为两板间辐射的总能量之差，可表示为

$$q_{1\text{-}2}=E_1A_2(1+R_1R_2+R_1^2R_2^2+\cdots)-E_2A_1(1+R_1R_2+R_1^2R_2^2+\cdots)$$

式中：$q_{1\text{-}2}$——由板 1 向板 2 传递的净辐射热通量。

上式等号右边中的 $(1+R_1R_2+R_1^2R_2^2+\cdots)$ 为无穷级数，等于 $\dfrac{1}{1-R_1R_2}$，故

$$q_{1\text{-}2}=\frac{E_1A_2}{1-R_1R_2}-\frac{E_2A_1}{1-R_1R_2}=\frac{E_1A_2-E_2A_1}{1-R_1R_2}$$

$$=\frac{E_1A_2-E_2A_1}{1-(1-A_1)(1-A_2)}=\frac{E_1A_2-E_2A_1}{A_1+A_2-A_1A_2} \tag{6-86a}$$

将 $E_1=\varepsilon_1C_b\left(\dfrac{T_1}{100}\right)^4$，$E_2=\varepsilon_2C_b\left(\dfrac{T_2}{100}\right)^4$ 及 $A_1=\varepsilon_1$，$A_2=\varepsilon_2$ 等代入式(6-86a)，整理得

$$q_{1\text{-}2}=\frac{C_b}{\dfrac{1}{\varepsilon_1}+\dfrac{1}{\varepsilon_2}-1}\left[\left(\frac{T_1}{100}\right)^4-\left(\frac{T_2}{100}\right)^4\right]$$

或

$$q_{1\text{-}2}=C_{1\text{-}2}\left(\frac{T_1}{100}\right)^4-\left(\frac{T_2}{100}\right)^4$$

式中：$C_{1\text{-}2}$——总辐射系数［W/（m^2·K^4）］。

对于两极大平行平板间的辐射，则有

$$C_{1\text{-}2}=\frac{C_b}{\dfrac{1}{\varepsilon_1}+\dfrac{1}{\varepsilon_2}-1}=\frac{1}{\dfrac{1}{C_1}+\dfrac{1}{C_2}-\dfrac{1}{C_b}}$$

若平行的平板面积为 A，则辐射传热速率为

$$Q_{1\text{-}2}=C_{1\text{-}2}A\left[\left(\frac{T_1}{100}\right)^4-\left(\frac{T_2}{100}\right)^4\right] \tag{6-86b}$$

当两壁面的大小与其距离相比不够大时，一个壁面所发射的辐射能可能只有一部分能达到另一壁面上，为此，需要引入几何因素——角系数 φ，以考虑上述的影响。于是式(6-86b)又可以变形成更具有普遍意义和适用的形式，即

$$Q_{1\text{-}2}=C_{1\text{-}2}\varphi_{1\text{-}2}A\left[\left(\frac{T_1}{100}\right)^4-\left(\frac{T_2}{100}\right)^4\right] \tag{6-86c}$$

式中：$Q_{1\text{-}2}$——高温物体 1 向低温物体 2 传递的热量（W）；

$C_{1\text{-}2}$——总辐射系数［W/（m^2·K^4）］；

$\varphi_{1\text{-}2}$——角系数（总能量被拦截分数）；

A——辐射面积（m^2）；

T_1——高温物体的温度（K）；

T_2——低温物体的温度（K）。

总辐射系数 $C_{1\text{-}2}$ 和角系数 $\varphi_{1\text{-}2}$ 与物体黑度、形状、大小、距离及相互位置有关。工程计算时可针对具体情况具体分析。

各种情况下两物体间辐射传热的总辐射系数 $C_{1\text{-}2}$、角系数 $\varphi_{1\text{-}2}$ 与物体黑度 ε 参考表 6-6 和图 6-31 选取。

表 6-6 各种辐射角系数与总辐射系数

序号	辐射情况	面积 A	角系数 $\varphi_{1\text{-}2}$	总辐射系数 $C_{1\text{-}2}$
1	极大的两平行面	A_1 或 A_2	1	$\dfrac{C_b}{\dfrac{1}{\varepsilon_1}+\dfrac{1}{\varepsilon_2}-1}$
2	面积有限的两相等平行面	A_1	<1	$\varepsilon_1\varepsilon_2C_b$
3	很大的物体 2 包住物体 1	A_1	1	ε_1C_b
4	物体 2 恰好包住物体 1 $A_2\approx A_1$	A_1	1	$\dfrac{C_b}{\dfrac{1}{\varepsilon_1}+\dfrac{1}{\varepsilon_2}-1}$
5	在 3、4 两种情况之间	A_1	1	$\dfrac{C_b}{\dfrac{1}{\varepsilon_1}+\dfrac{A_1}{A_2}\left(\dfrac{1}{\varepsilon_2}-1\right)}$

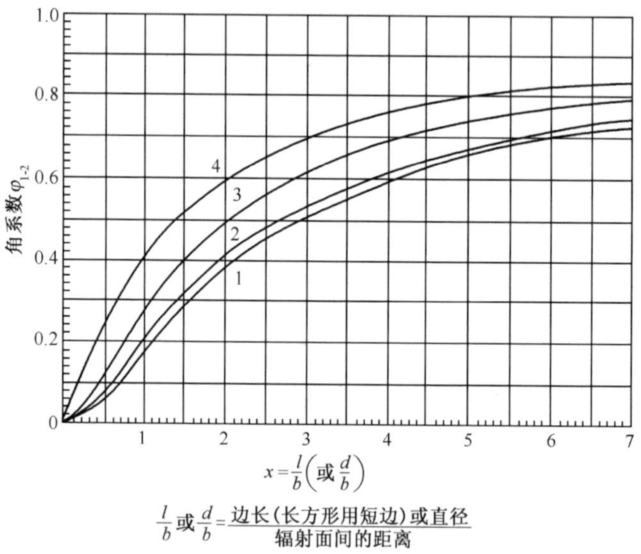

图 6-31　平行平面间直接辐射角系数 φ_{1-2}

1. 圆盘形；2. 正方形；3. 长方形；4. 长方形（窄长）

由此可见，影响辐射传热的因素有温度、几何位置、物体表面的黑度和辐射表面间的介质等。

三、对流和辐射的联合传热

壁面通过气体与周围辐射传热时，壁面与气体间也会以对流方式同时传热，这种联合传热方式常见于设备的热损失，对此介绍如下。

在工业生产中，许多设备的外壁温度往往高于周围环境（大气）的温度，因此热将由壁面以对流和辐射两种方式散失于周围环境中。许多温度较高的换热器、塔器、反应器及蒸气管道等都必须进行隔热保温，以减少热损失。对于温度低于环境温度的设备也是如此，只是传热方向相反，也需要隔热。设备的热损失可根据对流传热速率方程和辐射传热速率方程来计算，即设备的热损失为对流传热与辐射传热之和。设备的热损失总量

$$Q = Q_C + Q_R$$

式中：Q_C——对流传热损失量（W）；

Q_R——辐射传热损失量（W）。

对流传热速率方程

$$Q_C = \alpha_C A(T - T_w) = \alpha_R A(t_w - t)$$

辐射传热速率方程

$$Q_R = C_{1-2}\varphi A\left[\left(\frac{T_{w1}}{100}\right)^4 - \left(\frac{T}{100}\right)^4\right]$$

稳定传热过程有

$$Q_C = Q_R$$

将辐射方程改写成对流传热方程的形式，即有

$$Q_R = \alpha_R A_w(t_w - t)$$

式中：$\alpha_R=\dfrac{C_{1\text{-}2}\left[\left(\dfrac{T_w}{100}\right)^4-\left(\dfrac{T}{100}\right)^4\right]}{t_w-t}$——辐射传热系数［$W/(m^2\cdot K)$］；

t_w、t——壁温、环境温度（℃）；

T_w、T——壁温、环境的热力学温度（K）。

因为设备向大气辐射传热时，角系数 $\varphi=1$，所以上式中 φ 项消失。因此对流、辐射总热损失为

$$Q=Q_C+Q_R=(\alpha_C+\alpha_R)A(t_w-t) \tag{6-87a}$$

或

$$Q=\alpha_T A(t_w-t) \tag{6-87b}$$

式中，$\alpha_T=\alpha_C+\alpha_R$——对流-辐射联合传热系数［W/（$m^2\cdot$℃）］。

对于有保温层的设备，设备外壁对周围环境的联合传热系数 α_T 可用下列各式进行估算。

1）空气自然对流时，在平壁保温层外，有

$$\alpha_T=9.8+0.07(t_w-t) \tag{6-88}$$

在管或圆筒壁保温层外，有

$$\alpha_T=9.4+0.052(t_w-t) \tag{6-89}$$

式（6-88）和式（6-89）适用于 $t_w>150$℃的情况。

2）空气沿粗糙壁面强制对流时，空气流速 $u\leqslant 5m/s$，$\alpha_T=6.2+4.2u$；空气流速 $u>5m/s$，$\alpha_T=7.8u^{0.78}$。

四、辐射加热方法

食品辐射加热分直接加热和间接加热两种。将燃料燃烧后的热量或电能先转化为水蒸气等热液体，然后通过换热器进行加热的方法称为间接加热法。如果燃料热能或电能不经换热器而直接加热食品，则称为直接加热法。在多种直接加热方法中，红外光、微波和高频加热的方法在食品工业上中的应用越来越广泛。

（一）红外光加热

红外光（infrared ray）是一种电磁波，它以光的速度传递能量。太阳带给地球的能量主要就是通过红外光传递的。高温状态下振荡原子或分子激发出电磁波，多种不同频率的振荡构成了一个很宽的光谱——从可见光到红外光。根据光谱分布中最大辐射强度发生的位置，红外辐射器分为短波（0.76～1.4μm）、中波（1.4～3.0μm）和长波（3.0～1000μm）。

通常认为红外光辐射加热是热风（对流）加热。其实，与其将红外光称之为“热”，还不如将其定义为“光源”更合适。如图 6-32 所示，由光源发出的红外辐射照射在物体上，可以使物体的分子产生共振吸收。被吸收的能量导致分子（或原子）发生振动，并在振动的分子之间产生摩擦热。

构成物质的分子总以固有的频率运动。若入射的红外光频率与分子本身固有的频率相等，该物质就具有吸收红外光的能力。红外光被物质吸收后，即产生共振，引起原子、分子的振动和转动，从而转变为热，物质温度升高。

有些物质如氮、氢、氧等双原子分子不吸收红外光。有些物质如水、氯化氢、二氧化碳等多原子分子能有效地吸收红外光，特别是水、有机物和高分子物质更是如此。所以，以红

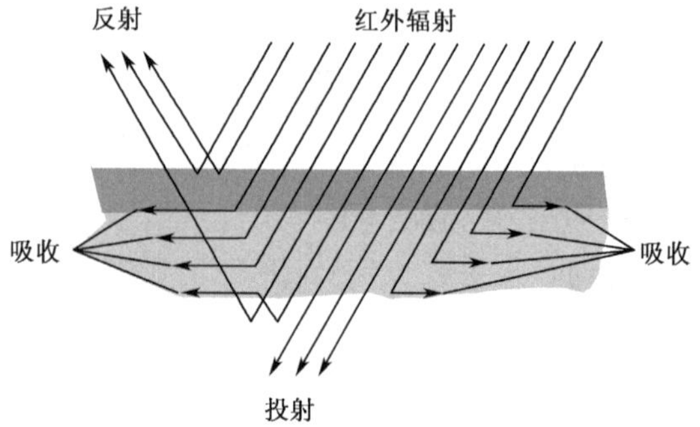

图 6-32　红外光辐射的加热原理

外光加热食品的热处理有特别重要的意义。

红外光加热特点如下：

1）加热速度快，比一般对流、传导加热都快，甚至快几十倍。部分红外光可直接透入物料的毛细孔内部，经一系列的发射而被完全吸收。红外光照射的深度取决于物料的结构及性质，一般可达 0.2～2.0mm，特别是纤维状物质，加热速度更快。

2）加热设备紧凑、使用灵活、占地面积小，便于实现便捷、自动化的操作。

3）有利于加热外形复杂的物料，特别适用于薄层多孔物料的加热。

红外光加热法广泛应用于食品的干燥（如蔬菜、谷物、砂糖等)、焙烤（如饼干、蛋糕、点心等)、杀菌（如牛奶、果汁、啤酒等的巴氏杀菌）以及肉、鱼、香肠等制品的熏烤。

红外光加热分近红外光（near infrared ray）加热和远红外光（far infrared ray）加热两种。

1）近红外光加热。目前广泛应用的发射近红外光的设备有普通照明灯泡或专用灯泡，也有使用金属或陶瓷辐射板的。使用普通灯泡时，常装在专门的反射器中，反射器表面涂一层在空气中不失光泽的金属（如银、铬等)，以提高其反射率。红外光辐射专用灯泡的特点是钨丝在 2000K 时发光。这种灯光的可见光辐射只有普通灯泡的 1/3，70％～80％的电能将转变成红外光辐射能。灯泡式辐射器的优点：没有热惯性，即加热设备在很短的时间内就可开始操作，操作简单而安全；缺点是能耗大。金属或陶瓷辐射器的优点是适用于各种不同形状制品的加热，操作灵活，结构简单，造价低，能耗少，操作和设备折旧费低，而且温度变化可在几分钟内实现而不必中断生产。

2）远红外光加热。远红外光的获得主要靠发射远红外光的物质，如氧化钴、氧化铁、氧化钇等物质组成的混合物。远红外光辐射元件有管状、灯状和板状，一般均由三部分组成：金属或陶瓷基体、表面涂覆有发射远红外光的物质和热源。热源可以是电或煤气加热器。热源发出的热量通过基体传递到表面涂覆层，由涂覆层发射出远红外光。金属管状加热器如图 6-33 所示，金属管中心为电阻丝，管内填绝缘的氧化镁粉。金属管表面能发射远红外光。碳化硅板状加热器的结构如图 6-34 所示，与金属管状加热器相仿。采用碳硅作为远红外辐射材料，其效率比金属管高得多。

（二）高频加热

高频加热（high frequency heating）的原理是将需加热的物料置于高频电场内，依靠高频电场的交变作用加热物料。

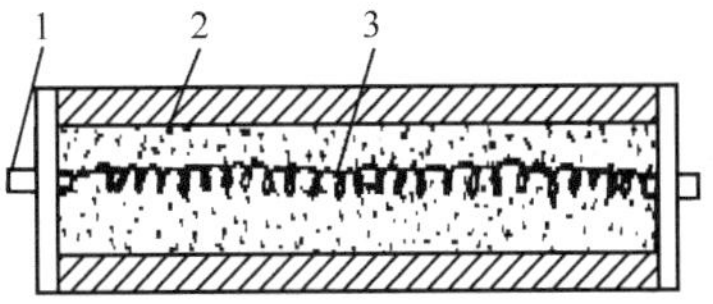

图 6-33 金属管状加热器
1. 电极；2. 金属管；3. 电阻

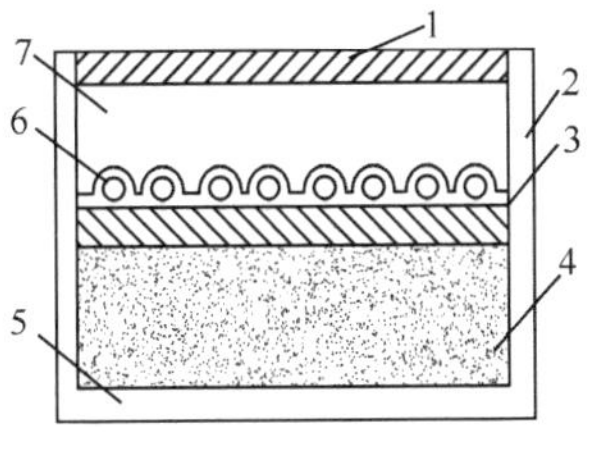

图 6-34 碳化硅板状加热器
1. 高辐射材料；2、5. 外壳；
3. 低辐射材料；4. 绝缘填充料；
6. 电阻丝；7. 碳化硅板

如图 6-35 所示，被加热介质多是极性分子（如水），一端带正电，另一端带负电。未加电压时，介质中的偶极子作杂乱无规则运动。若两端加直流电场，偶极子就进行定向排列。带正电的一端朝向阴极，带负电的一端朝向阳极。若改变电场方向，则排列方向也随之改变。当施加交流电能时，偶极子则以与电场相同的频率改变方向，作匀速的摆动，以热的形式表现出来。

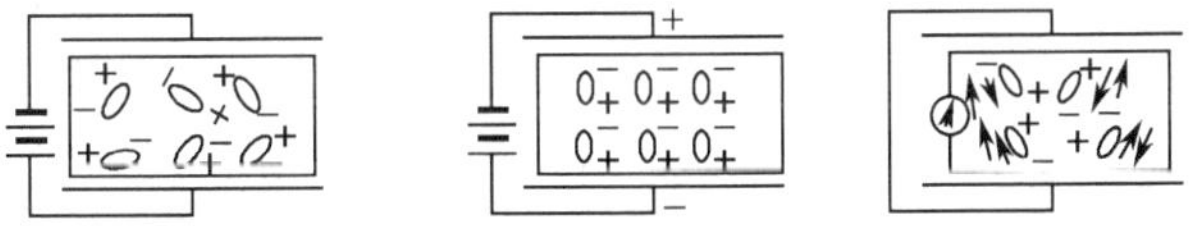

(a) 未加电场 (b) 加直流电 (c) 加交流电

图 6-35 介质中偶极子的排列和运动

可见，高频加热时，整个物料内部的偶极了都处于不断的运动中，故热量产生于物料内部，而后通过传导向表面传递。

高频加热的优点如下：①加热速度比其他加热法快；②局部过热减少，可减小食品成分遭破坏的程度；③操作干净且连续，宜于自控；④加热发生在食品的内部，不存在食品表面的褐变。其缺点是能耗较大。

高频加热在食品工业生产中主要用于冻蛋、肉类、果汁、鱼类、巧克力、饼干、花生米等的干燥。

（三）微波加热

微波加热（microwave heating）是在微波理论、微波技术和微波电子管成就的基础上发展起来的一门新技术。微波加热已在许多领域内获得广泛的应用。

微波是指波长为 0.001～1μm、频率为 300～300 000MHz 的电磁波。微波加热和高频加热一样，也是由分子偶极子振动而产生热量。但高频加热主要是静电现象，微波加热是辐射现象，二者的电频率不同，所使用的设备也不同。微波加热装置包括电源、微波发生器、波导管、微波加热器以及冷却系统，如图 6-36 所示，其中微波加热器是关键部件。

微波加热器有驻波场谐振腔型加热器、行波场波导加热器、辐射型微波加热器和慢波型微波加热器几种。

微波加热具有如下优点：①热惯性小，加热速度快，便于控制；②制品质量高。因加热时间短，食品的维生素破坏较少；③物料内部温度分布均匀；④设备热损失少，工作环境

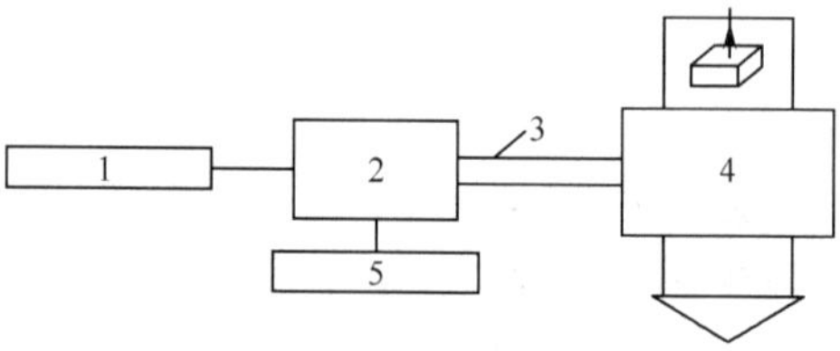

图 6-36　微波加热装置系统

1. 直流电源；2. 微波发生器；3. 波导管；4. 微波加热器；5. 冷却系统

佳。微波加热的缺点是电功率消耗大，有边角效应。

微波加热在食品生产工业中主要应用于饼干、挂面、奶糕等制品的烘烤，食品的杀菌，粮食的杀虫，肉、禽冻制品的解冻等。

第六节　换　热　器

换热器（heat exchanger）是食品工业及其他化学工业部门的通用设备，种类繁多，在生产中占有极其重要的地位。各类换热器的特点不同，可根据生产规模、物料的性质、传热的要求等进行选择。多数情况下，换热器在稳定状态下工作，其传热过程为稳定传热过程。

换热器的分类按传热方式的不同可分为间壁式和混合式两大类。食品工业大多应用间壁式换热器；按使用目的不同，可分为预热器、加热器、过热器、冷凝器、深冷器等，蒸发器实际上也是一种换热器；按换热结构和传热面形式对间壁式换热器再分类，则可分为管式和管板式两大类，前者包括了蛇管式、套管式、列管式、翅片管式等，后者包括了板式、螺旋板式、夹套式等。依据传热原理和实现热交换的方法，换热器又可分为间壁式、混合式和蓄热式三类，其中以间壁式换热器应用最为普遍。以下的讨论仅限于此类换热器。各类换热器的性能比较见表 6-7。

表 6-7　各类换热器若干指标的比较

型式	传热系数/[W/(m^2·℃)]	单位体积传热面积/(m^2/m^3)	单位传热面积金属消耗/(kg/m^2)
沉浸式	水-水 600～1020(铜) 水-水搅 510～2040(铜)	15	100
喷淋式	液体冷却 290～930 蒸气冷凝 350～1200	16	60
套管式	液-液 350～1400	20	150
列管式	水-水 1400～2840 蒸气-水 1200～40 000	45～50	30
螺旋板式	水-水 700～2300 蒸气-水 3500	100	50
平板式	水-水 7000	250～1000	16
板翅式	空气强制流动 35～350	250～4370	——

一、换热器的类型

换热器按其传热特征可分为三类。

(一) 直接接触式换热器

直接接触式换热器也称混合式换热器。这类换热器的特点是冷、热两流体是通过直接混合进行热量交换的。在工艺允许两种流体相互混合的情况下，这是比较方便、有效的，且设备结构比较简单。直接接触式换热器应用于气体的冷却或水蒸气的冷凝，有时兼作除灰器以及增湿或减湿之用。

直接接触式换热器要求两种流体能有最大的接触面，保持均匀接触和一定的接触时间。用作冷凝器时，进入换热器的蒸气或多或少带有不凝性气体，必须从顶部不断将它排除。直接接触式换热器的型式很多，按其原理和结构分类，比较典型的有喷射式冷凝器、填料式冷凝器和孔板式冷凝器，如图 6-37 所示。关于直接接触式混合冷凝器的构造可参见相关资料。

(二) 蓄热式换热器

蓄热式换热器又称蓄热器，它主要由热容量较大的蓄热室构成，室中可填耐火砖或金属填料，如图 6-38 所示。当两流体交替地通过同一蓄火室时，即可通过填料将热流体的热量传递给冷流体，达到换热目的。这类换热器的结构较为简单，且可耐高温，常用于气体的余热及其冷量的利用。其缺点是设备体积较大，而且两种流体交替难免有一定程度的混合。

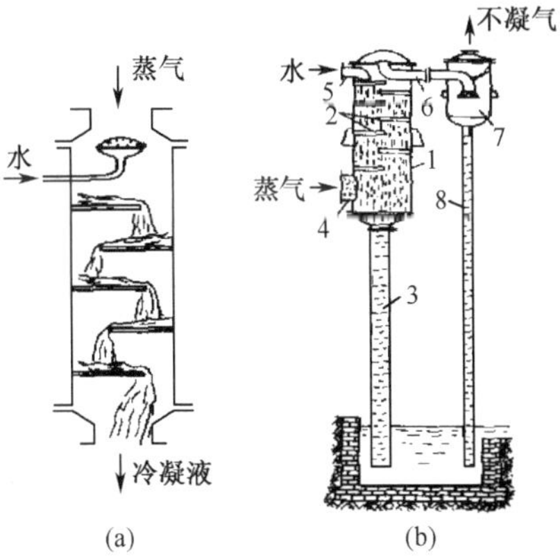

图 6-37 直接接触式（混合式）冷凝器

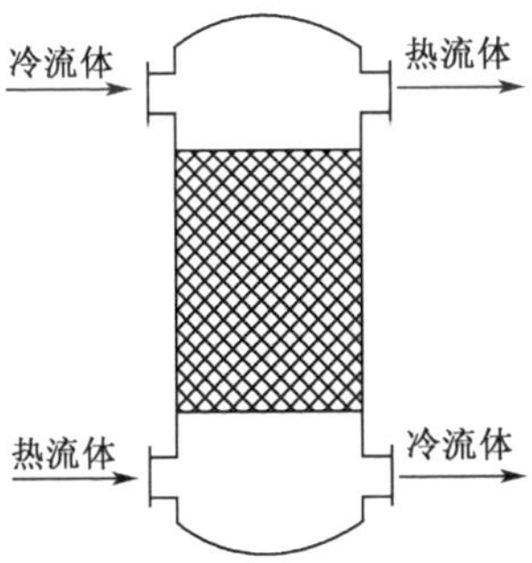

图 6-38 蓄热式换热器示意图

(三) 间壁式换热器

间壁式换热器的特点是冷、热两流体被固体壁面隔开，以使两种流体在不相混合的情况下通过间壁进行热量交换。此类换热器中以列管式应用最为广泛，因此，下面重点讨论此类换热器的类型和设计计算，具体内容如下：

1）各种换热器的性能和特点，如何根据工业要求选用适当的类型。

2）换热器基本尺寸的确定、传热面积计算以及流体阻力的核算等，如何在已有系列化标准的换热器中选定合适的规格型号。

二、间壁式换热器

间壁式换热器按其用途可分为加热器、冷却器、冷凝器、蒸发器和再沸器等。此类换热器的特点是冷、热两流体被固体壁面隔开，不相混合，通过间壁进行热量的交换。食品工业中使用的主要有夹套式换热器、板式换热器、沉浸式蛇管换热器、喷淋式换热器、套管式换热器和列管式换热器等，其中以列管式应用最广，本节仅对此作重点介绍。

(一) 列管式换热器

列管式换热器又称为管壳式换热器，是最典型的间壁式换热器，历史悠久，占据主导地位。它主要由壳体、管束、管板、折流挡板和封头等组成。一种流体在管内流动，其行程称为管程；另一种流体在管外流动，其行程称为壳程。管束的壁面即为传热面。

列管式换热器的优点有单位体积设备所能提供的传热面积大，传热效果好，结构坚固，可选用的结构材料范围宽广，操作弹性大，大型装置中普遍采用。为提高壳程流体流速，往往在壳体内安装一定数目与管束相互垂直的折流挡板，如图 6-39 所示。折流挡板不仅可防止流体短路、增加流体流速，还迫使流体按规定路径多次错流通过管束，使湍动程度大为增加。常用的折流挡板有圆缺形和圆盘形两种，前者更为常用。

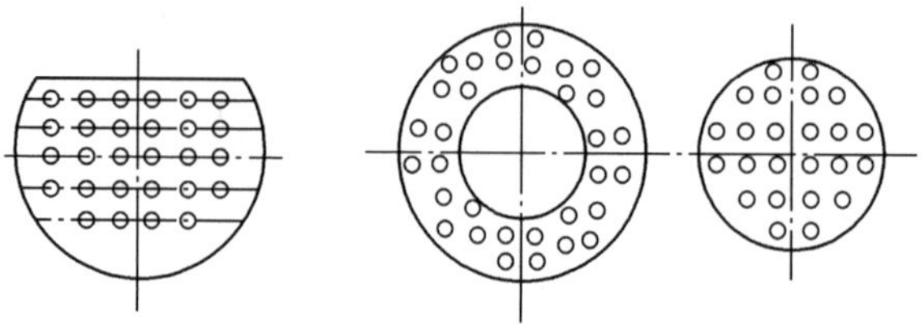

圆缺形　　圆盘形

图 6-39　常用的折流挡板

壳体内装有管束，管束两端固定在管板上。由于冷、热流体温度不同，壳体和管束受热不同，其膨胀程度也不同，如两者温差较大，管子会扭曲，从管板上脱落，甚至毁坏换热器。所以，列管式换热器必须从结构上考虑热膨胀的影响，采取各种补偿的办法消除或减小热应力。

根据所采取的温差补偿措施，列管式换热器可分为以下几种型式。

1. 固定管板式换热器

固定管板式换热器即两端管板和壳体连接成一体，因此具有结构简单和造价低廉的优点。但是由于壳程不易检修和清洗，壳程流体应是较清洁且不易结垢的物料。当壳体与传热管壁温度之差大于 50℃时，应考虑热补偿，即加补偿圈，也称膨胀节。依靠补偿圈的弹性变形来适应壳体和管束之间有温差时的不同的热膨胀程度。图 6-40 为具有补偿圈的固定板式换热器。这种热补偿方法简单，但不宜用于两流体温度差太大（>70℃）和壳程流体压强过高（>600kPa）的场合。

固定管板式换热器的特点是结构简单，成本低，壳程检修和清洗困难，壳程必须是清洁、不易产生垢层和腐蚀的介质。

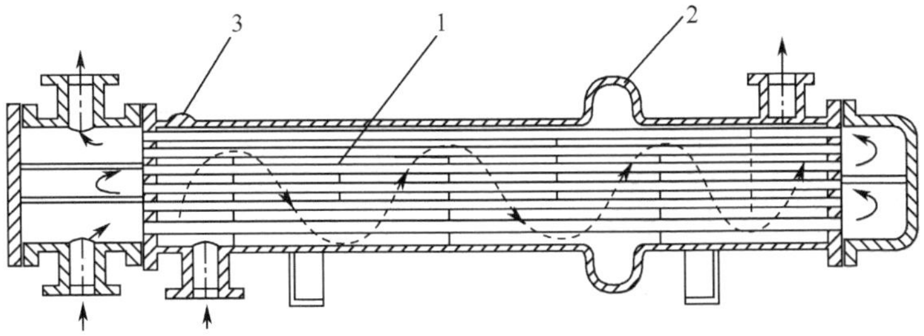

图 6-40　具有补偿圈的固定管板式换热器

1. 挡板；2. 补偿圈；3. 放气嘴

2. 浮头式换热器

浮头式换热器如图 6-41 所示，两端的管板之间不与外壳固定相连，该端称为浮头。当壳体与管束因温度不同而发生热膨胀时，管束连同浮头可在壳体内沿轴自由伸缩，而与外壳的膨胀无关。浮头式换热器不但可以补偿热膨胀，完全消除热应力，而且由于固定端的管板是以法兰与壳体相连接的，管束可以从壳体中抽出，便于清洗与维修，故浮头式换热器应用较为普遍。但缺点是结构较为复杂，成本高，金属耗量较多，造价较高。

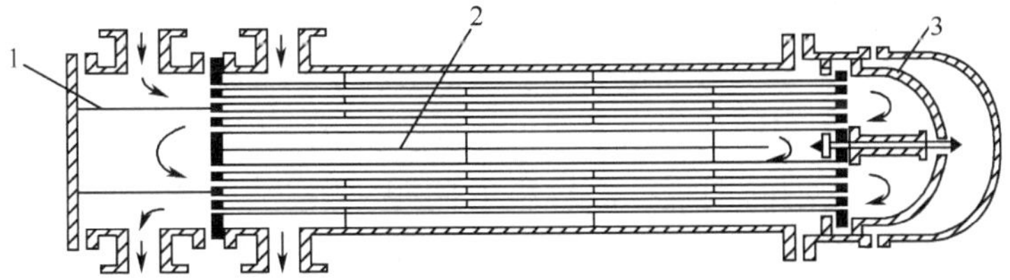

图 6-41　浮头式换热器

1、2. 管程隔板；3. 浮头

3. U 形管式换热器

U 形管式换热器如图 6-42 所示，将每根管子都弯成 U 形，两端固定在同一块管板上，在一端保证每根管子可自由伸缩，以解决热补偿问题。

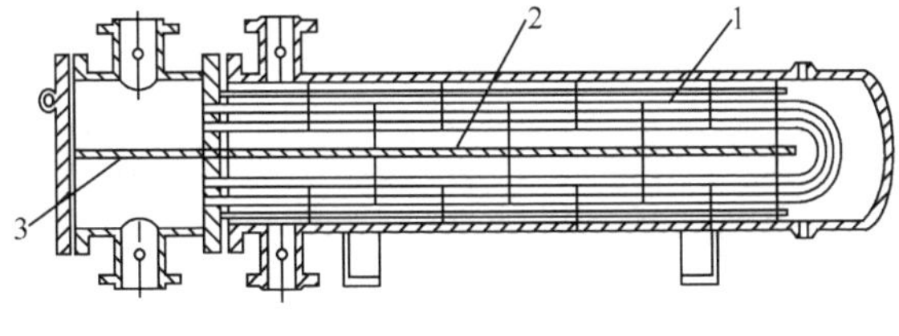

图 6-42　U 形管式换热器

1. U 形管；2. 壳程隔板；3. 管程隔板

U 形管式换热器的特点是结构较简单，管程不易清洗，常为洁净流体，适用于高压气体的换热。

(二) 板式换热器

板式换热器主要由一组长方形的薄金属板平行排列构成，用框架夹紧组装在支架上。两相邻流体板的边缘用垫片压紧，达到密封的作用，四角有圆孔形成流体通道，冷、热流体在板片的两侧流过，通过板片换热。板上可压制多种形状的波纹，可增加刚性，提高湍动程度，增加传热面积，易于液体的均匀分布，如图 6-43 所示。它的优点是传热效率高，总传热系数大，结构紧凑，操作灵活，安装检修方便；缺点是耐温、耐压性较差，易渗漏，处理量小。

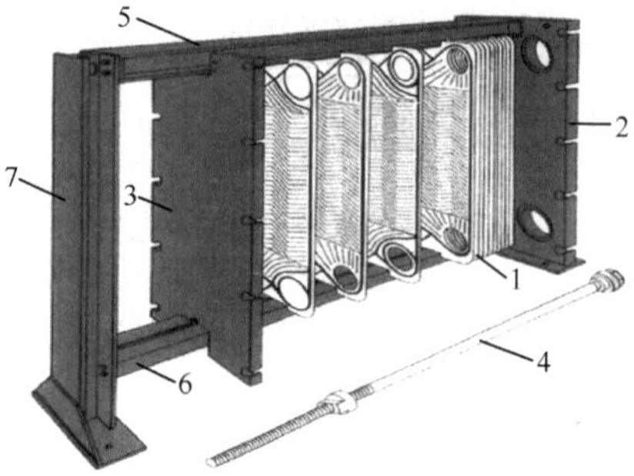

图 6-43 板式换热器

1. 传热板片；2. 固定框架板；3. 压力板；4. 紧固栓；5. 携带栓；6. 导向栓；7. 支撑架

金属传热板是板式换热器的主要部件，决定了换热器的性能和制造费用。目前生产上应用了多种类型的传热板，其结构形式及性能均有较大的差别，主要有如下几种：

1. 平行波纹板式换热器

金属板波纹是水平的平行波纹。流体垂直流过波纹时，形成了波前在水平的薄膜波纹。由于流动方向和流速多次变动，形成强烈的湍动，提高了表面传热系数，其传热系数可比管式设备大 4 倍。此外，由于板面的凹凸不平，传热面积也增大了。平行波纹板可以有多种形状，常见的有如图 6-44 所示的四种。波纹板的间距一般为 3～6mm，流体流速为 0.3～0.8m/s。为了防止薄板两侧压差造成薄板变形，一般表面上经过一间隔加装一个凸起，以增加支点，保证板的刚度及板间距离。

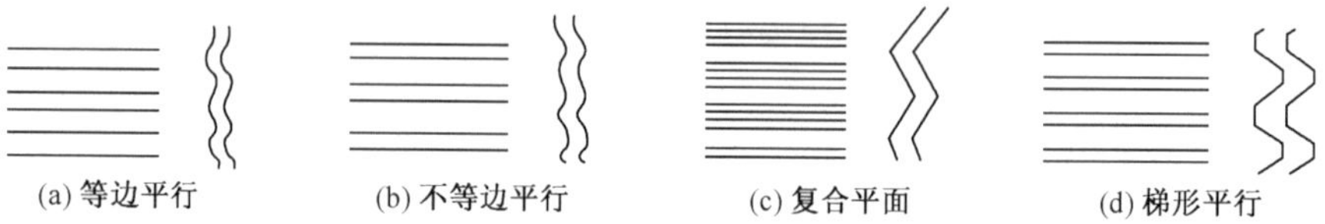

图 6-44 平行波纹板式换热器

2. 交叉波纹板式换热器

交叉波纹板式换热器的波纹不是水平的，而是与水平方向成一角度。相邻两板的波纹方向正好相反，因此两块板叠在一起时，波纹就成点状。这样可以增加板的刚度，保持板间距离。当流体通过这样的通道时，流速时大时小。流过点状接触部分时，忽散忽聚，引起剧烈的扰动，从而提高表面传热系数。与平行波纹板相比，当流速只有平行波纹板的一半（0.25～0.3m/s）时，传热系数即与其相同。其缺点是制造技术要求较高，两板叠合公差不能过大，否则将影响传热。图 6-45 即为交叉波纹板的示意图。

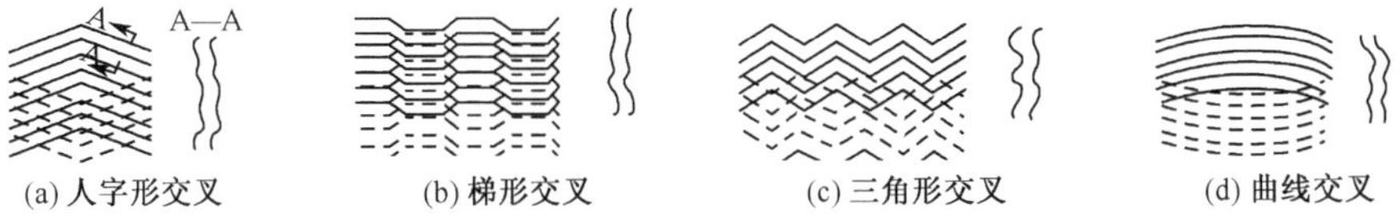

图 6-45 交叉波纹板式换热器

3. 半球板式换热器

半球板式换热器是在传热板上压出半球形凸起，相邻两板的半球形凸起互相错开，起到支点的作用，保证了板的刚度和板间距离。板间距离一般为 6～8mm。这种板形适用于黏度较大的流体。在半球形板上，由于凸起的存在促使流体形成剧烈的湍流，流向不断发生急剧变化，成为网状的流型，如图 6-46 所示。

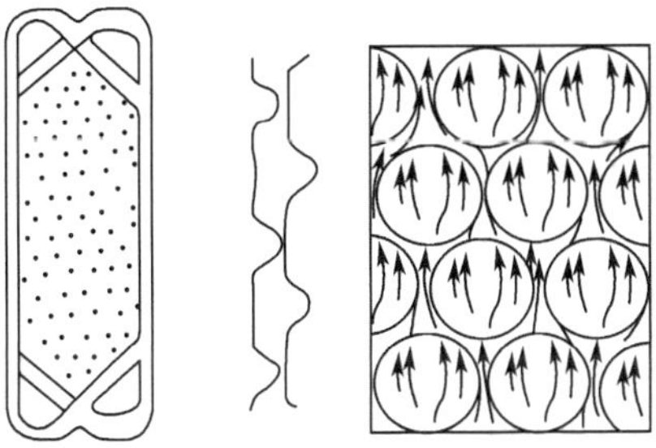

图 6-46 半球板式换热器

板式换热器具有许多优点，主要有：

1）传热效率高。由于板间空隙小，冷、热流体均能获得较高的流速，且由于板上有凹凸的沟纹，流体形成急剧湍流，故其传热系数较高。板间流动的临界雷诺数为 180～200。一般使用的线速度为 0.5m/s，Re 为 5000 左右，对流传热系数为 5800W/(m^2 · K)，故用于快速冷却和加热。

2）结构紧凑。在较小的工作容积内容纳较大的传热面积，单位体积内可提供的传热面积为 250～1500m^2，这是任何其他设备所不及的。例如，列管式换热器只有 40～150m^2/m^3。

3）操作灵活。可任意增加或减少板数目，以满足生产的要求。

4）适用于热敏物料。热敏食品可快速通过，避免产生过热现象。

5）卫生条件可靠。密封结构保证两流体不相混合，同时拆卸清洗均方便，可保证良好的食品卫生条件。

由于具有上述优点，板式换热器在食品工业中应用极为广泛，特别是用于乳制品和蛋白质的高温短时杀菌和超高温杀菌，果汁的加热、杀菌和冷却，麦芽汁和酒的冷却和酒的杀菌等。

板式换热器最主要的缺点是密封周边长，需要较多的密封圈，且圈需要经常检修清洗，所以易于损坏。另外，板式换热器不耐高压，且流体流动的阻力损失较大。

4. 螺旋板式换热器

螺旋板式换热器主要由两张平行的薄钢板卷制而成，构成一对互相隔开的螺旋形流道。冷、热流体以螺旋板为传热面相间流动，两板之间焊有定距柱以维持流道间距，同时也可增加螺旋板的刚度。在换热器中心设有中心隔板，将两个螺旋通道隔开。在顶、底部分别焊有盖板或封头和两流体的出入接管。图 6-47 为两种螺旋板式换热器的示意图。

螺旋板式换热器的主要优点是：

1）结构紧凑，体积小，质量轻，金属消耗量小。其单位传热面所占的体积比列管式换热器小好几倍。例如，一台传热面积达 100m^2 的螺旋板换热器，其直径仅 1.3m，高 1.4m。

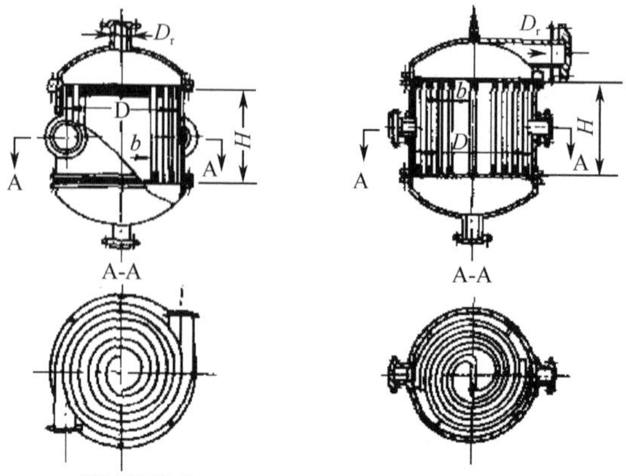

(a) 液液逆流式　　(b) 蒸气冷凝式

图 6-47　螺旋板式换热器

2）传热效率高。由于液体流动时受离心力的扰动作用，因此在低雷诺数下即可得到湍流。且设计中允许液体流速较高（流速 $u\leqslant 2\text{m/s}$），保证了逆流操作，故传热效率很高。

3）有“自洁”作用，不易堵塞。适于处理含固体颗粒或纤维状的料液以及其他高黏度液体。其“自洁”作用表现如下：若通道局部为污物堵塞，因流动截面积减小，局部流速即增大，对沉积物起冲刷作用。这点与列管式换热器的管内流动截然相反。

螺旋板式换热器的主要缺点是：

1）操作压力、温度不能太高，流体阻力较大。

2）螺旋板不易维护，若损坏难以检修；钢板如有泄漏，拆卸较困难。

5. 板翅式换热器

板翅式换热器是由平隔板和各种型式的翅片构成板束组装而成的。如图6-48 所示，在两块平行薄金属板（平隔板）间夹入波纹状或其他形状的翅片，两边以侧条密封，即组成一个单元体。各个单元体又以不同的叠积适当排列，并用焊接固定，成为常用的逆流或错流式板翅式换热器组装件，或称为板束。再将带有集流进、出口的集流箱焊接到板束上，就成为板翅式换热器。它的优点是结构高度紧凑，传热效率高，允许较高的操作压力；缺点是制造工艺复杂，检修清洗困难。

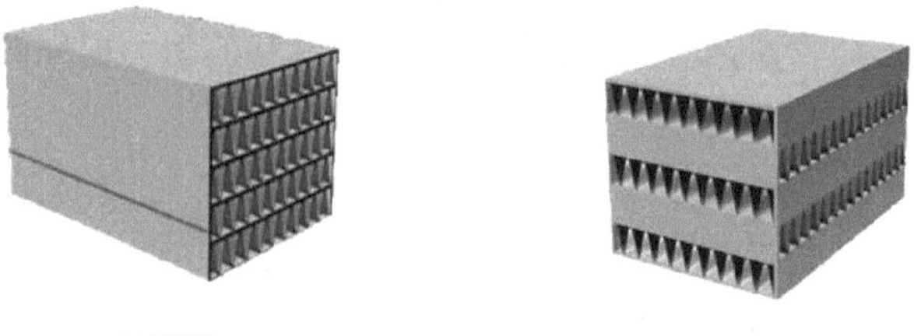

(a) 逆流　　(b) 错流

图 6-48　板翅式换热器

6. 旋转刮板式换热器

旋转刮板式换热器的原理是刮板在靠近传热面边缘处不断运动，使料液呈薄膜状流动，故也可称为刮板薄膜换热器或刮面式换热器。

刮板膜式换热一般有两种具体用法：①用于夹套式换热器中；②用于管式（或筒式）换热器中。

筒式的旋转刮板式换热器如图 6-49 所示。刮板式不仅可以提高换热器的传热系数，而且还有乳化、混合和增塑等作用。

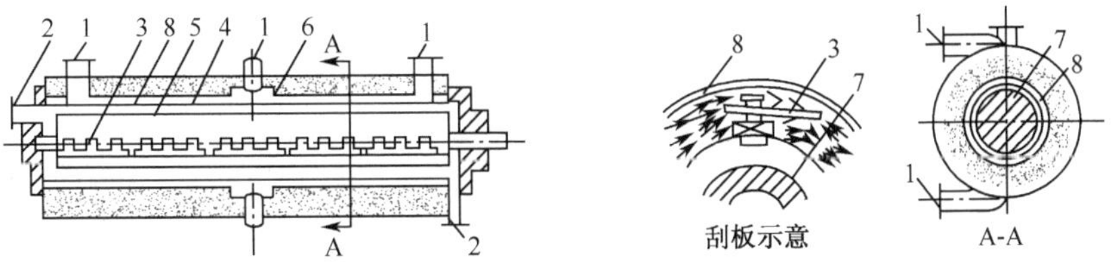

图 6-49　旋转刮板式换热器

1. 加热（冷却）剂进、出口；2. 料液进、出口；
3. 刮板；4. 加热（冷却）剂通道；5. 料液通道；
6. 保温层；7. 回转轴；8. 传热壁

这种换热器操作时的可变参数是料液流量和内圆筒转速。其优点是传热系数高，拆卸清洗方便，又是完全密封的设备。缺点是功率消耗大。

旋转刮板式换热器在食品工业中应用广泛，特别适用于人造奶油、冰淇淋等的生产，因为这些制品要求快速冷却的同时要强烈的搅拌。

（三）混合式换热器

混合式换热器实际上就是直接接触式换热器。其特点是将冷、热流体直接混合进行换热，因此在热交换的同时还发生物质交换。混合式与间壁式相比较，由于省去传热壁，故结构简单、传热效率高、费用经济。但采用这种设备只限于允许两种流体互相混合的条件。

混合式换热器多用作蒸气的冷凝器或液体的冷却器，有时兼作除尘器以及增湿或减湿之用。

混合式换热器要求两种流体能有最大的接触面，保证均匀接触和一定接触时间。用作冷凝器时，进入换热器的蒸气或多或少带有不凝性气体，必须从顶部不断将其排除。

混合式换热器的型式很多，按其原理和结构，比较典型的如图 6-50 所示。

除水力喷射冷凝器外，不论是孔板式还是填料式，当被冷凝的水蒸气自真空系统排出时，冷凝器内处于负压状态。这种情况下，如无适当措施，冷凝水无法排出。通常采用两种方法，即低位式和高位式，如图 6-51 所示。

低位式冷凝器直接用抽水泵将冷凝水从冷凝器内抽出，因而可以简单地安装在地面上，故称为低位式冷凝器。高位式冷凝器不用抽水泵，而是将冷凝器置于 10cm 高度，用其下部很长的尾管（称为气压管，俗称大气腿）中液体静压头的作用来平衡上方冷凝器内的真空度，同时抽出冷凝水。为了保证外部空气不至于进入损耗设备，气压管应淹没在地面的溢流槽中。

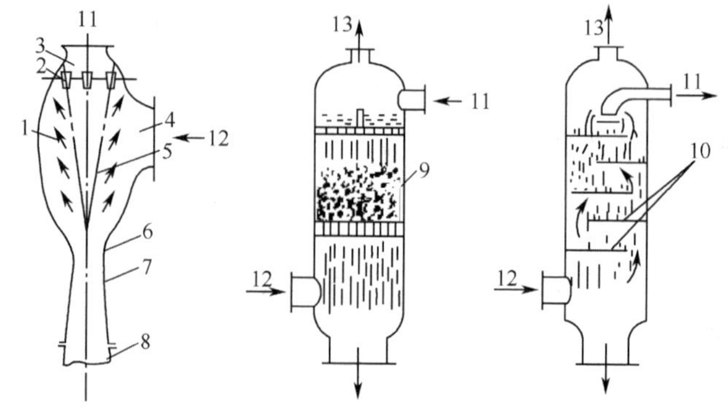

(a) 喷射式冷凝器　(b) 填料式冷凝器　(c) 孔板式冷凝器

图 6-50　混合式换热器

1. 混合室；2. 喷嘴座板；3. 喷嘴；4. 吸气室；5. 导向挡板；6. 扩压管；7. 尾管；8. 排水口；9. 填料；10. 孔板；11. 冷却剂进口；12. 进气口；13. 不凝气出口

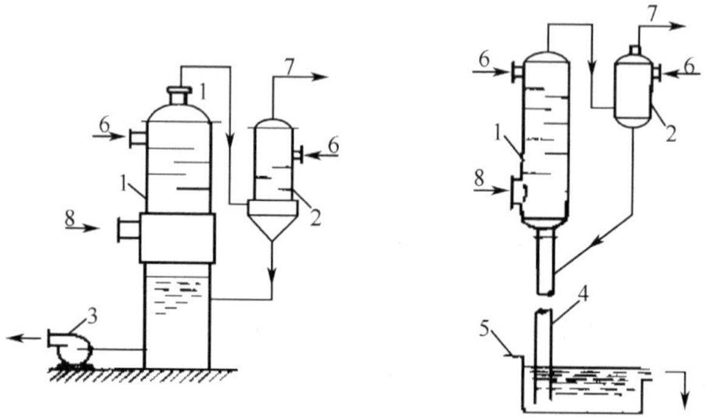

(a) 低位式　(b) 高位式

图 6-51　低位式冷凝器和高位式冷凝器

1. 一次冷凝器；2. 二次冷凝器；3. 抽水泵；4. 气压管；5. 溢流槽；6. 冷却剂进口；7. 不凝气出口；8. 水蒸气进口

思考题与计算题

一、思考题

1. 简述影响对流传热系数的因素有哪些。

2. 根据传热速率方程简述影响间壁式换热器传热速率的因素。

3. 简述套式换热器的特点及其应用。

二、计算题

1. 在外径为 140mm 的蒸气管道外包扎保温材料，以减少热损失。蒸气管外壁温度为 390℃，保温层外表面温度不大于 40℃。保温材料的 λ 与 t 的关系为 $\lambda=0.1+0.0002t$ [t 的单位为℃，λ 的单位为 W/（m^2·℃）]。若要求每米管长的热损失 Q/L 不大于 450W/m，试求保温层的厚度以及保温层中温度分布。（答：0.071m，$t=-942.53-501.09\ln r$）

2. Φ60mm×3mm 铝合金管（热导率按钢管选取），外包一层厚 30mm 石棉后，又包一层 30mm 软木。石棉和软木的热导率分别为 0.16W/（m^2·℃）和 0.04W/（m^2·℃）。又已知管内壁温度为−110℃，软木外侧温度为 10℃，求每米管长所损失的冷量。若将两保温材料互换，互换后假设石棉外侧的温度仍为 10℃不变，则此时每米管长上损失的冷量为多少？（答：52.076W/m，37.936W/m）

3. 热空气在冷却管管外流过，$\alpha_o=90W/(m^2 \cdot ℃)$，冷却水在管内流过，$\alpha_i=1000W/(m^2 \cdot ℃)$。冷却管外径 $d_o=16mm$，壁厚 $b=1.5mm$，管壁的 $\lambda=40W/(m \cdot ℃)$。假设污垢热阻可以忽略，试求：

（1）总传热系数 K_o；

（2）管外对流传热系数 α_2 增加一倍，总传热系数有何变化？

（3）管内对流传热系数 α_1 增加一倍，总传热系数有何变化？

[答：81.00W/(m²℃)，147.27W/(m²℃)，85.25W/(m²℃)]

4. 有一不锈钢制造的套管换热器，内管直径为 $\Phi 89mm\times3.5mm$，流量为 2000kg/h 的糖浆在内管中从 80℃冷却到 50℃。冷却水在环隙从 15℃升到 35℃。糖浆的对流传热系数 $\alpha_i=230W/(m^2 \cdot K)$，水的对流传热系数 $\alpha_o=290W/(m^2 \cdot K)$。糖浆的比热 $C_{ph}=1.42kJ/(kg \cdot K)$。忽略污垢热阻。试求：（1）冷却水消耗量；（2）并流和逆流操作时所需传热面积；（3）如果逆流操作时所采用的传热面积与并流时的相同，计算冷却水出口温度与消耗量，假设总传热系数随温度的变化忽略不计。

（答：1019.6kg/h；5.82m²，4.97m²；46.78℃；641.68kg/h）

5. 有一台运转中的单程逆流列管式换热器，热空气在管程由 120℃降至 80℃，其对流传热系数 $\alpha_1=50W/(m^2 \cdot K)$。冷却水在壳程中作强制湍流流动，温度从 15℃升至 90℃，其对流传热系数 $\alpha_2=2000W/(m^2 \cdot K)$，管壁热阻及污垢热阻皆可不计。当冷却水量增加一倍时，试求：（1）水和空气的出口温度 t_2' 和 T_2'，忽略流体物性参数随温度的变化；（2）传热速率 Q' 比原来增加了多少倍？

（答：$t_2'=60.7℃$，$T_2'=71.3℃$；传热速率比原来增加了 0.22 倍）

第七章　制冷与食品冷冻

在食品加工中常遇到低温加工过程，如水产品加工时将环境温度控制在 20℃以下，将产品的温度快速降低到－40℃左右，将产品于－20℃保存等，以获取较高的产品品质或储藏性能，这些过程都涉及制冷或冷冻技术。

第一节　制冷的基本原理与方法

制冷是利用一些物质在相态改变时产生的冷效应而获得低温源的单元操作。实现制冷所必需的装置称为制冷机。现代食品工业已普遍采用了人工制冷的方法，这种技术是建立在热力学基础上的，是现代食品工程中重要的基础技术之一。

一、制冷技术的热力学基础

（一）卡诺循环

1824 年，法国青年工程师卡诺（S. Carnot）在研究热机效率时设想了由四个理想的可逆步骤构成的循环过程，即恒温可逆膨胀过程、绝热可逆膨胀过程、恒温可逆压缩过程和绝热可逆压缩过程，该过程的压容图如图 7-1 所示。这个循环称为卡诺循环。卡诺循环在热力学中具有重要的理论意义，为提高热机效率指明了方向。

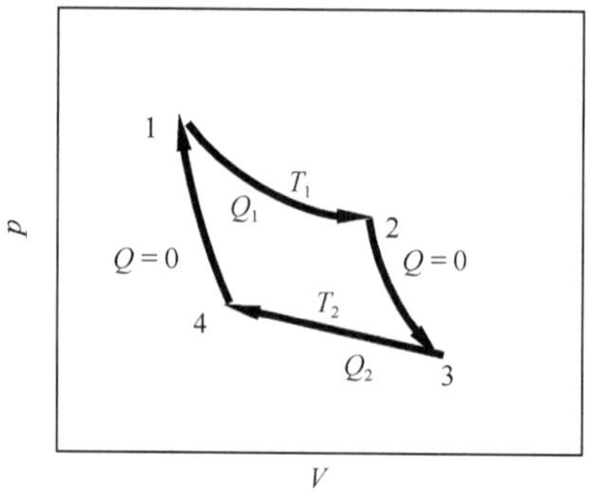

图 7-1　卡诺循环

由卡诺循环可得出如下结论：①卡诺热机是工作于 T_1 和 T_2 两热源之间效率最高的可逆机，其工作效率与循环的工作物质无关；②卡诺循环是可逆循环，当所有过程均逆向进行时，功与热只改变符号，而绝对值不变。因此，若是环境对热机做功，则可使低温区的热量流向高温区。

（二）逆卡诺循环

基于上述结论，若使卡诺循环逆向进行，则其压-容图和温-熵图上的方向与卡诺循环的相反，称为逆卡诺循环，也称制冷循环，这是制冷机的工作原理。逆卡诺循环也由四个可逆步骤组成，即两个等温过程（膨胀、压缩）和两个绝热过程（膨胀、压缩），如图 7-2 所示。

工质首先沿等熵线 1-2 绝热压缩，此时系统压力由 p_1 升至 p_2，温度从低温位 T_2 升至高温位 T_1；绝热压缩后的工质再沿等温线 2-3 等温压缩，此时熵值减少，压力从 p_2 升至 p_3；等温压缩后的工质再沿等熵线 3-4 绝热膨胀，此时压力下降至 p_4，温度降到绝热压缩前的温度 T_2；此后沿等温线 4-1 等温膨胀，熵值增加，而压力则下降至 p_1，恢复原状，完成一个逆卡诺循环。比较可知，这也是一个理想循环，而在实际的制冷循环中，由于压缩和

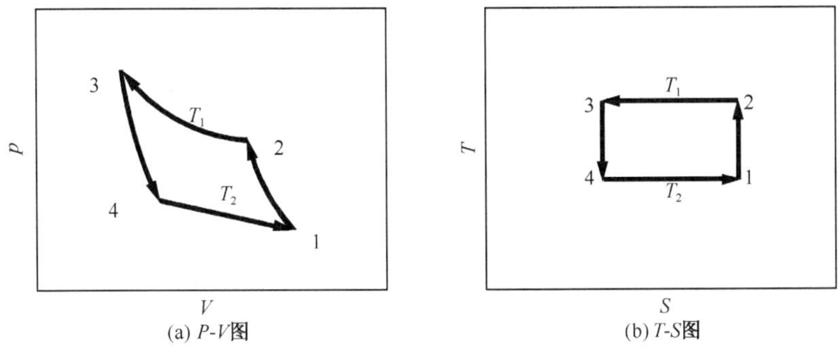

图 7-2　逆卡诺循环压-容图和温-熵图

膨胀不可能实现绝热过程和等温过程（没有热量损失的定熵过程和热量完全散失的恒温过程），因此，这种理想的循环也是不可能实现的，但它可以作为实际制冷循环效能的衡量标准。理想制冷循环的效率为

$$\eta = \frac{T_1 - T_2}{T_1} \tag{7-1}$$

二、制冷过程

制冷的任务是将被冷却物质中的热量移出，使物体品温低于周围介质，并保持一定的温度。根据热力学第二定律，热量总是从高温物体传向低温物体。而制冷剂在制冷机中周期性地完成相态变化的循环，从被冷却物体中取得热量并传递给周围介质，这个过程是使热量从低温物体传向了高温物体，因此必定要消耗能量。

根据制冷剂的状态变化，一般将人工制冷分为液化制冷、升华制冷和蒸发制冷三种方式。而通常在习惯上又将以压缩机、冷凝器等装置所构成的制冷循环的蒸发制冷方式称为机械压缩制冷，将液化制冷和升华制冷方式称为非机械压缩制冷。目前，在食品工程中应用最广的是机械压缩制冷。

（一）制冷循环

机械压缩制冷机的制冷过程可分为压缩、冷凝、膨胀、蒸发四个阶段，其原理如图 7-3 所示。

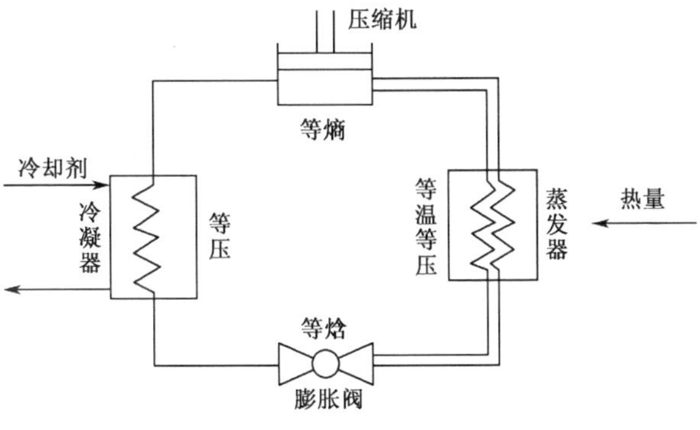

图 7-3　制冷循环原理

系统中的制冷剂在低温低压液体状态时吸取被冷却物体中的热量而蒸发，成为低温低压蒸气，该蒸气被压缩机吸入压缩，成为高温高压气体，此高温高压气体在冷凝器中被冷凝成为高压常温液体，经膨胀阀节流膨胀后变成低温低压液体，再度吸热蒸发形成制冷机的制冷循环，从而使周围物体温度降低，这就是制冷过程。制冷机主要由蒸发器、压缩机、冷凝器和膨胀阀等组成，其中压缩机是整个制冷系统的做功单元。

在制冷循环中，制冷剂经过若干过程后回复到原来状态，其热力学能变为零。根据热力学第一定律，体系对外的热交换等于对外的功交换，即循环的净热等于净功。

（二）制冷量与制冷系数

制冷量也称制冷能力，是指在一定操作条件下（一定的制冷剂温度、冷凝温度、过冷温度等）单位质量的制冷剂从被冷冻物中获取的热量，以 Q 表示，单位为 W。在相同条件下，同一制冷剂的制冷能力与压缩机的功率、转速、效率等因素有关。由于以 W 为单位表示制冷能力时的数值较大，故工程中常用 kW 表示。国外常用冷冻吨（refrigeration ton，R. T.）表示制冷量，但应注意不同国家对冷冻吨的定义不同，其数值也有差异。例如，1 日本冷冻吨＝3. 88kW（使质量为 1t 的 0℃水在 24h 内冻结成 0℃的冰所放出的热量），1 美国冷冻吨＝3. 52kW（使 2000t 的 0℃水在 24h 内冻结成 0℃的冰所放出的热量）。

由图 7-2 可知，逆卡诺循环低温区的制冷量为

$$Q = T_2(S_1 - S_4) = T_2(S_2 - S_3)$$

可见理想制冷循环的制冷量只与冷源温度有关，冷源温度越高，理想制冷量越大。

制冷系数是评价制冷循环经济性的一项指标，其定义为某一循环的制冷量与循环所消耗的热量之比。对于逆卡诺循环，由理论推导出制冷系数为

$$\varepsilon = \frac{Q_2}{Q_1 - Q_2} = \frac{T_2(S_1 - S_4)}{T_1(S_1 - S_4) - T_2(S_1 - S_4)} = \frac{T_2}{T_1 - T_2}$$

因为理想制冷循环具有最高效率，所以在同样冷热源温度范围内工作的任何制冷机，其制冷系数必小于逆卡诺循环的制冷系数。

（三）制冷剂与载冷剂

在制冷装置中，通过相态变化，不断循环产生冷效应的物质称为制冷剂，也称制冷工质。制冷剂是实现制冷过程不可或缺的工作介质，其特性对制冷效果有重要影响。一般制冷剂应具备如下性质：

1）正常沸点低，凝固点低，临界温度高，比热容小，蒸发潜热大，热导率和传热系数高，黏度和相对密度小。

2）单位容积的制冷量大。

3）在蒸发器中的压强与大气压接近，在冷凝器的中的压强又不过高，不易出现渗漏现象。

4）不易燃易爆，无毒，无腐蚀性，无刺激味，价格较低。

一些制冷剂的物性见表 7-1。

表 7-1　一些常用制冷剂的物性

代号	名称	正常沸点/℃	冰点/℃	临界温度/℃	临界压力 /kPa
R718	水	100.0	0	374.2	22 103
R610	乙醚	34.6	−116.3	194.0	3603
R600	丁烷	−0.5	−138.5	152.0	3794
R764	二氧化硫	−10.0	−75.5	157.5	7875
R717	氨	−33.3	−77.7	133.0	11 417
R744	二氧化碳	−78.4	−56.6	31.1	7372
R134a	四氟乙烷	−26.16	−96.6	101.1	4067
R50	甲烷	−161.5	−182.2	−82.5	4638
R728	氮	−195.8	−210	−146.9	3396

在食品工程中，冷冻加工的规模往往较大，或冷冻作业的机器台数较多，若将制冷剂直接送往需冷场所则显得不够经济和便利。因此，需选用一些价值较低的物质作为媒介载体，将制冷装置产生的冷量传递给耗冷场所，这种工作物质称为载冷剂，又称冷媒或二次冷媒。载冷剂与被冷却物体进行热交换，吸取其热量并送至制冷装置，被制冷装置中的制冷剂吸取，而载冷剂自身又重新被降温送往耗冷场所循环使用。

常用的载冷剂有空气、水、盐水及有机物溶液等。载冷剂一般应选择冰点低、比热容大、耐腐蚀性和化学稳定性良好、价格低廉和容易获取的物质，此外，食品工业用的载冷剂还应注意无味、无臭、无毒等。

以空气作载冷剂时，因其比热容小，在食品冷冻加工中作为冷媒的换热效果较差，故一般只在与食品直接接触或食品经降温后的换热中使用。以水为载冷剂有很多优点，但它的冰点高，所以只能用作高于0℃的载冷剂。如果要达到低于0℃的效果，可采用盐水或有机物溶液为载冷剂，如氯化钠、氯化钙、氧化镁的水溶液常称为冷冻盐水，其最低制冷温度可达−50～−20℃。若要达到更低的温度，则要使用特殊的有机物溶液，如甲醇、乙二醇、聚二甲基硅醚和右旋柠檬碱等。

三、制冷的热力计算

以单级蒸气压缩制冷循环为例，理论循环的假设条件是：压缩机吸入的气体是处于饱和状态的，在节流阀前是饱和液体；蒸发和冷凝经温度稳定；制冷压缩机汽缸没有摩擦、节流等损耗；汽缸阀与外界没有热交换，也没有余隙容积；管道中没有任何阻力损失，压力降低过程只发生在膨胀阀中。

1. 单级压缩制冷循环的理论计算

目前工程中对制冷循环进行热力计算时，应用最广的是压-焓（$\lg p$-h）图，其使用方便，易于掌握，可参阅相关的书籍或手册。对于等压过程中（图 7-4 中 2-3 线和 4-1 线）的放热量和吸热量以及绝热压缩过程中（图 7-4 中 1-2 线和 3-4 线）所做的功，均可用该过程起点与终点的焓值差来计算。计算的方法是根据制冷机的制冷量 Q(J/s)、蒸发温度 $T_{蒸发}$(K)、冷凝温度 $T_{冷凝}$(K)及过冷温度 $T_{过冷}$(K)，在 $\lg p$-h 图上定出各状态点 1、2、3、4，并查出各点的状态参数，然后进行下列计算。

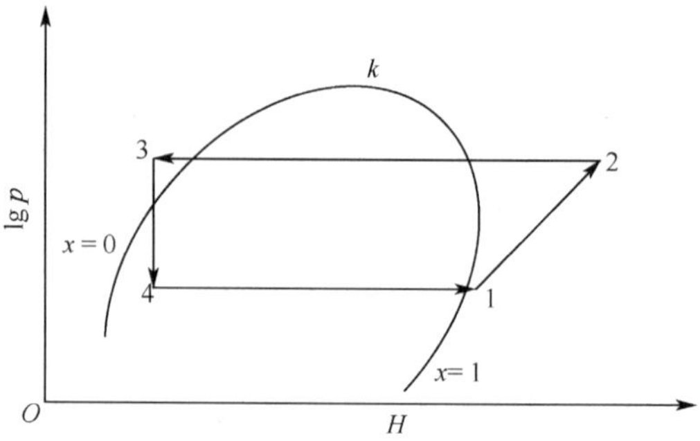

图 7-4 单级蒸气压缩制冷循环的压-焓图

1）单位制冷量。单位质量或单位容积的制冷剂在蒸发器中吸收的热量称为单位制冷量。工程上常以单位质量制冷剂吸收的热量来表示，称为单位质量制冷量 q。单位质量制冷量 q(J/kg)等于图 7-4 中点 1 与点 4 的焓差，即

$$q = h_1 - h_4$$

2）制冷剂循环量。指单位时间内在制冷机中循环的制冷剂的流量。循环量也分质量表示和容积表示两种。以质量表示的循环量 G(kg/s)为

$$G = \frac{Q}{q} = \frac{Q}{h_1 - h_4}$$

3）制冷剂的放热量。包括冷却、冷凝、过冷三个阶段的热量，总放热量 $Q_{放}$(J/s)应为

$$Q_{放} = G(h_2 - h_3)$$

4）压缩机所消耗的功率。对于单位制冷剂的蒸气，压缩机的理论压缩功 W(J/kg)等于点 2 与点 1 的焓差，即

$$W = h_2 - h_1$$

故对循环量为 G (kg/s)的制冷循环，压缩机的理论压缩功率 P(J/s)为

$$P = GW = G(h_2 - h_1)$$

5）制冷系数。制冷系数的理论值为

$$\varepsilon = \frac{q}{W} = \frac{h_1 - h_4}{h_2 - h_1}$$

而实际的制冷系数应为制冷机的制冷量与压缩机实际消耗的功率之比。

2. 单级压缩制冷的实际循环

在制冷系统中，由于各种实际发生的损耗，实际循环的制冷量比理论循环的要少，而功率消耗要增加。这是因为除制冷压缩机存在容积效率和电动机存在总效率等问题之外，主要还有如热交换器中存在的温差，流动过程中的压力损失，制冷剂与环境介质间不可避免地存在热交换，从而导致冷量损失等。但若按实际情况考虑，则很难用常规方法进行简捷的热力计算。因此，在工程设计中常需对实际循环进行一些简化处理，如忽略冷凝器与蒸发器中微小的压力变化，节流过程的理论分析可认为是等焓过程等。经过这样的简化处理后，即可直接应用 $\lg p\text{-}h$ 图对制冷循环的性能指标进行计算，而其结果与实际状况产生的误差不会很大。

第二节 食品的冷冻

食品冷冻是通过制冷系统产生的冷量使食品温度降低的单元操作。它分为两种形式：

①将食品温度降低至食品冻结点以上，食品中的水分不形成冰晶；②降低食品温度至食品冻结点以下，食品中的部分水分被冻结成冰晶。通常把食品降温至冻结点以上的操作称为食品冷却，它可实现多数食品的短期储藏，即冷藏。而把食品降温至冻结点以下的操作称为食品冻结，可使食品长期储藏，即冻藏。

一、食品的冻结过程

食品冻结过程的本质是食品中的自由水随环境温度的降低，逐渐形成冰晶体的物理过程。食品中的水分大致分为自由水和结合水两种形式。自由水是可以冻结成冰晶的水分，而结合水与固形物结合在一起，冷冻时很难冻结成冰晶。

（一）水的冻结曲线

冻结曲线是表示物体在低温环境下冻结时间与冻结点温度变化关系的曲线。水冻结成冰的一般过程是先降温至过冷状态，而后由于体系达到了热力学的成核条件，水将在冻结温度下形成冰晶体。从图 7-5 中可以看出，水从液态到产生冰晶体的变化并非当温度一降到 0℃就立即发生，而是要先经过一个过冷过程。水在低于其冰点的某一温度时才开始冻结的现象称为过冷，即水温要降到低于冰点某一温度时才会出现从液态变为固态的相转变过程。过冷度是指水在低于冰点温度以下某一开始发生相变的温度与冰点温度的差，它对外界条件的反应非常敏感。水在什么过冷温度下开始出现冰晶依体系所处条件的不同而异。例如，振动可使过冷的水在温度近冰点时出现冰晶，含有微小颗粒的水比纯净水更容易结冰等。较纯净的水在降温过程中需要较大的过冷度用于形成晶核，因此通常在其过冷温度达－40℃时才出现冰晶。但是水一旦发生相变，水的温度即会很快回到冰点，并且在全部水冻结成冰以前，体系的温度将保持冰点不变。此即图 7-5 中水的冻结曲线在 0℃出现“冻结平台”的原因。

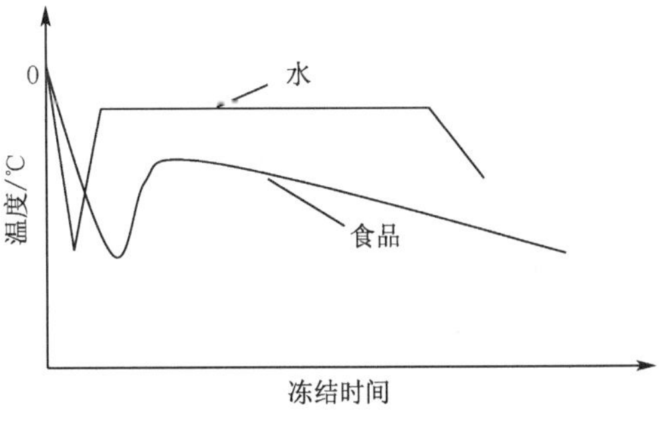

图 7-5　水和食品的冻结曲线

（二）食品的冻结曲线

各类食品都有一个初始的冻结温度，称为食品的初始冻结点，习惯上称为食品的冰点。食品在冷冻过程中，由于食品中往往含有大量的水分，因此，当温度不断下降至冻结点后，食品中的水分将发生冻结，这一过程与水冻结成冰的过程大致相似，如图 7-5 所示。但由于食品可以被看成是由固体成分与水分构成的溶液体系，食品中的水分是作为溶液中的溶剂存在的，因此食品的冻结过程又有自身的特点。根据溶液的依数性，其初始冻结温度总是比纯水的冰点要低。食品中的水分含量和存在状态与食品的冻结点有密切的关系。一般而言，同一种食品的冻结点与其含水量呈正相关。

食品在冻结时的温度与时间的关系是一条温度随时间不断变化的曲线，通常可出现类似于水冻结时的过冷过程和较短时间的“冻结平台”。食品的过冷度不是一个定值，而与食品的种类有关。例如，肉、禽类的过冷度一般可达5～6℃，蛋品为13℃，牛奶为6℃，草莓1～2℃，而有些食品则没有过冷现象。因此过冷现象不是食品冷冻过程中要考虑的主要问题。食品中的水在形成冰晶时的过程不是等温的，主要原因是随着冰晶体从溶液中不断析出，溶液的浓度不断增加，从而导致残留溶液的冻结点不断下降。研究表明，即使在温度已远低于冰点的情况下，食品中的自由水仍有一小部分不能被冻结，而对于这部分未冻结的高浓度溶液，只有当温度继续降低至低共熔点时，才会凝结为固体。

（三）水分冻结率与最大冰晶生成区

食品冻结过程中水分转化为冰晶体的程度可用水分冻结率（ψ）表示。水分冻结率也称结冰率，是指食品经冻结至一定温度时形成的冰晶体质量（m_i）与食品总水分质量（包括已冻结的冰和未冻结的水，$m=m_i+m_{uw}$）之比，即

$$\psi=\frac{m_i}{m_i+m_{uw}} \tag{7-2}$$

水分冻结率与温度有关。冻结前它的值为零，进入冻结点后，它随冻结温度的降低而增加，当达到低共熔点或更低温度时，其达到最大值，即为100%。食品水分冻结率与食品温度之间的近似关系可用海斯（Heiss）公式表示：

$$\psi=1-\frac{T_f}{T_e} \tag{7-3}$$

式中：T_f——食品的冻结点（℃）；

T_e——食品冻结终了时的温度（℃）。

根据式（7-3）和食品的冻结点，就可以得出其冻结温度与水分冻结率的关系曲线。例如，已知青豌豆的冻结点为－1.1℃，可得到如图7-6所示的水分冻结率与温度的关系曲线。

根据对食品冻结规律的研究，食品在冻结时大部分水分是在接近冻结点的温度区域内形成冰晶体的。随着冻结的进行，水分冻结率在后期随温度降低而发生变化的幅度不大。根据这一特征，通常把水分冻结率发生变化最大的温度区域称为最大冰晶生成区，或最大冰晶生成带。大部分食品及食品原料的最大冰晶生成区为－5～－1℃，如图7-7所示。

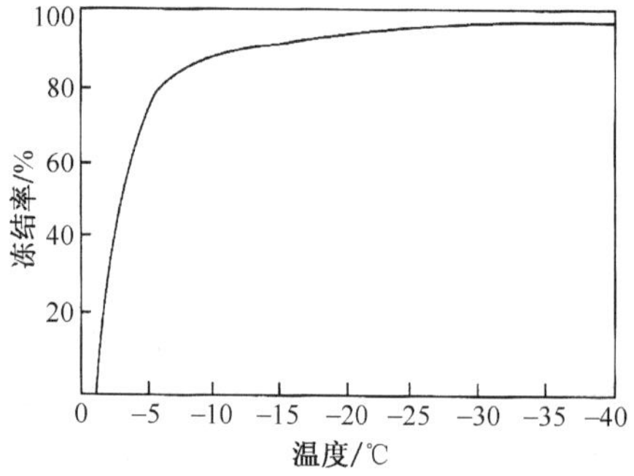

图7-6　青豌豆冻结过程中水分冻结率与温度的关系

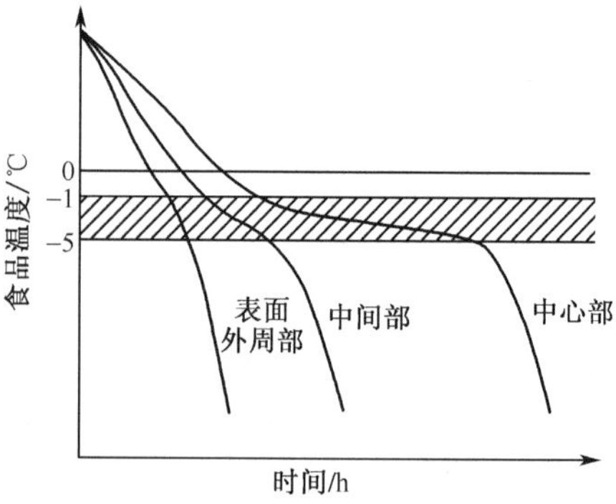

图7-7　食品的最大冰晶生成带

（四）温度对食品热物理性质的影响

1. 水和冰的热物理性质

由于一般情况下水在食品中所占比例很大，因此先分析水和冰的热物理性质。水和冰的密度、体膨胀系数、比热容、热导率、热扩散率等与温度的关系见表 7-2。

表 7-2　水和冰的热物理性质

T/℃	0	4.0	5.0	10	20			
水的密度 ρ_w/(10^3kg/m^3)	0.999 87	1.0000	0.9999	0.999 73	0.9982			
T/℃	0	−25	−50	−75	−100			
冰的密度 ρ_i/(10^3kg/m^3)	0.917	1.0000	0.9999	0.999 73	0.9982			
T/℃	0	10	20	30	40			
水的比热容 c_{pw}/[kJ/(kg·K)]	4.218	4.192	4.182	4.178	4.165			
T/℃	0	−10	−20	−50	−70	−100	−120	
冰的比热容 c_{pi}/[kJ/(kg·K)]	2.12	2.04	1.96	1.73	1.57	1.34	1.18	
T/℃	0	5	10	20	25	30		
水的热导率 λ_w/[W/(m·K)]	0.561	0.570	0.579	0.597	0.606	0.613		
T/℃	0	−20	−40	−60	−80	−100	−120	
冰的热导率 λ_i/[W/(m·K)]	2.24	2.43	2.66	2.91	3.18	3.47	3.81	
T/℃	0	2	4	6	8			
水的体膨胀系数 β_w/(10^{-6}/K)	−68.1	−32.7	0.27	31.20	60.40			
T/℃	0	−25	−50	−75	−100	−125	−150	−175
冰的体膨胀系数 β_i/(10^{-6}/K)	57	50	43	38	31	24	17	12
T/℃	0	10	20	30	40			
水的热扩散率 α_w/(10^{-6}m^2/s)	0.133	0.138	0.143	0.147	0.150			
T/℃	0	−25	−50	−75	−100			
冰的热扩散率 α_i/(10^{-6}m^2/s)	1.15	1.41	1.75	2.21	2.81			

由表 7-2 可以看出，水的密度在 4.0℃时最大，而在 0℃时却较小。冰在 0℃时的密度为 0.917×10^3kg/m^3，即 0℃的冰的体积比水大约 9%。再从体膨胀系数 β 的数据分析，0℃时冰的值比水的要大，但随着温度继续下降，β 值呈下降趋势，即表明冰的体积在收缩，但其收缩率仅为 10^{-5}～10^{-6}，远远低于水在冻结时产生的体积膨胀。因此水在形成冰晶的过程中，体积膨胀仍是主要倾向。从表中还可知，水的比热容随温度升高而降低，而冰则随温度的降低而降低；水的热导率随温度的升高而略有增加，而冰则随着温度降低而增加。另外，冰在 0℃时的融化热为 6.03kJ/mol（或 335kJ/kg），其值与水形成冰的潜热值近似。因此可以推知，水和冰的上述热物理性质的变化将直接影响食品冷冻时热物理性质、质构和化学等的变化。

2. 冻结对食品的影响

食品冻结的目的是为了保藏或加工，而伴随冷冻食品在这一过程中会发生一系列变化，主要是热物理性质和细胞组织方面的变化。

（1）热物理性质变化

1）密度 ρ。冻结使食品物料的密度 ρ 下降，其原因是物料在冻结时体积膨胀，并产生内压。食品冻结是从外向内进行的，在食品外部先形成冰层，再逐渐向内发展。食品内部的水分因冻结而膨胀，此时会受到外部冻结层的阻碍，于是产生内压，即冻结膨胀压。按纯理论计算得到的这一压强可达 8.59MPa。当内压超过外层冻结层强度屈服极限时，外层便发生破裂，随即内压消失。一般来说，食品冷冻时在有较厚的外壳存在下通常会出现表面龟裂，就是因为产生了内压。冻结食品的密度可表示为

$$\frac{1}{\rho}=w_{\mathrm{uw}}\left(\frac{1}{\rho_{\mathrm{uw}}}\right)+w_{\mathrm{s}}\left(\frac{1}{\rho_{\mathrm{s}}}\right)+w_{\mathrm{i}}\left(\frac{1}{\rho_{\mathrm{i}}}\right)=\sum_{n}\frac{w_n}{\rho_n} \tag{7-4}$$

式中：ρ_{uw}、ρ_{s}、ρ_{i}——未冻水、固体成分、冰的密度；

w_{uw}、w_{s}、w_{i}——未冻水、固体成分、冰的质量分数。

当食品温度降低到冻结点以下某一温度时，可以用前述的海斯公式求出未冻水和冰的质量分数。以草莓为例，其水分质量分数为 89.3%，初始冻结点温度为－0.89℃。经计算可求得其密度随温度下降的变化情况，如图 7-8 所示。当草莓温度由 0℃下降至－30℃时，其密度由 1040kg/m^3 下降至 960kg/m^3。

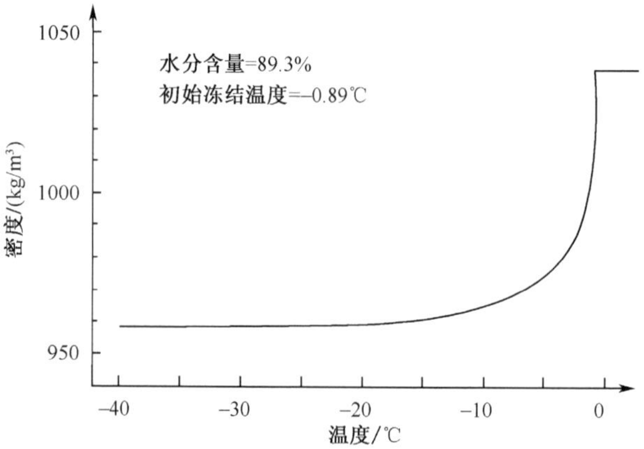

图 7-8　草莓密度随温度的变化

如果食品中有较大的空隙度 ξ，则密度可表示为

$$\frac{1}{\rho}=\frac{1}{1-\varepsilon}\sum_{n}\frac{w_n}{\rho_n} \tag{7-5}$$

2）比热容 c_p。对比热容 c_p 的研究表明，食品物料的比热容与其含水量存在一定的关系，但是在定量描述这种关系时，需考虑食品中水分含量的影响。斯韦特（Sweat）在综合大量比热容实验数据的基础上指出，对于含水量较高的食品物料，比热容基本上可由含水量确定；而含水量较低的食品物料则受到的其他成分的影响较为强烈，其数据的离散度较大。食品物料冻结后的比热容值可近似表示为

$$c_{pi}=0.837+1.256w \tag{7-6}$$

$$c_{pi}=2.04w+0.837w_{\mathrm{s}} \tag{7-7}$$

上述公式中 c_{pi}的单位均为 kJ/(kg · K)；w 和 w_{s}分别为食品物料中水分和固形物的质量分数；2.04 为冰在－10℃时的比热容[kJ/(kg · K)]，0.837 为食品中固形物的平均比热容[kJ/(kg · K)]。食品物料在冻结前后的比热容随温度变化的情况如图 7-9（a）所示。

3）热导率 λ。热导率 λ 是表征物料导热性能的一个参数，也是物料的一种物性。λ 值越大，则物料的导热性能就越好。水在 0℃时的热导率为0.561W/(m · K)，而 0℃时冰的热导率为2.24W/(m · K)，这即是食品在冷冻过程中随着冰层向内部推进，冷冻速度要比在非冻结状态下快的原因之一。由于在冻结过程中食品物料的热导率不是定值，它将随着的温度

变化而变化，如图 7-9（b）所示。因此，掌握食品物料 λ 的变化规律对控制冷冻进程具有重要意义。

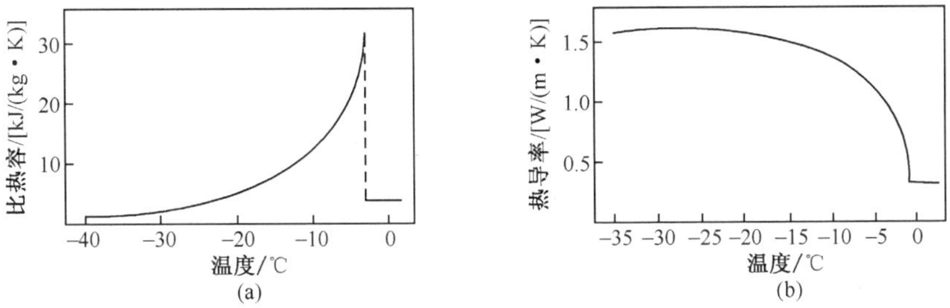

图 7-9　食品冻结前后比热容与热导率的变化

4）热扩散率 α。热扩散率 α 是影响食品物料冷冻过程的重要物性之一，它反映的是食品物料对热量进出过程的敏感程度。食品在冷冻时，其 α 值越大即表明对冷冻过程越敏感，而水分含量高的食品 α 值一般较小，对冻结反应的敏感性较低。目前，有关食品物料的热扩散率 α 的实验数据很少，且均是针对未冻结食品的。一般来说，对于同性均质的介质，在没有相变的情况下，热扩散率 α 是根据比热容 c_p、热导率 λ、密度 ρ 的数据计算而得的，即 $\alpha=\dfrac{\lambda}{\rho c_p}$。而要精确测量冻结食品的热扩散率，需要有专用的探针和瞬间加热装置，还需在一定距离处同时测量样品温度变化曲线。这个距离与所测得的热扩散率数据有很密切的关系，而要在食品物料中精确控制这一距离是很困难的。

（2）组织结构的变化

1）组织中水分的重新分配。食品物料在冻结过程中，当细胞外溶液中的水开始冻结成冰时，细胞外溶液的浓度不断上升，并将逐渐高于细胞内溶液的浓度。这一过程增加了细胞内水分透过细胞膜向外渗透的能力，使水分向外迁移，细胞体积缩小。当冻结条件与内外渗透压达到新的平衡时，水分的迁移就将停止。随冻结时间增加，食品因细胞外冰晶的形成和增多、细胞内外渗透压不同而引起的细胞体积变化的情况可用下式反映：

$$\Delta V_{胞} = p_{水} A(\Pi_i - \Pi_o)\Delta t \tag{7-8}$$

式中：Π_i、Π_o——细胞膜内、外的渗透压（Pa）；

$p_{水}$——细胞膜的水渗透率[$mm^3/(mm^2 \cdot min \cdot Pa)$]；

A——细胞的表面积（mm^2）。

食品经冻结后再升温解冻，其组织中的冰晶体将融化成水，它不易被组织吸收重新回到原来的状态，这部分水常常分离出来，成为汁液而流失。食品组织中水分重新分配的量越多，流失液则越多。因此，流失液的产生量可作为评定冻结食品质量优劣的指标之一。

2）干耗。食品在冻结过程中，因食品中水分从表面蒸发造成的食品质量减少或品质下降俗称“干耗”。发生干耗的原因是冻结室内的空气未达到饱和状态，即空气中的蒸气分压小于饱和水蒸气压。而当食品物料含水量较高时，在贴近表面的空气层中的水蒸气分压则常接近饱和水蒸气压状态，其与冻结室内空气中的水蒸气形成蒸气压差。在蒸气压差的作用下，食品表面的水分向空气中扩散，而表层水分的蒸发又促使食品内部的水分向表面迁移。由于空气中的水蒸气经过制冷系统的蒸发器时被冷凝，空气又常处于不饱和状态，形成持续的食品水分蒸发动力，故冻结过程中的干耗会不断进行。除蒸气压差外，食品冻结过程中的干耗还与食品表面积、冻结时间等因素有关，可表示为

$$q_m = \beta A(p_f - p_a) \tag{7-9}$$

式中：q_m——单位时间内的干耗量（kg / h）；

β——蒸发系数［kg / （m^2 • h • Pa）］；

A——食品的表面积（m^2）；

p_f——食品表面的水蒸气分压（Pa）；

p_a——空气中的水蒸气分压（Pa）。

此外，冻结室中的空气温度、空气流动速度等也对食品干耗有一定影响。

3）质构的变化。食品在缓慢冻结过程中，处于细胞间隙内的自由水和与亲水胶体结合程度较弱的结合水会首先被冻结成冰晶体，由此产生使细胞内水分向细胞外迁移的动力，这种动力将一直保持到温度降低至足以使细胞内汁液中的水分全部冻结为冰晶体为止。随着水分的不断外移，在细胞间隙的冰晶体逐渐增大，对细胞组织产生挤压、浓缩、盐析等作用，使组织结构破坏，蛋白质冻结变性，持水力下降，导致食品质构变差，降低了冷冻食品的复原质量。若冻结过程以较快的速度完成，使较多的水分可能在原地被冻结，且冰晶体数量多、体积小，则上述水分重新分配的过程缓和，组织结构破坏的程度减弱，有利于冻结食品解冻后较好地保持食品原有的组织状态。一般而言，以冻藏为目的的食品冻结操作应选择快速冻结方式，但同时还应综合考虑原料的特性、设备条件、解冻技术等因素。

二、食品冻结的速度与时间

（一）食品冻结过程的传热

根据传热学原理可知，固态食品和黏稠流体食品的冻结以及食品间歇式冻结操作时的热交换均属于非稳态传热过程。在非稳态传热过程中，食品冷冻时各部位的温度、密度和传热速率等可能不同，而且还会随时间而变化。在经过足够长的时间后，食品各部位的温度趋于一致，且与冷冻介质的温度接近，此时的温度分布又呈现新的平衡状态。根据对冷冻介质与食品接触基本方式的分析，冷冻过程包含外部非稳态传热和内部非稳态传热两个过程。外部非稳态传热过程是食品与冷冻介质之间在食品表面发生的传热过程，又可分为冷冻介质的直接接触传热和间接接触传热两种方式。

当以流体为冷冻介质与固态食品接触时，其表面对流传热系数 α 是与冻结效果关系最密切的因素之一，α 的大小由冷冻介质的物性、流速和食品的表面状态决定。由于冷冻介质在食品表面存在层流层或层流内层，且其中有明显的温度梯度，因此传热方式只能是热传导。冷冻过程的另一个传热过程是食品内各部分之间在没有宏观相对运动的情况下能量传递的过程，称为非稳态热传导，其传热流量与食品物料的热导率、物料的尺寸以及温度梯度有关。

（二）冻结过程中食品温度的分布

食品冻结过程中的温度分布如图 7-10 所示。外部传热的推动力是食品表面与冷冻介质的温度差。食品表面温度总的趋势是在温度差的作用下持续降低，传热推动力也随之逐渐减小。而在实际操作中，食品表面温度是不断变化的，且温度差直至冻结结束也不会缩小到可以忽略。这是因为表面传热温差与内部传热温差在整个冻结过程中不断变化、密切相关，且温度差消失的过程极为缓慢。

内部传热的推动力来自食品表层与内部的温度差。冷冻开始时，食品中各部分的温度可视为均匀一致，当食品表面降温后，食品内部与表面形成了温度梯度，内部的热量逐渐向表

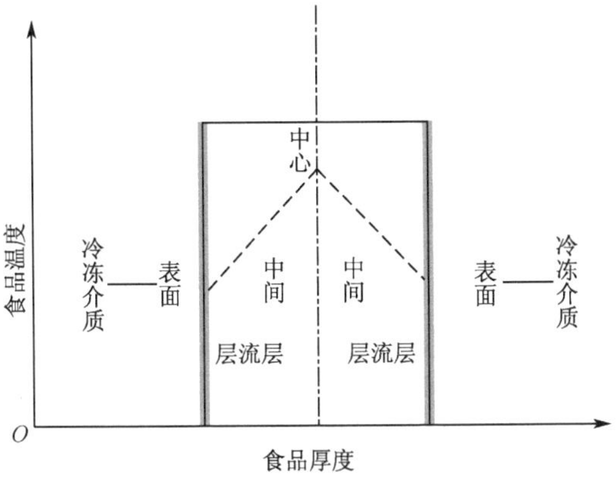

图 7-10　冻结食品的温度分布

面移动，使内部温度不断降低。因此一般冻结计算中采用的冻结终了温度是一个平均温度 $\overline{T}$，此温度比较简单的求算方法是冻结结束时取食品表面温度与中心温度的算术平均值。

几种简单形状的食品也可采用下面的方法计算平均冻结温度。

大平板状食品：

$$\overline{T}=\frac{2T_c+T_s}{3} \tag{7-10}$$

圆柱状食品：

$$\overline{T}=\frac{T_c+T_s}{2} \tag{7-11}$$

球状食品：

$$\overline{T}=\frac{2T_c+3T_s}{5} \tag{7-12}$$

式中：T_c——食品中心温度（℃）；

T_s——食品表面温度（℃）。

（三）食品冻结速度

食品在冻结过程中，其内部温度最高的部位称为热中心。此点可能与几何中心重合，在冻结时温度下降最慢，这与冻结操作形式有关。

食品冻结速度 V_f 定义为从食品表面到食品热中心的距离 l 与使热中心的温度降至某一程度低温时所需时间（简称冻结时间）之比，单位为 cm/h，可用下式求得

$$V_f=\frac{l}{\tau} \tag{7-13}$$

由于冻结时间因热中心温度降至低温的标准不同而异，故对于同样尺寸的食品，冻结速度与食品热中心温度下降的时间密切相关。按国际制冷学会提出的食品冻结时间的规定，τ 是指食品表面温度从 0℃开始，到食品热中心温度降至其初始冻结点以下 5～10℃所需的时间。据此，目前冻结食品生产中使用装置的冻结速度大致分为下列几种类型：

慢速冻结：V_f= 0.2cm/h；

快速冻结：V_f= 0.5～3cm/h；

速冻或单体冻结：V_f= 5～10cm/h；

超速冻结：$V_f= 10\sim100$cm/h。

除上述表示法外，还有用食品热中心降温速度（℃/min）和冰锋前进速度（cm/h）表示的。

（四）食品冻结时间的估算

食品冻结过程与食品冷却过程在对食品物理物质的影响方面有很大不同，其中引发变化比较明显的是比热容、热导率、热扩散率和质构。由于食品冻结过程上的变化很难用解析式定量求解，因此，目前常用的求解方法大多是先在一定假设条件下拟出基本表达式，后经实验修正得到结果。已知冻结时间与冻结速度成反比，而冻结速度与食品的各传热物性密切相关，故冻结时间的估算均应包含食品的传热物性。下面主要介绍国际制冷学会推荐的普朗克冻结时间估算公式。

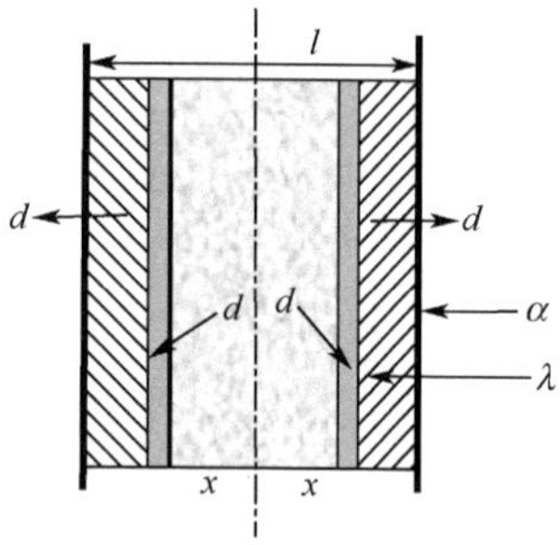

图 7-11　大平板状食品的冻结

将厚度为 l（m）、表面温度达 0℃的大平板状食品（图 7-11）置于冻结介质温度为 T_J 的环境中，食品温度降至冻结点 T_f 时开始冻结。经一段时间后，冻结层向中心推进的距离为 x(m)，设经 dτ 时间冻结距离变化增量为 dx，冻结层一侧的表面积为 A，则其放出的热量 dQ 为

$$\mathrm{d}Q = A\rho w L_f \mathrm{d}x \tag{7-14}$$

式中：ρ——食品的密度（kg/m^3）；

L_f——纯水冻结时释放的潜热值，335×10^3J/kg；

w——食品中水分的质量分数。

这部分热量通过冻结层 x，与食品表面的冷冻介质以对流换热的方式进行交换。交换的热量 dQ'可由下式求出：

$$\mathrm{d}Q' = KA(T_f - T_J)\mathrm{d}\tau \tag{7-15}$$

式中：K——总传热系数［W/（m^2 · K)］；

T_f——食品的初始冻结点(℃)。

因为放出的热量全部用于热交换，所以

$$\mathrm{d}Q = \mathrm{d}Q'$$

得

$$A\rho w L_f \mathrm{d}x = KA(T_f - T_J)\mathrm{d}\tau$$

即

$$\mathrm{d}\tau = \frac{\rho w L_f}{K\Delta T}\mathrm{d}x$$

将 $K=\dfrac{1}{\dfrac{1}{\alpha}+\dfrac{x}{\lambda}}$代入上式并确定边界条件后进行积分得

$$\tau = \frac{\rho w L_f}{2\Delta T}\left(\frac{l}{\alpha}+\frac{l^2}{4\lambda}\right) \tag{7-16}$$

对于直径为 D 的圆柱状食品和球状食品，用同样方法可分别获得冻结时间的估算式。

圆柱状食品：

$$\tau = \frac{\rho w L_f}{4\Delta T}\left(\frac{D}{\alpha}+\frac{D^2}{4\lambda}\right) \tag{7-17}$$

球状食品：

$$\tau = \frac{\rho w L_f}{6\Delta T}\left(\frac{D}{\alpha} + \frac{D^2}{4\lambda}\right) \tag{7-18}$$

比较式（7-16）～式（7-18）可知，对于相同材质的食品，当大平板状食品的厚度与圆柱状和球状食品的直径相同时，大平板状食品的冻结时间是圆柱状食品的 2 倍、球状食品的 3 倍。如对三个公式分别引入与食品几何形状有关的冻结食品形状系数 P、R，可得到一个通用的表达式：

$$\tau = \frac{\rho w L_f}{\Delta T}\left(\frac{PL}{\alpha} + \frac{RL^2}{\lambda}\right) \tag{7-19}$$

式中：L——冻结食品的特征尺寸（m），可分别对应表示大平板状食品的厚度 l、圆柱状食品和球状食品的直径 D。

对于大平板状食品，如猪、牛、羊等的半胴体，有

$$P = \frac{1}{2} \qquad R = \frac{1}{8}$$

对于圆柱状食品，如金枪鱼、圆柱形罐头、甜玉米棒等，有

$$P = \frac{1}{4} \qquad R = \frac{1}{16}$$

对于球状食品，如苹果、草莓等，有

$$P = \frac{1}{6} \qquad R = \frac{1}{24}$$

对于方形或长方形的食品，在使用上述公式时，设三个边长分别为 a、b、c，且 $a>b>c$，则定义特征尺寸 $L=c$，另定义两个比例值 β_1 和 β_2。

$$\begin{cases} \beta_1 = \dfrac{a}{c} \\ \beta_2 = \dfrac{b}{c} \end{cases}$$

根据 β_1 和 β_2 值，从图 7-12 或表 7-3 中可查得形状系数 P、R 的值，即可用公式求出方块状食品的冻结时间。

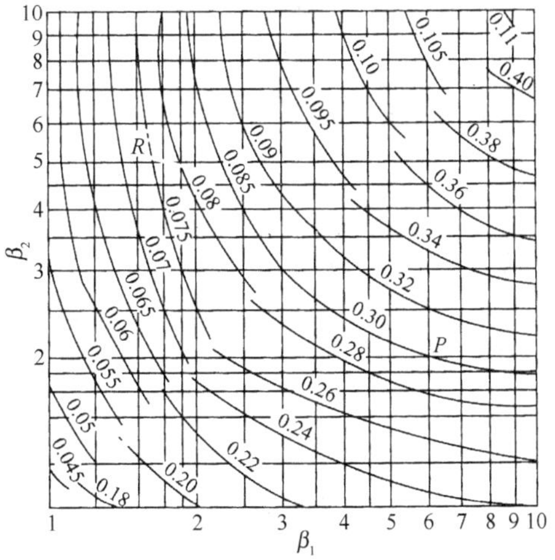

图 7-12　方块状食品形状系数 P 和 R 的值

表 7-3　方块状食品形状系数 *P* 和 *R* 的值

β_1	β_2	*P*	*R*	β_1	β_2	*P*	*R*
1.0	1.0	0.1667	0.0417	4.5	1.0	0.2250	0.0580
1.5	1.0	0.1875	0.0491		3.0	0.3215	0.0902
	1.5	0.2143	0.0604		4.5	0.3460	0.0959
2.0	1.0	0.2000	0.0525	5.0	1.0	0.2272	0.0584
	1.5	0.2308	0.0656		2.0	0.2941	0.0827
	2.0	0.2500	0.0719		5.0	0.3570	0.0982
2.5	1.0	0.2083	0.0545	6.0	1.0	0.2308	0.0592
	2.0	0.2632	0.0751		2.0	0.3000	0.0839
	2.5	0.2778	0.0792		4.5	0.3602	0.0990
3.0	1.0	0.2142	0.0558		6.0	0.3750	0.1020
	2.0	0.2727	0.0776	8.0	1.0	0.2353	0.0599
	2.25	0.2812	0.0799		2.0	0.3077	0.0851
	3.0	0.3000	0.0849		4.0	0.3200	0.1012
3.5	1.0	0.2186	0.0567		8.0	0.4000	0.1051
	3.5	0.3181	0.0893	10.0	1.0	0.2381	0.0604
4.0	1.0	0.2222	0.0574		2.0	0.3125	0.0865
	2.0	0.2857	0.0808		5.0	0.3846	0.1037
	3.0	0.3156	0.0887		10.0	0.4167	0.1101
	4.0	0.3333	0.0929	∞	∞	0.5000	0.1250

普朗克计算式是基于以下几点假设而导出的：

1）食品冻结前初始温度均匀一致并等于其初始冻结点的温度。

2）冻结过程中食品的初始冻结温度保持不变。

3）热导率等于冻结时的热导率。

4）只考虑水的相变潜热量，忽略冻结前后放出的显热量。

5）冻结介质与食品表面的对流换热系数 α 不变。

这些假设为冻结时间的理论计算制定了统一标准，使提出的计算公式较为客观地与食品冻结时间的基本过程吻合，其分析计算方法在解决非稳态传热过程中冻结时间的计算问题上具有指导意义。

首先，由于在食品实际冻结过程中，冻结时间通常要包括食品从初始温度降至冻结点温度的时间，即冻结时间往往并不是从食品预冻结至冻结点温度时才开始算起的，且食品中的水分及固形物在冻结前后放出的显热也会影响到冻结时间；其次，食品冻结层内的热导率是随结冰量的增加而变化的，并非常数；再次，食品冻结是非稳态传热过程，冻结时传热过程中两侧的温差是变化的。因此理论计算结果必与实际状况存在一定差异。为此，出现了许多对普朗克计算式的修正方法，其中克莱兰（Cleland）等在实验研究的基础上提出的普朗克无量纲修正式包括了显热量对冻结时间的影响，具有较强的通用性。但引进其他因素的计算式往往使计算过程繁杂得多，且实用难度增加。因此，从工程应用的角度出发，尽管普朗克计算式存在一定的局限性，但仍然是能满足食品冻结时间估算要求的较实用的方法。

为改进精度，可以将计算式中形成冰时的热量 wL_f（kJ/kg）用食品冻结过程中初、终温时的比焓差值（ΔH）取代，则冻结时间的计算式为

$$\tau=\frac{\rho\Delta H}{\Delta T}\left(\frac{PL}{\alpha}+\frac{RL^2}{\lambda}\right) \tag{7-20}$$

焓值是相对值，过去多取－20℃冻结态食品的焓值为其零点，现多取－40℃的冻结态为

其零点。若已知某食品的原始含水量，冻结前、后的比热容，初始冻结点以及冻结至某一温度下冻结水（或未冻结水）的质量分数，就能计算出此温度下该食品的焓值。

例 7-1　尺寸为 1m×0.25m×0.6m 的瘦牛肉放在 −30℃的对流冻结装置中冻结，已知牛肉含水质量分数为 0.745，初始冻结温度为 −1.75℃，冻结后的密度为 1050kg/m³，冻结后牛肉的热导率为 1.108W/(m·K)，对流表面传热系数为 30W/(m²·K)，试计算所需冻结时间。

解　牛肉的冻结潜热为

$$wL_f = 335\times10^3\times0.745 = 250\times10^3(\mathrm{J/kg})$$

$$\beta_1 = \frac{a}{c} = \frac{1}{0.25} = 4$$

$$\beta_2 = \frac{b}{c} = \frac{0.6}{0.25} = 2.4$$

由图 7-12 可知 $P = 0.3$，$R = 0.085$，并将其代入公式

$$\tau = \frac{\rho w L_f}{\Delta T}\left(\frac{PL}{\alpha} + \frac{RL^2}{\lambda}\right)$$

得

$$\tau = \frac{250\times10^3\times1050}{-1.75+30}\times\left(\frac{0.3\times0.25}{30} + \frac{0.085\times0.0625}{1.108}\right)$$
$$= 6.77\times10^4(\mathrm{s}) = 18.8(\mathrm{h})$$

如果用初、终温时的焓差值 ΔH 替代 wL_f，在有关手册中查得 $\Delta H = 266\times10^3\mathrm{J/kg}$，则可计算出冻结时 τ 为 20.0h。

（五）食品冻结耗冷量的估算

食品冻结过程中的耗冷量也称为食品冻结的热负荷，是指食品在冻结过程中在其达到冻结要求的温度时所放出的热量，是确定冻结工艺、设备选型配套、冷库设计等方面的重要参数之一。

食品在冻结过程中，固化相变是在一个温度范围内逐步完成的。为简化这一过程，假设食品相变固化均在食品的初始冻结温度下完成，则食品冻结时的放热量大致可分为三个部分：①食品由初始温度降到冻结点时的放热量；②食品冻结时水分形成冰晶体的放热量；③冻结后食品再降温至冻结结束时的放热量。

1）食品从初始温度降至冻结点温度时放出的显热。设单位质量食品的初始温度为 T_0，冻结点温度为 T_f，则食品温度由 T_0 降至 T_f 时的冷却放热量（显热）q_c(kJ/kg）为

$$q_c = c_{pw}(T_0 - T_f) \tag{7-21}$$

式中：c_{pw}——食品温度在其冻结点以上时的比热容［kJ/(kg·K)］，其近似值的计算式为

$$c_{pw} = 1.47 + 2.72w$$

2）食品中水分冻结时的放热量（潜热）q_f(kJ/kg）为

$$q_f = wL_f\psi \tag{7-22}$$

3）食品在冻结点温度以下至最终平均冻结温度的放热量（显热）q_i(kJ/kg）为

$$q_i = c_{pi}(T_f - \overline{T}) \tag{7-23}$$

式中：c_{pi}——食品在冻结点以下温度时的比热容［kJ/(kg·K)］；

T——食品在冻结终了时的平均温度（℃）。

例 7-2　某冷冻肉食品加工厂需要在 24h 内冻结 20t 牛肉半胴体。牛肉中水分的质量分数 $w=0.68$，初始冻结点温度 $T_f=-1℃$。现要在$-30℃$的冷风中冻结，试计算将牛肉半胴体从初始温度 10℃降温至中心温度 $T_{中心}=-5℃$时所需的制冷量（kW）。

解　牛肉半胴体可视为大平板状食品，计算可分为三部分。

牛肉胴体从初始温度 10℃降至初始冻结点的放热量为

$$q_c=c_{pw}(T_0-T_f)=(1.47+2.72\times0.68)\times(10+1)=36.5(\text{kJ/kg})$$

牛肉胴体中水分冻结成冰晶体所放出的潜热量为

$$q_f=wL_f\psi=0.68\times335\times\left(1-\frac{-1}{-13.33}\right)=211(\text{kJ/kg})$$

牛肉胴体从冻结点温度以下降至冻结终点的放热量为

$$q_i=c_{pi}(T_f-\bar{T})=(0.837+1.256\times0.68)\times(-1+13.33)$$
$$=20.9(\text{kJ/kg})$$

20t 牛肉冻结过程中总的放热量 $Q_放$ 为

$$Q_放=2\times10^4\times(36.5+211+20.9)=5.37\times10^6(\text{kJ})$$

经 24h 所需的制冷量为

$$P=\frac{5.37\times10^6}{24\times3600}=62.1(\text{kW})$$

三、食品冻结的方法与装置

按介质与食品接触的方式，食品冻结的方法可分为空气冻结法、间接接触冻结法和直接接触冻结法三大类。其中，每一类方法又包含了多种型式的冻结装置，见表 7-4。

表 7-4　冻结方法的分类及主要装置

空气冻结法	间接接触冻结法	直接接触冻结法
隧道式冻结装置	平板式冻结装置	载冷剂浸渍冻结装置
螺旋式冻结装置	回转式冻结装置	载冷剂喷淋冻结装置
流态式冻结装置	履带式冻结装置	制冷剂喷淋冻结装置
框架式冻结装置		制冷剂蒸发冻结装置

（一）空气冻结法

空气冻结法是指以空气为载冷介质，使其通过自然对流或强制对流的方式进行食品冻结的方法。按空气与食品接触的方式又可分为静止空气冻结法、输送空气冻结法和流态化冻结法。由于空气的热导率低，导热性能差，并且与食品间的换热系数小，因此食品冻结所需的时间较长。但空气资源丰富，对食品和机械材料无不良影响，所用设备也较为简单，因此用空气作介质进行食品冻结仍是目前应用最为广泛的冻结方法。

1. 隧道式冻结装置

隧道式冻结装置由冻结室、冷风发生器、风机及风道和冻品输送装置等部分构成，其基本结构如图 7-13 所示。根据食品通过隧道的方式，冻结隧道有传送带式、吊篮式和推盘式等。

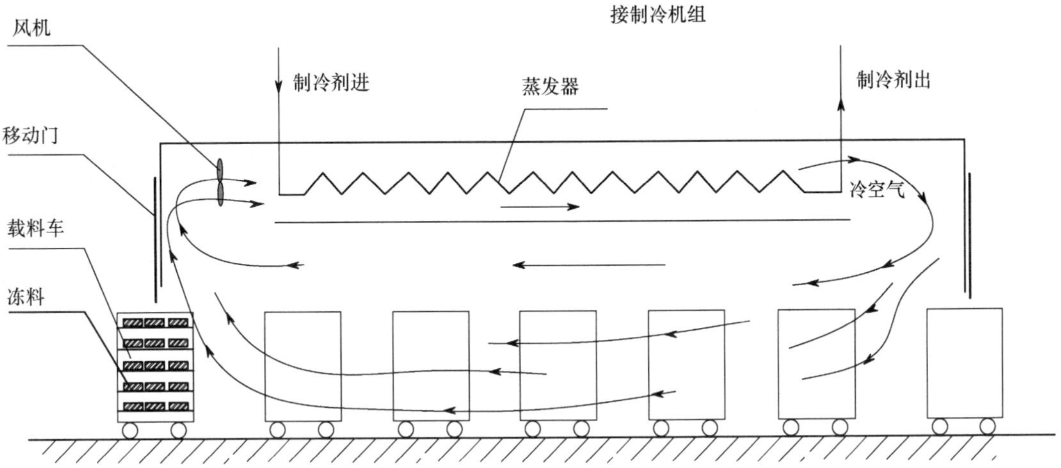

图 7-13 隧道式冷冻装置

传送带式冻结隧道一般由蒸发器、风机、传送带以及包围在其周围的隔热装置构成。该装置冷风温度为－40～－35℃，风速可达 3～4m/s。冷风可垂直吹向食品，也可与食品平行顺流或平行逆流，还可选择使用侧向吹风。这类装置典型的有水平带式和螺旋带式，如图 7-13、图 7-14 所示。传送带式冻结隧道的特点是通用性强，自动化程度高，结构紧凑，效率高。

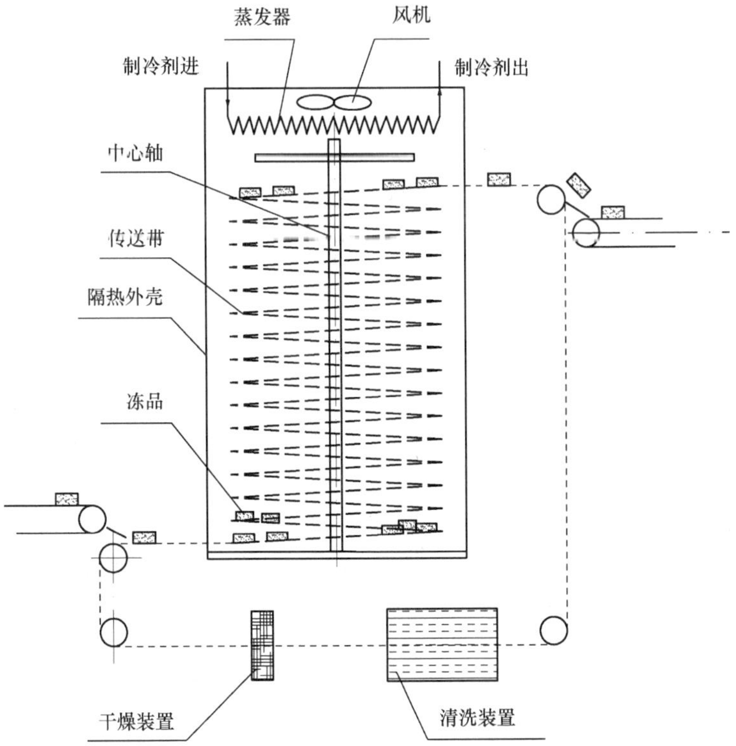

图 7-14 螺旋式冷冻机

吊篮式连续冻结隧道是将被冻结的物料用塑料袋包装，装入吊篮中，然后将吊篮挂在输送链条上，由进料口被输送到冻结间内，在其中经冷风降温、喷淋冻结、低温冻结后被输送到卸料口，冻结过程结束。该装置的特点是机械化程度高，提高了生产效率，冻结速度快，产品均匀性好，色泽好，质量高。主要缺点是结构不够紧凑，耗能较高。

推盘式连续冻结隧道主要由隔热隧道室、冷风机、液压传动机构、物料盘推进和提升设备构成。食品装入物料盘后，在物料盘入口处由液压推盘机构推入隧道，物料盘到达第一层轨道的末端后，被提升装置升到第二层，再由推动装置逐一推进，如此反复经过三层，产品被冷风强制降温，最后经出口被推出。该装置的特点是构造简单，造价低，操作灵活，冻结速度快，隧道空间利用率较高。

2. 流态化式冻结装置

当冷风速度进一步提高，并配以适当的送风结构，便可实现流态化（悬浮）冻结。此类装置如果按机械传送方式可分为斜槽式流态化冻结装置和带式流态化冻结装置，带式流态化装置又可分为分段式和振动式流态化冻结装置。如果按流态化形式可分为全流态化和半流态化冻结装置。

斜槽式流态化冻结装置也称盘式流态化冻结装置，如图 7-15 所示。这种冻结器没有传送带，承送物料的是一块呈一定坡度的固定的多孔板槽，以便在工作时借助风力使物料自动向前移动。经冻结的食品由位于出口的大坡度滑槽排出，作业是连续化的。该装置最低温度可达－40℃以下，风速 6～8m/s，冻品间隙风速为 1.5～5m/s，冻结时间一般为 5～10min。主要特点是构造简单，冻结速度快，冻品均匀，质量好，成本较低。

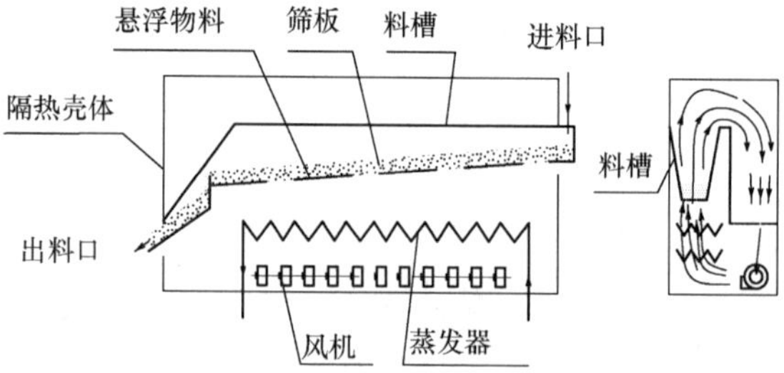

图 7-15　流化床冻结装置（斜槽式、网带式）

带式流态化冻结装置与斜槽式流态化冻结装置不同，物料是靠传送带输送的，而不需借助冷风动力来通过冻结空间。冻结操作时可根据被冻结物料的情况选择一段式或两段式流态化冻结装置，也可采用往复振动式流态化冻结装置。这种冻结装置的特点是物料适用范围大，冻结速度快，耗能较低，易于实现机械化连续生产等。

流态化冻结装置较适用于冻结球状、圆柱状、片状、小块状的颗粒食品，尤其对果蔬类物料的单体冻结更为适宜。在冻结时，由于高速低温气流的包围，有效传热面积较正常冻结状态提高了 3.5～12 倍，热交换的强度大幅度增加，从而大大缩短了冻结时间。

（二）间接接触冻结法

间接接触冻结法是一类用制冷剂（或载冷剂）冷却的低温冷壁与食品直接接触，但制冷剂（或载冷剂）与食品间接接触的冻结方法。对于固态物料，可将其冻结成平板状、片状、颗粒状，有的也可冻结成物料原形单体。对于液态物料，通过与冷壁紧密接触换热，冻结成半融状态。

1. 平板冻结装置

平板冻结装置的主体是一组金属中空板，其内部通以制冷剂或载冷剂作为冷壁，借助外力使平板与食品紧密接触。由于金属板有良好的导热能力，故传热系数可高达 120W/(m·K)。根据平板工作位置可分为卧式冻结和立式冻结两种型式，图 7-16 所示的是卧式的平板冻结装置。

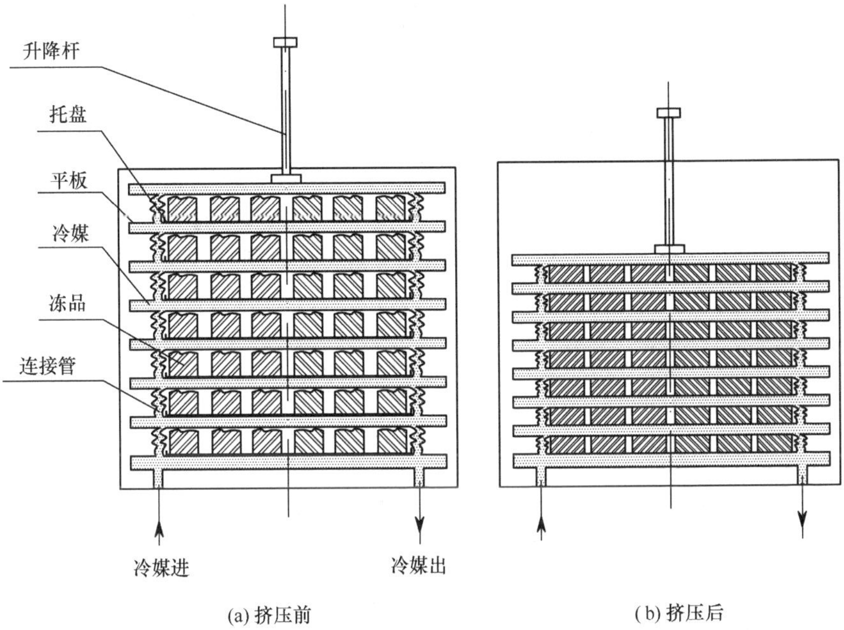

图 7-16　卧式平板冻结装置（间歇式）

2. 转筒式冻结装置

转筒式冻结装置如图 7-17 所示，这是一种较新型的接触式连续化的冻结装置。其主体为一可旋转圆筒，由不锈钢材料制成。转筒内部空间供制冷剂直接蒸发或载冷剂通过而制冷降温，其外表面则成为冷壁，与物料进行热交换，使物料冻结。转筒的转速可根据食品冻结所需时间进行调节。

冻结装置工作时，食品物料呈散开状由入口被送至转筒表面，由于转筒表面温度很低，食品立即被冷冻黏结在转筒上面，进料传送带再对其施加一定压力，使之与转筒更好地接触。转筒每旋转一个周期，即完成一次冻结过程。当冻品转到进料传送带下方时被刮刀刮下，落在出料传送带上被输送到包装生产线，完成连续化的冻结生产。该装置的特点是占地面积小，结构紧凑，冻结速度快，损耗小，生产效率较高。

3. 履带式冻结装置

履带式冻结装置的主体是钢质的带式传送机，如图 7-18 所示。传送带由不锈钢制成，被冻食品放在钢带上随驱动系统移动，移动的速度可根据产品冻结时间的要求进行调节。在钢带下方喷出低温冷媒，或使钢带经过固定的冷却面（蒸发器）而降温。同时在食品上方有空气降温装置，冷风可设计从不同方向吹向食品。传送带下部温度一般可达－40℃，上部温

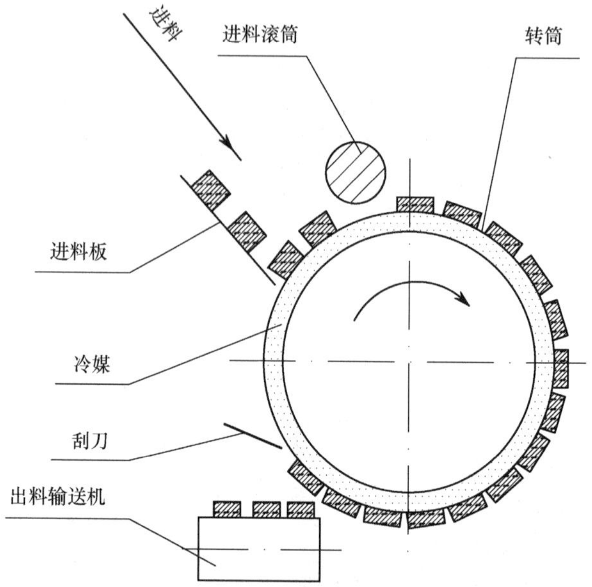

图 7-17　滚筒式冻结装置

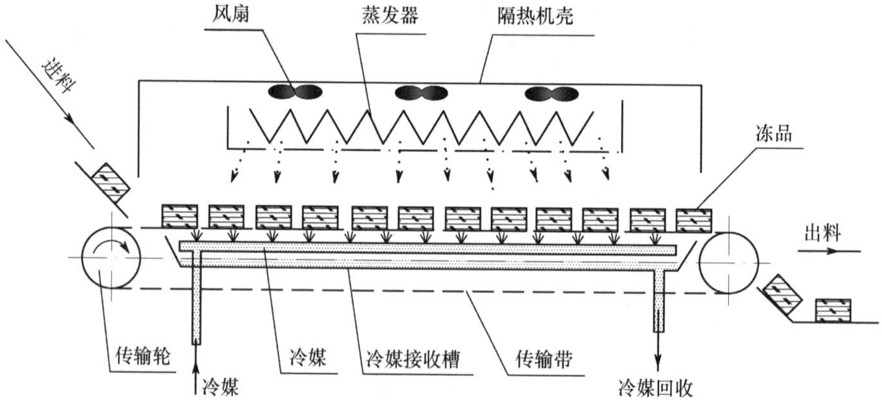

图 7-18　履带式冻结装置

度为−40～−35℃，由于食品是单面接触钢带，厚度不宜过大，故冻结速度相对较快。20～25mm 厚的食品约 30min 即可完成冻结，而 15mm 厚的食品只需 12min。

该装置适用于冻结鱼片、调理食品、面制品等，其主要特点是可连续流动运行，干耗较少，能在几种不同的温度区域操作，与平板式和转筒式冻结装置相比具有操作更为方便灵活的优点。不足之处是占地面积较大。

虽然间接接触式冻结装置的型式可有不同，但具有重要的共同点，即必须使食品与冷却面紧密接触。日本学者对鱼片进行的试验表明，冷却面对食品的压力会直接影响到二者之间的传热系数，当接触压力从 0 增加到 0.029MPa 时，传热系数可以从 23W/(m^2·K) 提高到 122W/(m^2·K)，从而使冻结时间从 3.9h 缩短到 1.7h。

(三) 直接接触冻结法

直接接触冻结法是将被冻食品物料（包装或不包装）与制冷剂或载冷剂（统称冷冻工

质）直接接触，经换热后使食品迅速降温的冻结方法。

食品与冷冻工质接触的方式有浸渍法和喷淋法，有时也可将两种方法配合使用。某些间接接触冻结的形式容易与直接接触冻结法相混淆，二者的主要区别在于食品或其包装物是否与冷冻工质直接接触。如果食品带有包装，但若是将其放在一密闭容器内再浸入冷冻工质中，就仍属于间接接触冻结。基于直接接触冻结法的特殊性，特别是对未加包装的食品的冻结，要求冷冻工质无毒、无异味和使用安全，对食品的性质、成分、色泽等不产生影响。

1. 浸渍冻结装置

将被冻食品物料浸渍于冷冻工质中进行冻结的方法称为浸渍冻结法。浸渍冻结装置可分为载冷剂浸渍冻结和制冷剂浸渍冻结两种。连续式浸渍冻结装置的基本结构与工作流程如图 7-19 所示。

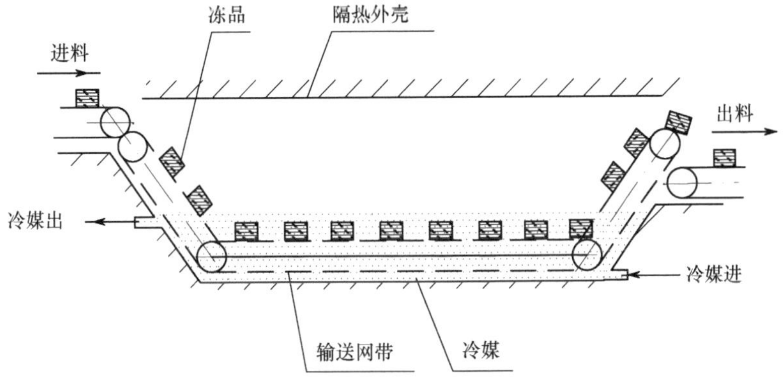

图 7-19　连式浸渍冻结装置

载冷剂浸渍冻结是指载冷剂经制冷系统降温后，在浸渍容器中与食品进行热交换，使食品冻结。常用的载冷剂有盐水，如 NaCl 或 $CaCl_2$ 的水溶液等，另外还有糖溶液和丙三醇等，它们的低共熔点均要求不超过－18℃。如果要想达到更低的冻结温度，可选择使用聚二甲基硅醚或右旋柠檬碱，其冻结点最低分别为－111.1℃和－96.7℃。

制冷剂浸渍冻结装置与一般的冻结装置相比，其冻结温度要低得多，故也称为低温液化气体浸渍冻结，这种装置称为低温冻结装置。其特点是不需要制冷循环系统，而是利用制冷剂在不同物态下具有的低温效应，在与食品接触过程中完成冻结过程。

目前主要是采用液态氮作冷冻工质，其正常状态下的沸点为－196℃，密度为 $810kg/m^3$，比水稍轻。液态氮无色、无味、透明，是被广泛应用的一种安全、价廉、来源丰富的低温浸渍冻结液体。液态氮浸渍冻结时，食品从进料口直接落入液态氮中，在食品表面剧烈换热，液态氮呈沸腾状态，食品表面立即被冻结。由于液态氮仅适于速冻，并且是部分冻结，因此在速冻后食品将被输送到另一个温度较高的冻结间完成进一步的冻结。

根据相关研究，在饱和液态氮中的冷却速率可高达 $1.5\times10^3K/s$。食品在如此高速的降温过程中，由于受到热应力变化等因素的作用而发生低温断裂现象，与此同时，在食品内外也会因剧烈温差产生不同速度的膨胀，从而在食品表面发生龟裂，甚至破碎。因此，采用这种方法冻结的食品厚度以小于 10cm 为宜。

2. 喷淋冻结装置

在被冻食品物料上喷淋冷冻工质进行冻结的方法称为喷淋冻结法。喷淋冻结装置也可分为载冷剂喷淋冻结和制冷剂喷淋冻结两种。连续式喷淋冻结装置的基本结构与工作流程如图 7-20 所示。

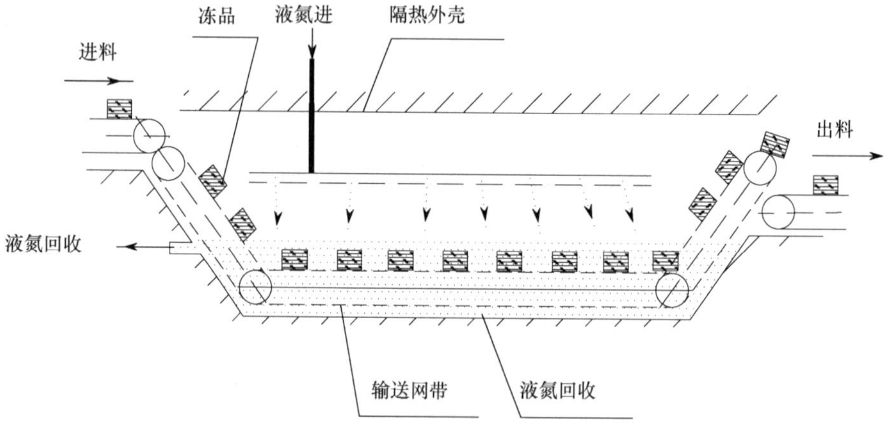

图 7-20 液氮冻结装置

喷淋冻结所用的载冷剂主要是低温盐水、丙三醇水溶液和丙二醇水溶液，通常其冻结点可达－50～－20℃。载冷剂与被冻物料接触时一方面可产生剧烈换热，一方面又可迅速将物料的热量带走，且喷淋后也可用浸渍的方法继续换热，从而有利于加快冻结。考虑到载冷剂与无包装食品直接接触时，可能会造成食品风味的改变，因此用这种方法冻结时，应根据不同物料和载冷剂的具体情况决定是否增加食品包装。

用制冷剂进行喷淋冻结时，其制冷温度一般在－73℃以下，常用的工质有液态氮和液态二氧化碳。这种冻结装置不用制冷设备，而是利用制冷剂与食品接触时的直接蒸发作用带走热量，其特点是工质不回收，设备较为简单，冻结速度比间接接触冻结装置快 5～6 倍。

液态氮冻结装置的主体是一个网状的带式输送机和喷雾部件，一般做成长形隧道，在输送带的前端喷淋过量的液态氮，与食品接触，未气化的液态氮再由泵送回以便再次进行喷淋。也有的在隧道后部喷淋或喷雾，部分气化的氮经吹风机送入隧道前端，使进入的高温食品预冷，提高了液态氮的利用率。没有充分气化的液态氮则在下方被收集，用泵送回以再次喷淋或喷雾。

英国研究了一种新型的旋转式液态氮喷淋隧道，主要由一个可旋转的绝热不锈钢圆筒和喷淋装置组成，圆筒的中心线与水平面呈一定角度。食品进入圆筒后，表面迅速被喷淋的液态氮冻结，由于圆筒的倾斜作用，再加上不断地旋转翻滚，食品与气化的氮气充分接触，一同向圆筒的另一端行进，使食品得到持续冻结。由于食品在圆筒中的翻滚作用，增加了食品与冷冻介质的接触面积，使液态氮的冷量绝大部分用于食品的降温过程，其冻结效率较高。

液态氮冻结食品的优点是冻结速度快，一般比空气冻结法快 20～30 倍，效率较高；冻品质量好，水分的重新分布现象少，食品的组织结构得以尽量保持；对食品的影响小，氮是惰性物质，具抗氧化性，同时还可减少干耗的发生。

二氧化碳在常压下不能以液态存在，因此液态二氧化碳喷淋到食品表面后，将立即变为蒸气和干冰，二者的温度均为－78.5℃。当液态二氧化碳全部变为－20℃的气体时，可吸收的总热量约为 622kJ/kg，其中约有 85%为潜热量，因此，液态二氧化碳冻结装置不像液态氮冻结装置那样呈长形隧道，而一般是箱式，内部以螺旋式或升降式传送带来冻结食品。

由于二氧化碳的资源丰富，一般不用回收，且制冷效果良好，对食品的影响也较小，因此是一种较好的用于直接接触冻结食品的制冷剂。

思考题与计算题

一、思考题

1. 简述逆卡诺循环。

2. 简述冻结过程中食品温度的分布特点。

3. 分析比较食品冻结的方法。

二、计算题

1. 含水 75%，长、宽、厚分别为 1m、0.5m、0.3m 的牛肉块状食品在冷冻器中被－30℃的冷空气冻结。表面对流传热系数为 $40W/(m^2 \cdot K)$，牛肉初始温度为－1.8℃，牛肉冻结后的热导率为 $1.5W/(m \cdot K)$，密度 $980kg/m^3$，计算将牛肉冻结到－10℃时所需时间。　　（答：97h）

2. 某冷冻食品加工厂需在 16h 内冻结 10t 猪肉半胴体。猪肉水分质量分数 $w=0.72$，初始冻结点温度 $T_f=-1.9$℃，现要求在－28℃的冷风冻结装置中冻结，试计算猪肉胴体从初始温度为 5℃开始，降温至其中心温度为－10℃时所需的制冷量（kW）。　　（答：45.27kW）

第八章　蒸　　发

第一节　概　　述

一、蒸发的概念及其作用

将含有不挥发性溶质的溶液沸腾气化并移出蒸气，从而使溶液中溶质浓度提高的单元操作称为蒸发（evaporation）或浓缩，所采用的设备称为蒸发器。被蒸发的溶液可以是水溶液，也可以是其他溶剂的溶液。在食品工业中以蒸发水溶液为主，以后的论述中，如果无附加说明，蒸发就是指水溶液的蒸发。食品蒸发浓缩的物料有原液，如牛奶；有榨出汁，如果汁、蔬菜汁等；也有萃取浸提物，如茶、中草药等。蒸发因操作简单、工艺成熟、设备投资低、效率高等优点而成为食品工业中使用最广泛的食品浓缩方法之一，在食品工业中起着重要的作用。

蒸发浓缩除去了食品中大量的水分，减少质量和体积，从而减少食品包装、储藏和运输费用。例如，将固形物含量为6%的番茄果肉浓缩为含固形物32%的番茄酱，体积可以缩小到原来的1/6。另外，由于蒸发操作使溶液中可溶性物质浓度增大，从而增大了渗透压，降低了水分活度，能有效抑制微生物生长，达到延长保质期的目的。

蒸发操作尤其是真空蒸发可以降低食品脱水过程的能耗，因此常常作为干燥、结晶等单元操作的预处理过程。例如，甘蔗汁经过净化、蒸发浓缩除去水分，进而进行结晶，这是蔗糖生产工艺的必需过程。又如，喷雾干燥生产奶粉时，要先将牛奶真空蒸发浓缩到固形物含量为40%～50%，然后进行喷雾干燥，以利于保证产品品质和降低生产成本。

二、蒸发操作的分类

蒸发器通常为间壁式换热器，用饱和蒸气作热源，其冷凝放出的潜热使另一侧的溶液沸腾气化，其传热过程可用一侧冷凝另一侧气化的传热模型计算。为了强化传热过程，工业上采用的蒸发设备都是在沸腾状态下气化，此时传热系数高，传热速率快。蒸发操作中的热源常采用新鲜的饱和水蒸气，又称生蒸气。从溶液中蒸出的蒸气称为二次蒸气，以区别生蒸气。按照分子运动学的观点，受热时当溶剂分子获得的能量足以克服分子之间的吸引力时，就会逸出液面进入上部空间，成为蒸气，这就是气化。如果不设法除去这些蒸气，则气相和液相之间水分子的化学势能将渐渐趋向平衡，气化过程也相应减弱以至于停止。因此进行蒸发的必要条件是不断供给热能使溶液气化和不断排除二次蒸气以增加两相间的化学势。蒸发过程中的二次蒸气直接冷凝而不被再利用的称为单效蒸发（single-effect evaporation）。若将二次蒸气引入另一蒸发器作为热源，这样的蒸发操作称为多效蒸发（multiple-effect evaporation）。最后一效的二次蒸气通常用冷却水冷凝的方法来排除，因此冷凝器是蒸发设备不可缺少的组成部分。

蒸发操作可以在常压、真空或加压的条件下进行。在食品工业中多采用真空蒸发。真空蒸发的特点在于：①减压下溶液的沸点下降，有利于处理热敏性物料，且可以利用低压的二次蒸气作为热源；②溶液的沸点随所处压强的减小而降低，故对相同压强的加热蒸气而言，当溶液处于减压时可以提高传热总温度差，但此时溶液的黏度加大，使总传热系数下降；③真空蒸发系统要求有减压的装置，使系统的投资费和操作费提高。

真空蒸发的操作压力取决于冷凝器中冷凝水的温度和真空泵的性能。冷凝器操作压力的极限是冷凝水的饱和蒸气压，所以它取决于冷凝器的温度。真空泵的作用是抽走系统中的不凝性气体，真空泵的能力越大，冷凝器内的操作压力越易维持与接近冷凝水的饱和蒸气压。一般真空蒸发时，冷凝器的压力为10～20kPa。

蒸发操作的方式主要有两种：间歇式和连续式。

间歇式蒸发有以下两种操作方法：

1）一次进料，一次出料。在操作开始时，将料液加入蒸发器，当液面达到一定高度时停止加料，开始蒸发。随着溶液中水分的蒸发，溶液的浓度逐渐增大，相应的溶液的沸点也逐渐升高。当溶液浓度达到规定浓度时，停止蒸发，将完成液放出，然后开始下一次操作。

2）连续进料，一次出料。当蒸发器液面加到一定高度时，开始加热蒸发，随着溶液中水分的蒸发，不断加入料液，使蒸发器中液面保持不变，但溶液浓度随着溶液中水分的蒸发而不断增大。当溶液浓度达到规定值时将完成液放出。可以看出，间歇操作时，蒸发器内溶液的浓度和沸点随时间而变，因此传热温度差、传热系数也随时间而变化，故间歇蒸发属于非稳态操作。

连续蒸发时，料液连续加入蒸发器，完成液从蒸发器中连续放出，蒸发器内始终保持一定的液面和压强，器内各处的浓度与温度不随时间而变化，所以连续蒸发为稳态操作。通常大规模的生产中多采用连续操作。

三、蒸发系统的基本组成

如图 8-1 所示为一个单效真空蒸发系统流程。蒸发系统一般包括以下几个组成部件：

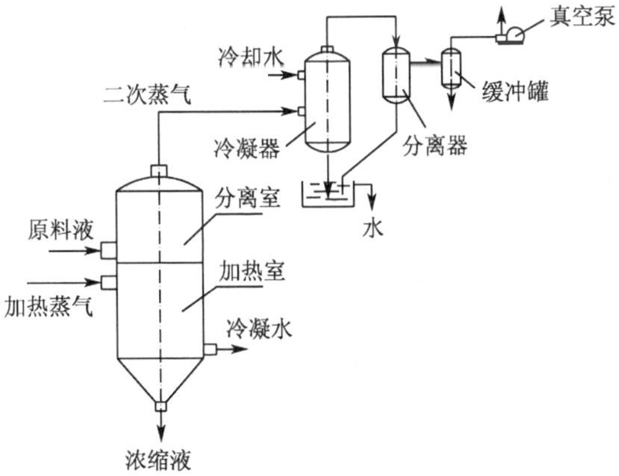

图 8-1　单效真空蒸发系统

1）蒸发器主体。它包括加热室和蒸发室，加热室用于蒸气加热料液，蒸发室用于料液的沸腾，生成二次蒸气。

2）分离器（或除沫器）。它用于将生成的二次蒸气与所夹带的液滴、雾沫进行分离，以尽量减少二次蒸气冷凝液中溶质的含量。

3）冷凝器。用于冷凝二次蒸气，使蒸发过程得以不断地进行。

4）真空系统。在真空蒸发时，为维持蒸发系统的负压，需要用真空泵不断地抽取原料液中及操作时漏入的空气和其他不凝性气体。

实际的工业生产中，除了上述基本组成部件外，有时还有其他设备与蒸发系统相结合，如预热器、中间加热器、蒸气再压缩装置，以及食品工业所特有的芳香物质回收装置等。

蒸发过程通常是将经预热后的料液加入蒸发器内，蒸发器下部为由许多加热管组成的加热室，由管外的加热蒸气加热管内的料液，使之沸腾气化。随着水分的不断气化，浓缩后的完成液从蒸发器的底部排出。蒸发器的上部为蒸发室，气化产生的蒸气在此空间内以及顶部除沫器中与所夹带的液沫进行分离，然后引往冷凝器内被冷却水冷凝，由冷凝器底部排出。二次蒸气中的不凝性气体由真空泵抽出，排至大气中。

四、蒸发对食品物料的影响

料液在蒸发浓缩过程中发生的变化对浓缩液的品质有很大的影响，因此在选择和设计蒸发器时要充分认识料液的特征。

1）组成成分。食品物料多由蛋白质、脂肪、糖类、维生素等成分组成。这些物质经高温或长时间受热时易受到破坏或发生变性、降解、氧化等作用。例如，糖汁在蒸发浓缩过程中温度过高会加速蔗糖的转化作用，使糖汁颜色加深，因此蒸发时要充分考虑加热温度和时间的影响。从保证食品品质来说，力求“低温短时”，但从经济角度来看，为提高生产效率，也可选用“高温短时”蒸发。真空蒸发浓缩是减少食品物料热损害常用的有效方法。

2）黏稠性。溶液的黏稠性对蒸发过程的传热影响很大，尤其是一些蛋白质胶体溶液。随着浓度增大及受热变性，其黏度显著增大，流动性下降，妨碍了加热面积的热传导。蒸发过程随着料液浓度的升高，物料的导热系数和总传热系数都会降低。对黏性物料，需要选择强制循环或刮板式蒸发器，使经浓缩的黏稠物料迅速离开加热表面。

3）结垢性。蛋白质、糖、盐类和果胶等受热过度易发生变性、结块、焦化等，这种现象在传热面附近最易发生。结垢随着时间的增长而变得严重，不仅影响传热，甚至带来安全隐患。因此对于容易形成结垢的物料应采取有效的防垢措施，如采用电磁防垢、化学防垢等方法，也可将清洗系统与蒸发器配套使用，加强设备的清洗，防止积垢的形成。

4）发泡性。溶液的组成不同，发泡性也不同。含蛋白质胶体较多的食品物料有较大的表面张力，蒸发沸腾时泡沫较多，且较稳定，从而使大量的料液随二次蒸气进入冷凝器，造成料液的流失。发泡性料液的蒸发需降低蒸发器内二次蒸气的流速，以防止跑料，或采用管内流速很大的升膜式或强制循环式蒸发器，也可以用高流速的气体吹散泡沫或用其他物理、化学措施消泡。

5）结晶性。某些物料在蒸发过程中，当其浓度超过饱和浓度时，会出现溶质结晶的现象。结晶的形成使料液的流动状态发生改变，而且大量的结晶沉淀会妨碍加热面的热传递。有结晶产生的溶液蒸发需选择强制循环外加热式及带有搅拌器的蒸发设备，用外力使晶体保持悬浮状态。

6）风味形成与挥发。料液在较高温度下长时间蒸发，会产生烧煮味和颜色的褐变。例如，在焦香糖果的生产中有意将糖、奶混合物在高温下混合反应及蒸发，获取这种焦香风味及色泽。但大多数物料的蒸发常需要防止这些反应的发生，此时可采用真空蒸发。但是真空蒸发仍会造成食品物料中芳香成分的挥发，影响浓缩制品的品质。低温蒸发可以减少芳香成分的损失，但是更完善的办法是采取香味回收措施，从二次蒸气冷凝液中回收风味成分，再掺入浓缩制品中。在浓缩果汁的生产中经常使用这种方法。

7）腐蚀性。酸性食品物料如果汁、蔬菜汁的浓缩，在设计或选择蒸发器的时候应该根据料液的化学性质和蒸发温度，选取既耐腐蚀又有良好导热性的材料及适宜的型式。食品生产过程与物料接触的金属设备都需要选用耐腐蚀的不锈钢制造或其他符合卫生的防腐材料，并在结构设计上采用方便更换的型式，使易腐蚀部件可定期更换。例如，柠檬酸液的浓缩可采用不透性石墨加热管或耐酸搪瓷夹层蒸发器等。

第二节　溶液的沸点与温度差损失

一、溶液的沸点

溶液中含有不挥发性成分的溶质，在相同的条件下，其蒸气压比纯水低，所以溶液的沸点就比纯水的要高，溶液与纯水的沸点之差称为沸点升高（boiling point elevation）。一般而言，稀溶液或有机溶液沸点升高值较小，无机盐溶液升高值较大。例如，常压下 20%（质量分数，下同）NaOH 水溶液的沸点为 108.5℃，水的沸点为 100℃，此时的沸点升高为 8.5℃；而常压下 20%蔗糖水溶液的沸点升高仅 0.3℃。对于同一种溶液，沸点升高值随溶液浓度及蒸发器内液柱高度而异，浓度越大，液柱越高，沸点升高值越大。

二、温度差损失

沸点升高现象对蒸发操作的有效温度差不利，例如，用 120℃饱和水蒸气分别加热 50%蔗糖水溶液和纯水，并使之沸腾，有效温度差分别为

50%蔗糖水溶液：120－101.8＝18.2(℃)

纯水：120－100＝20(℃)

由于溶液有沸点升高现象，相同条件下蒸发溶液时的有效温度差下降 1.8℃，下降的度数即蒸气压下降而引起的温度差损失，其值与同条件下的沸点升高值相同。通常，蒸发过程中引起温度差损失的原因有：①由溶液的蒸气压下降而引起的温度差损失 Δ'；②由加热管内液柱静压强而引起的温度差损失 Δ''；③由管路流体阻力而引起的温度差损失 Δ'''。其总温度差损失可以表示为 $\Delta=\Delta'+\Delta''+\Delta'''$，以下分别论述。

（一）由蒸气压下降引起的温度差损失 Δ'

溶液的沸点升高主要与溶液类别、浓度及操作压强有关，一般由实验测定。在文献和手册中，可以查到常压下某些溶液在不同浓度时的沸点数据。表 8-1 列出了常压下不同浓度的蔗糖水溶液沸点升高值。

表 8-1　常压下不同浓度的蔗糖水溶液沸点升高值

质量分数/%	10	20	30	40	50	60	70	80
沸点升高/℃	0.1	0.3	0.6	1.0	1.8	3.0	5.1	9.4

食品工业中的蒸发操作大都在真空条件下进行，因此必须求出各浓度的溶液在不同压强下的沸点。当实验数据缺乏时，可以用下式估算出溶液沸点升高值：

$$\Delta' = f\Delta'_a \tag{8-1}$$

式中：Δ'_a——常压下溶液的沸点升高（℃），可由实验测定的溶液沸点 t_A 值求得；

Δ'——操作条件下溶液的沸点升高（℃）；

f ——校正系数，无因次，其经验计算式为

$$f=\frac{0.016(T'+273)^2}{r'} \tag{8-2}$$

式中：T'—— 操作压强下二次蒸气的温度（℃）；

r'—— 操作压强下二次蒸气的气化热（kJ/kg）。

例 8-1 试估算固形物含量为 30%的番茄酱在常压和 95 990Pa 真空度下蒸发时的沸点升高值。番茄酱的沸点升高数据可参考蔗糖水溶液。忽略静压效应引起的沸点升高。大气压取标准大气压。

解 由表 8-1 查得 30%蔗糖水溶液常压下的沸点升高 0.6℃，由于忽略静压效应引起的沸点升高，则 30%的番茄酱在常压下的沸点升高值为

$$\Delta=\Delta'_a=0.6℃$$

95 990Pa 真空度时的绝对压强为

$$101\,300-95\,990=5310(\text{Pa})$$

查得该压强下温度为 34.3℃，气化潜热为 2414.9kJ/kg，则沸点升高值为

$$\Delta=\Delta'=f\Delta'_a=\frac{0.0162\times(34.3+273)^2}{2414.9}\times0.6=0.38(℃)$$

溶液的沸点升高也可以用杜林规则（Dùhring's rule）来计算。该规则认为，某溶液（或液体）在两种不同压强下两沸点之差与另一标准液体在相应压强下两沸点之差的比值为一常数，即

$$k=\frac{t'_A-t_A}{t'_w-t_w} \tag{8-3}$$

式中：t_A、t_w——压强 p_M 下溶液的沸点与纯水的沸点（℃）；

t'_A、t'_w——压强 p_N 下溶液的沸点与纯水的沸点（℃）。

杜林规则说明，一定浓度溶液的沸点与相同压强下水的沸点呈直线关系，因此可以利用杜林线求不同浓度的溶液在任一压强下的沸点。

（二）由静压强引起的温度差损失 Δ''

液层内的溶液沸点高于液面的，液层内部沸点与表面沸点之差即为由液柱静压强而引起的温度差损失。根据静力学方程，液层内的压强分布呈线性。故在计算时往往以液层中部的平均压强 p_m 以及相应的沸点 t_{Am}为准，中部的压强为

$$p_m=p'+\frac{\rho gl}{2} \tag{8-4}$$

式中：p_m—— 液层中部的平均压强（Pa）；

p'—— 液面的压强，即二次蒸气的压强（Pa）；

l —— 液层深度（m）。

根据平均压强 p_m 查出纯水的相应沸点 t_{pm}，故因静压强而引起的温度差损失为

$$\Delta''=t_{pm}-t'_p \tag{8-5}$$

式中：t_{pm}——与平均压强 p_m 相对应的水的沸点（℃）；

t'_p——与二次蒸气压强 p'相对应的水的沸点（℃）。

值得注意的是，沸腾时液层内混有气泡，液层的实际密度较计算公式所用的纯液体密度要小，使得算出的 Δ''值偏大；当溶液在加热管内的循环速度较大时，就会因流体阻力使平均压强增高。

例 8-2　试估算固形物含量为30%的番茄酱在常压和 95 990Pa 真空度下蒸发时的沸点升高值。已知加热管的长度为4m，番茄酱的沸点升高数据可参考蔗糖水溶液。大气压取标准大气压，番茄酱的密度近似为 $1000 \mathrm{kg/m^3}$。

解　由表 8-1 查得30%蔗糖水溶液常压下的沸点升高0.6℃，即 $\Delta'=0.6$℃。

常压下液体内部的平均压强为

$$p_m = p' + \frac{\rho g l}{2} = 101\,300 + \frac{1000 \times 9.81 \times 4}{2} = 120\,920(\mathrm{Pa})$$

查得该压强下的温度为105℃，则由静压效应引起的沸点升高值为

$$\Delta'' = 105 - 100 = 5(℃)$$

总的沸点升高为

$$\Delta=\Delta'+\Delta''=0.6+5=5.6(℃)$$

95 990Pa 下液体内部的平均静压强为

$$p_m = p' + \frac{\rho g l}{2} = 5310 + \frac{1000 \times 9.81 \times 4}{2} = 24\,930(\mathrm{Pa})$$

查得该压强下的温度为68.2℃，则由静压效应引起的沸点升高值为

$$\Delta'' = 68.2 - 34.3 = 33.9(℃)$$

总的沸点升高为

$$\Delta=\Delta'+\Delta''=0.38+33.9=34.3(℃)$$

（三）由管路流体阻力而引起的温度差损失 Δ'''

采用多效蒸发时，二次蒸气在离开前一效蒸发室流往后一效加热室的过程中要克服管道的流动阻力，从而导致蒸气温度下降。此项温度差损失与蒸气的流速、物性和管道的尺寸有关，一般取1～1.5℃。

第三节　单效蒸发的计算

通常，在单效蒸发的计算中，生产任务中已知的项目有：①原料液流量、组成与温度；②完成液组成；③加热蒸气压强或温度；④蒸发器的压强或温度。需要计算的项目有：①单位时间内蒸出的水分量，即蒸发量；②加热蒸气消耗量；③蒸发器的传热面积。这些问题可分别用物料衡算、热量衡算和传热速率方程解决。

一、蒸发量

根据图 8-2，对单效蒸发器进行溶质的物料衡算，得

$$Fx_0 = (F - W)x_1$$

$$W = F\left(1 - \frac{x_0}{x_1}\right) \tag{8-6}$$

式中：F ——原料液流量（kg/h）；

W——蒸发量（kg/h）；

x_0——原料液的质量分数（%）；

x_1——完成液的质量分数（%）。

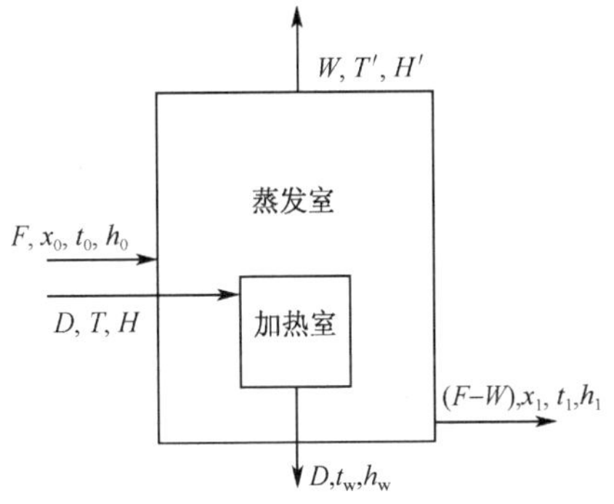

图 8-2　单效蒸发示意图

二、加热蒸气消耗量

蒸发操作中，加热蒸气的热量一般用于将溶液加热至沸点、将水分蒸发为蒸气以及向周围散失的热量。对于某些溶液，如 $CaCl_2$、NaOH、H_2SO_4 等水溶液稀释时释放出热量，则当蒸发浓缩时还应考虑与其稀释热相当的浓缩热。

（一）溶液稀释热不可忽略时

根据图 8-2，对单效蒸发器进行物料的热量衡算，得

$$DH + Fh_0 = WH' + (F - W)h_1 + Dh_w + Q_L \tag{8-7}$$

$$D = \frac{WH' + (F - W)h_1 - Fh_0 + Q_L}{H - h_w} \tag{8-8}$$

式中：D——加热蒸气的消耗量（kg/h）；

H——加热蒸气的焓（kJ/kg）；

H'——二次蒸气的焓（kJ/kg）；

h_0——原料液的焓（kJ/kg）；

h_1——完成液的焓（kJ/kg）；

h_w——冷凝水的焓（kJ/kg）；

Q_L——热损失（kJ/h）。

若加热蒸气的冷凝液在蒸气的饱和温度下排除，则有

$$H - h_w = r$$

则式（8-8）变为

$$D = \frac{WH' + (F - W)h_1 - Fh_0 + Q_L}{r} \tag{8-9}$$

式中：r——加热蒸气的气化热（kJ/kg）。

当稀释热不可忽略时，溶液的焓可由专用的焓-浓图查得。

（二）溶液稀释热可忽略时

一般食品加工中的有机溶液稀释热均可忽略。当溶液的稀释热可以忽略时，溶液的焓可由比热容算出，即

$$h_0 = c_{p0}(t_0 - 0) = c_{p0}t_0 \tag{8-10}$$

$$h_1 = c_{p1}(t_1 - 0) = c_{p1}t_1 \tag{8-11}$$

$$h_w = c_{pw}(t_w - 0) = c_{pw}t_w \tag{8-12}$$

代入蒸发器物料的热量衡算［式（8-7）］中，则有

$$D(H - c_{pw}T) = WH' + (F - W)c_{p1}t_1 - Fc_{p0}t_0 + Q_L \tag{8-13}$$

计算溶液比热容的经验公式为

$$c_p = c_{pw}(1 - x) + c_{pB}x \tag{8-14}$$

当 $x<0.2$ 时，式（8-14）简化为

$$c_p = c_{pw}(1 - x) \tag{8-15}$$

式中：c_p——溶液的比热容[kJ/(kg·℃)]；

c_{pw}——纯水的比热容[kJ/(kg·℃)]；

c_{pB}——溶质的比热容[kJ/(kg·℃)]；

t_0——原料液的温度（℃）；

t_1——浓缩液的温度（℃）；

t_w——冷凝水的温度（℃）。

为简化计算，完成液的比热容可用原料液的比热容表示。原料液及完成液的比热容分别为

$$c_{p0} = c_{pw}(1-x_0)+c_{pB}x_0 = c_{pw}-(c_{pw}-c_{pB})x_0$$

$$c_{p1} = c_{pw}(1-x_1)+c_{pB}x_1 = c_{pw}-(c_{pw}-c_{pB})x_1$$

联立上两式，得

$$(c_{p0}-c_{pw})x_1 = (c_{p1}-c_{pw})x_0 \tag{8-16}$$

将溶质的物料衡算式 $Fx_0=(F-W)x_1$ 代入式（8-16），则有

$$(F-W)c_{p1} = Fc_{p0}-Wc_{pw} \tag{8-17}$$

式（8-17）即为完成液比热容与原料液比热容之间的关系式。将式（8-17）代入式（8-13）并整理，得

$$D(H-c_{pw}T) = W(H'-c_{pw}t_1)+Fc_{p0}(t_1-t_0)+Q_L \tag{8-18}$$

由于

$$H-c_{pw}T\approx r \tag{8-19}$$

$$H'-c_{pw}t_1\approx r' \tag{8-20}$$

式中：r——加热蒸气的气化热（kJ/kg）；

r'——二次蒸气的气化热（kJ/kg）。

将式（8-19）和式（8-20）代入式（8-18），并简化得

$$Dr = Wr'+Fc_{p0}(t_1-t_0)+Q_L$$

$$D = \frac{Wr'+Fc_{p0}(t_1-t_0)+Q_L}{r} \tag{8-21}$$

式（8-21）说明，加热蒸气的热量用于将原料液加热到沸点、蒸发水分以及向周围的热损失。若原料液预热至沸点再进入蒸发器，且忽略热损失，式（8-21）简化为

$$D = \frac{Wr'}{r} \tag{8-22a}$$

或

$$e = \frac{D}{W} = \frac{r'}{r} \tag{8-22b}$$

式中：e——蒸发 1kg 水分时加热蒸气的消耗量，称为单位蒸气耗量(kg/kg)。

单效蒸发操作中，由于蒸气的气化热随压强变化不大，即 $r\approx r'$，因此 $e\approx 1$，即每蒸发 1kg 的水分约消耗 1kg 的加热蒸气。但是实际蒸发操作中 e 值约为 1.1 或更大，主要原因有：①存在温度差损失；②二次蒸气的气化潜热总是大于加热蒸气的气化潜热。可见，e 值是衡量蒸发装置经济程度的指标。

三、传热面积 A_0

蒸发器的传热面积由传热速率公式计算，即

$$Q = A_0 K_0 \Delta t_m$$

或

$$A_0 = \frac{Q}{K_0 \Delta t_m} \tag{8-23}$$

式中：A_0——蒸发器的传热面积（m^2）；

K_0——基于外面积的总传热系数［$kW/(m^2 \cdot ℃)$］；

Δt_m——平均温度差（℃）；

Q——蒸发器的热负荷，即蒸发器的传热速率（W）。

若加热蒸气的冷凝水在饱和温度下排除，则 A_0 可根据式（8-23）直接算出，否则应分段计算。下面按前者情况进行讨论。

（一）平均温度差 Δt_m

在蒸发过程中，加热两侧流体均处于恒温、变相状态下，故

$$\Delta t_m = T - t \tag{8-24}$$

式中：T——加热蒸气的温度（℃）；

t——操作条件下溶液的沸点（℃）。

（二）基于传热外面积的总传热系数 K_0

基于传热外面积的总传热系数 K_0 按照下式计算：

$$K_0 = \frac{1}{\frac{1}{\alpha_i}\frac{d_o}{d_i} + R_{si}\frac{d_o}{d_i} + \frac{b}{\lambda}\frac{d_o}{d_m} + R_{so} + \frac{1}{\alpha_o}} \tag{8-25}$$

式中：α——对流传热系数［$W/(m^2 \cdot ℃)$］；

d——管径（m）；

R_s——垢层热阻（$m^2 \cdot ℃/W$）；

b——管壁厚度（m）；

λ——管材的导热系数［$W/(m \cdot ℃)$］；

下标 i 表示管内侧，o 表示外侧，m 表示平均。

垢层热阻值可按经验数值估算，管外侧的蒸气冷凝传热系数可按膜式冷凝传热系数公式计算，管内侧溶液沸腾传热系数则按管内沸腾传热系数关联式计算。

（三）蒸发器的热负荷 Q

若加热蒸气的冷凝水在饱和温度下排除，且忽略热损失，则蒸发器的热负荷为

$$Q = Dr \tag{8-26}$$

上面算出的传热面积应视具体情况选用适当的安全系数加以校正。

例 8-3 在单效真空蒸发器内，每小时将1500kg牛奶从质量分数15%浓缩到50%。已知进料的平均比热容为3.90kJ/（kg·K），温度为80℃，加热蒸气表压10^5Pa，出料温度为60℃，蒸发器传热系数为1160W/（m^2·K），热损失可取为5%。忽略沸点升高。试求：①蒸发水量和成品量；②加热蒸气消耗量；③蒸发器传热面积。

解 ①蒸发水量和成品量。

蒸发水量：

$$W = F\left(1-\frac{x_0}{x_1}\right) = 1500\times\left(1-\frac{0.15}{0.5}\right) = 1050(\text{kg/h})$$

成品量：

$$L = F - W = 1500 - 1050 = 450(\text{kg/h})$$

②加热蒸气消耗量。

查得表压10^5Pa时的温度为120℃，气化潜热为2205.2kJ/kg，忽略奶的沸点升高，则60℃时二次蒸气的气化潜热为2355.1kJ/kg。

$$D = \frac{Wr' + Fc_{p0}(t_1 - t_0) + Q_L}{r}$$

$$= \frac{[1500\times 3.9\times(60-80) + 1050\times 2355.1]\times 1.05}{2205.2} = 1122(\text{kg/h})$$

③蒸发器的传热面积。

$$A_0 = \frac{Q}{K_0\Delta t_m} = \frac{1122\times 2205.2\times 10^3}{1160\times(120-60)\times 3600} = 9.9(\text{m}^2)$$

例 8-4 对糖类真空蒸发器的传热系数进行实际测定。蒸发器内料液的质量分数为50%，密度为1220kg/m^3。加热蒸气的压强为2×10^5Pa，分离室内真空度为80kPa，大气压强可取为101 330Pa。蒸发器内液层深度为2.8m。沸点进料，经3h试验后得蒸发水量为2.7×10^4kg。已知蒸发器传热面积为100m^2。假定热损失为总传热量的2%，试求传热系数。

解 蒸发器的操作压强为

$$p = 101\,330 - 80\,000 = 21\,330(\text{Pa})$$

该压强下的温度为61℃，气化潜热为2352.1kJ/kg，加热蒸气温度为120.2℃，查得常压下50%蔗糖水溶液的沸点升高1.8℃，操作压强下，溶液的沸点升高为

$$\Delta' = f\Delta_a' = \frac{0.0162\times(61+273)^2}{2352.1}\times 1.8 = 1.38(℃)$$

液体内部的平均压强为

$$p_m = p' + \frac{\rho g l}{2} = 21\,300 + \frac{1220\times 9.81\times 2.8}{2} = 38\,056(\text{Pa})$$

该压强下的温度为73.3℃，由液柱静压引起的沸点升高为

$$\Delta'' = 73.3 - 61 = 12.3(℃)$$

溶液的沸点为

$$t = 61 + 1.38 + 12.3 = 74.7(℃)$$

由于沸点进料，其传热系数为

$$K = \frac{Q}{A\Delta t_m} = \frac{Wr' + Q_L}{A(T-t_1)} = \frac{1.02\times\dfrac{2.7\times10^4}{3\times3600}\times 2352.1\times10^3}{100\times(120.2-74.7)} = 1320[\text{W/(m}^2\cdot\text{K)}]$$

四、蒸发器的生产能力和生产强度

（一）蒸发器的生产能力

蒸发器的生产能力用单位时间内蒸发的水分量，即蒸发量表示。其生产能力的大小取决于通过传热面积的传热速率 Q，因此也可以用蒸发器的传热速率来衡量生产能力。

根据传热速率方程得单效蒸发时的传热速率为

$$Q = KA\Delta t$$

或

$$Q = KA(T - t_1) \tag{8-27}$$

进料状况影响蒸发器的生产能力。低于沸点进料时，需消耗部分热量将溶液加热至沸点，因而降低了生产能力；沸点进料时，通过传热面的热量全部用于蒸发水分，其生产能力有所增加；高于沸点进料时，由于部分原料液的自动蒸发，生产能力有所增加。

（二）蒸发器的生产强度

蒸发器的生产强度是指单位传热面积上单位时间内蒸发的水量[$kg/(m^2 \cdot h)$]，常采用生产强度 U 作为衡量蒸发器性能的标准。

$$U = \frac{W}{A}$$

若为沸点进料，且忽略热损失，则

$$Q = Wr' = KA\Delta t$$

$$U = \frac{Q}{Ar'} = \frac{K\Delta t}{r'} \tag{8-28}$$

由式（8-28）可以看出，欲提高蒸发器的生产强度，必须设法提高蒸发器的总传热系数和传热温度差。

传热温度差主要取决于加热蒸气与冷凝器中二次蒸气的压强。加热蒸气的压强越高，其饱和温度也越高，但是加热蒸气常受工厂的供气条件所限，一般为 300～500kPa，有时可高达 600～800kPa。提高冷凝器的真空度可使溶液的沸点降低，也可以加大温度差，但是这样不仅增加真空泵的功率消耗，而且因溶液的沸点降低，使黏度增高，导致沸腾传热系数下降，因此一般冷凝器中的压强不低于 10～20kPa。为了使沸腾操作局限于泡核沸腾区内，也不宜采用过高的传热温度差。可见，传热温度差的提高是有一定限度的。

一般来说，增大总传热系数是提高蒸发器生产强度的主要途径。总传热系数 K 值取决于对流传热系数和污垢热阻。蒸气冷凝传热系数通常比溶液沸腾传热系数大，即传热总热阻中，蒸气冷凝侧的热阻较小。但是在蒸发器的设计和操作中，必须考虑及时排除蒸气中的不凝性气体，否则热阻将大大增加，使总传热系数下降。

第四节　多效蒸发

一、多效蒸发原理及特点

如前所述，从料液中蒸发 1kg 水分需要消耗大于 1kg 的加热蒸气，还要消耗十几千克的冷却水来冷凝被蒸发的1kg二次蒸气。因此在大规模的工业生产中，当蒸发大量水分时，要消耗大量的加热蒸气，也要消耗大量的冷却水。为了减少能耗，工业上常采用多效蒸发操作。

多效蒸发时要求后效的操作压强和溶液的沸点均较前效低，引入前效的二次蒸气作为后效的加热介质，即后效的加热室成为前效二次蒸气的冷凝器，仅第一效需要消耗生蒸气，这就是多效蒸发的操作原理。

多效蒸发时，除末效的二次蒸气外，其余的二次蒸气都可作为下一效蒸发器的加热蒸气，这样提高了蒸气的经济性，降低了单位蒸气消耗量。同时，二次蒸气中只有末效的蒸气才用冷却水冷凝，由于末效的二次蒸气量减少，也使多效蒸发消耗的冷却水减少。从总的蒸发效果来看，随着效数的增加，单位蒸气消耗量和单位冷却水消耗量减小（表8-2）。

表8-2 蒸发效数与单位蒸气消耗量和单位冷却水消耗量的关系

效数	单效	双效	三效	四效	五效
单位蒸气消耗量/(kg/kg)	1.1	0.57	0.4	0.3	0.27
单位冷却水消耗量/(kg/kg)	13.5	6.75	4.5	3.38	2.7

注：单位冷却水的消耗量是指蒸发1kg水分所需要的冷却水用量，表中是按照冷却水升温40℃计算的。

多效蒸发是一种省气、省水、节能的蒸发过程。但是蒸发量与传热量成正比，多效蒸发并没有提高蒸发量，只是节约了加热蒸气。在相同的操作条件下，多效蒸发器任意一效的生产能力并不比与其传热面积相等的单效蒸发器的生产能力高。

多效真空蒸发可以节省蒸发的蒸气消耗，且随效数的增多，耗气量不断下降，但是并非效数越多越好。主要受到以下两方面的限制：

1）设备费用的限制。从单效改为双效，节约蒸气可达93%（理论量应为一倍），但由四效改为五效仅节约蒸气10%。而且增加效数，设备费用也不断增加。在设备的折旧年限内，若增加一效所节约蒸气的费用不足以抵消设备投资费，则不能增加效数。另外，设备投资是有限制的，效数随此限制而定。从经济角度看，蒸发量大的效数多时较为经济。以牛乳蒸发为例，日处理鲜乳量10～20t，可选用两三效；日处理鲜乳量20～50t，可选用三四效；日处理鲜乳量100～200t，可选用五六效。

2）温度差的限制。一般工业生产中，加热蒸气的压强和蒸发室的真空度都有一定限制，因此装置的总温度差也一定。但由于多效蒸发时各效均有温度差损失，因此，单效的有效温度差要比多效中各效的有效温度差总和大。也就是说，由于有效温差的减少，虽然n效蒸发器总传热面积为单效蒸发器面积的n倍，但在同样条件下，其生产能力却要低于单效蒸发器。

在多效蒸发中，为了保证传热的正常进行，根据经验，每一效的温度差不能小于6～7℃。而食品加工物料的特殊性质、蒸发的最高温度和最终温度又都有一定的限制。例如，为了避免牛奶在蒸发过程中黏度变化引起的各种问题，其蒸发操作的最高温度为68℃，末效蒸发温度通常为42℃，则其总传热温差仅为26℃，分配到各效，其温差和效数就很有限。为了使各效有较大的温度差，生产上最常用的是两三效。如果是沸点上升很小的料液或采用膜式蒸发器时，效数可较多，如制糖工业中多用四至六效，再多工业中就很少见了。

二、多效蒸发的流程

（一）顺流加料法

如图 8-3（a）所示，蒸气和料液的流动方向一致，均从第一效到末效，故也称为并流加料法。在操作过程中，蒸发室的压强依效序递减，料液在效间流动不需用泵；料液的沸点依效序递降，使前效料进入后效时放出显热，供一部分水气化；料液的浓度依效序递增，高浓度料液在低温下蒸发，对热敏性物料有利。沿料液流动方向浓度逐渐增高，致使传热系数下降，在后两效中尤为严重。

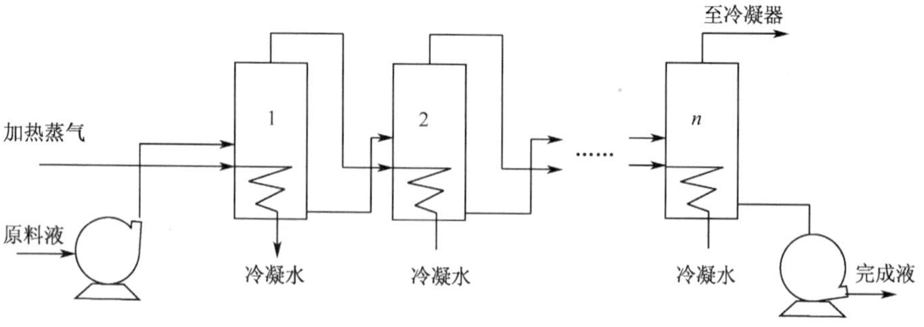

（a）顺流加料法

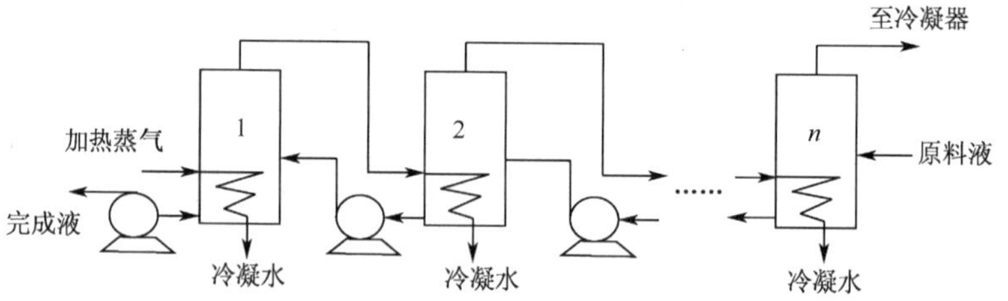

（b）逆流加料法

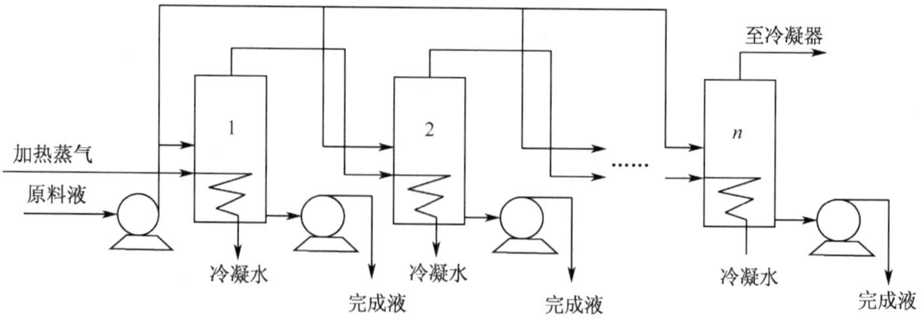

（c）平流加料法

图 8-3　多效蒸发流程示意图

（二）逆流加料法

如图 8-3（b）所示，料液的流动方向与蒸气相反。原料由末效进入，用泵依次输送至前效，完成液由第一效底部取出。加热蒸气的流向仍是由第一效顺序至末效。因加热蒸气和料液的流动方向相反，故称为逆流加料法。其优点是浓度较高的料液在较高温度下蒸发，有利于降低黏度，提高传热系数。但是高温加热面上的浓料液的局部过热易引起结垢和营养成分的破坏，且效间料液的输送需要用泵来实现。与顺流加料法相比，它没有自蒸发现象，水分蒸发量稍低。逆流加料法适合黏度随温度和浓度变化大的料液的蒸发。

（三）平流加料法

如图 8-3（c）所示，原料液分别加入各效中，完成液也分别自各效底部取出，蒸气流向仍是由第一效流至末效。此流程适用于处理蒸发过程中伴有结晶析出的溶液。

（四）混流加料法

效数多时，也可采用顺流加料和逆流加料并用的操作，称为混流加料法。这种流程可协调两种流程的优缺点，适用于黏度极高的料液的浓缩。

三、多效蒸发的温差分配

在给定的总操作条件下，由于各效温差的损失，多效蒸发器的传热有效温差总是小于总温差。若将第一效的加热蒸气温度设为 T_1，冷凝器的冷凝温度为 T_K，则总温差为 $\Delta T = T_1 - T_K$。若忽略热损失，则有效总温度差 $\sum \Delta t$ 等于总温差。实际上有效温差总小于总温差，其差值为总温差损失 $\sum \Delta$，即

$$\sum \Delta = \Delta T - \sum \Delta t \tag{8-29}$$

各效中由溶液蒸气压下降、液柱的静压效应及流动阻力引起的温度差损失均可按照单效蒸发中的方法进行估算，则总温差损失可以表示为

$$\sum \Delta = \sum \Delta' + \sum \Delta'' + \sum \Delta''' \tag{8-30}$$

式中：$\sum \Delta'$、$\sum \Delta''$、$\sum \Delta'''$——溶液蒸气压下降、液柱的静压效应、流动阻力引起的系统温度差损失（℃）。

将式（8-30）代入式（8-29），经过整理可得有效总温度差为

$$\sum \Delta t = \Delta T - \left(\sum \Delta' + \sum \Delta'' + \sum \Delta'''\right) \tag{8-31}$$

当有效总温度差确定之后，此温度需要分配到各效，并满足各效的传热方程，即

$$Q_1 = K_1 A_1 \Delta t_1$$
$$Q_2 = K_2 A_2 \Delta t_2$$
$$\cdots$$
$$Q_n = K_n S_n \Delta t_n$$

各效间有效温差的分配应该符合下列比例关系：

$$\Delta t_1 : \Delta t_2 : \Delta t_3 : \cdots : \Delta t_n = \frac{Q_1}{K_1 A_1} : \frac{Q_2}{K_2 A_2} : \frac{Q_3}{K_3 A_3} : \cdots : \frac{Q_n}{K_n A_n} \tag{8-32}$$

确定各效的有效温差常用以下原则：

1）各效面积相等原则。实际生产中常采用型号规格相同的蒸发器组成多效蒸发流程，以便于安装、检修和操作等生产管理。按照各效面积相等原则，各效传热面积相等，即

$$\Delta t_1 : \Delta t_2 : \Delta t_3 : \cdots : \Delta t_n = \frac{Q_1}{K_1} : \frac{Q_2}{K_2} : \frac{Q_3}{K_3} : \cdots : \frac{Q_n}{K_n} \tag{8-33}$$

2）各效的压强降相等的原则。按照此原则，各效的压强降可以表示为

$$\Delta p = \frac{p_1 - p_K}{n} \tag{8-34}$$

式中：Δp——各效间的压强降；

p_1——加热蒸气压强（kPa）；

p_K——冷凝器中蒸气压强（kPa）。

3）各效蒸发量按比例原则。对于并流加料，可以用下列关系进行各效蒸发量的估算：

双效： $W_1 : W_2 = 1 : 1.1$

三效： $W_1 : W_2 : W_3 = 1 : 1.1 : 1.2$ （8-35）

第五节 蒸发设备

一、蒸发设备的分类

蒸发设备又称蒸发器或浓缩器，蒸发设备必须满足如下条件：①供应足够的热能，以维持溶液的沸腾温度，补充因溶剂气化所带走的热量；②促使溶剂蒸气迅速排出。由于各种溶液的性质不同，蒸发要求的条件差别很大，因此蒸发浓缩设备的型式很多。按照蒸发面上的压力可分为常压蒸发设备和真空蒸发设备。常压蒸发设备溶剂气化后直接排入大气。这类设备的结构简单、投资省、维修方便，但是蒸发效率低。真空蒸发设备溶剂从蒸发面上气化后进入负压状态，真空蒸发以其独特的优点在食品工业中被广泛使用。

按照加热蒸气被利用的次数，又可以分为单效蒸发设备和多效蒸发设备；按照料液的流程可以分为单程式蒸发设备和循环式蒸发设备。其中循环式又可以分为强制循环和自然循环蒸发设备。

目前，最常用的分类方式是按照蒸发操作时料液的状态将蒸发设备划分为膜式和非膜式。膜式蒸发器料液在蒸发时分散成薄膜状，蒸发面积大，热利用率高，但是结构较非膜式复杂。

二、非膜式蒸发设备

（一）夹层锅

夹层锅常可用于调味料的配制、熬煮浓缩，物料的热烫、预煮等。

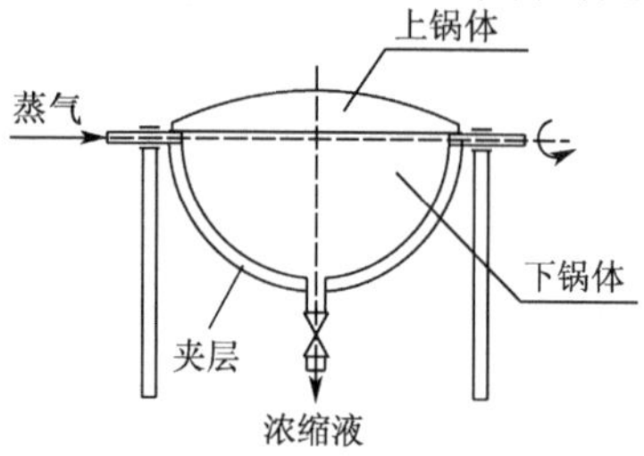

图 8-4 可倾式夹层锅

夹层锅有多种型式，最常见的为半球形壳体上加一段圆柱形壳体的可倾式夹层锅，如图 8-4 所示。全部锅体用轴颈直接连接在支架两边的轴承上，轴颈是空心的，蒸气管从这里伸入夹层中，周围加填料密封。轴经过涡轮装置可使蒸发器翻转，以将蒸发器内的物料倾倒排出。

由于是夹套作传热面，因此传热面积有限，传热系数较低，往往通过搅拌来提高其传热系数。传热温度差不宜大，否则会导致产品变质或结垢，一般用于物料黏度高、

处理批量小，需要较好混合的场合。

（二）中央循环管式蒸发器

中央循环管式蒸发器也称标准式蒸发器，是使用最早最广泛的一种蒸发器。其工作原理是原料液经过垂直的加热管面进行加热，由于传热产生温度差，形成了自然循环，液面上的水汽向上部负压空间迅速蒸发，从而达到浓缩的目的。

中央循环管式蒸发器主要由加热室和蒸发室两部分构成，如图 8-5 所示。加热室由沸腾加热管、中央循环管和上、下管板组成。

中央循环管与加热管一般固定在上、下管板上，从而构成一组垂直加热管束，料液在管内流动，加热蒸气在管束间流动。在加热管内物料温度高，密度小，从而形成在加热管内自下而上，再经中央循环管自上而下的自然循环流动。

气、液在蒸发室进行分离，二次蒸气上升，溶液经中央循环管下降，如此保证料液不断循环和蒸发。

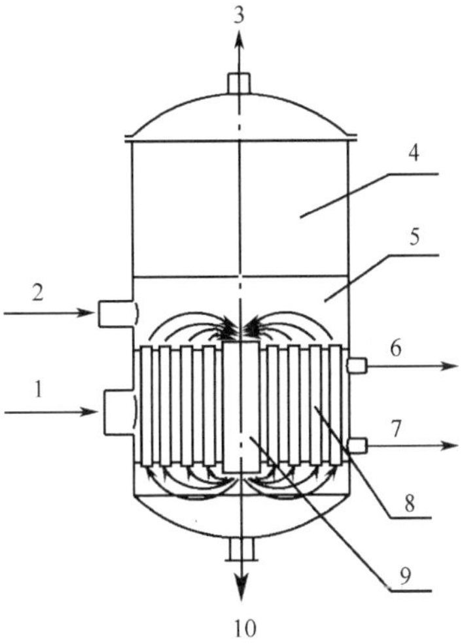

图 8-5　中央循环管式蒸发器

1. 加热蒸气入口；2. 原料液进口；3. 二次蒸气出口；4. 分离室；5. 加热室；6. 不凝性气体出口；7. 冷凝水出口；8. 沸腾加热管；9. 中央循环管；10. 浓缩液出口

（三）悬筐式蒸发器

如图 8-6 所示，悬筐式蒸发器克服了中央循环管式蒸发器不易清洗的缺陷。其加热室悬挂在器内，可以从顶部抽出，便于清洗和交换。同时，壳体与加热室之间的环形间隙用作循环通道。它适用于黏度中等、轻度结垢的溶液或有晶体析出的溶液。典型的应用有果汁、麦芽浸出液、原糖、葡萄糖等溶液的浓缩。

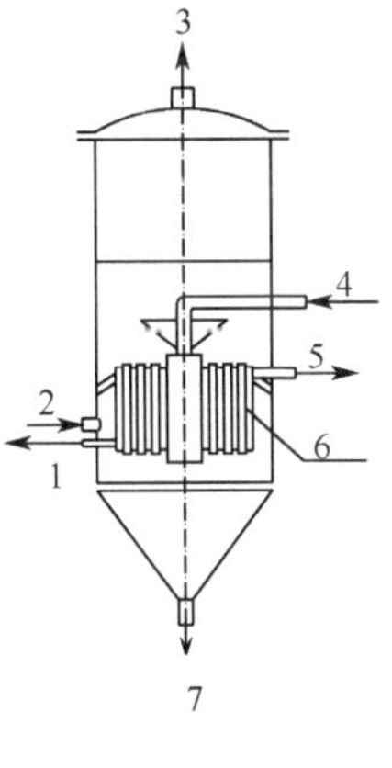

图 8-6　悬筐式蒸发器

1. 冷凝水出口；2. 原料液进口；3. 二次蒸气出口；4. 加热蒸气入口；5. 不凝性气体出口；6. 悬筐；7. 浓缩液出口

（四）外加热循环式蒸发器

外加热自然循环式蒸发器结构示意图如图 8-7（a）所示，其工作原理是原料液从加热室底部进入后在加热室中的加热管内受热，溶液沸腾，部分溶剂气化形成低密度气-液混合物，与循环管中未沸腾料液之间产生了密度差，在密度差的作用下，溶液产生在加热管中上升、循环管中下降的循环。料液得到的热量越多，则循环速度越快，料液沸腾也越好。外加热自然循环式蒸发器的加热面积可以较大，但是这种蒸发器要在较大的有效温差下操作，才能有效地实现料液的自然循环，因而限制了在多效蒸发中的应用。

在自然循环式蒸发器中，料液经过加热室的循环流速随热负荷增大而增大。当传热温度差很小时，热负荷减少，循环速度下降，运行不稳定。用泵运输液体，强制液体以较高的流速流经加热室的强制循环流动，可使流动、传热、气液分离等功能完全独立，所以强制循环式蒸发器的适应性较强。

外加热强制循环式蒸发器的典型结构如图 8-7（b）所示。强制循环时，流体在加热管内的流速通常为 1～3m/s，过高流速使能耗增高且增加磨损。

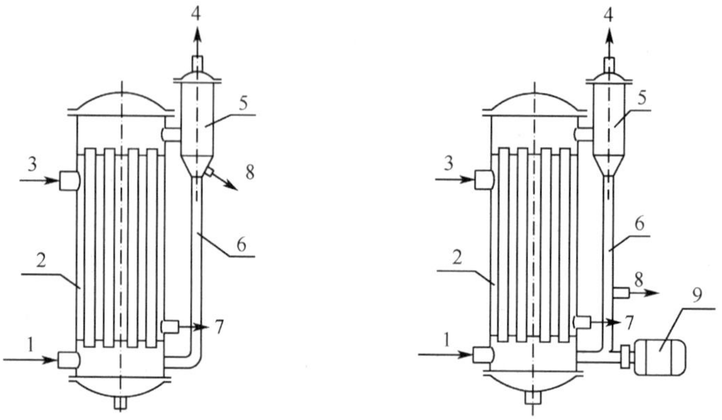

(a) 外加热自然循环式蒸发器　　(b) 外加热强制循环式蒸发器

图 8-7　外加热循环式蒸发器

1. 原料液进口；2. 加热室；3. 加热蒸气入口；4. 二次蒸气出口；5. 分离室；6. 循环管；7. 冷凝水出口；8. 浓缩液出口；9. 泵

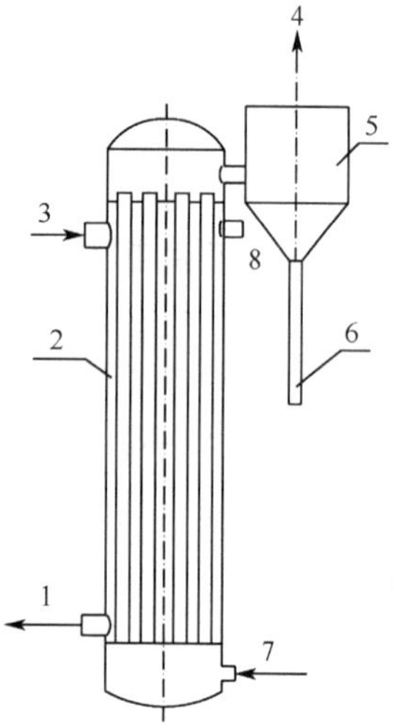

图 8-8　升膜式蒸发器

1. 冷凝水出口；2. 加热管；3. 加热蒸气入口；4. 二次蒸气出口；5. 分离室；6. 浓缩液出口；7. 原料液进口；8. 不凝性气体出口

三、膜式蒸发设备

这类设备是使料液在管壁或器壁上分散成液膜的形式流动，从而使蒸发面积大大增加，提高蒸发浓缩效率。液膜式蒸发器按照液膜形成的方式可以分为自然循环液膜式蒸发器和强制循环液膜式蒸发器。而按液膜的运动方向又可分为升膜式蒸发器、降膜式蒸发器和升降膜式蒸发器。

（一）升膜式蒸发器

如图 8-8 所示是升膜式蒸发器，主要由加热器、分离器组成。料液由加热管底部进入，加热蒸气在管外将热量传给管内料液，管内料液的加热与蒸发分为三部分：

1）最底部：管内完全充满料液，加热主要依靠对流传递。

2）中间部：开始产生蒸气泡，使料液产生上升力。

3）最高部：由于膨胀的二次蒸发而产生强的上升力，料液呈薄膜状在管内上行，在管顶部呈喷雾状，以较高的速度进入气液分离器，在离心力的作用下与二次蒸气从分离器排出。

浓缩液一部分通过下导管到底部再加热蒸发，达到浓度的完成液从分离器底部放出。升膜式蒸发器一般为单流型，即进料经一次浓缩就可以达到产品浓度而排出，因而适用于热敏性物料。升膜式蒸发器管内的静液面较低，因而由静压效应产生的沸点升高很小；蒸发时间短，仅几秒到十几秒，适用于热敏性溶液的蒸发；高速的二次蒸气（常压时 20～30m/s，减压时 80～200m/s）具有良好的破沫作用，尤其适用于易起泡沫的料液；二次蒸气在管内高速螺旋式上升（其流速一般不得小于 10m/s），将料液贴管内壁拉成薄膜状，薄膜料液的上升必须克服其重力与管壁的摩擦阻力，故不适用于黏度较大的溶液。升膜式蒸发器在食品工业中主要用于果汁及乳制品的蒸发，一般组成双效或多效路程使用。

（二）降膜式蒸发器

降膜式蒸发器结构与升膜式蒸发器相似，如图 8-9 所示，只是料液自蒸发器顶部加入，在顶部有料液分布器，以使料液均匀地分布在每根加热管中。二次蒸气与浓缩液一般并流而下，料液沿管内壁下流时因受二次蒸气的作用使之呈膜状。由于加热蒸气与料液的温度差较大，因此传热效果好。气液进入蒸发室后进行分离，二次蒸气由顶部排出，完成液则由底部流出。

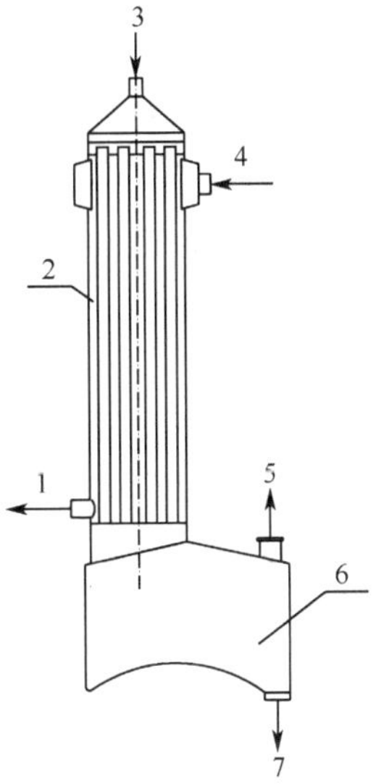

图 8-9　降膜式蒸发器

1. 冷凝水出口；2. 加热管；3. 原料液进口；4. 加热蒸气入口；5. 二次蒸气出口；6. 分离室；7. 浓缩液出口

要使降膜式蒸发器高效工作，最关键的问题是使料液均匀地分布于各加热管，不产生偏流。料液分布器的型式有多种，按其操作原理可以分为三类：①利用导流管使料液均匀分布；②利用筛板或喷嘴使料液均匀分布；③利用旋液喷头。

工业上常用的液体分布器有三种，如图 8-10 所示。图 8-10（a）为螺旋槽导流式，导流管是具有螺旋形沟槽的圆柱体；图 8-10（b）为凹端面锥体导流式，导流管下段锥体向内凹，以免液体向中间聚集；图 8-10（c）为齿缝分配式，加热管上端为锯齿状，由齿缝分配液体。

降膜式蒸发器一般为单流型，即料液一次通过加热管蒸发

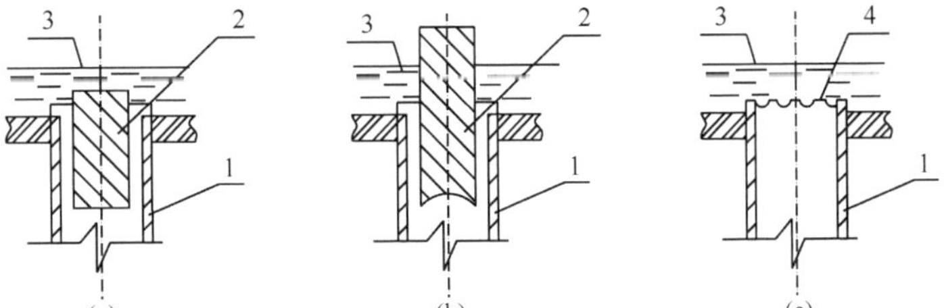

图 8-10　液体分布器

1. 加热管；2. 导流管；3. 液面；4. 齿缝

就基本上达到所需要的浓度，故管子要足够长才能保证传热效果，其长径比一般为 100～250。若用泵也可成为循环式蒸发器。在食品工业中降膜式蒸发器一般组成双效、多效及热泵式的蒸发设备。

（三）升降膜式蒸发器

升膜式蒸发器与降膜式蒸发器各有优缺点，而升降膜式蒸发器则是前两者优缺点的互补。升降膜式蒸发器是在加热器内安装两组加热管，一组作升膜式，另一组作降膜式，如图 8-11 所示。

料液先进入升膜式加热管，沸腾蒸发后，气液混合物上升至顶部，然后转入另一半加热管，再进行降膜式蒸发。完成液从下部进入气液分离器，分离后，二次蒸气从分离器上部进入冷凝器，完成液从下部排出。

升降膜蒸发的特点有：①符合物料的要求，初始进入蒸发器时，物料浓度低，蒸发速度快，容易达到升膜的要求，物料经初步浓缩后，在降膜式蒸发中受重力作用能沿管壁均匀分布形成薄膜；②经升膜蒸发后的气液混合物进入降膜蒸发，有利于液体分布，同时也加快了物料的湍动和搅动，以进一步提高传热效果；③用升膜来控制降膜的进料分配，有利于操作控制；④将两种蒸发过程串联，可以提高产品的浓缩比，降低设备高度。

（四）刮板式薄膜蒸发器

刮板式薄膜蒸发器主要由搅拌轴、刮板、分离室与圆筒形加热夹套组成，如图 8-12 所示。加热蒸气从筒体夹套上部引入，冷凝液从下部引出，热量经夹套传至圆筒内。料液经夹套从蒸发室上方加入，在圆筒形液体分布器离心力的作用下被甩在圆筒的内壁上，而后靠重力和刮板推力筒壁向下移动，被紧贴筒壁的刮板刮成薄膜，并不断受到刮板的推动、剪切与挤压，形成表面不断更新、高湍动的液膜。在料液螺旋下降的过程中，过筒壁传来的热量使水分蒸发气化，二次蒸气从上部引出，完成液从底部排出。

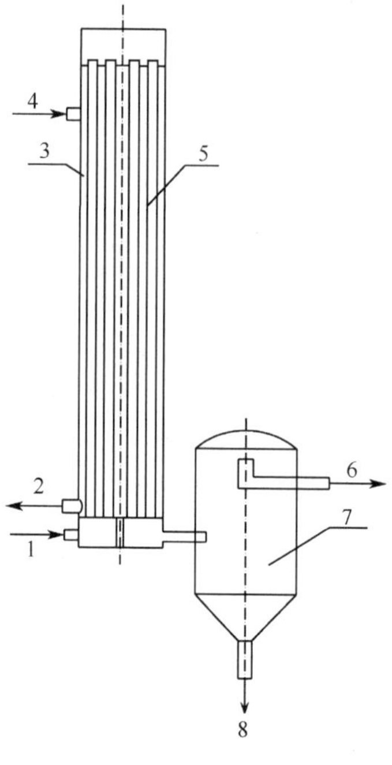

图 8-11　升降膜式蒸发器

1. 原料液进口；2. 冷凝水出口；3. 升膜加热管；4. 加热蒸气入口；5. 降膜加热管；6. 二次蒸气出口；7. 分离室；8. 浓缩液出口

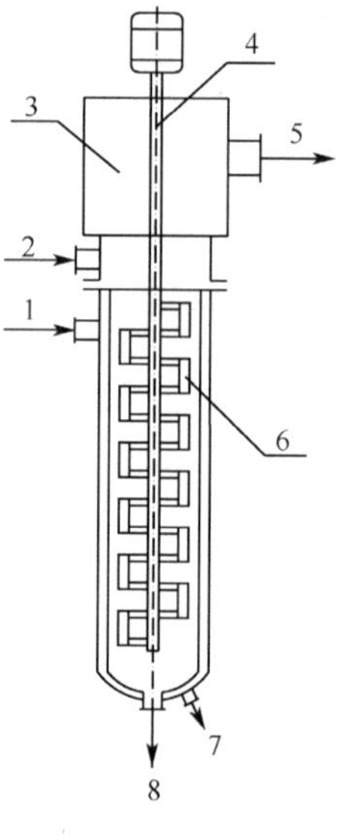

图 8-12　刮板式薄膜蒸发器

1. 加热蒸气入口；2. 原料液进口；3. 分离室；4. 搅拌轴；5. 二次蒸气出口；6. 刮板；7. 冷凝水出口；8. 浓缩液出口

料液在蒸发器中停留时间较短，不怕结晶、结垢，可处理黏度高达 100Pa · s 的物料，料液的浓缩比可以很高。缺点是单位体积的传热面积小，单位传热面积造价高。它适合于处理热敏性、高黏度或呈现有结垢气泡的物料，工作时可有较大的传热温差，通常用于浓缩加工的最后工序。

(五) 离心式薄膜蒸发器

离心式薄膜蒸发器的结构如图 8-13 所示，蒸发器的外壳、浓缩液排出管、进料管、二次蒸气管、冷凝管、加热蒸气管都是静止的。蒸发器的主体由旋转的若干个中空锥形盘叠成并置于壳体上，内壳体固定于回转的空心轴上。工作时，原料液经泵加压后从料液管进入小喷嘴，再循着锥形盘旋转的方向喷洒于锥形盘的下表面（加热面）。在锥形盘离心力的作用下，料液迅速呈膜状展铺于锥形盘整个下表面，迅速受热气化，剩余的浓缩液排至锥形盘下缘周边轴向孔，然后流至上部汇集槽，由浓缩液排出管的入口引至蒸发器外。锥形盘之间产生的二次蒸气由各盘中央通道上升经外壳体内腔由二次蒸气排出口排出至冷凝器内冷凝，冷凝器连有蒸气喷射泵，产生真空。加热蒸气由中央空心轴进入各锥形盘外边缘与壳体之间的夹套中，再由各锥形盘外缘周边的径向小孔进入锥形盘的中空部分，经锥形盘壁面加热后冷凝的液滴在离心力的作用下沿锥形盘中空内腔的上壁面往周边流动，再经初始蒸气进入的小孔返回蒸气夹套，冷凝液沿蒸气夹套壁面下流到内壳体底部，由此从冷凝液排出管的入口引至蒸发器外。

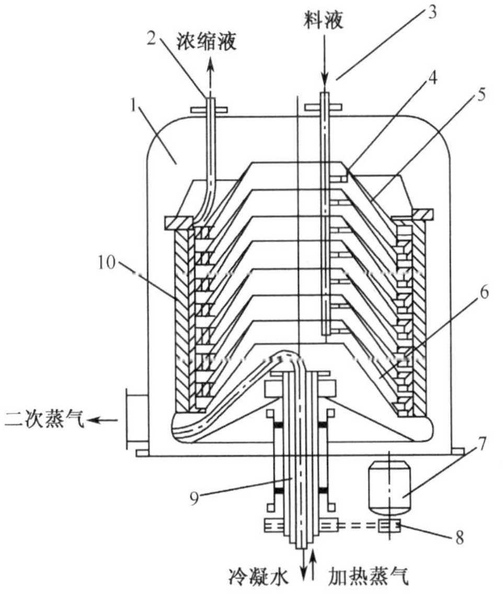

图 8-13　离心式薄膜蒸发器

1. 蒸发室；2. 浓缩液出口；3. 料液进口；4. 锥形盘；5. 转鼓；
6. 冷凝水排出管；7. 电机；8. 三角皮带；9. 空心转轴；10. 输液管

离心式薄膜蒸发器是综合了薄膜蒸发与离心分离两种原理的一种新型蒸发设备。离心力是本设备高效工作的关键，其值超过重力 100 倍。在离心力的作用下，传热面上的料液薄膜厚度仅为 0.1mm，停留时间极短，仅约 1s，其传热系数可以达到 4500W/(m^2 · K)。同时还由于离心力的作用，浓缩液和二次蒸气的分离很彻底，不需要附加气液分离器，干物质的损失小于其他类型的蒸发器。

离心式薄膜蒸发器的热接触时间短，适宜于热敏性物料的蒸发，还用于黏度高达 20Pa · s 的物料，可将物料浓缩至固形物含量高达 85%。该离心式薄膜蒸发器还具有蒸发强度高，安装方便，可拆洗，设备的启动与停止速度快等特点。

思考题与计算题

一、思考题

1. 试推导单效蒸发加热蒸气耗量的表达式。

2. 多效蒸发的温差分配的实质是什么？通常应考虑哪些原则？

二、计算题

1. 在一薄膜蒸发器中，将番茄汁的质量分数从12%浓缩到25%，番茄汁最高允许温度为57℃，这也就是浓缩液的温度。料液在38℃进入蒸发器，加热用的是172.4kPa的饱和蒸气。总传热系数为3407W/(cm^2·℃)，传热面积为4.6m^2，估计原料液比热为3.98kJ/(kg·℃)，忽略沸点升高。计算番茄汁进入蒸发器的进料速度。

（答：2511kg/h）

2. 在单效蒸发器内将某种无机盐水溶液从4%浓缩为16%。原料液处理量为2500kg/h、温度为20℃。加热蒸气的绝对压强为200kPa，T=120℃，气化热r=2205kJ/kg，二次蒸气绝对压强为15kPa，温度T'=53.5℃，气化热r'=2370kJ/kg，基于传热外表面积的总传热系数为1200W/(m^2·℃)，由于溶液蒸气压下降及液层静压效应而引起的温度差损失之和（$\Delta'+\Delta''$）=7℃，冷凝液在饱和温度下排出，水的比热容c_{pw}=4.18kJ/（kg·℃）。忽略热损失和稀释热效应，求：(1) 加热蒸气消耗量D；(2) 蒸发器传热面积A。

（答：2199.4kg/h；18.9m^2）

3. 在单效蒸发中，每小时将2000kg的某水溶液从10%连续浓缩到30%（均为质量百分比）。蒸发操作的平均压强为0.4kgf/cm^2，相应的溶液沸点为80℃，加热蒸气绝对压强为2.0kgf/cm^2，原料液的比热为3.77kJ/（kg·℃），蒸发器的热损失为12000W。假设溶液的稀释热可以忽略，试求：(1) 蒸发量；(2) 原料液温度为30℃时的加热蒸气耗量。T=74.3℃，r=2313.9kJ/kg；T=120℃，r=2205.2kJ/kg。

（答：1333.3kg/h；1592.6kg/h）

4. 一个连续操作的单效蒸发，用来浓缩进料流量为9072kg/h的盐溶液，料液的浓度为1%（质量），温度为37.8℃，浓缩液出口浓度为1.5%（质量），蒸发室压力为101.3kPa，加热蒸气是143.3kPa下的饱和蒸气。总传热系数为1704W/（m^2·℃）。计算二次蒸气流量、浓缩液量以及所需的传热面积。假设溶液的沸点和水相同，忽略热损失。

（答：3024kg/h，6048kg/h，150m^2）

5. 在单效蒸发器中，将1300kg/h的某水溶液从15%浓缩到25%，原料液温度为50℃，比热为3.15kJ/（kg·℃）。蒸发室的平均操作压强为15kPa，加热蒸气压强为120kPa（绝压），流率为1000kg/h。试估算该蒸发器的总传热系数。已知蒸发器的总传热面积为10m^2，热损失可忽略。

[答：679.0W/（m^2·℃）]

第九章　传质原理与吸收

质量传递是自然界和工程技术领域普遍存在的现象，也是食品工程单元操作中三传原理的理论基础之一。容器中挥发组分向静止空气中蒸发，溶质在溶液中溶解，气体在液相中的吸收等都是常见的质量传递过程。由于物质的传递过程依靠扩散作用（分子扩散和涡流扩散），故质量传递过程又称扩散过程。质量传递可以在一相内进行，也可在相际间进行。质量传递的起因是系统内存在化学势的差异。化学势的差异可由浓度、温度、压力或外加电磁场引起。在食品工业中，质量传递是均相混合物分离的物理基础，同时也是反应过程中几种反应物互相接触及反应产物分离的基本依据。

本章将讨论质量传递原理，并介绍以传质为主的单元操作——吸收（absorption）。

第一节　质量传递原理

一、单相传质

在单相中若某组分在不同位置间存在浓度差，该组分就会由高浓度区传向低浓度区；当浓度不同的两相接触时，组分将自一相传入另一相中，这种现象称为质量传递（mass transfer），简称传质。

传质的推动力本质上是组分的化学势差，其表达通式为

$$传质速率 = 传质系数 \times 浓度差$$

传质系数的倒数即为传质阻力（mass transfer resistance）。

吸收涉及物质在气相和液相间的传递，包括以下三个步骤：

1）溶质由气相主体传递到两相界面，即气相内的物质传送。

2）溶质在相界面上的溶解，由气相转入液相，即界面上发生的溶解过程。

3）溶质自界面被传递至液相主体，即液相内的物质传递。

一般来说，上述第二步即界面上发生的溶解过程很易进行，其阻力极小。因此，通常都认为界面上气、液两相的溶质浓度相平衡。这样，总过程速率将由两个单相即气相与液相内的传质速率决定。无论气相或液相，质量传递的机制均包括以下两种：

1）分子扩散（molecular diffusion）。分子扩散类似于传热中的热传导，是分子微观运动的宏观统计结果。混合物中存在的温度梯度、压强梯度及浓度梯度都会产生分子扩散，本章仅讨论吸收及常见传质过程中因浓度差造成的分子扩散速率。

2）对流传质（convective mass transfer）。在流动的流体中不仅有分子扩散，而且流体的宏观流动也将导致物质的传递，这种现象称为对流传质。对流传质与对流传热类似，且通常是指流体与某一界面（如气-液界面）之间的传质。工业吸收过程多数是定态过程，因此以下分别讨论定态条件下双组分物系的分子扩散和对流传质。

（一）分子扩散及菲克定律

1. 分子扩散

分子扩散简称扩散。例如，在气体混合物中，如果组分在各处的浓度不均匀，由于气体分子的不规则运动，单位时间内组分由高浓度区扩散至低浓度区的分子数目将多于由低浓度区扩散至高浓度区的分子数目，导致由高浓度区向低浓度区的净分子流动，使该组分任两处的浓度逐渐趋于一致。这种不依靠宏观的混合作用而产生的质量传递现象称为分子扩散或分子传质。分子扩散在气相、液相和固相中都能发生。

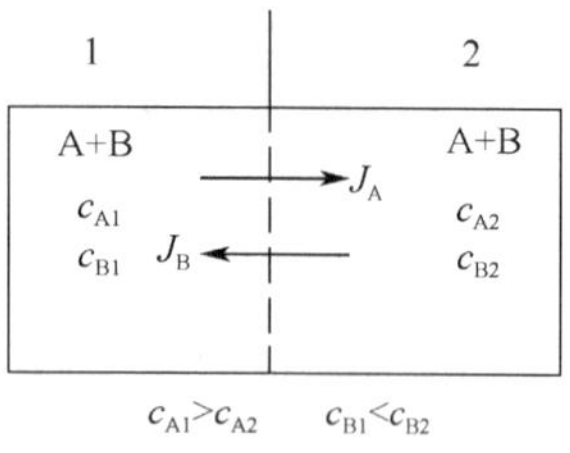

图 9-1　分子扩散现象

如图 9-1 所示，用一块隔板将容器分为室 1 和室 2，两室中分别充入温度、压力相同而浓度不同的 A、B 两种气体。设在室 1 中，组分 A 的浓度高于室 2，而组分 B 的浓度低于室 2。当隔板抽出后，由于气体分子的无规则热运动，室 1 中的 A、B 分子会进入室 2，同时室 2 中的 A、B 分子也会进入室 1。两室交换的分子数虽相等，但因室 1 中 A 的浓度高于室 2，故在同一时间内 A 分子进入室 2 较多而返回室 1 较少。同理，B 分子进入室 1 较多而返回室 2 较少。其净结果必然是物质 A 自室 1 向室 2 传递，而物质 B 自室 2 向室 1 传递，即两种物质各自沿其浓度降低的方向传递。

上述扩散过程将一直进行到整个容器中 A、B 两种物质的浓度完全均匀为止，此时，系统处于扩散的动态平衡中，在任一截面，物质 A、B 的净扩散通量为零，即

$$J = J_A + J_B = 0$$

式中：J——混合物总的扩散通量 [kmol/ (m^2 · s)]；

J_A——组分 A 的扩散通量 [kmol/ (m^2 · s)]；

J_B——组分 B 的扩散通量 [kmol/ (m^2 · s)]。

2. 菲克定律

分子扩散的实质是分子的微观随机运动一维定态扩散，其统计规律可用宏观的方式表达如下：

$$J_A = -D_{AB}\frac{dc_A}{dz} \tag{9-1}$$

式中：J_A——单位时间内组分 A 扩散通过单位面积的物质的量，称为扩散速率 [kmol/ (m^2 · s)]；

$\frac{dc_A}{dz}$——组分在扩散方向 z 上的浓度梯度，浓度 c_A 的单位是 kmol/m^3；

D_{AB}——组分 A 在 A、B 双组分混合物中的扩散系数 (m^2/s)。

式 (9-1) 称为菲克定律 (Fick′s law)。菲克定律表明，只要混合物中存在浓度梯度，就会产生物质的扩散流。

对双组分混合物，在总浓度（对气相也可说总压）各处相等 ($c_m = c_A + c_B =$ 常数) 的前提下，有

$$\frac{dc_A}{dz} = -\frac{dc_B}{dz} \tag{9-2}$$

因此，在双组分混合物内，产生物质 A 扩散流的同时，必伴有方向相反的物质 B 的扩散流 J_B。由菲克定律，此扩散流可表示为

$$J_B = -D_{BA}\frac{dc_B}{dz} \tag{9-3}$$

对双组分混合物，有

$$D_{AB} = D_{BA} = D \tag{9-4}$$

即在同一物系中，组分 A 在 B 中的扩散系数等于组分 B 在 A 中的扩散系数。将式（9-2）代入式（9-3）可得

$$J_A = -J_B \tag{9-5}$$

式（9-5）表明，组分 B 的扩散流与组分 A 的扩散流大小相等，方向相反。

（二）静止中的扩散传质

有 A、B 双组分气体混合物与液体溶剂接触，组分 A 溶解于液相，组分 B 不溶于液相，显然液相中不存在组分 B。因此吸收过程是组分 A 通过“静止”组分 B 的单方向扩散。

组分 A 不断被界面液体吸收，组分 B 则被界面阻留，故组分 B 在界面处的浓度高于气相主体的浓度。这样，尽管液相不能向界面提供组分 B，组分 B 在气相中的反向扩散流依然存在。组分 A 被液体吸收及组分 B 的反向扩散都将导致界面处气体总压降低，使气相主体与界面之间产生微小压差。这一压差必定促使混合气体向界面流动，此流动称为主体流动。因此，只要不满足等分子反向扩散条件，都必然出现主体流动。

组分 A 因分子扩散和主体流动而造成的传递速率 N_A 可由物料衡算及菲克定律推出。通过任一与气相界面平行的静止平面 PQ 一般存在三个物流，即两个扩散流 J_A、J_B 及一个主体流动 N_M，如图 9-2 所示。设通过静止考察平面 PQ 的净物料衡算可得

$$N = N_M + J_A + J_B$$

上式表明净物流 $N[\text{kmol}/(\text{m}^2 \cdot \text{s})]$为上述三股物流的总和。因 $J_A = -J_B$，故通过任一平面的净物流为

$$N = N_M \tag{9-6}$$

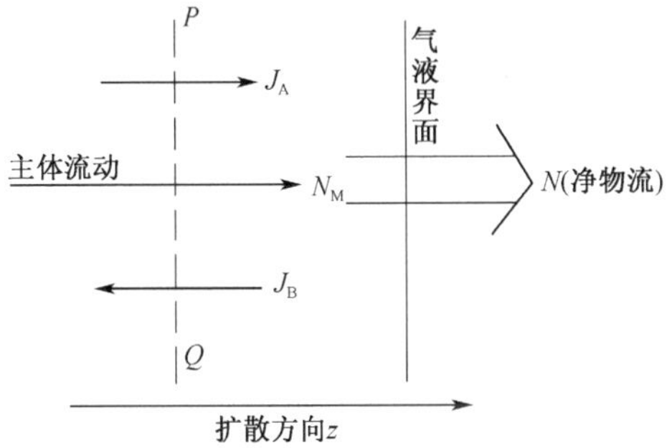

图 9-2　主体扩散与扩散流

由式（9-6）可以看出，尽管主体流动与净物流的含义不同，但主体流动的速率必等于净物流速率。

同样，在平面 PQ 处对组分 A 作物料衡算可得

$$N_A = J_A + N_M \frac{c_A}{c_M}$$

上式表明，在扩散方向上组分 A 的传递速率 N_A 为扩散流 J_A 与主体流动在单位时间通过单位面积所携带的组分 A 量 $N_M(c_A/c_B)$之和。因 $N_M=N$，上式可写成

$$N_A = J_A + N \frac{c_A}{c_M} \tag{9-7}$$

对双组分物系，净物流速率 N 既包括组分 A 也包括组分 B，即

$$N = N_A + N_B$$

故

$$N_A = J_A + (N_A + N_B) \frac{c_A}{c_M} \tag{9-8}$$

由于主体流动乃分子扩散引起的一种伴生流动，因而包括主体流动在内的组分 A 的传递速率仍可理解为由分子扩散所造成的总宏观结果，故称式（9-8）为组分 A 的分子扩散速率方程。

在实际工作中有等分子反向扩散和单向扩散两种常见的情况：

1）等分子反向扩散。在扩散方向 z 上相距 δ 取两个平面，组分 A 在两个平面处的浓度分别为 c_{A1} 与 c_{A2}。在等分子反相扩散时，没有净物流，即 $N=0$ 或 $N_A=-N_B$，由式（9-8）得

$$N_A = J_A = -D \frac{dc_A}{dz}$$

积分可得

$$N_A = \frac{D}{\delta}(c_{A1} - c_{A2}) \tag{9-9}$$

式（9-9）对气相或液相均适用，它表明在扩散方向上组分 A 的浓度分布为一直线。

对于理想气体，组分的浓度与分压的关系为

$$c_A = \frac{n_A}{V} = \frac{p_A}{RT} \tag{9-10}$$

将式（9-10）代入式（9-9）得

$$N_A = \frac{D}{RT\delta}(p_{A1} - p_{A2}) \tag{9-11}$$

式中：p_{A1}、p_{A2}——组分 A 在平面 1、平面 2 处的分压。

2）单向扩散（unidirectional diffusion）。在吸收过程中，惰性组分 B 的净传递速率 $N_B=0$，式（9-8）可写为

$$N_A\left(1 - \frac{c_A}{c_M}\right) = -D \frac{dc_A}{dz}$$

同样，在定态条件下 N_A 为常数，将上式积分可得

$$N_A = \frac{Dc_M}{\delta c_{Bm}}(c_{A1} - c_{A2}) \tag{9-12}$$

式中：$c_{Bm} = \dfrac{c_{B2} - c_{B1}}{\ln \dfrac{c_{B2}}{c_{B1}}}$——在静止流体层两侧组分 B 浓度的对数平均值。

单向扩散时，组分 A 的浓度分布为一对数曲线。

式（9-12）对气相和液相均适用，气相扩散时混合物的总浓度 c_M 与总压 p 的关系为 $c_M=p/RT$，式（9-12）可写为

$$N_A=\frac{D}{RT\delta}\frac{p}{p_{Bm}}(p_{A1}-p_{A2}) \tag{9-13}$$

式中：p_{Bm}——两平面处 B 组分分压的对数平均值。

比较式（9-9）和式（9-12）可知，在单向扩散时因存在主体流动而使 A 的传递速率 N_A 较等分子反向扩散增大了（c_M/c_{Bm}）或（p/p_{Bm}）倍。此倍数称为漂流因子，其值恒大于 1。当混合物中浓度 c_A 很低且 $c_{Bm}\approx c_M$ 时，漂流因子接近 1。

（三）对流扩散传质

上面讨论的分子扩散是在静止介质中组分存在浓度梯度时因分子运动而产生的质量传递。在运动的流体混合物中，除分子扩散外，还存在因流体质点和微团的宏观运动而产生的组分的质量传递，称为对流传质。在生产实践中，对流传质往往起到更为重要的作用。

1. 层流中的扩散传质

在层流和湍流时，对流传质的机制是不同的。层流时流体质点平行运动，即使存在速度梯度，各层流体也只是相对滑动，相邻液层间不发生混合，所以垂直于流动方向上的传质只能依靠分子扩散。这时仍然可引用菲克定律计算组分的扩散通量。但在壁面附近，流体内组分的浓度梯度会因流体运动而增大，因而界面处的扩散通量比静止流体要大。此时可溶组分 A 在垂直于流动方向上的传递机制仍为分子扩散，但流动改变了组分 A 在横截面 MN 上的浓度分布。由于界面浓度梯度变大，强化了传质。

总体上，层流运动流体内的传质是分子扩散，对二元混合物，可仿照菲克定律的形式写出其传质通量式：

$$J_A=N_A-(N_A+N_B)\frac{c_A}{c_M}=-D_{AB}\frac{dc_A}{dc_z} \tag{9-14}$$

2. 湍流中的传质

前面对层流中的扩散已作了简要讨论。实际生产中流体运动的形态通常是湍流，湍流时流体质点以完全无序的方式快速流动，流体内形成大量涡流，在垂直于主流的方向上会造成流体的强烈混合，这种混合称为涡流扩散（eddy diffusion）。

沿固体壁面湍流运动的流体在壁面附近，因速度梯度的存在会有一个动量传递的边界层；因温度梯度的存在形成一个传热的边界层。同样，在湍流主体和壁面之间，因浓度梯度的存在，会形成一个传质的边界层。在边界层内靠近壁面存在一个很薄的层流内层。在层流内层中流体质点平行运动，质量传递的方式主要是分子扩散，传质阻力较大。在边界层的层流内层与湍流主体之间是过渡层。过渡层内组分的浓度梯度比层流内层中小得多，其内有一定数量的涡流，传质是分子扩散和涡流扩散的加和。在湍流主体内，存在大量的漩涡，浓度梯度很小。传质主要靠涡流扩散，分子扩散作用很小。

总体上，湍流运动的流体内的传质是分子扩散和涡流扩散的总和。对二元混合物，可仿照菲克定律的形式写出其传质通量式：

$$J_A = N_A - (N_A + N_B)\frac{c_A}{c_M} = -(D_{AB} + D_E)\frac{dc_A}{dc_z} \tag{9-15}$$

式中：D_E——涡流扩散系数（eddy diffusion coefficient）(m^2/s)。

涡流扩散系数 D_E 与分子扩散系数 D_{AB} 不同。它不是流体的物理性质，它不仅与流体性质有关，也与湍流强度以及壁面的距离等因素有关。

（四）扩散系数

扩散系数（diffusion coefficient）是物质的一种传递性质，其值受温度、压力和混合物中组分含量的影响，同一组分在不同的混合物中其扩散系数也不一样。某一物系确切的扩散系数一般可通过实验测定。常见物质的扩散系数可在手册中查到（表 9-1），某些计算扩散系数的半经验公式也可以此进行大致的估计。

1. 组分在气体中的扩散系数

若将气体混合物的分子视为性质相同的弹性小球，分子热运动使这些小球相互间发生无规则碰撞。如不考虑其他的作用力，在此简化条件下，经分子运动论的理论推导与实验修正，获得计算气体扩散系数的半经验式如下：

$$D = \frac{1.517T^{1.81}\left(\frac{1}{M_A} + \frac{1}{M_B}\right)^{0.5}}{p(T_{cA}T_{cB})^{0.1405}(V_{cA}^{0.4} + V_{cB}^{0.4})^2} \tag{9-16}$$

式中：D——气体的扩散系数（cm^2/s）；

T——热力学温度（K）；

M_A、M_B——组分 A、B 的摩尔质量（kg/kmol）；

T_{cA}、T_{cB}——组分 A、B 的临界温度（K）；

V_{cA}、V_{cB}——组分 A、B 的临界体积（cm^3/mol）。

表 9-1　气体的扩散系数（101.13kPa）

物系	温度/K	扩散系数/(cm^2/s)	物系	温度/K	扩散系数/(cm^2/s)
空气-氨	273	0.198	空气-水	298	0.260
空气-苯	298	0.0962	氢-氨	293	0.894
空气-二氧化碳	273	0.136	氢-氧	273	0.697
空气-二硫化碳	273	0.0883	氮-氨	293	0.241
空气-氯	273	0.124	氮-乙烯	298	0.163
空气-乙醇	298	0.132	氯-氢	288	0.743
空气-乙醚	293	0.0896	氯-氧	273	0.181
空气-甲醇	298	0.162	氧-氨	293	0.253
空气-汞	614	0.473	氧-苯	293	0.0939
空气-氧	273	0.175	氧-乙烯	293	0.182
空气-二氧化硫	273	0.122			

物质的临界温度和临界体积可在一般理化手册中查到。当 $p<0.5\text{MPa}$ 时，扩散系数的数值与组分 A 的浓度无关，此时根据式（9-16）可较准确地估计气体的扩散系数 D。

由式（9-16）不难推出扩散系数与温度、压强的关系为

$$D = D_0\left(\frac{T}{T_0}\right)^{1.81}\left(\frac{p_0}{p}\right) \tag{9-17}$$

例 9-1　气相扩散系数的测定。

在如图 9-3 所示的垂直细管中盛有含待测组分的液体，该组分通过静止气层 z 扩散至管口被另一股气流 B 带走。紧贴液面上方组分 A 的分压为液体 A 在一定温度下的饱和蒸气压，管口处 A 的分压可视为零。组分 A 的气化使扩散距离 z 不断增加，记录时间 τ 与 z 的关系即可计算 A 在 B 中的扩散系数。在 101.3kPa、18℃下测定 CCl_4 在空气中的扩散系数，记录的时间 τ 与距离 z 的关系见表 9-2，试求扩散系数。

表 9-2　例 9-1 附表

时间 τ/ks	距离 z/mm
0	10（z_0）
9.34	20
24.9	30
46.7	40
74.8	50
109.0	60

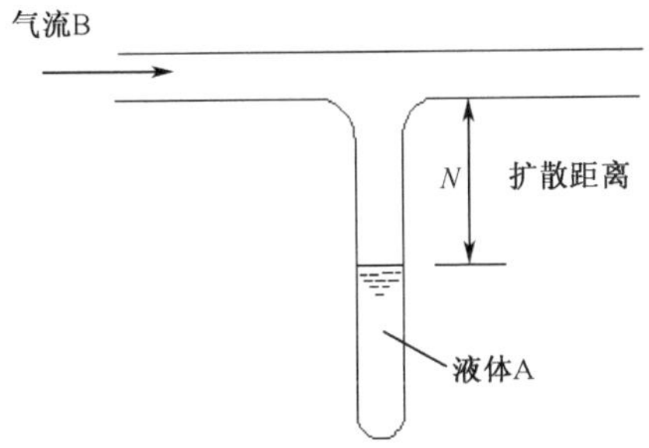

图 9-3　例 9-1 附图 1

解　CCl_4 通过静止气体层的扩散为单向扩散，且为一非定态过程。但因扩散距离 z 的变化缓慢，故可作为拟定态处理。此时式（9-14）可写成

$$N_A = \frac{p}{RT}\frac{D}{z}\ln\frac{p_{B2}}{p_{B1}} \tag{a}$$

设 A 为细管的截面积，ρ_L 为 CCl_4 液体密度，在 $d\tau$ 时间内气化的 CCl_4 量应等于 CCl_4 扩散出口的量，即

$$AN_A d\tau = \frac{\rho_L A dz}{M_A}$$

或

$$N_A = \frac{\rho_L}{M_A}\frac{dz}{d\tau} \tag{b}$$

因此，可通过测量细管内液面下降的速率计算出扩散速率 N_A。将式（b）代入式（a）并积分可得

$$\int_{z_0}^{z}\frac{\rho_L}{M_A}z dz = D\frac{p}{RT}\ln\frac{p_{B2}}{p_{B1}}\int_0^{\tau}d\tau$$

$$z^2 = z_0^2 + B\tau$$

式中：$B=\dfrac{2M_A}{\rho_L}\dfrac{Dp}{RT}\ln\dfrac{p_{B2}}{p_{B1}}$。

现以时间 τ 为横坐标，z^2 为纵坐标，将实验数据作图（图 9-4），并以最小二乘法求得直线的斜率为

$$B = 3.21 \times 10^{-3}\,\mathrm{m^2/s}$$

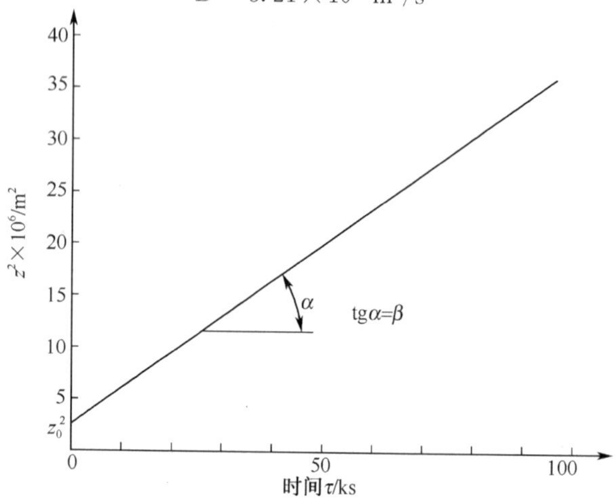

图 9-4　例 9-1 附图 2

在 321K、101.3kPa 下查得 CCl_4 的饱和蒸气压 $p_{A1}=37.6\,\mathrm{kPa}$，密度 $\rho_L=1540\,\mathrm{kg/m^3}$，并根据已知条件求得

$$p_{B1} = p - p_{A1} = 101.3 - 37.6 = 63.7(\mathrm{kPa})$$

又已知 $p_{B2}=101.3\,\mathrm{kPa}$，$M_A=154\,\mathrm{kg/kmol}$，$R=8.31\,\mathrm{kJ/(kmol\cdot K)}$，则扩散系数为

$$D = B\frac{\rho_L RT}{2M_A p}\frac{1}{\ln\frac{p_{B2}}{p_{B1}}} = \frac{3.21\times10^{-3}\times1540\times8.31\times321}{2\times154\times101.3\times\ln\frac{101.3}{63.7}} = 9.12\times10^{-6}(\mathrm{m^2/s})$$

2. 组分在液体中的扩散系数

组分在液体中的扩散系数比在气体中大得多，这是由于液体分子比较密集。一般说来，气体的扩散系数约为液体的 10^5 倍，但组分在液体中的浓度较在气体中大，因此组分在气相中的扩散速率约为液相中的 100 倍。此外，液体中组分的浓度对扩散系数有较显著的影响，一般手册中的数据均为稀溶液中的扩散系数。

液体的扩散理论及实验均没有气体的完善，估计液体扩散系数的计算式也不如气体的可靠。当扩散组分为低摩尔质量的非电解质时，其在稀溶液中的扩散系数可按下式估计：

$$D_{AB} = \frac{7.4\times10^{-8}(\alpha M_B)^{0.5}T}{\mu V_A^{0.6}} \tag{9-18}$$

式中：D_{AB}——组分 A 在液体中的扩散系数（$\mathrm{cm^2/s}$）；

T——热力学温度（K）；

M_B——溶剂 B 的摩尔质量（kg/kmol）；

μ——溶液黏度（mPa · s）；

V_A——组分 A 在常沸点下的摩尔体积（$\mathrm{cm^3/mol}$）；

α——溶剂的缔合因子，水：$\alpha=2.6$，甲醇：$\alpha=1.9$，乙醇：$\alpha=1.5$，苯、乙醚等非

缔合溶剂：$\alpha=1.0$。

式（9-18）中的平均偏差对于水溶液为 10%～15%，非水溶液约为 25%，建议使用的范围为 278～313K，$V_A<500\text{cm}^3/\text{mol}$。

电解质（如 KCl）在溶液中将离解为离子，其扩散自然比分子扩散为快。

由式（9-18）可知，液体的扩散系数与温度、黏度的关系为

$$D=D_0\frac{T}{T_0}\frac{\mu_0}{\mu} \tag{9-19}$$

表 9-3 列出几种物质在液体中的扩散系数。

表 9-3　物质在液体中的扩散系数 D_{AB}

物系 A-B	温度/K	c_A/(kmol/m³)	D_{AB}/(×10⁻⁵ cm²/s)	物系 A-B	温度/K	c_A/(kmol/m³)	D_{AB}/(×10⁻⁵ cm²/s)
氯-水	289	0.12	1.26	氯化氢-水	273	9	2.7
氨-水	278	3.5	1.24		273	2	1.8
	288	1.0	1.77	乙醇-水	283	3.75	0.50
二氧化碳-水	283	0.0	1.46		283	0.05	0.83
	293	0.0	1.77	二氧化碳-乙醇	290	0	3.2

例 9-2　乙醇在水中扩散系数的估算。

某乙醇-水稀溶液含乙醇 0.05kmol/m³，10℃时溶液的黏度为 1.45mPa·s，求乙醇在水中的扩散系数。

解　按表 9-4 计算乙醇的摩尔体积：

$$V_A=2V_C+6V_H+V_O=2\times14.8+6\times3.7+7.4=59(\text{cm}^3/\text{mol})$$

缔合因子 $\alpha_{水}=2.6$，按式（9-18）计算扩散系数为

$$D_{AB}=\frac{7.4\times10^{-8}\times(2.6\times18)^{1/2}\times283}{1.45\times59^{0.6}}=8.5\times10^{-6}(\text{cm}^2/\text{s})$$

计算结果与表 9-3 所列实验值 $8.3\times10^{-6}\text{cm}^2/\text{s}$ 接近。

表 9-4　几种原子的原子体积

原子	原子体积/(cm³/mol)	原子	原子体积/(cm³/mol)
碳	14.8	氧	7.4
氢	3.7	氧(在甲酯中)	9.1
溴	27.0	氧(在甲醚中)	9.9
碘	37.0	氧(在高级酯、高级醚中)	11.0
氯(R—Cl)	21.6	氧(在酸中)	12.0
氯(R—CHCl—R)	24.6	硫	25.6
氮	15.6	苯环：减去	15
氮(在伯胺中)	10.5	萘环：减去	30
氮(在仲胺中)	12.0		

二、相际间的传质

前面讨论的扩散是在单相中进行的。而气体吸收是溶剂先从气相主体扩散到气-液界面，再从界面扩散到液体主体中的相际间的传质过程。在生产实践中最重要的传质过程包括不相

溶相态的互相接触，这时一种或几种组分穿过相界面传递进入另一相中，形成相间传质。

（一）双膜理论

对于两相间的物质传递机制，应用最广泛的还是较早提出的双膜理论（two-film theory），它的基本论点如下：

1）当气、液两相接触时，两相之间有一个相界面，在相界面两侧分别存在呈层流流动的稳定膜层，即前述的有效层流膜层。溶质以分子扩散的方式连续通过这两个膜层。在膜层外的气、液两相主体中呈湍流状态。膜层的厚度主要随流速而变，流速越大厚度越小。

2）在相界面上气、液两相互成平衡，界面上没有阻力。

3）在膜层以外的主体内，由于充分的湍动，溶质的浓度基本上是均匀的，即认为主体中没有梯度存在，浓度梯度全部集中在两个膜层内。

通过上述 3 个假设将吸收过程简化为气、液两膜层的分子扩散，这两膜层构成了吸收过程的主要阻力，膜层以外基本不存在阻力。双膜理论示意图如图 9-5 所示。双膜理论对于湿壁塔、低气速填料塔等具有固定传质界面的吸收设备有实用意义，对具有自由相界面的气、液系统，当流速较高时，相接触面不再是稳定状态，在这种情况下，双膜理论与实验结果不符合。以后虽也提出过一些理论，但解决实际问题的效果均不理想，所以可供设计应用的数据基本都是按双膜理论整理的，目前这个理论仍是解释吸收机制的重要学说。

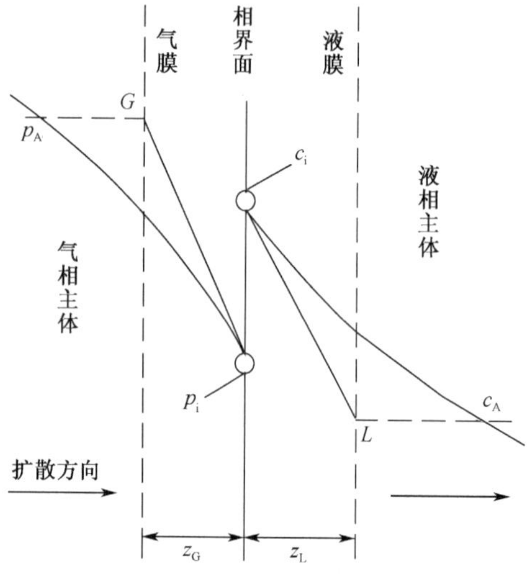

图 9-5 双膜理论示意图

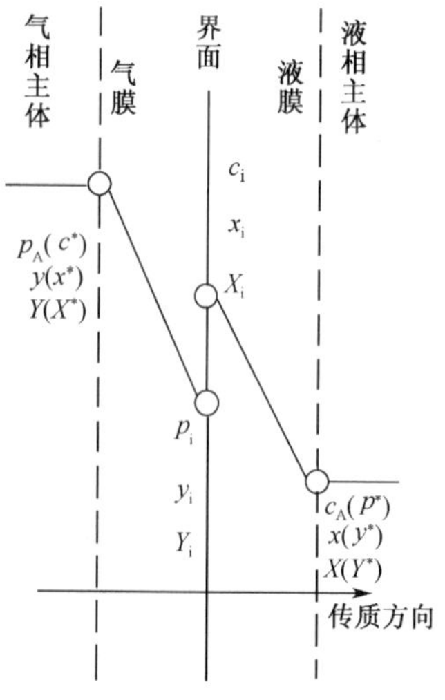

图 9-6 传质推动力

（二）气相、液相的传质速率方程

下面根据双膜理论写出气相与液相的传质速率方程。气、液主体及界面处的溶质组成如图 9-6 所示。

1. 气相的传质速率方程

$$N_A = k_G(p_A - p_i) \tag{9-20}$$

$$N_A = k_y(y - y_i) \tag{9-21}$$

$$N_A = k_Y(Y - Y_i) \tag{9-22}$$

式中：N_A——传质速率 [kmol/（m^2·s)]；

p_A、p_i——溶质在气相主体、界面处的分压；

k_G——以分压差为推动力的气膜传质系数 [kmol/（m^2·s·Pa)]；

y、y_i——溶质在气相主体、界面处的摩尔分数；

k_y——以摩尔分数差为推动力的气膜传质系数 [kmol/（m^2·s)]；

Y、Y_i——溶质在气相主体、界面处的摩尔比；

k_Y——以摩尔比差为推动力的气膜传质系数 [kmol/（m^2·s)]。

2. 液相的传质速率方程

$$N_A = k_L(c_i - c_A) \tag{9-23}$$

$$N_A = k_x(x_i - x) \tag{9-24}$$

$$N_A = k_X(X_i - X) \tag{9-25}$$

式中：c_A、c_i——溶质在液相主体、界面处的浓度（kmol/m^3）；

k_L——以浓度差为推动力的液膜传质系数[kmol/(m^2·s·Pa)]；

x、x_i——溶质在液相主体、界面处的摩尔分数；

k_x——以摩尔分数差为推动力的液膜传质系数[kmol/(m^2·s)]；

X、X_i——溶质在液相主体、界面处的摩尔比；

k_X——以摩尔比差为推动力的液膜传质系数[kmol/(m^2·s)]。

3. 总传质速率方程

吸收过程的相际传质是由气相与界面的对流传质、界面上溶质组分的溶解、液相与界面的对流传质三个过程串联而成的，如图 9-7 所示。传质速率虽可按式（9-20）～式（9-25）计算，但必须获得传质分系数 k_x、k_y 的实验值并求出界面浓度，而界面浓度是难以得到的。工程上为方便起见，y 可借用两流体换热过程的处理方法，引入总传质系数，使相际传质速率的计算能够避开气、液两相的传质系数。

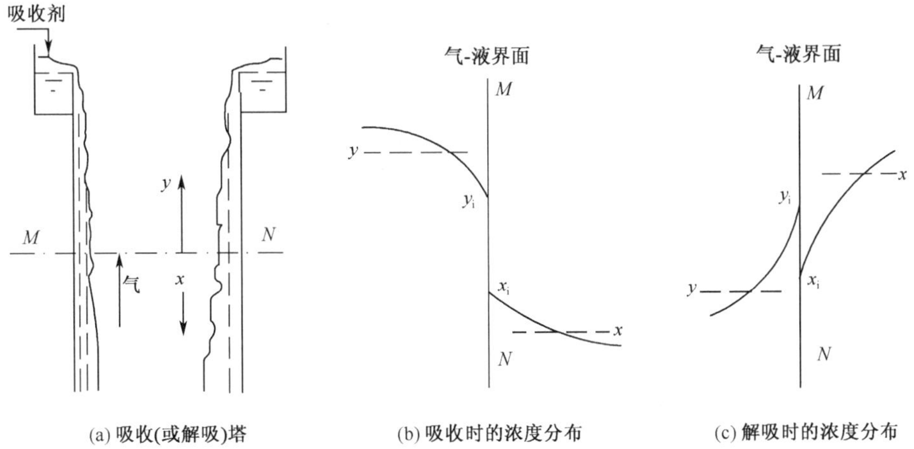

图 9-7　相际传质

已知气相、液相传质速率式为

$$N_A = k_y(y - y_i) \tag{9-26}$$

$$N_A = k_x(x_i - x) \tag{9-27}$$

界面上气体的溶解没有阻力，即界面上气、液两相组成相平衡，则有

$$y_i = f(x_i) \tag{9-28}$$

对稀溶液，物系服从亨利定律：

$$y_i = mx_i \tag{9-29}$$

或在计算范围内，平衡线可近似作直线处理，即

$$y = mx_i + \alpha \tag{9-30}$$

图 9-8 表示气、液两相的主体含量（点 a）及界面含量（点 b）的相对位置。

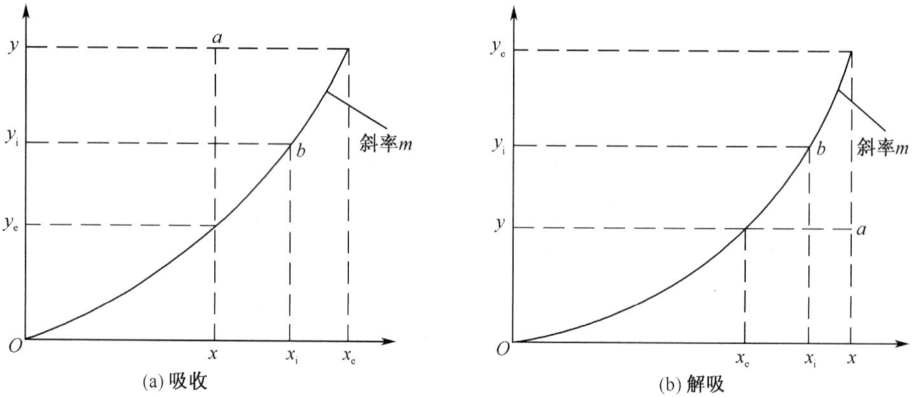

图 9-8　主体含量与界面含量的图示

传质速率可写成推动力与阻力之比，则定态过程可改写为

$$N_A = \frac{y - y_i}{\dfrac{1}{k_y}} = \frac{x_i - x}{\dfrac{1}{k_x}} \tag{9-31}$$

为消去界面含量，将式（9-31）的最右端分子分母均乘以阻力加和即得

$$N_A = \frac{y - y_i + (x_i - x)m}{\dfrac{1}{k_y} + \dfrac{m}{k_x}}$$

如图 9-8 所示，平衡线斜率为 m，则 $m(x_i - x) = y_i - y_e$，或 $\dfrac{y - y_i}{m} = x_e - x_i$，则上式变为

$$N_A = \frac{y - y_e}{\dfrac{1}{k_y} + \dfrac{m}{k_x}} \tag{9-32}$$

于是相际传质速率方程式可表示为

$$N_A = K_y(y - y_e) \tag{9-33}$$

式中：

$$K_y=\frac{1}{\dfrac{1}{k_y}+\dfrac{m}{k_x}} \tag{9-34}$$

式中：K_y——以气相摩尔分数差（$y-y_e$）为推动力的总传质系数[kmol/(s · m²)]。

为消去界面含量，也可将式（9-49）中间一项的分子、分母均除以 m，并同样根据加和原则得

$$N_A=\frac{\dfrac{y-y_i}{m+(x_i-x)}}{\dfrac{1}{k_ym}+\dfrac{1}{k_x}}=\frac{x_e-x}{\dfrac{1}{k_ym}+\dfrac{1}{k_x}} \tag{9-35}$$

故相际传质速率方程也可写成

$$N_A=K_x(x_e-x) \tag{9-36}$$

式中：

$$K_x=\frac{1}{\dfrac{1}{k_ym}+\dfrac{1}{k_y}} \tag{9-37}$$

式中：K_x——以液相摩尔分数差（x_e-x）为推动力的总传质系数[kmol/(s · m²)]。

比较式（9-34）和式（9-37）可知

$$mK_y=K_x \tag{9-38}$$

参照图 9-8（b）不难导出解吸的速率方程为

$$N_A=K_x(x_e-x) \tag{9-39a}$$

或

$$N_A=K_y(y-y_e) \tag{9-39b}$$

式中：解析的总传质系数 K_x、K_y 与式（9-34）和式（9-37）相同。但吸收与解吸过程的推动力表达形式刚好相反。

4. 传质速率方程的各种表达形式

传质速率方程可用总传质系数或单一相的传质系数表示，相应的推动力也不同。此外，当气相和液相中溶质的浓度采用分压 p 与摩尔浓度 c 表示时，速率方程中的传质系数与推动力自然也不同。表 9-5 列举了各种常用的速率方程。不同的推动力对应于不同的传质系数，此点在计算及引用文献数据时应特别注意。

表 9-5　传质速率方程的各种形式

相平衡方程	$y=mx+a$	$p=Hc+b$	
吸收传质速率方程	$N_A=k_y(y-y_i)$ $=k_x(x_i-x)$ $=K_y(y-y_e)$ $=K_x(x_e-x)$	$N_A=k_G(p-p_i)$ $=k_L(c_i-c)$ $=K_G(p-p_e)$ $=K_L(c_e-c)$	$k_y=pk_G$ $k_x=c_Mk_L$ $K_y=pK_G$ $K_x=c_MK_L$
吸收或解吸的总传质系数	$K_y=1/(1/k_y+m/k_x)$ $K_x=1/(1/k_ym+1/k_x)$	$K_G=1/(1/k_G+H/k_L)$ $K_L=1/(1/k_GH+1/k_L)$	
	$K_ym=K_x$	$K_GH=K_L$	

5. 传质阻力的控制步骤与界面含量

(1) 气相阻力控制与液相阻力控制

式 (9-34) 可写成

$$\frac{1}{K_y}=\frac{1}{k_y}+\frac{m}{k} \tag{9-40}$$

即总传质阻力 $1/K_y$ 为气相传质阻力 $1/k_y$ 与液相传质阻力 m/k_x 之和。

当 $1/k_y \gg m/k_x$ 时，有

$$K_y \approx k_y \tag{9-41}$$

此时传质阻力主要集中于气相。此类过程称为气相阻力控制过程。

当 $1/(mk_y) \ll 1/k_x$ 时，有

$$K_x \approx k_x \tag{9-42}$$

此时的传质阻力主要集中于液相，称为液相阻力控制过程。

传质过程中两相阻力的分配情况与换热过程极为相似。所不同的是，对于吸收过程，气、液平衡关系对各传质步骤阻力的大小及传质总推动力的分配有极大的影响。易溶气体溶解度大，平衡线斜率 m 小，其吸收过程通常为气相阻力控制，如用水吸收 NH_3、HCl 等气体即为此类情况；难溶气体溶解度小，平衡线斜率 m 大，其吸收过程多为液相阻力控制，如用水吸收 CO_2、O_2 等气体基本上是液相阻力控制的吸收过程。

实际吸收过程的阻力在气相和液相中各占一定的比例。但是，以气相阻力为主的吸收操作，增加气体流率可降低气相阻力，从而有效地加快吸收过程；而增加液体流率则不会对吸收速率有明显的影响。反之，若实验发现吸收过程的总传质系数主要受气相流率的影响，则该过程为气相阻力控制，其主要阻力在气相。

(2) 界面含量

由式 (9-20) 与式 (9-23) 可得

$$\frac{p_A-p_i}{c_i-c_A}=\frac{k_L}{k_G} \tag{9-43}$$

或

$$\frac{p_A-p_i}{c_A-c_i}=\frac{k_L}{k_G} \tag{9-44}$$

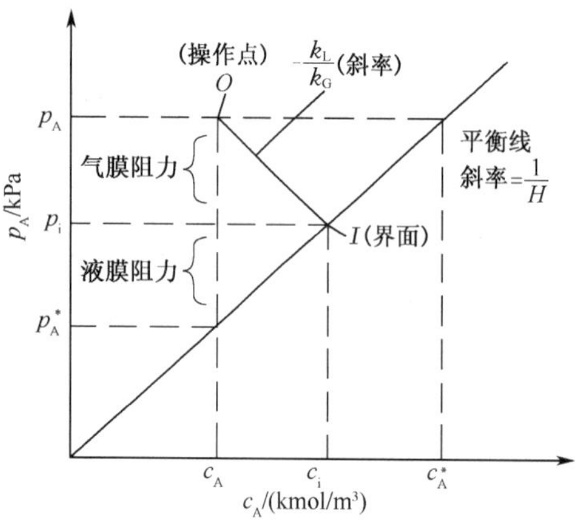

图 9-9 主体浓度与界面浓度

如图 9-9 所示，O 点坐标为 (c_A，p_A)，I 点坐标为 (c_i，p_i)，故 OI 连线的斜率为 $-\frac{k_L}{k_G}$。这表明当气膜、液膜的传质系数 k_G、k_L 已知时，从点 O 出发，以 $-\frac{k_L}{k_G}$ 为斜率作一直线，此直线与平衡线的交点 I 的坐标 (c_i，p_i) 即为所求的气、液两相界面的浓度。

例 9-3　传质速率及界面含量的求取。

总压为 101.3kPa、温度为 303K 下用水吸收混合气中的氨，操作条件下的气、液平衡关系为 $y=1.20x$。已知气相传质系数 k_y 为 $5.31\times10^4\text{kmol/(s}\cdot\text{m}^2)$，液相传质系数 k_x 为 $5.33\times10^3\text{kmol/(s}\cdot\text{m}^2)$，并在塔的某一截面上测得氨的气相摩尔分数 y 为 0.05，液相摩尔分数 x 为 0.012。试求该截面上的传质速率及气-液界面上两相的摩尔分数。

解　总传质系数：

$$K_y=\frac{1}{\dfrac{1}{k_y}+\dfrac{m}{k_x}}=\frac{1}{\dfrac{1}{5.31\times10^{-4}}+\dfrac{1.20}{5.33\times10^{-3}}}=4.74\times10^4[\text{kmol/(s}\cdot\text{m}^2)]$$

与实际液相相组成平衡的气相组成为

$$y_e=mx=1.20\times0.012=0.0144$$

传质速率：

$$\begin{aligned}N_A&=K_y(y-y_e)=4.74\times10^{-4}\times(0.05-0.014)\\&=1.69\times10^{-5}[\text{kmol/(s}\cdot\text{m}^2)]\end{aligned}$$

联立求解以下两式：

$$k_y(y-y_i)=k_x(x_i-x)$$

$$y_i=mx_i$$

求出界面上两相含量为

$$y_i=\frac{y+\dfrac{k_x}{k_y}x}{1+\dfrac{k_x}{k_ym}}=\frac{0.05+\dfrac{5.33\times10^{-3}}{5.31\times10^4}\times0.012}{1+\dfrac{5.33\times10^{-3}}{5.31\times10^4\times1.20}}=0.0182$$

$$x_i=\frac{y_i}{m}=\frac{0.0182}{1.2}=0.0152$$

注意：界面气相含量 y_i 与气相主体含量（$y=0.05$）相差较大，而界面含量 x_i 与液相主体含量（$x=0.012$）比较接近。气相传质阻力占总阻力的比例为

$$\frac{\dfrac{1}{k_y}}{\dfrac{1}{K_y}}=\frac{\dfrac{1}{5.31\times10^{-4}}}{\dfrac{1}{4.74\times10^{-4}}}\times100\%=89.3\%$$

第二节　气体吸收

一、气体吸收的基本概念及原理

不同气体在液体中的溶解度不同，选择适当的液体吸收混合气体中的某一组分，使该组分与其他组分分离的过程称为气体吸收（gas absorption）。在吸收操作过程中，能够溶解于液体中的气体组分称为吸收质（或溶质，solute）；而不被吸收的气体称为惰性气体（或载体，vector）；所用的液体称为吸收剂（或溶剂，solvent）；吸收操作所得到的液体称为吸收液（absorption liquid），其主要成分为吸收剂和溶质；剩余的气体称为吸收尾气，其主要成分应为惰性气体，还含有残余的吸收质。

在食品工业中，吸收操作较少。清凉饮料的充（碳酸）气是吸收的典型例子。二氧化碳在压力作用下溶于液体饮料之中，当容器打开后，压力突然降低，就产生二氧化碳的沸腾现象。

(一) 吸收过程

吸收过程常在吸收塔中进行，图 9-10 为逆流操作的吸收塔示意图。气体的吸收是一种重要的分离操作，在食品生产中主要应用于：

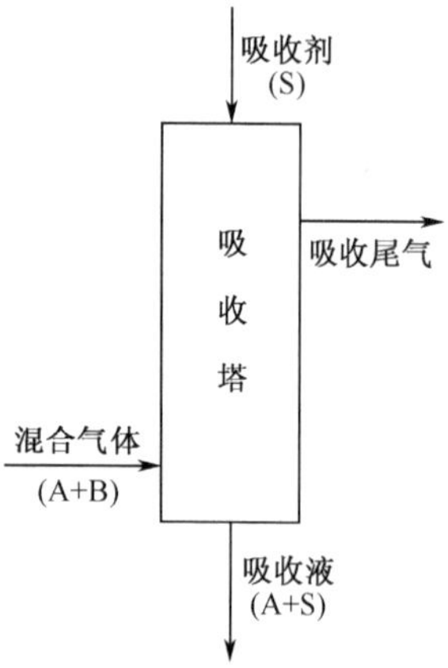

图 9-10　逆流操作吸收塔

1) 分离混合气体以获得一定的组分。例如，用硫酸处理焦炉气以回收其中的氨，用洗油处理焦炉气以回收其中的芳烃，用液态烃处理裂解气以回收其中的乙烯、丙烯等。

2) 除去有害组分以净化气体。例如，用水或碱液脱除合成氨原料气中的二氧化碳，用丙酮脱除裂解气中的乙炔等。

3) 制备某种气体的溶液。例如，用水吸收二氧化氮以制造硝酸，用水吸收氯化氢以制取盐酸，用水吸收甲醛以制备福尔马林溶液等。

在吸收过程中，如果溶质与溶剂之间无显著的化学反应，可视其为气体单纯地溶解于液相的物理过程，称为物理吸收（physical absorption）；如果溶质与溶剂发生显著的化学反应，则称为化学吸收（chemical absorption）。前面提到的用水吸收二氧化碳、用洗油吸收芳烃等过程都属于物理吸收，用硫酸吸收氨、用碱液吸收二氧化碳等过程都属于化学吸收。

若混合气体中只有一个组分进入液相，其余组分均可认为不溶解于吸收剂，这样的吸收过程称为单组分吸收（single component absorption）；如果混合气体中有两个或多个组分进入液相，则称为多组分吸收（multi-component absorption）。例如，合成氨原料气含有 N_2、H_2、CO 及 CO_2 等几种成分，其中仅 CO_2 在水中有较高的溶解度，这种原料气用水吸收的过程即属于单组分吸收；用洗油处理焦炉气时，气体中的苯、甲苯、二甲苯等几种组分都在洗油中有较高的溶解度，这种吸收过程则应属于多组分吸收。

气体溶解于液体之中，常伴随热效应，当发生化学反应时，还会有反应热，其结果是液相温度逐渐升高，这样的吸收过程称为非等温吸收（non-isothermal absorption）。但若热效应很小，或被吸收的组分在气相中浓度很低而吸收剂的用量相对很大，则温度升高并不显著，可认为是等温吸收（isothermal absorption）。如果吸收设备散热良好，能及时放出热量，维持液相温度大体不变，则也应按等温吸收处理。

吸收过程进行的方向与限度取决于溶质在气、液两相中的平衡关系。当气相中溶质的实际分压高于与液相平衡的溶质分压时，溶质便由气相向液相转移，即发生吸收过程。反之，如果气相中溶质的实际分压低于与液相成平衡的溶质分压时，溶质便由液相向气相转移，即发生吸收的逆过程，这种过程称为脱吸或解吸（desorption）。脱吸与吸收的原理相同，所以脱吸过程的处理方法可以对照吸收过程加以考虑。

(二) 吸收设备（塔设备）简介

1. 吸收过程设备

吸收操作设备的好坏主要在于建立和不断更新两相接触界面，使之具有尽可能大的表面积和尽可能好的流体动力学条件，以利于提高吸收速率，减小设备的尺寸。

吸收设备有多种类型，最常用的有填料塔和板式塔。填料塔中装有如瓷环之类的填料，如图 9-11 所示。气、液接触在填料中进行。板式塔中安装有筛空塔板，气、液两相在塔板上鼓泡间发生接触。混合气体从塔底引入吸收塔，向上流动；吸收剂从塔顶引入，向下流动。吸收液从塔底引出，吸收尾气从塔顶引出。

无论何种型式，工业吸收设备均应满足下列条件：

1）吸收（或脱吸）速率大。

2）吸收（或脱吸）后所得溶液的浓度尽可能高（或低）。

3）气体通过吸收设备的阻力小，以节省动力消耗。

4）食品的吸收（或脱吸）设备的构材必须耐腐蚀并符合卫生要求。

板式塔将在第十章中详细介绍，本章重点介绍填料塔。

填料塔结构简单、压降低、易用耐腐蚀材料制造，是一种重要的气、液传质设备。近年来国内外对填料的研究与开发进展很快，性能优良的新型填料不断涌现。大型的填料塔目前在工业上已较为常见。

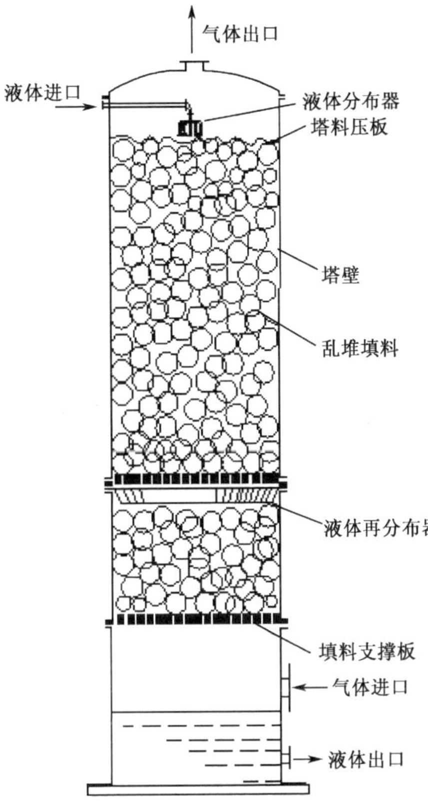

图 9-11　填料塔

（1）填料塔的结构

填料塔的结构如图 9-11 所示。塔体为一圆形筒体，筒内分层装有一定高度的填料。自塔上部进入的液体通过分布器均匀喷洒于塔截面上。在填料层内液体沿填料表面呈膜状流下。各层填料之间设有液体再分布器，将液体重新均匀分布于塔截面上，再进入下层填料。气体自塔下部进入，通过填料缝隙中的自由空间，从塔上部排出。离开填料层的气体可能夹带少量雾状液滴，因此有时需要在塔顶安装除沫器。气、液两相在填料塔内进行接触传质。

填料塔生产情况的好坏与填料选用是否正确有很大关系。填料按形状可分为环形、鞍形和波纹形。环形填料又分为拉西环（raschig ring）、鲍尔环（pall ring）、阶梯环（cascade mini ring）等。鞍形填料有矩鞍形（intalox saddle）和弧鞍形（berl saddle）两种。波纹形填料有板形波纹和网状波纹。这些填料的形状如图 9-12 所示。

填料可用陶瓷、金属、塑料等不同材料制成。

填料按装填方法可分为乱堆与整砌两种。乱堆填料即无规则堆积而成，装卸较方便，但压降大。一般直径在 50mm 以下的填料用乱堆。整砌填料常用规整的填料整齐砌成，适用于直径在 50mm 以上的填料，压降小。

（2）质料特性

各种填料反映出来的性能不同的数据主要有下列几种：

1）填料个数 n。单位体积填料中的填料个数 n 对于乱堆填料来说是一个统计数字，其

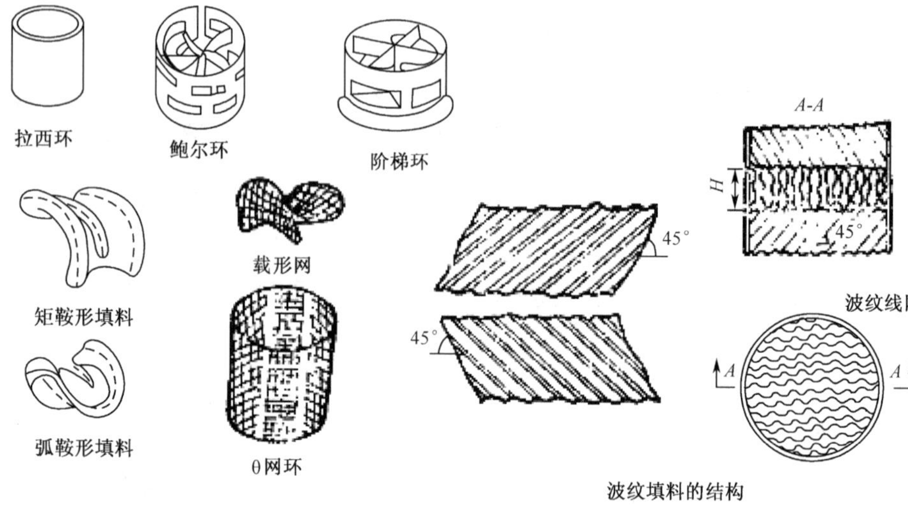

图 9-12　各种填料

值用实测方法求得。

2）比表面积 α_t。单位体积填料中的填料表面积称为比表面积 α_t（m^2/m^3）。

$$\alpha_t = n\alpha_0 \tag{9-45}$$

式中：α_t——比表面积（m^2/m^3）；

α_0——单个填料的表面积（m^2/个）；

n——填料个数（个/m^3）。

3）空隙率 ε。空隙率指干塔状态时单位体积填料所具有的空隙体积（m^3/m^3）。

$$\varepsilon = 1 - nV_0 \tag{9-46}$$

式中：V_0——单个填料的体积（m^3/个）。

在操作时由于填料壁上附有一层液体，故实际的空隙率小于上述的空隙率。一般说来，填料所具有的空隙率较大时，气、液阻力较小，流通能力较大，塔的操作弹性范围较宽。不能根据空隙率一项指标的大小评价填料的优劣。

4）干填料因子及填料因子。由比表面积和空隙率两个填料特性所组成的复合量 α/ε^3 称为干填料因子。气体通过干填料层的流动特性往往用干填料因子来表示。在有液体喷淋的填料中，部分空隙被液体所占据，空隙率有所减小，比表面积会发生变化，因而提出了一个相应的湿填料因子，简称填料因子（packing factor）ϕ，用来表示对填料层内两相流动的影响。填料因子需由实验测定。

2. 填料塔内的流体力学状况

影响加工的流体力学状况主要有气体通过填料层的压降，液泛速度，持液量（单位体积填料所持有的液体体积），气、液分布等。为确定动力消耗需要知道压降；为确定塔径要选定空塔气速，需要知道液泛速度；持液量一方面影响压降、传质及液泛速度，另一方面关系着填料支承装置的强度；气、液在塔截面上的分布是否均匀反映气、液有无良好的传质状况。持液量、气液分布等问题虽很重要，但研究得还不很成熟，此处不介绍。下面只着重讨论压降和液泛这两个问题。

(1) 气体通过填料层的压降

将气体的空塔速度（指气体通过塔的整个截面时的速度）u 与每米填料的压降 Δp 之间的实测数据标绘于双对数坐标系上，并以液体的喷淋密度（单位面积、单位时间液体的喷淋量）L 为参变量，可得如图 9-13 所示的曲线。各种填料的曲线大致相似。

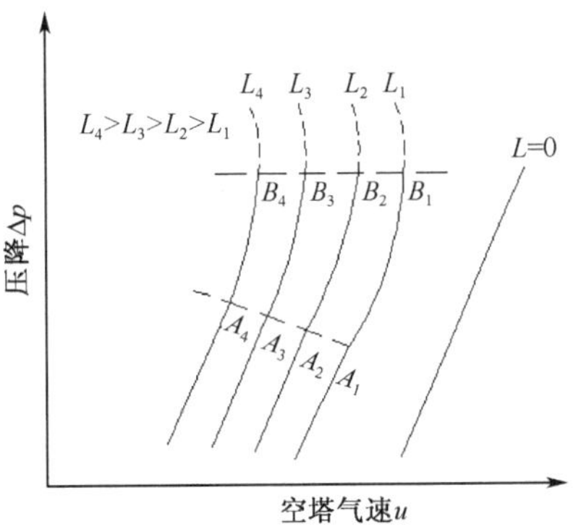

图 9-13　压强与空塔气速示意图

$L=0$ 曲线表示干填料层的情况。压降主要用来克服流经填料层时的形体阻力。此时压降与气速的 1.8～2 次方成比例，表明气流在实际操作中是湍流。这是因为气体在填料间穿行，通道扩大与缩小，且转向频繁，所以在相当低的气速下即可达到湍流。

当填料上有液体喷淋时，填料层内的一部分空隙为液体所占据，气流的通道截面减小。在相同的空塔气速之下，随着液体喷淋密度的增加，填料的持液量增加，气流的通道随之减小，通过填料层的压降就增加，如图 9-13 中 L_1、L_2 等曲线所示。

在一定的喷淋密度之下，当 $L=L_1$ 时，当气速低于 A_1 点所对应的气速时，液体沿填料表面的流动很少受逆向气流的牵制，持液量基本不变，压降与空塔气速的关系曲线与干填料层的曲线基本平行。当气速达到 A_1 点所对应的气速，液体的流动受逆向气流的牵制逐渐明显起来，持液量随气速的增加而增加，气流通道截面减少，压降随空塔气速有较大增加，压降-气速曲线的斜率加大，点 A_1 以及其他喷淋密度下相应的点 A_2、A_3 等称为载点（loading point），表示填料塔操作中的一个转折点。当气速增加到 B_1 点时，通过填料层的压降迅速上升，并有强烈波动，点 B_1 以及其他喷淋密度下的相应点 B_2、B_3 等称为液泛点（flooding point）。液泛时气体流经填料层的压降已增大到使液体受到阻塞而积聚在填料上，这时往往可以看到在填料层的顶部以及某些局部截面积较小的地方出现液体，而使气体分散在液体鼓泡中而出。如果填料支承板上通道面积比填料层的自由截面积小，达时效池层就首先发生在塔的支承板上。液泛现象一经发生，若气速再增加，鼓泡层就迅速膨胀，进而发展到全塔，使液体不易顺畅流下。填料塔一般不能在液泛下操作。

(2) 压降与液泛速度的确定

影响液泛速度的因素很多，其中包括气、液流量、物性（密度、黏度）、填料特性（α_t、ε、ϕ）等。目前广泛采用如图 9-14 所示的通用关联图来确定液泛速度。图 9-14 的纵坐标为

$$\frac{u^2\phi\psi}{g}\frac{\rho_G}{\rho_L}\mu_L^{0.2} \tag{9-47}$$

横坐标为

$$\frac{L'}{V'}\left(\frac{\rho_G}{\rho_L}\right)^{0.5} \tag{9-48}$$

式中：u——空塔气速（m/s）；

L'、V'——液相、气相的质量流量（kg/s 或 kg/h）；

ρ_G、ρ_L——气相、液相的密度（kg/m^3）；

ϕ——填料因子（1/m）；

ψ——水的密度与溶液密度之比；

μ_L——溶液的黏度（mN·s/m²）；

g——重力加速度（9.81m/s²）。

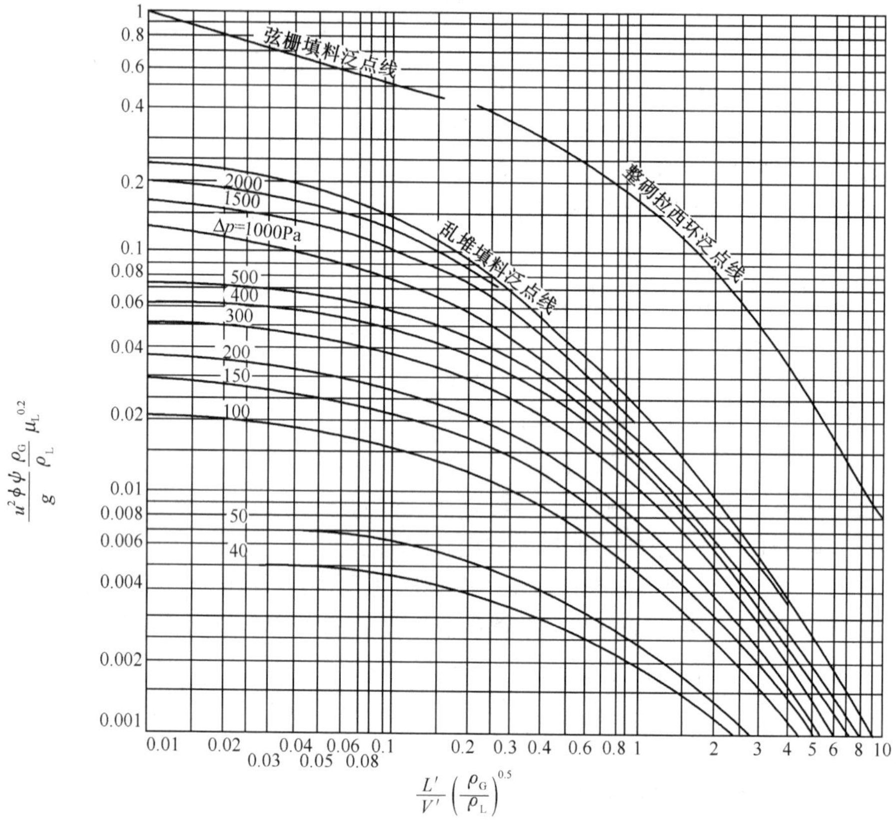

图 9-14　填料塔泛点和压强的通用关联图

图 9-14 显示压降与泛点、填料因子、液气比等参数的关系，适用于乱堆的拉西环、鲍尔环和鞍形填料。使用整砌拉西环和弦栅填料时的泛点线，纵坐标中 ϕ 值应改为 α_t/ε^3 值。

使用图 9-14 时，可先按气、液流量及密度算出横坐标 $\frac{L'}{V'}\left(\frac{\rho_G}{\rho_L}\right)^{0.5}$，如使用乱堆填料，则在乱堆填料泛点线上读取与 $\frac{L'}{V'}\left(\frac{\rho_G}{\rho_L}\right)^{0.5}$ 相对应的纵坐标值 $\frac{u^2\phi\psi}{g}\frac{\rho_G}{\rho_L}\mu_L^{0.2}$，再由此求出泛点气速 u。

欲求气体通过每米填料层的压降，可将操作气速代入 $\frac{u^2\phi\psi}{g}\frac{\rho_G}{\rho_L}\mu_L^{0.2}$，求出纵坐标和横坐标的交点，由图上读出交点所对应的压降线，即得气流通过每米填料层压降 Δp。常压塔中 Δp 在 150～500Pa/m 较为合理；真空塔中 Δp 在 80Pa/m 以下为宜。

3. 塔径的计算

气体沿塔上升可视为通过一个空管，按流量公式计算塔径。

$$D=\sqrt{\frac{V_s}{\frac{\pi}{4}u}} \tag{9-49}$$

式中：D——塔径（m）；

V_s——操作条件下混合气体的流量（m^3/s）；

u——混合气体的空塔气速（m/s）。

选择较小的空塔气速，则压降小，动力消耗少，操作弹性大，但塔径大，设备投资高而生产能力低。低气速也不利于气、液充分接触，传质效率低。若选用较大气速，则压降大，动力消耗大，操作不平稳，难以控制，但塔径小，设备投资小。故应多方案比较以求经济优化，操作可行。一般适宜操作气速通常取泛点气速的50%～85%。

算出的塔径还应按压力容器公称直径标准圆整。

例 9-4　用水洗涤混合气中的SO_2，需要处理的气体量为$1000m^3/h$，实际用水为27 155kg/h。已知气体的密度 $\rho_G=1.34kg/m^3$，认为溶液密度与水的密度相同，$\rho_L=1000kg/m^3$。操作压力为101.325kPa，温度为20℃，试求此填料（乱堆）吸收塔的塔径。

解　计算泛点气速。

$$V'=\rho_G V=1.34\times1000=1.34\times10^3(kg/h)$$

$$\frac{L'}{V'}\left(\frac{\rho_G}{\rho_L}\right)^{0.5}=\frac{27\ 155}{1340}\times\left(\frac{1.34}{1000}\right)^{0.5}=0.742$$

查图 9-14 得纵坐标为 0.027，即

$$\frac{u^2\phi\psi}{g}\frac{\rho_G}{\rho_L}\mu_L^{0.2}=0.027$$

选用 25mm×2.5mm×2.5mm 乱堆瓷拉西环，$\phi=450\ 1/m$，$\psi=\frac{\rho_水}{\rho_L}=1$，20℃溶液黏度取 20℃水的黏度 $\mu_L=1mPa\cdot s$，则有

$$u=\sqrt{\frac{0.027g\rho_L}{\phi\psi\rho_G\mu_L^{0.2}}}=\sqrt{\frac{0.027\times9.81\times1000}{450\times1\times1.34\times1^{0.2}}}=0.66(m/s)$$

计算塔径。取空塔气速为 80%u，则 $u=0.8\times0.66=0.528(m/s)$，有

$$D=\sqrt{\frac{V_s}{\frac{\pi}{4}u}}=\sqrt{\frac{1000}{3600\times0.785\times0.528}}=0.818(m)$$

根据压力容器公称直径标准圆整为 $D=0.8m$。

压力降计算。当选用瓷拉西环时，$\phi=450\ 1/m$，$u=0.528m/s$，则

$$\frac{u^2\phi\psi}{g}\frac{\rho_G}{\rho_L}\mu_L^{0.2}=\frac{0.528^2\times450\times1}{9.81}\times\frac{1.34}{1000}\times1^{0.2}=0.017$$

在图 9-14 上由纵坐标 0.017，横坐标 0.742 确定的交点所对应的压降为 400Pa/m。它在 150～500Pa/m 的允许范围之内，说明塔的设计是合理的。当选用瓷鲍尔环时，$\phi=130\ 1/m$，$u=0.984m/s$，则

$$\frac{u^2\phi\psi}{g}\frac{\rho_G}{\rho_L}\mu_L^{0.2}=\frac{0.984^2\times130\times1}{9.81}\times\frac{1.34}{1000}\times1^{0.2}=0.0172$$

在图 9-14 上由纵坐标 0.0172、横坐标 0.742 确定的交点所对应的压降仍为 400Pa/m。采用瓷鲍尔环为填料也是合理的。

4. 填料塔的附件

(1) 填料塔承装置

填料要均匀地堆放在支承装置上。支承装置的气体通道面积应大于填料层的自由截面积（数值上等于空隙率），以减小气体阻力，保证塔的通量。常用的支承装置为栅板式，它是由竖立的扁钢组成的，如图 9-15（a）所示。扁钢条之间的距离一般为填料外径的 0.6～0.8 倍。

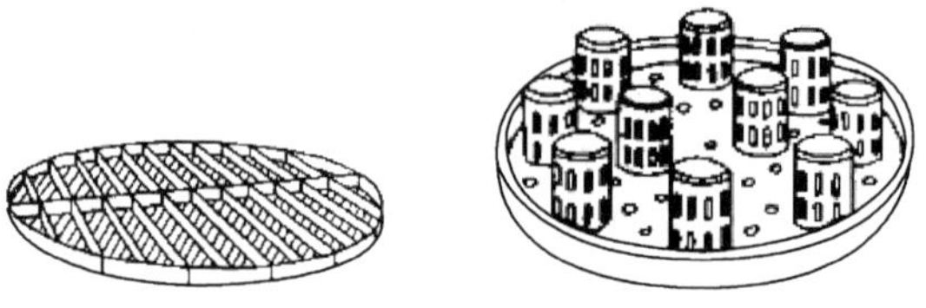

(a) 栅板式　　(b) 升气管

图 9-15　填料支承装置

为了克服支承装置的强度与自由截面之间的矛盾，特别是为了适应高空隙率填料的要求，可采用升气管式支承装置，如图 9-15（b）所示。气体由升气管上升，通过顶部的孔及侧面的齿缝进入填料层，而液体经底板上的许多小孔流下。

(2) 液体分布装置

液体分布器能为填料层提供良好的液体初始分布，提供足够多的均匀分布的喷淋点，使各喷淋点的喷淋液量相等，以保证填料的有效润湿表面积，减小液体产生沟流和传质恶化。液体分布装置的结构形式较多，常用的几种介绍如下：

1）莲蓬式喷淋器。喷洒器为一半球形外壳，在壳壁上有许多供液体喷淋的小孔，如图 9-16（a）所示。这种喷洒器的优点是结构简单，缺点是小孔容易堵塞，而且液体的喷洒范围与压强密切有关。一般用于直径 600mm 以下的塔中。

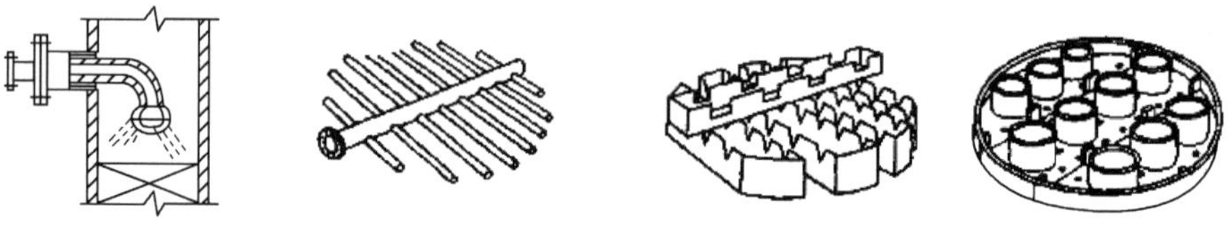

(a) 莲蓬式　　(b) 多孔管式　　(c) 齿槽式　　(d) 筛孔盘式

图 9-16　液体分布装置

2）多孔管式喷淋器。如图 9-16（b）所示，多孔管式喷淋器一般在管底部钻有 Φ3～6mm 的小孔，多用于直径 600mm 以下的塔中。

3）齿槽式分布器。如图 9-16（c）所示，用于大直径塔中，对气体阻力小，但安装要求水平，以保证液体均匀地流出齿槽。

4）筛孔盘式分布器。如图 9-16（d）所示，液体加至分布盘上，再由盘上的筛孔流下。盘式分布器适用于直径 800mm 以上的塔中。缺点是加工较复杂。

(3) 液体再分布器

在离填料顶面一定距离处，喷淋的液体会向塔壁偏流，塔中心处填料得不到好的润湿，形成所谓“干锥体”的不正常现象。因此每隔一定距离必须设置液体再分布装置，以克服此种现象。常用的截锥形再分布装置使塔壁处的液体再流向塔的中央。图 9-17（a）是将截锥体焊（或搁置）在塔体中，截锥上下仍能全部放满填料，不占空间。当需分段卸出填料时，则采用如图 9-17（b）所示结构，截锥上加设支承板，截锥下隔一段距离再装填料。

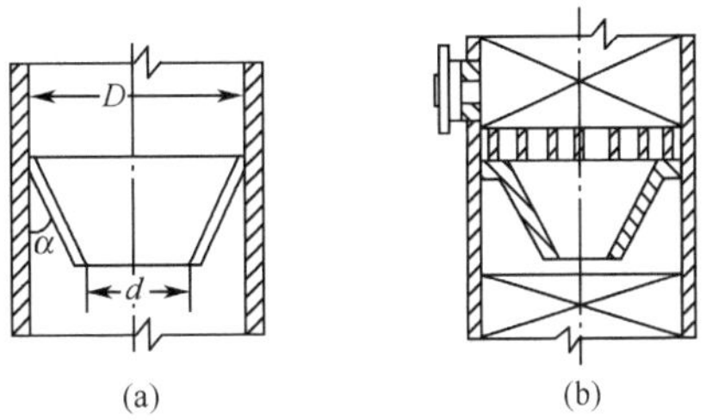

图 9-17 液体再分布装置

截锥式再分布器适用于直径 0.6～0.8m 以下的塔。直径 0.6m 以上的塔宜用如图 9-17 所示的升气管式分布板。

（三）吸收操作的相平衡

影响传质速率的因素中，两相接触面积和两相偏离平衡状态的程度等是非常重要的。

在一定温度下，气、液两相充分接触后，两相趋于平衡。此时溶质组分在两相中的浓度服从某种确定的关系，即相平衡关系。相平衡关系可以用不同的方式表示。

（1）溶解度曲线

气、液两相处于平衡状态时，溶质在液相中的含量称为溶解度，它与温度、溶质在气相中的分压有关。若在一定温度下，将平衡时溶质在气相中的分压 p_e 与液相中的摩尔分数 x 相关联，即得溶解度曲线。图 9-18 为不同温度下氨在水中的溶解度曲线。从图 9-18 可以看出，温度升高，气体的溶解度降低。溶解度及溶质在气、液相中的组成也可用其他单位表示，如以摩尔分数 y 或摩尔浓度 c（$kmol/m^3$）表示。图 9-19 为 SO_2 在 101.3kPa 下的溶解度曲线，图中气、液两相中的溶质含量分别以摩尔分数 y、x 表示。

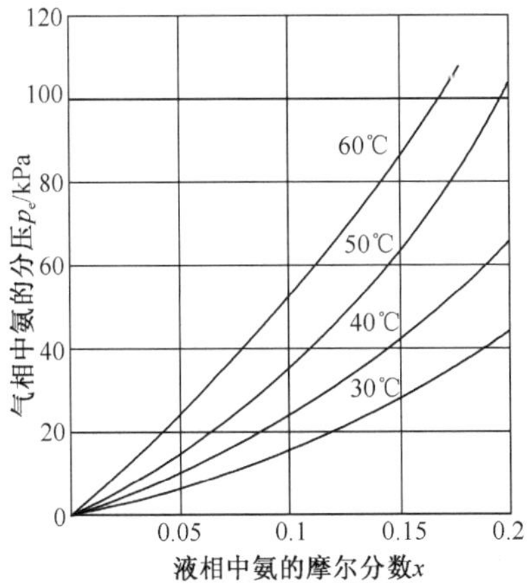

图 9-18 氨在水中的溶解度

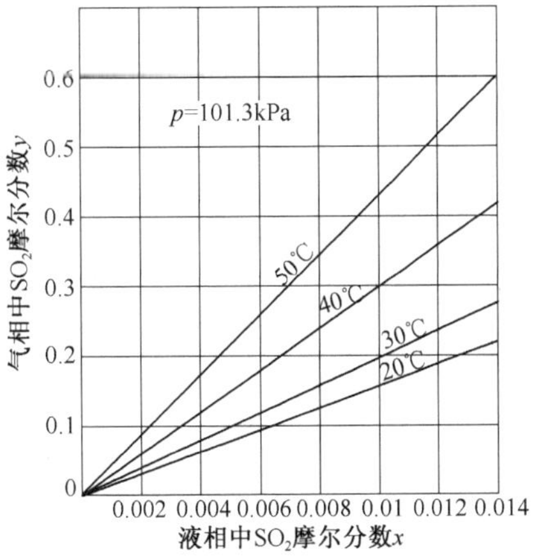

图 9-19 101.3kPa 下 SO_2 在水中的溶解度

在一定温度下，分压是直接决定溶解度的参数。当总压不太高时（一般约小于 0.5MPa，视物系而异），总压的变化并不改变分压与溶解度之间的对应关系。但是，若保持气相中溶质的摩尔分数 y 为定值，总压不同则表示溶质的分压不同。因此，不同总压下 y-x 溶解度曲线的位置不同。

以分压表示的溶解度曲线直接反映了相平衡的本质，可直接用以思考和分析问题；而以摩尔分数 x 与 y 表示的相平衡关系则可方便地与物料衡算等其他关系式一起对整个吸收过程进行数学描述。

（2）亨利定理

吸收操作最常用于分离低浓度的气体混合物，因为此时吸收操作较为经济。低浓度气体混合物吸收时液相的浓度通常也较低，即常在稀溶液范围内。稀溶液的溶解度曲线通常近似地为一直线，此时溶解度与气相的平衡分压 p_e 服从亨利定律，即

$$p_e = Ex \tag{9-50}$$

当以其他单位表示可溶组分（溶质）在两相中的浓度时，亨利定律也可表示为

$$p_e = c/H \tag{9-51}$$

$$y_e = mx \tag{9-52}$$

式（9-50）～式（9-52）中，比例系数 E、H、m 为以不同单位表示的亨利常数，m 又称为相平衡常数。这些常数的数值越小，表明可溶组分的溶解度越大，或者说溶剂的溶解能力越大。式（9-50）～式（9-52）所用单位各不相同，但对于在稀溶液范围内可将溶解度曲线视为直线这一点则是共同的。

比较式（9-50）～式（9-52）不难得出三个比例常数之间的关系为

$$m = \frac{E}{p} \tag{9-53}$$

$$E = Hc_M \tag{9-54}$$

式中：p——总压；

c_M——混合液的总浓度（$kmol/m^3$）。

溶液中溶质的浓度 c 与摩尔分数 x 的关系为

$$c = c_M x \tag{9-55}$$

溶液的总浓度 c_M 可用 $1m^3$ 溶液为基准来计算，即

$$c_M = \frac{\rho_m}{M_m} \tag{9-56}$$

式中：ρ_m——混合液的平均密度（kg/m^3）；

M_m——混合液的平均摩尔质量（kg/kmol）。

对稀溶液，式（9-55）可近似为 $c_M \approx \rho_s/M_s$，其中 ρ_s 和 M_s 分别为溶剂的密度和摩尔质量。代入式（9-54）可得

$$E \approx \frac{\rho_s}{HM_s} \tag{9-57}$$

常见物系的气-液溶解度、亨利常数 E（或 H）可在有关手册中查到。必须注意，手册中气、液两相含量常使用不同的单位，亨利常数的数值与单位也不同。

在较宽的含量范围内，溶质在两相中含量的平衡关系可一般地写成某种函数形式：

$$y_e = f(x) \tag{9-58}$$

式（9-58）称为相平衡方程。有时在有限的含量范围内，溶解度曲线也可近似取为直线，但此直线未必通过原点。

例 9-5 相平衡曲线的求取。

在总压为 101.3kPa 和 202.6kPa 下，根据 20℃的 SO_2-水的气-液平衡数据绘出以摩尔分数表示的气-液相平衡曲线，并计算气相组成 $y=0.02$ 时，两种不同总压下的平衡液相组成。

解 20℃时 SO_2-水的气-液平衡数据取自数据手册，列于表 9-6 第 1、第 2 列。设 100g 水中溶解的 SO_2 质量为 a，则溶液中 SO_2 的摩尔分数 x 为

$$x=\frac{\frac{a}{64}}{\frac{a}{64}+\frac{100}{18}}$$

按上式将第 1 列的溶解度换算成摩尔分数 x，列入表第 3 列。气相摩尔分数为

$$y_e=\frac{p_e}{p}$$

表 9-6 20℃时 SO_2-水的气-液平衡数据

a/（g/100gH_2O）	p_e/kPa	液相摩尔分数 x	气相摩尔分数 y_e	
			$p=101.3$kPa	$p=202.6$kPa
0.02	0.0666	5.62×10^{-5}	6.58×10^{-4}	3.29×10^{-4}
0.05	0.1600	1.41×10^{-4}	1.58×10^{-3}	0.74×10^{-3}
0.10	0.4270	2.81×10^{-4}	4.21×10^{-3}	2.10×10^{-3}
0.20	1.133	5.62×10^{-4}	11.2×10^{-3}	5.60×10^{-3}
0.30	1.879	8.43×10^{-4}	18.6×10^{-3}	9.30×10^{-3}
0.50	3.466	1.40×10^{-3}	34.2×10^{-3}	17.1×10^{-3}
1.00	7.864	2.81×10^{-3}	77.6×10^{-3}	38.8×10^{-3}

在 $p=101.3$kPa 及 202.6kPa 下，将表 9-6 中 p_e 根据上式换算成 y_e 列入第 4、第 5 列。根据气、液平衡组成作 y_e-x 图，即得 20℃时 SO_2-水的平衡曲线，如图 9-20 所示。

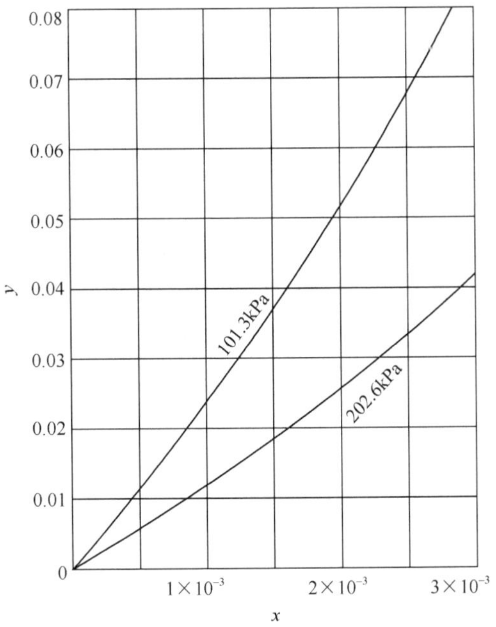

图 9-20 20℃时 SO_2-水的相平衡曲线

当混合气中 SO_2 的摩尔分数 $y=0.02$ 时，可由图 9-22 平衡曲线查得液相的平衡组成为

$$p = 101.3\text{kPa} \qquad x_e = 0.930 \times 10^{-3}$$

$$p = 202.6\text{kPa} \qquad x_e = 1.65 \times 10^{-3}$$

由例 9-5 可知，总压力的变化将改变 y-x 平衡曲线的位置。这是由于对指定气相组成来说，总压增加使 SO_2 分压增大，液相组成 x 也随之增大。

（四）吸收操作的推动力

在吸收操作中，如果气、液两相的组成达到平衡关系，则吸收过程无法进行。因此，只有气、液两相处于非平衡状态时，才能进行吸收。在吸收的计算中，通常以气、液两相的实际浓度与相应的平衡浓度的差值表示吸收推动力。如果气、液两相处于平衡状态，则表明两相的实际浓度与相应的平衡浓度相等，吸收推动力为零。实际浓度与相应的平衡浓度差越大，则吸收推动力越大，吸收速率也越大。

气、液两相处于平衡状态并不表示两相浓度相等，吸收推动力不是气相浓度与液相浓度之差值。因此，认为"只要气相浓度高于液相浓度，气体就可以被吸收；气相浓度等于液相浓度就无法进行吸收"是错误的。例如，用水吸收空气中的丙酮，气-液平衡关系式为 $Y=2X$（X、Y 均为比摩尔分数）。此式表明，平衡状态下气相中丙酮的浓度为液相中丙酮浓度的二倍，虽然气相浓度比液相浓度高，但却无法继续吸收。

吸收推动力根据推动力的角度不同，可分为气相推动力和液相推动力。它们均可用实际浓度与相应的平衡浓度的差值来表示，即气相推动力等于气相实际浓度与对应液相的平衡浓度之差：$\Delta Y=Y-Y^*$；液相推动力为对应气相的平衡浓度与液相的实际浓度之差：$\Delta X=X^*-X$。例如，某吸收塔的实际操作浓度：气相浓度 $Y=0.06$，液相浓度 $X=0.02$；气-液平衡关系式为 $Y=2X$，则有

气相推动力：$\Delta Y=Y-Y^*=Y-2X=0.06-2\times0.02=0.02$；

液相推动力：$\Delta X=X^*-X=Y/2-X=0.06/2-0.02=0.01$。

由于整个吸收塔各个截面处的推动力不同，故常用 $\Delta Y_{均}$ 和 $\Delta X_{均}$ 分别表示气相和液相平均推动力。

（五）吸收率

吸收率又称回收率，它表示被吸收的溶质量与总溶质的量之比，用符号 η 表示，即

$$\eta = \frac{\text{被吸收的溶质的量}}{\text{总溶质的量}} \tag{9-59}$$

其中，被吸收溶质的量 $=q_{n,v}(Y_1-Y_2)$，总溶质的量 $=q_{n,v}Y_1$，则

$$\eta = 1-\frac{Y_2}{Y_1} \tag{9-60}$$

式中：$q_{n,v}$——气相中惰性气体的量（kmol/h）；

Y_1、Y_2——进、出吸收塔的气相溶质的比摩尔分数。

例 9-6　某糖厂用糖汁吸收二氧化硫，进塔气体中二氧化硫含量为10%，出塔气体中二氧化硫含量为0.5%（均为体积分数）。试求该吸收塔的二氧化硫吸收率。

解　浓度换算。将体积分数换算为比摩尔分数：

$$Y_1 = \frac{y_1}{1-y_1} = \frac{0.1}{1-0.1} = 0.111$$

$$Y_2 = \frac{y_2}{1-y_2} = \frac{0.005}{1-0.005} = 0.005\,03$$

吸收率。根据式（9-60）得

$$\eta = 1-\frac{Y_2}{Y_1} = \frac{1-0.005\,03}{0.111} = 0.955$$

故该吸收塔的吸收率为95.5%。

二、低浓度气体吸收过程的计算（逆流操作的物料衡算及操作线方程）

（一）吸收过程的数学描述

1. 低含量气体吸收的特点

工业上一般是将气体中混有的少量溶质组分通过吸收操作加以回收或除去。当进塔混合气中的溶质含量较低（如小于10%）时，通常称为低含量气体吸收或贫气吸收。计算此类吸收问题时可作如下假设而不致引入显著的误差：

1）G、L 为常量。因被吸收的溶质量很少，全塔的混合气体流率 G 与液体流率 L 变化很小，可视为常量。

2）吸收过程是等温的。因吸收量少，由溶解热而引起的液体温度的升高并不显著，故可认为吸收是在等温下进行的。这样，对低含量气体吸收往往可以不进行热量衡算。

3）传质系数为常量。因气、液两相在塔内的流率几乎不变，全塔的流动状况相同，传质系数 K_x、K_y 在全塔为常量。

以上假设使低含量气体吸收的计算大为简化。

此外，即使被处理气体其溶质含量较高，但在塔内被吸收的数量不大，此类吸收也具有上述特点。因此，本节所述的低含量气体吸收应理解为一种简化的处理方法，不再局限于低含量的范围。

2. 物料衡算的微分表达式

微分接触式设备的数学描述需取微元塔段为控制体作物料衡算。图 9-21 为一定态操作的微分接触式吸收塔，其横截面为 A，单位容积内具有的有效相际传质面积为 α（m^2/m^3）。混合气体自下而上流动，流率为 G[kmol/($m^2 \cdot s$)]；液体自上向下流动，流率为 L[kmol/($m^2 \cdot s$)]。取微元塔高 dh，其中两相传质面积为 $\alpha A dh$。若所取微元处的局部传质速率为 N_A，则单位时间在此微元塔段内溶质的传递量为 $N_A \alpha A dh$。

对微元塔段 dA 进行物料衡算，并忽略微元塔段两端面轴向的分子扩散，则

对气相可得

$$G dy = N_A \alpha dh \tag{9-61}$$

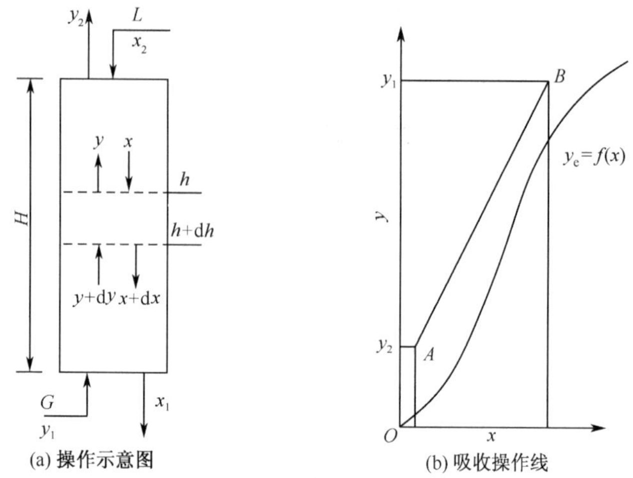

图 9-21　吸收塔内两相含量的变化

对液相可得

$$L\mathrm{d}x = N_A\alpha\mathrm{d}h \tag{9-62}$$

对两相可得

$$G\mathrm{d}y = L\mathrm{d}x \tag{9-63}$$

3. 相际传质速率方程

相际传质速率方程是反映微元塔段内所发生过程的性质和快慢的特征方程，是吸收过程数学描述的重要组成部分。如上所述，相际传质速率 N_A 可由式(9-61)或式（9-62）计算。

$$N_A = K_y(y - y_e) \tag{9-64}$$

$$N_A = K_x(x_e - x) \tag{9-65}$$

将式（9-61）和式（9-63）分别代入式（9-64）和式（9-65）可得

$$G\mathrm{d}y = K_y\alpha(y - y_e)\mathrm{d}h \tag{9-66}$$

$$L\mathrm{d}x = K_x\alpha(x_e - x)\mathrm{d}h \tag{9-67}$$

将物料衡算微分方程［式（9-62)］积分可得

$$G(y_1 - y_2) = L(x_1 - x_2) \tag{9-68}$$

式（9-68）即为全塔物料衡算式，也可直接对全塔做物料衡算获得。

4. 传质速率积分式

根据低含量吸收过程的特点，气、液两相流率 G 和 L 以及气、液两相传质系数 K_y 和 K_x 均为常数。如果在吸收塔操作范围内平衡线斜率变化不大，由式（9-34)和式（9-37）可知，总传质系数 K_y 和 K_x 也沿塔高保持不变。于是，分别将式（9-66）与式（9-67）沿塔高积分可得

$$H = \frac{G}{K_y\alpha}\int_{y_2}^{y_1}\frac{\mathrm{d}y}{y - y_e} \tag{9-69}$$

$$H = \frac{L}{K_y\alpha}\int_{x_2}^{x_1}\frac{\mathrm{d}x}{x_e - x} \tag{9-70}$$

式（9-69）和式（9-70）是低含量气体吸收全塔传质速率方程或塔高计算的基本方程。

5. 传质单元数与传质单元高度

若令

$$N_{OG}=\int_{y_2}^{y_1}\frac{dy}{y-y_e} \tag{9-71a}$$

$$H_{OG}=\frac{G}{K_y\alpha} \tag{9-71b}$$

则式（9-69）可写成

$$H=H_{OG}N_{OG} \tag{9-72}$$

式中：N_{OG}——以（$y-y_e$）为推动力的传质单元数，无因次；

H_{OG}——长度因次，又称传质单元高度（m）。

同样，式（9-70）可写成

$$H=H_{OL}N_{OL} \tag{9-73a}$$

式中：N_{OL}、H_{OL}——以（x_e-x）为推动力的传质单元数、传质单元高度。

$$N_{OL}=\int_{x_2}^{x_1}\frac{dx}{x_e-x} \tag{9-73b}$$

$$H_{OL}=\frac{L}{K_x\alpha} \tag{9-73c}$$

将塔高写成 H_{OG}和 N_{OG}（或 H_{OL}和 N_{OL}）的乘积只是变量的分离和合并，并无实质性的变化。但是这样处理有明显的优点，传质单元数 N_{OG}和 N_{OL}中所含的变量只与物质的相平衡以及进、出口的含量条件有关，与设备的型式和设备中的操作条件（如流速）等无关（表 9-7）。这样，在选择设备型式之前即可先计算 N_{OG}及 N_{OL}。N_{OG}及 N_{OL}反映了分离任务的难易。如果 N_{OG}或 N_{OL}的数值太大，则表明吸收剂性能太差，或表明分离要求过高。H_{OG}及 H_{OL}则与设备的型式、设备中的操作条件有关，H_{OG}、H_{OL}表示完成一个传质单元所需的塔高，是吸收设备效能高低的反映。通常传质系数 $K_y\alpha$ 或 $K_x\alpha$ 随流率 G 或 L 增加而增加，但 $G/K_y\alpha$ 或 $L/K_x\alpha$ 则与流率关系较小。传质单元高度数值的变化量不如传质系数大，常用的吸收设备的传质单元高度为 0.15～1.5m。具体数值需由实验测定，以下讨论传质单元数的计算方法。

表 9-7　传质单元高度与传质单元数

塔高计算式	传质单元高度	传质单元数	几种高度的关系
$H=H_{OG}N_{OG}$	$H_{OG}=\dfrac{G}{K_y\alpha}$	$N_{OG}=\int_{y_2}^{y_1}\dfrac{dy}{y-y_e}$	$H_{OG}=H_G+\dfrac{mG}{L}H_L$
$H=H_{OL}N_{OL}$	$H_{OL}=\dfrac{L}{K_x\alpha}$	$N_{OL}=\int_{x_2}^{x_1}\dfrac{dx}{x_e-x}$	$H_{OL}=\dfrac{L}{mG}H_G+H_L$
$H=H_GN_G$	$H_G=\dfrac{G}{k_y\alpha}$	$N_G=\int_{y_2}^{y_1}\dfrac{dy}{y-y_e}$	$H\dfrac{L}{mG}=H_{OL}$
$H=H_LN_L$	$H_L=\dfrac{L}{k_x\alpha}$	$N_L=\int_{x_2}^{x_1}\dfrac{dx}{x_e-x}$	

注：H_G 和 H_L 分别表示气相分传质单元高度和液相分传质单元高度；N_G 和 N_L 分别表示以（$y-y_i$）和（x_i-x）为推动力的传质单元数，下标 i 表示气 - 液界面。

（二）传质单元数的计算方法

1. 操作线与推动力的变化规律

为积分式（9-66）与式（9-67），必须找出传质推动力（$y-y_e$）和(x_e-x)分别随气相摩尔分数 y 与液相摩尔分数 x 的变化规律。在吸收塔内，气、液两相含量沿塔高的变化受物料衡算式的约束。

设逆流接触吸收塔内任一横截面上气、液两相含量分别为 y 与 x，并取该截面至塔顶为控制体作物料衡算（图 9-23），可得

$$Gy+Lx_2=Gy_2+Lx$$

或

$$y=\frac{L}{G}(x-x_2)+y_2 \tag{9-74}$$

式（9-74）在 y-x 图上为一条直线。如图 9-23（b）所示，AB 称为吸收操作线。操作线两端点坐标（y_1，x_1）与（y_2，x_2）分别为气、液两相在塔进、出口的组成，斜率 L/G 称为吸收操作的液气比，线上任一点 M 的坐标代表塔内某一截面上气、液两相的组成。

若将平衡线与操作线绘于同一图上，操作线上任一点 M 与平衡线间的垂直距离即为塔内某截面上以气相组成表示的吸收推动力（$y-y_e$），与平衡线的水平距离则为该截面上以液相组成表示的吸收推动力（x_e-x）。因此，在吸收塔内推动力的变化规律是由操作线与平衡线共同决定的。

如果平衡线在吸收塔操作范围内可近似看成直线，则传质推动力 $\Delta y=$（$y-y_e$）和 $\Delta x=$（x_e-x）分别随 y 和 x 呈线性变化，此时推动力 Δy 或 Δx 相对于 y 或 x 的变化率均为常数，并且可分别用 Δy 和 Δx 的两端值表示，即

$$\frac{\mathrm{d}(\Delta y)}{\mathrm{d}y}=\frac{(y-y_e)_1-(y-y_e)_2}{y_1-y_2}=\frac{\Delta y_1-\Delta y_2}{y_1-y_2} \tag{9-75}$$

$$\frac{\mathrm{d}(\Delta x)}{\mathrm{d}x}=\frac{(x-x_e)_1-(x-x_e)_2}{x_1-x_2}=\frac{\Delta x_1-\Delta x_2}{x_1-x_2} \tag{9-76}$$

2. 平衡线为直线时的对数平均推动力法

当平衡线可近似视为直线时，吸收过程基本方程［式（9-70）］与式(9-73a)可以积分。将式（9-75）代入式（9-69）可得

$$H=\frac{G}{K_y\alpha}\frac{y_1-y_2}{\Delta y_1-\Delta y_2}\int_{\Delta y_1}^{\Delta y_2}\frac{\mathrm{d}(\Delta y)}{\Delta y}=\frac{G}{K_y\alpha}\frac{y_1-y_2}{\dfrac{\Delta y_1-\Delta y_2}{\ln\dfrac{\Delta y_1}{\Delta y_2}}}=\frac{G}{K_y\alpha}\frac{y_1-y_2}{\Delta y_m} \tag{9-77}$$

式中：

$$\Delta y_m=\frac{\Delta y_1-\Delta y_2}{\ln\dfrac{\Delta y_1}{\Delta y_2}} \tag{9-78}$$

式（9-78）为气相对数平均推动力。比较式（9-71a）与式（9-78）可知

$$N_{OG}=\frac{y_1-y_2}{\Delta y_m} \tag{9-79}$$

同样，将式（9-76）代入式（9-70）可得

$$H=\frac{L}{K_x\alpha}\frac{x_1-x_2}{\dfrac{\Delta x_1-\Delta x_2}{\ln\dfrac{\Delta x_1}{\Delta x_2}}}=\frac{L}{K_x\alpha}\frac{x_1-x_2}{\Delta x_m} \tag{9-80}$$

式中：

$$\Delta x_m=\frac{\Delta x_1-\Delta x_2}{\ln\dfrac{\Delta x_1}{\Delta x_2}} \tag{9-81}$$

式（9-81）为液相对数平均推动力。比较式（9-72）与式（9-81）可知

$$N_{OL}=\frac{x_1-x_2}{\Delta x_m} \tag{9-82}$$

3. 吸收因数法

除平均推动力法之外，为计算传质单元数，可将相平衡关系与操作线方程［式（9-75）］代入下式：

$$N_{OG}=\int_{y_2}^{y_1}\frac{dy}{y-y_e} \tag{9-83}$$

然后直接积分。对于相平衡关系服从亨利定律即平衡线为一通过原点的直线这一最简单情况，积分结果可整理为

$$N_{OG}=\frac{1}{1-\dfrac{1}{S}}\ln\left[\left(1-\frac{1}{S}\right)\frac{y_1-mx_2}{y_2-mx_2}+\frac{1}{S}\right] \tag{9-84}$$

式中：$\dfrac{1}{S}=\dfrac{mG}{L}$——解吸因数；

S——吸收因数。

式（9-84）包含 N_{OG}、$\dfrac{1}{SA}$ 及 $\dfrac{y_1-mx_2}{y_2-mx_2}$ 三个数群，可将其绘制成图 9-22。

同理可以推出以液相摩尔分数差为推动力的传质单元数。

$$N_{OL}=\frac{1}{1-S}\ln\left[(1-S)\frac{y_1-mx_2}{y_1-mx_1}+S\right] \tag{9-85}$$

式中：N_{OL}、A 及 $\dfrac{y_1-mx_2}{y_1-mx_1}$ 三者关系也服从图 9-22 的曲线。

与平均推动力法相比，采用吸收因数法计算吸收操作型问题较为方便。

4. 传质单元数的数值积分法

当平衡线 $y_e=f(x)$ 为一曲线时，此时非但不能使用对数平均推动力，且平衡线斜率处处不等，总传质系数也不再为常数。由式（9-61）可知，此时塔高应采用图解或数值积分法按下式进行计算：

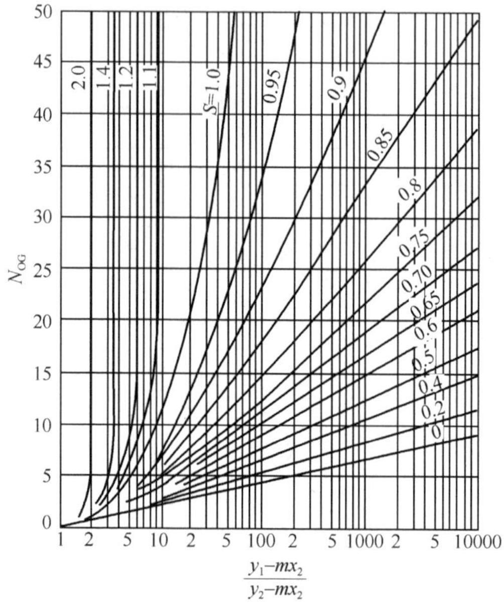

图 9-22　传质单元数

$$H=\int_{y_2}^{y_1}\frac{G\mathrm{d}y}{K_y\alpha(y-y_e)} \tag{9-86}$$

但在某些实验数据处理中，往往将所取的全塔的某一平均值移出积分号外，这样便有必要在平衡线为曲线的情况下计算 N_{OG}。

积分式

$$N_{OG}=\int_{y_2}^{y_1}\frac{\mathrm{d}y}{y-y_e} \tag{9-87}$$

其值等于图 9-23（b）的阴影面积，可采用各种数值积分方法加辛普森（Simpson）法求积，做法如下：

在 $y_1 \sim y_2$ 作偶数等分（图 9-23），对每一个 y 值算出对应的 $f(y)=\dfrac{1}{y-y_e}$，然后按下式积分：

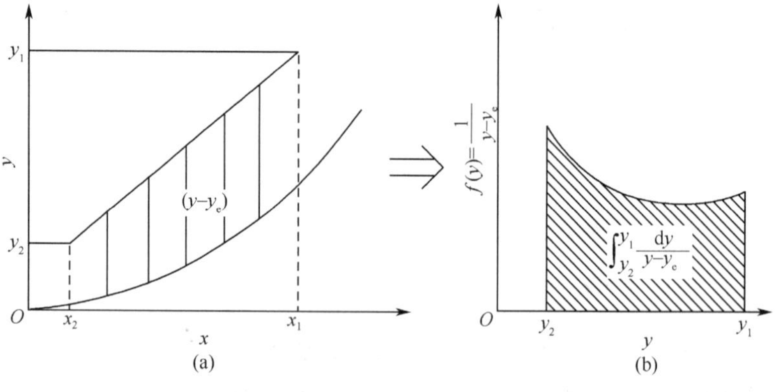

图 9-23　平衡线为曲线时的 N_{OG} 的算法

$$\int_{y_0}^{y_n} f(y)\mathrm{d}y = \frac{\xi}{3}(f_0 + 4f_1 + 2f_2 + 4f_3 + 2f_4 + \cdots + 2f_{n-2} + 4f_{n-1} + f_n) \tag{9-88}$$

式中：步长 $\xi = \dfrac{y_n - y_0}{n}$，$n$ 可取任一偶数。n 取值较大，式（9-88）计算比较准确。

（三）吸收塔的设计型计算

吸收塔的计算问题可分为设计型与操作型两类，两类问题均可通过联立求解以下三式得以解决。

全塔物料计算式：

$$G(y_1 - y_2) = L(x_1 - x_2)$$

相平衡方程：

$$y_e = f(x)$$

吸收过程基本方程：

$$H = H_{OG}N_{OG} = \frac{G}{K_y\alpha}\int_{y_2}^{y_1}\frac{\mathrm{d}y}{y - y_e}$$

或

$$H = H_{OL}N_{OL} = \frac{L}{K_x\alpha}\int_{x_2}^{x_1}\frac{\mathrm{d}x}{x - x_e}$$

1. 设计型计算的命题

设计要求：计算达到指定的分离要求所需要的塔高。

给定条件：进口气体的溶质摩尔分数、气体的处理量即混合气的进塔流率 G、吸收剂与溶质组分的相平衡关系以及分离要求。

分离要求通常有两种表达方式：若以吸收系除去气体中的有害物为目的，一般直接规定吸收后气体中有害溶质的残余摩尔分数 y_2；若以吸收系回收有用物质为目的，通常规定溶质的回收率 η。回收率定义为

$$\eta = \frac{\text{被吸收的溶质的量}}{\text{气体进塔的溶质的量}} = \frac{G_1y_1 - G_2y_2}{G_1y_1} \tag{9-89}$$

式中：G_1、G_2——气体进、出口流率。

对于低含量气体，$G_1 = G_2 = G$，则

$$\eta = 1 - \frac{y_2}{y_1}$$

或

$$y_2 = (1-\eta)y_1$$

为计算塔高 H，必须知道总传质系数 $K_y\alpha$ 或 $K_x\alpha$。H_{OG} 或 H_{OL} 涉及吸收塔的类型及其在操作条件下的传质性能，这里暂且作为已知量。

显然，根据上述已知条件，设计型计算问题尚未有定解，设计者必须面临一系列条件的选择。

在微分接触的吸收塔内，气、液两相可以作逆流也可作并流流动。取如图 9-24（a）所示的塔段为控制体进行物料衡算，可得并流时的操作线方程：

$$y = y_1 - \frac{L}{G}(x - x_i) \tag{9-90}$$

操作线 AB 是斜率为（$-L/G$）的直线。因此，只要在 $y_2 \sim y_1$ 平衡线是直线，则平均推动力 Δy_m 仍可按式（9-78）计算。同理，只要在 $x_1 \sim x_2$ 平衡线是直线，则平均推动力 Δx_m 可按式（9-81）计算。

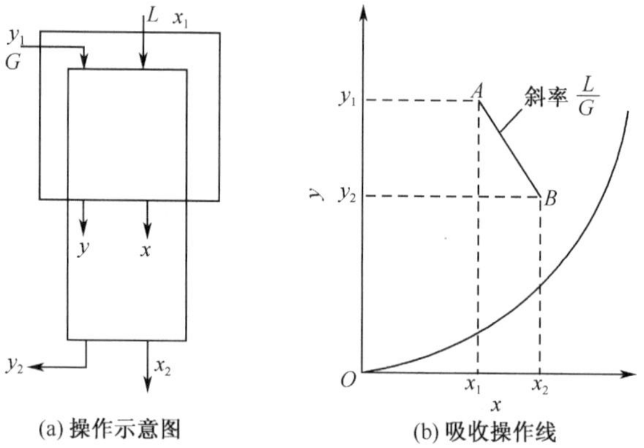

图 9-24　并流吸收的操作线

比较并流操作线［图 9-24（b）］与逆流操作线［图 9-21（b）］可知，在两相进、出口摩尔分数相同的情况下，逆流时的对数平均推动力必大于并流，故就吸收过程本身而言逆流优于并流。但是，就吸收设备而言，逆流操作时流体的下流受到上升气体的作用，当这种曳力过大时会妨碍液体顺利流下，因而限制了吸收塔所允许的液体流率和气体流率，这是逆流的缺点。

为使过程具有最大的推动力，一般吸收操作总是采用逆流，在以下吸收计算的讨论中，除注明外均指逆流操作。在特殊情况下，如当相平衡线斜率极小时，逆流并无多大优点，可以考虑采用并流。

2. 吸收剂进口含量的选择及其最高允许含量

设计时若所选择的吸收剂进口溶质含量过高，吸收过程的推动力减小，所需的吸收塔高度增加。若选择的进口含量过低，则对吸收剂的再生要求过高，使再生设备和再生费用加大。因此，吸收剂进口溶质含量的选择是一个经济上的优化问题，需要通过多方案的计算和比较才能确定。

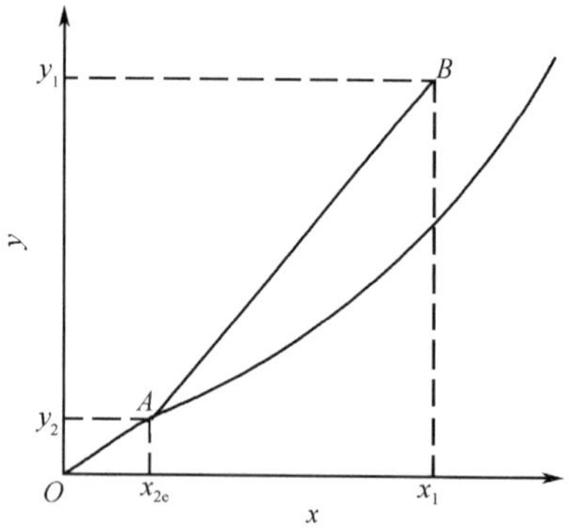

图 9-25　吸收剂进料口含量的上限

除了上述经济方面的考虑之外，还有一个技术上的限制，即存在一个技术上允许的最高进口含量，超过这一含量便不可能达到规定的分离要求。

气、液两相逆流操作时，塔顶气相含量按设计要求规定为 y_2，与 y_2 成平衡的液相含量为 x_{2e}，显然，所选择的吸收剂进口含量 x_2 必须低于 x_{2e} 才有可能达到规定的分离要求。当所选 x_2 等于 x_{2e} 时（图 9-25），吸收塔顶的推动力 Δy_2 为零，所需的塔高将为无穷大，这就是 x_2 的上限。

总之，对于规定的分离要求，吸收剂进口含量在技术上存在一个上限，在经济上存在一个最适宜的数值。

3. 吸收剂用量的选择和最小液气比

为计算平均传质推动力或传质单元数，除需要知道 y_1、y_2 和 x_2 之外，还必须确定吸收剂出口含量 x_1 或液气比 L/G。吸收剂出口含量 x_1 与液气比 L/G 受全塔物料衡算制约[图 9-26（a）]，即

$$x_2 = x_1 - \frac{G}{L}(y_1 - y_2) \tag{9-91}$$

显然，吸收剂用量即液气比越大，出口含量 x_1 越小。

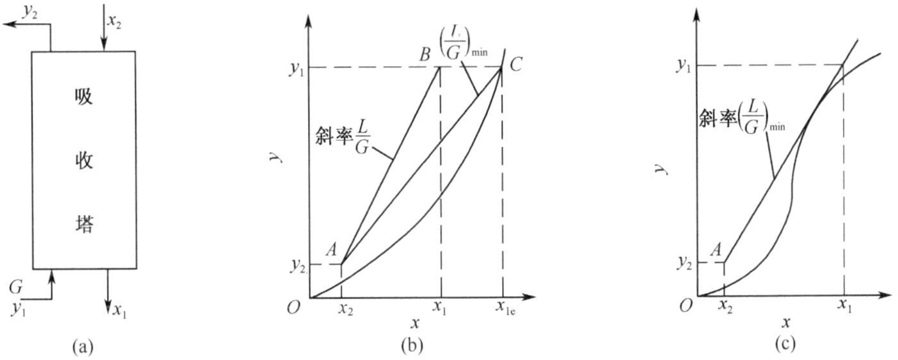

图 9-26　最小液气比

液气比的选择同样是个经济上的优化问题。由图 9-26（b）可知，当 y_1、y_2、x_2 已定时，液气比 L/G 增大，出口含量 x_1 减小，过程的平均推动力相应增大而传质单元数相应减小，从而使所需塔高降低。但是，吸收液的数量大而含量低，必然增加吸收剂的再生费用。这里同样需要多方案比较，从中选择较经济的液气比。

另外，吸收剂的最小用量也存在技术上的限制。当 $\left(\frac{L}{G}\right)$ 减小到图 9-26（b）中的 $\left(\frac{L}{G}\right)_{\min}$ 时，操作线与平衡线相交于 C 点，塔底的气、液两相含量达到平衡。此时吸收推动力 Δy_1 为零，所需塔高将为无穷大，显然这是液气比的下限或 x_1 的上限。通常称此 $\left(\frac{L}{G}\right)_{\min}$ 为吸收设计的最小液气比，相应的吸收剂用量为最小吸收剂用量 $L_{\min}$。最小液气比可按物料衡算求得

$$\left(\frac{L}{G}\right)_{\min} = \frac{y_1 - y_2}{x_{1e} - x_2} \tag{9-92}$$

必须注意，液气比的这一限制来自规定的分离要求，并非吸收塔不能在更低的液气比下操作。液气比小于此最低值，规定的分离要求将不能达到。

注意，由式（9-91）计算的最小液气比并非总是正确的。若平衡线的形状如图 9-26（c）所示，当液气比 $\left(\frac{L}{G}\right)$ 减小到某一程度时，塔底两相含量虽未达到平衡，但操作线已与平衡线相切，切点处的吸收推动力为零，为达到指定分离要求，塔高需无穷大。因此，此时的最小

液气比$\left(\frac{L}{G}\right)_{\min}$应取决于从图中 A 点所作的平衡线切线的斜率。

总之，在液气比下降时，只要塔内某一截面处气、液两相趋近平衡，达到指定分离要求所需的塔高即为无穷大，此时的液气比即为最小液气比。

在设计时为避免多方案计算，通常可先求出最小液气比，然后乘以某一经验的倍数作为设计的液气比。一般有

$$\frac{L}{G}=(1.1\sim 2)\left(\frac{L}{G}\right)_{\min}$$

例 9-7 塔高的计算。

在一逆流操作的吸收塔中用清水吸收氨-空气混合气中的氨，混合气流量为 0.025 kmol/s，混合气入塔时的含氨摩尔分数为 0.02，出塔含氨摩尔分数为 0.001。吸收塔操作时的总压为 101.3kPa，温度为 293K，在操作浓度范围内，氨-水系统的平衡方程为 $y=1.2x$，总传质系数 $K_{y}\alpha$ 为 0.0522kmol/(s·m^2)。若塔径为 1m，实际液气比为最小液气比的 1.2 倍，所需塔高为多少？

解 最小液气比为

$$\left(\frac{L}{G}\right)_{\min}=\frac{y_1-y_2}{x_{1e}-x_2}=\frac{0.02-0.001}{0.02/1.2-0}=1.14$$

实际液气比为

$$\frac{L}{G}=1.2\left(\frac{L}{G}\right)_{\min}=1.2\times 1.14=1.37$$

液相出口摩尔分数为

$$x_1=\frac{y_1-y_2}{\frac{L}{G}}+x_2=\frac{0.02-0.001}{1.37}+0=0.0139$$

平均推动力为

$$\Delta y_{\mathrm{m}}=\frac{(y_1-mx_1)-(y_2-mx_2)}{\ln\frac{y_1-mx_1}{y_2-mx_2}}=\frac{(0.02-1.2\times 0.0139)-0.001}{\ln\frac{0.02-1.2\times 0.0139}{0.001}}=1.93\times 10^{-3}$$

气相流率为

$$G=\frac{0.025}{\frac{\pi}{4}\times 1^2}=0.0318[\mathrm{kmol/(s\cdot m^3)}]$$

传质单元高度为

$$H_{\mathrm{OG}}=\frac{G}{K_{y}\alpha}=\frac{0.0318}{0.0522}=0.609(\mathrm{m})$$

传质单元数为

$$N_{\mathrm{OG}}=\frac{y_1-y_2}{\Delta y_{\mathrm{m}}}=\frac{0.02-0.001}{1.93\times 10^{-3}}=9.84$$

所需塔高为

$$H=H_{\mathrm{OG}}N_{\mathrm{OG}}=0.609\times 9.84=6.0(\mathrm{m})$$

为脱除吸收塔中的溶质，通常使用另一股与吸收液不互溶的惰性气流与吸收液接触，并将其中的溶质带走，因此必须确定这股解吸气流的用量 G。以逆流解吸为例［图 9-27 (a)］，待解吸的吸收液流率 L、解吸前后的溶质摩尔分数 x_1 与 x_2、解吸气流入塔的溶质摩尔分数 y_2（一般为零）等已规定。取图 9-27（a）所示虚线为控制体进行溶质的物料衡算可知，解吸操作线方程与吸收操作线方程［式（9-74）］完全相同，但解吸操作线位于平衡线

的下方，如图 9-27（b）中 AB 线所示。

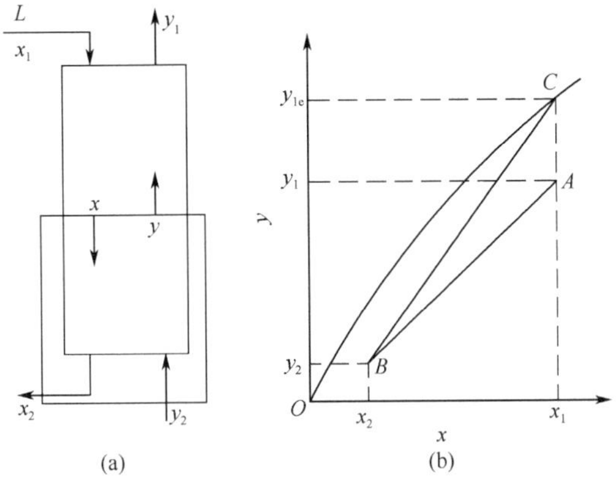

图 9-27　解吸操作线和最小液气比

当解吸用气量 G 减小、出口气体 y_1 必增大，操作线的 A 点向平衡线靠拢，其极限位置为 C 点。此时解吸气出口摩尔分数 y_1 与吸收剂进口摩尔分数 x_1 相平衡，解吸操作线斜率 L/G 最大而气液比 G/L 为最小，即

$$\left(\frac{G}{L}\right)_{\min}=\frac{x_1-x_2}{y_{1e}-y_2} \tag{9-93}$$

当平衡线呈下凹形状［图 9-27（c）］时，可从 B 点作平衡线的切线，以确定最小气液比 $\left(\frac{G}{L}\right)_{\min}$ 的数值。实际操作为使塔顶有一定的推动力，应使用比 $\left(\frac{G}{L}\right)_{\min}$ 大的气液比。

关于解吸塔的各种计算问题同样可通过联立式（9-68）与式（9-77）［或式（9-80）］来解决。唯　不同之处是解吸推动力与吸收推动力刚好相反。

例 9-8　解吸气流用量的计算。

含苯摩尔分数为 0.02 的煤气用平均相对分子质量为 260 的洗油在一填料塔中作逆流吸收，以回收其中 95%的苯，煤气的流量为 1200kmol/h。塔顶进入的洗油中含苯摩尔分数为 0.005，洗油的流率为最小用量的 1.3 倍。吸收塔在 101.3kPa、27℃下操作，此时气、液平衡关系为 $y=0.125x$。富油由吸收塔底出口经加热后被送入解吸塔塔顶，由解吸塔底送入的过热水蒸气使洗油脱苯。脱苯后的贫油由解吸塔底排出被冷却至 27℃ 再进入吸收塔使用，水蒸气用量取最小用量的 1.3 倍。解吸塔在 101.3kPa、120℃下操作，此时的气-液平衡关系为 $y=3.16x$。求洗油的循环流率和解吸时的过热蒸气耗量（图 9-28）。

解　吸收塔。出口煤气含苯摩尔分数为

$$y_2=(1-\eta)y_1=(1-0.95)\times 0.02=0.001$$

洗油在吸收塔底的最大摩尔分数为

$$x_{1e}=\frac{y_1}{m}=\frac{0.02}{0.125}=0.16$$

吸收塔最小液气比为

$$\left(\frac{L}{G}\right)_{\min}=\frac{y_1-y_2}{x_{1e}-x_2}=\frac{0.02-0.001}{0.16-0.005}=0.123$$

实际液气比为

$$\frac{L}{G}=1.3\left(\frac{L}{G}\right)_{\min}=1.3\times 0.123=0.160$$

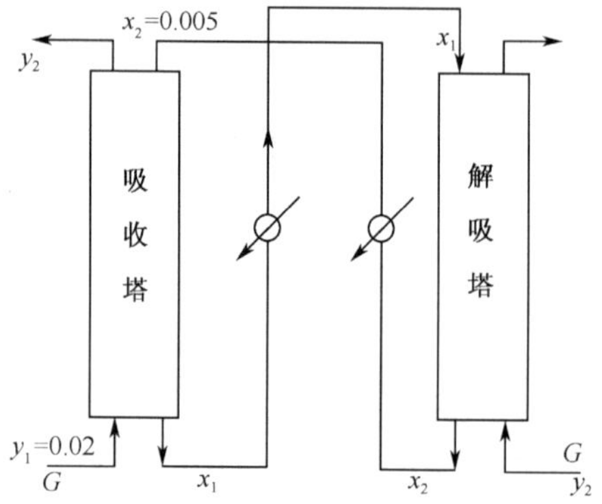

图 9-28 例 9-8 附图

煤气量为

$$G = 1200\text{kmol/h} = 0.333\text{kmol/s}$$

洗油循环量为

$$L = 0.160 \times 0.333 = 5.32 \times 10^{-2}(\text{kmol/s})$$

洗油出塔摩尔分数为

$$x_1 = x_2 + \frac{G}{L}(y_1 - y_2) = 0.005 + \frac{1}{0.16} \times (0.02 - 0.001) = 0.124$$

解吸塔。因过热水蒸气中不含苯，$y_2=0$。

解吸塔顶气相中苯的最大含量为

$$y_{1e} = mx_1 = 3.16 \times 0.124 = 0.391$$

解吸塔的最小气液比为

$$\left(\frac{G}{L}\right)_{\min} = \frac{x_1 - x_2}{y_{1e} - y_2} = \frac{0.124 - 0.005}{0.391 - 0} = 0.304$$

操作液气比为

$$\frac{G}{L} = 1.2 \times \left(\frac{G}{L}\right)_{\min} = 1.2 \times 0.304 = 0.365$$

过热蒸气用量为

$$G = 0.365L = 0.365 \times 5.32 \times 10^{-2} = 1.94 \times 10^{-2}(\text{kmol/s}) = 1260(\text{kg/h})$$

思考题与计算题

一、思考题

1. 根据 Fick 定律，简述传质速率与哪些因素有关。
2. 简述相平衡与吸收过程的关系。
3. 双膜理论的基本论点是什么？对实际生产具有何指导意义？

二、计算题

1. 浓度为 0.02（摩尔分数）的稀氨水在 20℃时氨平衡分压为 1.666kPa，氨水上方的总压强为常压，在此浓度下相平衡关系服从亨利定律，氨水的密度可近似取为 1000kg/m³，试求亨利系数 E、H 和 m 的数值各为多少。 [答：83.3kPa，0.34kmol/(kN · m)，0.825]

2. 含氨 9%（摩尔分数）的空气-氨混合气与 5%（摩尔分数）的稀氨水充分接触，在操作条件下平衡关系为 $y=0.97x$。当上述两相接触时发生吸收还是解吸？气、液相浓度各自最大限度是多少？

（答：吸收；$y_i=9\%$时，$x_i=9.28\%$；$x_i=5\%$时，$y_i=4.85\%$）

3. 常压下，30℃条件下，于填料塔中用清水逆流吸收空气中的 SO_2。已知入塔混合气中含 SO_2 为 5%（体积），出塔气中 SO_2 为 0.2%（体积）；出塔吸收液中每 100g 含 SO_2 为 0.356g。若操作条件下气-液相平衡为 $y=47.87x$，试求塔底和塔顶处的吸收推动力，分别以 Δy、Δx、Δp 和 Δc 表示。

（答：塔底推动力：$\Delta y=2.13\times10^{-3}$，$\Delta x=4.4\times10^{-5}$，$\Delta p=0.2158\text{kPa}$，$\Delta c=8.562\times10^{-2}\text{mol/m}^3$；

塔顶推动力：$\Delta y=0.002$，$\Delta x=4.17\times10^{-5}$，$\Delta p=0.2026\text{kPa}$，$\Delta c=8.038\times10^{-2}\text{mol/m}^3$）

4. 一吸收塔于常压下操作，用清水吸收焦炉气中的氨。焦炉气处理量为 5000 标准 m^3/h，氨的浓度为 10g/标准 m^3，要求氨的回收率不低于 99%。水的用量为最小用量的 1.5 倍，焦炉气入塔温度为 30℃，空塔气速为 1.1m/s：操作条件下的平衡关系为 $y=1.2x$，气相体积吸收总系数为 $K_{y}\alpha=0.0611\text{kmol/(m}^3\cdot\text{s)}$。试分别用对数平均推动力法及数学分析法求气相总传质单元数，再求所需的填料层高度。

（答：15.6，10.80m）

第十章　蒸　　馏

第一节　概　　述

工业生产中常需要将液体混合物进行分离，以达到提纯或回收有用组分的目的。在常用液体分离方法中，蒸馏（distillation）是广泛应用的一种方法。其原理是在热能驱动下，利用混合液中各组分具有不同的挥发能力，使各组分在气、液两相中的组成比发生改变，即易挥发组分（轻组分）在气相中浓度增大，难挥发组分（重组分）在液相中浓缩。蒸馏就是利用混合物中各组分挥发能力的差异，将各组分分开的单元操作过程。

蒸馏操作一般在塔设备中进行，可用板式塔也可用填料塔。气相和液相在塔板上或填料表面上进行质量传递。易挥发组分从液相转移至气相，难挥发组分从气相转移至液相。

蒸馏按操作方式可分为简单蒸馏、平衡蒸馏、精馏及特殊精馏等多种方法；按操作压力分为加压蒸馏、常压蒸馏和真空蒸馏；按操作是否连续可分为连续精馏和间歇精馏；按原料中所含组分数目可分为双组分（二元）蒸馏及多组分（多元）蒸馏。每一个精馏塔顶和塔底可分别获得较纯的轻组分和重组分，因而，$N-1$个塔可以使 N 个组分得到分离，故二元蒸馏是分离的基础，本章将着重讨论常压下双组分的连续精馏。

蒸馏不仅可以分离液体混合物，还可以分离气体混合物（通过加压的方法把气体混合物变为液体混合物）；操作流程比较简单，可以直接将混合物提纯，不需要外加其他介质。而吸收、萃取等分离方法则需要外加其他介质（溶剂），并需对介质和所提取的物质进行分离。

蒸馏通过对混合液的加热建立气、液两相体系，气相需要再冷凝液化。因此，蒸馏操作的主要缺点是耗能大，能耗大小是决定是否采用蒸馏方法的主要因素。

第二节　蒸 馏 原 理

一、简单蒸馏和平衡蒸馏

（一）简单蒸馏

简单蒸馏基本流程如图 10-1 所示。简单蒸馏是分批加入原料，进行间歇式加热，蒸馏过程中不断从塔顶采出产品。在蒸馏过程中，随着轻组分的不断气化和冷凝采出，釜内液体中的轻组分浓度不断下降，相应的蒸气中轻组分浓度也随之降低。因此，馏出液通常是按不同组成范围收集的，且任意两个时间段内气、液平衡状态不同，它是随时间连续变化的，因此简单蒸馏又称微分蒸馏，从整个过程来看是一个非稳态过程。

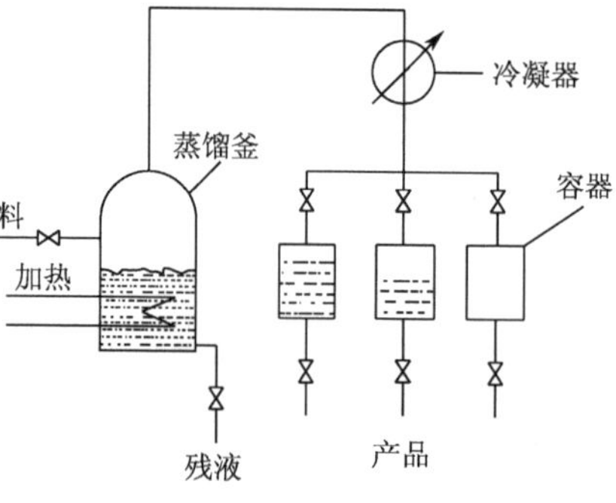

图 10-1　简单蒸馏

简单蒸馏分离能力有限，仅适用于相对挥发度大且分离要求不高的原料，故常作为初加工手段。

（二）平衡蒸馏

平衡蒸馏又称闪馏，是连续、稳定的单级蒸馏过程，其流程如图 10-2 所示。原料液通过加压预热（未沸腾），在连续的通过节流阀后因压强突然下降，液体发生自蒸发，最终产生相互平衡的气、液两相。气相中易挥发组分浓度较高，与之平衡的液相中易挥发组分浓度较低，在分离器内气、液两相分离后，气相经冷凝成为顶部液态产品，液相则作为底部产品，从而使混合液达到一定程度的分离。由于过程连续且维持恒定的操作条件，产物的组成不随时间变化。

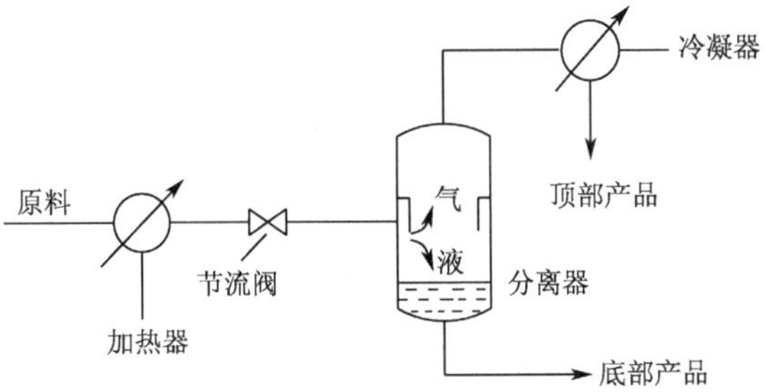

图 10-2　平衡蒸馏

二、精馏原理及塔内气-液传质过程

简单蒸馏及平衡蒸馏只能使液体混合物得到有限的分离，远远不能满足工业要求。精馏过程能使混合物多次且同时进行部分气化与部分冷凝，从而达到高纯度分离的目的。

如图 10-3 所示为一精馏塔，塔内装有多层塔板，其作用是使上升的气相与下降的液相在其上进行充分接触，实现传质过程。料液自塔的中部某个适当的位置（该处塔板上的组成与进料的组成最接近）连续地加入塔内。该层塔板则称为加料板，加料板以上的部分称为精馏段，加料板及其以下的部分称为提馏段。塔顶设有冷凝器，将塔顶蒸气冷凝为液体，冷凝液的一部分回流入塔顶，称为回流液，其余作为塔顶产品（馏出液）连续排出。在塔内上半部（加料板以上）进行上升蒸气和回流液体之间的逆流接触和物质传递。塔底设有再沸器（蒸馏釜）以加热到达塔底的液体，使之部分气化，所产生的蒸气回流入塔，沿塔上升，与下降的液体逆流接触并进行物质传递。塔底连续排出部分液体作为塔底产品。

为了方便讨论，一般规定塔板序号按从塔顶到塔釜依次排列，即 1、2、3、…、N，而不同块板上的气、液相组成、温度等物理量则以离开的相应板的序号为下标加以区别。以图 10-4 中的第 n 层塔板为例，离开该板的液相组成用 x_n 表示，离开该板的气相组成则为 y_n，其他依此类推。现取第 n 块板为例分析精馏过程和原理。

塔板的形式有多种，最简单的一种是板上有许多小孔（称为筛板塔），每层板上都装有溢流管，由下一层（n+1 层）的蒸气通过板上的小孔上升，而上一层（n−1 层）来的液体通过溢流管流到第 n 块板上，在第 n 块板上气、液两相密切接触，进行热和质的交换。进、出第 n 块板的物流分为四部分：

1）由第 n−1 块板溢流下来的液体量为 L_{n-1}，其组成为 x_{n-1}，温度为 t_{n-1}。

2）由第 n 块板上升的蒸气量为 V_n，组成为 y_n，温度为 t_n。

3）从第 n 块板溢流下去的液体量为 L_n，组成为 x_n，温度为 t_n。

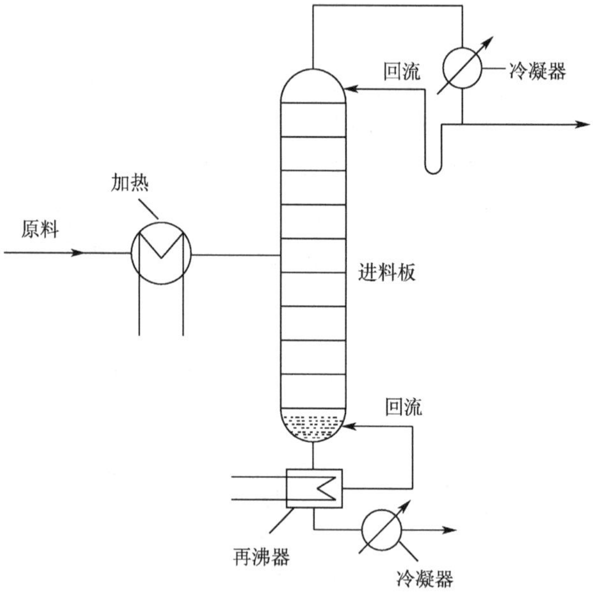

图 10-3 连续精馏流程示意图

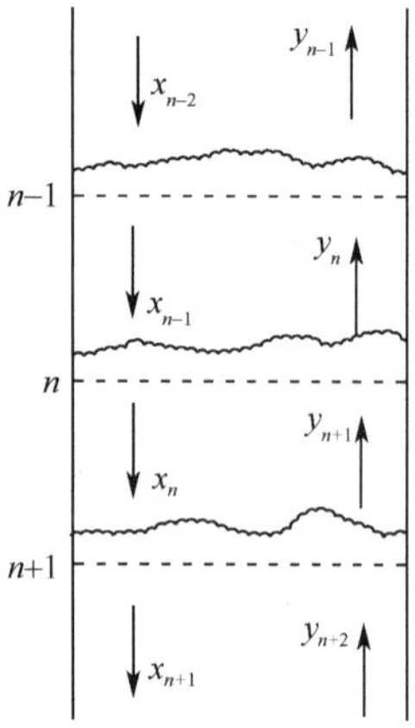

图 10-4 塔板间气-液传质

4）由第 $n+1$ 块板上升的蒸气量为 V_{n+1}，组成为 y_{n+1}，温度为 t_{n+1}。

开始时进入第 n 块板的气、液两相是不平衡的。因此，当组成为 x_{n-1} 的液体及组成为 y_{n+1} 的蒸气同时进入第 n 块板时，由于存在温度差和浓度差，气、液两相在第 n 板上密切接触进行传质和传热使组成为 y_{n+1} 的蒸气中有一部分难挥发组分被冷凝（因为 $t_{n+1}>t_n$）进入液相中，冷凝放出的潜热传给液相，组成为 x_{n-1} 的液体中有一部分易挥发组分得到气相部分难挥发组分冷凝放出的潜热而气化到气相中，因而离开第 n 板的气相组成 $y_n>y_{n+1}$，液相组成 $x_n<x_{n-1}$，若气、液两相在板上的接触时间长，接触较充分，则离开该板的气、液两相平衡，通常称这种板为理论板。精馏塔中每层板上都进行与上述相似的过程，其结果是上升蒸气中易挥发组分浓度逐渐增大，而下降的液体中难挥发组分越来越浓，只要塔内有足够多的塔板数，就可使混合物达到所要求的分离纯度。

第三节 双组分连续精馏

一、双组分理想溶液的气-液相平衡

根据溶液中同分子间与异分子间作用力的差异，可将溶液分为理想溶液和非理想溶液。理想溶液是指一种分子间相互吸引力不因混合而有所变化，形成的混合溶液无容积效应，也无热效应的混合溶液。严格地讲，理想溶液并不存在，但化学结构相似、性质极相近的组分组成的混合溶液，如苯-甲苯、甲醇-乙醇、烃类同系物等组成的溶液，可看作是理想溶液。在压力不太高（一般不高于 103kPa）的情况下，理想溶液与其挥发的蒸气形成的物系可近

似按理想物系处理。理想物系中液相为理想溶液，服从拉乌尔定律，气相为理想气体，服从道尔顿分压定律。

（一）相律和拉乌尔定律

相律（phase rule）表示平衡物系中的自由度数（F）、相数（ϕ）及独立组分数（N）间的关系。气、液两相平衡共存时的自由度为

$$F = N - \phi + 2 = 2 - 2 + 2 = 2$$

自由度为 2，在 t、p、y、x 4 个变量中，任意确定其中的两个变量，则物系的状态被唯一确定下来，余下的参数已不能任意选择。一般精馏在恒压下操作（p 一定），物系只剩下 1 个自由度。如指定温度 t，则气、液组成 y、x 均为 t 的函数，故也可确定。

实验证明，理想溶液的气-液相平衡服从拉乌尔定律。拉乌尔定律指出，在一定温度下，气相中任一组分的分压等于此纯组分在该温度下的饱和蒸气压乘以它在溶液中的摩尔分数。由此对含有 A、B 组分的理想溶液可得

$$p_A = p_A^0 x_A \qquad p_B = p_B^0 x_B \tag{10-1}$$

式中：x_A、x_B——液相组分 A、B 的摩尔分数；

p_A^0、p_B^0——纯组分 A、B 在溶液温度下的饱和蒸气压（Pa），p_A^0、p_B^0 均为温度的函数。

下标 A 表示易挥发组分（轻组分），B 表示难挥发组分（重组分）。

纯组分的饱和蒸气压 p^0 和温度的关系通常可用安托万（Antoine）方程表示，即

$$\lg p^0 = A - \frac{B}{t + C} \tag{10-2}$$

式中：A、B、C——组分的安托万常数，可由有关手册查得。

（二）泡点方程和露点方程

在指定压力下，溶液沸腾的条件是

$$p = p_A + p_B = p_A^0 x_A + p_B^0 (1 - x_A) \tag{10-3}$$

整理式（10-3）得

$$x_A = \frac{p - p_B^0}{p_A^0 - p_B^0} \tag{10-4}$$

因 p_A^0、p_B^0 为温度的函数，故式（10-4）表示气-液平衡时液相组成与平衡温度之间的关系，称为泡点方程。

由于是理想物系，平衡时的气相服从道尔顿分压定律，即

$$p_A = p y_A \qquad y_A = \frac{p_A}{p} = \frac{p_A^0}{p} x_A = \frac{p_A^0}{p} \frac{p - p_B^0}{p_A^0 - p_B^0} \tag{10-5}$$

式中：y_A——挥发后的组分 A 在气相中所占的摩尔分数。

同理，式（10-5）表示平衡时气相组成与平衡温度之间的关系，称为露点方程。

（三）相对挥发度与气-液平衡

纯液体挥发度（volatility）是用该组分在这一温度下的饱和蒸气压的大小来表示的。某组分与其他组分组成溶液后其挥发性将受其他组分的影响。某一组分的饱和蒸气压比其单独

存在时低，其挥发度用它在气相中的分压与其液相中摩尔分数的比表示，即

$$v_A = \frac{p_A}{x_A} \qquad v_B = \frac{p_B}{x_B} \tag{10-6}$$

对于理想溶液 $p_A = p_A^0 x_A$，因此 $v_A = p_A^0$，$v_B = p_B^0$。

显然，溶液中组分的挥发度随温度而变，在使用上不太方便，故引出相对挥发度（relative volatility）的概念。习惯上将易挥发组分的挥发度与难挥发组分的挥发度之比称为相对挥发度，以 α 表示，即

$$\alpha = \frac{v_A}{v_B} = \frac{p_A/x_A}{p_B/x_B} \tag{10-7}$$

当压力不大时，气相服从道尔顿分压定律，则有

$$\alpha = \frac{py_A/x_A}{py_B/x_B} = \frac{y_A/x_A}{y_B/x_B} = \frac{y_A/y_B}{x_A/x_B} = \frac{y_A/(1-y_A)}{x_A/(1-x_A)} \tag{10-8}$$

略去下标 A，整理得到用相对挥发度 α 表示的气、液相平衡方程式为

$$y = \frac{\alpha x}{1+(\alpha-1)x} \tag{10-9}$$

对于理想溶液

$$\alpha = \frac{p_A^0}{p_B^0} \tag{10-10}$$

在一定温度范围内，α 近似为常数。α 的大小反映了混合液分离的难易程度。若 $\alpha=1$，则由式（10-9）得出 $y=x$，表明这种混合液不能用普通蒸馏方法分离；若 $\alpha>1$，则 $y>x$。α 越大，y 比 x 大得越多，分离越容易。

例 10-1 实验测得常压下乙醇（A）和水（B）混合物的气、液相平衡组成为 $y_A=0.75$，$x_A=0.4$（均为摩尔分数），试求此时的相对挥发度。

解 $x_A=0.4$ 时，$x_B=0.6$；$y_A=0.75$ 时，$y_B=0.25$。代入式（10-8）可得

$$\alpha = \frac{y_A/x_A}{y_B/x_B} = \frac{0.75/0.4}{0.25/0.6} = 4.5$$

（四）双组分理想溶液的气-液平衡相图

用相图表示气-液平衡关系比较直观，影响蒸馏的因素可在相图上直接反映出来，对于双组分蒸馏过程分析计算非常方便。蒸馏中常用的相图有恒压下的温度-组成图和气-液平衡相图。

（1）温度-组成图（t-x-y 图）

蒸馏通常在一定的外压下进行，联立式（10-2）和式（10-4）可作出 t-x 图，联立式（10-2）和式（10-5）可分别作出 t-x 图和 t-y 图，将两张图放到一个坐标上即可得到温度-组成图（t-x-y 图）。恒压下的温度-组成图对蒸馏过程的分析具有重要意义，它具有以下特点：

1）两端点 A 与 B：如图 10-5 所示，端点 A 代表纯易挥发 A 组分（$x=1$）的沸点，端点 B 代表纯难挥发 B 组分（$x=0$）的沸点，$t_{A,沸点} < t_{B,沸点}$。

2）两线：t-x 线为泡点线，线上的任一点所表示的状况为开始沸腾时的状态，泡点与组成 x 有关；t-y 线为露点线，线上的任一点所表示的状况为开始冷凝产生液滴时的状态，

露点与组成 y 有关。

3）三区：t-x 线以下为过冷液体区；t-y 线以上为过热蒸气区；在 t-x 与 t-y 线之间的区域为气、液共存区，在此区域内气、液组成 y 与 x 是平衡关系，气、液两相的量符合杠杆规则。只有设法使体系落在气、液共存区，才能实现一定程度的分离。图 10-5 为苯-甲苯的 t-x-y 图，当组成为 x_F 的混合物温度处于 F 点时，物系为单一液体。加热到 t-x 线上的 G 点时，液体饱和并产生第一个气泡，G 点对应的温度称为泡点。继续加热到 H 点时，物系分为互成平衡的液相和气相，两相的量可由杠杆规则确定。当到达 t-y 线上的 I 点时，所有液体气化，成为饱和蒸气，继续加热就变成了过热蒸气，如 J 点。反之如果将气体从 J 点开始冷却到 I 点时开始产生第一个液滴，具对应温度为露点温度。

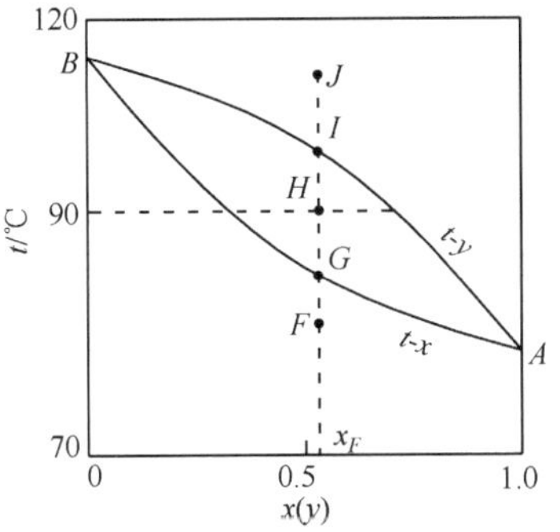

图 10-5　苯-甲苯溶液的 t-x-y 图

当气、液达到平衡时，气、液两相温度相等，但气相中易挥发组成大于液相中，即 $y>x$。若气、液两相组成相同，则气相的露点总是大于液相的泡点，溶液的沸点与纯液体的沸点不同（总压不变，沸点一定），不是一个定值，而有一个范围，且随着溶液中易挥发组分的增加而降低。

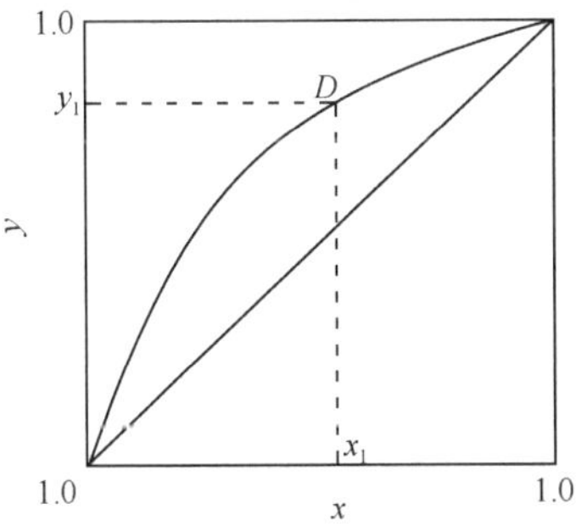

图 10-6　苯-甲苯溶液的 y-x 图

（2）气-液相平衡图（y-x 图）

在蒸馏计算中，除上述 t-x-y 图外还经常用到气-液相平衡图（y-x 图），图 10-6 为苯-甲苯的 y-x 图。气-液相平衡图表示在一定外压下气相组成 y 与液相组成 x 间的关系。y-x 图可以通过 t-x-y 图作出。一些溶液达到平衡时，气相中易挥发组分浓度总是大于液相中的，故在任一 x 下总是 $y>x$，相平衡曲线 y-x 必位于对角线 $y=x$ 上方。平衡曲线离对角线越远，越有利于精馏分离。总压升高对蒸馏分离是不利的。

二、非理想双组分理想溶液简介

非理想气体有几种情况：①液相为非理想溶液，气相为理想气体；②液相为理想溶液，气相为非理想气体；③液相为非理想溶液，气相为非理想气体。这里只简单介绍第一种情况。溶液为非理想的原因在于，不同种类分子之间作用力的大小与同种分子之间作用力的大小不同，其表现是溶液中各组分的平衡蒸气压偏离拉乌尔定律，某些溶液产生正偏差，某些溶液产生负偏差。若混合物中分子间吸引力比单纯气体分子间吸引力小，则混合物容易气化，溶液上方蒸气压比理想溶液上方蒸气压大，这种情况下混合溶液对拉乌尔定律正偏差，乙醇-水即是具有正偏差的溶液。反之则对拉乌尔定律负偏差，如硝酸-水即是具有负偏差的溶液。

图 10-7 和图 10-8 分别为乙醇-水溶液的 t-x-y 图和 y-x 图，图中 M 点是气相组成与液相组成相等的点，称为恒沸点。因 M 点的温度（78.15℃）比纯乙醇的沸点（78.3℃）及水的沸点（100℃）都低，故这种具有正偏差的非理想溶液又称为具有最低恒沸点的恒沸液。相反，硝酸-水溶液是具有最高恒沸点的恒沸液。图 10-9 和图 10-10分别为硝酸-水溶液的

t-x-y 图和y-x 图，恒沸点 N 处的温度（121.9℃）比纯硝酸（86℃）和纯水（100℃）的沸点都高。恒沸点处的相对挥发度 $\alpha=1$。一定压力下的恒沸点所对应的 y 值为易挥发组分的最大精馏浓度，处于恒沸点下的溶液无法继续分离，需要减压蒸馏。

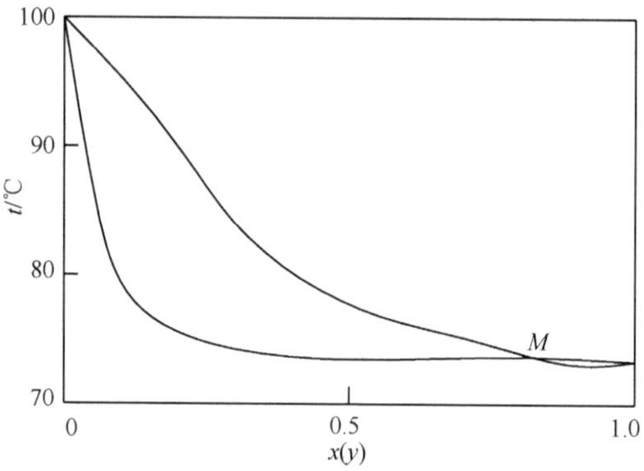

图 10-7　常压下乙醇-水溶液的 t-x-y 图

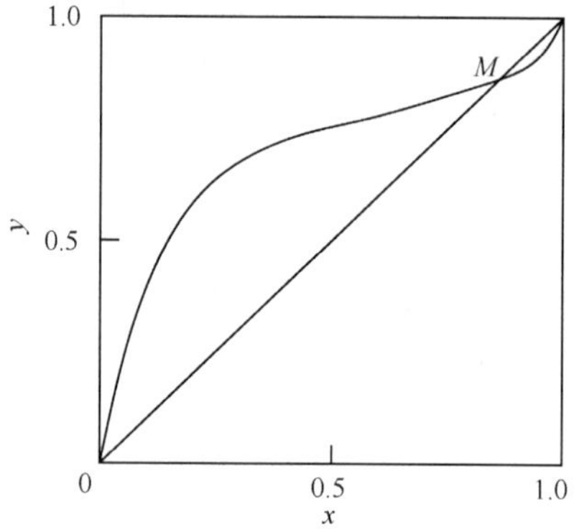

图 10-8　常压下乙醇-水溶液的 y-x 图

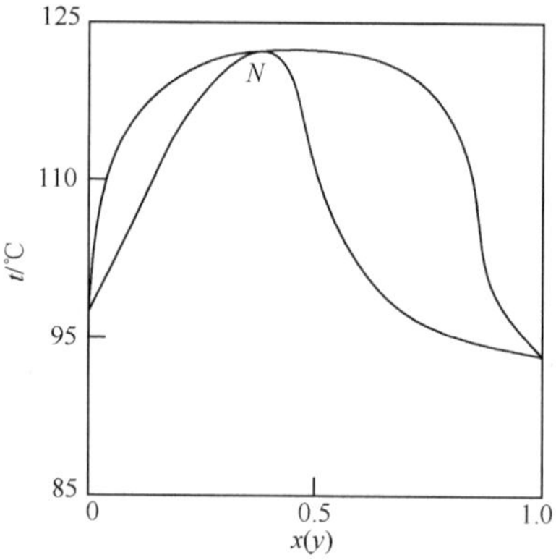

图 10-9　常压下硝酸-水溶液的 t-x-y 图

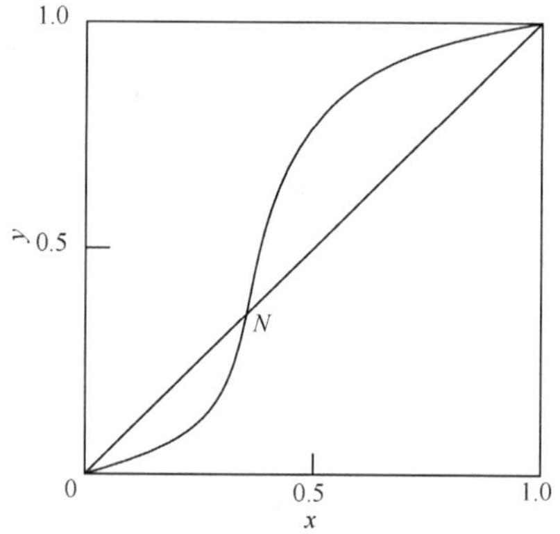

图 10-10　常压下硝酸-水溶液的 y-x 图

三、精馏设备

（一）板式塔

精馏和吸收设备同属于气、液传质设备，有多种型式，其中用得最多的塔式设备，可以分为逐级接触式和连续微分接触式两大类，前者的代表是板式塔，后者为填料塔。对精馏的计算讨论我们将结合板式塔进行，填料塔已在第九章中详细介绍。

板式塔是一种应用极为广泛的气、液传质设备，它由一个通常呈圆柱形的壳体及其中按一定间距水平设置的若干塔板所组成。如图 10-11 所示为板式塔内的核心组件，板式塔正常工作时，液体在重力作用下自上而下通过各层塔板后由塔底排出；气体在压差推动下，经均匀分布在塔板上的开孔由下而上穿过各层塔板后由塔顶排出，在每块塔板上均储有一定的液体，气体穿过板上液层时，两相接触进行传质。

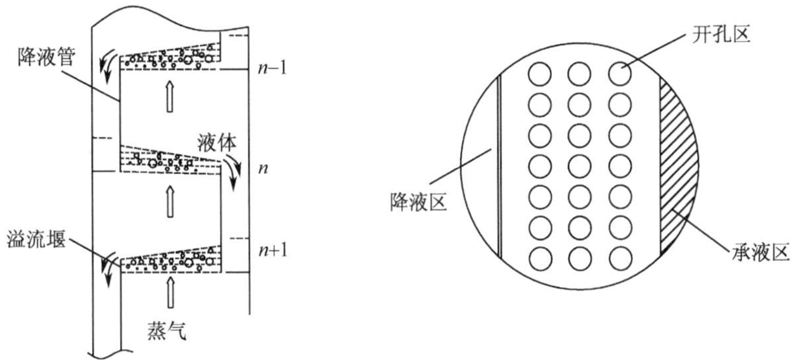

图 10-11　板式塔

为有效地实现气、液两相之间的传质，板式塔应具有以下功能：

1）在每块塔板上能使气、液两相保持密切而充分的接触，为传质过程提供足够大而且不断更新的相际接触表面，以增加传质效率。

2）在每块塔板上使气、液两相逆向流动，减少短路夹带与返混，以提供最大的传质推动力。

当气、液两相进、出塔设备的浓度一定时，两相逆流接触时的平均传质推动力最大。在板式塔内，各块塔板正是按两相逆流的原则组合起来的。但是，在每块塔板上，由于气、液两相剧烈混合摩擦，不可能达到充分的逆流流动。为获得尽可能大的传质推动力，目前在塔板设计中只能采用错流流动的方式，即液体横向流过塔板，而气体垂直穿过液层。

由此可见，除保证气、液两相在塔板上有充分的接触之外，板式塔的设计意图是，在塔内造成一个对传质过程最有利的理想流动条件，即在总体上使两相呈逆流流动，而在每一块塔板上使两相呈均匀的错流接触。

（二）塔板上的气、液接触状态

塔板上气、液两相的接触状态是决定板上两相流体力学及传质、传热规律的重要因素，它取决于流体的流速、气、液两相的性质以及板的结构等。当液体流量一定时，随着气速的增加，可以出现以下 4 种不同的接触状态：

1）鼓泡接触状态。当气速较低时，气体以鼓泡形式通过液层。由于气泡的数量不多，形成的气、液混合物基本上以液体为主，气、液两相接触的表面积不大，传质效率很低，如图 10-12（a）所示。

2）蜂窝接触状态。随着气速的增加，气泡的数量不断增加。当气泡的形成速度大于气泡的浮升速度时，气泡在液层中累积。气泡之间相互碰撞，形成各种多面体的大气泡，板上为以气体为主的气、液混合物。但由于气速不够高，其动能不足以使气泡破裂，表面得不到更新，所以此种状态不利于传热和传质，如图 10-12（b）所示。

3）泡沫接触状态。当气速继续增加，气泡数量急剧增加，此时板上液体大部分以液膜的形式存在于气泡之间，形成一些直径较小、扰动十分剧烈的动态泡沫，在板上只能看到较薄的一层液体，如图 10-12（c）所示。泡沫接触状态的表面积大，而且气泡间不断挤压和破裂使得表面不断更新，为两相传热与传质提供了良好的条件。这是一种较好的接触状态，在工业生产中常被采用。

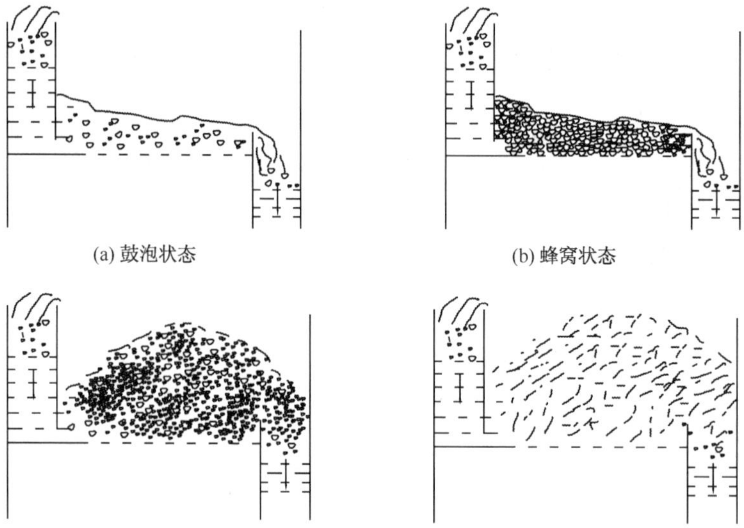

(a) 鼓泡状态　(b) 蜂窝状态　(c) 泡沫状态　(d) 喷射状态

图 10-12　塔板上的气、液接触状态

4）喷射接触状态。当气速继续增加，由于气体动能很大，把板上的液体向上喷成大小不等的液滴，直径较大的液滴受重力作用又落回到板上，直径较小的液滴被气体带走，形成液沫夹带，如图 10-12（d）所示。此时塔板上的气体为连续相，液体为分散相，两相传质的面积是液滴的外表面。由于液滴回到塔板后又被分散，这种液滴的反复形成和聚集使传质面积大大增加，而且表面不断更新，有利于传质与传热的进行，也是一种较好的接触状态。但喷射不宜过于激烈，否则会造成液沫夹带现象，反而降低了效率。工业生产中，控制在这一状态下分离的实例不多见。

（三）气体通过塔板的压降

气体通过塔板的压降（塔板的总压降）包括塔板的干板阻力（板上各部件所造成的局部阻力）、板上充气液层的静压力及液体的表面张力。

塔板压降是影响板式塔操作特性的重要因素。塔板压降增大，塔板上气、液两相的接触时间随之延长，板效率升高，完成同样的分离任务所需的实际塔板数减少，设备费用降低；另外，塔釜温度随之升高，能耗增加，操作费用增大，分离热敏性物系时易造成物料的分解或结焦。因此，进行塔板设计时应综合考虑，在保证较高效率的前提下，力求减小塔板压降，以降低能耗和改善塔的操作。

（四）板式塔的不正常操作现象

筛板塔内气、液两相的非理想流动包括漏液、液泛和液沫夹带等，这是使塔板效率降低甚至使操作无法进行的重要因素，应尽量避免这些异常操作现象的出现。

1. 漏液

在正常操作的塔板上，液体横向流过塔板，然后经降液管流下。当气体通过塔板的速度较小时，气体通过升气孔道的动压不足以阻止板上液体经孔道流下，便会出现漏液现象。漏液导致气、液两相在塔板上的接触时间减少，塔板效率下降，严重时会使塔板不能积液而无法正常操作。通常，为保证塔的正常操作，漏液量应不大于液体流量的 10%。漏液量达到 10%的气体速度称为漏液速度，它是板式塔操作气速的下限。

造成漏液的主要原因是气速太小和板面上液面落差所引起的气流分布不均匀。在塔板液体入口处，液层较厚，往往出现漏液，为此常在塔板液体入口处留出一条不开孔的区域，称为安定区。此外，板上的孔径和开孔率的大小也会引起漏液，安装不好会引起局部漏液。

2. *液沫夹带和气泡夹带*

上升气流穿过塔板上液层时，必然将部分液体分散成微小液滴，气体夹带这些液滴在板间的空间上升，如液滴来不及沉降分离，则将随气体进入上层塔板，这种现象称为液沫夹带。

液滴的生成虽然可增大气、液两相的接触面积，有利于传质和传热，但过量的液沫夹带常造成液相在塔板间的返混，进而导致板效率严重下降。为维持正常操作，需将液沫夹带限制在一定范围内，一般允许的液沫夹带量为 $e_V<0.1$kg（液）/kg(气)。

影响液沫夹带量的因素很多，最主要的是空塔气速和塔板间距。空塔气速减小及塔板间距增大均可使液沫夹带量减小。

3. *液泛*

塔板正常操作时，在板上维持一定厚度的液层，以和气体进行接触传质。如果由于某种原因，导致液体充满塔板之间的空间，使塔的正常操作受到破坏，这种现象称为液泛。

当塔板上液体流量很大，上升气体的速度很高时，液体被气体夹带到上一层塔板上的量剧增，使塔板间充满气、液混合物，最终使整个塔内都充满液体，这种由于液沫夹带量过大引起的液泛称为夹带液泛。

当降液管内液体不能顺利向下流动时，管内液体必然积累，致使管内液位增高而越过溢流堰顶部，两板间液体相连，塔板产生积液，并依次上升，最终导致塔内充满液体，这种由于降液管内充满液体而引起的液泛称为降液管液泛。

液泛的形成与气、液两相的流量相关。对一定的液体流量，气速过大会形成液泛；反之，对一定的气体流量，液量过大也可能发生液泛。液泛时的气速称为泛点气速，正常操作时气速应控制在泛点气速之下。

影响液泛的因素除气、液流量外，还有塔板的结构，特别是塔板间距等参数，设计中采用较大的板间距可提高泛点气速。

第四节 板式塔中双组分连续精馏的计算

一、工艺计算内容

精馏过程的工艺计算可以分为设计型和操作型两类。现按设计型计算，结合多级逆流操作讨论双组分体系连续精馏的计算。

根据分离的料液量与组成和指定的分离要求，将精馏过程设计型计算的内容确定为以下几项：

1）根据指定的分离要求，计算精馏产物的量与组成。

2）选择合适的操作条件：包括操作压力、回流比（回流液量与馏出液的比值）和加料状态等，为讲述方便，先按已选定压力 p、回流比 R，加料状态为饱和液体进行讨论。

3）确定精馏塔所需要的理论板数和加料位置。

4）选择精馏塔的类型，确定塔径、塔高及其他塔的结构和操作参数。

5）进行冷凝器和再沸器的设计计算。

在本节重点讨论前三项，后面两项在第四节中再详细介绍。

二、理论板的概念及恒摩尔流假定

（一）理论板的概念

如果经过某一塔板的气、液两相充分混合，在离开该板时气、液两相温度相等、组成达到平衡，这样的塔板称为理论板（theoretical tray）。

理论上，离开第 n 块板的蒸气组成 y_n 与离开该板的液相组成 x_n 相平衡。实际上，塔板上气、液两相间的接触时间和接触表面积是有限的，板面上液层浓度不均匀，特别是有顺流的塔板，气、液成错流时，气相分布也不均匀。气体上升时夹带液——雾沫夹带，液体向下流动时夹带气泡，漏液等都会影响热、质的传递效果。因此，在实际塔板上气、液相很难达到平衡，即理论板是不存在的。通常在设计过程中先求出理论板数，经修正得实际板数。

若气-液平衡关系是已知的，如再能得知 x_n 与下一块板上升到该板的蒸气组成 y_{n+1} 的关系，就可以逐板计算，从而求得达到指定分离任务所需的理论板数。任意板下降液相组成 x_n 与下一板上升蒸气组成 y_{n+1} 之间的关系称为操作关系，可由物料衡算确定。

（二）恒摩尔流假定

为了简化精馏计算，通常引入塔内恒摩尔流假定：

1）恒摩尔气流。恒摩尔气流是指在精馏塔内，从精馏段或提馏段每层塔板上升的气相摩尔流量保持不变，即

$$\text{精馏段}\ V_1 = V_2 = V_3 = V_4 = \cdots = V_n = V = \text{常数}$$

$$\text{提馏段}\ V_1' = V_2' = V_3' = V_4' = \cdots = V_n' = V' = \text{常数}$$

式中：下标 1、2、…、n——塔板的序号（下同）；

V——精馏段上升的蒸气摩尔流量（kmol/h）；

V'——提馏段上升的蒸气摩尔流量（kmol/h）。

注意，精馏段与提馏段上升的气相摩尔流量不一定相等。

2）恒摩尔液流。恒摩尔液流是指在精馏塔内，从精馏段或提馏段每层塔板下降的液相摩尔流量保持不变，即

$$\text{精馏段}\ L_1 = L_2 = L_3 = L_4 = \cdots = L_n = L = \text{常数}$$

$$\text{提馏段}\ L_1' = L_2' = L_3' = L_4' = \cdots = L_n' = L' = \text{常数}$$

式中：L——精馏段下流的液体摩尔流量（kmol/h）；

L'——提馏段下流的液体摩尔流量（kmol/h）。

注意，精馏段与提馏段下降的液相摩尔流量不一定相等。

气、液两相接触时，若有 $n$kmol 蒸气冷凝，就有 $n$kmol 液体气化，这时恒摩尔流假定才能成立。这一假定应满足以下条件：①各组分的摩尔气化热相等；②气、液接触时因温度

不同，可以忽略交换的显热；③塔设备保温良好，热损失可以忽略不计。

恒摩尔流虽是一项简化假定，但某些物系能基本符合上述条件，以后介绍的精馏计算均是以恒摩尔流为前提的。

三、连续精馏的物料衡算和操作线方程

（一）全塔物料衡算

全塔物料衡算的主要目的是确定流入与流出物流之间的关系，如根据进料条件和分离要求确定塔两端的产品量。对如图 10-13 所示的精馏塔进行全塔的物料衡算，得

$$F = D + W \tag{10-11}$$

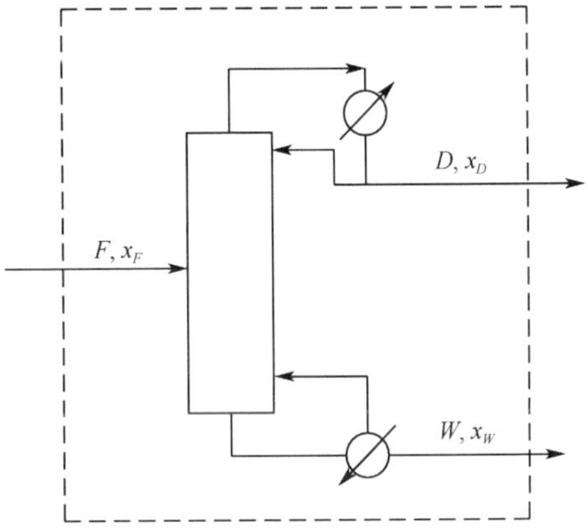

图 10-13　全塔物料衡算

对易挥发组分进行全塔物料衡算，得

$$Fx_F = Dx_D + Wx_W \tag{10-12}$$

式中：F——进料流量（kmol/h）；

D——塔顶产品（馏出液）流量（kmol/h）；

W——塔底产品（釜液）流量（kmol/h）；

x_F——原料中易挥发组分的摩尔分数；

x_D——馏出液中易挥发组分的摩尔分数；

x_W——釜液中易挥发组分的摩尔分数。

式（10-11）和式（10-12）中有进料、塔顶产品和塔底产品的流量及组成 6 个量，若已知其中 4 个，则可求出另外 2 个。设计计算时，一般进料流量及组成已知，馏出液组成及釜液组成是工艺要求的，从式（10-11）和式（10-12）联立可求出馏出液和釜液的流量。

$$D = \frac{x_F - x_W}{x_D - x_W}F \tag{10-13}$$

$$W = \frac{x_D - x_F}{x_D - x_W}F \tag{10-14}$$

对精馏过程所要求的分离程度除用产品的组成表示外，有时还用回收率表示，其定义为易挥发组分或难挥发组分的量占原料中该组分的量的百分数。

塔顶易挥发组分的回收率为

$$\eta_D = \frac{Dx_D}{Fx_F} \times 100\% \tag{10-15}$$

塔底难挥发组分的回收率为

$$\eta_W = \frac{W(1-x_W)}{F(1-x_F)} \times 100\% \tag{10-16}$$

例 10-2　每小时将 15 000kg 含苯 0.4（质量分数，下同）和甲苯 0.6 的溶液在连续精馏塔中进行分离，要求釜液中含苯不高于 0.02，塔顶馏出液中苯的回收率为 97.1%。试求馏出液和釜液的流量及组成（以摩尔流量和摩尔分数表示）。

解　苯的摩尔质量为 78kg/kmol，甲苯的摩尔质量为 92kg/kmol。

进料组成

$$x_F = \frac{40/78}{40/78 + 60/92} = 0.44$$

釜液组成

$$x_W = \frac{2/78}{2/78 + 98/92} = 0.024$$

原料液的平均摩尔质量

$$M_F = 0.44 \times 78 + (1-0.44) \times 92 = 85.8(\text{kg/kmol})$$

原料液流量

$$F = \frac{15\,000}{85.8} = 175(\text{kmol/h})$$

依题意知

$$\frac{Dx_D}{Fx_F} = 0.971$$

所以

$$Dx_D = 0.971 \times 175 \times 0.44 = 74.77(\text{kmol/h})$$

由全塔物料衡算

$$F = D + W = 175$$

$$Fx_F = Dx_D + Wx_W$$

得

$$Dx_D + W \times 0.0235 = 175 \times 0.44$$

解得

$W=95.0$（kmol/h）　　$D=80.0$（kmol/h）　　$x_D=0.935$

（二）操作线方程

表达由任意板下降液相组成 x_n 与其下一层塔板上升的气相组成 y_{n+1} 之间关系的方程称为操作线方程。在连续精馏塔中，因原料液不断从塔的中部加入，精馏段和提馏段具有不同的操作关系，应分别讨论。

1. 精馏段操作线方程

对图 10-14 中虚线所划定的范围进行物料衡算（包括精馏段中第 $n+1$ 块塔板以上的塔段及冷凝器在内）。

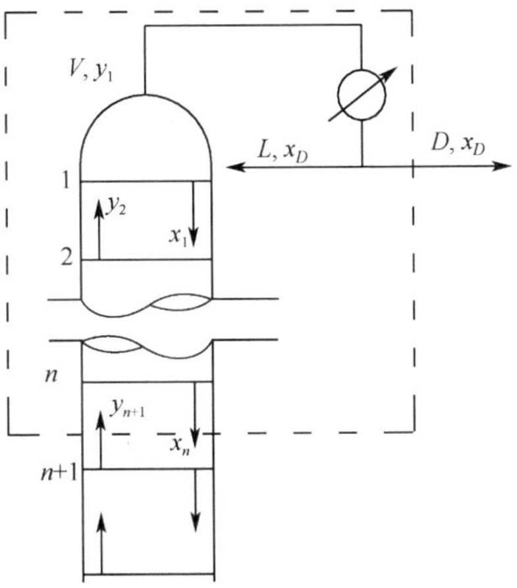

图 10-14 精馏段物料衡算

总物料衡算

$$V = L + D \tag{10-17}$$

易挥发组分的物料衡算

$$Vy_{n+1} = Lx_n + Dx_D \tag{10-18}$$

式中：V——精馏段内每块塔板上升的蒸气量（kmol/h）；

L——精馏段内每块塔板下降的液体量（kmol/h）；

y_{n+1}——精馏段第 $n+1$ 块塔板上升蒸气中易挥发组分的摩尔分数；

x_n——精馏段第 n 块塔板下降液相中易挥发组分的摩尔分数。

整理式（10-17）和式（10-18）可得

$$y_{n+1} = \frac{L}{V}x_n + \frac{D}{V}x_D \tag{10-19}$$

或

$$y_{n+1} = \frac{L}{L+D}x_n + \frac{D}{L+D}x_D \tag{10-20}$$

令 $R=\frac{L}{D}$，代入式（10-20）中得

$$y_{n+1} = \frac{R}{R+1}x_n + \frac{x_D}{R+1} \tag{10-21}$$

式中：R——回流比。R 值的确定将在后面讨论。

式（10-19）～式（10-21）均称为精馏段操作线方程。它表示在一定操作条件下，精馏段内自第 n 块板下降的液相组成 x_n 与其相邻的下一块板（第 $n+1$ 块板）上升的气相组成 y_{n+1} 之间的关系。根据恒摩尔流假定可知 L 及 V 均为常数，稳定操作时 L 和 V 为定值，故 R 也为定值，x_D 是工艺要求的，因此，精馏段操作线方程为一直线方程。斜率为 $R/(R+1)$，截距为 $x_D/(R+1)$。

若塔顶蒸气在冷凝器中全部冷凝为液体，则称此冷凝器为全凝器，冷凝液在泡点温度下部分回流入塔，称为泡点回流。在馏出液流量恒定时，回流的液体量由下式确定：

$$L = RD \tag{10-22}$$

对全凝器作物料衡算

$$V = L + D = (R+1)D \tag{10-23}$$

由式（10-22）和式（10-23）可知，精馏段下降的液体量和上升的蒸气量均取决于回流比 R。

例 10-3 氯仿和四氯化碳的混合液在一连续精馏塔中进行分离。要求馏出液中氯仿的组成为 0.95（摩尔分数），馏出液流量为 150kg/h。塔顶为全凝器。平均相对挥发度 $\alpha=1.6$，回流比 $R=3.0$。试求：①由第一块塔板下降的液体组成 x_1；②精馏段各板上升蒸气量 V 及下降液体量 L（按理想溶液计算）。

解 ① 塔顶为全凝器，$y_1=0.95$。

根据理论板的概念，$y=\dfrac{\alpha x}{1+(\alpha-1)x}$，即 $0.95=\dfrac{1.6x_1}{1+(1.6-1)x_1}$，则 $x_1=0.92$。

② $V=(R+1)D=(3+1)\times150=600(\text{kg/h})$

氯仿的摩尔质量 $M=119.35\text{kg/kmol}$ 四氯化碳的摩尔质量 $M=153.8\text{kg/kmol}$。塔顶蒸气的平均摩尔质量为

$$M=0.95\times119.35+0.05\times153.8=121(\text{kg/kmol})$$

$$V=\frac{600}{121}=4.95(\text{kmol/h})$$

$$L=RD=3\times150=450(\text{kg/h})$$

$$L=\frac{450}{121}=3.72(\text{kmol/h})$$

2. 提馏段操作线方程

按图 10-15 中虚线所划定的范围（包括提馏段第 m 块塔板以下塔段及再沸器）进行物料衡算。

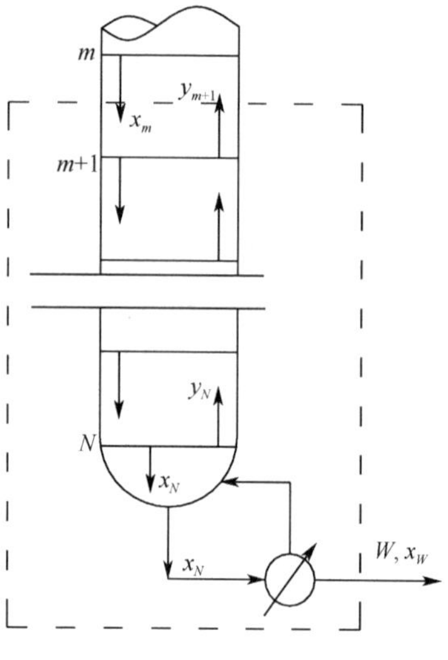

图 10-15 提馏段物料衡算

总物料衡算

$$L' = V' + W \tag{10-24}$$

易挥发组分物料衡算

$$L'x_m = V'y_{m+1} + Wx_W \tag{10-25}$$

式中：V'——提馏段内每块塔板上升的蒸气量（kmol/h）；

L'——提馏段内每块塔板下降的液体量（kmol/h）；

y_{m+1}——提馏段第 $m+1$ 块塔板上升蒸气中易挥发组分的摩尔分数；

x_m——提馏段第 m 块塔板下降液相中易挥发组分的摩尔分数。

由式（10-25）可得

$$y_{m+1}=\frac{L'}{V'}x_m-\frac{W}{V'}x_W \tag{10-26}$$

将式（10-24）代入式（10-26），可得

$$y_{m+1}=\frac{L'}{L'-W}x_m-\frac{W}{L'-W}x_W \tag{10-27}$$

式（10-26）和式（10-27）均称为提馏段操作线方程。它表示在一定操作条件下，提馏段内自第 m 块塔板下降的液相组成 x_m 与其相邻的下一层塔板（第 $m+1$ 层板）上升的气相

组成 y_{m+1} 之间的关系。根据恒摩尔流假定可知 L' 及 V' 均为常数。稳定操作时，W 与 x_W 也为定值。因此，提馏段操作线方程也为一直线方程，其斜率为 $\dfrac{L'}{L'-W}$，截距为 $\dfrac{W}{L'-W}x_W$。但实际中 L' 和 V' 受进料量及进料热状态的影响。

四、进料状况和加料方程

（一）进料状况的影响

在生产实际中，常常需要将进入精馏塔的物料进行不同程度的预热。加料状态影响精馏段和提馏段的液体流量 L 和 L' 与上升蒸气流量 V 和 V' 之间的关系。加入的料液可以有 5 种不同的热状态：过冷液体（温度低于泡点），饱和液体（温度等于泡点），气、液混合物（温度在泡点和露点之间），饱和蒸气（温度等于露点），过热蒸气（温度高于露点）。

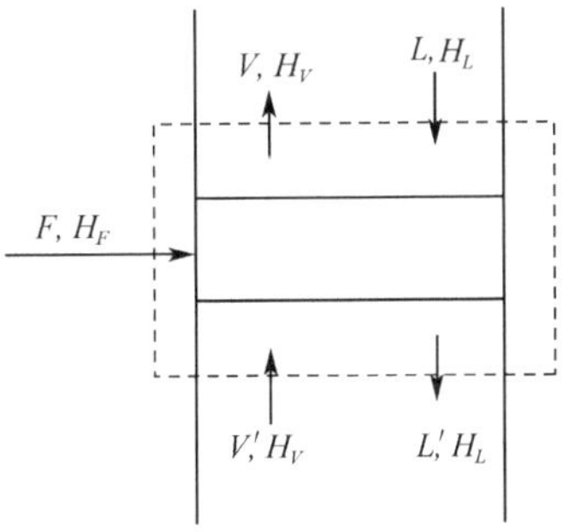

图 10-16 进料板的物料衡算和热量衡算

为了分析进料流量及其热状态对精馏操作的影响，根据恒摩尔流假定，对图 10-16 所示的进料板进行物料衡算和热量衡算。

物料衡算

$$F+V'+L=L'+V \tag{10-28}$$

热量衡算

$$FH_F+V'H_V+LH_L=L'H_L+VH_V \tag{10-29}$$

式中：H_L、H_V——塔内饱和液相、饱和气相的焓（kJ/kmol）；

H_F——进塔原料的焓（kJ/kmol）。

联立式（10-28）和式（10-29），经整理可得

$$\frac{L'-L}{F}=\frac{H_V-H_F}{H_V-H_L} \tag{10-30}$$

令

$$Q=\frac{H_V-H_F}{H_V-H_L}=\frac{\text{每千摩尔进料变为饱和蒸气所需热量}}{\text{每千摩尔原料液的气化热}} \tag{10-31}$$

Q 仅与进料状况有关，称为进料的热状态参数。由 Q 的大小可以判断进料状态及温度。精馏段和提馏段的气、液两相流量存在以下关系：

$$L'=L+QF \tag{10-32}$$

$$V'=V+(Q-1)F \tag{10-33}$$

式（10-32）和式（10-33）表明了进料流量、精馏段气、液相流量和提馏段气、液相流量三者间的关系。下面分别讨论 5 种进料状态下的 Q。

1）过冷液体进料。进料温度低于进料板上液体的泡点温度，入塔后由提馏段上升的部分蒸气冷凝放热，将进料先预热至泡点，故 $Q>1$。此时，提馏段下降液体流量 L' 由三部分组成：精馏段回流的液体量 L、原料液的流量 F 及提馏段蒸气冷凝的流量。由于部分上升蒸气冷凝，上升到精馏段的蒸气流量小于提馏段的蒸气量，而下降到提馏段的液相流量大于精馏段下降的液相流量与进料量之和，如图10-17（a)所示。

2）饱和液体进料。因进料温度等于进料板上液体的泡点温度，所以又称泡点进料。此状态下进料与塔板上物料无热量传递发生，进料与精馏段下降的饱和液体一起进入提馏段，$Q=1$，如图 10-17（b）所示。

3）气、液混合物进料。对于气、液混合物进料，进料中所含液体与精馏段下降的饱和液体一起进入提馏段，进料中所含的气体则与提馏段所含的饱和蒸气一起进入精馏段，如图 10-17（c）所示。

4）饱和蒸气进料。因进料温度等于进料板上液体的露点温度，所以又称露点进料。进料已是饱和蒸气，无需吸收热量，故 $Q=0$。进料和提馏段上升蒸气汇合到一起进入精馏段，如图 10-17（d）所示。

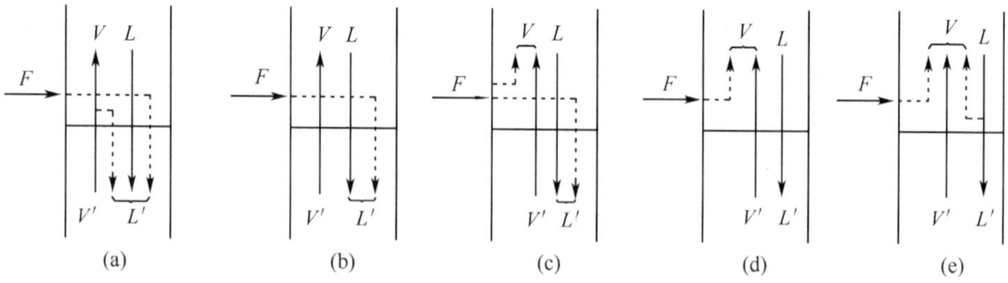

图 10-17　5 种进料状态下精馏段与提馏段的气、液关系

5）过热蒸气进料。这种情况与过冷液体进料正好相反，进料不仅全部与提馏段上升蒸气 V' 汇合进入精馏段，同时由过热蒸气降温变为饱和蒸气释放出的热量将使精馏段下降的液体额外气化一部分，故 $Q<0$。进入精馏段的上升蒸气流量包括三部分：提馏段上升的蒸气量 V'、原料的流量 F 及加料板上部分气化的蒸气量。由于部分液体的气化，下降到提馏段的液体流量将比精馏段的量要少，而上升到精馏段的蒸气流量大于提馏段的蒸气量，如图 10-17（e）所示。

进料状况对塔内气、液流量的影响见表 10-1。

表 10-1　进料状态对塔内气、液流量的影响

进料状态	H_F 范围	Q	精馏段、提馏段气、液相流量关系
过冷液体	$H_F<H_L$	>1	$L'>L+F, V'>V$
饱和液体	$H_F=H_L$	1	$L'=L+F, V'=V$
气、液混合物	$H_V>H_F>H_L$	0～1	$L'>L, V'<V$
饱和蒸气	$H_F=H_V$	0	$L'=L, V'=V-F$
过热蒸气	$H_F>H_V$	<0	$L'<L, V'<V-F$

（二）加料方程

加料方程又称 Q 线方程。在进料板上，同时满足精馏段和提馏段的物料衡算，Q 线方程为精馏段操作线与提馏段操作线交点轨迹的方程，因此可以从两条操作线的方程推导出 Q 线方程。将精馏段操作线方程［式（10-20）］和提馏段操作线方程［式（10-25）］的下标去掉，整理得

$$Vy = Lx + Dx_D \tag{10-34a}$$

$$V'y = L'x - Wx_W \tag{10-34b}$$

式（10-34b）减去式（10-34a），得

$$(V' - V)y = (L' - L)x - (Wx_W + Dx_D) \tag{10-34c}$$

由式（10-32）和式（10-33）得

$$V' - V = (Q - 1)F \qquad L' - L = QF$$

代入式（10-34c）得

$$(Q - 1)Fy = QFx - Fx_F$$

整理得

$$y = \frac{Q}{Q-1}x - \frac{x_F}{Q-1} \tag{10-35}$$

式（10-35）即为精馏段与提馏段的交点轨迹方程，它是斜率为 $Q/(Q-1)$ 且过点 $f(x_F, x_F)$ 的一条直线。

Q 线方程完全由进料组成 x_F 和热状况参数 Q 所决定，因此也称为进料方程。特别对气、液混合物进料，如果已知相对挥发度 α、进料组成 x_F 和 Q 值（此时 Q 值等于进料中液相所占的分数），求进料中气相组成 y 和液相组成 x，此时，应将进料组成 x_F 理解为进料中气、液两相总的组成，其中气相组成 y、液相组成 x 当然应满足进料方程即 Q 线方程。另外，气、液混合物进料在 t-x-y 图上落在气、液共存区内，气、液两相是成平衡的，因此也应满足相平衡方程。故联立相平衡方程式和 Q 线方程式可解出进料中气、液组成 y、x。

进料热状况不同，Q 值及 Q 线的斜率也就不同，故 Q 线与精馏段操作线的交点也即两操作线的交点 d 因进料热状况不同而变动，从而提馏段操作线的位置也随之变化。当进料组成 x_F，回流比 R 以及分离要求 x_D、x_W 一定时，进料热状况对 Q 线及操作线的影响如图 10-18 所示。连接对角线上 b 点（x_W，x_W）与不同 Q 值时 Q 线与精馏段操作线交点 d，即得不同 Q 值时的提馏段操作线。

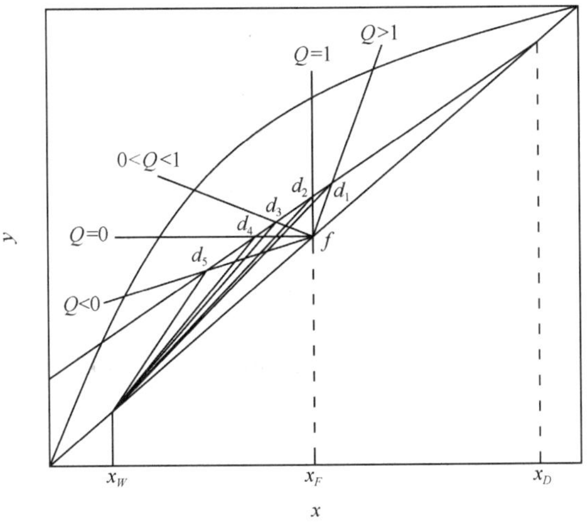

图 10-18　不同进料状况对 Q 线及提馏段操作线的影响

例 10-4　用一常压精馏塔分离含苯 0.44（摩尔分数，下同）的苯-甲苯混合液，要求塔顶含苯 0.98 以上，塔底产品含苯 0.023 以下，进料量为 520kmol/h，操作回流比 $R=3.0$，试求以下两种加料状态下的 Q 值和精馏段和提馏段的气、液相流量：①饱和液体进料；②20℃的液体进料。已知：原料液的泡点温度为 94℃，混合液平均摩尔比热容为 158.2kJ/(kmol·K)，饱和液体变为饱和蒸气所需要的摩尔气化热为 33 118kJ/kmol。

解　①饱和液体进料 $Q=1$。根据

$$F=D+W$$
$$Fx_F=Dx_D+Wx_W$$

得

$$520=D+W$$
$$520\times0.44=0.98D+0.023W$$

联立以上两个方程求解得

$$D=226.6(\text{kmol/h}) \qquad W=293.4(\text{kmol/h})$$

所以

$$L=RD=3.0\times226.6=679.8(\text{kmol/h})$$
$$V=(R+1)D=4.0\times226.6=906.4(\text{kmol/h})$$
$$L'=L+F=679.8+520=1199.8(\text{kmol/h})$$
$$V'=V=906.4(\text{kmol/h})$$

② 20℃的液体进料

$$Q=\frac{158.2\times(94-20)+33\,118}{33\,118}=1.353$$
$$L'=L+QF=679.8+1.353\times520=1383(\text{kmol/h})$$
$$V'=V-(1-Q)F=906.4-(1-1.353)\times520=1090(\text{kmol/h})$$

从本题计算结果可以看出，在回流比不变的条件下，进料状态的改变只影响提馏段的气、液相流量。

五、精馏操作塔板数的求法

连续精馏塔设计型计算的基本步骤是：①规定分离要求（如 D、x_D 或回收率 φ_D）；②确定操作条件（选定操作压力、进料状态及回流比等）；③利用平衡关系和操作线关系计算理论板数。这个过程对于双组分精馏系统比较简单，可采用逐板计算法或图解法。

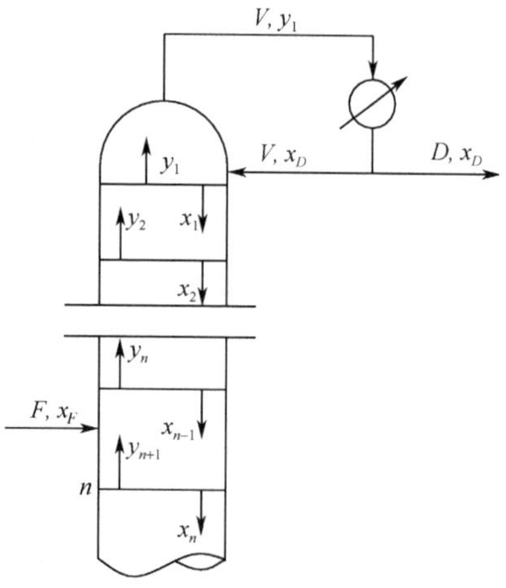

图 10-19　精馏段的逐板计算

（一）逐板计算法

逐板计算法是利用相平衡方程和操作线方程，根据塔顶馏出液或塔釜液的组成，从塔顶或塔底开始向塔的进料板方向计算。利用精馏段操作线方程和相平衡方程计算精馏段理论板数；利用提馏段操作线方程和相平衡方程计算提馏段理论板数。精馏段理论板数与提馏段理论板数之和即为全塔理论板数。

图 10-19 为一连续精馏塔，饱和液体进料。精馏段理论板数的计算步骤如下：当塔顶最上一层塔板（序号

为 1）上升的气体全部被冷凝成饱和液体时，则有 $y_1=x_D$。因 x_D 由工艺规定，故 y_1 为已知。由相平衡方程 $y=\dfrac{\alpha x}{1+(\alpha-1)x}$ 可计算与 y_1 相平衡的液相组成 x_1，通过 x_1，利用精馏段操作线方程 $y_{n+1}=\dfrac{R}{R+1}x_n+\dfrac{x_D}{R+1}$ 可计算第二块板上升的气相组成 y_2，依此类推，交替使用相平衡方程和精馏段操作线方程计算精馏段气、液两相的组成，直至求得的 $x_n\leqslant x_F$（泡点进料）为止。第 n 块理论板为进料板，属于提馏段，因此精馏段的理论板数为 $n-1$。如果是其他进料状况，则应计算到 $x_n\leqslant x_Q$ 为止（x_Q 为两操作线交点的横坐标）。

同理可由相平衡方程和提馏段操作线方程 $y_{m+1}=\dfrac{L'}{L'-W}x_m-\dfrac{W}{L'-W}x_W$ 求得提馏段所需塔板数 m：先由 x_n 求得 y_{n+1}，再由 y_{n+1} 求得 x_{n+1}，如此循环，直至 $x_{n+m}\leqslant x_W$ 为止。对于塔底采用间接蒸气加热，在再沸器内气、液两相互成平衡，相当于一块理论板，而第 n 进料板应该算在提馏段内，故提馏段所需理论板数为 $m-1+1$，即 m 块。

计算过程中采用的相平衡关系的次数即为满足分离要求所需的理论板数，即 $n+m-1$。

例 10-5 在连续精馏塔中分离某双组分理想溶液。已知操作回流比 $R=3.0$，馏出液的组成为 0.95（易挥发组分的摩尔分数），塔顶采用全凝器。该物系在本题所设计的浓度范围内气、液相平衡方程为 $y=0.42x+0.58$。试求精馏段内离开第 2 块理论板（从塔顶往下计）的气、液相组成。

解
$$y_{n+1}=\frac{R}{R+1}x_n+\frac{x_D}{R+1}=\frac{3}{3+1}x_n+\frac{0.95}{3+1}=0.75x_n+0.238$$
$$y_1=x_D=0.95 \qquad y_1=0.42x_1+0.58=0.95$$
$$x_1=0.881 \qquad y_2=0.75x_1+0.238=0.899$$
$$y_2=0.899=0.42x_2+0.58 \qquad x_2=0.76$$

例 10-6 在连续精馏塔中分离苯-甲苯理想溶液，泡点进料，进料中含苯 0.44（摩尔分数，下同），要求馏出液和釜液的组成分别为 0.955 和 0.0585。已知操作回流比 $R=3.0$，物系的平均相对挥发度 $\alpha=2.41$。若塔顶采用全凝器，试用逐板计算法求出完成分离任务所需的理论塔板数和进料位置。

解 相平衡方程
$$y=\frac{\alpha x}{1+(\alpha-1)x}=\frac{2.41x}{1+1.41x}\text{或}x=\frac{y}{2.41-1.41y}$$

精馏段操作线方程
$$y_{n+1}=\frac{R}{R+1}x_n+\frac{x_D}{R+1}=\frac{3}{3+1}x_n+\frac{0.955}{3+1}=0.75x_n+0.239$$

由于泡点进料，$Q=1$，则 $L'=L+F=RD+F$，$V'=V=(R+1)D$，代入提馏段操作线方程得
$$y_{m+1}=\frac{L'}{V'}x_m-\frac{W}{V'}x_W=\frac{RD+F}{(R+1)D}-\frac{Wx_W}{(R+1)D}=\frac{R+F/D}{R+1}x_m-\frac{W/D}{R+1}x_W$$

全塔物料衡算
$$F=D+W$$

全塔易挥发组分物料衡算
$$Fx_F=Dx_D+Wx_W$$

得
$$\frac{F}{D}=\frac{x_D-x_W}{x_F-x_W}=\frac{0.955-0.0585}{0.44-0.0585}=2.35 \qquad \frac{W}{D}=1.35$$

将 Q_{nF}/Q_{nD} 与 Q_{nW}/Q_{nD} 的数值代入上式可得

$$y_{m+1}=\frac{L'}{V'}x_m-\frac{W}{V}x_W=1.34x_m-0.0197$$

若塔顶采用全凝器，则 $y_1=x_D=0.955$。第 1 块塔板下降液体组成 x_1 由相平衡方程计算得

$$x_1=\frac{y_1}{2.41-1.41y_1}=\frac{0.955}{2.41-1.41\times0.955}=0.90$$

$$y_2=0.75\times0.90+0.239=0.914$$

由相平衡方程可以求得第 2 块板下降的液相组成 $x_2=0.815$。如此逐板计算，可得

$$y_3=0.85\qquad x_3=0.702$$

$$y_4=0.767\qquad x_4=0.567$$

$$y_5=0.671\qquad x_5=0.458$$

$$y_6=0.583\qquad x_6=0.367$$

因为 $x_6<x_F$，故第 6 块板为进料板。由于把进料板划在提馏段，故进料板共有 5 块理论板。自第 6 块板开始，应改用提馏段操作线方程。

$$y_7=1.34\times0.367-0.0197=0.472\qquad x_7=0.269$$

如此计算下去可得

$$y_8=0.34\qquad x_8=0.177$$

$$y_9=0.22\qquad x_9=0.105$$

$$y_{10}=0.12\qquad x_{10}=0.0535$$

因 $x_{10}<x_W$，故完成分离任务所需的理论板为 10 块（包括塔釜）。

逐板计算理论板数必须已知相平衡方程、精馏段操作线方程和提馏段操作线方程。本题难点在于提馏段操作线方程的计算。由于没有给出进料量，不能直接计算出 L'和 V'，只能通过物料衡算求得 F/D 和 W/D，从而得到提馏段操作线方程。另外，在进料板后应由精馏段操作线方程改为提馏段操作线方程。

（二）图解法

上述交替使用精馏段与提馏段操作线方程和相平衡方程逐板计算理论板数的过程可在 y-x 图上图解进行，这种方法称为麦凯布-蒂勒（McCabe-Thiele）图解法。在已知馏出液组成 x_D、釜液组成 x_W、回流比 R、进料组成 x_F 和进料热状态参数 Q 的情况下，具体步骤如下：

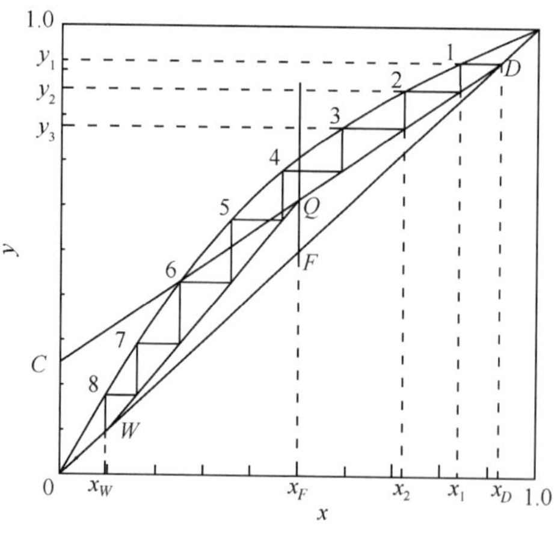

图 10-20　图解法示意图

1）在 x-y 图中绘出物系的相平衡曲线和对角线。

2）绘出精馏段操作线。由精馏段操作线方程可知，通过点 $D(x_D, x_D)$，作截距为 $x_D/(R+1)$（图 10-20 中 C 点所示）的直线即为精馏段操作线。

3）绘出进料线，即 Q 线。由进料线方程可知，通过点 $F(x_F, x_F)$，作斜率为 $Q/(Q-1)$的直线即为进料线，图中 Q 线与精馏段操作线相交于 Q 点。

4）绘出提馏段操作线。由提馏段操作线方程可知，连接点 $W(x_W, x_W)$与点 Q，即得提馏段

操作线。

理论板数的图解方法如图 10-20 所示。因$y=x_D$，故从塔顶 D 点（x_D，x_D）开始作水平线交平衡曲线于 1，求得与 y_1 平衡的液相组成 x_1，由 1 点作垂线交精馏段操作线于 $1'$点，求得第二块板上升气相组成 y_2。如此在平衡线与精馏段操作线之间作梯级，当梯级跨过两操作线的交点 Q 时，应改在提馏段操作线与平衡线之间作梯级，直至梯级达到或跨过 W 点为止。此时，梯级数 N（含再沸器）为所求的理论塔板数 N，跨过两操作线交点的板为进料板。

在最佳位置进料完成规定分离要求所需的塔板数最少。若给定理论板数，则分离程度会最高。在图解法中，跨过两操作线交点的塔板就是最佳进料板。该进料位置是进料组成及热状态与塔板上组成和热状态差别最小的板。

例 10-7　一连续精馏塔常压下分离苯-甲苯混合液，饱和液体进料，进料量为 100kmol/h，进料组成为 0.4（摩尔分数，下同）。要求馏出液为 0.95，釜液组成为 0.03，操作回流比为 2.58，气-液平衡关系如图 10-21 所示。试求：①塔顶及塔底产品的流量；②完成分离所需要的理论塔板数及进料位置（图解法）。

解　①根据

$$F=D+W$$

$$Fx_F=Dx_D+Wx_W$$

得

$$100=D+W$$

联立以上两个方程求解得

$$D=40.2(\text{kmol/h})\qquad W=59.8(\text{kmol/h})$$

②饱和液进料，$Q=1$，Q 线方程为 $x=0.4$，精馏段操作线方程为

$$y_{n+1}=\frac{R}{R+1}x_n+\frac{x_D}{R+1}=\frac{2.58}{2.58+1}x_n+\frac{0.95}{2.58+1}=0.721x_n+0.265$$

过 $D(x_D, x_D)$作截距为 0.265 的直线，得到精馏段操作线。进料的 Q 线与精馏段操作线交于 Q 点，连接 Q 点与 $W(x_W, x_W)$点的直线即为提馏段操作线。从 $D(x_D, x_D)$点开始，在平衡线与操作线之间画梯级直至梯级达到或跨过 W 点。通过图解求得完成分离任务所需要的塔板数为 $N=9$（包括塔釜），进料位置在第 5 块理论板，如图 10-21 所示。

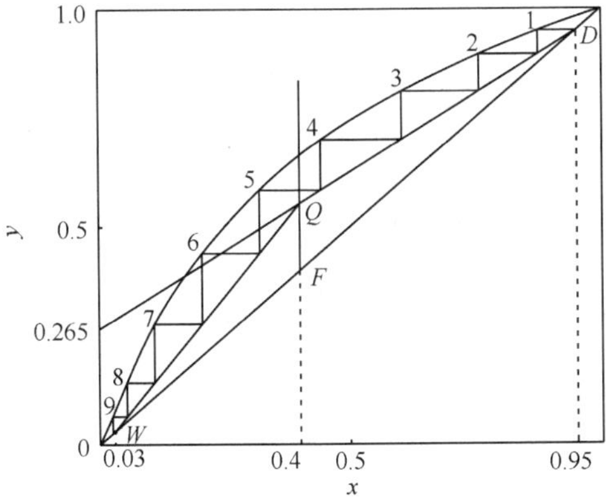

图 10-21　例 10-8 附图

本题的解题思路是：

1）通过全塔物料衡算及易挥发组分的物料衡算求得塔顶及塔底产品的流量。

2）由操作回流比求得精馏段操作线方程，然后在 y-x 图上作出精馏段和提馏段操作线，从而确定所需的理论塔板数及进料位置。

六、塔板效率及实际塔板数的确定

影响塔板效率的因素十分复杂，包括塔盘结构、操作条件及物系的性质等。这些因素导致气、液两相在塔板上的流动和接触状态不同，影响传热、传质效果。所有这些都不同程度地使实际塔板的分离能力低于理论板的分离能力，其偏离的程度常以全塔效率来描述。

（一）全塔效率

理论塔板数与实际塔板数之比称为全塔效率（E_T）或塔板效率。

$$E_T=\frac{N}{N_p}\times 100\% \tag{10-36}$$

式中：N——理论塔板数；

N_p——实际塔板数。

全塔效率恒小于100%。若已知一定结构的板式塔在一定操作条件下的全塔效率，则可求得实际塔板数。

由于影响塔板效率的因素很复杂，到目前为止尚未得到一个较满意的求全塔效率的关联式。比较可靠的数据来自实际生产及中试实验的测定。对于双组分混合液，全塔效率一般为0.5～0.7。

奥康奈尔（O'Connell）收集了几十个工业塔的塔板效率数据，认为对于蒸馏塔，可用相对挥发度与进料液体黏度的乘积作为参数来表示全塔效率，如图10-22所示，α 和 μ_L 均取塔顶及塔底平均温度下的值，μ_L 的单位为mPa·s。其数据来源只限于泡罩塔和筛板塔。浮阀塔可参照应用，约比图示数据高10%。

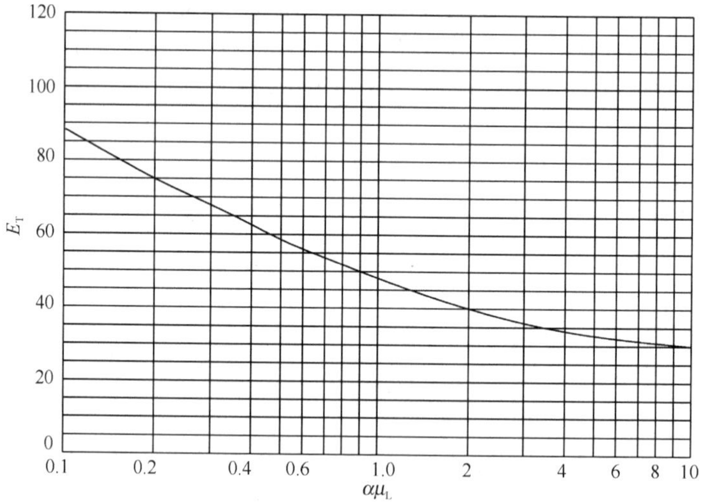

图10-22 精馏塔全塔效率关联图

（二）单板效率

全塔效率反映了全塔塔板综合性能，设计使用比较方便，但它不能反映某一段、某一塔板上的效率，为此提出了单板效率的概念。这里介绍常用的默弗里（Murphree）效率，它是以气相（或液相）经过实际塔板的组成变化值与经过理论板时的组成变化值之比表示的。从第 $n+1$ 块板上升的组成为 y_{n+1} 的蒸气与第 $n-1$ 块板下降的组成为 x_{n-1} 的液体在第 n 层塔板进行交换，离开该板的蒸气组成提高到 y_n，这层塔板的气相增浓程度为 y_n-y_{n+1}。若该板为理论板，则离开该板的气相组成为 y_n^*，即理论板气相的增浓程度为 $y_n^*-y_{n+1}$，两者之比为气相单板效率，用 $E_{mV,n}$ 表示。

$$E_{mV,n}=\frac{\text{实际板的气相增浓值}}{\text{理论板的气相增浓值}}=\frac{y_n-y_{n+1}}{y_n^*-y_{n+1}} \tag{10-37}$$

式中：y_{n+1}——进入第 n 块板的气相组成；

y_n——离开第 n 块板的气相组成；

y_n^*——与 x_n 成平衡的气相组成。

同理可以用液相浓度的变化来表示的单板效率，即

$$E_{mL,n}=\frac{\text{实际板的液相浓度降低值}}{\text{理论板的液相浓度降低值}}=\frac{x_{n-1}-x_n}{x_{n-1}-x_n^*} \tag{10-38}$$

式中：x_{n-1}——进入第 n 块板的液相组成；

x_n——离开第 n 块板的液相组成；

x_n^*——与 y_n 成平衡的液相组成。

七、回流比的选择

回流比 R 是精馏过程设计和操作的重要参数。R 值的大小直接影响精馏塔的分离能力、系统的能耗和设备的结构尺寸。

当回流比增大时，精馏段操作线斜率 $R/(R+1)$ 增大，精馏段操作线远离平衡线，使得精馏塔内各板传质推动力 Δy 增大，各板的分离能力提高，完成相同分离要求所需的理论板数将减少。然而 R 的增加会导致冷凝器、再沸器的负荷增大，使操作费用增加。因而，在确定回流比时，既要考虑满足工艺上的要求，又要考虑设备费用（塔板数及冷凝器、再沸器传热面积）和操作费用的经济性。现就回流比的最大与最小两种极限情况以及适宜回流比分别介绍如下。

（一）全回流与最少理论板数

如果精馏塔在操作过程中将塔顶蒸气全部冷凝，其冷凝液全部返回塔顶作为回流液，此操作称为全回流，回流比 R 为无穷大（$R=\infty$）。采用此种操作时，精馏塔通常不进料也不出料，塔内气、液两相流量相等，两操作线斜率均为 1，并与对角线重合，如图 10-23 所示。此时，塔内无精馏段和提馏段之分，其操作线方程可表示为

$$y_{n+1}=x_n$$

由于全回流操作时，其操作线与对角线重合而与平衡线的距离达到最大，故可使每块理论板分离能力达到最大。所以，完成相同的分离要求，所需理论板数最少。如图 10-24 所示，最少理论板数 N_{min} 可在 y-x 图上的平衡线与对角线之间直接作梯级求得，也可以用下列方法确定。

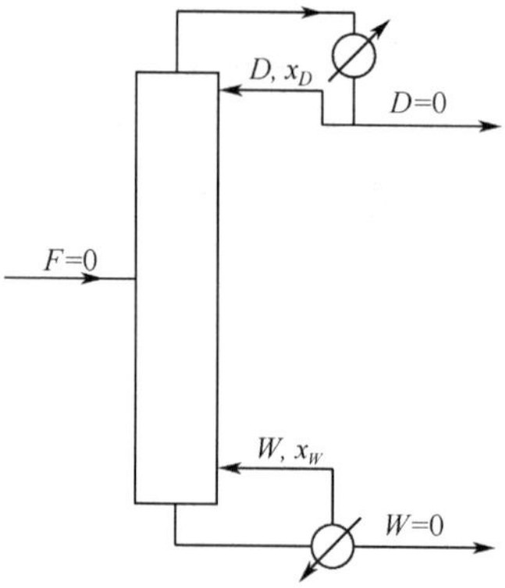

图 10-23　全回流操作

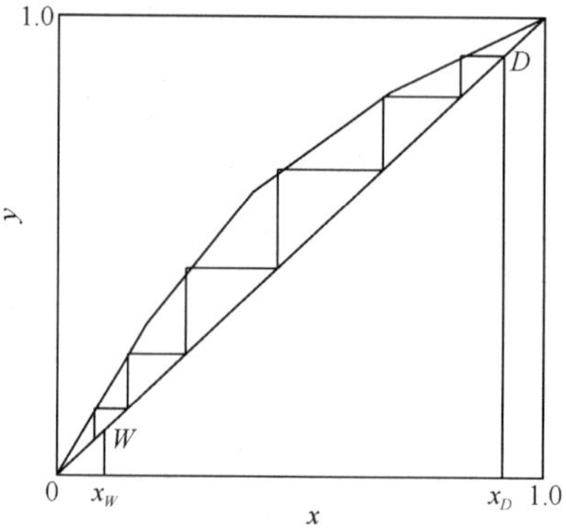

图 10-24　全回流理论板数

由理想物系气-液相平衡关系式（10-8）可得

$$\left(\frac{y_A}{y_B}\right)_n = \alpha_n \left(\frac{x_A}{x_B}\right)_n$$

操作线关系为

$$y_{n+1} = x_n$$

由于塔顶采用全凝器，则有

$$\left(\frac{y_A}{y_B}\right)_1 = \left(\frac{x_A}{x_B}\right)_D$$

第一块理论板的气-液平衡关系为

$$\left(\frac{y_A}{y_B}\right)_1 = \alpha_1 \left(\frac{x_A}{x_B}\right)_1 = \left(\frac{x_A}{x_B}\right)_D$$

第一块板和第二块板之间的操作关系为

$$\left(\frac{y_A}{y_B}\right)_2 = \left(\frac{x_A}{x_B}\right)_1$$

所以

$$\left(\frac{x_A}{x_B}\right)_D = \alpha_1 \left(\frac{y_A}{y_B}\right)_2$$

再代入第二块板的气-液平衡关系可得

$$\left(\frac{x_A}{x_B}\right)_D = \alpha_1 \alpha_2 \left(\frac{x_A}{x_B}\right)_2$$

重复上述逐板计算过程，直至塔釜（塔釜视为第 $N+1$ 块塔板），可得

$$\left(\frac{x_A}{x_B}\right)_D = \alpha_1 \alpha_2 \cdots \alpha_{N+1} \left(\frac{x_A}{x_B}\right)_W$$

令 $\alpha_m = \sqrt[N+1]{\alpha_1 \alpha_2 \cdots \alpha_{N+1}}$，则上式可写为

$$\left(\frac{x_A}{x_B}\right)_D = \alpha_m^{N+1} \left(\frac{x_A}{x_B}\right)_W$$

以 N_{min} 代替上式中的 N，并对等式两边取对数，整理得

$$N_{min} = \frac{\lg\left[\left(\frac{x_A}{x_B}\right)_D \left(\frac{x_B}{x_A}\right)_W\right]}{\lg \alpha_m} - 1$$

对于双组分物系，上式可略去下标 A、B 写为

$$N_{\min}=\frac{\lg\left[\left(\frac{x_D}{1-x_D}\right)\left(\frac{1-x_W}{x_W}\right)\right]}{\lg\alpha_m}-1 \tag{10-39}$$

式中：$N_{\min}$——全回流时的最少理论板数（不含再沸器）；

α_m——全塔平均相对挥发度。

当塔顶、塔底的相对挥发度相差不大时，α_m 可近似取 α_1 与 α_W 的几何平均值，即

$$\alpha_m=\sqrt{\alpha_1\alpha_W}$$

式（10-39）称为芬斯克方程。该方程也可用于多组分精馏，以轻、重关键组分的分离代替双组分的精馏即可。若将式（10-39）中的 x_W 换成进料组成 x_F，则可利用该式计算精馏段的最少理论板数，但 α_m 应取为塔顶和进料处的平均值，而不是全塔的平均值。

在实际生产中，全回流操作常在精馏塔的开工、调试及上下游生产出现故障时采用。

（二）最小回流比

随着回流比 R 的减小，精馏过程的能耗随之下降。但因 R 减小，操作线交点向平衡线的方向移动，导致过程传质推动力减小，使得完成相同的分离要求所需理论板数 N 增加，使塔增高。回流比继续减小，使两操作线交点落在平衡曲线上，如图 10-25 中点 E。此时完成分离要求所需的理论板数为∞，即不能完成分离要求。此工况下的回流比为该设计条件下的最小回流比，用 $R_{\min}$ 表示。在点 E 的前后（通常为进料板上、下区域）各板之间的气、液两相组成基本不变，即塔板没有增浓作用，故点 E 称为夹紧点，这个区域称为夹紧区或恒浓区。最小回流比的计算有两种方法。

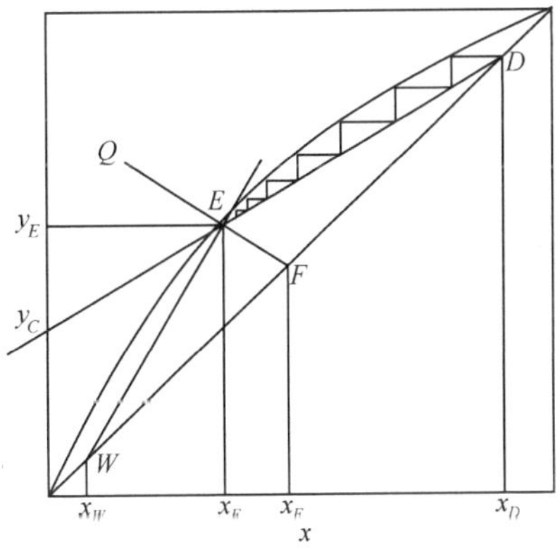

图 10-25　最小回流比的确定

1）作图法。由图 10-25 可得

$$\frac{R_{\min}}{R_{\min}+1}=\frac{x_D-y_E}{x_D-x_E}$$

整理可得

$$R_{\min}=\frac{x_D-y_E}{y_E-x_E} \tag{10-40}$$

式中：x_E、y_E——四线（Q 线、平衡线、精馏段操作线、提馏段操作线）交点 E 的横、纵坐标，由图中可读得。

对非理想物系，四线无交点，平衡线与操作线相切。此时最小回流比为切点 E' 对应的回流比 $R_{\min}$，如图 10-26 所示。

2）解析法。对于理想溶液的某些进料状态，可直接推导出相应的 $R_{\min}$ 计算式。如泡点进料时，$Q=1$，Q 线垂直，$x_E=x_F$，$y_E=\dfrac{\alpha x_E}{1+(\alpha-1)x_E}$，则

$$R_{\min}=\frac{1}{\alpha-1}\left[\frac{x_D}{x_F}-\frac{\alpha(1-x_D)}{1-x_F}\right] \tag{10-41}$$

饱和蒸气进料时，$Q=0$，Q 线水平，$y_Q=y_F$，则同理可得

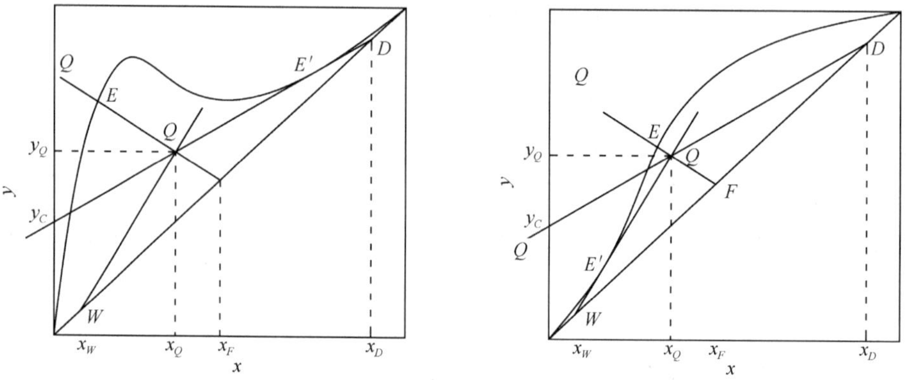

图 10-26 非理想物系最小回流比的确定

$$R_{\min}=\frac{1}{\alpha-1}\left[\frac{\alpha x_D}{y_F}-\frac{1-x_D}{1-y_F}\right]-1 \tag{10-42}$$

式中：y_F——饱和蒸气进料中易挥发组分的摩尔分数。

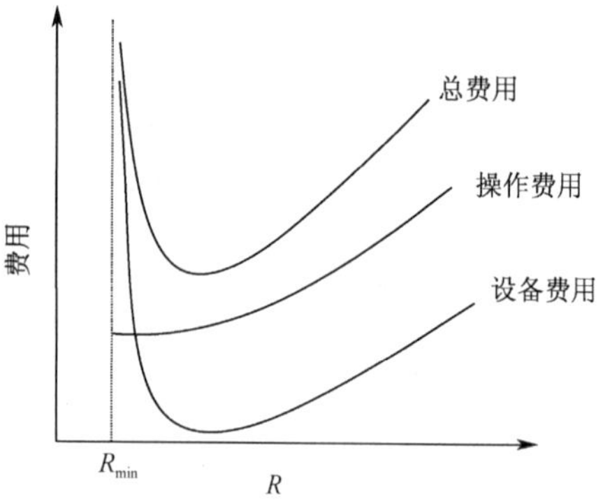

图 10-27 适宜回流比的确定

（三）适宜回流比

获得精馏总成本最低的回流比为最优回流比，总成本为投资费用和操作费用之和。回流比的大小对精馏同时存在正、负两方面的影响。当回流比为最小时，其塔为无穷高，设备费用为无穷大。当回流比在最小回流比的基础上提高后，设备费用很快下降为有限大小，总成本下降。当回流比继续增大时，能耗随之增大，则操作费用迅速增大。回流比增到一定程度后，设备费用开始升高，如塔径增大等，将使总成本增加。由此可见，回流比存在一个优化问题。操作费用和设备费用之和最小的回流比为最适宜的回流比，如图 10-27 所示。适宜回流比通常的取值范围是 $R=(1.1\sim2.0)R_{\min}$。

例 10-8 在常压连续精馏塔中分离苯-甲苯混合液，原料液流量为 1000kmol/h，组成为含苯 0.4（摩尔分数，下同），馏出液组成为含苯 0.9，苯在塔顶的回收率为 90%，泡点进料，操作回流比为最小回流比的 1.5 倍，物系的平均相对挥发度为 2.5。试求：①精馏段操作线方程；②提馏段操作线方程。

解 ①因为苯在塔顶的回收率：

$$\varphi_D=\frac{Dx_D}{Fx_F}=0.9$$

所以

$$D=\frac{0.9Fx_F}{x_D}=\frac{0.9\times1000\times0.4}{0.9}=400(\text{kmol/h})$$

$$W=F-D=1000-400=600(\text{kmol/h})$$

由全塔易挥发组分物料衡算

$$Fx_F=Dx_D+Wx_W$$

可得

$$x_W=0.00667$$

精馏段操作线方程

$$y_{n+1}=\frac{R}{R+1}x_n+\frac{x_D}{R+1}$$

$$Q=1 \qquad x_E=x_F \qquad y_E=\frac{\alpha x_E}{1+(\alpha-1)x_E}=\frac{2.5\times0.4}{1+1.5\times0.4}=0.625$$

$$R_{\min}=\frac{x_D-y_E}{y_E-x_E}=\frac{0.9-0.625}{0.625-0.4}=1.22 \qquad R=1.5R_{\min}=1.83$$

精馏段操作线方程为

$$y_{n+1}=\frac{1.83}{1.83+1}x_n+\frac{0.9}{1.83+1}=0.647x_n+0.318$$

② $$V'=V=(R+1)D=2.83\times400=1132(\text{kmol/h})$$

$$L'=L+QF=L+F=RD+QF=1.83\times400+1000=1732(\text{kmol/h})$$

提馏段操作线方程为

$$y_{m+1}=\frac{L'}{V'}x_m-\frac{Wx_W}{V'}=\frac{1732}{1132}x_m-\frac{600\times0.0667}{1132}=1.53x_m-0.0353$$

思考题与计算题

一、思考题

1. 简述影响精馏操作产品纯度和产量的因素。

2. 进料量对塔板数有无影响？为什么？

3. 简述进料状况对精馏操作的影响。

二、计算题

1. 某连续精馏塔料液流量100kmol/h，组成x_F为0.4，泡点加料，馏出液组成x_D为0.95，釜残液组成x_W为0.03（均为摩尔分数）。试求：(1) 采取回流比为3时，精馏段与提馏段的气、液流量L与V和L'与V'；(2) 回流比增加为4时，精馏段与提馏段的气、液流量分别变为多少？

（答：$R=3$时，$L=120.66$kmol/h，$V=160.88$kmol/h，$L'=221.35$kmol/h，$V'=161.57$kmol/h；$R=4$时，$L=160.88$kmol/h，$V=201.1$kmol/h，$L'=259.05$kmol/h，$V'=199.27$kmol/h）

2. 连续精馏塔的操作线方程如下：

精馏段：$y=0.75x+0.205$

提馏段：$y=1.25x-0.020$

试求泡点进料时，原料液、馏出液、釜液组成及其回流比。

（答：0.45，0.82，0.08，3）

3. 在一常压连续精馏塔中分离某理想溶液。已知原料组成为0.4，要求塔顶产品组成为0.95，塔釜残液组成为0.1（以上均为易挥发组分的摩尔分数），操作回流比为2.5，试绘出下列进料状况下的精馏段、提馏段操作线方程：(1) $Q=1.2$；(2) 气液混合进料，气液的摩尔流率各占一半；(3) 饱和蒸气进料。

（答：$Q=1.2$时，$y=0.714x+0.271$，$y=1.31x-0.03$；气液摩尔流率各占一半时，$y=0.714x+0.271$，$y=1.86x-0.086$；饱和蒸气进料，$y=0.714x+0.271$，$y=1.522x-0.0522$）

4. 在连续精馏塔对双组分物料进行分离，已知精馏段操作线方程：$y=0.75x+0.21$，Q线方程为：$y=-0.5x+0.66$。试求：(1) 进料热状态参数Q；(2) 原料液组成x_F；(3) 精馏段操作线和提馏段操作线的交点坐标x_q和y_q。（答：$Q=0.33$；$x_F=0.44$；$x_q=0.36$，$y_q=0.48$）

5. 设计一连续精馏塔，在常压下分离甲醇-水溶液，其进料速率为15kmol/h。原料中含甲醇0.35，塔顶产品含甲醇0.95，釜液含甲醇0.04（均为摩尔分数）。设计选用回流比为1.5，泡点加料。间接蒸气加热。用作图法求所需的理论板数、塔釜蒸发量及甲醇回收率。设没有热损失，物系满足恒摩尔流假定。

（答：$n=4$，$W=2.75$mol/s，97.4%）

第十一章　干　　燥

干燥（drying）是利用能量除去固体物料中的湿分的单元操作，是食品加工的重要单元操作之一。干燥所用的能量一般为热能或电磁能，所除去的湿分一般为水分。食品加工中常用的去湿方法有沉降、过滤、离心分离等，其固相含水量较大，若需将水分进一步除去，则需再采用干燥的方法，以使产品达到较低的含水量。由于干燥时需要将固体物料中的液态水分气化后转移到气相才能除去，因此干燥是传质和传热的单元操作，用干燥的方法除去水分需要较高的能耗。

在食品加工中，干燥的目的一般有以下几个方面：

1）除去食品中的部分水分，以得到具有一定含水量的产品。如果含水量很低（1%～4%），可得到口感酥脆的产品；如果含水量较高（20%～30%），可得到口感柔软的半干食品。

2）除去大部分水分，降低物料的水分活度，从而降低酶活和抑制微生物的生长等，以便长期储存。脱去水分还减轻了质量，方便了运输。

3）作为整个工艺的一部分。有些产品需经干燥脱去部分水分，以便进一步的加工。

4）有些食品经干燥脱水后能产生特殊的风味。

干燥也会产生一些副作用，引起物料组织结构和理化特性的变化。例如，干燥过程的高温会导致食品营养成分的破坏；物料在一定温度与湿度下与空气中的氧接触而产生褐变；因脱水而产生收缩；由于物料内部的湿度梯度和应力梯度而产生扭曲变形、龟裂；由于水分蒸发而引起的某些易挥发性风味物质的散失等。许多食品干燥后需经复水才能食用，但干燥复水的产品一般很难达到新鲜食品的品质，其色泽、风味、营养、口感等都不如新鲜食品，有些干制品的复水时间很长。因此一定要制订合理的干燥方案，以将干燥的副作用减到最小，得到品质优良的干制品。

食品加工中常用的干燥方法有多种，按压力分有常压干燥和真空干燥。真空干燥适用于热敏性易氧化的物料，产品的最终含水量较低，可达1%～3%，但真空系统的成本较高。按操作方式分有连续式和间歇式干燥。连续干燥的物料产品质量均匀，热效率高，劳动条件较好，强度低，适用于大规模的生产。间歇式干燥所用的干燥时间长，适用于多品种、批量生产的物料。对于贵重物料，由于间歇式干燥的损耗小，也常被采用。按传热方式分有传导干燥、对流干燥和辐射干燥。传导干燥又称间接加热干燥，是将热量先传给金属壁面，然后由金属传给湿物料。物料加热后蒸发出的水分由流动的空气带走或由真空泵抽走。对流干燥又称直接加热干燥，空气首先被加热，然后热空气与湿物料充分接触，进行热量与质量的传递，蒸发的水分由空气带走或由真空泵抽走。辐射干燥是热能以电磁波的形式传递给湿物料，脱去的水分由空气带走或用真空泵抽走。此外还有喷雾干燥、冷冻干燥和高频介电干燥等干燥方法。喷雾干燥可将液态物料直接干燥成速溶性较好的颗粒状产品，如奶粉、麦乳精、速溶茶等。冷冻干燥是将湿物料在冻结状态下将压力控制在三相点以下，使固态冰直接升华成气态而除去水分的方法，脱去的水分由空气带走或由真空泵抽走，冷冻干燥也称升华干燥。冷冻干燥是目前为止产品品质最佳的干燥方法，但真空系统和制冷的成本却很昂贵。

高频介电干燥（如微波干燥）是利用高频振荡的电磁场将能量传递给物料使之升温去湿。微波干燥的干燥速度很快，干燥时间短，能耗高，设备简单，是目前很有前途的干燥方法之一。

本章主要介绍对流干燥，所除去的湿分为水分，所用的干燥介质为湿空气。对流干燥也称热风干燥，在对流干燥中，所需要的热量由空气提供，所产生的水蒸气也由空气带走，所以空气既是载热体又是载湿体。对流干燥过程不仅取决于物料特性，而且与空气的特性密切相关。

第一节 湿空气性质

在干燥过程中，与湿物料接触的是作为干燥介质的热空气，称为湿空气。湿空气在干燥过程中既是载热体，又是载湿体，因此干燥是兼有传热和传质的过程。湿空气同一般气体混合物一样，具有各项状态参数。在干燥或空气调节操作过程中，这些状态参数随着过程的进行要发生一定的变化。湿空气可以看成是干空气和水蒸气的混合物，在干燥过程中干空气的量保持不变，因此大多数物理参数是以干空气量为基准的。由于在干燥过程中，湿空气未达到饱和，可视为理想气体，因此可利用理想气体状态方程分析其热力学性质。

一、湿度

空气湿度又称为空气湿含量或绝对湿度（absolute humidity），是湿空气中所含水蒸气的质量与绝对干空气（简称绝干空气）的质量之比，用符号 H 表示，其单位为 kg 水蒸气/kg 干空气，即

$$H=\frac{\text{湿空气中水蒸气的质量}}{\text{湿空气中绝干空气的质量}}=\frac{n_vM_v}{n_gM_g} \tag{11-1}$$

式中：H——湿空气的湿度；

M——摩尔质量（kg/kmol）；

n——物质的量（kmol）；

下标 v 表示水蒸气，g 表示绝干空气。

常压下，湿空气可视为理想气体，则有

$$H=\frac{18p_v}{29(p-p_v)}=0.622\frac{p_v}{p-p_v} \tag{11-2}$$

式中：p_v——湿空气中水蒸气分压（Pa 或 kPa）；

p——湿空气总压（Pa 或 kPa）。

当湿空气达到饱和状态时，相应的湿度称为饱和湿度。以 H_s 表示，此时湿空气中水蒸气分压 p_v 等于该空气温度下纯水的饱和蒸气压 p_s，则式（11-2）变为

$$H_s=0.622\frac{p_s}{p-p_s} \tag{11-3}$$

由于水的饱和蒸气压仅与温度有关，故湿空气的饱和湿度是温度和总压的函数，即

$$H_s=f(t,p) \tag{11-4}$$

二、相对湿度

在一定的温度及总压下，湿空气的水蒸气分压 p_v 与同温度下水的饱和蒸气压 p_s 之比的

百分数称为空气的相对湿度（relative humidity），用符号 φ 表示。即

$$\varphi=\frac{p_v}{p_s}\times 100\% \tag{11-5}$$

在式（11-5）中，当 $p_v=0$ 时，$\varphi=0$，表示湿空气不含水分，即为绝干空气；当 $p_v=p_s$ 时，$\varphi=1$，表示湿空气为饱和空气；$\varphi<1$ 的湿空气称为不饱和空气，只有不饱和空气才能作为干燥介质。相对湿度可以说明湿空气偏离饱和空气的程度，φ 值越小，则空气的吸湿能力越大，干燥的推动力越大。

三、比体积

湿空气的比体积以单位质量干空气为计算基础。在湿空气中，1kg 绝干空气体积和相应的 H（kg）水蒸气体积之和称为湿空气的比体积（specific volume），也称湿容积，用符号 v_H表示，单位为 m^3 湿空气/kg 绝干气。

$$v_H=\frac{\text{m}^3\text{ 绝干气}+\text{m}^3\text{ 水蒸气}}{\text{kg 绝干气}}$$

$$v_H=\left(\frac{1}{29}+\frac{H}{18}\right)\times 22.4\times\frac{273+t}{273}\times\frac{1.013\times 10^5}{p}$$

$$=(0.772+1.244H)\times\frac{273+t}{273}\times\frac{1.013\times 10^5}{p} \tag{11-6}$$

式（11-6）中 t 为温度（℃）。

四、比热容

在常压下，湿空气中 1kg 绝干空气及相应 H（kg）水蒸气的温度升高（或降低）1℃所需要（或放出）的热量称为比热容（specific heat），又称湿热，用符号 c_H表示，单位是 kJ/(kg 绝干气·℃)，即

$$c_H=c_g+c_vH \tag{11-7}$$

式中：c_H——湿空气的比热容[kJ/(kg 绝干气·℃)]；

c_g——绝干空气的比热容[kJ/(kg 绝干气·℃)]；

c_v——水蒸气的比热容[kJ/(kg 水蒸气·℃)]。

因为干空气和水蒸气在 0～120℃的平均定压比热容分别约为 1.01kJ/(kg·℃)和 1.88kJ/(kg·℃)，所以有

$$c_H=1.01+1.88H \tag{11-8}$$

式（11-8）表明湿空气的比热容 c_H是湿度的函数。

五、焓

湿空气的焓值或热含量是指含单位质量干空气的湿空气的焓（enthalpy），用符号 I 表示，单位为 kJ/kg 干空气。

$$I=I_g+I_vH \tag{11-9}$$

式中：I——湿空气的焓（kJ/kg 绝干气）；

I_g——绝干空气的焓（kJ/kg 绝干气）；

I_v——水蒸气的焓（kJ/kg 水蒸气）。

空气的焓是根据干空气及液态水在0℃时焓为零作基准而计算的，因此，对于温度为t及湿度为H的湿空气，其焓包括由0℃的水变为0℃的水蒸气所需的潜热及湿空气由0℃升温至t℃所需的显热之和，即

$$I=(c_g+c_vH)t+Hr_0^0=(1.01+1.88H)t+2490H \tag{11-10}$$

式中：r_0^0——0℃时水的气化热，2490kJ/kg。

由式（11-10）可见，湿空气的热含量随温度和湿含量而变，式中前一项可视为湿空气的显热，后一项则为潜热。

六、露点

不饱和空气的湿含量H不变的情况下冷却，达到饱和状态时的温度称为该湿空气的露点（dew point）。以t_d表示。在露点时，空气的湿度为饱和湿度，$\varphi=1$。由式(11-3)可得

$$H_{s,t_d}=0.622\frac{p_{s,t_d}}{p-p_{s,t_d}} \tag{11-11}$$

式中：H_{s,t_d}——湿空气在露点下的饱和湿度（kg/kg绝干气）；

p_{s,t_d}——露点下的饱和蒸气压（Pa）。

式（11-11）经过变换，用H_{s,t_d}和p表示p_{s,t_d}，则为

$$p_{s,t_d}=\frac{H_{s,t_d}p}{0.622+H_{s,t_d}} \tag{11-12}$$

式（11-12）表明，在一定的空气总压下，湿空气露点温度下的饱和蒸气压p_{s,t_d}仅与该温度下的饱和湿度H_{s,t_d}有关。湿空气的湿度越大，t_d越高。

七、干球温度和湿球温度

温度计的感温球暴露在空气中，这种温度计称为干球温度计，所示温度为干球温度(dry-bulb temperature)，简称温度。如果感温球用湿纱布包裹，纱布用水润湿，这种温度计称为湿球温度计，所示温度为湿球温度（wet-bulb temperature），以t_w表示。

将湿球温度计置于温度为t、湿度为H的流动空气中，假设纱布中水分的温度和空气的温度相等。大量不饱和的流动空气与湿球温度计接触，湿球温度计表面由一层饱和的气膜包围，蒸气压大于流动空气的蒸气压，导致纱布表面的水分气化，气化水分所需的潜热首先只能取自湿纱布中水的潜热，因而使水温下降。当水温低于空气中的干球温度时，热量则由空气传向纱布中的水分，其传热速率随着两者温差增大而增大。最后，当由空气传入纱布的传热速率刚好等于自纱布表面气化水分所需的传热速率时，两者达到平衡状态，这时湿纱布中的水温即保持恒定，此温度即为湿空气的湿球温度。由于此温度由湿空气的温度、湿度决定，因此它是表明湿空气状态或性质的一种参数。对于某干球温度的湿空气，其相对湿度越低，湿球温度越低。对饱和湿空气而言，其湿球温度与干球温度相等。

在稳定状态时，空气向湿纱布的传热速率为

$$Q=aS(t-t_w) \tag{11-13}$$

式中：Q——空气向湿纱布的传热速率（W）；

a——空气向湿纱布的对流传热系数[W/(m^2·℃)]；

S——空气与湿纱布间的接触表面积（m^2）；

t——空气温度（℃）；

t_w——空气的湿球温度（℃）。

气膜中水蒸气向空气的传递速率为

$$N = k_H(H_{s,t_w} - H)S \tag{11-14}$$

式中：N——水蒸气由气膜向空气主流中的扩散速率（kg/s）；

k_H——以湿度差为推动力的传质系数[kg/(m^2·s·ΔH)]；

H_{s,t_w}——湿球温度下空气的饱和湿度（kg/kg 绝干气）。

在稳定状态下，传热速率和传质速率之间的关系为

$$Q = Nr_{t_w} \tag{11-15}$$

式中：r_{t_w}——湿球温度下水汽的气化热（kJ/kg）。

联立式（11-13）～式（11-15）得

$$t_w = t - \frac{k_H r_{t_w}}{a}(H_{s,t_w} - H) \tag{11-16}$$

对空气-水蒸气系统来说，$\frac{a}{k_H}$=1.09，且两者比值与气流速度无关。

八、绝热饱和温度

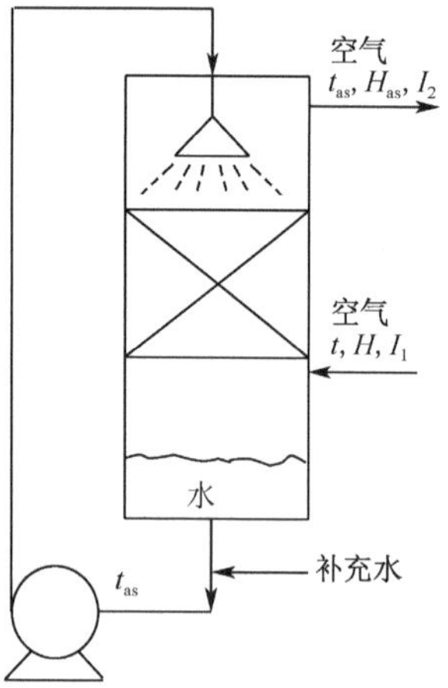

图 11-1　绝热饱和器示意图

图 11-1 为一绝热饱和器，设有温度为 t、湿度为 H 的不饱和空气在绝热饱和器内与大量水接触，水用泵循环，若设备保温良好，则热量只在气、液两相之间传递，而对周围环境是绝热的。这时可认为水温完全均匀，故水向空气中气化时所需的潜热只能取自空气中的显热，这样空气的温度下降，而湿度增加，即空气失去显热，而水蒸气将此部分热量以潜热的形式带回空气中，故空气的焓值可视为不变（忽略水蒸气的显热），这一过程为等焓过程，也称空气的绝热降温增湿过程。

绝热增湿过程进行到空气被水蒸气饱和，则空气的温度不再下降，而等于循环水的温度，此温度称为该空气的绝热饱和温度（adiabatic saturated temperature），用符号 t_{as} 表示，其对应的饱和湿度为 H_{as}，此时水的温度也为 t_{as}。在空气的绝热增湿过程中，失去的是显热，而得到的是气化带来的潜热，空气的温度和湿度虽也发生变化，但焓值不变。塔顶和塔底处湿空气的焓分别为

$$I_1 = (c_g + Hc_v)\,t + Hr_0^0$$

$$I_2 = (c_g + H_{as}c_v)\,t_{as} + H_{as}r_0^0 \tag{11-17}$$

式中：I_1、I_2——湿空气入塔时和在塔顶时的焓值。

湿空气的绝热增湿过程是等焓过程，即 $I_1 = I_2$。由于 H 和 H_{as} 值与 1 相比均很小，故可视为 c_H、$c_{H_{as}}$ 不随湿度而变，即 $c_H = c_{H_{as}}$，则有

$$t_{as} = t - \frac{r_0^0}{c_H}(H_{as} - H) \tag{11-18}$$

九、H-I 图及说明

当总压一定时，湿空气性质的各参项数（p、t、φ、H、I、t_w 等）只要知道其中两个互相独立的参数，湿空气状态即被确定。确定参数的方法可用前述的公式进行计算，但相对繁琐，而且有时需要用试差法求解。工程上为了方便起见，用图形的形式来表示湿空气各项性质之间的关系，这样计算过程就会变得比较简便。常用的图有湿-焓（H-I）图，如图 11-2 所示，图中关联了空气与水系统的水蒸气分压、湿度、相对湿度、温度及焓等各项参数。

H-I 图以湿空气的焓值 I 为纵坐标，湿度 H 为横坐标。由于图中线群较多，为了提高读数的准确度，两轴的夹角为 135°。图 11-2 上共有五种线，图上任一点都代表一定温度 t 和湿度 H 的湿空气状态。

（一）等湿度线

等湿度线（等 H 线）是与纵坐标平行的一束线，同一条等湿度线上的湿度都相等。

（二）等焓线

等焓线（等 I 线）是一组平行于斜轴 I 的线，同一条等焓线上的焓值都相等。

（三）等温线

由式（11-8）和式（11-10）得

$$I=(1.88t+2490)H+1.01t \tag{11-19}$$

由式（11-19）可知，当空气的干球温度 t 不变时，I 与 H 呈直线关系，故在H-I图中对应不同的t，可作出许多等温线（等 t 线）。各种不同温度的等温线，其斜率为（$1.88t+2490$），故温度越高，其斜率越大。因此，这些等 t 线不是相互平行的。

（四）等相对湿度线

由式（11-2）和式（11-5）得

$$H=0.622\frac{\varphi p_s}{p-\varphi p_s} \tag{11-20}$$

当湿空气的湿度 H 为一定值时，温度越高，其相对湿度 φ 值越低，作为干燥介质时吸收水蒸气的能力越强，故湿空气进入干燥器之前必须经过预热器预热提高温度，目的除了要提高湿空气的焓值使其作为载热体，也是为了降低其相对湿度而作为载湿体。

（五）水蒸气分压线

由式（11-2）得

$$p_v=\frac{Hp}{0.622+H} \tag{11-21}$$

该线是空气的湿度 H 与空气中的水蒸气分压 p_v之间关系的曲线。当湿空气的总压 p 不变时，水蒸气的分压 p_v 随湿度 H 而变化。水蒸气分压标于右端纵轴上，其单位为 kN/m^2。

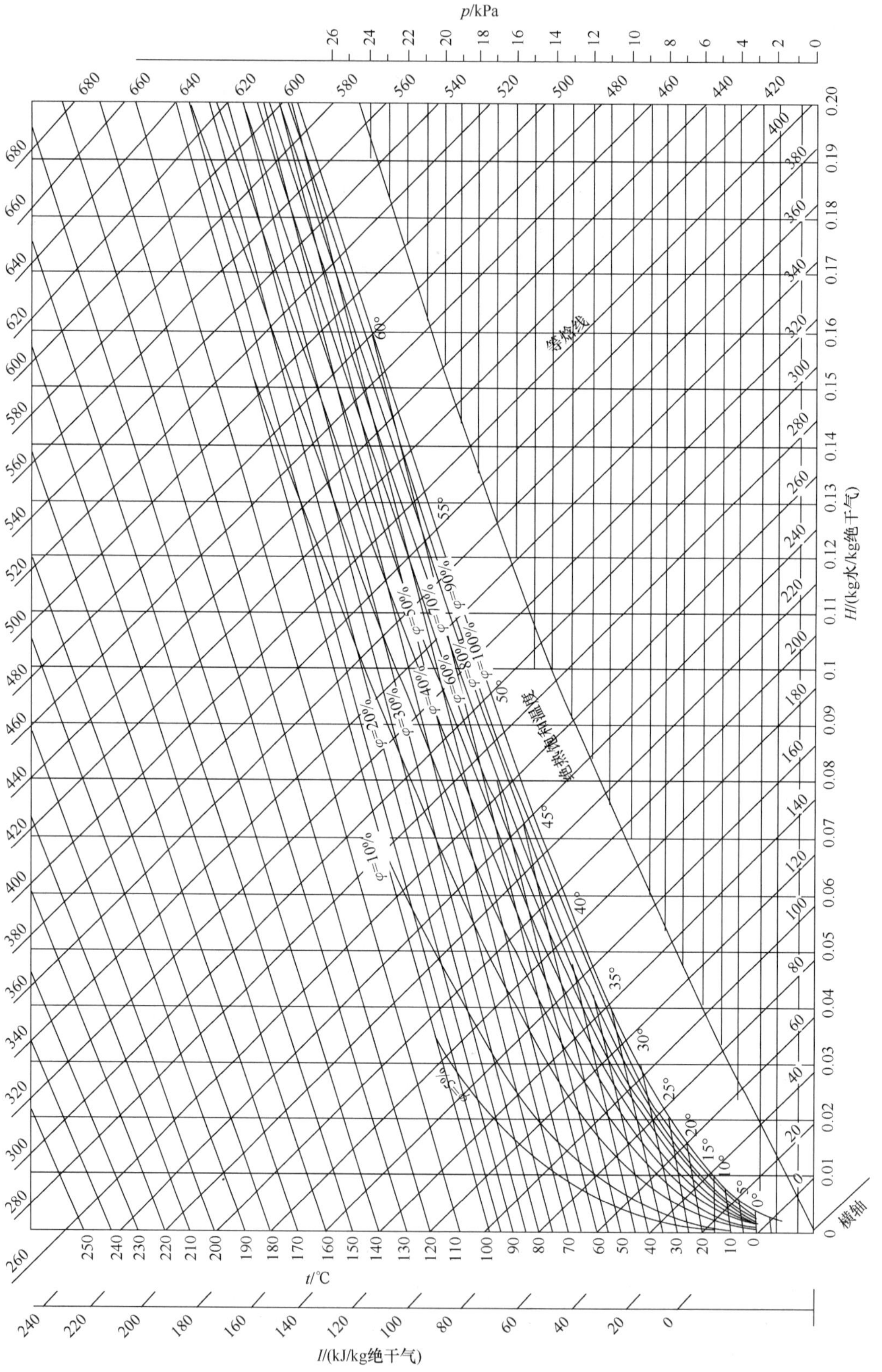

图 11-2　湿空气的 H-I 图

（六）湿-焓图的说明与应用

不同的总压有不同的 H-I 图。根据湿空气任意两个独立的参数，就可以在 H-I 图上确定该空气的状态点，然后查出空气的其他性质。非独立的参数，如 t_d-H，p-H，t_d-p，t_w-I，t_{as}-I 等，它们均在同一等 H 线或等 I 线上，因此根据上述各组数据不能在 H-I 图上确定空气状态点。干球温度 t、露点 t_d、湿球温度 t_w（或绝热饱和温度 t_{as}）都是由等 t 线确定的。

通常根据下列已知条件之一确定湿空气的状态点（图 11-3），已知条件是：①湿空气的干球温度 t 和湿球温度 t_w；②湿空气的干球温度 t 和露点 t_d；③湿空气的干球温度 t 和相对湿度 φ。

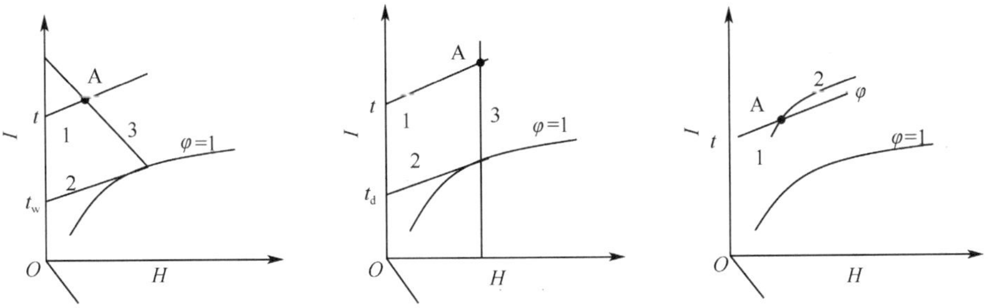

(a) 已知 t 和 t_w　　(b) 已知 t 和 t_d　　(c) 已知 t 和 φ

图 11-3　在 H-I 图中确定湿空气的状态点

1. 间壁式加热和冷却

若空气的温度变化范围在露点以上，则空气中的含水量始终保持不变，且为不饱和状态，为等湿过程，过程线为垂直线，如图 11-4 所示。

2. 间壁式冷却减湿

上述间壁式冷却过程当进行至露点，空气即达到饱和状态，继续冷却时，水蒸气就在冷却壁面上凝结出来，而且温度不断降低，但空气始终在饱和状态。

如果将凝结出来的水分设法除去，再将所得的饱和空气加热，则空气的湿度小于原空气的湿度，即达到减湿的目的（图 11-5）。

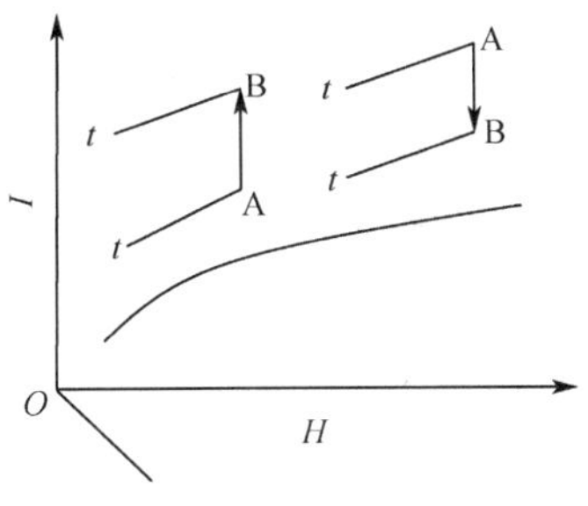

图 11-4　等湿过程

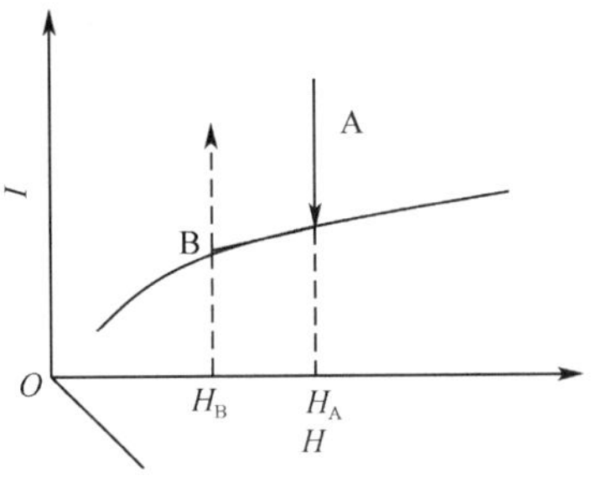

图 11-5　间壁式冷却减湿过程

3. 不同状态空气的混合

设有状态不同的空气 1 和 2，如图 11-6 所示对应的干空气的量为 G_1 和 G_2，对应的状态为（H_1，I_1），（H_2，I_2）。两空气混合后，由物料衡算和热量衡算可得

$$H_n = \frac{G_1 H_1 + G_2 H_2}{G_1 + G_2} \tag{11-22}$$

$$I_n = \frac{G_1 I_1 + G_2 I_2}{G_1 + G_2} \tag{11-23}$$

若混合后的空气状态点落入过饱和区，如图 11-6 直线 34 上的 d 点，则混合物将分成气态的饱和空气和液态的水两部分，前者的状态点为过 d 点的等焓线与 $\varphi=1$ 线的交点 e。

4. 绝热冷却增湿过程

空气和水直接接触时，空气的状态变化可视为空气和液态水表面边界层内的饱和空气不断混合的过程。若空气（以 A 点表示）与温度为 t_{as}的冷却水（其表面的饱和空气以 B 点表示）接触，由于水温保持不变，B 点的位置也固定不变，则空气的不断混合过程就表现为空气状态从 A 点不断向 B 点移动，如图 11-7 所示。

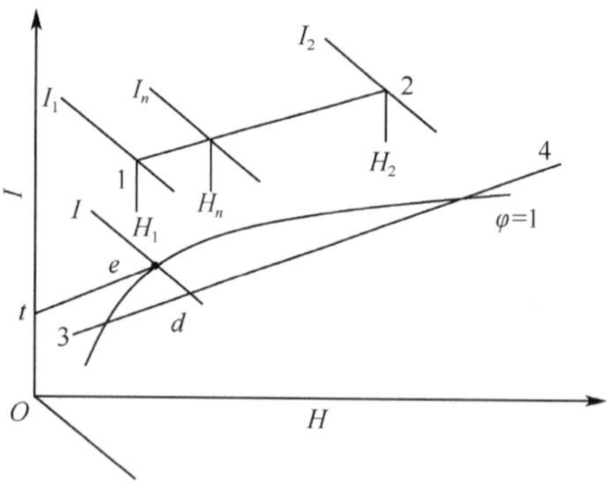

图 11-6　不同状态空气的混合

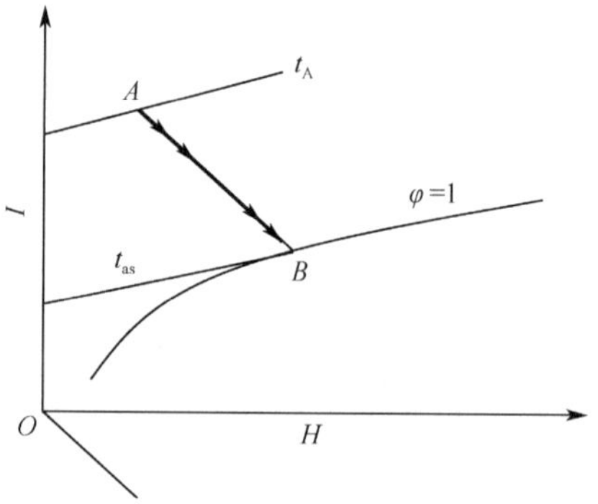

图 11-7　绝热冷却增湿过程

绝热饱和过程一方面表现为空气的冷却，另一方面表现为空气的增湿，故称为绝热冷却增湿过程。

第二节　热风干燥过程的物料衡算和热量衡算

干燥过程的计算中，应通过干燥器的物料衡算和热量衡算计算出湿物料中水分蒸发、空气用量和所需热量，以便选择适宜的风机、设计或选择换热器等。

一、湿物料中水分的表示方法

若将物料看成是由水分和其他成分组成的，这种物料称为湿物料，不含水分的物料成为绝干物料或干物料。物料中的水分可用干基含水量和湿基含水量两种方法表示。

（一）湿基含水量

以湿物料为计算基准的物料中水分的质量百分数（wet-basis moisture content）称为湿

基含水量，以 w 表示：

$$w = \frac{湿物料中水分的质量}{湿物料的总质量} \tag{11-24}$$

（二）干基含水量

以绝对干物料为基准的湿物料中含水量称为干基含水量（dry-basis moisture content），亦即湿物料中水分质量与绝对干料的质量之比，单位为 kg 水分/kg 绝干料，通常用 X 表示：

$$X = \frac{湿物料中水分的质量}{湿物料中绝对干料的质量} \tag{11-25}$$

工业上常用湿基含水量表示物料水分，科学研究中则常用干基含水量表示。湿基含水量和干基含水量之间进行换算，得

$$w = \frac{X}{1+X} \tag{11-26}$$

$$X = \frac{w}{1-w} \tag{11-27}$$

二、物料衡算

以图 11-8 的热风干燥为例说明物料衡算的过程。通过物料衡算可确定将湿物料干燥到规定的含水量所蒸发的水分量、空气消耗量、干燥产品的流量。

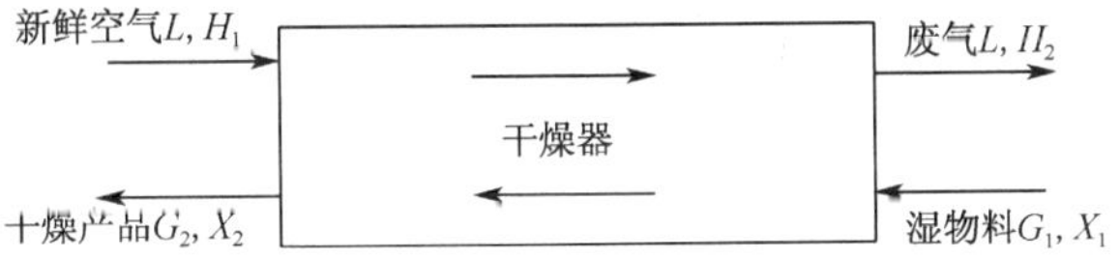

图 11-8　连续热风干燥示意图

图中：L——绝干空气的消耗量（kg 绝干气/s）；

H_1、H_2——湿空气进、出干燥器时的湿度（kg 水蒸气/kg 绝干气）；

X_1、X_2——物料进、出干燥器时的干基含水量（kg 水蒸气/kg 绝干料）；

G_1、G_2——物料进、出干燥器时的流量（kg 湿物料/s）。

（一）水分蒸发量 W

对图 11-8 所示的连续干燥过程作水分的物料衡算，则有

$$LH_1 + GX_1 = LH_2 + GX_2$$

$$W = L(H_2 - H_1) = G(X_1 - X_2) \tag{11-28}$$

式中：W——水分蒸发量（kg 水/s）。

（二）空气消耗量

热风干燥过程中一般消耗的是湿空气，在实际应用中也多以湿空气的消耗为指标。由

式（11-28）整理得

$$L(H_2-H_1)=G(X_1-X_2)$$

$$L=\frac{G(X_1-X_2)}{H_2-H_1}=\frac{W}{H_2-H_1} \tag{11-29}$$

式中：L——单位时间内消耗的绝干空气量（kg 绝干气/s）；

G——绝干物料的流量（kg 绝干料/s）。

令 $l=L/W$，l 称为比空气用量，其意义是从湿物料中气化 1kg 水分所需的干空气量。将式（11-29）两端同除以 W 得

$$l=\frac{L}{W}=\frac{1}{H_2-H_1} \tag{11-30}$$

如果新鲜空气进入干燥器前先通过预热器加热，由于加热前后空气的湿度不变，以 H_0 表示进入预热器时的空气湿度，则有

$$l=\frac{1}{H_2-H_1}=\frac{1}{H_2-H_0} \tag{11-31}$$

式（11-31）说明，比空气用量只与空气的最初和最终湿度有关，而与干燥过程所经历的途径无关。湿空气的消耗量为

$$L'=L(1+H_1)=L(1+H_0) \tag{11-32}$$

式中：L'——湿空气的消耗量（kg 湿空气/s）。

（三）干燥产品的流量

对图 11-8 进行绝干物料的衡算，则有

$$G=G_2(1-w_2)=G_1(1-w_1)$$

$$G_2=\frac{G_1(1-w_1)}{1-w_2} \tag{11-33}$$

式中：w_1、w_2——物料进、出干燥器时的湿基含水量（kg 水/kg）。

三、热量衡算

连续式干燥器的热量衡算均以单位时间为基准。间歇干燥器则以一次干燥周期为基准。在热量衡算时，应考虑各种可能性。实际干燥过程可根据实际情况予以简化。通过干燥器的热量衡算可以确定物料干燥所消耗的热量或干燥器排出空气的状态（H_2，t_2，I_2）。图 11-9 为热量衡算示意图。

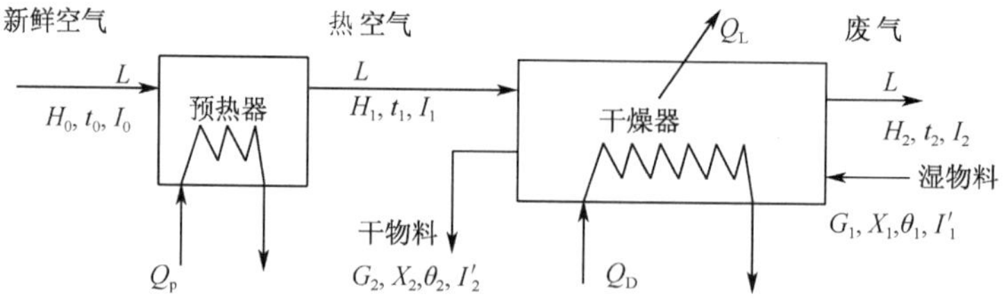

图 11-9 连续干燥过程的热量衡算

图中：Q_p——预热器的传热速率（kW）；

Q_D——向干燥器中补充热量的速率（kW）；

Q_L——干燥器的热损失速率（kW）；

H_0、H_1、H_2——新鲜空气进入预热器、离开预热器、离开干燥器时的湿度（kg/kg 绝干气）；

t_0、t_1、t_2——进入预热器、离开预热器、离开干燥器时空气的温度（℃）；

I_0、I_1、I_2——进入预热器、离开预热器、离开干燥器时空气的焓（kJ/kg 绝干气）；

X_1、X_2——进入、离开干燥器时物料的含水量（kg/kg 绝干料）；

G_1、G_2——进入、离开干燥器时物料的流量（kg 湿物料/s）；

L——绝干空气流量（kg 绝干气/s）；

I'_1、I'_2——物料进入、离开干燥器时的焓（kJ/kg 绝干料）；

θ_1、θ_2——物料进入、离开干燥器时的温度（℃）。

（一）预热器的热量衡算

以图 11-9 所示的干燥系统为例，若忽略预热器的热损失，对预热器进行热量衡算，则有

$$LI_0 + Q_p = LI_1$$

$$Q_p = L(I_1 - I_0) \tag{11-34}$$

（二）干燥器的热量衡算

对干燥器进行热量衡算，则有

$$LI_1 + GI'_1 + Q_D = LI_2 + GI'_2 + Q_L$$

$$Q_D = L(I_2 - I_1) + G(I'_2 - I'_1) + Q_L \tag{11-35}$$

（三）干燥系统消耗的总热量

联立式（11-34）和式（11-35）整理得到单位时间内干燥系统消耗的总热量为

$$Q = Q_p + Q_D = L(I_2 - I_0) + G(I'_2 - I'_1) + Q_L \tag{11-36}$$

湿物料的焓可以看成是绝干物料的焓与其中水分的焓的和，即

$$I' = c_s\theta + Xc_w\theta = (c_s + Xc_w)\theta = c_m\theta \tag{11-37}$$

式中：c_s——绝干物料的比热容［kJ/(kg 绝干物料·℃)］；

c_w——水分的比热容［kJ/(kg 水蒸气·℃)］；

c_m——湿物料的平均比热容［kJ/(kg 绝干物料·℃)］。

在干燥系统中，假设：

1）新鲜空气中水蒸气的焓等于离开干燥器时废空气中水蒸气的焓，即

$$I_{v0} = I_{v2}$$

2）进出干燥器的湿物料比热容相等，即

$$c_{m1} = c_{m2} = c_m$$

则式（11-36）可写成

$$\begin{aligned} Q &= Q_p + Q_D \\ &= L[(c_g t_2 + H_2 I_{v2}) - (c_g t_0 + H_0 I_{v0})] + G(c_{m2}\theta_2 - c_{m1}\theta_1) + Q_L \\ &= L[c_g(t_2 - t_0) + I_{v2}(H_2 - H_0)] + Gc_m(\theta_2 - \theta_1) + Q_L \end{aligned} \tag{11-38}$$

由于

$$W = L(H_2 - H_0)$$

$$I_{v2} = r_0^0 + c_v t_2 \tag{11-39}$$

将式（11-39）代入式（11-38）得

$$Q = Q_p + Q_D = Lc_g(t_2 - t_0) + W(r_0^0 + c_v t_2) + Gc_m(\theta_2 - \theta_1) + Q_L$$
$$= 1.01L(t_2 - t_0) + W(2490 + 1.88t_2) + Gc_m(\theta_2 - \theta_1) + Q_L \tag{11-40}$$

由式（11-40）可以看出，向系统输入的热量用于加热空气、加热物料、蒸发水分、热损失 4 个方面。

第三节　湿物料的性质及干燥机制

一、湿物料的性质

（一）湿物料的水分活度

物料中水蒸气分压 p_v 与同温度下纯水的饱和蒸气压 p_s 之比称为水分活度（water activity），一般用 a_w 表示。物料的水分活度不仅与物料本身的特性有关，还与周围环境空气的状态有关。当湿物料于一定温度和湿度的空气相接触时，湿物料将排除水分或吸收水分，水分活度决定了物料干燥进行的方向。

1）当 $a_w < \varphi$ 时，吸附水分。

2）$a_w > \varphi$ 时，解吸水分（干燥）。

3）$a_w = \varphi$ 时，达到平衡，不吸收也不脱除水分。

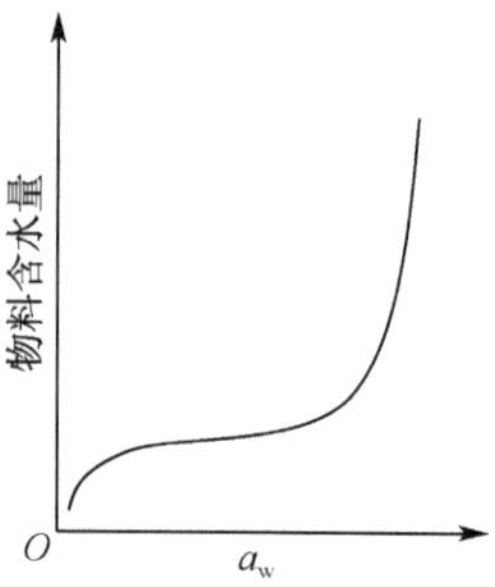

图 11-10　物料的吸附等温线

当物料与某状态下的空气接触相当长的时间后，水分活度趋于一定，达到平衡状态，此时 $a_w = \varphi$，物料温度与环境温度相等。水分活度与物料的储藏特性有关。一定温度下物料中水分活度与物料含水量的关系曲线称为吸附等温线如图 11-10 所示。

（二）平衡水分和自由水分

根据物料在一定的干燥条件下所含水分能否用干燥方法除去，可将物料中所含水分分为平衡水分（equilibrium water）和自由水分（free water）（或可去除水分）。

当一定温度 t、相对湿度 φ 的不饱和湿空气流过某湿物料表面时，由于湿物料表面水的蒸气压大于空气中水蒸气分压，则湿物料的水分向空气中气化，直到物料表面水的蒸气压与空气中水蒸气分压相等时为止，即物料中的水分与该空气中水蒸气达到平衡状态，此时物料所含水分称为该空气条件（t、φ）下物料的平衡水分，又称平衡湿含量或平衡含水量，以 X^* 表示，单位为 kg 水分/kg 绝干料。

平衡水分随物料的种类及空气的状态（t、φ）不同而异。平衡水分代表物料在一定空气状况下可以干燥的限度，在干燥过程中能除去的水分只是物料中超出平衡水分的部分，称为自由水分。

（三）结合水分与非结合水分

根据物料与水分结合力的状况，可将物料中所含水分分为结合水分（bound water）与非结合水分（unbound water）。

结合水分包括物料细胞壁内的水分、物料内毛细管中的水分及以结晶水的形态存在于固体物料之中的水分等。它是借化学力或物理化学力与物料相结合的，由于结合力强，其蒸气压低于同温度下纯水的饱和蒸气压，致使干燥过程的传质推动力降低，故除去结合水分较困难。

非结合水分包括机械地附着于固体表面的水分，如物料表面的吸附水分、较大孔隙中的水分等。物料中非结合水分与物料的结合力弱，其蒸气压与同温度下纯水的饱和蒸气压相同，干燥过程中除去非结合水分较容易。

物料的结合水分和非结合水分的划分只取决于物料本身的性质，而与干燥介质的状态无关。平衡水分与自由水分则还取决于干燥介质的状态。干燥介质状态改变时，平衡水分和自由水分的数值将随之改变。

物料的总水分、平衡水分、自由水分、结合水分、非结合水分之间的关系如图 11-11 所示。

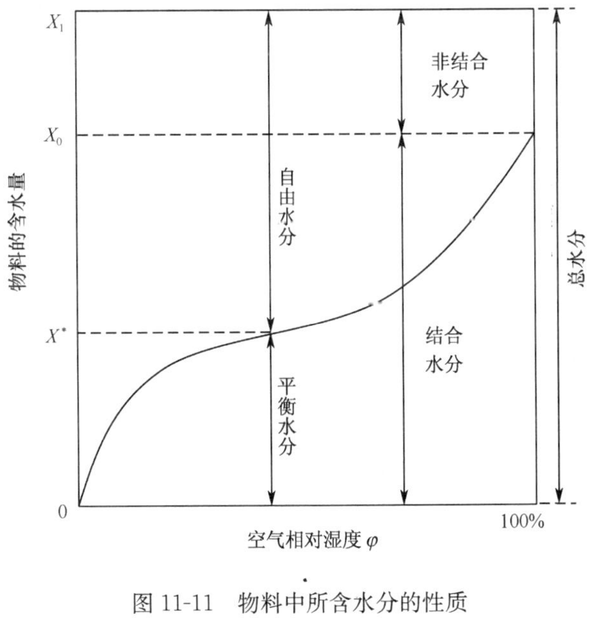

图 11-11　物料中所含水分的性质

二、干燥机制

在干燥过程中，物料内外的温度不一致，温度梯度促使水分传递（称为热湿导），方向是从高温到低温。与此同时，湿物料表面水分不断气化，在物料内部与表面之间形成湿度差，形成物料内部湿度梯度，促使物料内部的水分向表面移动。大部分的干燥过程，温度梯度和湿度梯度方向是相反的，而对于微波干燥来说，两者方向一致。当两者方向一致时干燥速率比方向相反时快。由物料内部温度梯度和湿度梯度导致的水分传递称为内部扩散。

水分由物料内部扩散到表面后，在表面气化，可认为在表面附近存在一层气膜，在该气膜内水蒸气分压等于物料中水分的蒸气压，水分在气相中的传质推动力为此蒸气压与气相主体中水蒸气分压之差。对对流干燥来说，造成该分压的原因是由于介质的不断流动，带走气化的水分；而对真空干燥而言，则是气化的水分被真空泵抽走。蒸气分压差是物料干燥的外部的传质推动力。

水分的内部扩散和表面气化是同时进行的，但在干燥过程的不同阶段其速率不同，从而控制干燥速率的机制也不相同。因为它受到物料的结构、性质、湿度等条件和干燥介质的影响。

在干燥过程中，当物料中水分表面气化的速率小于内部扩散的速率时，称为表面气化控制（constant rate drying period）。为强化该阶段的干燥速率，对对流干燥而言，提高空气的温度，降低相对湿度，改善空气与物料的接触和流动情况，均有助于提高干燥速率。当物料中水分表面气化的速率大于内部扩散的速率时，称为内部扩散控制（falling rate drying period）。要强化该阶段的干燥速率，必须从改善内部扩散着手，如减少物料厚度、使物料堆积疏松、搅拌或翻动物料、采用微波干燥等。

第四节　干燥动力学

按空气状态参数的变化情况，可将干燥过程分为恒定干燥和非恒定干燥两大类。在食品加工中以热风干燥为主，大量的空气对少量物料进行间歇干燥，并维持空气的速率以及物料与空气接触的方式，虽然物料水分的蒸发会使空气中水分的增加，但空气量大，空气湿含量增加可以忽略，因此认为空气湿度与温度稳定，即为恒定干燥操作。但在连续的操作过程中，很难维持恒定干燥，干燥空气的温度和湿度是变化的，即为非恒定干燥。本节以恒定干燥为例介绍干燥动力学。

一、干燥曲线和干燥速率曲线

干燥过程中物料的含水量和表面温度随时间不断变化，含水量或表面温度随时间变化的规律曲线称为干燥曲线，如图 11-12 所示。干燥过程中干燥速率随时间或含水量的变化规律曲线称为干燥速率曲线，如图 11-13 所示。干燥速率曲线也可由干燥曲线对时间或含水量微分求得。干燥曲线和干燥速率曲线不仅与干燥条件有关，还与物料本身的组织结构、物理化学特性等因素密切相关。物料的干燥曲线一般由试验得到。在试验时，将干燥条件控制在恒定条件下，得到恒定条件下的干燥曲线。不同的物料和干燥条件得到不同的干燥曲线。为了得到较好的干燥品质，在实际生产中常采用变化的干燥条件来控制产品质量。

由干燥曲线和干燥速率曲线可知，物料的含水量随时间是逐渐减少的，直至趋于水平，最后达平衡含水量。物料表面温度是逐渐上升的，最后达到介质温度。干燥速率在初始阶段有一升高过程，而后保持最大干燥速率，最后干燥速率逐渐减小，直至趋于 0，即达平衡含水量。根据干燥过程水分或干燥速率变化的特点，可将干燥过程分为三个阶段：预热阶段，即 AB 段；恒速段，即 BC 段；降速段，即 CE 段。

（一）预热阶段

在预热阶段，物料含水量略有下降，变化不大，表面温度略有上升（图 11-12）；干燥速率略有上升（图 11-13）。此时空气热量主要用于物料的加热，水分蒸发量较少，时间较

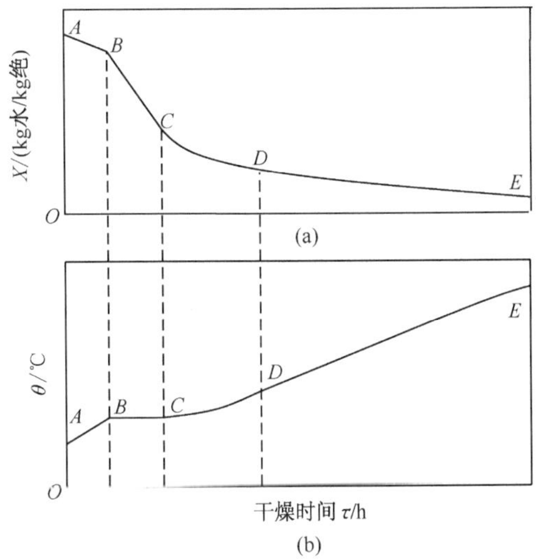

图 11-12　典型的干燥曲线

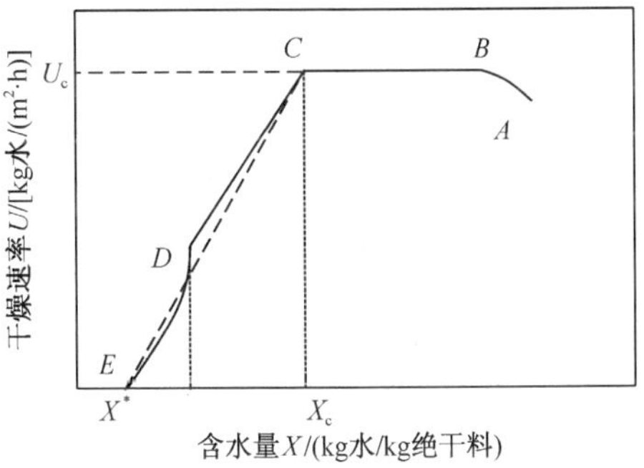

图 11-13　典型的干燥速率曲线

短，物料表面呈润湿状态，在研究过程中一般可忽略这一阶段。此时强化干燥条件可提高干燥速率，对产品质量影响不大。

（二）恒速干燥阶段

在恒速阶段中，物料含水量迅速下降，干燥速度最大，干燥曲线为一直线，干燥速率曲线为一水平线，物料表面温度等于干燥介质的湿球温度，空气热量全部用于水分的气化，空气显热等于水分的气化潜热。此时物料表面湿润，所去除的水分为非结合水分，物料内部水分扩散速率大于或等于水分表面气化速率，干燥处于表面气化控制状态。此时强化干燥条件可提高干燥速率，对产品质量影响不大。干燥的恒速阶段一直持续到 C 点，然后进入降速阶段。C 点称为干燥的第一临界点，该点的含水量称为临界含水量。C 点是恒速干燥阶段与降速干燥阶段的转折点，也是表面气化控制和内部扩散控制的转折点。

由图 11-12 对应的可以画出图 11-13 干燥速率曲线，AB 段为物料预热段，此段所需时间很短，一般并入 BC 段考虑。ABC 段为物料恒速干燥阶段，干燥速率基本不随物料含水量而改变。

（三）降速干燥阶段

C 点以后，就进入干燥的降速阶段。在降速阶段中，干燥曲线为一曲线形式，干燥速率开始下降。此时物料表面开始出现部分“干区”，在此区域物料表面温度大于空气的湿球温度并逐渐上升。空气热量除了用于水分的蒸发外，还要用于物料的升温，所除去的水分有结合水分和非结合水分，干燥开始进入内部扩散控制状态。降速阶段到达 D 点时，物料表面的湿润部分完全消失，水分蒸发面开始向物料内部转移，水分扩散阻力较大，干燥速率进一步下降，物料表面温度进一步上升，直至 E 点，干燥曲线趋于水平，物料含水量达到平衡含水量，物料表面温度达到空气的干球温度，干燥速率等于零，干燥脱水过程结束。D 点称为第二临界点，DE 段除去的水分为结合水分。在干燥的降速阶段不宜盲目强化干燥条件，以免加大干燥的副作用或出现“壳化”现象。

通过研究干燥曲线和干燥速率曲线，可以了解物料的干燥特性，从而制订合理的干燥方案。

（四）临界含水量

C 点为恒速干燥阶段与降速干燥阶段的分界点，该点对应的物料的含水量称为物料的临界含水量（critical moisture content），以 X_c 表示，该点的干燥速率仍等于恒速干燥阶段的速率，以 U_c 表示。临界含水量 X_c 的大小影响物料进入降速干燥阶段的时间，若临界含水量值大，则物料会较早进入降速干燥阶段；反之，则进入降速干燥时间较迟。在相同的干燥任务下，若物料较早进入降速干燥阶段，则所需的干燥时间加长，既消耗多的能量，也影响产品的质量。

临界含水量随物料的性质、厚度及干燥速率的不同而不同。无孔吸水性物料的 X_c 值比多孔物料的大；在一定的干燥条件下，物料层越厚，X_c 值也越大，因此物料在平均含水量较高的情况下就开始进入降速干燥阶段。例如，稻谷干燥过程中，恒速干燥阶段时间较小，大部分在降速干燥阶段进行。为缩短物料干燥的时间，可减少物料干燥层的厚度；对物料加强搅拌，则既可增大物料干燥的面积，又可减小临界含水量 X_c 的值。流化干燥设备（如气流干燥器和沸腾干燥器）中物料的 X_c 值一般均较低，其原因即在此。

二、恒速干燥阶段干燥速率的计算

干燥速率是指单位时间内在单位干燥面积上气化的水分量 W，即

$$U=\frac{\mathrm{d}W}{S\mathrm{d}\tau} \tag{11-41}$$

式中：U——干燥速率[kg/(m^2·h)]；

W——气化水分量（kg）；

S——干燥面积（m^2）；

τ——干燥所需时间（h）。

因为

$$\mathrm{d}W=-G\mathrm{d}X \tag{11-42}$$

所以

$$U=-\frac{G\mathrm{d}X}{S\mathrm{d}\tau} \tag{11-43}$$

式中：G——湿物料中绝干料的量（kg）；

X——湿物料中干基的含水量(kg 水/kg 绝干料)；

负号表示物料含水随干燥时间的增加而减少。

在恒速干燥阶段中，空气传给物料的热量等于水分气化所需的热量，即

$$dQ = r_{t_w}dW \Rightarrow dW = \frac{dQ}{r_{t_w}} \tag{11-44}$$

式中：Q——操作中空气传给物料的热量（kJ）。

在干燥过程中，传热速率为

$$\frac{dQ}{Ad\tau} = \alpha(t - t_w) \tag{11-45}$$

传质速率为

$$\frac{dW}{Ad\tau} = k_H(H_{s,t_w} - H) \tag{11-46}$$

在式（11-45）和式（11-46）中，恒定干燥条件下，α 和 k_H 值均保持不变，而且 $t - t_w$ 和 $H_{s,t_w} - H$ 也保持不变，即说明在恒速干燥阶段，湿物料和空气间的传热速率和传质速率均保持不变，即湿物料的显热恰等于水分气化所需的气化热，则恒速干燥阶段的干燥速率为

$$U = \frac{dW}{Ad\tau} = \frac{dQ}{r_{t_w}Ad\tau} = k_H(H_{s,t_w} - H) = \frac{\alpha}{r_{t_w}}(t - t_w) \tag{11-47}$$

三、恒定干燥条件下干燥时间的计算

（一）恒速干燥阶段

恒速干燥阶段的干燥速率等于临界干燥速率 U_c，根据干燥速率定义，有

$$d\tau = -\frac{GdX}{SU_c} \tag{11-48}$$

对式（11-48）进行积分，积分边界条件为：开始时 $\tau=0$，$X=X_1$；终了时 $\tau=\tau_1$，$X=X_c$。因此

$$\int_0^{\tau_1} d\tau = -\frac{G}{AU_c}\int_{X_1}^{X_c} dX$$

所以

$$\tau_1 = \frac{G}{U_cA}(X_1 - X_c) \tag{11-49}$$

式中：τ_1 ——恒速干燥阶段的干燥时间（s）；

X_1——物料的初始含水量（kg/kg 绝干料）；

G/A——单位干燥面积上的绝干物料质量（kg 绝干料/m^2）。

临界处的干燥速率 U_c 可从干燥速率曲线查得，也可用下式进行估算：

$$U_c = \frac{\alpha}{r_{t_w}}(t - t_w) \tag{11-50}$$

对流传热系数 α 可用以下几种经验公式计算：

1）空气的流动方向与物料表面平行时，有

$$\alpha = 0.0204(L')^{0.8} \tag{11-51}$$

式中：L'——湿空气的质量流速 [kg/(m² · h)]。

适用条件：$L'=2450\sim29\,300\text{kg}/(\text{m}^2\cdot\text{h})(0.6\sim8\text{m/s})$，空气的平均温度$t=45\sim150$℃。

2）空气垂直于物料表面流动时，有

$$\alpha = 1.17(L')^{0.37} \tag{11-52}$$

适用条件：$L'=3900\sim19\,500\ \text{kg}/(\text{m}^2\cdot\text{h})(0.9\sim4.6\text{m/s})$

3）气体与运动着的颗粒间的传热，有

$$\alpha = \frac{\lambda_g}{d_p}\left[2+0.54\left(\frac{d_p u_0}{v_g}\right)^{0.8}\right] \tag{11-53}$$

式中：d_p——颗粒的平均直径（m）；

u_0——颗粒的沉降速率（m/s）；

λ_g——空气的导热系数[W/(m · ℃)]；

v_g——空气的运动黏度（m²/s）。

由对流传热系数算出的干燥速率或时间都是近似值。通过 α 的计算式可以分析影响干燥速率的因素。例如，空气的流速升高、温度升高、湿度降低都能促使干燥速率加快，但温度过高、湿度过低，可能会因干燥速率太快而引起物料变形、开裂或表面硬化。此外，若空气速率太大，还会产生气体夹带现象。所以，应视具体情况选用适宜的操作条件。

例 11-1　将不溶于水的固体晶体装在 0.5m ×0.5m 的盘中干燥，物料层厚度为 25mm，盘的侧面和底面可假定为绝热的，干燥所需热量由流动方向与物料平行的热空气以对流方式传到物料表面，空气流速为 6m/s，温度为 70℃，湿度为 0.01kg 水/kg 绝干料，试估算恒速干燥阶段的干燥速率和蒸发量。

解　由湿度图查得 $H=0.01$kg 水/kg 绝干料，$t=70$℃的空气 $t_w=30$℃。

空气的湿比体积为

$$v_H=(0.772+1.244H)\times\frac{273+t}{273}$$

$$=(0.772+1.244\times0.01)\times\frac{273+70}{273}=0.987(\text{m}^3/\text{kg 干空气})$$

湿空气的密度为

$$\rho=\frac{1+H}{v_H}=\frac{1+0.01}{0.987}=1.023(\text{kg/m}^3)$$

湿空气的质量流速为

$$L'=u\rho=6\times1.023=6.14[\text{kg}/(\text{m}^2\cdot\text{s})]=22\,100[\text{kg}/(\text{m}^2\cdot\text{h})]$$

对流传热系数为

$$\alpha=0.0204(L')^{0.8}=0.0204\times2990=61[\text{W}/(\text{m}^2\cdot\text{K})]$$

当 $t_w=30$℃时，$r_{t_w}=2424$（kJ/kg），则有

$$U_c=\frac{\alpha}{r_{t_w}}(t-t_w)\times3600=\frac{61}{1000\times2424}\times(70-30)\times3600$$

$$=3.62[\text{kg}/(\text{m}^2\cdot\text{h})]$$

蒸发量为

$$U_c\times A=3.62\ (0.5\times0.5)=0.91(\text{kg 水/h})$$

（二）降速干燥阶段

积分边界条件：降速开始时 $\tau=0$，$X=X_c$；终了时 $\tau=\tau_2$，$X=X_2$；则有

$$\tau_2 = \int_0^{\tau_2} d\tau = -\frac{G}{A}\int_{X_c}^{X_2} \frac{dX}{U} = \frac{G}{A}\int_{X_2}^{X_c} \frac{dX}{U}$$

式中：U——降速阶段的瞬时干燥速率［kg/（m^2·s)］。

在降速干燥阶段，U 是变量，可采用以下两种方法进行计算：

1）图解积分法。将 $1/U$ 对各相应的 X 进行标绘，量出介于所得曲线与横轴两界限 $X_2 \sim X_c$ 的面积，其数值即为所求的积分值（图 11-14）。

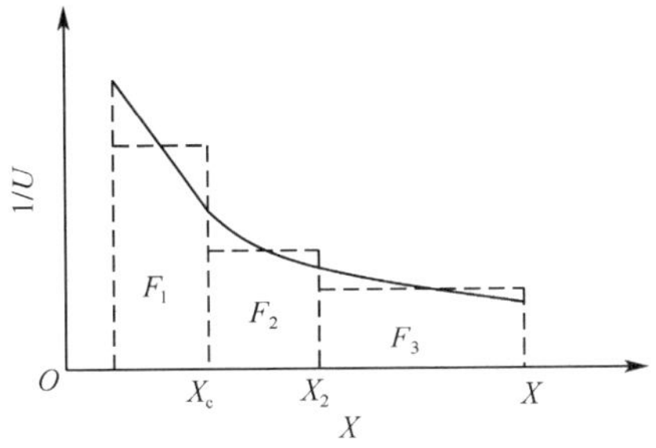

图 11-14　图解积分图

2）近似计算法。连接临界点 C 与平衡含水量 E 的直线来代替降速阶段的干燥速率（图 11-13），该近似方法认为在降速干燥阶段，干燥速率与物料中的自由水分成正比，即

$$U = -\frac{G}{A}\frac{dX}{d\tau} = k_X(X - X^*)$$

$$k_X = \frac{U_c}{X_c - X^*}$$

式中：X^*——平衡含水量；

k_X——系数，直线 CE 的斜率。

$$U = U_c \frac{X - X^*}{X_c - X^*}$$

$$\tau_2 = \int_0^{\tau_2} d\tau = -\frac{G}{A}\int_{X_c}^{X_2} \frac{dX}{U} = -\frac{G}{A}\frac{X_c - X^*}{U_c}\int_{X_c}^{X_2} \frac{dX}{X - X^*}$$

$$= \frac{G}{A}\frac{X_c - X^*}{U_c}\ln\frac{X_c - X^*}{X_2 - X^*}$$

例 11-2　将某湿物在恒定干燥条件下进行间歇干燥，经 6h 的干燥，其含水量由 0.35（干基，下同）降至 0.07。试求在相同的操作条件下，将该物料由含水量 0.35 干燥至 0.05 所需的时间。已知物料的临界含水量 X_c=0.15（干基），平衡含水量 X^*=0.04（干基）。降速阶段中干燥速率曲线为直线。

解　因 $X_2 < X_c$，故干燥分为恒速和降速两阶段。设两种情况下干燥时间分别为 τ_1、τ_2 和 τ_1'、τ_2'，则

$$\tau_1 = \frac{X_1 - X_c}{S'U_c}$$

$$\tau_2 = \frac{X_c - X^*}{S'U_c}\ln\frac{X_c - X^*}{X_2 - X^*}$$

$$\frac{\tau_2}{\tau_1} = \frac{X_c - X^*}{X_1 - X_c}\ln\frac{X_c - X^*}{X_2 - X^*} = \frac{0.15 - 0.04}{0.35 - 0.15}\ln\frac{0.15 - 0.04}{0.07 - 0.04} = 0.715 \tag{a}$$

又

$$\tau_1 + \tau_2 = 6 \tag{b}$$

联立式（a）和式（b），解得 τ_1 =3.5(h)，τ_2 =2.5(h)，则

$$\frac{\tau_2'}{\tau_2}=\frac{\ln\dfrac{X_c-X^*}{X_2'-X^*}}{\ln\dfrac{X_c-X^*}{X_2-X^*}}=\frac{\ln\dfrac{0.15-0.04}{0.05-0.04}}{\ln\dfrac{0.15-0.04}{0.07-0.04}}=1.846$$

$$\tau_2'=1.846\times 2.5=4.62(\text{h})$$

故干燥时间为

$$\tau_1+\tau_2'=3.5+4.62=8.12(\text{h})$$

第五节　干燥设备

在食品生产中，由于被干燥物料的形状和性质各不相同，生产规模或生产能力存在很大差别，对于干燥后的产品要求（如含水量、形状、强度及粒度）也不尽相同，因此，所采用的干燥方法和干燥器的型式也是多种多样的。通常，对干燥器的主要要求如下：

1）能保证干燥产品的质量要求，如含水量、强度、形状等。

2）要求干燥速率快、干燥时间短，以减少干燥器的尺寸、降低耗能量，同时还应考虑干燥器的辅助设备的规格和成本，即经济性要好。

3）操作控制方便，劳动条件好。

干燥器按操作压强分，可分为常压干燥器、真空干燥器；按操作方式分，可分为连续式干燥器、间歇式干燥器；按供热方式分，可分为对流干燥器、传导干燥器、辐射干燥器、介电加热干燥器；按介质和物料的相对运动方向分，可分为并流、逆流、错流干燥器。下面介绍几种食品工业中常用的干燥设备。

一、箱式干燥器

箱式干燥器主要由箱体、盘架、空气加热器等部分组成，其结构如图 11-15 所示。

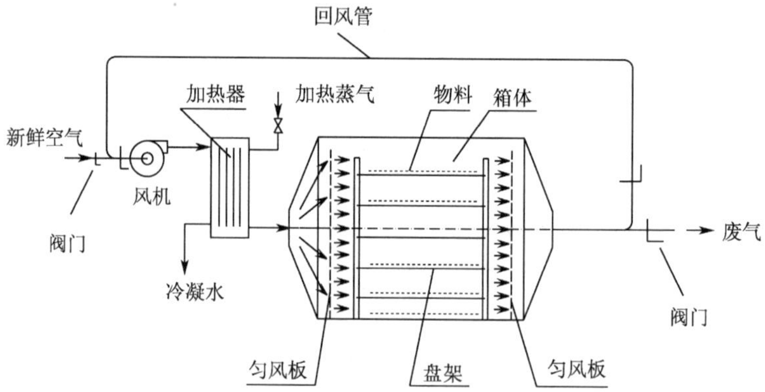

图 11-15　箱式干燥器

在箱式干燥器中，热空气通常从湿物料底部穿过或从表面拂过物料，与物料进行质量和热量传递，物料的温度上升，含水量减少，蒸发的水由空气带走。空气的温度下降，湿度上升。

箱式干燥器多为间歇式干燥装置，其结构简单，制作简单，物料损耗少，热效率低，劳动强度大，常用于小规模或贵重物料的生产。

二、气流干燥器

气流干燥器是流态化技术在干燥工程中的应用。气流干燥器主要由干燥管、进料机构、空气加热系统、气、固分离系统等部分组成，如图 11-16 所示。

工作时，热空气以一定速率从干燥管底部进入，将从加料器进来的湿物料流态化并将其带走。物料与热空气在干燥器中得到充分混合与接触，进行传质和传热。出干燥管后，气、固混合物需经旋风分离器进行分离。

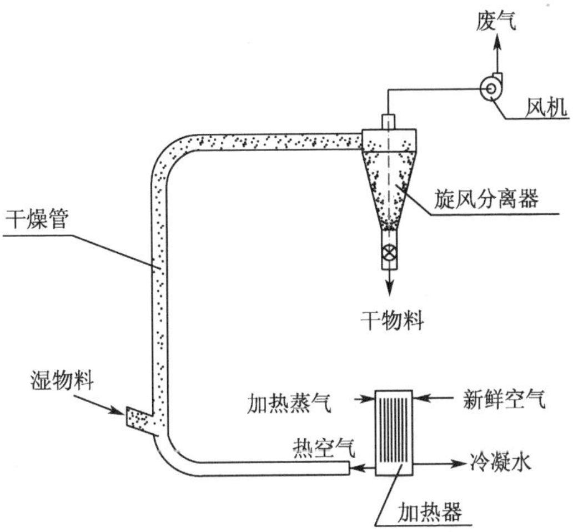

图 11-16　气流干燥器

由于干燥时间短、干燥面积大、传热膜系数大、设备结构简单等特点，气流干燥器被广泛应用于颗粒物料、粉料、晶体物料、膏状物料等非结合水分的干燥。但气流干燥器对物料的破碎大，同时对设备的磨损也较大。

三、沸腾床干燥器

沸腾床干燥器主要由沸腾干燥室、匀风板、加料器、风网系统等部分组成，如图 11-17 所示。

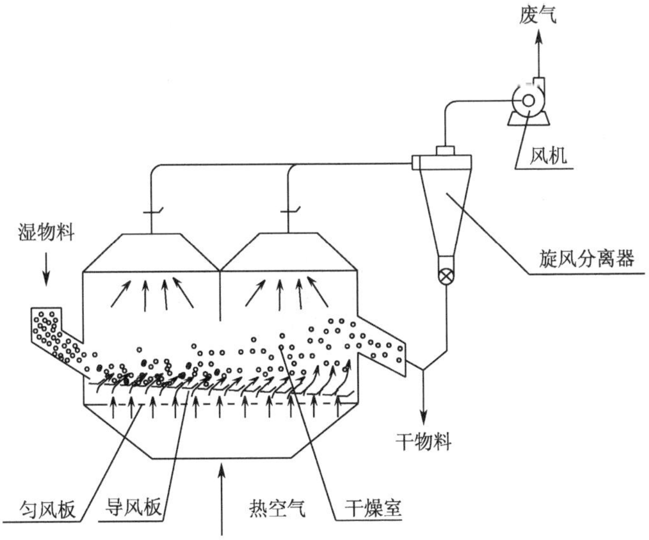

图 11-17　沸腾床干燥器

在沸腾床干燥器中，热空气经匀风板分布均匀后，在沸腾干燥室与湿物料充分混合，同时进行干燥。干燥好的物料经出料口排出，废气经旋风分离器净化后排出。

沸腾床干燥器的干燥面积大、产品质量均匀、物料破碎和磨损少。沸腾床干燥器易产生

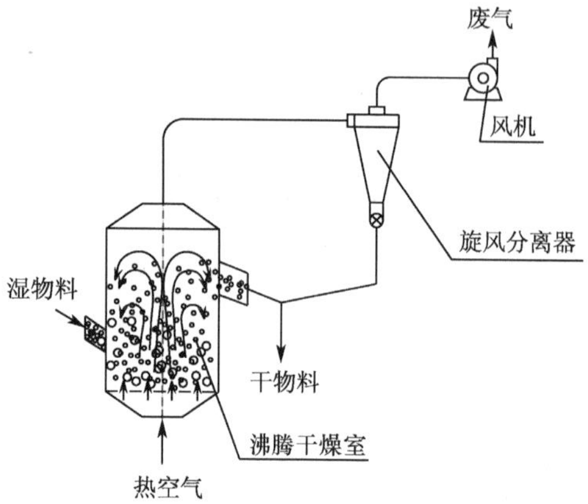

图 11-18　喷动床干燥器

空气短路，造成空气分布不均匀。适用于可在空气中均匀分布的颗粒物料。

四、喷动床干燥器

与沸腾床干燥器相似，喷动床干燥器由沸腾干燥室、加料器、出料口等部分组成，如图 11-18 所示。

沸腾干燥室分为气力输送段和流化段两部分。湿物料从底部侧面进入，与从下方进入的高速热空气混合，并被空气带入沸腾床上部的流化段，在此进行传质与传热。干燥物料从沸腾床上侧面的出料口排出。废气经旋风分离器净化后排出。

喷动床干燥器的干燥面积大、对物料的破碎少、设备磨损小，由于下部气流速率大，不会产生空气短路现象，但如操作条件控制不稳定，易发生掉料。喷动床干燥器适用于能在空气中均匀分布的颗粒物料。

五、转筒干燥器

转筒干燥器主要由转筒、炒板、驱动器等部分组成，如图 11-19 所示。

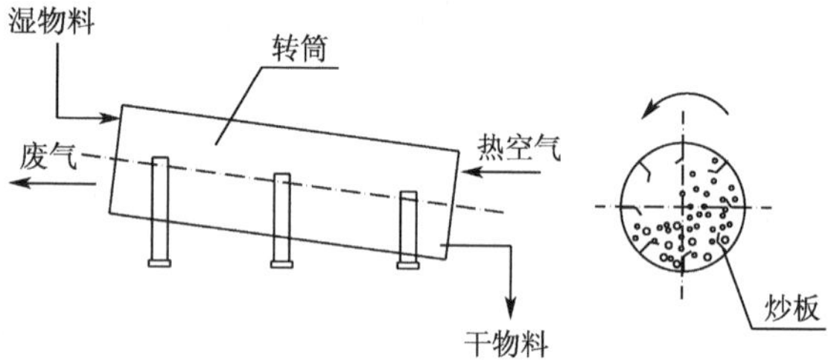

图 11-19　转筒干燥器

湿物料进入旋转的转筒后，在转筒锥角或螺旋的推动下不断前进，同时进行热交换和水分蒸发，干燥后物料由出口排出。炒板具有直立式、45°式、90°式、四格式等型式，可对物料进行翻动，加快干燥速率。

转筒式干燥器的生产能力大，操作控制方便，产品质量均匀，适用性很广，许多物料都可用它干燥。但其设备笨重，结构复杂，占地面极大，热效率较低。

六、网带式干燥器

网带式干燥器主要由网带、传动轮、壳体等部分组成，如图 11-20 所示。

湿物料由进料口进入后，均匀铺设在运动的网带上，与穿流而上的热空气相接触，同时进行传质和传热。干燥物料从出料口排出，废气由风机抽出排放。

网带式干燥器的适应性较强，由于物料是相对静止的，因此破碎少。

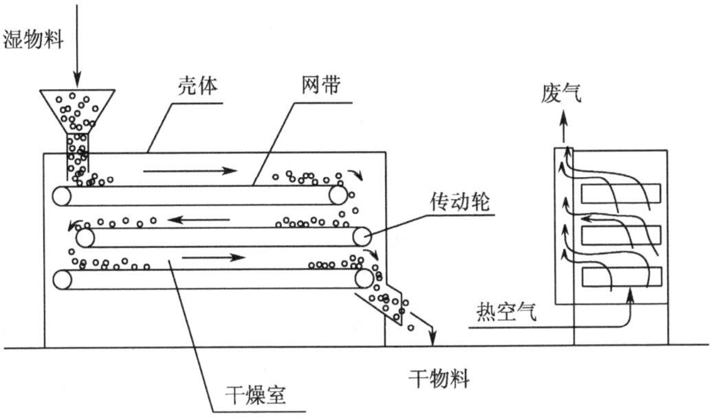

图 11-20 网带式干燥器

七、喷雾干燥器

喷雾干燥器主要由喷雾器、塔体、风网系统等部分组成，如图 11-21 所示。

流动状液体物料经喷雾器形成雾状小液滴，再与热空气充分混合，进行传热与传质，小液滴干燥后成为粉状或小颗粒状产品，从塔底排出，废气净化后排入大气。

喷雾干燥器的干燥面积大、产品速溶性好，但产量小，设备体积大，能耗高。

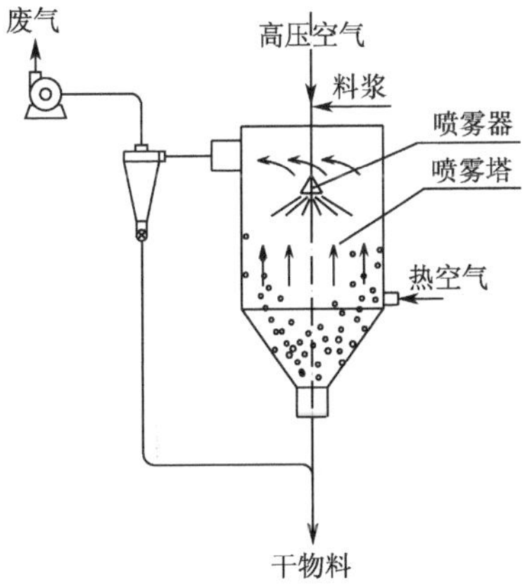

图 11-21 喷雾干燥器

八、红外光干燥器

红外光干燥器主要由红外光发射器、干燥室等部分组成。红外光干燥器是利用红外光辐射源发射出来的电磁波被物料吸收后内部分子产生共振，将电磁能转变成热能，物料升温，水分蒸发。

红外光干燥器的能耗少，产品质量好，设备简单，投资费用少，占地面积少，适用于粮食等许多食品物料的薄层干燥（红外光的穿透力很低）。

九、微波干燥器

连续式微波干燥器主要由磁控管、微波导管、干燥室、皮带输送机、金属壳体等部分组成，如图 11-22 所示。

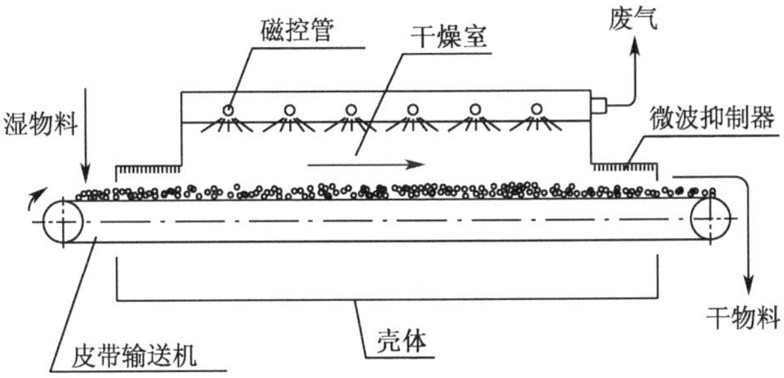

图 11-22 连续式微波干燥器

由磁控管发射出微波，经微波导管将微波均匀照射于物料，微波能被物料吸收后产生分子共振，使其温度升高，水分蒸发，蒸发的水分由流动空气带走。

微波干燥设备体积小、结构简单、卫生，物料受热均匀，干燥速率快，但能耗高。

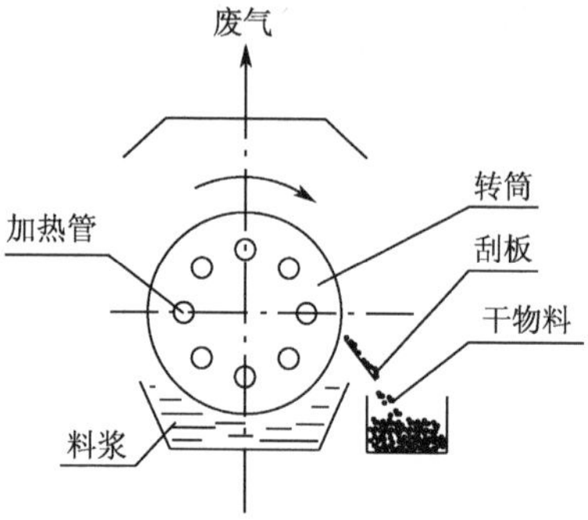

图 11-23　滚筒干燥器

十、滚筒干燥器

滚筒干燥器的结构如图 11-23 所示，主要由不断旋转的滚筒、加热管、料浆槽、刮板等部分组成。滚筒部分浸没在料浆槽的料浆中，不断旋转的滚筒使料浆连续均匀地涂布于滚筒表面，滚筒可被加热管加热到 100℃以上，在高温下，涂布于滚筒表面的料浆离开料浆槽后水分迅速蒸发，至刮板处脱离滚筒。蒸发的水分由顶部的抽风系统带走。

滚筒干燥器适用于浆状物料的干燥，干燥速率快，可实现连续化生产，制作的食品具有容重小、复水快、冲调性好等特点，食品工业中常用于加工米片、麦片、水溶性淀粉等。

第六节　冷 冻 干 燥

冷冻干燥是使含水物质温度降至冰点以下，使水分凝固成冰，然后在较高真空度下使冰直接升华而除去水分的干燥方法。因此，冷冻干燥又称真空冷冻干燥、冷冻升华干燥、分子干燥等。冷冻干燥具有如下特点：

1）冷冻干燥在低于水的三相点压强（609Pa）以下进行。其对应的相平衡温度低，因而物料干燥时的温度低。所以此法特别适用于热敏性食品以及易氧化食品的干燥，可以保留新鲜食品的色、香、味及维生素 C 等营养物质。

2）由于物料中水分原存的空间，在水分升华以后基本维持不变，故干燥后制品不失原有的固体框架结构，保持原有的形状。

3）由于物料中水分在预冻结束后以冰晶形态存在，原来溶于水中的无机盐等水溶性物质均匀地分配在物料中，而升华时，水溶性物质就地析出，避免了一般干燥方法因物料内部水分向表面扩散时携带水溶性物质而加剧表面硬化。因此，冷冻干燥制品复水后易恢复原有的性质和形状。

4）因物料处于冰冻的状态，升华所需的热可由常温或温度稍高的液体或气体加热剂提供，所以热能利用经济。干燥设备往往不需绝热，甚至希望以导热性较好的材料制成，以利用外界的热量。

5）由于操作是在高真空和低温下进行，需要有一整套高真空获得设备和制冷设备，故投资费和操作费都大，生产成本高。

一、水的相图

物质的固、液、气三态由一定的温度和压强条件所决定。分子间的相互位置随这些外部条件的改变而改变。物质的相态转变过程可用相图表示。图 11-24 为水的相图，图中 AB、AC、AD 三条曲线分别表示冰和水蒸气、冰和水、水和水蒸气两相共存时其压力和温度间的关系，分别称为升华曲线、熔解曲线和气化曲线。此三条曲线将图面分成三个区，分别称为固相区、液相区和气相区。箭头 1、2、3 分别表示冰升华成水蒸气、冰融化成水、水气化成水蒸气的过程。三曲线交于 A 点，为固、液、气三相共存的状态点，称为三相点，其温度为 0.01℃，压力为 610Pa。

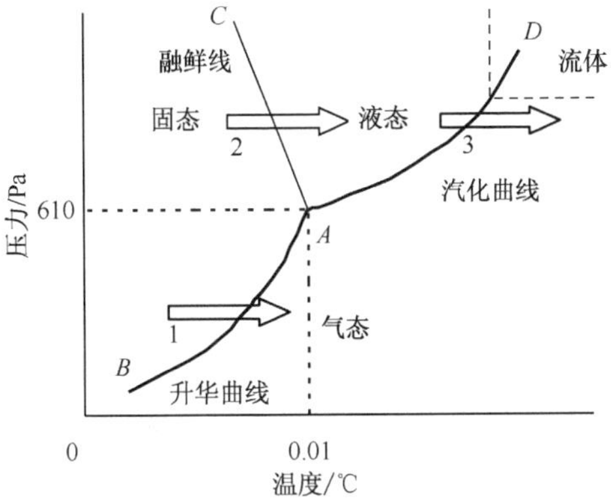

图 11 24　水的相图

升华现象是物质从固态不经液态而直接转变为气态的现象。由图 11-24 可知，压力高于三相点压力时，固态不能直接转变为气态。只有在压力低于三相点压力时，升华才有可能发生。升华曲线实际上是固态物质在温度低于三相点时温度的饱和蒸气压曲线。由于冰的温度不同，对应的饱和蒸气压不同，因此只有在环境压力低于对应的冰的蒸气压时，才有可能发生从固相到气相的转变。

物质相态转变都需要放出或吸收相变潜热。升华相变的过程一般为吸热过程，这种相变热称为升华热。

二、冻结对冷冻干燥的影响

冷冻干燥过程包括冷冻和干燥两步，所以这一单元操作实际上是冷冻和干燥两个单元操作的综合。在这里，冻结是冻干的预备操作，故又称为预冻，是创造最佳的中间制品，以利于下一步的升华干燥的操作。

冷冻对冷冻干燥的影响主要是冻结速率。这种影响主要有两方面：①对生物制品组织结构的影响；②对干燥速率的影响。生物物料的结晶形式对冷冻干燥速率有直接影响。冰晶升华后留下的空隙是后续冰晶升华时水蒸气的逸出通道，大而连续的六方晶体升华后形成的空隙通道大，水蒸气逸出的阻力小，因而制品干燥速率快；反之，树枝形和不连续的球状冰晶通道小或不连续，水蒸气靠扩散或渗透方能逸出，因而干燥速率慢。因此，从干燥速率来说，以慢冻为好。

思考题与计算题

一、思考题

1. 热风干燥的基本原理是什么？

2. 简述不同干燥阶段的特点及应采取的控制措施。

3. 如何区分结合水分和非结合水分？

4. 简述湿空气的焓-湿图的构造。

二、计算题

1. 在一连续干燥器中，每小时处理湿物料 500kg，物料经干燥后含水量由 8%降至 2%（均为湿基）。温度为 20℃，湿度为 0.009kg 水/kg 绝干空气的新鲜空气经加热器预热后进入干燥器，离开干燥器时空气的湿度为 0.022kg 水/kg 绝干空气，求：(1) 水分蒸发量（kg/h）；(2) 新鲜空气消耗量（kg/h）。

（答：30.6kg/h，2375kg/h）

2. 某糖厂用一干燥器在常压（101.3kPa）下干燥砂糖晶体，每小时处理湿物料1000kg，物料的湿基含水量由原来的40%减至5%。湿空气初温为20℃，相对湿度为60%，经预热器加热至120℃后进入干燥器。设空气离开干燥器时的温度为40℃，相对湿度为80%。试求：（1）水分蒸发量；（2）干燥后的产品量；（3）绝干空气的消耗量；（20℃与40℃时水蒸气的饱和蒸气压分别为2.3346kPa和7.3766kPa）。

（答：368.42kg/h；631.6kg/h；12363.1kg/h）

3. 在连续逆流干燥器中，用热空气干燥某种固体湿物料。已知空气状态为：进干燥器时空气湿度为0.01kg/kg干气，空气焓为120kJ/kg干气；出干燥器时空气的温度为38℃。物料状况为：进、出干燥器时物料的含水量分别为0.04kg水/kg绝干料和0.002kg水/kg绝干料；进、出口温度分别为27℃和63℃。绝干物料流量为450kg绝干料/h，绝干物料比热容为1.465kJ/（kg·℃）。假设干燥器的热损失为5kW，水的比热容为4.187kJ/（kg·℃），试求空气流量。（答：1500kg/h）

第十二章　萃　　取

利用溶质在互不相溶的两相之间分配系数的不同而使溶质得到纯化或浓缩的单元操作称为萃取（extraction）。萃取过程和吸收、精馏、干燥和结晶等过程一样，都是属于两相之间的传质过程，也就是物质从一相转入另一相的过程。萃取操作的物料可以是固体，也可以是与溶剂不相溶的液体。萃取溶剂一般是液体，但也可为超临界流体。用液体溶剂萃取与之不互溶的液体中的组分称为液-液萃取。用液体溶剂萃取固体物料中的组分称为固-液萃取，又称浸取（leaching）。用超临界流体作萃取剂可以萃取液体物料，也可以萃取固体物料中的组分，称为超临界流体萃取（supercritical fluid extraction，SFE）。

萃取是一种初步分离纯化技术，在石油化工、湿法冶金、医药、食品、环境等领域得到广泛的应用。

第一节　液-液萃取

液-液萃取又称溶剂萃取，简称萃取，是两个完全或部分不互溶的液相接触后，一个液相中的组分转移到另一液相，或在两液相中重新分配的过程，是分离和提纯物质的重要单元操作之一。在萃取过程中，所用的溶剂称为萃取剂。混合液中欲分离得到的目标组分称为溶质。混合液中的溶剂称为原溶剂或稀释剂。萃取剂应该对溶质具有很大的溶解能力，而对原溶剂应不互溶或微溶。萃取后一般得到两个液相。由溶剂和溶质组成的液相称为萃取相，被萃取后的原液体混合物称为萃余相。萃取相中的溶质需要分离，溶剂应回收；萃余相中所含的少量溶剂也需要回收，故萃取后一般还需经蒸馏、蒸发等操作进一步分离。因此，萃取实际上是混合、分层、两相分离等操作的有机结合，常见的萃取流程有单级萃取（图 12-1）和多级萃取（图 12-2）。

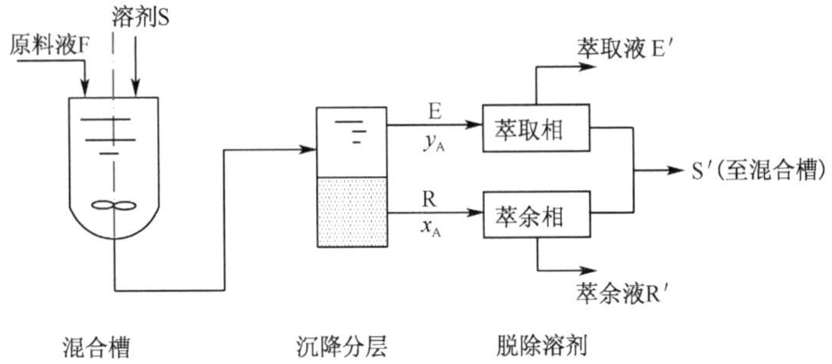

图 12-1　单级萃取过程

一、液-液萃取相平衡关系与三角形相图

萃取平衡是指在一定的萃取体系及操作条件下，溶质在两相间所具有的平衡分配关系。液-液萃取过程以相际的平衡为极限。液-液萃取至少涉及三个组分，即溶质 A、原溶剂 B 和

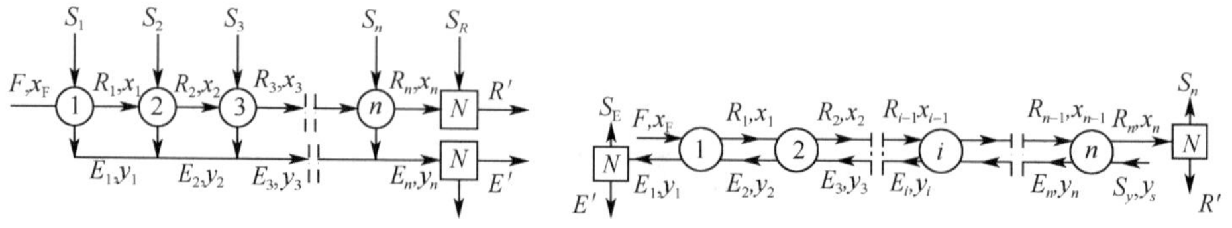

(a) 多级错流萃取　　(b) 多级逆流萃取

图 12-2　多级错流萃取和多级逆流萃取

萃取剂 S。有时原料液中含有两个以上组分，萃取剂也可能采用两种互不相溶的双溶剂，这时就成为多组分体系。本章仅讨论三组分体系。

通常用等腰直角三角形或等边三角形表示三组分相图，物质的组成常用摩尔分数或质量分数表示。如图 12-3 所示，直角等腰三角形的三个顶点分别表示溶质 A、原溶剂 B 和萃取剂 S 纯组分，三条边 AB 、AS、BS 分别表示 A-B、A-S、B-S 二组分混合物，各边上的点表示一个二组分混合物的组成。图 12-3 中 AB 边上的点 H 表示由 A、B 两物质构成的二组分混合物的组成，其中，A 物质的含量可由点 B 向上的坐标读出，物质 B 与物质 A 的含量满足归一化方程（图中为 $x_A=0.3$，$x_B=0.7$）。三角形内任一点表示三组分混合物，对于图 12-1 中点 M，其组成可如下确定：过该点 M 分别作 BS、AB 边的平行线，由其与 AB、BS 边的交点即可读出 x_A、x_S，物质 B 的含量可由物质 A、S 的含量用归一化方程确定：$x_B=1-x_A-x_S$。故可由图 12-3 读出点 M 的组成为 $x_A=0.3$，$x_B=0.5$，$x_S=0.2$。

二、萃取系统的杠杆规则

若设点 M 为三组分混合物的总组成点，M 与料液 F 和萃取剂 S 之间，M 与萃取相 E 和萃余相 R 之间符合杠杆规则，如图 12-4 所示。推导过程如下：

由总物料衡算

$$M=F+S=R+E \tag{12-1}$$

对混合物系中 A 的物料衡算

$$Mx_{MA}=Fx_{FA}+Sx_{SA}=Rx_{RA}+Ex_{EA} \tag{12-2}$$

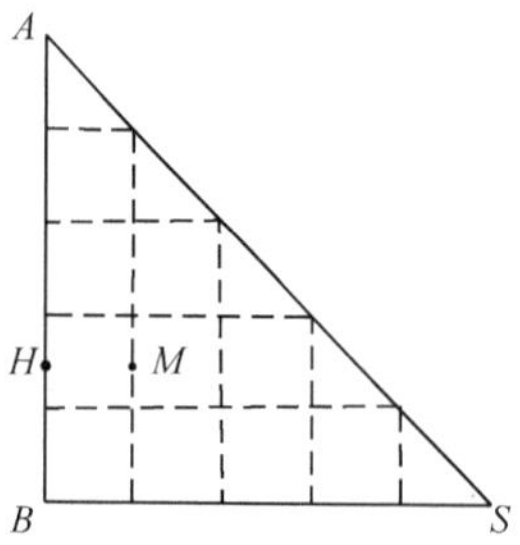

图 12-3　三组分混合物的组成在等腰直角三角形中的表示图

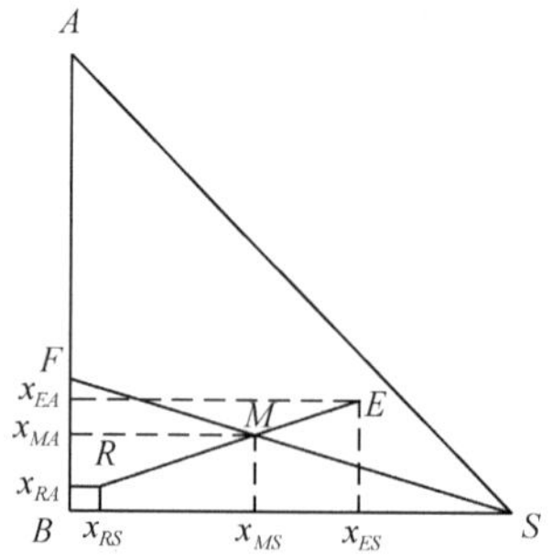

图 12-4　杠杆规则

对混合物系中 S 的物料衡算：

$$Mx_{MS}=Sx_{SS}=Rx_{RS}+Ex_{ES} \tag{12-3}$$

式（12-1）～式（12-3）中的 x 均为对应状态下物质的质量分数。因任意物系均满足归一化方程，故 B 物质的含量可以据此求出。

由式（12-1）和式（12-3）有

$$x_{MS} = \frac{S}{M}x_{SS} = \frac{S}{F+S}x_{SS} \tag{12-4}$$

式（12-4）右端的各项通常均已知，因点 M 必定落在 F 点和 S 点间的连线上，故点 M 可据 x_{MS} 作图求出。而 x_{MA} 可自点 M 作水平线交于 AB 轴而读出，x_{MB} 可由归一化方程确定。

由式（12-1）和式（12-2）有

$$Mx_{MA} = Rx_{RA} + Ex_{EA} = (M-E)x_{RA} + Ex_{EA}$$
$$M(x_{MA} - x_{RA}) = E(x_{EA} - x_{RA})$$

即

$$M \cdot \overline{MR} = E \cdot \overline{ER}$$

或

$$\frac{E}{M} = \frac{E}{F+S} = \frac{x_{MA} - x_{RA}}{x_{EA} - x_{RA}} = \frac{\overline{MR}}{\overline{ER}} \tag{12-5}$$

同理可得

$$\frac{R}{M} = \frac{R}{F+S} = \frac{x_{EA} - x_{MA}}{x_{EA} - x_{RA}} = \frac{\overline{EM}}{\overline{ER}} \tag{12-6}$$

将式（12-5）与式（12-6）相除可得

$$\frac{E}{R} = \frac{E}{F+S} = \frac{x_{MA} - x_{RA}}{x_{EA} - x_{MA}} = \frac{\overline{MR}}{\overline{EM}} \tag{12-7}$$

式（12-5）～式（12-7）为萃取系统的杠杆规则表达式，反映了萃取系统中料液、萃取剂、萃取相、萃余相的量及其组成间的定量关系。

三、液-液平衡在三角形相图上的表示法

根据萃取体系中组分互溶度的不同可将三组分混合液分为三种类型：

1）溶质 A 可完全溶于 B 及 S，但 B 与 S 不互溶。

2）溶质 A 可完全溶于 B 及 S，但 B 与 S 部分互溶。

3）溶质 A 可完全溶于 B，但 A 与 S 及 B 与 S 为部分互溶。

其中，第二种情况较常见，第三种情况应该避免，第一种情况很少。

（一）溶解度曲线与联结线

图 12-5 是典型平衡相图，表示在一定温度和压力下，A、B 和 S 三组分混合达平衡的相图，其中组分 B 和 S 是部分互溶的。在表示 B-S 二组分混合物的 BS 边上，如物系点位于 BR_0 间，则为 S 溶于 B 中的单相；如物系点位于 E_0S 间，则为 B 溶于 S 中的单相；如物系点位于 R_0E 间，则形成两个不相溶的液相，它们的组成分别由点 R_0 和 E_0 代表。因此，B 和 S 仅是部分互溶。而 A-B 二组分和 A-S 二组分则都是完全互溶的。

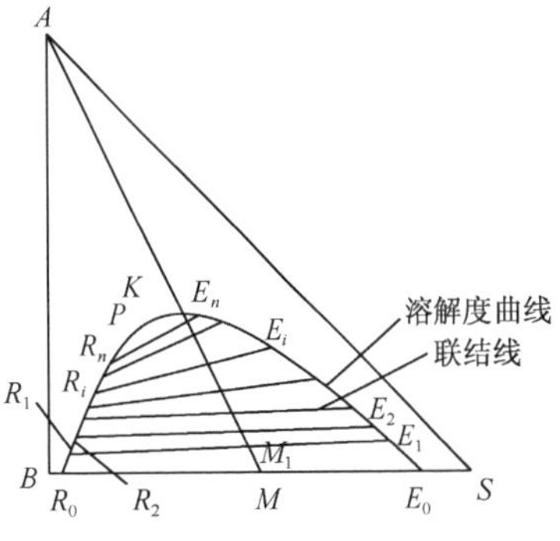

图 12-5　溶解度曲线与联结线

对于这种萃取系统，其平衡关系可以通过实验测定。在一定温度和压力下，先将 B 和 S 以适当比例混合，其总组成由点 M 表示。经过充分混匀和静置后，得到两个互为平衡的液相，其组成如图 12-5 中点 E_0 和 R_0 所示。这两个互为平衡的液相称为共轭相。向此混合液中加入少量 A 成为三组分混合液，但其中组分 B 和 S 的质量比为常数，充分混合后达到新的平衡，静置分层后得到一对共轭相，其组成为 E_1 和 R_1。然后继续加入 A，重复上述操作，即可得到若干对共轭相的组成 E_i 和 R_i，直至加入 A 的量使混合液刚好由两相变为一相，其组成点用 P 表示。再加入 A，混合液保持单一液相状态。点 P 称为临界混溶点。将代表各平衡液相组成的点连接起来，便得到实验温度下该三组分物系的溶解度曲线。溶解度曲线是在一定温度下测得的。温度变化，溶解度曲线发生变化。通常温度升高，互溶度增大，溶解度曲线下移，两相区缩小。在相同温度下，萃取剂与组分 B 的互溶度越小，其两相区的面积越大，所得萃取相的组成也越大；反之亦然。因此，应尽可能选择与组分 B 有较小互溶度的萃取剂，以有利于溶质 A 的分离。

溶解度曲线上每一点都是匀相点，是 A、B 和 S 三组分组成的三元混合液的分层点（或称混溶点）。溶解度曲线将三角形相图分为两个区。该曲线与底边 R、E 所围的区域为分层区或两相区，即三组分混合液的组成落在此区内可以分为两个液相。而溶解度曲线以外的区域为均相区，即三组分混合液的组成落在曲线以外，则各组分完全互溶而形成均一的液相。两相区是萃取过程的可操作范围。

如果混合物的物系点位于两相区内的点 M_1，达平衡时将分成两液相 R_1 和 E_1，这两相称为共轭相，如图 12-5 所示。两共轭相的组成由溶解度曲线上两共轭点 R_1 和 E_1 表示。连接两共轭点 R_1 和 E_1 的线段 R_1E_1 称为联结线（tieline），物系点 M_1 必位于联结线 R_1E_1 上。两相的量与三点位置的关系符合杠杆规则：

$$\frac{E_1}{R_1}=\frac{\overline{M_1R_1}}{\overline{E_1M_1}} \tag{12-8}$$

同一物系的联结线的倾斜方向一般相同，但随溶质组成的变化，联结线的斜率各不相同，因而各联结线互不平行。也有少数物系联结线的倾斜方向不同。

（二）辅助曲线与临界混溶点

为了简明地表示联结线或共轭相的组成，可以借助辅助曲线。不同的方法求得的辅助曲线不同，现介绍一种常用的方法，如图 12-6 所示。通过已知点 R_1、R_2、…分别作 BS 边的平行线，再通过相应联结线的另一端 E_1、E_2、…分别作 AB 边的平行线，各线分别相交于点 F、G、…，连接这些交点得到的曲线即为辅助曲线。利用辅助曲线可求出任意一对共轭相的组成。例如，求 R 的共轭相的方法如下：自点 R 作 BS 边的平行线，交辅助线于点 H，自点 H 作 AB 边的平行线，交溶解度曲线于点 E，则点 E 即为 R 的共轭相。

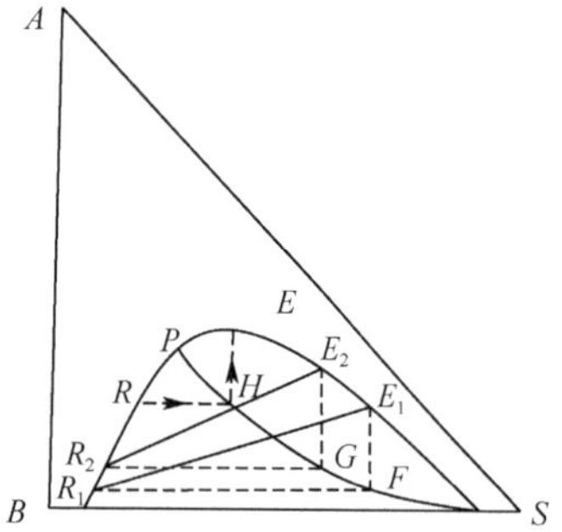

图 12-6　辅助曲线的绘制

辅助曲线与溶解度曲线的交点 P 为作图法得到的临界混溶点，通过点 P 的联结线无限短。临界混溶点一般由实验测得，只有当已知的联结线很短（很接近临界混溶点）时，才可用外延辅助曲线的方法求出临界混溶点。由于联结线一般具有一定的斜率，因而临界混溶点一般不在溶解度曲线的顶点。临界混溶点将溶解度曲线分为左右两个部分，左侧是萃余相，右侧是萃取相。

（三）分配系数与分配曲线

1. 分配系数与选择性系数

一定温度下，当萃取体系达到平衡时，被萃取组分 A 在萃取相的质量分数 y_A 和在萃余相中的质量分数 x_A 之比称为组分 A 的分配比（distribution ratio），又称为分配系数，用 K_A 表示：

$$K_A = y_A/x_A \tag{12-9}$$

式中：y_A——组分 A 在萃取相中的质量分数；

x_A——组分 A 在萃余相中的质量分数。

分配比 K_A 表示达平衡后被萃取组分 A 在两液相中实际分配情况，也表示在一定条件下萃取剂 S 对组分 A 的萃取能力。K_A 值越大，萃取能力越强。不同的物系具有不同的分配系数值，同一物系 K_A 值随温度和组成而变。

当涉及原料液中两种组分的分离时，则需要用选择性系数来表示其在两液相中的平衡关系。一定条件下同一萃取体系内两组分分配系数的比值称为选择性系数（separation factor），又称分离系数，常用 β 表示：

$$\beta = \frac{K_A}{K_B} = \frac{y_A x_B}{y_B x_A} \tag{12-10}$$

式中：y_A、y_B——组分 A、B 在萃取相中的质量分数；

x_A、x_B——组分 A、B 在萃余相中的质量分数。

选择性系数 β 越大，组分 A 和 B 间的分离效果越好。若 $\beta>1$，表示两相平衡时组分 A 在萃取相中的相对组成较高，则 A、B 两组分可以用萃取方法分离。若 $\beta=1$，表明该萃取剂不能把组分 A 和 B 分离开。

2. 分配曲线

将三角形相图上若干个互为平衡的共轭相中组分 A 的组成绘制在 x-y 直角坐标系上，将这些表示共轭相组成的点相连接即可得到分配曲线。直角坐标图中纵坐标表示溶质 A 在萃取相中的质量分数 y_A，横坐标表示溶质 A 在萃余相中的质量分数 x_A。自共轭相 R_1E_1 的点 R_1 作水平线交图 12-7 的直线 $y=x$ 于点 1′，自此点作垂线并与过 E_1 所作的水平线交于点

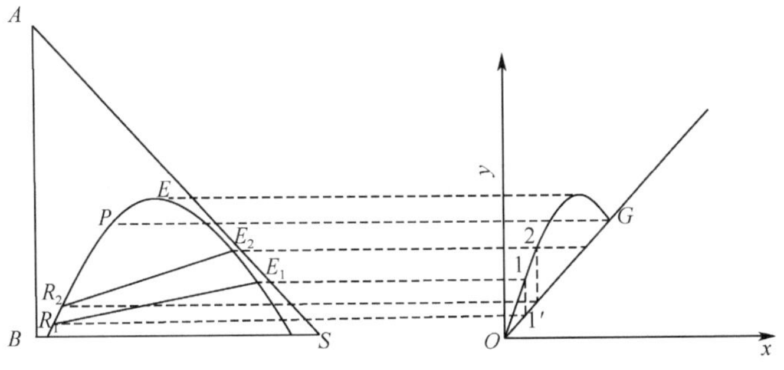

图 12-7　溶解度曲线与分配曲线关系图

1。用同样的方法，从共轭相 R_2E_2 作图得到交点 2。依此类推，可以得到表示此三角形相图的分配曲线，曲线上每一点表示一对平衡相的组成。曲线与直线 $y=x$ 的交点 G 即临界混溶点，其最高点即三角形相图中的最高点。

分配曲线表示溶质 A 在互为平衡的 R 与 E 相中的分配关系。若物系的分配系数 $K_A>1$，则在两相区内 y 均大于 x，分配曲线位于直线 $y=x$ 上方，反之则位于直线 $y=x$ 下方。若随溶质组成的变化，联结线倾斜方向发生变化，则分配曲线将与直线 $y=x$ 出现交点。

（四）萃取过程在三角形相图上的表示

单级萃取过程可以在三角形相图上表示出来，如图 12-8 所示。

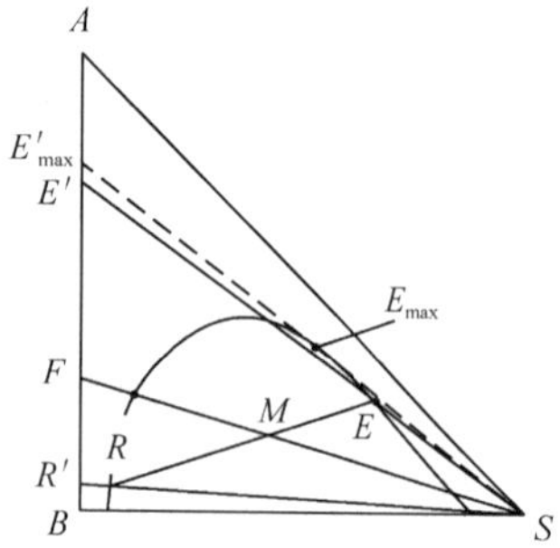

图 12-8　单级萃取在三角形相图上的表示

原料液 F 含有 A、B 两组分，其组成由点 F 表示。在原料液中加入适量萃取剂 S 后，其量应使混合液 M 的总组成进入两相区。点 M 位于 FS 的连线上，其位置可以由杠杆规则确定：

$$\frac{S}{F}=\frac{\overline{FM}}{\overline{MS}} \tag{12-11}$$

式中：S、F——纯萃取剂、原料液的量。

当原料液和萃取剂充分混合并静置分层后，分为互相平衡的萃取相 E 和萃余相 R，可以利用辅助曲线作过点 M 的联结线 ER，从而确定点 E 和 R。E 相和 R 相的数量关系可以通过杠杆规则确定：

$$\frac{E}{R}=\frac{\overline{MR}}{\overline{EM}} \tag{12-12}$$

萃取相 E 和萃余相 R 完全脱除萃取剂后所获得的溶液分别称为萃取液 E′和萃余液 R′。因 E′和 R′中已不含有萃取剂 S，只含有组分 A 和 B，所以它们必然落在 AB 边上。E′和 R′的数量关系仍可由杠杆原则确定：

$$\frac{E'}{R'}=\frac{\overline{R'F}}{\overline{E'F}} \tag{12-13}$$

从图 12-8 中可以看出，从点 S 作溶解度曲线的切线，切点为 E_{max}。延长此切线与 AB 边相交所得的点 E'_{max} 代表在一定条件下可能获得的含组分 A 最高的萃取液。

四、液-液萃取过程的流程和计算

（一）单级平衡萃取过程

图 12-1 是单级萃取过程的流程图。向混合器中通入由溶质 A 和溶剂 B 组成的原料液 F，A 在其中的浓度为 x_F。加入新鲜的萃取剂 S，其中 A 的浓度 $y_S=0$。原料液与萃取剂在混合器中充分混合，进行液-液接触传质，溶质 A 将从原料液扩散进入萃取剂。经过足够长的时间，溶质 A 不再进入萃取剂，在两相间达到平衡。形成的混合物 M 送入澄清器中，经静置分层，得到萃取相 E 和萃余项 R，这两相经脱除萃取剂后得萃取液 E′和萃余液 R′。两液相中，一般萃取相中溶质 A 的浓度 y_E 较大，而萃余相中溶质 A 的浓度 x_R 较小。两液相分离，溶质 A 就得到初步分离。

单级萃取过程计算时，一般的已知条件为原料液的量 F 和溶质组成 x_F、萃取后萃余相中溶质含量 x_R（或萃余液中溶质含量 $x_{R'}$）、萃取剂的组成（其中含溶质的量 y_S）、体系的相平衡数据。要求计算萃取剂用量、萃余相（或萃余液）和萃取相（或萃取液）的量及萃取相（或萃取液）中溶质的组成 x_E（或 $x_{E'}$）。

1. B-S 部分互溶的体系

这种体系的计算可应用三角形相图的图解进行。首先根据相平衡数据在直角三角形坐标图上绘出溶解度曲线与辅助曲线，在三角形边 AB 上根据原料液组成 x_F 确定点 F。若已知两相分层后的其中一相的组成，则已达平衡的另一液相组成可通过辅助曲线求得。若两相组成均为未知，而知道混合液 M 的组成，则也可以通过辅助曲线采用试差作图法求出萃取相点 E 与萃余相点 R。

根据杠杆规则，FS 与 RE 连线的交点 M 即表示原料液加所需用量的萃取剂后的混合液 M，萃取剂与原料液的量比为

$$\frac{S}{F}=\frac{\overline{MF}}{\overline{MS}}$$

所以

$$S=F\frac{\overline{MF}}{\overline{MS}} \tag{12-14}$$

式中：$\overline{MF}$和$\overline{MS}$线段的长度可以由图上直接量出。

萃取相 E、萃余相 R、萃取液 E′和萃余液 R′的量均可依据物料衡算与杠杆规则求得。依总物料衡算知

$$M=F+S=R+E$$

对溶质 A 的物料衡算

$$Mx_M=Fx_F+Sy_S=Rx_R+Ey_E \tag{12-15}$$

根据杠杆规则知

$$\frac{E}{R}=\frac{\overline{RM}}{\overline{ME}}$$

联立式（12-1）、式（12-7）和式（12-15），得

$$S=\frac{F(x_F-x_M)}{x_M-y_S} \tag{12-16}$$

$$E=\frac{M(x_M-x_R)}{y_E-x_R} \tag{12-17}$$

$$R=\frac{M(y_E-x_M)}{y_E-x_R} \tag{12-18}$$

同理，可得萃取液和萃余液的量

$$E'=\frac{M(x_F-x_{R'})}{y_{E'}-x_{R'}} \tag{12-19}$$

$$R'=\frac{M(y_{E'}-x_F)}{y_{E'}-x_{R'}} \tag{12-20}$$

2. B-S 不互溶的体系

当组分 B 与 S 可视为完全不互溶，且以质量比表示相组成的分配系数为常数时，式（12-9)可以写成如下形式：

$$Y = KX \tag{12-21}$$

式中：Y——萃取相中溶质 A 的质量比组成（kgA/kgS）；

X——萃余相中溶质 A 的质量比组成（kgA/kgB）；

K——以质量比表示相组成的分配系数。

式（12-15）可以写成以质量比表示相组成的物料衡算式：

$$B(x_F - x_R) = S(y_E - y_S) \tag{12-22}$$

式中：B——原料液中原溶剂的量（kg 或 kg/h）；

S——纯萃取剂的用量（kg 或 kg/h）；

X_F——溶质 A 在原料液中的质量比（kgA/kgB）；

X_R——溶质 A 在萃余相中的质量比（kgA/kgB）；

Y_E——溶质 A 在萃取相中的质量比（kgA/kgS）；

Y_S——溶质 A 在萃取剂中的质量比（kgA/kgS）。

（二）多级错流萃取过程

如图 12-2（a）所示，多级错流萃取流程是将若干个单级接触萃取器串联使用，并在每一级中加入新鲜萃取剂，前一级的萃余相作为后级的原料。由最后一级引出的萃余相的溶质含量已降低至符合要求。将各级排出的萃取相 E_1、E_2、E_3、…汇集，得到的混合萃取相中含大量的萃取剂，经溶剂回收装置脱除萃取剂后可获得纯度较高的萃取液 E′。在多级错流萃取流程中，各级所加萃取溶剂都是新鲜的，萃取的传质推动力大，因而萃取效果较好。但萃取剂用量大，溶剂回收费用高，所以其应用受到限制。多级错流萃取计算中，通常已知 F、x_F 和各级萃取剂的用量 S_i、最终萃余相组成 x_n，要求计算理论级数。

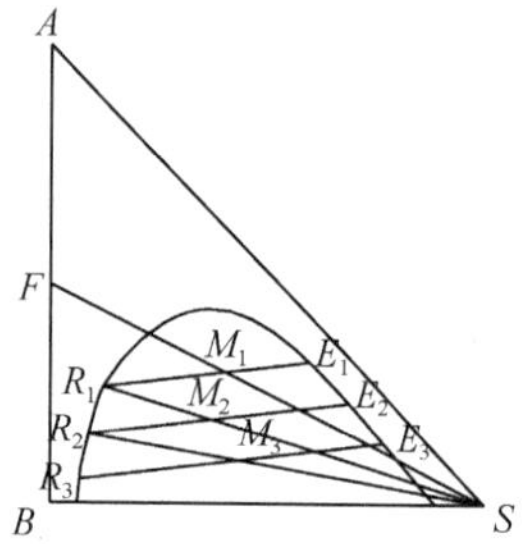

图 12-9　B-S 部分互溶的多级错流萃取图解计算

1. B-S 部分互溶时的多级错流萃取

对于 B-S 部分互溶体系，通常根据三角形相图图解法进行计算，如图 12-9 所示，它是单级萃取图解的多次重复。第 1 级中的原料液 F 与新鲜萃取剂 S_1（设各级的萃取剂均为纯溶剂，$y_S=0$，且用量相等，均为 S）混合得混合液 M_1，点 M_1 必定在直线 FS 上，其位置可由杠杆规则确定。萃取过程达到平衡后，得到萃取相 E_1 和萃余相 R_1。利用辅助曲线，通过试差法作图可求出过点 M_1 的联结线 E_1R_1。在第 2 级中，用新鲜萃取剂 S_2 萃取 R_1，S_2 和 R_1 的混合液为 M_2，点 M_2 必定在直线 SR_1 上，根据杠杆规则可以确定点 M_2 的位置，过点 M_2 的联结线 E_2R_2 的共轭点 E_2 和 R_2 即为第 2 级中的萃取相和萃余相。依此类推，直至某一级中的萃余相的组成等于或小于所要求的组成 x_R 为止，则相图中联结线的数目即为所求的理论级数。

2. B-S 完全不互溶时的多级错流萃取

如果原溶剂 B 和萃取剂 S 是完全不互溶的，则萃取相中的溶剂只有 S，萃余相中的溶剂只有 B，且在萃取过程中，原料液与从各级流出的萃余相中的原溶剂 B 保持常量，各级中加入的萃取剂与流出的萃取相中的纯萃取剂量相同。此时，可以采用质量比表示溶质 A 在两相中的组成。对于组分 B 与 S 完全不互溶体系，可以在直角坐标图上表示错流萃取过程和求解理论级数 n，如图 12-10 所示。

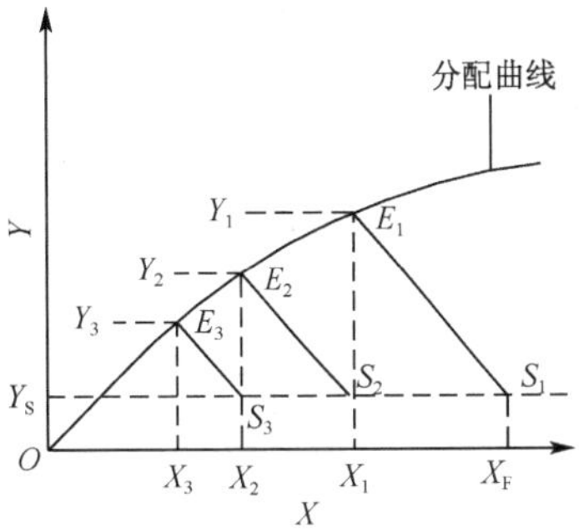

图 12-10　B-S 完全不互溶的多级错流萃取

设 Y 为萃取相中溶质 A 的质量比组成（kgA/kgS），X 为萃余相中溶质 A 的质量比组成（kgA/kgB）。首先根据相平衡数据在 Y-X 直角坐标图上绘出分配曲线，如图 12-10 所示。

根据第 1 级溶质 A 的物料衡算

$$BX_F + SY_S = BX_1 + SY_1$$

可得第 1 级萃取的操作线方程为

$$Y_1 = -\frac{B}{S}X_1 + \left(\frac{B}{S}X_F + Y_S\right) \tag{12-23}$$

式中：B——原料液中组分 B 的质量（kg）；

S——萃取剂中组分 C 的质量（kg）；

X_F、Y_S——原料液和萃取剂中溶质 A 的质量比；

X_1、Y_1——第 1 级萃余相和萃取相中溶质 A 的质量比。

同理，可得第 2 级萃取的操作线方程为

$$Y_2 = -\frac{B}{S}X_2 + \left(\frac{B}{S}X_1 + Y_S\right) \tag{12-24}$$

同理，可得第 n 级的操作线方程为

$$Y_n = -\frac{B}{S}X_n + \left(\frac{B}{S}X_{n-1} + Y_S\right) \tag{12-25}$$

由图 12-10 中的点 $S_1(Y_S, X_F)$ 作斜率为 $-\dfrac{B}{S}$ 的直线，交分配曲线于点 $E_1(Y_1, X_1)$，此点坐标即表示离开第 1 级的萃余相 R_1 和萃取相 E_1 的组成 X_1 和 Y_1，线 S_1E_1 即为第 1 级萃取的操作线。由点 E_1 作垂线交水平线 $Y=Y_S$ 于点 $S_2(Y_S, X_1)$，由点 S_2 作线 S_1E_1 的平行线，交分配曲线于点 $E_2(Y_2, X_2)$，此点坐标即表示离开第 2 级的萃余相 R_2 和萃取相 E_2 的组成 X_2 和 Y_2，线 S_2E_2 即为第 2 级萃取的操作线。依此类推，各级萃余相的溶质浓度 X_1、X_2、X_3、…依次降低，直至萃余相组成 X_n 等于或低于要求的组成 x_R 为止，重复作操作线的数目即所需的理论级数 n。图 12-10 中各操作线的斜率随各级萃取剂的用量而异，若各级萃取剂用量不相等，则各操作线不平行。若萃取剂是纯组分 S，$Y_S=0$，各操作线的起点 S_1、S_2、S_3、…均位于横轴上。

（三）多级逆流萃取过程

如图 12-2（b）所示为多级逆流萃取流程。原料液 F 自左端进入第 1 级，逐级右流，最

后的萃余相 R_n 从右端的第 n 级排出。萃取剂 S（设萃取剂为纯溶剂且各级使用量相等）自右端的第 n 级进入，然后逐级逆向左流，与原料液逆流，逐级与料液接触，最后的萃取相 E_1 从左端的第 1 级排出。萃取相在逐级向左流动中，溶质 A 浓度逐级增高，但因逐次与浓度更高的萃余相接触，所以每级仍能保持一定的萃取推动力。流至最左的第 1 级，与浓度最高的原料液接触，产生的最终萃取相 E_1 的浓度 y_1 较高。而随着萃余相向右流动，溶质 A 浓度逐级降低，到最右端的第 n 级，因遇到的是新鲜萃取剂，故最终的萃余相浓度 x_n 很低。多级逆流接触萃取一般是连续操作，其分离效率高，溶剂用量较少，因而在工业中得到广泛应用。

在多级逆流萃取过程的计算中，通常已知原料液的流量 F 和组成 x_F、萃取剂的用量 S 和组成 y_S、最终萃余相中溶质的组成 x_n，要求计算理论级数。

1. B-S 部分互溶时的多级逆流萃取

对于组分 B 与 S 部分互溶的体系，多级逆流萃取的过程的理论级数的计算通常通过逐级图解法在三角形坐标图或直角坐标图上求解。

（1）在三角形坐标图上求理论级数

首先，根据操作条件下的相平衡数据在三角形坐标图上绘出溶解度曲线和辅助曲线。根据原料液和萃取剂的组成，确定点 F 和点 S 的位置。点 M 在直线 FS 上，可根据杠杆规则确定点 M 的位置。根据已知的最终萃余相组成 x_n 确定点 R_n，连接点 R_n 与 M 并延长 R_nM 与溶解度曲线交于点 E_1，此点即代表离开第 1 级的萃取相的组成。

根据杠杆规则和物料衡算，最终萃取相和萃余相的量为

$$E_1 = M\frac{\overline{MR_n}}{\overline{E_1R_n}}$$

$$R_n = M - E_1$$

对第 1 级进行物料衡算得

$$F + E_2 = E_1 + R_1$$

即

$$F - E_1 = R_1 - E_2$$

对第 2 级进行物料衡算，可得

$$R_1 - E_2 = R_2 - E_3$$

依此类推，对第 n 级作物料衡算，可得

$$R_{n-1} - E_n = R_n - S$$

由以上各式可得

$$F - E_1 = R_1 - E_2 = R_2 - E_3 = \cdots = R_n - S = \Delta \tag{12-26}$$

式（12-26）表示任意两级间相遇的萃取相与萃余相的关系，称为多级逆流萃取的操作线方程。式（12-26）说明，离开任一级的萃余相 R 与进入该级的萃取相 E 之差为一常数 Δ。Δ 可视为通过每一级的“净流量”，它实际上是个虚拟的量，但这个虚拟量仍遵循杠杆规则，其组成也可在三角形相图上用点 Δ 表示。Δ 点在三角形之外，它位于操作线 E_1F、E_2R_1、E_3R_2、…、SR_n 的延长线上。因此，Δ 是各条操作线的共有点，称为操作点。通常由 FE_1 与 SR_n 的延长线交点来确定点 Δ 的位置。

已知操作点 Δ，即可求得任意两级间相遇两相间的关系，因此，已知其中一相即可求出另一相。交替应用操作线方程和平衡关系，就可求得所需的理论级数，如图 12-11 所示。

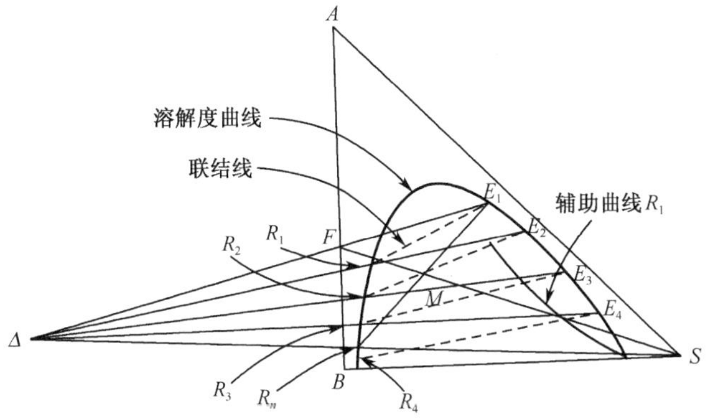

图 12-11　多级逆流萃取图解理论级数

具体操作如下：

1）连接 E_1F 和 SR_n 并延长交于点 Δ，点 Δ 即为操作点。

2）利用辅助曲线作过点 E_1 的联结线，与溶解度曲线交于点 R_1。

3）连接点 Δ、R_1 并延长使之与溶解度曲线交于点 E_2，过点 E_2 作联结线与溶解度曲线交于点 R_2。重复上述步骤，当某一级的萃余相组成 x_i 等于或低于要求的组成 x_R 时说明已完成分离要求，画出的联结线数目即为所需的理论级数。

操作点 Δ 的位置与联结线的斜率、原料液的流量 F 和组成 x_F、萃取剂用量 S 和组成 y_S、最终萃余相组成 x_n 等有关，它有可能位于三角形的左侧，也有可能在右侧。若其他条件一定，则点 Δ 的位置由溶剂比（S/F）决定。当 S/F 较小时，点 Δ 在三角形左侧；当 S/F 较大时，点 Δ 在三角形右侧；当 S/F 为某数值时，各操作线是平行的，点 Δ 在无限远处。无论点 Δ 落在何处，计算理论级数的方法都是一样的。

（2）在 x-y 直角坐标图上求理论级数

当多级逆流萃取所需的理论级数较多时，在三角形坐标图上求解，各种关系线密集不清晰，此时可利用在直角坐标图上的分配曲线与操作线进行图解计算，如图 12-12 所示，其步骤如下：

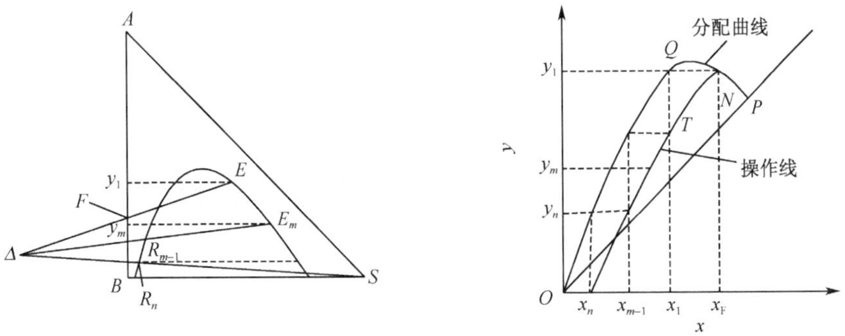

图 12-12　分配曲线图解法求理论级数

1）根据已知的相平衡数据在直角坐标图上绘出分配曲线。

2）根据操作条件下的相平衡数据，在三角形坐标图上绘出溶解度曲线和辅助曲线，确定点 F、R_n、S 与 E_1 的位置。按（1）中所述方法，根据 E_1 与 F、S 与 R_n 求出点 Δ 。

3）在三角形坐标图上，从点 Δ 出发在直线 FE_1 及 R_nS 之间作若干条操作线。每条操作线均与溶解度曲线交于两点 R_{m-1} 和 E_m，其组成分别为 x_{m-1} 和 y_m，将该两点的坐标转移到直角坐标图上便可以找到一个操作点。连接若干个操作点即得直角坐标图上多级逆流萃取的操作线。

4）在分配曲线与操作线之间，从点 $N(x_F, y_1)$ 开始画阶梯，直至某一级阶梯所指萃余相组成 x_n 等于或小于要求的最终萃余相组成 x_R 为止，阶梯级数即为萃取所需的理论级数。

2. B-S 完全不互溶时的多级逆流萃取

如果原溶剂 B 和萃取剂 S 完全不互溶，则在萃取过程中 B 和 S 分别在萃余相和萃取相中的量都是常量。设萃取剂为纯溶剂且各级使用量相等，计算中，原料液和萃余相的量用其中的原溶剂量 B 表示，萃取剂和萃取相的量用其中的纯萃取剂量 S 表示，组成用溶质的质量比 X(kgA/kgB)和 Y(kgA/kgS)表示。

1）在 X-Y 坐标图上，根据相平衡数据绘出平衡线。

2）根据物料衡算找出逆流萃取的操作线方程。

在第 1 级和第 i 级之间作溶质 A 的物料衡算得

$$BX_F + SY_{i+1} = BX_i + SY_1$$

则

$$Y_{i+1} = \frac{B}{S}X_i + \left(Y_1 - \frac{B}{S}X_F\right) \tag{12-27}$$

式中：Y_{i+1}——进入第 i 级萃取相中溶质 A 的质量比（kgA/kgS）；

X_i——离开第 i 级萃余相中溶质 A 的质量比（kgA/kgB）；

Y_1——最终萃取相中溶质 A 的质量比（kgA/kgS）；

S——纯萃取剂的量（kg）；

B——原料液中原溶剂的量（kg）；

X_F——原料液中溶质 A 的质量比（kgA/kgB）。

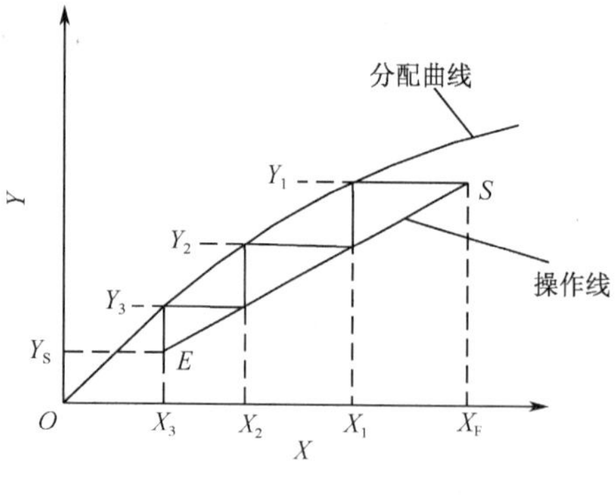

图 12-13　B-S 完全不互溶的多级逆流萃取

式（12-27）为多级逆流萃取的操作线方程式。它是一个直线方程式，斜率为 $\frac{B}{S}$。图 12-13 中的直线 ES 就是三级逆流萃取过程的操作线，线的两端点分别为(X_F, Y_1)和(X_n, Y_s)。若萃取剂为纯溶剂，$Y_S=0$，则此操作线下端为$(X_n, 0)$。

3）从操作线的一端点 S 开始，在操作线与平衡线间画阶梯至另一端点，阶梯数即为所需理论级数。

（四）微分接触逆流萃取流程和计算

微分接触逆流萃取过程通常在塔式设备（如喷淋塔、填料塔、转盘塔等）内进行。原料液和萃取剂在塔内逆向流动并发生物理传递，两相中的溶质组成沿塔高而连续变化，两相的分离在塔顶和塔底完成。

微分接触逆流萃取设备的计算主要是确定塔径和塔高。塔径取决于两液相的流量与塔中两相的流速。塔高（两液相接触传质的有效塔高）的计算通常有两种方法：理论级当量高度法和传质单元法。

1. 理论级当量高度法

理论级当量高度是指相当于一个理论级萃取效果的塔段高度，用 H_e 表示。采用这种方法计算塔高时，把连续逆流萃取作为多级逆流萃取处理，先计算萃取所需的理论级数 N_T，然后乘以理论级当量即得塔高 H，即

$$H = N_T H_e \tag{12-28}$$

H_e 是反映萃取塔传质特性的一个参数。传质速率越高，塔的效率越高，则相应的 H_e 值越小。和塔板效率一样，H_e 与物系的性质、设备的结构型式和操作条件有关，一般需要通过实验确定或根据实际生产装置的操作数据求得。理论级数 N_T 反映萃取分离的难易或萃取过程要求达到的分离程度。

2. 传质单元法

假设原溶剂 B 和萃取剂 S 完全不互溶，萃余相的溶剂流量 B 和萃取相的溶剂流量 S 均为常量。两相浓度分别用摩尔比 X 和 Y 表示。对微分塔段 $\mathrm{d}H$，有

$$B\mathrm{d}X = S\mathrm{d}X = N_A a_V A\,\mathrm{d}H \tag{12-29}$$

式中：N_A——溶质 A 的萃取传质通量[mol/(m^2 · s)]；

a_V——单位体积有效传质界面面积（m^2/m^3）；

A——塔的横截面积（m^2）。

下面仅依萃余相浓度变化加以讨论。由稳态相间传质方程

$$N_A = K_R(X - X^*) \tag{12-30}$$

及式（12-29），可得

$$\mathrm{d}H = \frac{B}{K_R a_V A}\frac{\mathrm{d}X}{X - X^*} \tag{12-31}$$

式中：K_R——以萃余相浓度为基准的总传质系数[mol/(m^2 · s)]；

X^*——与萃取相浓度 Y 平衡的萃余相浓度。

对式（12-31）积分，得

$$H = \int_0^H \mathrm{d}H = \frac{B}{K_R a_V A}\int_{X_1}^{X_2}\frac{\mathrm{d}X}{X - X^*} \tag{12-32}$$

式中：H——萃取塔的有效塔高（m）。

在式（12-32）中，传质单元高度为

$$H_{OR} = \frac{B}{K_R a_V A} \tag{12-33}$$

传质单元数为

$$N_{OR} = \int_{X_1}^{X_2}\frac{\mathrm{d}X}{X - X^*} \tag{12-34}$$

即

$$H = H_{OR}N_{OR} \tag{12-35}$$

传质单元高度 H_{OR}可由实验确定，或由已知数据计算，也可以从萃取专著或手册中查得。传质单元数 N_{OR}可由图解积分法求得，在一定条件下也可用对数平均推动力法等解析方法求解。

五、萃取分离设备

为了实现萃取过程中液-液两相之间的传质，萃取设备应能使萃取剂与混合液充分接触并伴有较高程度的湍动，从而加速传质；而且在两相充分混合后，还需使萃取相和萃余相能得到完善的分离。因此，萃取设备应具备充分混合和分离的功能。萃取设备的类型很多，可以根据不同的标准分类。

下面简要介绍一些典型的萃取设备及其特性。

（一）混合-澄清槽

混合-澄清槽是最早使用并且目前仍广泛应用的一种逐级接触式萃取设备。它可单级操作，也可组合起来进行多级萃取。在萃取过程中，物料和萃取剂在混合器中借搅拌等作用而密切接触传质，然后送入澄清器分离萃取相和萃余相。对于易澄清的混合液，可以利用两相间的密度差进行重力沉降。对于难分离的混合液，可采用离心式澄清器加速两相的分离过程。混合器和澄清器可以按如图 12-1 所示分置，也可按如图 12-14 所示结合成一体。

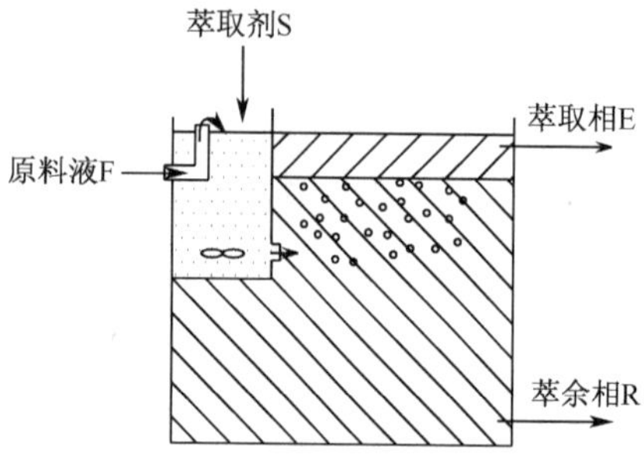

图 12-14　混合-澄清槽工作原理

混合-澄清槽的优点是结构简单，操作方便，运行稳定可靠，传质效率高（一般高于 80%）。两相流量比可在大范围内改变，可适应各种生产规模，也能处理含少量悬浮固体的物料。其缺点是水平排列的设备占地面积大，每级都要设搅拌装置，级间液体需用泵送，能量消耗较大，设备费和操作费都较高。

（二）填料萃取塔

填料萃取塔的结构与吸收和蒸馏使用的填料塔基本相同，如图 12-15 所示。在塔内底部支承板上充填一定高度的填料层，填料材质的选择应使其表面易被连续相润湿。操作时，作为连续相的重液相自塔顶引入，充满整个塔中，作为分散相的轻液相自塔底进入，以液滴状通过连续相，实现连续逆流接触传质。填料层的作用是使分散相液滴不断破碎和再生，使液滴的表面不断更新，增加相间接触面积，减少轴向返混，从而加速萃取传质。为减少沟流，通常隔一定塔高设置液体再分布器。填料萃取塔结构简单，操作方便，适合处理腐蚀性物料。

（三）筛板萃取塔

筛板萃取塔的结构与筛板蒸馏塔相似，图 12-16 为以轻相为分散相的情形。作为连续相的重液由上部进入，经降液管至筛板，逐级流下，最后由塔底排出。轻相作为分散相从塔底部进入，借助压力的推动挤过筛板孔被分散成液滴穿过各层塔板，与塔板上横向流动的重液错流接触而实现传质。轻相在上一级筛板下分层凝聚，然后经上一级筛板分散。如此反复进行，轻相最后由塔顶排出。在每级筛板上都进行轻、重液的接触和分离，构成逐级接触萃取。筛板萃取塔结构简单，价格低廉，占地面积较小，因而应用很广泛。由于筛板塔中仅靠液体通过筛孔的分散作用形成两相混合体系，混合的湍动程度低，故每一塔节的级效率较低。

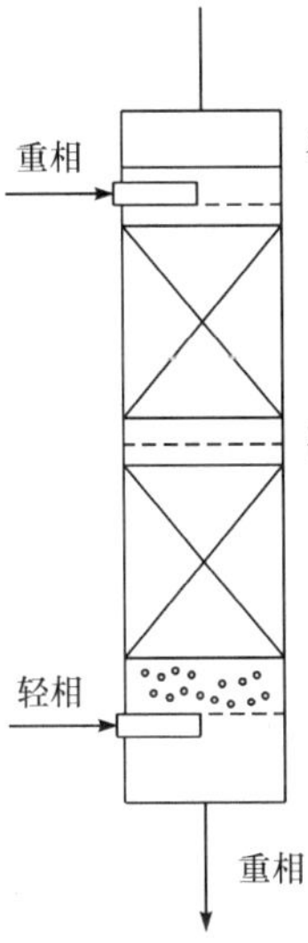

图 12-15　填料萃取塔

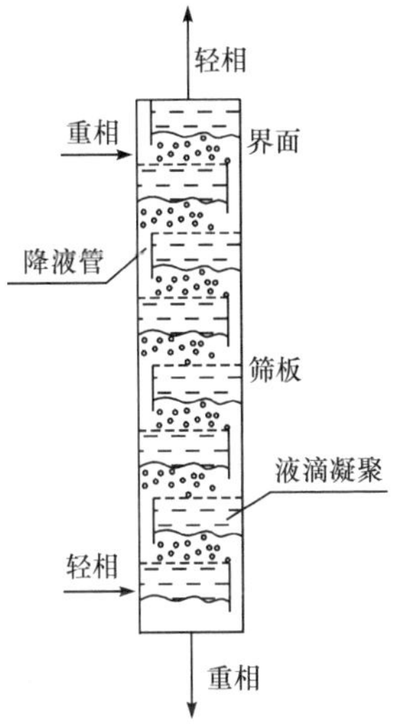

图 12-16　筛板萃取塔

（四）脉冲萃取塔

脉冲筛板式萃取塔又称液体脉动筛板塔，如图 12-17 所示。在塔底设置脉动发生器，以脉冲的形式向萃取塔输入机械能，使液体在塔内产生脉冲运动。塔两端直径较大的部分为上、下澄清段，中部装有若干层筛板，板间距较小，一般为25～50mm。操作时，脉冲发生器提供脉冲使塔内液体作上下往复运动，一般其频率为 30～200min^{-1}，振幅为 9～50mm。由于液体频繁地来回通过筛板，分散相以较小液滴分散在连续相中，并形成强烈的湍动，促进传质。脉冲筛板塔的传质效率高，但是塔的处理能力有所下降。这是因为在有液体脉冲的塔中，液体的流速比无脉冲塔中低，否则一相可能被另一相夹带出去。它适用于处理量小、分离所需理论级数较多的情况。

（五）往复筛板塔

往复筛板塔又称振动筛板塔，如图 12-18 所示。将若干层筛板按一定间距固定在中心轴上，塔板不与塔体相连接且保持一定的间隙。中心轴由塔顶的曲柄连杆机构驱动，塔板随中心轴在塔内作垂直的上下运动，往复振幅一般为3～50mm，频率在 100min^{-1}左右，筛板的孔径一般为 7～16mm。当筛板往上运动时，筛板上侧的液体经筛孔向下喷射；当筛板向下运动时，筛板下侧的液体经筛孔向上喷射。往复筛板塔的传质效率高，操作方便，生产能力大，是一种性能良好的萃取设备，目前已广泛用于石油化工、食品、制药和湿法冶金工业。

(六) 转盘萃取塔

图 12-19 为转盘萃取塔示意图。在塔体内壁按一定间距设置若干个固定环形挡板，称为固定环，固定环将塔内分割成若干个小空间。两固定环之间均有一直径小于固定环内径的圆形转盘。转盘按同样间距固定在中心轴上。中心轴用塔顶的电机驱动。操作时，转盘随中心轴高速旋转，对液体产生强烈的搅拌作用，增加了相际接触表面积和液体的湍动。固定环在一定程度上抑制了轴向返混，因而转盘萃取塔的效率较高。转盘萃取塔的结构简单，生产能力大，传质效率高，操作弹性大，在石油化工中应用较广泛。

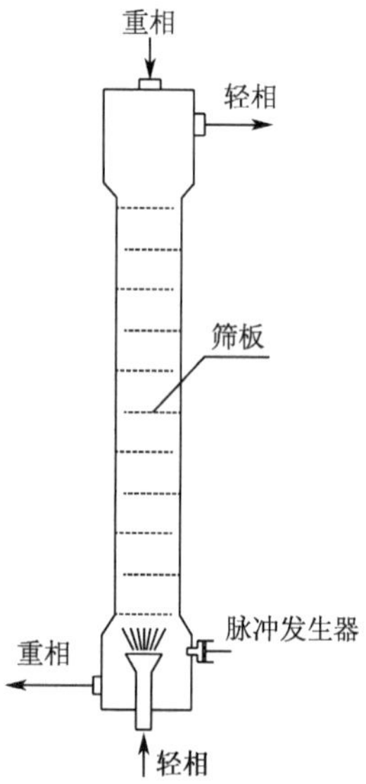

图 12-17　脉冲萃取塔

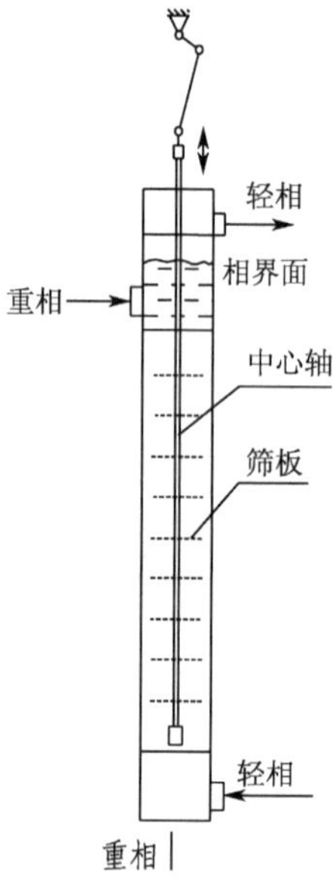

图 12-18　往复筛板塔

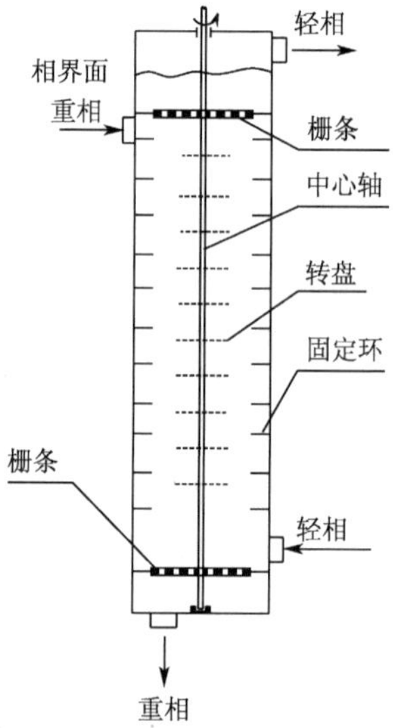

图 12-19　转盘萃取塔

(七) 离心萃取器

离心萃取器是利用离心力使两相快速充分混合并分离的一类萃取装置。离心萃取器的类型较多，按两相接触方式可分为分级接触式和微分接触式。

分级接触式的离心萃取装置相当于在离心分离器内加上搅拌装置，形成单级或多级的离心萃取系统，两相作用过程与混合-澄清器类似。而在微分接触式离心萃取器中，两相接触方式则与微分逆流萃取塔类似。

第二节　浸　　取

浸取是固-液萃取，又称为浸出、提取或浸提。由于食品加工的原料大多为固体，要分离提取其中的成分，往往采用浸取的方法，因此浸取在食品工业中得到广泛应用。

一、浸取平衡

（一）平衡级

浸取过程包含多种物理化学作用，机制十分复杂，因此浸取系统的平衡关系也较复杂。可以采用一种简单的溶解平衡模型来说明浸取系统的平衡关系。假定物料 F 中的不溶性多孔惰性固体 B 中含有不被 B 吸附的溶质 A，溶质 A 的量低于其在浸取溶剂 S 的饱和溶解度。物料与溶剂经过足够长的时间接触后，溶质 A 溶解，且经扩散使固体空隙中液体浓度等于周围液体的浓度。此时，固体空隙内液体和周围液体的溶质 A 浓度都不再随接触时间的延长而变化，这种接触级称为平衡级，或称理想级。

浸取操作一般在浸取器中进行。如图 12-20 所示为一单级浸取器。送入的原料液 F 包含惰性固体 B 和可溶部分 F_0，即

$$F = B + F_0 \tag{12-36}$$

原料 F 与浸取溶剂 S 接触达一定时间后，由顶部排出的澄清液 E_1 称为溢流（overflow），由底部排出的夹带液体的固体糊状物 W 称为底流（underflow）。底流 W 中除惰性固体 B 之外，还含有固体空隙内部含有的和外部夹带的液体，称为底流液 R_1，则有

$$W = B + R_1 \tag{12-37}$$

式（12-36）和式（12-37）中的 F、B、F_0、W、R_1 均为质量流量（kg/h）。如果此浸取器为一平衡级，则底流液 R_1 中的溶质浓度等于溢流 E_1 中的溶质浓度。

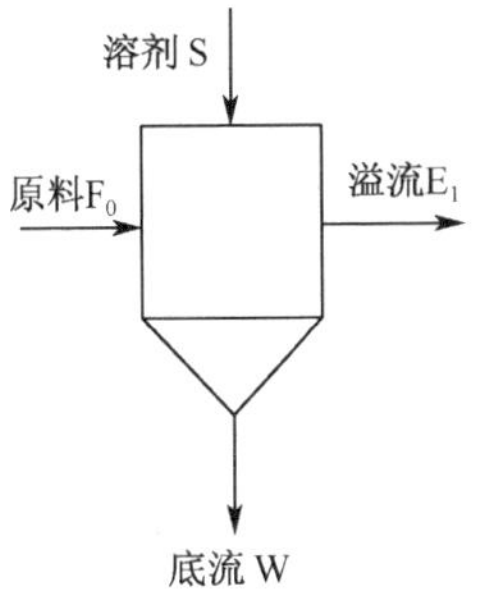

图 12-20　单级浸取器

（二）平衡相图

浸取平衡时溶质 A、惰性固体 B 和溶剂 S 之间量的关系也可以用直角等腰三角形或等边三角形相图表示。因浸取时惰性固体是不溶的，所以可以采用较为简便的坐标法表达浸取操作平衡。下面介绍 Ponchon-Savarit 相图法，此法坐标量有 N、x、y。

惰性固体 B 在混合物中的含量用惰性固体 B 对溶液的质量比 N 表示，即

$$N = \frac{m_B}{m_A + m_S} \tag{12-38}$$

式中：m_B、m_A、m_S——混合物中惰性固体 B、溶质 A、溶剂 S 的质量（kg）。

对溢流，$N=0$。对底流，N 随固体含液量的不同而不同。

溢流中和底流中溶质 A 的浓度都用质量分数表示。其中，溢流的溶质浓度 y 为

$$y = \frac{m_A}{m_A + m_S} \quad （溢流） \tag{12-39}$$

底流液中溶质浓度 x 为

$$x = \frac{m_A}{m_A + m_S} \quad （底流液） \tag{12-40}$$

质量分数 x、y 的基准不包括 B 的量。若被浸取原料不含溶剂 S，则 $x_F=1$。若为纯溶剂进料，$y_S=0$。

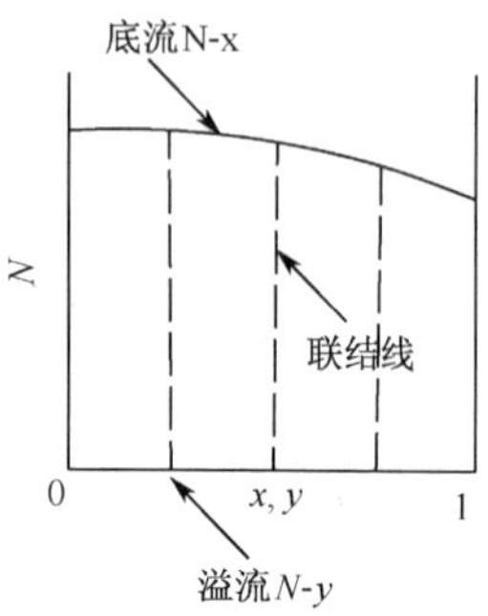

图 12-21　浸取平衡相图

图 12-21 为典型的平衡相图，以 N 为纵坐标，以 x 和 y 为横坐标。上面的底流线是 N-x 关系曲线。下面的溢流线是 N-y 关系曲线，完全澄清而不含固体的溢流线与横轴重合，$N=0$。因平衡时溢流和底流液浓度相等，$x=y$，故联结线是垂直的。在 Ponchon-Savarit 相图中，物料的混合与分离都可应用杠杆规则。

二、浸取流程

与液-液萃取过程相似，浸取流程也分两类：逐级式流程和连续流程。逐级式流程分为单级浸取和多级浸取，而多级浸取又分为错流和逆流两种。

（一）单级浸取

图 12-22 表示一个单级浸取过程。原料流量为（$B+F_0$），组成为 N_F、x_F，若 F_0 中不含浸取溶剂，则 $x_F=1$。浸取溶剂流量为 S，浓度为 y_S，若为纯溶剂，则 $y_S=0$。溢流流量为 E_1，浓度为 y_1。底流流量为（$B+R_1$），其中底流液 R_1 的浓度为 x_1。

总物料衡算为

$$B+F_0+S=B+R_1+E_1$$

或

$$F_0+S=R_1+E_1 \tag{12-41}$$

溶质 A 衡算为

$$F_0x_F+Sy_S=R_1x_1+E_1y_1=Mx_M \tag{12-42}$$

固体 B 衡算为

$$B=N_FF_0=N_1R_1=N_MM \tag{12-43}$$

式中：M——总液流量 [kg(A+S)/s]，点 M 坐标为（N_M，x_M）。

由式（12-41）和式（12-42）知

$$F_0x_F+Sy_S=Mx_M=(F_0+S)x_M=F_0x_M+Sx_M$$

$$F_0(x_F-x_M)=S(x_M-y_S) \tag{12-44}$$

或

$$\frac{F_0}{S}=\frac{x_M-y_S}{x_F-x_M} \tag{12-45}$$

根据杠杆规则，在相图 12-22（b）中，F_0MS 必在一条直线上。同样，R_1ME_1 也在一直线上，点 M 是两直线交点。这样就可根据进料和溶剂的数据，求解溢流流量 E_1 和底流液流量 R_1。

（二）多级错流浸取

将若干个单级浸取器连接起来，就构成多级错流浸取流程，如图 12-23 所示。图中的底流中没有标示出惰性固体 B，只标示底流液。物料 F_0 在第 1 级与新鲜浸取溶剂 S（设浸取溶剂为纯溶剂且各级使用量相等）混合接触浸取，得溢流 E_1 和底流液 R_1。R_1 用作第 2 级的进料，与新鲜浸取溶剂 S 混合接触浸取，得溢流 E_2 和底流液 R_2。依此类推，每级产生的溢流 E_1、E_2、…、E_n 合并即为浸取液。各级产生的底流液中溶质浓度将依次降低，最后一级

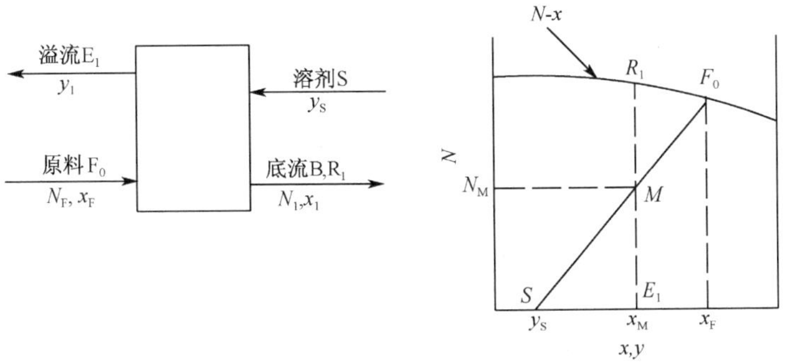

(a) 流程　　　　　　(b) 相图

图 12-22　单级浸取过程

的底流液 R_n 中的溶质浓度将等于或小于要求的 x_R。

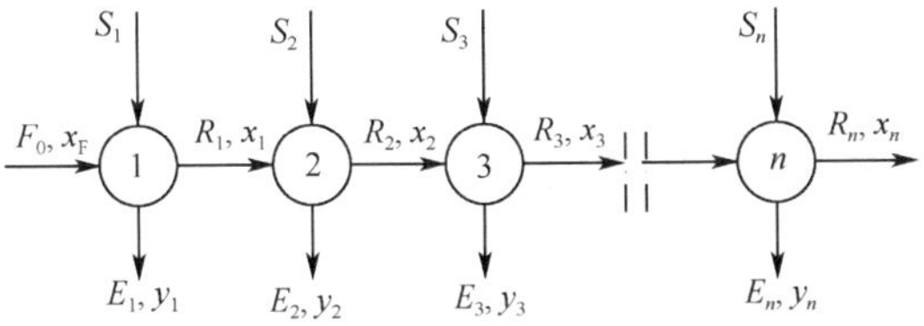

图 12-23　多级错流浸取流程

（三）多级逆流浸取流程

如图 12-24 所示，原料 F_0 从第 1 级引入，产生的底流依次进入下一级，新鲜浸取溶剂 S（设浸取溶剂为纯溶剂且各级使用量相等）从最末的第 n 级引入，产生的溢流 E_n 作为第 $n-1$ 级的浸取溶剂。溢流和底流在各级间逆向流动，所以第 1 级产生的溢流 E_1 浓度最高。多级逆流浸取流程使用溶剂较少，浸取液所含溶质浓度较高。

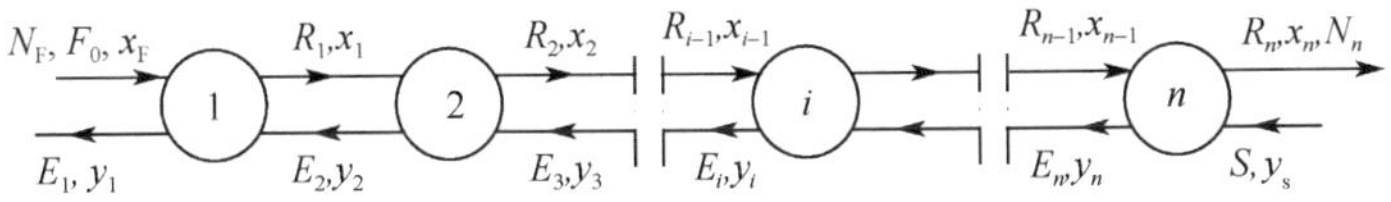

图 12-24　多级逆流浸取流程

浸取平衡级数的计算方法主要有解析法和图解法。

1. 解析法

解析法计算浸取平衡级数主要适用于恒底流的情况。恒底流即由各浸取级排出的底流液量相等，底流中惰性固体量也不变。这样溢流中始终保持无惰性固体成分，各级溢流量也保持不变。

按恒底流假设，如图 12-24 所示的多级逆流浸取流程中，有

$$R_1 = R_2 = R_3 = \cdots = R_{n-1} = R_n = R \tag{12-46}$$

但 $F_0 \neq R$。同样有

$$E_2 = E_3 = E_4 = \cdots = E_{n-1} = E_n = S = E \tag{12-47}$$

但 $E_1 \neq E$。

第 n 级的溶质物料衡算式为

$$Rx_{n-1}+Sy_S=Ey_n+Rx_n \tag{12-48}$$

式中：x_{n-1}、x_n、y_S、y_n 都采用溶液中溶质 A 的质量分数。因为是平衡级，故 $x_n=y_n$。令 $a=E/R$，a 称为溢流底流比。对恒底流情况，a 为常数。式（12-48）两边除以 R，则有

$$x_{n-1}+ay_S=ay_n+x_n=(a+1)x_n$$

$$x_{n-1}=(a+1)x_n-ay_S \tag{12-49}$$

第 $n-1$ 级的溶质物料衡算式为

$$Rx_{n-2}+Ey_n=Ey_{n-1}+Rx_{n-1} \tag{12-50}$$

因为是平衡级，故 $x_{n-1}=y_{n-1}$，则有

$$x_{n-2}+ay_n=ay_{n-1}+x_{n-1}=(a+1)x_{n-1}$$

$$x_{n-2}=(a+1)x_{n-1}-ay_n \tag{12-51}$$

将式（12-49）代入式（12-51）得

$$x_{n-2}=(a+1)[(a+1)x_n-ay_S]-ay_n \tag{12-52}$$

因为 $x_n=y_n$，则有

$$x_{n-2}=(a^2+a+1)x_n-a(a+1)y_S \tag{12-53}$$

$$x_{n-2}=\frac{1-a^3}{1-a}x_n-a\frac{1-a^2}{1-a}y_S \tag{12-54}$$

依此类推，有

$$x_1=\frac{1-a^n}{1-a}x_n-a\frac{1-a^{n-1}}{1-a}y_S \tag{12-55}$$

对全系统进行溶质 A 物料衡算，有

$$E_1y_1+Rx_n=F_0x_F+Sy_S \tag{12-56}$$

因 $E_1\neq E$，令 $a_1=E_1/R$，为第 1 级溢流底流比，则有

$$a_1Ry_1+Rx_n=F_0x_F+Sy_S$$

由于第 1 级也是平衡级，$x_1=y_1$，故

$$a_1Rx_1+Rx_n=F_0x_F+Sy_S \tag{12-57}$$

将式（12-55）代入式（12-57）得

$$a_1R\left(\frac{1-a^n}{1-a}x_n-a\frac{1-a^{n-1}}{1-a}y_S\right)+Rx_n=F_0x_F+Sy_S \tag{12-58}$$

令 $R_e=\dfrac{Rx_n}{F_0x_F}$，称为残留率，是残渣排走的溶质量与原料所含溶质量之比。式(12-58)两边除以 Rx_n，得

$$a_1\frac{1-a^n}{1-a}-a_1a\frac{1-a^{n-1}}{1-a}\frac{y_S}{x_n}+1=\frac{1}{R_e}+a\frac{y_S}{x_n}$$

$$\frac{1}{R_e}=1+a_1\frac{1-a^n}{1-a}-\frac{y_S}{x_n}\left(a+a_1\frac{a-a^n}{1-a}\right) \tag{12-59}$$

如果加入末级的浸取溶剂不含溶质，即 $y_S=0$，则解析式大为简化，有

$$\frac{1}{R_e}=1+a_1\frac{1-a^n}{1-a} \tag{12-60}$$

可以根据已知条件，由式（12-59）或式（12-60）计算平衡级数 n。

2. 图解法

图解法比较简便、直观，适用于恒底流和非恒底流两种情况。具体步骤如下：

1）首先作出底流线。如果是恒底流，则底流线是条水平线。对非恒底流的情况，应用已知数据 N-x 画出底流线。

2）据已知进出料条件数据找出点 F_0、S 和 R_n。

对如图 12-24 所示的多级逆流浸取过程进行总溶液衡算，有

$$F_0 + S = R_n + E_1 = M \tag{12-61}$$

式中：M——溶液总流量[kg(A+S)/s]。

对全系统溶质 A 进行物料衡算，有

$$F_0 x_F + S y_S = R_n x_n + E_1 y_1 = M x_M \tag{12-62}$$

惰性固体 B 的物料衡算为

$$B = N_F F_0 = N_n R_n = N_M M \tag{12-63}$$

将上面的关系标绘在图 12-22 的 Ponchon-Savarit 相图上。根据已知的 B、F_0、x_F、S、y_S 以及 x_n 等，可以在图上确定点 F_0、S 和 R_n 等的位置。

3）通过计算求 x_M 和 N_M，在图上找出点 M。可以根据式（12-61）～式（12-63）计算出点 M 的坐标（N_M，x_M），在图上画出点 M，点 F_0、M 和 S 必在一条直线上，同时点 E_1、M、R_n 也必定在一条直线上。

4）确定点 E_1 和 Δ。作直线 R_nM 交溢流线得点 E_1。作直线 R_nS 和 F_0E_1，两线延长线的交点即为点 Δ。

对第 1 级进行总物料衡算，有

$$F_0 + E_2 = R_1 + E_1$$

则

$$F_0 - E_1 = R_1 - E_2$$

对从第 1 级到第 i 级这一段进行总物料衡算，有

$$F_0 - E_1 = R_i - E_{i+1}$$

可见

$$F_0 - E_1 = R_1 - E_2 = R_i - E_{i+1} = \cdots = R_n - S = \Delta \tag{12-64}$$

式中：Δ——级间流对底流液和溢流液流量的差值(kg/s)，是一个恒量。

对溶质 A 进行物料衡算，同样可得

$$F_0 x_F - E_1 y_1 = \cdots = R_i x_i - E_{i+1} y_{i+1} = \cdots = \Delta x_\Delta$$

$$x_\Delta = \frac{R_i x_i - E_{i+1} y_{i+1}}{\Delta} = \frac{F_0 x_F - E_1 y_1}{F_0 - V_1} \tag{12-65}$$

式中：x_Δ——差点 Δ 的横坐标。

对惰性固体 B 进行物料衡算得

$$B = N_F F_0 = \cdots = N_i R_i = \cdots = N_M M = N_\Delta \Delta$$

则

$$N_\Delta = \frac{B}{\Delta} = \frac{N_0 F_0}{F_0 - E_1} = \frac{N_i R_i}{R_i - E_{i+1}}$$

式中：N_Δ——差点 Δ 的纵坐标。

由式（12-64）知，差点 Δ 是各线 F_0E_1、R_1E_2、…、R_nS 的共同点，可称为操作点，如图 12-25 所示。

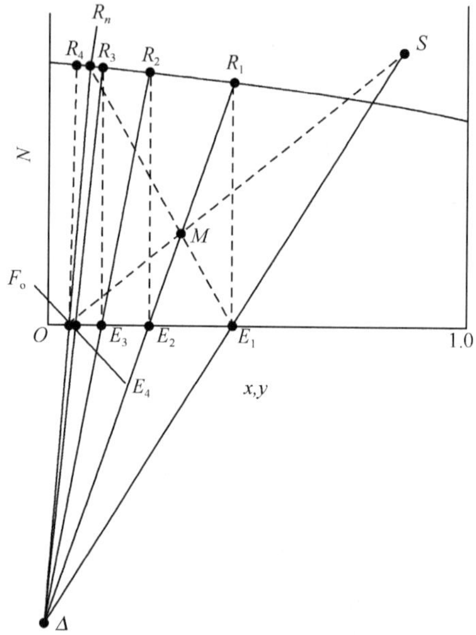

图 12-25 多级逆流浸取级数图解

5）依次作各级平衡联结线，确定平衡级数 n。由点 E_1 作垂线交底流线于点 R_1，E_1R_1 即第 1 级平衡联结线。连接 R_1 和 Δ，交溢流线于点 E_2，得联结线 E_2R_2。重复以上步骤，一直到达点 R_n 或刚超过点 R_n，从 R_1 到 R_n 的点数就是平衡级数 n。

（四）微分逆流浸取流程

微分逆流浸取是物料与浸取溶剂在浸提装置内呈逆向连续流动接触的一种浸提操作。物料可依靠重力或经由螺旋输送机依靠其推动力与浸取溶剂逆向流动。这种浸取操作的优点是生产能力大，浸取效率高，浸提液溶质浓度高，易于实现自动化。目前，甜菜糖厂从甜菜中提取蔗糖主要是采用这种流程。

三、浸取设备

浸取设备主要分两类：级式固定床浸取装置和连续移动床浸取装置。

（一）级式固定床浸取装置

1. 单级浸取罐

单级浸取罐为一开口容器，下部安装假底以支持固体物料。新鲜浸取溶剂从上面均匀喷淋于物料上，通过物料颗粒床层渗滤而下，浸取液从下部排出。食品工业中的浸取操作常使用较高温度的挥发性溶剂，因此浸取罐一般为密闭式容器。这种单级浸取罐也常加上溶剂循环系统，如图 12-26 所示，它具有加热、溶剂回收和再循环装置。

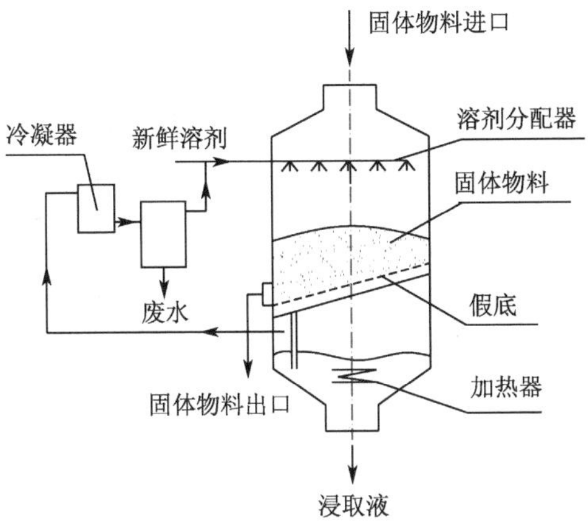

图 12-26 循环式浸取罐

2. 多级固定床浸取系统

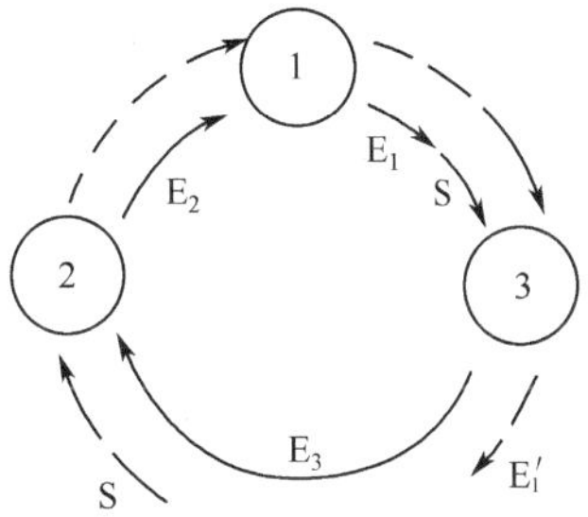

图 12-27 三级逆流固定床浸取系统

将若干个浸取罐依一定顺序连接起来，可以构成多级逆流或错流固定床浸取系统。图 12-27为三级逆流固定床浸取系统的示意图，一轮流程如图中的内圈线所示，罐 1 内为新加的固体物料，新鲜的浸取溶剂 S 从灌 3 顶部加入，产生的溢流 E_3 引入罐 2，由罐 2 产生的溢流 E_2 再进入罐 1，由罐 1 产生的溢流 E_1 即为浸取液产品。罐 3 内的固体物料进行了三次浸取，排出即得底流产物。下一轮浸取流程如图 12-27 中的外圈虚线所示。向罐 3 内装入新固体原料，此时罐 1 和罐 2 内固体料已分别浸取了一次和两次，这时将新鲜浸取溶剂 S 加入罐 2，依次流经罐 1 和罐 3，由罐 3 产生溢流产品 E_1'。此时罐 2 内的固体物料已经进行过三次浸取，排出即得底流产物。依次循环浸取。这种浸取系统中的固体在级间并不移动，而溶液顺序流过各级，完成多级逆流浸取过程。

（二）连续移动床浸取装置

工业上大多采用连续移动床浸取系统，物料载于一连续移动床上，溶剂逆向流动。目前，连续移动床浸取装置有三种形式：浸泡式、渗滤式及浸泡和渗滤相结合的形式。浸泡式是物料完全浸没于浸取溶剂中而进行连续的浸提，典型设备有 U 形管式浸取器和板式浸取塔等；渗滤式是将萃取溶剂喷淋于物料层之上，通过物料层向下流动，同时进行浸提，物料不浸泡于萃取溶剂中，典型设备有篮式浸取器和平转式浸取器等。

1. U 形管式浸取器

U 形管式浸取器又称 Hildbrandt 浸取器，如图 12-28 所示。它是由三个密闭的螺旋输送器构成的 U 形装置，螺旋片上均有滤孔。浸取溶剂用泵强制由左立管上部加入，最后浸取液由右立管上部排出。固体物料由右立管顶加入，螺旋输送器使其向下、向左又向上移动，最后由左立管顶排出。在 U 形管中，溶剂与固体物料逆流接触进行浸取。

2. 平转式浸取器

平转式浸取器又称为 Rotocell 浸取器，如图 12-29 所示。上部为大旋转圆桶，分为 18 个扇形隔空，隔室底部有可开启的筛网。各隔室绕中心轴缓慢顺时针转动。当卸料后的空室转至加料管下方时，物料即散布于隔室筛网上，当转至下一位置时即开始进行浸取。旋转近一周时，筛网自动开启卸料。底筛网关上后，隔室转至加料管下时又再次加料，进入下一次浸取循环。另外，将新鲜浸取溶剂加入残渣排出之前的隔室中，渗滤流出室底后由泵送入前一隔室上方。如此进行，直至达到逆流浸取的效果。最后，较高浓度的浸取液由新加固体物料的隔室下排出。目前我国油脂工业中使用最广泛的就是这种平转式浸取器。

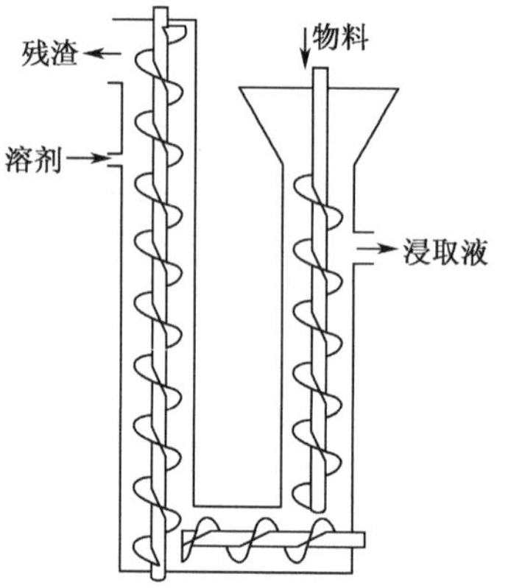

图 12-28　U 形管式浸取器

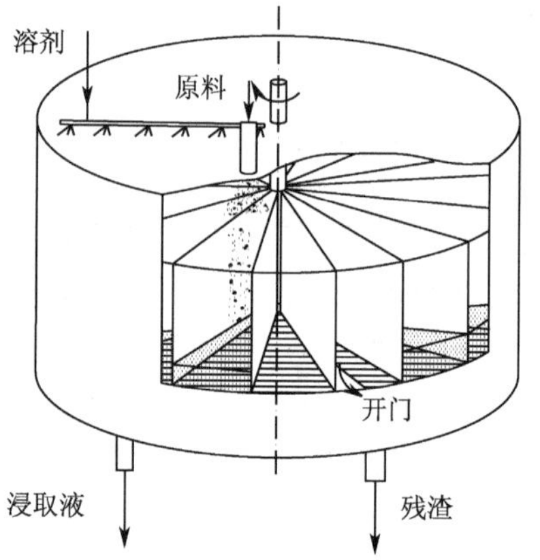

图 12-29　平转式浸取器

第三节　超临界流体萃取

超临界流体萃取是一种较新型的萃取分离技术，它是利用超临界状态的流体具有强溶解能力而对物质进行提取分离的技术，综合了溶剂萃取和蒸馏两种功能的特点。超临界流体萃取作为一种独特、高效、清洁的新型提取、分离手段，在食品工业、精细化工、医药工业、环境等领域展现出良好的应用前景。

一、超临界流体萃取的基本原理

流体的临界点是指气、液两相共存线的终结点，此时气、液两相的相对密度一致，差别消失。在相图中，沿气-液平衡线向右上，随压力 p 和温度 T 的增加，气-液两相间的相变热逐渐变小。相变热变小标志着两相能量状态在接近，两相间的差别在逐渐减小。当到达某一点时，气、液两相间的相变热降为零，即两相的差别已不存在。此点即为水的临界点。临界点对应的压力称为临界压力，以 p_c 表示；临界点对应的温度称为临界温度，以 T_c 表示；临界点对应的流体密度称为临界密度，以 ρ_c 表示。p_c、T_c、ρ_c 称为临界参量。在临界温度以上压力不高时，流体与气体性质相近，压力较高时则与液体性质更接近。每种流体在相图上都有其临界点，对应不同的临界参量。表 12-1 列出了 SFE 技术较常用的流体的临界参量。由表 12-1 可见，不同流体的临界参量相差很大，在 T 和 p 相同的条件下，不同的流体在状态上可能有很大差异。

表 12-1　SFE 常用流体的临界参量

流体	T_c/℃	p_c/MPa	ρ_c/(kg/m³)
CO_2	31.1	7.37	468
NH_3	132.4	11.28	235
C_2H_6	32.2	4.88	203
C_2H_4	9.2	5.04	217
C_3H_8	96.6	4.25	217
C_3H_6	91.8	4.62	232
C_6H_6	288.9	4.89	302
$C_6H_5CH_3$	318.5	4.11	300
H_2O	374.2	21.76	322

对 $T < T_c$ 的气体，通过加压的方法能使其液化；但对 $T > T_c$ 的气体，无论施加多大的压力都不能将其液化。因此，临界温度 T_c 是通过加压能使气体液化的最高温度。而临界压力 p_c 是在接近临界温度时使气体液化所需的最小压力。

超临界流体（supercritical fluid，SCF）是处于临界温度 T_c 和临界压力 p_c 以上的一种非凝缩性的高密度流体。超临界流体没有明显的气-液分界面，既不是气体，也不是液体，性质介于气体和液体之间。SCF 具有与液体相近的密度和优良的物质溶解能力，与气体相近的黏度和渗透能力，有较好的流动、传质、传热和溶解性能。流体处于超临界状态时，其密度随流体压力和温度的改变发生十分明显的变化，而溶质在超临界流体中的溶解度随超临界流体密度的增大而增大。利用这一性质，可以在较高压力下，使溶质溶解于 SCF 中，然后使 SCF 的压力降低或者温度升高，从而使溶质析出，如果目标溶质不止一种，采取逐级降压的方法就可使多种溶质分步析出。超临界流体具有一般液、气态物质所不具备的特点，如较高的扩散性、传质阻力小，特别适合多孔疏松的固态物质和油脂材料中的化合物萃取。

二、超临界流体萃取的方法

超临界流体萃取流程基本上由萃取阶段和分离阶段构成。主要过程包括原料预处理、萃取和分离以及萃取剂（如二氧化碳）增压和循环。工艺过程主要设备有压缩机、萃取器、分离器、流量计以及温度、压力控制系统等，如图 12-30。

装在萃取器中的原料与通入的 SCF 充分接触，使被分离的物质溶解，溶有溶质的 SCF 经节流阀改变压力，或经换热器改变温度，使目标萃取物在分离器中从溶剂内析出，即得到萃取产品。分离后的溶剂流体再经压缩机等处理，循环使用。

SFE 根据采用的分离方法的不同，可以分为三种典型流程：变压分离、变温分离和吸附分离。

1）变压分离萃取流程。如图 12-30（a）所示，这是应用最方便的一种流程。在一定温度下，使溶有溶质的超临界流体经节流阀降压，经膨胀后溶质与流体分离，溶质由分离器下部取出，萃取流体经压缩机返回萃取器中循环使用。

2）变温分离萃取流程。如图 12-30（b）所示，溶有溶质的 SCF 经过换热器改变温度，溶解度下降，溶质与萃取剂分离。从分离器下部取出萃取物，萃取流体经冷却、压缩后返回萃取器中循环使用。

3）吸附分离萃取流程。如图 12-30（c）所示，在分离器中，经萃取出的溶质被吸附剂吸附，萃取流体经压缩后返回萃取器中循环使用。这种流程适用于除去物料中可溶性杂质，萃取器中的萃余物往往为所需的产品。

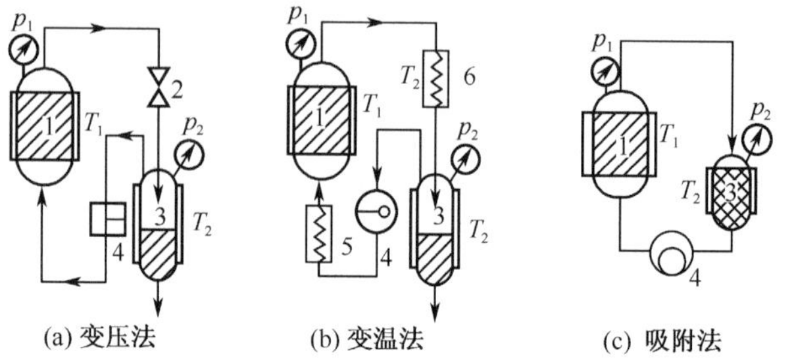

图 12-30 超临界流体萃取的三种典型流程

1. 萃取器；2. 节流阀；3. 分离器；4. 压缩机；5. 冷却器；6. 加热器

思考题与计算题

一、思考题

1. 什么是分配系数？什么是选择性系数？萃取操作中分配系数和选择性系数的意义是什么？

2. 试述超临界流体萃取的基本原理。

二、计算题

1. 选取正己烷为萃取相，假设两个组分 A、B 在萃取相中的质量分数分别为 20%和 60%，试算该萃取溶剂是否可以将两个组分有效分离。（答：不可以）

2. 单级浸取中，用 50kg 石油醚浸提 40kg 含油量为 52%的花生，浸取为理想级，排出的底流 $N_1=2.2$，计算溢流量及其组成以及底流量。（答：溢流量 8.73kg，$x_1=y_1=0.29$，底流量 41.27kg）

3. 二氧化碳的临界参量分别为：$T_c=31.1$℃、$p_c=7.37$MPa、$\rho_c=468\text{kg/m}^3$，计算利用超临界二氧化碳方法萃取大豆油所需选择的操作条件。（答：$T<T_c$ 且 $p>p_c$）

第十三章　膜　分　离

膜分离（membrane separation）是利用天然或人工合成膜，以浓度差、压力差及电位差等为推动力，对双组分或多组分体系进行分离、提纯或富集的单元操作。它是一种可在常温下进行无相变浓缩、分离和纯化的技术，因此十分适合食品工业领域应用。膜分离技术是最有发展前途的高新技术之一。

第一节　概　　述

一、膜分离过程

膜分离过程是以选择性透过膜为分离介质，在膜两侧的推动力（如压力差、浓度差、电位差等）作用下，使原料中的某种组分选择性地透过膜，从而达到分离、纯化或浓缩溶液的目的。膜分离技术可以用于液体混合物和气体混合物的分离。对于液体混合物的分离，可用于水溶液体系、非水溶液体系、水溶胶体体系以及含有其他微粒的水溶液体系。

按照推动力的不同，膜分离可以分为反渗透、超滤、纳滤和电渗析等多种过程，表 13-1 列出了 9 种常用膜分离过程的基本特性。

二、分离膜

广义上膜可以定义为两相之间的一个不连续区间，膜必须对被分离物质有选择透过的功能。对膜材料的要求是具有良好的成膜性、热稳定性、化学稳定性和机械性能，耐酸、碱、微生物污染和耐氧化性能，材料耐用，便于再生。

膜可以是固相、液相和气相，可以是中性的和带电的，膜的结构可以是均质和非均质的，但必须具有选择透过性能。除微滤及较大孔径的超滤膜是以筛分为其分离工作原理外，其他各种膜分离均属于传质分离过程。有溶解扩散模型、优先吸附-毛细孔流模型等多种传质分离模型解释不同膜分离过程的机制。例如，利用混合物的化学性质不同，物质通过分离膜的速率（溶解速率）取决于进入膜的速率和扩散到膜的另一表面的速率（扩散速率）。溶解速率取决于被分离物与膜材料之间化学性质的差异，而扩散速率除与化学性质有关外，还与物质的相对分子质量有关，速率越快，透过膜所需的时间越短，混合物各组分透过膜的速率相差越大，则分离效率越高。

（一）分离膜的分类

膜的种类和功能繁多，具体分类如下：

1）按照来源可分为天然膜和合成膜。天然膜主要是由天然物质改性或再生制成的。合成膜又可分为有机高分子合成材料制成和无机材料制成，前者如纤维素类、聚酰胺类、芳香杂环类、聚砜类、聚烯烃类、硅橡胶类、含氟聚合物等，后者如陶瓷（氧化铝、氧化硅、氧化锆等）、硼酸盐玻璃、金属（铝、钯、银等）等。

表 13-1 常用膜分离过程的基本特性

过程	分离目的	透过组分	截留组分	透过组分在料液中的组成	推动力	传递机制	膜类型	进料和透过物的物理状态	示意图
微滤	溶液脱粒子、气体脱粒子	溶液、气体	0.02～10μm 粒子	大量溶剂及少量小分子溶质和大分子溶质	压力差(<0.1MPa)	筛分	多孔膜	液体或气体	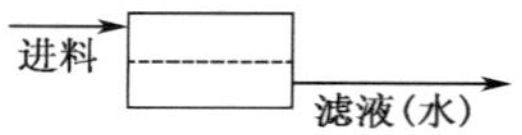
超滤	溶液脱大分子、大分子溶液脱小分子、大分子分级	小分子溶液	1～20nm 大分子溶液	大量溶剂、少量小分子溶质	压力差(0.1～1MPa)	筛分	非对称膜	液体	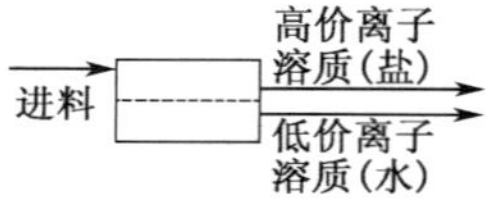
纳滤	溶剂脱有机组分、脱高价离子、软化、脱色、浓缩、分离	溶剂、低价小分子溶质	1nm 以上溶质	大量溶剂、低价小分子溶质	压力差(0.5～1.5MPa)	溶解-扩散唐南效应	非对称膜或复合膜	液体	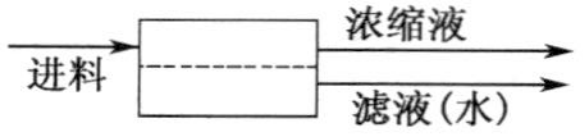
反渗透	溶剂脱溶质、含小分子溶质溶液浓缩	溶剂、可被电渗析的截留组分	0.1～1nm 小分子溶质	大量溶剂	压力差(1～10MPa)	优先吸附、毛细管流动、溶解-扩散	非对称膜或复合膜	液体	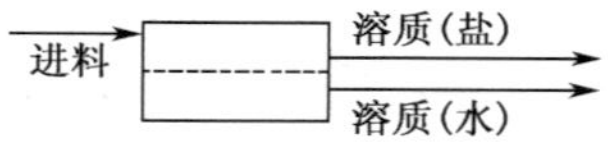
透析(渗析)	大分子溶质溶液脱小分子、小分子溶质溶液脱大分子	小分子溶质	>0.02μm 截留，血液渗析>0.005μm 截留	较小组分或溶剂	浓度差	筛分微孔膜内的受阻扩散	非对称膜或离子交换膜	液体	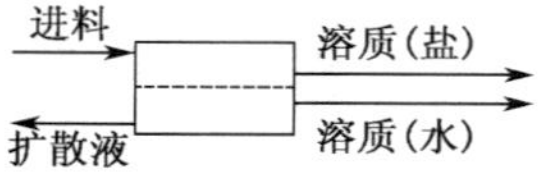
电渗透	溶液脱小离子、小离子溶质的浓缩、小离子的分级	小离子组分	同性离子、大离子和水	少量离子组分、少量水	电化学势、电渗透	反离子经离子交换膜的迁移	离子交换膜	液体	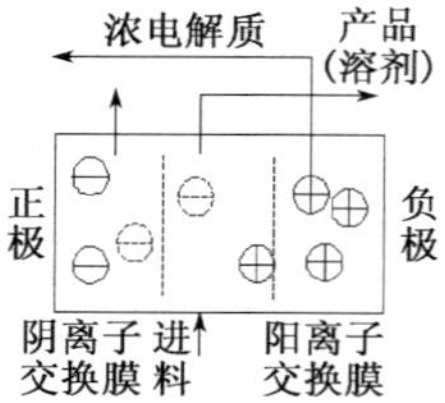

续表

过程	分离目的	透过组分	截留组分	透过组分在料液中的组成	推动力	传递机制	膜类型	进料和透过物的物理状态	示意图
气体分离	气体混合物分离、富集，或特殊组分的脱除	气体、较小组分或膜中易溶组分	较大组分（除非膜中溶解度高）	两者都有	压力差为1～10MPa、浓度差	溶解-扩散	均质膜、复合膜、非对称膜、多孔膜	气体	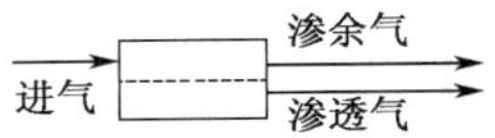
渗透汽化	挥发性液体混合物的分离	膜内易溶解组分或挥发性组分	不易溶解组分或较大、较难挥发物	少量组分	分压差、浓度差	溶解-扩散	均质膜、复合膜、非对称膜	料液为液体，透过物为气体	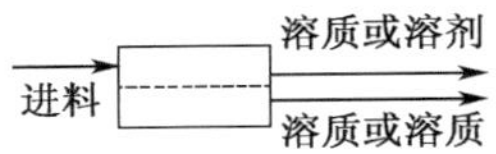
乳化液膜分离（促进传递）	液体混合物或气体混合物分离、富集，特殊组分的脱除	在液膜相中有高溶解度的组分或能反应的组分	在液膜中难溶解的组分	少量组分在有机混合物中的分离	浓度差、pH差	促进传递和溶解-扩散	液膜	通常都为液体，也可以为气体	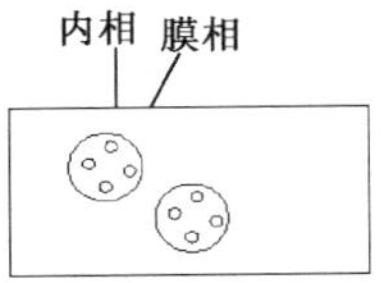

2）按照膜形态结构可分为固膜、液膜和气膜。目前大规模工业应用多为固膜；液膜已有中试规模的工业应用，主要用于废水处理；工业应用的气膜分离还处于研究阶段。固膜以高分子合成膜为主，又可以分为对称膜和不对称膜；液膜又可以分为存在于固体多孔支撑层中的液膜和以乳液形成存在的液膜。

3）按膜的作用机制可以分为吸附性膜（多孔膜、反应膜）、扩散性膜（高聚物膜、金属膜、玻璃膜）、离子交换膜、选择渗透膜（渗透膜、反渗透膜、电渗析膜）、非选择性膜（加热处理的微孔玻璃、过滤型的微孔膜）等。

（二）分离膜的性能

膜是膜分离过程的核心部件，其性能直接影响分离效率、操作能耗及设备的大小。分离膜的性能包括两个方面：分离透过性能和物理化学稳定性。

物理化学稳定性的主要指标有膜允许使用的最高压力、温度范围以及适用的 pH 范围等。

膜的分离透过特性常用以下几种方法表示。

1. 溶剂透过速率

溶剂透过速率是指单位时间透过单位膜有效面积的溶剂体积，对于水溶液体系，又称透水率或水通量，以 J 表示，单位为 m/s。

$$J = \frac{V}{At} \tag{13-1}$$

式中：V——透过液体积（m^3）；

A——膜的有效面积（m^2）；

t——运行时间（s）。

膜的透过速率与膜材料的化学特性和分离膜的形态结构有关，且随操作推动力的增加而增大。此参数直接决定分离设备的大小。

2. 截留率

对于反渗透过程，通常用截留率（rejection）表示其分离性能。截留率反映膜对溶质的截留程度，对盐溶液又称为脱盐率，以 R 表示。

$$R = \frac{c_1 - c_2}{c_1} \times 100\% \tag{13-2}$$

式中：c_1、c_2——原溶液、透过液中溶质的浓度。

截留率为 100%表示溶质全部被膜截留，为理想的半渗透膜；截留率为 0 则表示全部溶质透过膜，无分离作用。

3. 截留相对分子质量

在超滤中，通常用截留相对分子质量（MWCO）表示其分离性能。截留相对分子质量是指截留率为 90%时所对应的相对分子质量。截留相对分子质量的高低在一定程度上反映了膜孔径的大小，通常可用一系列不同相对分子质量的标准物质进行测定。

测定截留相对分子质量的步骤是：先配制一系列基准物质的缓冲液或水溶液，然后用待评价的膜来超滤这些溶液以测定膜对这些基准物质的截留率，最后绘制截留率-基准物质相对分子质量曲线。截留率在90%的点对应的基准物质的相对分子质量即为该膜的切割相对分子质量。曲线越陡说明截留相对分子质量范围越窄，膜的性能越好。截留范围不仅与膜的孔径有关，还与膜材料种类和膜材料的物理化学性质有关。目前，测量截留相对分子质量常用的基准物质有线型聚合物（如聚乙二醇和聚丙烯酸）、支链聚合物（如葡聚糖）和球蛋白（如入血白蛋白、胃蛋白酶、细胞色素c和胰岛素等）。截留相对分子质量曲线法是表征超滤膜分离性能的一种非常简单的方法，但由于存在吸附、堵塞和浓差极化等现象，影响了膜的性能，因此这种方法不是十分准确。

由于超滤膜的孔径有一定分布，超滤膜的最大孔径要远大于膜的有效孔径或由截留相对分子质量表征的孔径值。膜孔径的测定可以通过对膜孔进行实际观察，用透射或扫描电子显微镜来观察孔的几何结构，以确定孔径大小及其分布，这种孔径定义为几何孔径。用透射电子显微镜观察，其分辨率可以达到50Å以下，能观察到表面致密层紧密堆砌的球晶结构。用扫描电子显微镜观察，其分辨率一般可达到50～100Å。超滤膜孔径测试的方法还有泡点法、气体吸附-脱附法、热测孔法、渗透测试法、液体置换法、液体流速法和核磁共振法等。

4. 膜的流量衰减因数

流量衰减因数m定义为

$$J_t = J_1 t^m \tag{13-3}$$

式中：J_1、J_t——运行1h、th后的透过速率。

三、膜分离器

将膜以某种形式组装在一个基本单元设备内，以便在外界驱动力作用下实现对混合物中各组分的分离，这个基本单元设备就是膜分离器，又称膜组件。一种性能良好的膜分离器应具备下列条件：①对膜能提供足够的机械支撑并可使高压原料液和低压透过液严格分开；②在能耗最小的条件下，使料液在膜面上均匀流动，减少浓差极化；③具有尽可能高的装填密度；④膜的安装和更换方便；⑤装置牢固安全，价格低廉。目前工业上常用的膜分离器型式主要有板框式、管式、螺旋卷式和中空纤维式四种类型。这四种膜分离器的优缺点见表13-2。

表13-2　各种膜分离器优缺点比较

膜分离器型式	板框式	管式	螺旋卷式	中空纤维式
组件结构	非常复杂	简单	复杂	复杂
膜装填密度/(m^2/m^3)	160～500	33～330	650～1600	16 000～30 000
膜支撑体结构	复杂	简单	简单	不需要
压力降	中	低	中	高
可否高压操作	较难	较难	可	可
膜清洗	易	内压式易外压式难	难	难
膜与组件更换成本	中	低	较高	较高

第二节　反　渗　透

一、反渗透的基本理论

（一）渗透和反渗透

将纯水和盐水用一个理想的半透膜隔开，该半透膜只能透过溶剂而完全不透过溶质，当两边液体上方压力 $p_1 = p_2$ 时，由于纯水一边水的化学势 μ_1 大于盐水一边水的化学势 μ_2，水分子会从纯水一边通过膜向盐水一边扩散，这种现象称为渗透（osmosis）。如果增加溶液上方压力 p_2，当 p_2 与 p_1 之差使 $\mu_1 = \mu_2$ 时，达到渗透平衡。这时 $p_2 - p_1 = \pi$ 称为溶液的渗透压（osmotic pressure）。图 13-1 中的高度为 h 的液柱的压力就是 π。达渗透平衡时，有

$$V_{\mathrm{m}}\pi = -RT\ln a_{\mathrm{w}} \tag{13-4}$$

式中：V_{m}——水的偏摩尔体积（$\mathrm{m^3/mol}$）；

π——渗透压（Pa）；

R——摩尔气体常量，8.314J/(mol·K)；

T——热力学温度（K）；

a_{w}——水的活度。

如果溶液是稀溶液，则式（13-4）可转化为

$$\pi = cRT \tag{13-5}$$

式中：c——溶液中的离子浓度（$\mathrm{mol/m^3}$）。

当 p_2 继续增加，使 $p_2 - p_1 > \pi$ 时，渗透平衡被破坏，此时 $\mu_1 < \mu_2$，水将由盐水一侧向纯水一侧渗透。这时的渗透方向与原来自然渗透的方向相反，称为反渗透，如图 13-1 所示。可以利用反渗透使溶液浓缩或制备较纯溶剂。

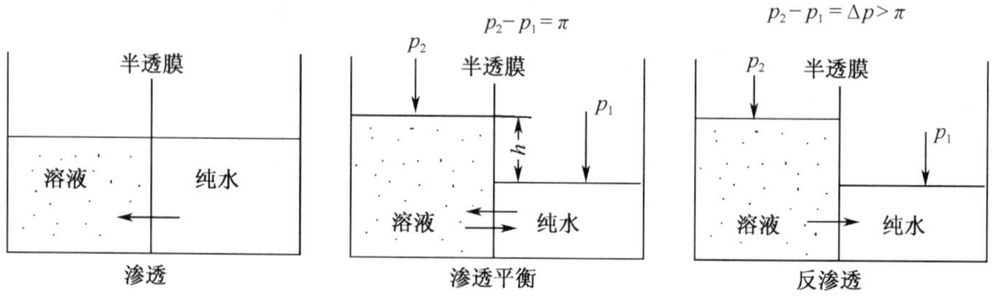

图 13-1　渗透与反渗透示意图

在反渗透过程中，膜的分离性能虽然与膜孔孔径大小有一定的关系，但主要取决于膜的选择渗透性。当膜表面孔的直径小于溶剂分子或溶质分子直径时，仍然可以将溶质和溶剂分离。这说明筛分过滤原理对反渗透是不适用的。

（二）反渗透的传质方程

1. 溶剂扩散速率

溶剂透过膜的速率方程可以表示为

$$N_w = \frac{P_w}{d_m}(\Delta p - \Delta\pi) = K_w(\Delta p - \Delta\pi) \tag{13-6}$$

$$P_w = \frac{D_w \bar{c}_w V_w}{RT} \tag{13-7}$$

$$K_w = \frac{P_w}{d_m} \tag{13-8}$$

式中：N_w——溶剂扩散速率[kg/(m^2·s)]；

P_w——溶剂膜渗透速率[kg/(Pa · m·s)]；

d_m——膜的厚度(m)；

K_m——溶剂渗透率常量，又称透水系数[kg/(Pa·m^2·s)]；

Δp——$\Delta p = p_1 - p_2$，膜两侧压力差(Pa)；

$\Delta\pi$——$\Delta\pi = \pi_1 - \pi_2$，膜两侧渗透压差(Pa)；

D_w——溶剂在膜中的扩散系数(m^2/s)；

$\bar{c}_w$——溶剂在膜中的平均浓度(kg/m^3)；

V_w——溶剂的摩尔体积(m^3/mol)。

2. 溶质扩散速率

溶质透过膜的速率方程可以表示为

$$N_s = \frac{D_s K_{ms}}{d_m}(c_1 - c_2) = K_s(c_1 - c_2) \tag{13-9}$$

$$K_s = \frac{D_s K_{ms}}{d_m} \tag{13-10}$$

式中：N_s——溶质的通量[kg/(m^2·s)]；

D_s——溶质在膜中的扩散系数（m^2/s)；

K_{ms}——溶质分配因数，$K_{ms}=c_m/c$，溶质在膜中和溶液中浓度之比；

K_s——溶质的渗透率常量（m/s)；

c_1、c_2——溶质在原液、透过液中的浓度（kg/m^3）。

N_s 和 N_w 的关系可以由稳态时溶质的物料衡算得到。由于扩散穿过膜的溶质质量等于透过液中溶质的质量增量，因此

$$N_s c_{w2} = N_w c_2$$

得

$$N_s = N_w \frac{c_2}{c_{w2}} \tag{13-11}$$

式中：c_{w2}——溶剂在透过液中的浓度（kg/m^3）。如果透过液较稀，c_{w2} 近似为溶剂的密度。

3. 溶质的分离率

将式（13-6）和式（13-9）代入式（13-11）得

$$K_s(c_1 - c_2) = K_w(\Delta p - \Delta\pi)\frac{c_2}{c_{w2}}$$

两端除以 c_1，有

$$K_s\left(1-\frac{c_2}{c_1}\right)=K_w(\Delta p-\Delta\pi)\frac{c_2}{c_1}/c_{w2}$$

$$1-\frac{c_2}{c_1}=\frac{K_w}{K_s c_{w2}}(\Delta p-\Delta\pi)\frac{c_2}{c_1}$$

令

$$B=\frac{K_w}{K_s c_{w2}} \tag{13-12}$$

则

$$1-\frac{c_2}{c_1}=B(\Delta p-\Delta\pi)\frac{c_2}{c_1}$$

$$\frac{c_2}{c_1}=\frac{1}{1+B(\Delta p-\Delta\pi)} \tag{13-13}$$

将式（13-13）代入式（13-2），则溶质的分离率为

$$R=1-\frac{c_2}{c_1}=\frac{B(\Delta p-\Delta\pi)}{1+B(\Delta p-\Delta\pi)} \tag{13-14}$$

其中，B 的单位为 Pa^{-1}，可由实验测定。R 值越大，反渗透对溶剂和溶质的分离效果越好。

二、反渗透膜材料与结构

反渗透膜多为不对称膜或复合膜。早期应用的是不对称醋酸纤维素（CA）反渗透膜，反渗透膜材料都是亲水性有机高分子，20 世纪 70 年代以来开发了多种新型反渗透膜材料，如芳香族聚酰胺、磺化聚磺酸盐、聚酰胺羧酸、聚乙烯亚胺、聚甲苯二异氰酸酯和等离子处理聚丙烯腈等。目前工业上最广泛使用的是醋酸纤维素和芳香族聚酰胺类。

反渗透膜由活性层（或脱盐层）和多孔支撑层组成。表面活性层是很薄的致密层（约 0.2μm），孔径为 0.1～1.0μm，活性层基本决定了膜的分离性能；下部多孔支撑层厚度为 100～200μm，支撑层只是作为活性层的载体，不影响膜的分离能力。

三、膜污染与浓差极化

膜污染是由于处理物料中的微粒、胶体或大分子与膜发生物理化学相互作用或机械作用而在膜表面或膜孔内吸附和沉积，造成膜孔径变小或者堵塞，使膜透水速率及分离率产生不可逆变化的现象。一旦料液与膜接触，膜污染即开始。反渗透分离过程中，产生膜污染的原因主要是水中难溶盐在膜表面结垢，金属氧化物及胶体、微生物形成污垢等。当使用条件如压力、温度、溶液 pH 和游离氯等控制不当时，可能会导致膜本身性能的恶化，引起膜的损伤。

在反渗透过程中，溶质随着溶液主流运动而向膜界面迁移，由于溶剂透过膜迁走而使界面上溶质积累，浓度升高，当浓度超过主体液浓度时，产生了界面与主体液之间的浓度梯度，引起溶质从界面向主体液扩散。这种现象称为浓差极化（concentration polarization）。它实际上是溶质在溶液和半透膜界面上的积累。其结果是渗透压上升，有效膜面积减少，从而使溶剂通过膜的扩散速率下降。浓差极化还会加速溶质通过膜的扩散速率，使溶质的渗漏增大。一般可以通过提高溶液主体的流速、增加溶液侧湍动程度来减轻浓差极化现象。

四、反渗透分离工艺

膜分离工艺的设计主要包括料液的预处理、确定分离装置所需要的膜面积、组件形式、个数以及它们的排列方式，计算分离所需的泵数及泵的功率，确定分离装置操作的工艺条件、监控系统、程控操作系统、报警系统及膜污染清洗系统等。设计合理的工艺系统可保证设备长期保质保量地运行，延长膜组件的使用寿命。

（一）预处理

预处理是指反渗透操作前对原料液所采取的一系列处理。预处理的目的就是去除或减少影响反渗透的不利因素，其中包括导致膜损坏和引起膜污染的因素。预处理一般包括调整温度和 pH，去除微生物、悬浮体和胶体，去除可溶性有机物和无机离子等。

确定预处理条件时需考虑膜组件上标明的操作准则。使用时应按膜的适宜温度调整液温，可采用冷却降温或蒸气加热的方法使料液处于适宜的温度范围内。提高料液温度有利于提高膜的透水速率，但温度过高会导致膜的结构发生不可逆变化。通常温度调整到 25℃左右较为经济。如果膜要求在酸性条件下使用，常用硫酸来调整，这是因为硫酸盐具有较高的分离率。但在某些条件下会生成不溶性的硫酸盐，此时可用 HCl 溶液调节。如果要求在碱性条件下使用，常用 NaOH 溶液调节。为防止微生物对膜的侵蚀，可在原料液中加入NaClO、H_2O_2、O_3 或 $KMnO_4$ 等氧化剂去除微生物。根据原料液的具体情况，可采用过滤、微孔过滤和絮凝沉降等方法去除悬浮固体和胶体，用活性炭吸附法去除原料液中的余氯和一些有机物，还可以采用曝气法或锰砂过滤法除去水中的铁。

（二）反渗透基本工艺流程

按反渗透的不同目的和要求，膜组件可采取不同的配置方式，形成不同配置的工艺流程。料液被加压的次数称为级，反渗透基本流程可分为一级流程和多级流程。同一级流程中，按料液所经串联的膜组件数又分为若干个段。

1. 一级一段连续式

如图 13-2 所示，在组件中，经膜分离的透过液和浓缩液被连续引出系统，这种方式透过液（水）的回收率不高，在工业中较少采用。

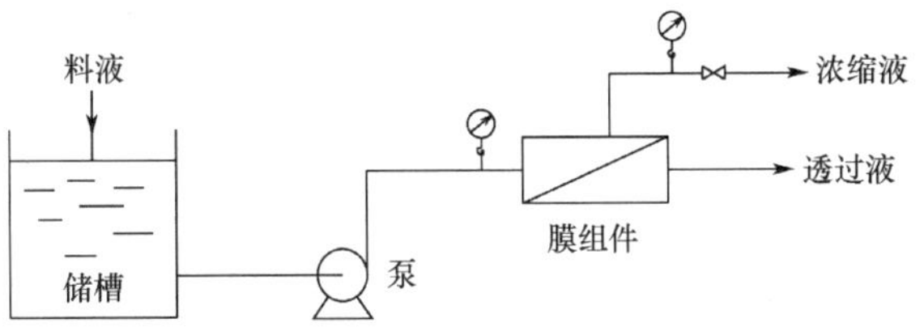

图 13-2　一级一段连续式

2. 一级一段循环式

一级一段循环式如图 13-3 所示。为了提高透过液（水）的回收率，将部分浓缩液返回进料液储槽与原有的进料液混合后，再次通过组件分离。因为浓缩液中溶质含量比原进料液要高，所以透过液的水质有所下降。

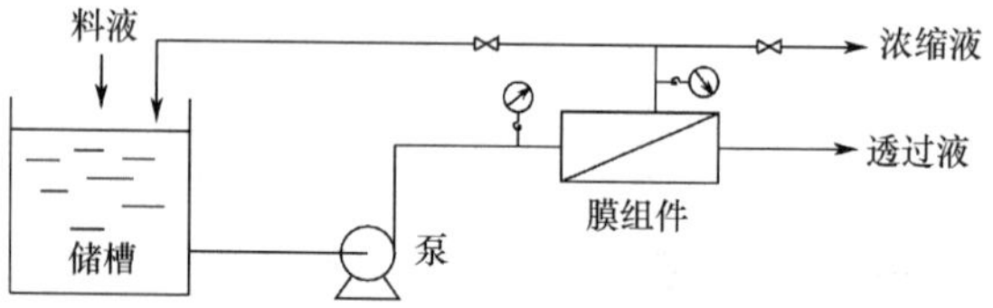

图 13-3　一级一段循环式

3. 一级多段连续式

一级多段连续式如图 13-4 所示，它是把第一段的浓缩液作为第二段的进料液，再把第二段的浓缩液作为第三段的进料液，依此类推，而各段的透过液连续排出。这种方式水的回收率高，浓缩液的量减少，而浓缩液中的溶质含量较高，适合大规模处理系统，能得到较高的水回收率。

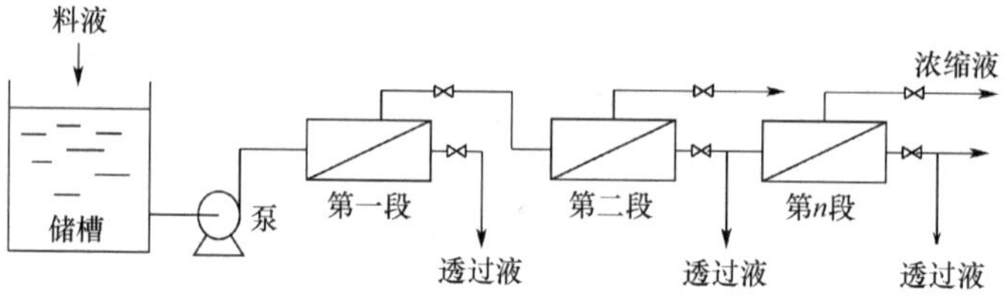

图 13-4　一级多段连续式

4. 一级多段循环式

一级多段循环式如图 13-5 所示。它将第二段的透过液返回料液储槽，与进料液混合作为第一段进料液，第二段的进料液为第一段的浓缩液。因此第二段的透过液水质较第一段差。这种方式可得到较高浓度的浓缩液。

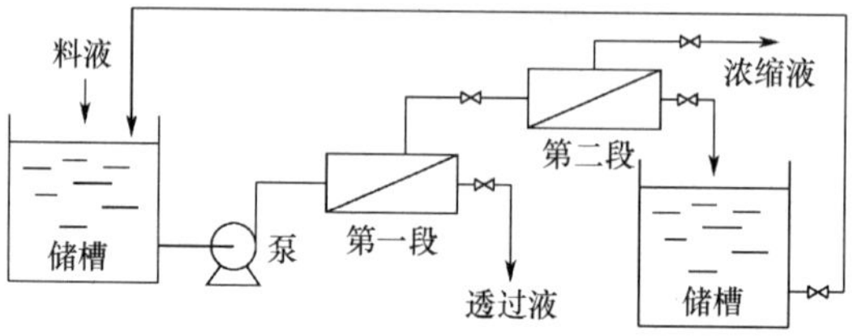

图 13-5　一级多段循环式

5. 多级多段配置

组件的多级多段也可分为连续式和循环式。图 13-6 为多级多段循环式的流程图。这种系统是将上一级透过液作为下一级的进料液再次进行膜分离，如此延续，将最后一级的透过液引出系统，而浓缩液由第一级排出，后面各级浓缩液从后级向前一级返回，与前一级的进料液混合后，进入膜组件进行分离。这种方式既提高了水的回收率，又提高了透过液的水质。缺点是由于增加了泵，能耗提高。由于一级脱盐淡化操作压力高，需要有脱盐性能的膜，因此在技术上有很高的要求。而采用多级多段循环分离可降低操作压力，对设备要求降低，对膜的脱盐性能要求也降低，因此有较高的实用价值。

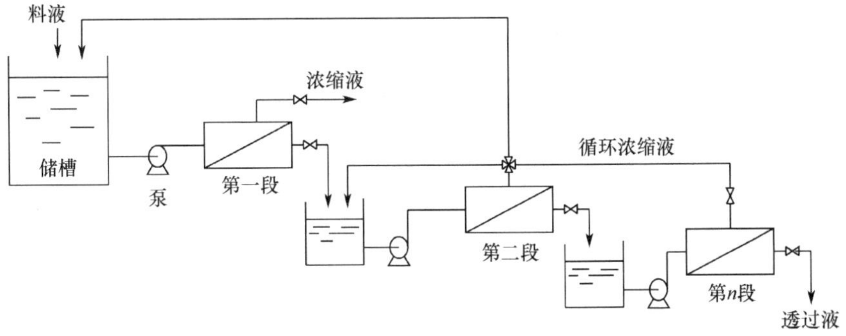

图 13-6　多级多段循环式

（三）后处理工艺

后处理工艺包括对透过液和浓缩液的后处理以及对膜的后处理。反渗透产生的透过液如含 CO_2 等气体时，可通过脱气塔脱除。

在反渗透系统正常运行操作过程中，反渗透膜元件不可避免地会受到无机盐垢、微生物、胶体颗粒和不溶性有机物等的污染，这些污染物沉积在膜表面，导致反渗透的标准产水量和系统透盐率下降或恶化。通常，当出现系统标准化产水量降低 10%以上、系统标准化透盐率增加 5%以上和系统长时间停运之前，都应该对反渗透膜组件进行清洗。清洗时应特别注意所用的清洗剂与膜的性质相容。反渗透清洗剂分为酸性清洗剂和碱性清洗剂。酸性清洗剂用于清洗包括铁污染在内的无机污染物，碱性清洗剂用于清洗包括微生物在内的有机污染物。由于硫酸易引起硫酸钙沉淀，因此不宜用作清洗剂。同时，配制清洗剂的用水要求采用反渗透的产水或除盐水，特殊情况下也可以采用经过预处理合格的原水。不同型号反渗透膜元件清洗剂的选用可以参考厂家的产品说明或向厂家进行技术咨询。还可以采用物理法进行清洗，如用透过液或原料液冲洗膜表面、用高速气液流喷射膜表面、用高速循环的湍动海绵球清洗内压管膜等。

第三节　超　　滤

一、超滤分离的基本原理

超滤（ultrafiltration，UF）是指在一定压力作用下，含有大分子和较小分子的混合液流经分离膜时，溶剂和小分子（如无机盐）透过膜，而大分子（如有机胶体等）被膜截留下来，从而将溶液加以分离或浓缩的单元操作。其中溶剂和小分子物质通过膜是由膜两侧的压力差造成的，在超滤过程中可同时完成大分子溶质与小分子溶质的分离和浓缩两个过程。

在超滤过程中，超滤膜对大分子溶质的截留作用是由于以下原因：①被吸附在滤膜的表面和孔中（一次吸附）；②在膜孔内被阻塞；③在膜表面的机械截留（筛滤作用）。在超滤的前期阶段是吸附和阻塞起作用，后期主要是筛滤作用。

超滤既有筛滤作用，又有选择性渗透作用。实际上，超滤过程与反渗透过程是非常接近的，但也存在差异。反渗透膜的孔径较小，截留的是 0.1～1nm 的小分子溶质，由于溶质的相对分子质量小，渗透压较高，因此操作压力较高，达到 1～10MPa。而超滤膜的孔径较大，截留的是 1～20nm 的大分子溶质，这种溶液的渗透压较低，因此超滤的操作压力较低，一般为 0.1～1MPa。

二、超滤膜

（一）膜材料与结构

最早出现的超滤膜是纤维素衍生物膜。20 世纪 60 年代开始出现其他聚合物超滤膜。超滤膜按材料分为有机超滤膜和无机超滤膜两类。制备超滤膜的高分子材料主要有醋酸纤维素、聚砜、聚丙烯腈、聚酰胺、聚偏氟乙烯、再生纤维素等。

超滤膜多数为非对称结构，膜孔径范围为 1nm～0.5μm，由一层极薄的具有一定孔径的表层和较厚的海绵状多孔层组成，前者起分离作用，后者起支撑作用。海绵状的网络结构是在制膜过程中利用溶质-凝胶相的转化，气泡破裂后未能收缩而形成的，从表面向下，聚合物的浓度减小，因此网络结构具有更高的孔隙率（单位膜面积上孔面积所占的比例）。

（二）膜的污染与浓差极化

在超滤过程中，一般现象是膜通量随运行时间的延长而减小。一般来说，膜通量在最初的几秒钟或几分钟内急剧下降，随后变为缓慢下降。膜污染和浓差极化是造成膜通量下降的主要原因。

超滤过程中，由于被处理料液中的溶质与膜材料的物理化学或机械作用，将在膜表面、膜孔内部产生吸附或沉积，膜孔的堵塞或阻塞使膜通量降低。料液与膜一经接触，膜的污染就开始形成，而且即使选择了合适的膜和操作条件，膜通量仍然会随运行时间的延长而降低，即膜污染必然会发生。因此，在实际操作中，应采用适当的方法来减轻膜污染，另外，在膜被污染后要采用适当的清洗方法进行清洗，以恢复膜通量。

对于压力推动的膜过程，无论是反渗透还是超滤和微滤，在操作中都存在浓差极化现象。在超滤过程中，被截留的溶质将在膜表面积聚，浓度逐渐升高，使膜表面附近的溶质浓度高于料液主体浓度，在浓度梯度下，膜表面的溶质又以向相反方向的料液主体扩散为主，平衡状态时膜表面形成一溶质浓度分布边界层。因为超滤膜截留的溶质大多是大分子或胶体，当膜表面溶质浓度极高，达到大分子或胶体的凝胶化浓度时，这些物质在膜表面形成凝胶层。如果溶质是颗粒物，则形成一层滤饼。这个过程几乎是不可逆的。膜表面的凝胶层或滤饼非常致密，相当于第二层膜，对溶剂等小分子物质的运动起阻碍作用，引起传质推动力下降和膜通量降低。

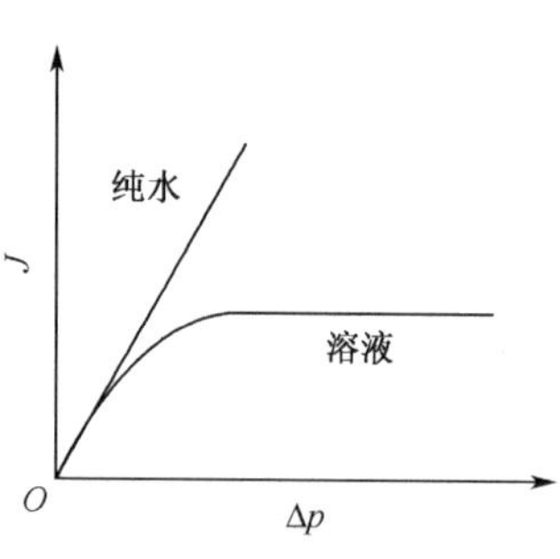

图 13-7　超滤膜通量与操作压力差的关系

如图 13-7 所示为超滤过程中压力差 Δp 与透过速率 J 之间的关系。对于纯水的超滤，膜通量与压力差成正比；而对于溶液的超滤，由于浓差极化与膜污染的影响，膜通量随压力差的变化为一曲线，当压力差达到一定值时，再靠增加操作压力差已不能提高膜通量，反而使边界层阻力继续增大，这是由于浓差极化现象使膜表面形成了凝胶层，此时，凝胶层阻力占主导地位，膜通量与操作压力差几乎无关。由此可见，浓差极化和膜的污染都能使膜通量下降，对膜分离过程的可靠性极为不利，应设法避免或降低其影响。

（三）超滤操作流程

超滤的操作流程与反渗透类似。它包括一级流程和多级流程。每一级中可分为一段和多段。超滤可单独应用，也可与反渗透、微滤等其他膜分离过程结合，组成一套完整的工艺。它还可以与其他的单元操作组合，如生物反应器、活性炭吸附或离子交换等。具体的工艺流程视产品种类和要求而定。

第四节 电 渗 析

电渗析（electrodialysis，ED）是利用离子交换膜的选择性，在直流电场的作用下，以电位差为推动力，并利用料液不同组分粒子的荷电性质及大小，使离子通过膜进行渗析迁移，从而将电解质中的各组分分离的过程。电渗析主要用于溶液的脱盐和小分子电解质的分离。电渗析与超滤、反渗透有相同点，都是利用半透膜使溶液和溶剂获得分离的单元操作。但是，它们之间也有区别，电渗析是在外电场作用下，利用一种特殊的对离子具有不同选择透过性的离子交换膜而使溶液中阴、阳离子与溶剂分离的。

一、电渗析的基本原理

（一）离子交换膜的选择性透过原理

离子交换膜基本上有两大类别：①阳离子交换膜，由阳离子交换树脂制成，膜的高分子链上具有可与阳离子交换的活性基团，简称阳膜；②阴离子交换膜，由阴离子交换树脂制成，即膜的高分子链上具有可与阴离子交换的活性基团，简称阴膜。在电渗析时，阳膜只允许阳离子通过，阴膜只允许阴离子通过。离子交换膜对离子的选择透过性主要来自于膜中空隙和基膜上固定电荷的活性基团。

离子交换膜的高分子链间存在一些可使离子进入和穿过的空隙。从正面看是直径为 10^{-9}～10^{-8}m 的微孔，这些空隙在膜厚方向上形成弯曲的通道，水中离子就在这些弯曲通道中作电迁移运动，由膜一侧进入另一侧。

高分子离子交换膜是高分子电解质，它具有三维空间网络结构，在网状的高分子链上分布着可解离的基团，以分离水溶液为例，离子交换膜在水溶液中可解离成两种带电荷的部分，固定在高分子骨架上的电荷称为固定离子，或称固定电荷；另一部分是可自由移动的，称为可动离子。当带有活性基团的离子交换膜进入水溶液中时，膜吸水溶胀，促使活性基团解离，产生的可动离子进入水溶液，于是在膜上留下了带有一定电荷的固定基团。这些存在于膜孔隙中带一定电荷的固定基团对进入的离子依据同性相斥、异性相吸的原理进行鉴别和选择。因而在外加直流电场作用下，溶液中带正电荷的阳离子可被带负电荷固定基团的阳膜吸引、迁移而通过孔隙进入膜的另一侧，而带负电荷的阴离子则受到排斥和阻挡，不能通过孔隙进入膜的另一侧。相反，带正电荷固定基团的阴膜可被阴离子通过而排斥阻挡阳离子。这就是离子交换膜对离子的选择透过性。

（二）电渗析过程原理

如图 13-8 所示，在两极间交替放置阴膜和阳膜，如果在两膜所形成的隔室中充入含离子的水溶液（如 NaCl 水溶液），通上直流电源后，Na^+将向阴极移动，易通过阳膜，但受到阴膜阻挡而被截留在隔室 1、3。同理，Cl^-易通过阴膜而受到阳膜的阻挡在隔室 1、3 中留下来。其结果使 1、3 隔室水中离子浓度增加，故称为浓水室或浓缩室，与其相间的第 2 隔室离子浓度下降，一般称为淡水室或除盐室。正、负电极与相邻的膜组成的隔室称为极室。极室中发生与普通电极反应相同的电化学反应，阳极室内发生氧化反应，阴极室内发生还原反应。

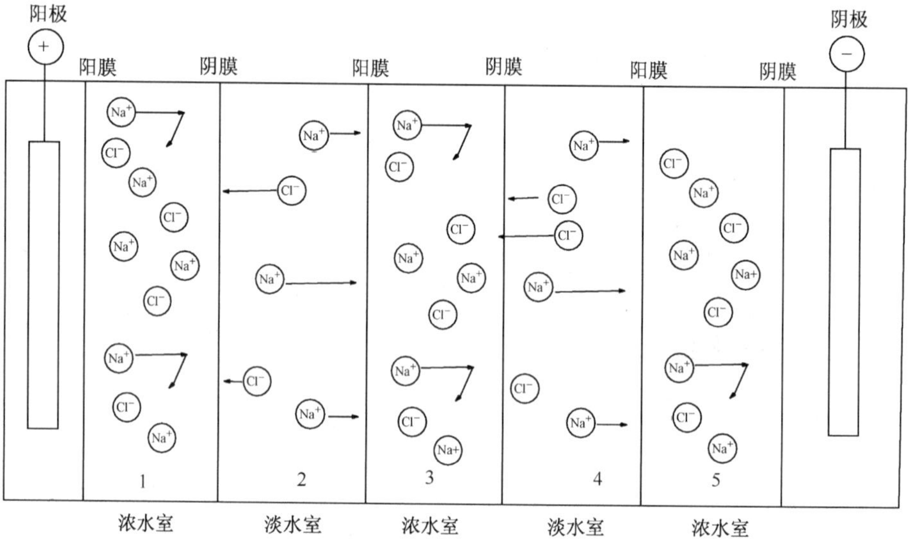

图 13-8　电渗析过程原理

反离子的迁移是电渗析的主要过程。反离子是与膜中的固定离子带相反电荷的离子。淡水室中带正、负电荷的反离子（Na^+ 和 Cl^-）在电场力作用下，分别选择透过阳膜和阴膜迁移到浓水室中，淡水室达到除盐的目的。

在电渗析过程中，反离子迁移是主要过程，而其他的扩散渗透或水的分解等作用常带来不利的影响，使电渗析效率降低。可通过选择适宜的膜及其组件、控制操作的电流密度、强制滞流流动等措施，避免其他作用的影响。

二、电渗析用离子交换膜

（一）离子交换膜的种类

离子交换膜按结构分为异相膜、均相膜和半均相膜。异相膜是将离子交换树脂粉末用黏合剂黏结滚压成膜，交换基团在膜上的分布是不均匀的，电化学性能较差。均相膜中交换基团的分布是均匀的，一般采用涂布法、流涎法、吸浸法和浸胶法生产。属于均相膜常用的有苯乙烯-二乙烯基苯并聚膜、酚醛缩聚膜等，每类膜均有阴、阳离子交换膜。半均相膜采用离子交换基团的高分子单体与黏合剂一起溶于同一溶剂中流涎制膜，性能介于异相膜与均相膜之间。

按膜中所含活性基团的种类可分为阳离子交换膜、阴离子交换膜、特殊离子交换膜和无机离子交换膜。

1）阳离子交换膜。主要有强酸膜、中等酸度膜和弱酸膜。强酸膜的交换基团主要为磺酸基（$R—SO_3^- H^+$）；中等酸度膜的交换基团为磷酸型（$R—OPO_3H_2$）、膦酸型（$—OPO_3H_2$）和亚膦酸型（$—OPO_2^- H^+$）等；弱酸膜的交换基团有羧酸型（$R—COO^- H^+$）、酚基型（$R—O^- H^+$）等。此外，还有强酸、弱酸基团混合膜，如苯酚磺酸膜。

2）阴离子交换膜。主要有强碱型、中碱型和弱碱型。强碱膜的交换基团为季铵基、吡啶季铵基和脂肪族季铵基；中等碱膜有叔胺基等；弱碱膜有仲胺基和混合胺基膜等。

3）特殊离子交换膜。包括特定离子选择膜、抗极化、抗污染膜、两性膜等。特定离子选择膜（如螯合膜）含有可与某些金属离子生成螯合结构的基团，对特定离子有选择性。此外，还有用于海水浓缩制盐的专用离子交换膜。两性膜是在同一膜中既有阳离子交换基团，又有阴离子交换基团，对阴、阳离子同时具有选择性，可减少或消除极化现象。

4）无机离子交换膜。无机离子交换膜具有耐高温、抗氧化、抗化学腐蚀、抗有机物污染等性能，形态稳定性特别好，主要有 Al^{3+}、Cr^{3+}、Fe^{3+} 和 Sn^{4+} 等不溶性含水氧化物，磷酸锆等不溶性多元酸以及硅酸盐类等。

（二）离子交换膜的基本性能

在 HY/T034.2—1994 中对电渗析的离子交换膜的性能及其测定的相关标准进行了具体的规定，见表 13-3。虽然该标准是针对我国生产的异相膜而制定的，但也适用于半均相膜。双极膜和镶嵌膜目前尚无标准。

表 13-3 离子交换膜的各项性能要求

膜的性能		内容	单位
物理性能	外观	要求膜外观平整、光滑、无针孔、无裂痕	
	爆破强度	湿膜在水压力下每平方厘米所承受的压力	Pa
	耐折强度	要求膜受外界压力时不断裂	曲折度和折叠次数
	抗拉强度	干膜或湿膜所承受的平行拉力	Pa
	厚度	干态膜的厚度或在水中充分溶胀后的厚度	cm 或 mm
	溶胀度	一定尺寸（长×宽）的干膜在水中充分溶胀后（室温浸泡 24h 以上）膜尺寸增大的百分数。另外也可以表示为厚度增加	%
	最大孔径	膜在湿态时的微孔的大小	μm
	水分	干态膜经在水中充分溶胀后增加的质量	%
化学性能	交换容量	每克干膜中的活性基团与离子进行交换的当量数	mol/kg（干）
电化学性能	膜电导	衡量湿态膜在电解质溶液中的导电大小	比电导（或称电导率）（$\Omega^{-1}\cdot cm^{-1}$）或面电阻（$\Omega\cdot cm^2$）
	选择透过度	衡量湿态膜对阴（或阳）离子选择透过的百分数，通过测定膜电位（mV）计算出来	
其他		根据需要，进行耐酸、耐碱、抗氧化或渗水等试验	

三、膜的极化与膜污染

（一）膜的极化

膜的极化是指在离子交换膜表面发生水解离的现象。在电渗析过程中，当操作电流达到某一值时，淡水室膜液界面附近的离子迅速进入浓水室中，而溶液中的相应离子来不及扩散补充到界面，造成了淡水室膜液界面离子的枯竭，使该离子的浓度达到零，即达到临界点或极限点。达到临界点的电流密度称为极限电流密度，一般用 $i_{\lim}$ 表示。当操作电流密度超过极限电流密度，在界面的水分子发生解离：

$$H_2O \rightleftharpoons H^+ + OH^-$$

界面依靠 H^+ 和 OH^- 来传导电流，这种现象称为膜的极化。

由于极化现象的产生，一部分电能用于水的分解，增加了电耗；同时膜（界面）电阻增大；浓差膜电位升高，使电压-电流曲线变陡；引起 pH 变化，淡水室阴膜侧 pH 下降，浓水室阴膜侧 pH 升高，易引起 Ca^{2+}、Mg^{2+} 等的氢氧化物沉淀，发生结垢，导致分离效率下降。

缓和或避免极化的措施有：

1）采用抗极化膜。在阴膜或阳膜中加入阳离子交换树脂或阴离子交换树脂，形成抗极化阴膜或抗极化阳膜。由于在膜中加入反离子交换树脂，从而引起浓水室中同名离子透过膜的反向移动，因而扰乱了淡水室中膜表面水分子的解离作用。实际上提高了膜的抗极化作用，但膜的选择性降低。

2）提高极限电流密度。可采用中性膜或两性膜，提高膜外电解质浓度，提高操作温度，加强搅动和改进隔板的捕网缓和极化。

（二）膜的污染

膜的污染物有多种，污染后会造成极化后果。例如，海水淡化阴膜受污染后，其选择性透过度从 98%下降至 30%。防止膜被污染和中毒的措施有对原水进行预处理，以去除污染物；采用一些具有抗污染功能的膜，如大孔阴膜、表面改性膜、脂肪族阴膜、咪唑叔胺阳膜、两性膜和中性膜等。

四、电渗析器

电渗析器主要由离子交换膜、隔板、电极和夹紧装置等组成，其整体结构与片式热交换器类似，如图 13-8 所示。其结构主要是许多浓、淡水隔板和阳膜、阴膜交替排列，构成液流隔开的浓水室和淡水室的组合，称为膜堆。常见的浓、淡水室隔板分为回流式和直流式两种。为使阴、阳膜保持一定距离，并使水流湍动，一般在隔板框内加入隔网，网的形式有鱼鳞网、编织网和挤压网等。在隔板框上设有进、出水孔构成浓、淡水室水流内管道，通常为圆形或矩形。在隔网与水孔之间有布水道，其截面积以小为宜，应注意不使固体颗粒积留，水流线速度一般为 2～3m/s。在膜堆两端分设阴极和阴极室，称为极区。极区外端设置较坚固的端框，便于加压以夹紧元件。交换膜与隔板边缘间有垫片。

电极也是重要组件之一。电极的形状有板状、网状及金属细棒状等多种。电极材料要求导电性能好，机械强度高，不易破裂，价格便宜且易得，对所处理的溶液具有较强的化学稳定性，特别要防止电极反应产物对电极的腐蚀。目前常用的材料有石墨、铅和铅银合金等可作阴极，也可作阳极；不锈钢只能作阴极。

还有一些必要的辅助设备，如直流电源、水泵、过滤器、管道、压力表、流量计、电导仪等。

五、电渗析操作流程

电渗器的组装方式有串联、并联及串-并联相结合。一台电渗析器按照组装方式的不同可分为级和段。一对电极之间的膜堆称为一级，一台电渗析器内的电极对数称为级数。电渗析器中浓、淡水室水流方向一定的膜堆称为一段。水流方向改变一次，段数就增加 1。

下面是几种典型的电渗析运行方式。

（一）一级一段

一级一段是指在一对电极之间装置一个水流同向的膜堆，这是电渗析器最基本的组装形式，如图 13-9（a）所示。其特点是处理液量与膜对数成正比，脱盐率取决于隔板的流程长度。水流通过膜堆时，平行地向同一方向通过，这样的膜堆以并联方式构成一段，所以一级一段电渗析器是按并联方式组装的。并联组装的优点是可以增加产水量，并联的膜堆数越多，产水量越大。

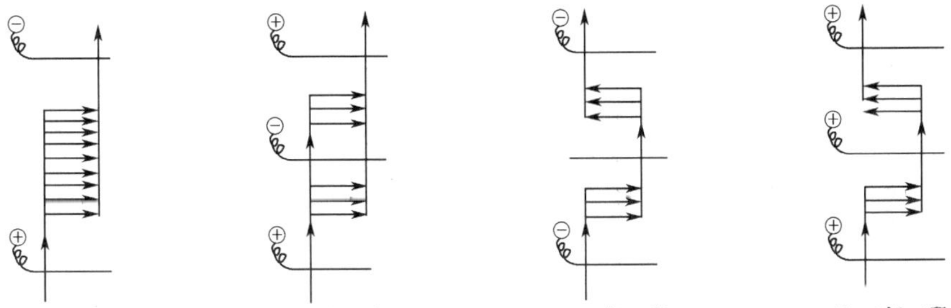

(a) 一级一段　(b) 二级一段　(c) 一级二段　(d) 二级二段

图 13-9　液体在电渗析器中的流动方式

（二）二级一段

二级二段如图 13-9（b）所示，两对电极间膜堆水流方向一致，即两膜堆是并联的。这种组装与一级一段不同的是中间增设一个共电极，可使操作电压成倍降低。

（三）一级二段

一级二段如图 13-9（c）所示，一对电极间水流方向改变一次，即一对电极间两个膜堆串联。这种方式的电渗析器处理液量小，但除盐率高。在一级两段或一级多段的电渗析器中，因段与段之间水流方向相反，所以内部必须装有用来改变水流方向的倒向隔板，使水流从一个段出来后改变方向流入另一个段，这样的组装方式称为串联组装。串联组装的优点是可以增加除盐流程长度，一个单台设备可以实现一次除盐就能达到饮用水的要求。

（四）二级二段

二级二段如图 13-9（d）所示，二级二段是两对电极间膜堆的串联。这种组装方式操作电压较低，而脱盐率较高。

此外，还有一级三段、一级四段、三级三段及多级多段等多种方式。

思考题与计算题

一、思考题

1. 什么是超滤?

2. 试比较超滤和反渗透操作的异同点。

3. 简述离子交换膜的选择性透过原理。

二、计算题

1. 若膜的透过液体体积为 $10m^3$，有效面积为 $0.5m^2$，运行时间为 60s，原溶液、透过液中溶质的浓度为 $2kg/m^3$ 和 $0.15kg/m^3$，计算膜的溶剂透过率及截留率。（答：0.33m/s，92.5%）

2. 反渗透实验中，原液为 25℃的 NaCl 水溶液，浓度为 $3.5kg/m^3$，密度为 $999.5kg/m^3$，渗透压为 280kPa，反渗透压差为 3.0MPa。所得透过液渗透压为 8.10kPa。渗透率常数 $K_w=3.5\times10^{-9}kg/(Pa\cdot m^2\cdot s)$，计算水和 NaCl 透过膜的速率。［答：$9.548\times10^{-3}kg/(m^2\cdot s)$］

3. 若所得透过液密度为 $997kg/m^3$，$K_s=2.5\times10^{-7}$ m/s，求溶质分离率和透过液的浓度。

（答：97.4%，$0.091kg/m^3$）

参考文献

陈敏恒，丛德滋，方图南等. 2000. 化工原理. 2版. 北京：化学工业出版社

丁明玉. 2006. 现代分离方法与技术. 北京：化学工业出版社

厄特延 G W，黑斯利 P. 2005. 冷冻干燥. 2版. 徐成海等译. 北京：化学工业出版社

冯志哲. 2001. 食品冷藏学. 北京：中国轻工业出版社

华泽钊，李云飞，刘宝林. 1999. 食品冷冻冷藏原理与设备. 北京：机械工业出版社

黄亚东. 2002. 食品工程原理. 北京：高等教育出版社

蒋维钧，余立新. 2005. 化工原理：化工分离过程. 北京:清华大学出版社

蒋维钧,戴猷元,顾惠君. 2003. 化工原理(上、下册). 北京：清华大学出版社

匡照忠. 2006. 化工机械与设备. 北京：化学工业出版社

李凤华. 2004. 化工原理. 大连：大连理工大学出版社

李云飞，葛克山. 2002. 食品工程原理. 北京：中国农业大学出版社

潘永康. 2007. 现代干燥技术. 北京：化学工业出版社

任建新. 2003. 膜分离技术及其应用. 北京:化学工业出版社

沈月新. 2001. 水产食品学. 北京：中国农业出版社

天津大学物理化学教研室. 2006. 物理化学(上册). 4版. 北京：高等教育出版社

屠康，姜松，朱文学. 2006. 食品物性学. 南京：东南大学出版社

万木珍. 1994. 食品工程原理. 北京：中国商业出版社

王绍林. 2004. 微波加热技术的应用——干燥和杀菌. 北京：机械工业出版社

王志魁. 2005. 化工原理. 3版. 北京：化学工业出版社

杨同舟. 2001. 食品工程原理. 北京：中国农业出版社

杨祖荣，刘丽英，刘伟. 2004. 化工原理. 北京：高等教育出版社

姚玉英. 2003. 化工原理(上、下册). 天津:天津大学出版社

张洪流. 2006. 化工原理. 上海：华东理工大学出版社

章棣. 1998. 分离机械选型与使用手册. 北京：机械工业出版社

中国石化集团上海工程有限公司. 2003. 化工工艺设计手册. 北京：化学工业出版社

钟秦，陈迁乔. 2007. 化工原理. 2版. 北京：国防工业出版社

周巍. 2002. 食品工程原理. 北京：中国轻工业出版社

Ibarz A，Barbosa-Cánovas G V. 2003. Unit Operations in Food Engineering. New York:Taylor & Francis Inc.

Hayes G D. 1987. Food Engineering Data Handbook. New York:Longman Scientific & Technical，Wiley

Heldman D R，Singh R P. 1981. Food Process Engineering. 2nd ed. Westport：AVI Publishing Company Inc.

McCabe W L. 1993. Unit Operations of Chemical Engineering. 5th ed. New York：McGraw-Hill，Inc.

附　　录

附录一　常用单位的换算

一、质量

kg	t	lb
1	0.001	2.204 62
1000	1	2204.62
0.4536	4.536×10^{-4}	1

二、长度

m	in	ft	yd
1	39.3701	3.2808	1.093 61
0.025 400	1	0.073 333	0.027 78
0.304 80	12	1	0.333 33
0.9144	36	3	1

三、力

N	kgf	lbf	dyn
1	0.102	0.2248	1×10^{3}
9.806 65	1	2.2046	$9.806\ 65\times10^{5}$
4.448	0.4536	1	4.448×10^{3}
1×10^{-5}	1.02×10^{-6}	2.248×10^{-6}	1

四、压强

Pa	bar	kgf/cm^2	atm	mmH_2O	mmHg	lb/in^2
1	1×10^{-5}	1.02×10^{-5}	0.99×10^{-5}	0.102	0.0075	14.5×10^{-5}
1×10^{5}	1	1.02	0.9869	10 197	750.1	14.5
98.07×10^{3}	0.9807	1	0.9678	1×10^{4}	735.56	14.2
$1.013\ 25\times10^{5}$	1.013	1.0332	1	1.0332×10^{4}	760	14.697
9.807	98.07	0.0001	0.9678×10^{-4}	1	0.0736	1.423×10^{-3}
133.32	1.333×10^{-3}	0.136×10^{-2}	0.001 32	13.6	1	0.019 34
6894.8	0.068 95	0.0703	0.068	703	51.71	1

五、功/能和热

J(N·m)	kgf·m	kW·h	英制马力·h	kcal	英热单位	ft·lbf
1	0.102	2.778×10^{-7}	3.725×10^{-7}	2.39×10^{-4}	9.485×10^{-4}	0.7377
9.8067	1	2.724×10^{-6}	3.653×10^{-6}	2.342×10^{-3}	9.296×10^{-3}	7.233
3.6×10^{6}	3.671×10^{5}	1	1.3410	860.0	3413	2655×10^{3}
2.685×10^{6}	273.8×10^{3}	0.7457	1	641.33	2544	1980×10^{3}
4.1868×10^{3}	426.9	1.1622×10^{-3}	1.5576×10^{-3}	1	3.963	3087
1.055×10^{3}	107.58	2.930×10^{-4}	3.926×10^{-4}	0.2520	1	778.1
1.3558	0.1383	0.3766×10^{-6}	0.5051×10^{-6}	3.239×10^{-4}	1.285×10^{-3}	1

注：1erg=1dyn·cm=10^{-7}N·m。

附录二　某些固体材料的重要物理性质

名称	密度/(kg/m³)	导热系数/[W/(m·℃)]	比热容/[kJ/(kg·℃)]
金属			
钢	7850	45.3	0.46
不锈钢	7900	17	0.50
铸铁	7220	62.8	0.50
铜	8800	383.8	0.41
青铜	8000	64.0	0.38
黄铜	8600	85.5	0.38
铝	2670	203.5	0.92
镍	9000	58.2	0.46
塑料			
酚醛	1250～1300	0.13～0.26	1.3～1.7
尿醛	1400～1500	0.30	1.3～1.7
聚氯乙烯	1380～1400	0.16	1.8
聚苯乙烯	1050～1070	0.08	1.3
低压聚乙烯	940	0.29	2.6
高压聚乙烯	920	0.26	2.2
有机玻璃	1180～1190	0.14～0.20	—
建筑、绝热、耐酸材料及其他			
干砂	1500～1700	0.45～0.48	0.8
黏土	1600～1800	0.47～0.53	0.75(−20～20℃)
锅炉炉渣	700～1100	0.19～0.30	—
黏土砖	1600～1900	0.47～0.67	0.92

续表

名称	密度/(kg/m³)	导热系数/[W/(m·℃)]	比热容/[kJ/(kg·℃)]
耐火砖	1840	1.05(800～1100℃)	0.88～1.0
绝缘砖(多孔)	600～1400	0.16～0.37	—
混凝土	2000～2400	1.3～1.55	0.84
松木	500～600	0.07～0.10	2.7(0～100℃)
软木	100～300	0.041～0.064	0.96
石棉板	770	0.11	0.816
石棉水泥板	1600～1900	0.35	—
玻璃	2500	0.74	0.67
耐酸陶瓷制品	2200～2300	0.90～1.0	0.75～0.80
耐酸砖和板	2100～2400	—	—
耐酸搪瓷	2300～2700	0.99～1.04	0.84～1.26
橡胶	1200	0.16	1.38
冰	900	2.3	2.11

附录三　干空气的物理性质（101.33kPa）

温度/℃	密度/(kg/m³)	比热容/[kJ/(kg·℃)]	导热系数/[$\lambda\times10^2$ W/(m·℃)]	黏度/[$\mu\times10^5$ Pa·s]	普兰特准数 Pr
−50	1.584	1.013	2.035	1.46	0.728
−40	1.515	1.013	2.117	1.52	0.728
−30	1.453	1.013	2.198	1.57	0.723
−20	1.395	1.009	2.279	1.62	0.716
−10	1.342	1.009	2.360	1.67	0.712
0	1.293	1.005	2.442	1.72	0.707
10	1.247	1.005	2.512	1.77	0.705
20	1.205	1.005	2.593	1.81	0.703
30	1.165	1.005	2.675	1.86	0.701
40	1.128	1.005	2.756	1.91	0.699
50	1.093	1.005	2.826	1.96	0.698
60	1.060	1.005	2.896	2.01	0.696
70	1.029	1.009	2.966	2.06	0.694
80	1.000	1.009	3.047	2.11	0.692
90	0.972	1.009	3.128	2.15	0.690
100	0.946	1.009	3.210	2.19	0.688
120	0.898	1.009	3.338	2.29	0.686
140	0.854	1.013	3.489	2.37	0.684
160	0.815	1.017	3.640	2.45	0.682
180	0.779	1.022	3.780	2.53	0.681

续表

温度/℃	密度/(kg/m³)	比热容/[kJ/(kg・℃)]	导热系数/[λ×10² W/(m・℃)]	黏度/[μ×10⁵Pa・s]	普兰特准数 Pr
200	0.746	1.026	3.931	2.60	0.680
250	0.674	1.038	4.288	2.74	0.677
300	0.615	1.048	4.605	2.97	0.674
350	0.566	1.059	4.908	3.14	0.676
400	0.524	1.068	5.210	3.31	0.678
500	0.456	1.093	5.745	3.62	0.687
600	0.404	1.114	6.222	3.91	0.699
700	0.362	1.135	6.711	4.18	0.706
800	0.329	1.156	7.176	4.43	0.713
900	0.301	1.172	7.630	4.67	0.717
1000	0.277	1.185	8.041	4.90	0.719
1100	0.257	1.197	8.502	5.12	0.722
1200	0.239	1.206	9.153	5.35	0.724

附录四　水的物理性质

温度/℃	饱和蒸气压/kPa	密度/(kg/m³)	焓/(kJ/kg)	比热容/[kJ/(kg・℃)]	导热系数/[λ×10² W/(m・℃)]	黏度/(μ×10⁵ Pa・s)	体积膨胀系数/(β×10⁴/℃)	表面张力/(σ×10⁵ N/m)	普兰特准数 Pr
0	0.6082	999.9	0	4.212	55.13	179.21	−0.63	75.6	13.66
10	1.2262	999.7	42.04	4.191	57.45	130.77	+0.70	74.1	9.52
20	2.3346	998.2	83.90	4.183	59.89	100.50	1.82	72.6	7.01
30	4.2474	995.7	125.69	4.174	61.76	80.07	3.21	71.2	5.42
40	7.3766	992.2	167.51	4.174	63.38	65.60	3.87	69.6	4.32
50	12.34	988.1	209.30	4.174	64.78	54.94	4.49	67.7	3.54
60	19.923	983.2	251.12	4.178	65.94	46.88	5.11	66.2	2.98
70	31.164	977.8	292.99	4.187	66.76	40.61	5.70	64.3	2.54
80	47.379	971.8	334.94	4.195	67.45	35.65	6.32	62.6	2.22
90	70.136	965.3	376.98	4.208	68.04	31.65	6.95	60.7	1.96
100	101.33	958.4	419.10	4.220	68.27	28.38	7.52	58.8	1.76
110	143.31	951.0	461.34	4.238	68.50	25.89	8.08	56.9	1.61
120	198.64	943.1	503.67	4.260	68.62	23.73	8.64	54.8	1.47
130	270.25	934.8	546.38	4.266	68.62	21.77	9.17	52.8	1.36
140	361.47	926.1	589.08	4.287	68.50	20.10	9.72	50.7	1.26
150	476.24	917.0	632.20	4.312	68.38	18.63	10.3	48.6	1.18
160	618.28	907.4	675.33	4.346	68.27	17.36	10.7	46.6	1.11
170	792.59	897.3	719.29	4.379	67.92	16.28	11.3	45.3	1.05
180	1003.5	886.9	763.25	4.417	67.45	15.30	11.9	42.3	1.00
190	1255.6	876.0	807.63	4.460	66.99	14.42	12.6	40.0	0.96

续表

温度/℃	饱和蒸气压/kPa	密度/(kg/m³)	焓/(kJ/kg)	比热容/[kJ/(kg·℃)]	导热系数/[λ×10² W/(m·℃)]	黏度/(μ×10⁵ Pa·s)	体积膨胀系数/(β×10⁴/℃)	表面张力/(σ×10⁵ N/m)	普兰特准数 Pr
200	1554.77	863.0	852.43	4.505	66.29	13.63	13.3	37.7	0.93
210	1917.72	852.8	897.65	4.555	65.48	13.04	14.1	35.4	0.91
220	2320.88	840.3	943.70	4.614	64.55	12.46	14.8	33.1	0.89
230	2798.59	827.3	990.18	4.681	63.73	11.97	15.9	31	0.88
240	3347.91	813.6	1037.49	4.756	62.80	11.47	16.8	28.5	0.87
250	3977.67	799.0	1085.64	4.844	61.76	10.98	18.1	26.2	0.86
260	4693.75	784.0	1135.04	4.949	60.48	10.59	19.7	23.8	0.87
270	5503.99	767.9	1185.28	5.070	59.96	10.20	21.6	21.5	0.88
280	6417.24	750.7	1236.28	5.229	57.45	9.81	23.7	19.1	0.89
290	7443.29	732.3	1289.95	5.485	55.82	9.42	26.2	16.9	0.93
300	8592.94	712.5	1344.80	5.736	53.96	9.12	29.2	14.4	0.97
310	9877.6	691.1	1402.16	6.071	52.34	8.83	32.9	12.1	1.02
320	11 300.3	667.1	1462.03	6.573	50.59	8.3	38.2	9.81	1.11
330	12 879.6	640.2	1529.19	7.243	48.73	8.14	43.3	7.67	1.22
340	14 615.8	610.1	1594.75	8.164	45.71	7.75	53.4	5.67	1.38
350	16 538.5	574.4	1671.37	9.504	43.03	7.26	66.8	3.81	1.60
360	18 667.1	528.0	1761.39	13.984	39.54	6.67	109	2.02	2.36
370	21 040.9	450.5	1892.43	40.319	33.73	5.69	264	0.471	6.80

附录五　饱和水蒸气表（以温度为准）

温度/℃	绝对压强		密度/(kg/m³)	焓				气化热	
				液体		蒸气			
	/(kg/cm²)	/kPa		/(kcal/kg)	/(kJ/kg)	/(kcal/kg)	/(kJ/kg)	/(kcal/kg)	/(kJ/kg)
0	0.0062	0.6082	0.004 84	0	0	595	2491.1	595	2491.1
5	0.0089	0.8730	0.006 80	5.0	20.94	597.3	2500.8	592.3	2479.89
10	0.0125	1.2262	0.009 40	10.0	41.87	599.6	2510.4	589.6	2468.5
15	0.0174	1.7068	0.012 83	15.0	62.80	602.0	2520.5	587.0	2457.7
20	0.0238	2.3346	0.017 19	20.0	83.74	604.3	2530.1	584.3	2446.3
25	0.0323	3.1684	0.023 04	25.0	104.67	606.6	2539.7	581.6	2435.0
30	0.0433	4.2474	0.030 36	30.0	125.60	608.9	2549.3	578.9	2423.7
35	0.0573	5.6207	0.039 60	35.0	146.54	611.2	2559.0	576.2	2412.4
40	0.0752	7.3766	0.051 14	40.0	167.47	613.5	2568.6	573.5	2401.1

续表

温度/℃	绝对压强/(kg/cm²)	绝对压强/kPa	密度/(kg/m³)	焓 液体/(kcal/kg)	焓 液体/(kJ/kg)	焓 蒸气/(kcal/kg)	焓 蒸气/(kJ/kg)	气化热/(kcal/kg)	气化热/(kJ/kg)
45	0.0977	9.5837	0.065 43	45.0	188.41	615.7	2577.8	570.7	2389.4
50	0.1258	12.340	0.0830	50.0	209.34	618.0	2587.4	568.0	2378.1
55	0.1605	15.743	0.1043	55.0	230.27	620.2	2596.7	565.2	2366.4
60	0.2031	19.923	0.1301	60.0	251.21	622.5	2606.3	562.0	2355.1
65	0.2550	25.014	0.1611	65.0	272.14	624.7	2615.5	559.7	2343.4
70	0.3177	31.164	0.1979	70.0	293.08	626.8	2624.3	556.8	2331.2
75	0.397	38.551	0.2416	75.0	314.01	629.0	2633.5	554.0	2319.5
80	0.483	47.379	0.2929	80.0	334.94	631.1	2642.3	551.2	2307.8
85	0.590	57.875	0.3531	85.0	355.88	633.2	2651.1	548.2	2295.2
90	0.715	70.136	0.4229	90.0	376.81	635.3	2659.9	545.3	2283.1
95	0.862	84.556	0.5039	95.0	397.75	637.4	2668.7	542.4	2270.9
100	1.033	101.33	0.5970	100.0	418.68	639.4	2677.0	539.4	2258.4
105	1.232	120.85	0.7036	105.1	440.03	641.3	2685.0	536.3	2245.4
110	1.461	143.31	0.8254	110.1	460.97	643.3	2693.4	533.1	2232.0
115	1.724	169.11	0.9635	115.2	482.32	645.2	2701.3	530.0	2219.0
120	2.025	198.64	1.1199	120.3	503.67	647.0	2708.9	526.7	2205.2
125	2.367	232.19	1.296	125.4	525.02	648.8	2716.4	523.5	2191.8
130	2.755	270.25	1.494	130.5	546.38	650.6	2723.9	520.1	2177.6
135	3.192	313.11	1.715	135.6	567.73	652.3	2731.0	516.7	2163.3
140	3.685	361.47	1.962	140.7	589.08	653.9	2737.2	513.2	2148.7
145	4.238	415.72	2.238	145.9	610.85	655.5	2744.4	509.7	2134.0
150	4.855	467.24	2.543	151.0	632.21	657.0	2750.7	506.0	2118.5
160	6.303	618.28	3.252	161.4	675.75	659.9	2762.9	498.5	2087.1
170	8.080	792.59	4.113	171.8	719.29	662.4	2737.7	490.6	2054.0
180	10.23	1003.5	5.145	182.3	763.25	664.6	2782.5	482.3	2019.3
190	12.80	1255.6	6.378	192.9	807.64	666.4	2790.1	473.5	1982.4
200	15.85	1554.77	7.840	203.5	852.01	667.7	2795.5	464.2	1943.5
210	19.55	1917.72	9.567	214.3	897.23	668.6	2799.3	454.4	1902.5
220	23.66	2320.88	11.60	225.1	942.45	669.0	2801.0	443.9	1958.5
230	28.53	2798.59	13.98	236.1	988.50	668.8	2800.1	432.7	1811.6
240	34.13	3347.91	16.76	247.1	1034.56	668.0	2796.8	420.8	1761.8
250	40.55	3977.67	20.01	258.3	1081.45	664.0	2790.1	408.1	1708.6
260	47.85	4693.75	23.82	269.6	1128.76	664.2	2780.9	394.5	1651.7

续表

温度/℃	绝对压强/(kg/cm²)	绝对压强/kPa	密度/(kg/m³)	焓 液体/(kcal/kg)	焓 液体/(kJ/kg)	焓 蒸气/(kcal/kg)	焓 蒸气/(kJ/kg)	气化热/(kcal/kg)	气化热/(kJ/kg)
270	56.11	5503.99	28.27	281.1	1176.91	661.2	2768.3	380.1	1591.4
280	65.42	6417.24	33.47	292.7	1225.48	657.3	2752.0	364.6	1526.5
290	75.88	7443.29	39.60	304.4	1274.46	652.6	2732.3	348.1	1457.4
300	87.6	8592.94	46.93	316.6	1325.54	646.8	2708.0	330.2	1382.5
310	100.7	9877.96	55.59	329.3	1378.71	640.1	2680.0	310.8	1301.3
320	115.2	11 300.3	65.95	343.0	1436.07	632.5	2648.2	289.5	1212.1
330	131.3	12 879.6	78.53	357.5	1446.78	623.5	2610.5	266.6	1116.2
340	149.0	14 615.8	93.98	373.3	1562.93	613.5	2568.6	240.2	1005.7
350	168.6	16 538.5	113.2	390.8	1636.20	601.1	2516.7	210.3	880.5
360	190.3	18 667.1	139.6	413.0	1729.15	583.4	2442.6	170.3	713.0
370	214.5	21 040.9	171.0	451.0	1888.25	549.8	2301.9	98.2	411.1
374	225	22 070.9	322.6	501.1	2098.0	501.1	2098.0	0	0

附录六　饱和水蒸气表（以用 kPa 为单位的压强为准）

绝对压强/kPa	温度/℃	密度/(kg/m³)	焓/(kJ/kg) 液体	焓/(kJ/kg) 蒸气	气化热/(kJ/kg)
1.0	6.3	0.007 73	26.48	2503.1	2476.8
1.5	12.5	0.011 33	52.26	2515.3	2463.0
2.0	17.0	0.014 86	71.21	2524.2	2452.9
2.5	20.9	0.018 36	87.45	2531.8	2444.3
3.0	23.5	0.021 79	98.38	2536.8	2438.4
3.5	26.1	0.025 23	109.30	2541.8	2432.5
4.0	28.7	0.028 67	120.23	2546.8	2426.6
4.5	30.8	0.032 05	129.00	2550.9	2421.9
5.0	32.4	0.035 37	135.69	2554.0	2418.3
6.0	35.6	0.042 00	149.06	2560.1	2411.0
7.0	38.8	0.048 64	162.44	2566.3	2403.8
8.0	41.3	0.055 14	172.73	2571.0	2398.2
9.0	43.3	0.061 56	181.16	2574.8	2393.6
10.0	45.3	0.067 98	189.59	2578.5	2388.9
15.0	53.5	0.099 56	224.03	2594.0	2370.0
20.0	60.1	0.130 68	251.51	2606.4	2354.9
30.0	66.5	0.190 93	288.77	2622.4	2333.7

续表

绝对压强/kPa	温度/℃	密度/(kg/m³)	焓/(kJ/kg)		气化热/(kJ/kg)
			液体	蒸气	
40.0	75.0	0.249 75	315.93	2634.1	2312.2
50.0	81.2	0.307 99	339.80	2644.3	2304.5
60.0	85.6	0.365 14	358.21	2652.1	2393.9
70.0	89.9	0.422 29	376.61	2659.8	2283.2
80.0	93.2	0.478 07	390.08	2665.3	2275.3
90.0	96.4	0.533 84	403.49	2670.8	2267.4
100.0	99.6	0.589 61	416.90	2676.3	2259.5
120.0	104.5	0.698 68	437.51	2684.3	2246.8
140.0	109.2	0.807 58	457.67	2692.1	2234.4
160.0	113.0	0.829 81	473.88	2698.1	2224.2
180.0	116.6	1.0209	489.32	2703.7	2214.3
200.0	120.2	1.1273	493.71	2709.2	2204.6
250.0	127.2	1.3904	534.39	2719.7	2185.4
300.0	133.3	1.6501	560.38	2728.5	2168.1
350.0	138.8	1.9074	583.76	2736.1	2152.3
400.0	143.4	2.1618	603.61	2742.1	2138.5
450.0	147.7	2.4152	622.42	2747.8	2125.4
500.0	151.7	2.6673	639.59	2752.8	2113.2
600.0	158.7	3.1686	670.22	2761.4	2091.1
700	164.7	3.6657	696.27	2767.8	2071.5
800	170.4	4.1614	720.96	2773.7	2052.7
900	175.1	4.6525	741.82	2778.1	2036.2
1×10^3	179.9	5.1432	762.68	2782.5	2019.7
1.1×10^3	180.2	5.6339	780.34	2785.5	2005.1
1.2×10^3	187.8	6.1241	797.92	2788.5	1990.6
1.3×10^3	191.5	6.6141	814.25	2790.9	1976.7
1.4×10^3	194.8	7.1038	829.06	2792.4	1963.7
1.5×10^3	198.2	7.5935	843.86	2794.5	1950.7
1.6×10^3	201.3	8.0814	857.77	2796.0	1938.2
1.7×10^3	204.1	8.5674	870.58	2797.1	1926.5
1.8×10^3	206.9	9.0533	883.39	2798.1	1914.8
1.9×10^3	209.8	9.5392	896.21	2799.2	1903.0
2×10^3	212.2	10.0338	907.32	2799.7	1892.4
3×10^3	233.7	15.0075	1005.4	2798.9	1793.5
4×10^3	250.3	20.0969	1082.9	2789.8	1706.8

续表

绝对压强/kPa	温度/℃	密度/(kg/m³)	焓/(kJ/kg)		气化热/(kJ/kg)
			液体	蒸气	
5×10^3	263.8	25.3663	1146.9	2776.2	1629.2
6×10^3	275.4	30.8494	1203.2	2759.5	1556.3
7×10^3	285.7	36.5744	1253.2	2740.8	1487.6
8×10^3	294.8	42.5768	1299.2	2720.5	1403.7
9×10^3	303.2	48.8945	1343.5	2699.1	1356.6
10×10^3	310.9	55.5407	1384.0	2677.1	1293.1
12×10^3	324.5	70.3075	1463.4	2631.2	1167.7
14×10^3	336.5	87.3020	1567.9	2583.2	1043.4
16×10^3	347.2	107.8010	1615.8	2531.1	915.4
18×10^3	356.9	134.4813	1699.8	2466.0	766.1
20×10^3	365.6	176.5961	1817.8	2364.2	544.9

附录七　某些食品材料热导率的实验数据

食品材料	温度/℃	含水量/%	热导率/[W/(m·K)](实验者)
苹果汁	20	87	0.599(Ricdel)
	80		0.631
	20	70	0.504
	80		0.564
	20	36	0.389
	80		0.435
苹果	8		0.518(Gane)
干苹果	23	41.6	0.219(Sweat)
干杏	23	43.6	0.375(Sweat)
草莓酱	20	41.0	0.338(Sweat)
牛肉脂肪	35	0	0.190(Poppendick)
	35	20	0.230
瘦牛肉$_=$	3	75	0.506(Lentz)
	−15		1.42
瘦牛肉$_=$	20	79	0.430(Hill)
	−15		1.43
猪肉脂肪	3	6	0.215(Lentz)
	−15		0.218
瘦猪肉$_=$(6.1%脂肪)	4	72	0.478(Lentz)
	−15		1.49
瘦猪肉$_=$(6.7%脂肪)	20	76	0.453(Hill)
	−13		1.42

续表

食品名称	温度/℃	含水量/%	热导率/[W/(m·K)](实验者)
蛋黄 32.7%脂肪，16.75%蛋白质	31	50.6	0.420(Poppendick)
鳕鱼⊥(0.1%脂肪)	3	83	0.534
	−15		1.46
鲑鱼⊥(12%脂肪)	3	67	0.531(Lentz)
	−5		1.24
全奶(3%脂肪)	28	90	0.580(Leidenfrost)
巧克力蛋糕	23	31.9	0.106(Sweat)

注：表中符号=和⊥分别表示平行和垂直纤维方向。

附录八　某些食品组分的热物理性质

组分	密度/(kg/m³)	比热容/[kJ/(kg·K)]	热导率/[W/(m·K)]
水	1000	4.182	0.60
碳水化合物	1550	1.42	0.58
蛋白质	1380	1.55	0.20
脂肪	930	1.67*	0.18
空气	1.24	1.00	0.025
冰	917	2.11	2.24
矿物质	2400	0.84	

* 固体脂肪的比热容为 1.67kJ/(kg·K)，而液态脂肪的比热容为 2.094kJ/(kg·K)。

附录九　某些食品材料的含水量、冻前比热容、冻后比热容和熔化热数据

食品材料	含水量/%	初始冻结温度/℃	冻前比热容/[kJ/(kg·K)]	冻后比热容/[kJ/(kg·K)]	熔化热/(kJ/kg)
蔬菜					
芦笋	93	−0.6	4.00	2.01	312
干菜豆	41	—	1.95	0.98	37
甜菜根	88	−1.1	3.88	1.95	295
胡萝卜	88	−1.4	3.88	1.95	295
花椰菜	92	−1.8	3.98	2.00	308
芹菜	94	−0.5	4.03	2.02	315
甜玉米	74	−0.6	3.53	1.77	248

续表

食品材料	含水量/%	初始冻结温度/℃	冻前比热容/[kJ/(kg·K)]	冻后比热容/[kJ/(kg·K)]	熔化热/(kJ/kg)
黄瓜	96	−0.5	4.08	2.05	322
茄子	93	−0.8	4.00	2.01	312
大蒜	61	−0.8	3.20	1.61	204
姜	87	—	3.85	1.94	291
韭菜	85	−0.7	3.80	1.91	285
莴苣	95	−0.2	4.06	2.04	318
蘑菇	91	−0.9	3.95	1.99	305
青葱	89	−0.9	3.90	1.96	298
干洋葱	88	−0.8	3.88	1.95	295
青豌豆	74	−0.6	3.53	1.77	248
四季萝卜	95	−0.7	4.06	2.04	318
菠菜	93	−0.3	4.00	2.01	312
西红柿	94	−0.5	4.03	2.02	315
青萝卜	90	−0.2	3.93	1.97	302
萝卜	92	−1.1	3.98	2.00	308
水芹菜	93	−0.3	4.00	2.01	312
水果					
鲜苹果	84	−1.1	3.78	1.90	281
杏	85	−1.1	3.80	1.91	285
香蕉	75	−1.8	3.55	1.79	251
樱桃(酸)	84	−1.7	3.78	1.90	281
樱桃(甜)	80	−1.8	3.68	1.85	268
葡萄柚	89	−1.1	3.90	1.96	298
柠檬	89	−1.4	3.90	1.96	298
西瓜	93	−0.4	4.00	2.01	312
橙	87	−0.8	3.85	1.94	292
鲜桃	89	−0.9	3.90	1.96	298
梨	83	−1.6	3.75	1.89	278
菠萝	85	−1.0	3.80	1.91	285
草莓	90	−0.8	3.93	1.97	302
鱼					
大马哈鱼	64	−2.2	3.28	1.65	214
金枪鱼	70	−2.2	3.28	1.65	214
青鱼片	57	−2.2	3.10	1.72	235
贝类					
扇贝肉	80	−2.2	3.68	1.85	268
小虾	83	−2.2	3.75	1.89	278

续表

食品材料	含水量/%	初始冻结温度/℃	冻前比热容/[kJ/(kg·K)]	冻后比热容/[kJ/(kg·K)]	熔化热/(kJ/kg)
美洲大龙虾	79	−2.2	3.65	1.84	265
牛肉					
胴体(60%瘦肉)	49	−1.7	2.90	1.46	164
胴体(54%瘦肉)	45	−2.2	2.80	1.41	151
大腿肉	67	—	3.35	1.68	224
小牛胴体(81%瘦肉)	66	—	3.33	1.67	221
猪肉					
腌熏肉	19	—	2.15	1.08	64
胴体(47%瘦肉)	37	—	2.60	1.31	124
胴体(33%瘦肉)	30	—	2.42	1.22	101
后腿(轻度腌制)	57	—	3.10	1.56	191
后腿(74%瘦肉)	56	−1.7	3.08	1.55	188
羊羔肉					
腿肉(83%瘦肉)	65	—	3.30	1.66	218
乳制品					
奶油	16	—	2.07	1.04	54
干酪(瑞士)	39	−10.0	2.65	1.33	131
冰激凌(10%脂肪)	63	−5.6	3.25	1.63	211
罐装炼乳(加糖)	27	−15.0	2.35	1.18	90
浓缩乳(不加糖)	74	−1.4	3.53	1.77	248
全脂乳粉	2	—	1.72	0.87	7
脱脂乳粉	3	—	1.75	0.88	10
鲜乳(3.7脂肪)	87	−0.6	3.85	1.94	291
脱脂鲜乳	91	—	3.95	1.99	305
禽肉制品					
鲜蛋	74	−0.6	3.53	1.77	247
蛋白	88	−0.6	3.88	1.95	295
蛋黄	51	−0.6	2.95	1.48	171
加糖蛋黄	51	−3.9	2.95	1.48	171
全蛋粉	4	—	1.77	0.89	13
蛋白粉	9	—	1.90	0.95	30
鸡	74	−2.8	3.53	1.77	248
火鸡	64	—	3.28	1.65	214
鸭	69	—	3.40	1.71	231
其他					
蜂蜜	17	—	2.10	1.65	57
奶油功克力	1	—	1.70	0.85	3

续表

食品材料	含水量/%	初始冻结温度/℃	冻前比热容/[kJ/(kg·K)]	冻后比热容/[kJ/(kg·K)]	熔化热/(kJ/kg)
花生酥	2	—	1.72	0.87	7
带皮花生	6	—	1.82	0.92	20
带皮花生(烤熟)	2	—	1.72	0.87	7
杏仁	5	—	1.80	0.9	17